AutoCAD Mechanical 學習指引

(附試用版光碟)

郭健偉　編著

 全華圖書股份有限公司　印行

台灣歐特克股份有限公司

105 台北市松山區敦化北路205號10樓之2
10F-2, No. 205, Dunhua N. Rd. Songshan District
Taipei City 105 Taiwan

www.autodesk.com.tw

PHONE +886 2 25462223
FAX +886 2 25461223

授權同意書

台灣歐特克股份有限公司為美國 Autodesk Inc. 在台之分公司，根據中華民國著作權法之規定，依法授權 大塚資訊科技股份有限公司 郭健偉先生 著作之："AutoCAD Mechanical 學習指引"，得使用 Autodesk AutoCAD Mechanical 之書面圖片、圖檔及試用光碟。

此致

大塚資訊科技股份有限公司

授權人：________________

台灣暨香港地區總經理

楊怡蕙 Margery Yeung

Autodesk

序言

Autodesk® 簡稱 ADSK，為首先使用 AutoCAD® 產品在軟體業界實現突破性變革，將製圖帶入 PC 時代。其專注領域包含建築、基礎設施、製造、媒體與娛樂以及無線資訊。Autodesk® 約在 9 年前收購德國 Genius CAD-Software GmbH 的 Genius，於 AutoCAD® 2000 版開始正式將其功能全數納入，並命名為 AutoCAD® Mechanical 簡稱為 ACM。

AutoCAD® 對於大家而言是一套很常聽到、使用到的工具軟體，其產生的檔案格式更讓全世界視為一種標準；在台灣，對於企業而言更是設計與製造上不可或缺的利器。作者編寫這本著作時，其實一直有個想法，就是 Autodesk® 公司將很多業界常用的巨集程式、零件庫、設計工具、分析…等等功能加入到 AutoCAD®，變成現在的 AutoCAD® Mechanical，卻發現大家還是在用 AutoCAD®，甚至是買了 AutoCAD® Mechanical 卻也還是在用 AutoCAD®，且坊間其實看不到有相關的書籍面世，這真的是太可惜了。

能夠順利的完成此書，其實要感謝很多人，首先要謝謝大塚讓作者有這個機會將先前寫的作品用新的角度、新的方法與思維，重新改寫成新的作品，為了讓許多的使用者能夠跳脫，單看說明卻總是不得其門而入的窘境，作者特地將常用的功能透過實際的範例操作，將流程以 Step by Step 的方式記錄、編寫下來，為的就是讓大家能夠更容易明白使用更方便的軟體。

先前一直都想完成一本有關此軟體的著作，卻在某些因素下無法順利進行。此次隨著新版的 AutoCAD® Mechanical 2009 發行，作者拋開先前原有的著作，全部重新改寫，心想將所習得的知識全數呈現於著作上，卻在編寫過程當中遇上 Autodesk Inventor® 2009 發表會在即，與其它工作行程突然的湧入，面對著作品質、交稿期限與工作行程的多重壓力實在無可言論，夜車更是天天開不完。

最後一定要感謝我的部門主管與同仁，在這段時間為作者分擔工作上的辛勞，才能讓作者在面對工作之餘還能夠專心著作，也讓此書能夠更順利、快速地與大家見面。

本書經過多次的校對，其中還是可能難免有些疏漏，敬祈使用本書之先進不吝指正。

郭健偉

於 大塚資訊科技股份有限公司

編輯部序

「系統編輯」是我們的編輯方針，我們所提供給您的，絕不只是一本書，而是關於這門學問的所有知識，它們由淺入深，循序漸進。

本書為 AutoCAD® 的進階版本實務書籍，其中參考了許多的相關資料，再以淺顯易懂的方式說明如何以軟體特性來設計組件產品，並利用其強大運算功能計算出如螺栓組、鏈輪組、FEA 有限素...等運算分析，配合超好用的 Power 系列功能，讓使用者不只是侷限於一般作業抄圖而已，而是眞正的體會到軟體協助設計的暢快。

本書集合了軟體的安裝、學習使用到常用的工程計算，再加上與現今正火熱的 Autodesk Inventor Suite® 整合出圖應用、繪圖常見問題問答集等無所不談，讓您學會實際應用所需的繪圖技巧，更讓您面對使用軟體時的種種問題排解。

同時，爲了使您能有系統且循序漸進研習相關方面的叢書，我們列出各有關圖書的閱讀順序，以減少您研習此門學問的摸索時間，並能對這門學問有完整的知識。若您在這方面有任何問題，歡迎來函聯繫，我們將竭誠爲您服務。

相關叢書介紹

書號：06018007
書名：電腦輔助繪圖 AutoCAD 2008 (附範例光碟片)
編著：王雪娥.陳進煌
16K/584 頁/500 元

書號：05968007
書名：電腦輔助機械製圖 AutoCAD－適用 AutoCAD 2000～2007 版 (附範例光碟片)
編著：謝文欽.蕭國崇.江家宏
16K/584 頁/500 元

書號：05896017
書名：Autodesk Inventor 電腦輔助立體繪圖(修訂版) (附動態影音教學光碟片)
編著：粘桂端.大塚資訊科技(股)公司
16K/720 頁/850 元

書號：05958017
書名：Autodesk Inventor 特訓教材基礎篇(附範例、動態影音教學及試用版光碟片)(修訂版)
編著：黃穎豐.陳明鈺.林仁德.廖倉祥 何建霖.林柏村.徐清芳
16K/696 頁/550 元

書號：05607
書名：機械設計學
日譯：施議訓
16K/328 頁/350 元

書號：05903017
書名：工程圖學－與電腦製圖之關聯 (修訂版)(附教學光碟片)
編著：王輔春.楊永然.朱鳳傳.康鳳梅 詹世良
16K/616 頁/750 元

書號：0385771
書名：機械設計製造手冊(精裝本) (修訂版)
編著：朱鳳傳.康鳳梅.黃泰翔.施議訓 劉紀嘉
32K/472 頁/450 元

◎上列書價若有變動，請以最新定價為準。

目錄

第 1 章　認識 AutoCAD® Mechanical

第 2 章　學習使用

第 3 章　繪圖

第 4 章　編輯與圖層

第 5 章　圖塊與其它工具

第 6 章　結構／結構瀏覽器

第 7 章　圖框／標題欄

第 8 章　標註

第 9 章　材料表／件號球

第 10 章　標準零件

第 11 章　工程計算

第 12 章　2D 與 3D

第 13 章　補充說明

Chapter 1

認識 AutoCAD® Mechanical

1-1 Mechanical 特色說明

1-1-1 關於 AutoCAD® Mechanical

AutoCAD® Mechanical 是為工程師、設計師和詳圖繪製人員提供的一種 2D 機械設計與製圖解決方案。其智慧生產圖面及詳圖繪製功能，可以縮短建立及變更 2D 生產設計所需的時間。AutoCAD® Mechanical 在人們熟悉的 2D 環境中引用了許多 3D 概念。它借助 AutoCAD®的強大功能，提供易於使用的選項板介面和省時的外部參考功能。

AutoCAD® Mechanical 設計軟體套件包括 AutoCAD® Mechanical 和 AutoCAD®。您可以使用一個「選項」對話方塊，自訂 AutoCAD® Mechanical 和 AutoCAD®的設定。

本書提供了有關 AutoCAD® Mechanical 軟體應用程式的資訊，介紹了軟體套件、軟體中的基本設計特徵以及存取指令的方法，並在特殊的章節使用 Step by Step 的方式教導大家如何使用該軟體。此書提供了概念和簡短練習以幫助您開始使用 AutoCAD® Mechanical。

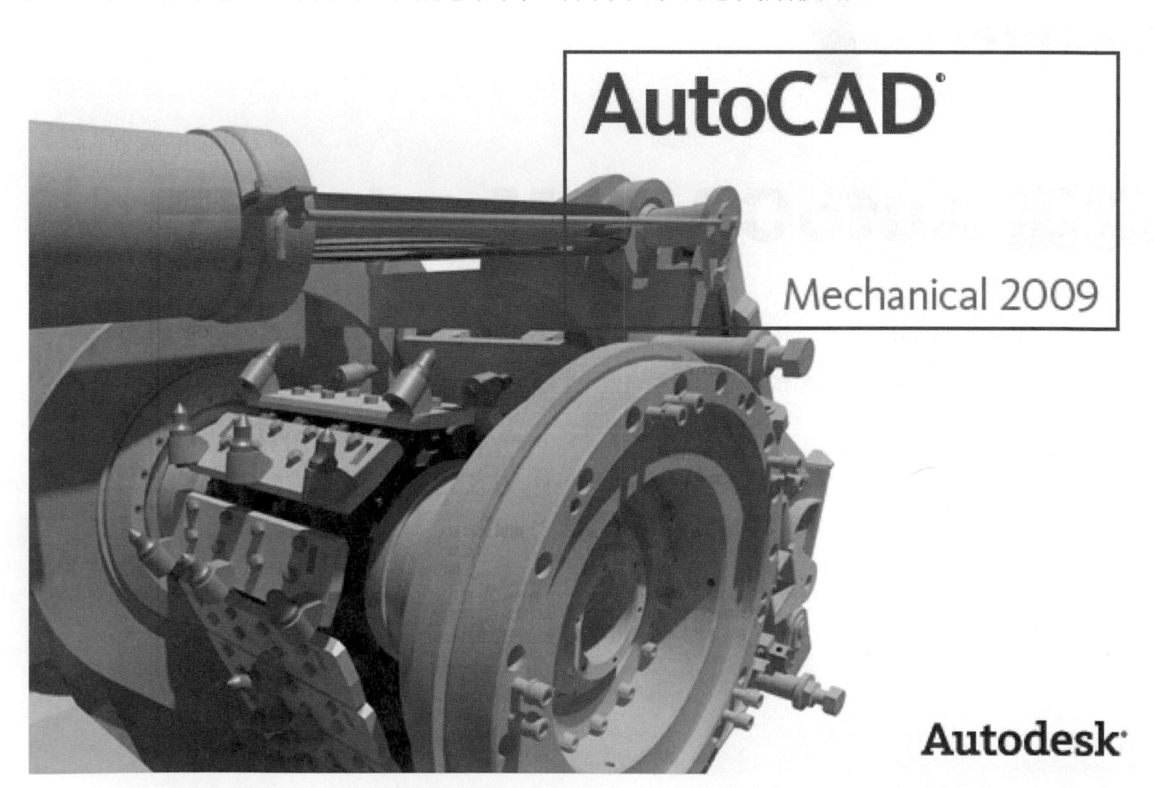

1-1-2　特色與新增功能

特色

AutoCAD® Mechanical(簡稱 ACM)為一套在 AutoCAD®上再加入機械設計、加工常用的 Lisp 程式，因該程式著重於機械領域，所以命名為 AutoCAD® Mechanical，是一套專業於機械相關行業之 2D 設計系統，其中列出幾項重要功能：

- 設計繪圖加強：自動中心線、自動構圖線、智慧型矩形繪製功能、割面線、自動剖面線以及視圖投影線。
- 圖層自動定義：繪製線段時自動歸納圖層。
- 修改圖元加強：自動圓角／倒角、多重 Offset、刪除重複圖元。
- 自動詳圖放大：設定圖面內所選取區域的放大比例、尺寸自動調整。
- 好用的 Power 指令群：
Power 檢視、Power 鎖點、Power 編輯、Power 複製、Power 標註、Power 刪除
- 最快速的標註功能：自動標註，公差自動化。
- 智慧型圖框及標題欄。
- 內含約 80 萬個標準零件庫，支援 ANSI、BSI、CSN、DIN、GB、ISO、JIS 與 GOST 等國際標準。
- 2D FEA(有限元素)計算及分析。
- 軸產生器(含正齒輪)、彈簧、凸輪產生器。
- 鏈輪及鏈條自動計算。
- 結構管理(強調圖形的關聯性)。
- 2D 關聯性隱藏(您再不必花腦筋去看哪些線條要修剪了)。

新增功能

1. 全新功能介面：

- Ribbon 新功能區

　　為了配合 AutoCAD® 2009 發表 Riboon 全新功能表，AutoCAD® Mechanical 在功能表區上也做了些許的改變，此次將功能表的排列位置與型式做了部份的調整，方便使用者可容易取用相關功能。

- ViewCube

　　ViewCube 是一種 3D 導覽工具，會出現於啓用 3D 圖形系統時。使用 ViewCube，您可以在標準視圖和等角視圖之間進行切換。顯示 ViewCube 後，將在模型上圖面視窗的其中一角以非作用中狀態顯示。ViewCube 處於非作用中狀態時，將根據目前 UCS 和模型 WCS 定義的北向來顯示模型的檢視點。將游標置於 ViewCube 上時，會使其變爲作用中狀態。您可以切換至任一預置視圖、轉動目前的視圖，或切換至模型的主視圖。

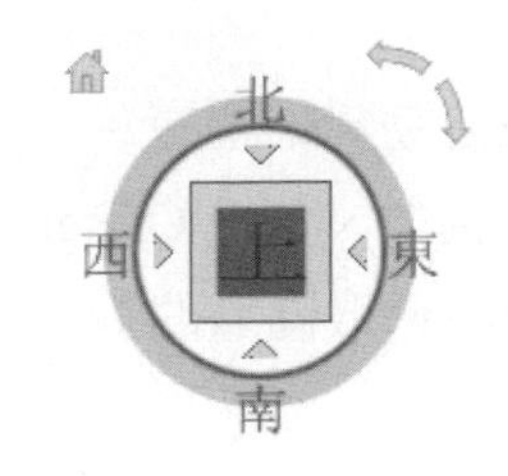

- 模式空間的預設背景顏色

　　AutoCAD® Mechanical 的預設背景顏色現在已變更爲淺色背景。AutoCAD® Mechanical 隨附的預設樣版已變更，因此淺色背景和幾何圖形之間的對比度不同。所有設定對話方塊上的「還原預設」按鈕爲感色按鈕，因而不論背景顏色是什麼，均可確保物件與預設顏色各不相同。

2. 從 AutoCAD® 更平滑地轉移：

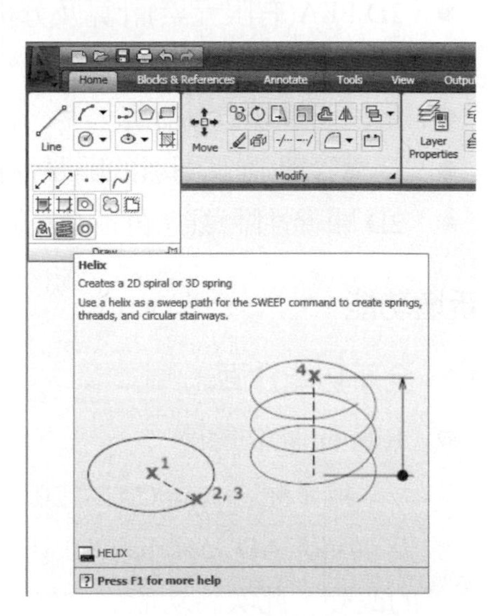

　　對部分 AutoCAD® Mechanical 工作流程進行了更改，以便使用者從 AutoCAD® 升級，從而利用其熟悉 AutoCAD® 的優勢。

　　現在，您可以使用性質選項板自訂所有符號。因此，即使您不熟悉 AutoCAD® Mechanical 的「Power 編輯」功能，也可以使用 AutoCAD® 工作流程自訂符號。

　　現在，符號引線箭頭的「依標準」概念更加直觀，並與 AutoCAD® 中的「依圖層」概念一致。因此，顯著減少了相關的學習曲線。

　　Mechanical 圖層的設置不再是規劃時的作業，而是繪製時的作業(與 AutoCAD® 類似)。現在，新 AMLAYERGROUP 指令可處理與圖層群組相關的作業，因此，AMLAYER

指令(已刪除圖層群組功能)的行爲與 AutoCAD® LAYER 指令的行爲非常相似。因此，如果您熟悉 AutoCAD®，則可以快速適應 AMLAYER 指令和 AutoCAD® Mechanical AMLAYER 特定之工作流程。

現在，AutoCAD® Mechanical 支援 DIMLFAC 系統變數，從而允許您在發現 AutoCAD® Mechanical 進階調整比例機構的優勢(例如比例區域、詳圖等)之前繼續使用過去熟悉的調整比例機構。

3. 自動性質管理：

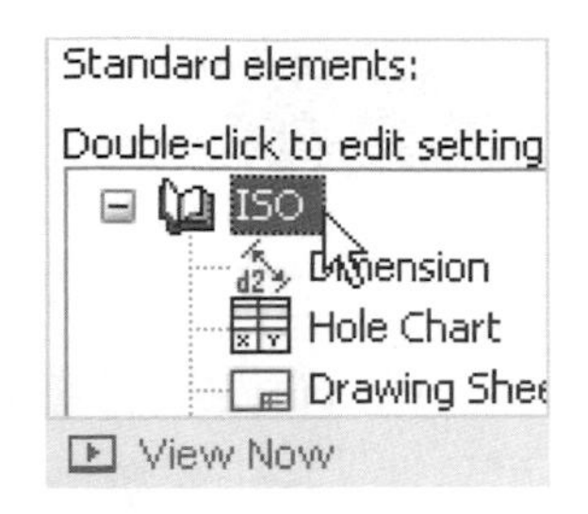

可定義 AutoCAD® Mechanical 繪製「Power 物件」方式的對話方塊已針對實用性進行了重新設計。將顯示複合物件(包含其他物件的物件－例如包含引線物件、文字物件和件號幾何物件的複合物件件號)和基本物件之間的關係，同時可讓您對其性質分別進行事先定義。事先定義性質時，預覽提供了關於所做變更效果的即時反饋。如果某個特定物件由兩個或多個複合物件(例如引線物件)共用，則您嘗試變更其設定時，將顯示警告訊息。

與 Mechanical 圖層相關的資訊已移動到次要對話方塊中，減少了對規劃 Power 物件主目標干擾的可能性。

4. 圖層管理員：

Mechanical 圖層的性質設定已轉換爲繪製時的作業(與 AutoCAD® 類似)。與圖層管理相關的作業已從 AMLAYER 指令中移除，並移動到了新 AMLAYERGROUP 指令中。現在，您可以使用 AMLAYER 指令修改 AutoCAD® 圖層、Mechanical 圖層和 Mechanical 圖層定義的設定。

5. 增強關聯性式隱藏：

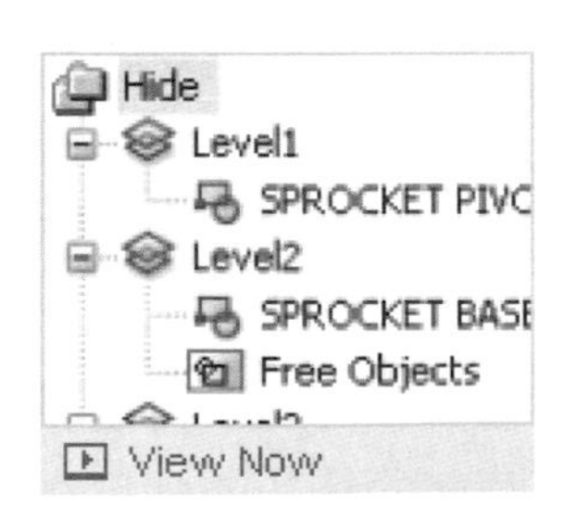

過去只能在 Mechanical 結構工作流程中使用的 AMSHIDE 指令，現在也可以在未啓用 Mechanical 結構的圖面中使用。與使用 AM2DHIDE 指令建立的隱藏情況不同，AMSHIDE 指令不會切斷隱藏情況中的物件。此外，您可以對隱藏情況進行命名，然後透過檢查 Mechanical 瀏覽器按名稱快速找到它們。

如果需要，您仍可以繼續使用 AM2DHIDE 指令和 AM2DHIDEDIT 指令。

6. 增強 Power 標註：

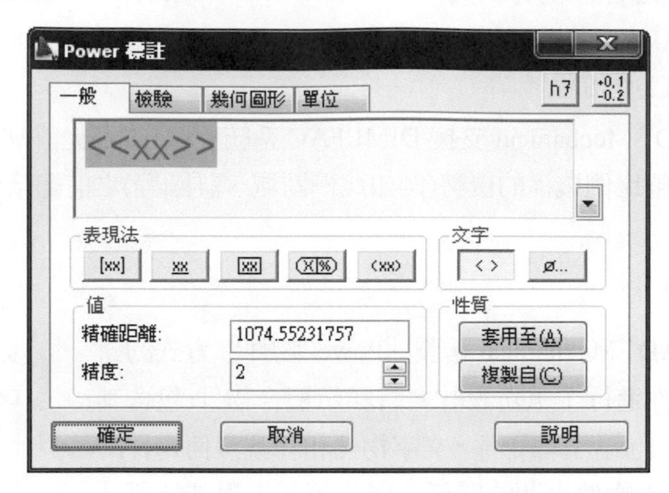

指令行選項已重編，以為可使用 AMPOWERDIM 指令建立的多種標註類型提供更多可見性。在十字游標處顯示的視覺輔助表示所建立標註的類型。此外，對應不同標註類型的各個指令行選項已對映至單獨的指令，並做為單個圖示顯示在功能區中。

重編的指令流已刪除了不必要的迴路，從而使指令更容易使用。對話方塊已針對實用性進行改進和簡化，從而便於控制僅與 AutoCAD® Mechanical 有關的元素。

為使熟悉 AutoCAD® 標註工具的使用者更輕鬆地使用 Power 標註的功能，現在 Power 標註套用 AutoCAD® 線性比例係數設定(DIMLFAC 系統變數)。您還可以將 AutoCAD® 中的四分點選項與角度 Power 標註一起使用。

7. 符號資源庫：

符號資源庫可讓您將複雜符號(例如：熔接符號和表面加工符號)儲存到符號資源庫中，並將每次其插入到圖面中時，可以在無需重新指定符號的所有參數的情況下重新使用它們。符號資源庫功能已進行了修改以增強可見性、功能和實用性。為此，已使用符號資源庫的行為對引線註記、熔接符號和表面加工符號保持一致。這些符號展示在增強視圖清單中，並具有彩色方式表現預覽和可提供符號詳細資訊的工具提示。從其他圖面匯入符號資源庫的功能使您可在新專案中快速重新使用既有圖面中的符號。

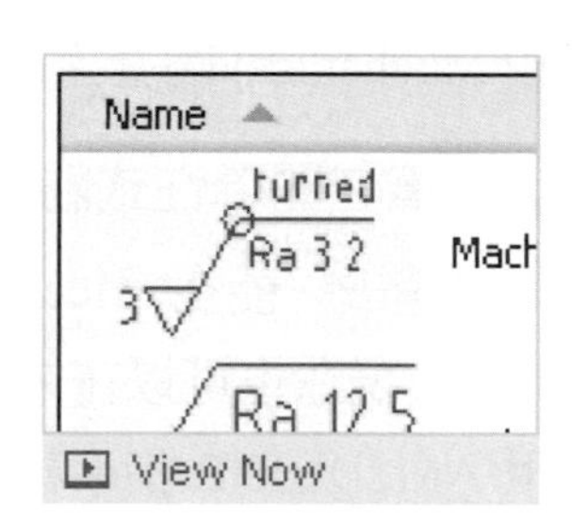

所有符號均已更新，以支援 GOST 標準。這包括用於引線註記和熔接符號(其中 GOST 行為明顯不同於其他標準)以及全新符號(例如標記和戳記符號)的支援工作流程。

現在，控制引線的選項對所有符號均一致。現在，「依標準」概念更加値觀念，並與 AutoCAD® 使用者熟悉的「依圖層」概念一致。

您可以選擇性地單獨取代每個符號的文字高度、文字顏色、引線箭頭類型、箭頭大小以及引線顏色設定。如果變更主設定，則僅標記爲「依製圖標準名稱」的符號設定會受影響；所有取代均將保留。

8. 新增標準與標準件：

現在，AutoCAD® Mechanical 支援 GOST 標準(從線粗和文字大小到 GOST 特定符號和 GOST 特定工作流程)。這減少了對用於獨聯體的圖面中的註解進行手動重大調整的需要。

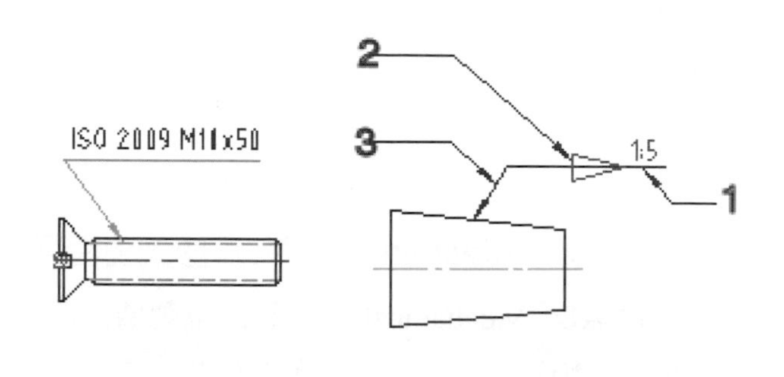

9. 標準零件與我的最愛：

現在，您可以將常用的標準零件儲存爲我的最愛，並在隨後插入時快速存取它們。如果 AutoCAD® Mechanical 提供了對 7,000 多個標準零件和特徵的存取，則建立我的最愛清單的功能可顯著減少向圖面插入標準零件和特徵所需的時間。

10. Windows Vista®，WinXP x64、Vista x64 版本支援：

包含規劃檔之資料夾的路徑已變更，以與 Windows Vista® 一起使用。所以，您不必是 Power 使用者或管理員，即可執行 AutoCAD® Mechanical。

採×86 與×64 同一包裝，徹底解決相容性問題。

1-1-3 對於 AutoCAD® Mechanical 的疑問

1. 我可以從 AutoCAD® 升級至 AutoCAD® Mechanical 嗎？

可以。AutoCAD® 軟體使用者可以將他們現有產品升級至 AutoCAD® Mechanical 軟體。

AutoCAD® Mechanical 是為機械專門用途而建置的 2D 機械工程設計與製圖應用程式，在製造環境中，與基本 AutoCAD® 軟體相比，更能大幅提昇生產力。其中包含了基於標準的零件庫及預先繪製圖庫，可提高設計準確度，並可自動執行一般工作以節省大量設計時間。AutoCAD® Mechanical 提供獨特的原生 Autodesk Inventor® 零件檔細部處理和記錄功能，並可隨 Autodesk Inventor® 檔案的變更而自動更新圖面。使用 AutoCAD® Mechanical，可更快速、更準確地建立圖面，並顯著提昇製圖生產力。

2. AutoCAD® Mechanical 適合哪些人士使用？

AutoCAD® Mechanical 可供製造業製造業各領域的機械工程師、設計師和繪圖員所開發，涵蓋汽車產業、航太、工商業機械、電機設備、辦公室設備、金屬製造等。本軟體應用程式也是從事 2D 機械設計和繪圖的 AutoCAD® 使用者最佳的軟體解決方案。

3. 使用 AutoCAD® Mechanical 可以獲得哪些生產力提昇？

AutoCAD® Mechanical 專為機械設計作業所開發，能把標準 AutoCAD® 必須手動進行的許多常見工作自動化，所以更能提高生產力。標準化的 2D 零件庫提供國際設計標準的精確資料，為您節省寶貴時間。生產圖面建立功能可讓您自動建立圖面，進而縮短設計時間。此外，與使用 AutoCAD® 軟體相比，可以更快速地變更設計 AutoCAD® Mechanical 的強大工具讓您省時省力，並且確保您的設計圖更精確。

4. AutoCAD® Mechanical 和 AutoCAD® 軟體有何差別？

AutoCAD® Mechanical 是 AutoCAD® 軟體系列產品，不僅具備 AutoCAD® 軟體的所有功能，還包含針對 2D 機械設計市場的額外功能。除了擴充的功能和能力以外，本產品也特別針對機械設計師和繪圖員設計，能簡化複雜的機械設計工作，提升整體設計體驗。

5. AutoCAD® Mechanical 和 Autodesk Inventor Suite® 有何區別？

AutoCAD® Mechanical 是一種特定用途的 2D 設計和繪圖應用程式，比標準 AutoCAD® 軟體更能提高生產力，是製造業的 2D 繪圖與設計標準。Autodesk Inventor Suite®則是獨特 2D 和 3D 技術組合，在一個套裝軟體中同時提供 Autodesk Inventor®和 AutoCAD® Mechanical 軟體，讓使用者以最簡單的方式從 2D 轉換到 3D。對於那些想增加 3D 設計程序能力、卻又不想要放棄在 2D 設計資料的投資以及 AutoCAD® 專業技能的 AutoCAD® 使用者而言，Autodesk® Inventor 產品線是最佳的選擇。

6. AutoCAD® Mechanical 有整合式資料管理功能嗎？

有。AutoCAD® Mechanical 內建工作群組的集中資料管理工具，可安全地儲存與管理製程設計資料和相關文件。使用該軟體可促進設計的重複使用，讓貴公司在設計資料投資上獲得最大的收益。

7. AutoCAD® Mechanical 有 Power Pack 功能嗎？

Power Pack 功能已完全整合到 AutoCAD® Mechanical 中，您無需單獨購買及安裝該軟體。本軟體提供超過 700,000 個標準 2D 零件、特徵、孔和結構型鋼，並可自動建立機械元件，例如軸、彈簧、皮帶與鏈條，減少繪製零件或建立、維護零件庫的時間。亦可以執行您最常用到的工程計算。

8. AutoCAD® Mechanical Subscription 有哪些優點？

保持 AutoCAD® Mechanical 軟體最新狀態，Autodesk® Subscription 就是最簡單的方法。只要繳納年費就能取得軟體的最新版本、Autodesk® 直接提供的網路支援、任君選擇的教育訓練方案、以及其他各種技術和商業利益。AutoCAD® Mechanical 訂閱服務由 Autodesk® 授權經銷商代表 Autodesk 銷售。

9. 如何深入瞭解 Autodesk® Mechanical？

若要深入了解 AutoCAD® Mechanical，請電 02-2546-2223 洽 Autodesk，或洽 Autodesk 授權經銷商。

1-1-4 改用 AutoCAD® Mechanical 2009 的 10 大理由

1. 八十萬件標準零件與特徵庫：
   - 內建機械便覽。
   - 結件、軸承、孔、型鋼…。
   - 螺旋接頭，建議的配合與尺寸…。
   - 易於插入零件。
   - 插入零件時，自動重繪周遭的幾何圖形，無須手動修改，以增加生產力。
2. 專為製造業繪圖作業打造的擴充工具列：
   - 用於建立矩形、弧形與圓形的 30 多個選項。
   - 自動中心線建立。
   - 用於拆解視圖的專用線、剖面線等。

- 成套的構圖線指令。
- 製造業填充線的樣式與尺寸。

3. 強大與智慧型的尺寸標示：

- 以基線式標註，座標式標註，軸／對稱式標註進行自動標註尺寸。
- 以製圖標準所預設的間距自動排列標註尺寸，也可對其自訂。
- 對齊、接合、插入、檢查，重新關聯或編輯多重標註尺寸。
- 整合配合，公差與符號。

4. 可重複使用的自動拆圖工具：

- 詳圖–易於建立在不同比例連結到原有視圖。
- 倒角與圓角－按兩下倒角或圓角即可重調其大小。
- 孔註解表－自動更新以供製造用。
- 標題欄框－成套的公制與英制版本。

5. 支援多種國際製圖標準：

- 預先成套的製圖標準(ANSI、BSI、CSN、DIN、GB、ISO、JIS)。
- GOST、熔接符號、表面加工符號等…。
- 易於依照貴公司需求客製化。

6. 關聯式號球以及材料表(BOM)：

- 精確與完整的材料表(BOM)。
- 設變時自動更新材料表(BOM)。
- 同步更新件號(號球)與料號。
- 連結材料表到 MRP 與 ERP 系統。
- 可與 Autodesk® Productstream 結合。

7. 圖層管理：

- 自動的圖層與性質選擇。
- 預先設定的範本皆符合國際製圖標準。
- 易於依照貴公司需求客製化。

8. 自動隱藏線：

- 自動的 2D 隱藏線建立。
- 無須重新繪製零件。

- 自動隱藏線更新。
- 相同的零件定義。

9. 機械原件產生器與計算機：
   - 機械系統產生器
     - 彈簧、軸
     - 凸輪
     - 鏈條／皮帶
   - 工程計算器
     - 慣性矩、撓曲線
     - 2D FEA

10. 在異地(2D/3D) CAD 系統間交換資料(IGES、STEP)：
    - 將 Autodesk® Inventor 所建立的數位原型進行出圖作業。
    - 3D 模型進行設變、2D 圖紙自動更新。
    - 原生 AutoCAD® Mechanical DWG 檔案。
    - 零件屬性再利用。
    - STEP 和 IGES 轉換器。

1-2 安裝與啓動

1-2-1 AutoCAD® Mechanical 2009 軟硬體需求

下列需求適用於 Autodesk® Mechanical 軟體。執行 Autodesk® Vault Server/Client 需額外的系統需求。請注意，這次不支援 Microsoft® XP Starter Edition 和 Tablet Edition。

32 位元需求

建議的系統需求

本配置主要建議給細部設計繪圖工作、適度使用標準零件，和少於 100 個零件的 2D 組合件。

- Intel® Pentium® 4 或更高等級，2.2 Ghz 或更快的處理器或相容處理器。
- Windows® XP Professional 或 Home Edition SP2。
- Windows® Vista™ Enterprise、Business、Ultimate、Premium 與 Basic。
- 512 MB RAM 記憶體。
- 2.7 GB 的可用硬碟空間。
- 64 MB 以上的 Open GL® 圖形介面卡或支援 DirectX® 9。
- 1280×1024×32 位元色彩(全彩)以上(最低爲 1024×768 VGA 全彩)。
- Microsoft® Internet Explorer® 6 SP1 或較新版本。
- MS Mouse 相容的游標控制裝置。
- CD-ROM 或 DVD-ROM。

更適合的系統需求

以下從建議需求提高的部分，乃建議給生產等級的 2D 組合件模型設計工作(數百個零件以上)，且大量使用標準零件、關聯式 2D 隱藏或 Autodesk Inventor® 關聯性。

- Intel® Pentium 4 或更高等級，2.8 GHz 或更快的處理器(如筆記型電腦的 Intel® Pentium M 1.8GHz)，且至少要有共 1MB 的快取記憶體。
- 1.5 GB 以上的 RAM 記憶體。
- 2.5 GB 的可用硬碟空間。
- 128 MB 以上的 Open GL 工作站等級圖形介面卡或支援 DirectX® 9。

64 位元需求

下列需求適用於 Autodesk® Mechanical 軟體。執行 Autodesk® Vault Server/Client 需額外的系統需求。請注意，這次不支援 Microsoft® XP Starter Edition 和 Tablet Edition。

建議的系統需求

- AMD Athlon® 64、AMD Opteron®、Intel® Xeon® (具備 Intel® EM64T 技術)、或支援 EM64T 的 Pentium 4。
- Windows® XP Professional ×64 Edition。
- Windows® VISTA™ 64 位元版。
- 1 GB RAM 記憶體(最好超過 1.5)。
- 3.0 GB 的可用硬碟空間(最好超過 3.5)。
- 32 MB 以上的 Open GL 圖形介面卡或支援 DirectX® 9(最好超過 128MB)。
- 1280×1024×32 位元色彩(全彩)以上(最低爲 1024×768 VGA 全彩)。
- Microsoft® Internet Explorer 6 SP1 或較新版本。
- MS Mouse 相容的游標控制裝置。
- CD-ROM 或 DVD-ROM。

注意!

較低階的電腦可以執行 AutoCAD® Mechanical 2009，不過結果可能不盡理想。多加記憶體和採用更快的處理器能直接提高效能和功能，對於需要本軟體設計和工程功能的設計工作來說，也是最值得推薦的解決方式，例如 2D 結構、關聯式 2D 隱藏、標準零件、計算、機械系統生成器(軸、皮帶／鏈條傳動系統…等等)和 Autodesk Inventor® 連結功能。

Autodesk® Data Management Server 2009 系統需求

這些系統需求適用於充當 Autodesk® Data Management Server 2009 (ADMS)主機的系統，可讓多位使用者使用 Autodesk Inventor® 2009 搭配 Content Center 或 Vault，從遠端存取、共用設計資料。如果 ADMS 是針對單一使用者和 Autodesk Inventor® 2009 應用程式在相同的電腦上進行存取，請參閱以上的「Autodesk Inventor® 2009 系統需求」。

作業系統需求

- Microsoft® Windows Vista™[2]
- Microsoft® Windows® XP Professional[3] 32/64 bit
- Microsoft® Windows 2000[3] Professional 32 bit (SP4)
- Microsoft® Windows Server® 2000[1] 32 bit (SP4)
- Microsoft® Windows Server 2003 Standard[1] 32/64 bit (SP1)
- Microsoft® Windows Server 2003 Standard[1] R2 32/64 bit
- Microsoft® Windows Server 2003 Enterprise[1] 32/64 bit (SP1)
- Microsoft® Windows Server 2003 Enterprise R2[1] 32/64 bit
- Microsoft® Windows Server 2003 SB Edition[1] 32/64 bit (SP1)
- Microsoft® Windows Server 2003 SB Edition R2[1] 32/64 bit

支援資料庫

- Microsoft® SQL Server 2000 Desktop Edition, MSDE (SP3a, SP4)
- Microsoft® SQL Server 2000 Standard Edition (SP3a, SP4)
- Microsoft® SQL Server 2000 Enterprise Edition (SP3a, SP4)
- Microsoft® SQL Server 2005 Express (SP0, SP1)
- Microsoft® SQL Server 2005 Workgroup (SP0, SP1)
- Microsoft® SQL Server 2005 Standard (SP0, SP1)
- Microsoft® SQL Server 2005 Enterprise (SP0, SP1)

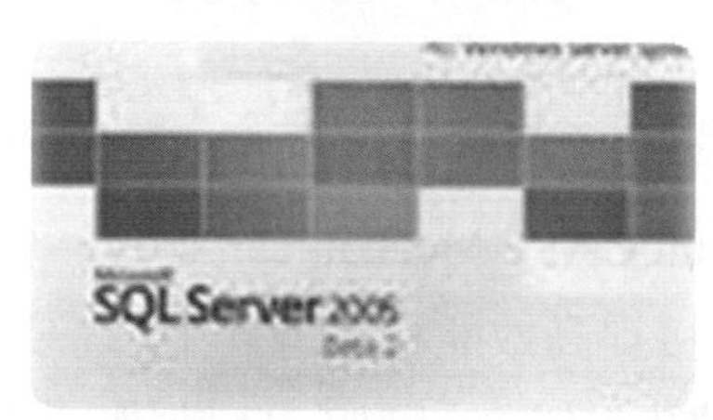

1. ADMS 對 XP Home、Visa Home、Vista Home Premium 只支援本機電腦上的單一使用者。Inventor 支援的所有作業系統都會支援 Vault 用戶端。
2. 爲求在伺服器上有最佳效能，Autodesk® 建議要有專屬的成員(非網域控制器)伺服器。
3. 最多僅限 10 個同時要求(「資料管理」查詢)。爲了支援大量額外的要求或使用者，Autodesk® 建議一個伺服器作業系統搭配伺服器版本的 Microsoft® SQL Server 2000 (標準或企業版)或 Microsoft® SQL Server 2005(Workgroup、標準或企業版)。欲使用這些其他的 SQL 版本，您必須額外向 Microsoft® 或 Microsoft® 經銷商購買此軟體。

4. 最多僅限 10 個同時連線(「資料管理」查詢)。為了支援大量額外的要求或使用者，Autodesk® 建議一個伺服器作業系統搭配伺服器版本的 Microsoft® SQL Server 2000 (標準或企業版)或 Microsoft® SQL Server 2005 (Workgroup、標準或企業版)。欲使用這些其他的 SQL 版本，您必須額外向 Microsoft® 或 Microsoft® 經銷商購買此軟體。

硬體需求

建議：

- Pentium® 4 Xeon™ 或 AMD Athlon™，2GHz 或更好的處理器。
- 60GB 的可用硬碟空間。
- 2+ GB RAM 記憶體。

更適合：

- Pentium® 4 Xeon™或 AMD Athlon™，3GHz 或更好的處理器。
- 120+ GB 或更多可用的硬碟空間與備份儲存空間。
- 2+ GB RAM 記憶體。

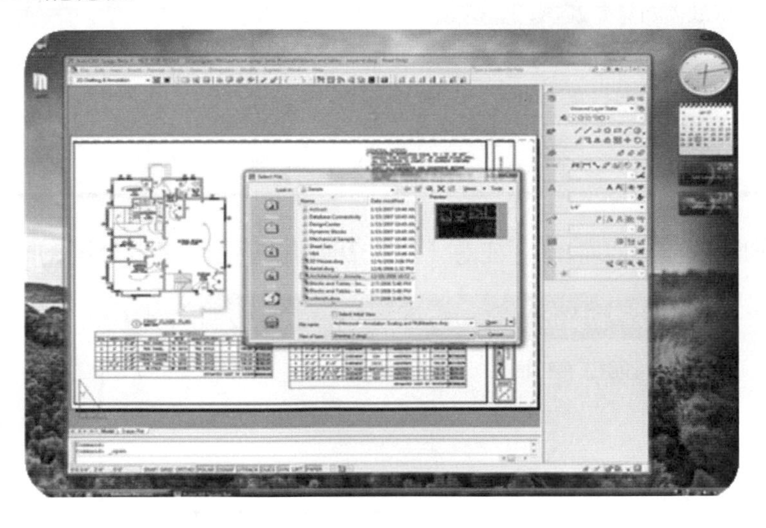

1-2-2 如何安裝 AutoCAD® Mechanical 2009 單機版

安裝介面改善

以往我們所遭遇到是問題是配套產品使客戶必須進行多次安裝，不同的產品有不同的安裝介面與方式，在安裝多種 Autodesk® 應用程式時也容易產生問題，以及必須每次為產品個別輸入註冊資料，而註冊資料輸入造成之錯誤，容易影響產品註冊及啓動。

現在全新的安裝介面，Autodesk® 提供所有產品單一安裝平台，提升軟體安裝之支援協調性，安裝平台支援多種產品安裝。新的註冊系統下客戶僅需輸入註冊資料一次即可，並且在新的註冊系統下客戶僅需輸入註冊資料一次即可。

安裝

1. 當您置入光碟時會自動的執行，但倘若無法自動執行，請於檔案總管處點選您的光碟機並點選右鍵開啟，選擇 Setup.exe 即可啓動安裝程序。

2. 程式會自動開始設置初始化，注意！此一初始化會花費您幾分鐘的時間。

3. Autodesk® 於 2008 年起已將產品統一安裝介面，請選擇第一項【安裝產品】。

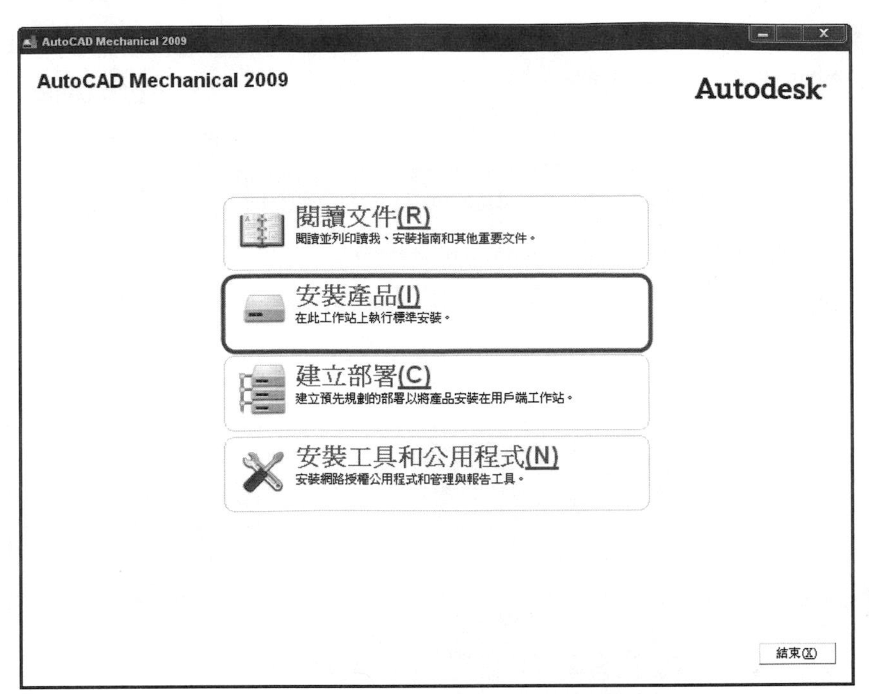

4. 在此因為我們尚未需要使用到 Vault 2009，所以先不做的勾選的動作。

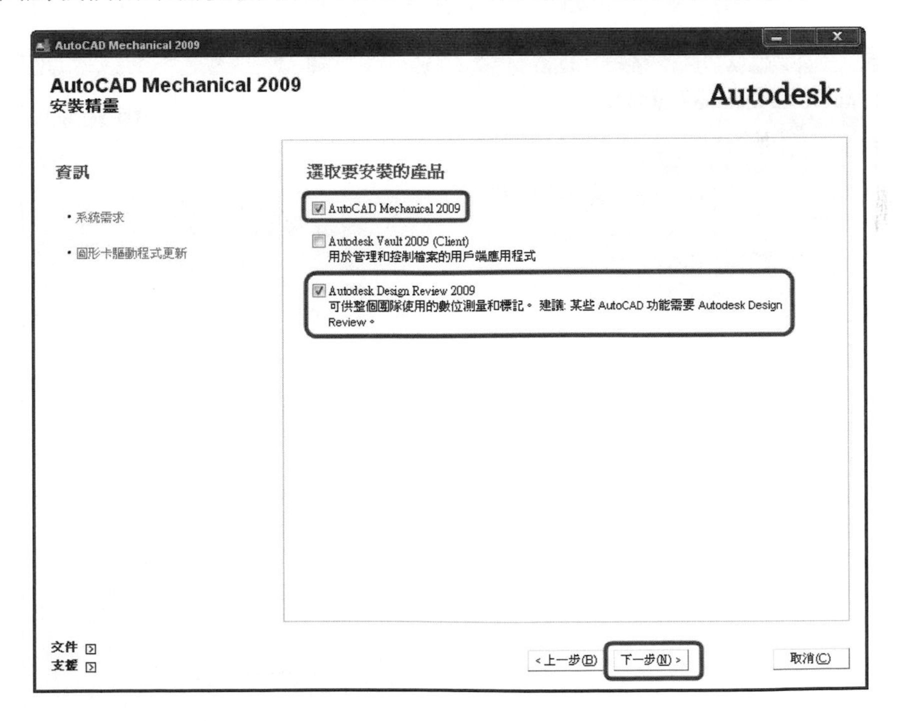

5. 系統會開始進行初始化動作。

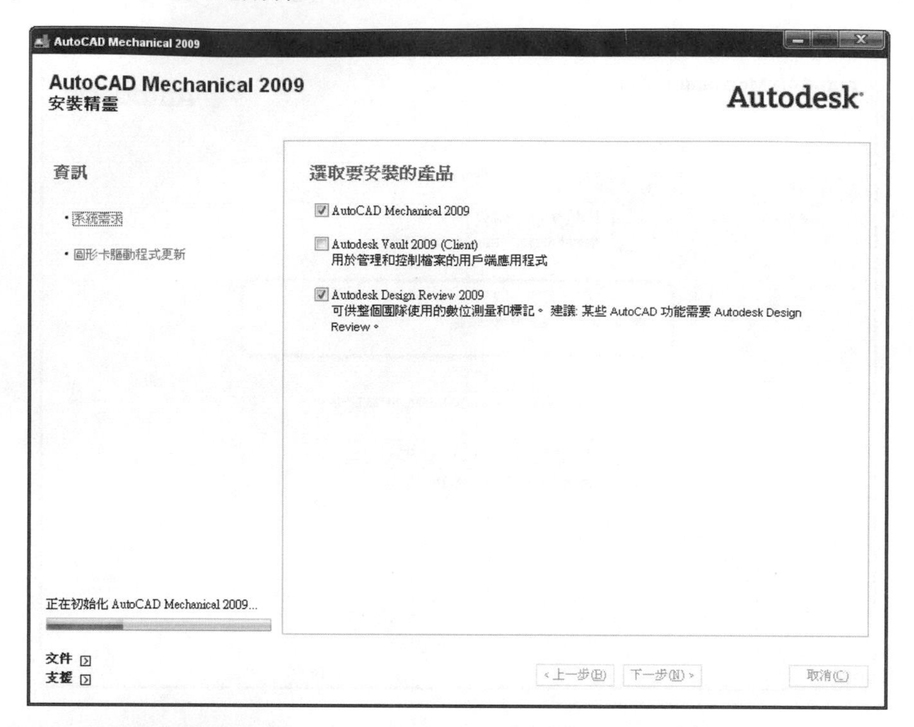

6. 請於國家地區選項選擇【Taiwan】，並點選【我同意】，再點【下一步】。

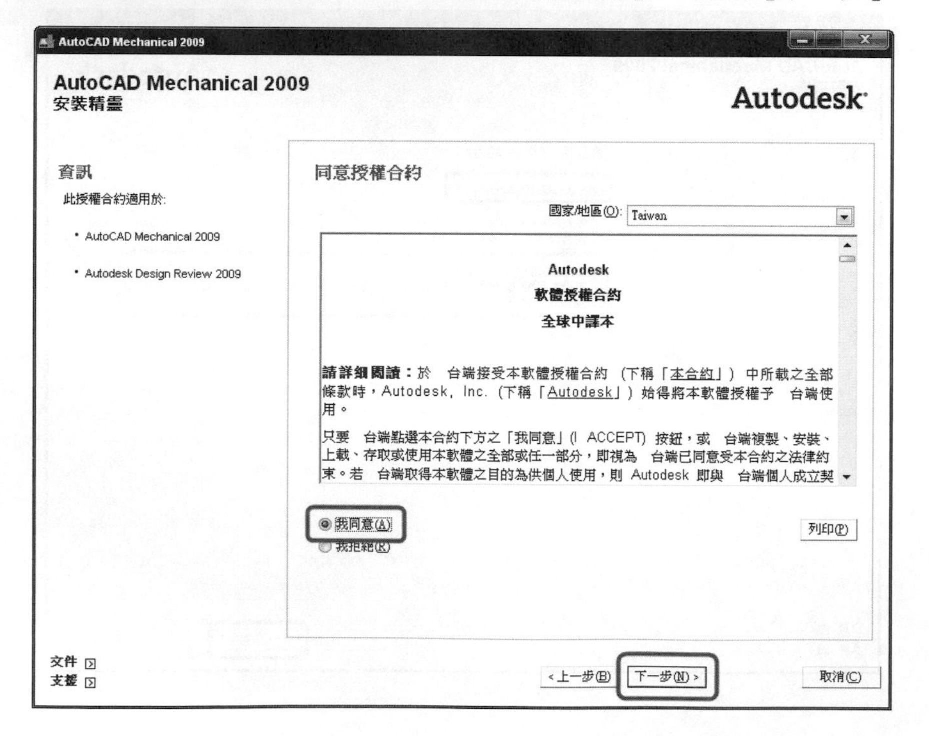

7. 輸入您的個人資訊。

8. 點選【規劃】，因爲在這個方地我們要加上【Express Tools】這個外掛程式。

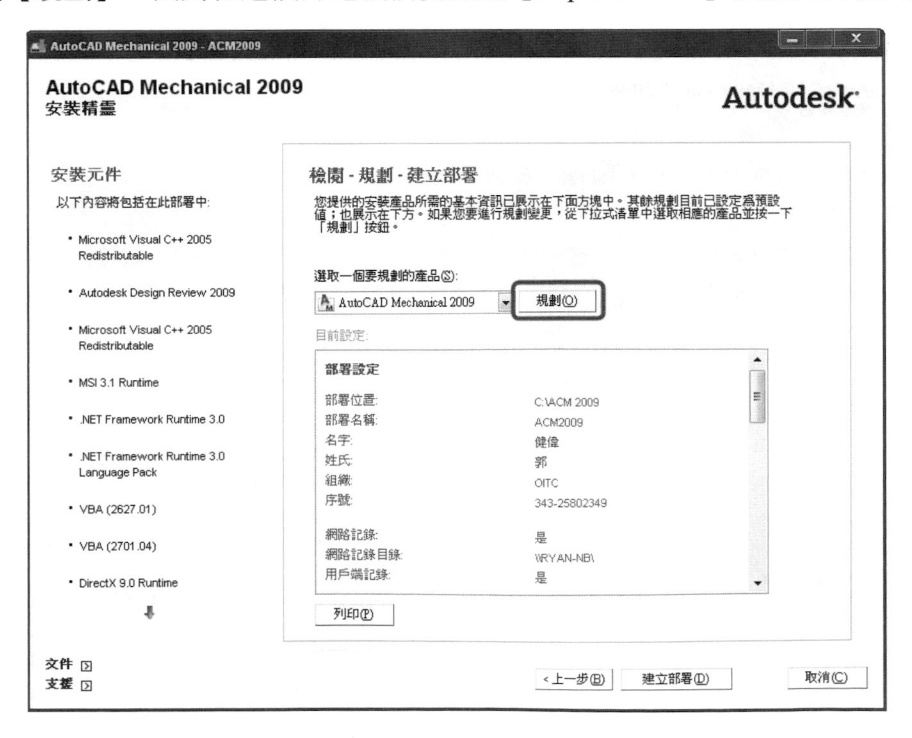

9. 檢查安裝【Autodesk Inventor 連結】有沒有勾選，再點選【下一步】。

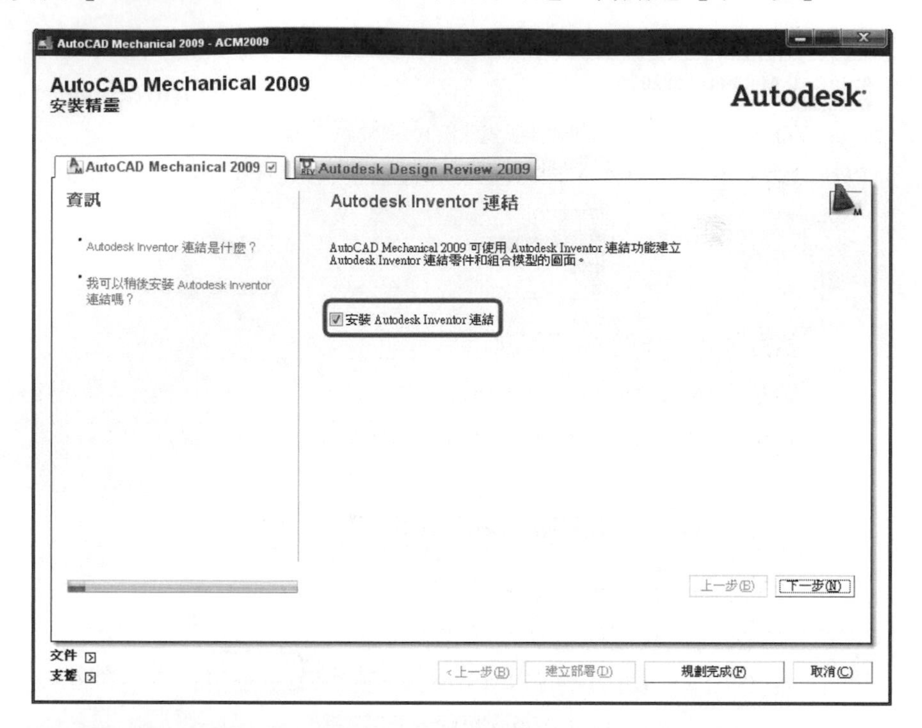

10. 選取所需要的國家標準，此處可以採預設選項即可，請直接點選【下一步】。

AutoCAD Mechanical 2009 - ACM2009

AutoCAD Mechanical 2009
安裝精靈

Autodesk

AutoCAD Mechanical 2009 | Autodesk Design Review 2009

資訊

- 標準資源庫的用途是什麼？
- 以後可以安裝其他標準資源庫嗎？
- 爲什麼需要選取預設標準零件資源庫？
- 以後可以變更我的預設標準零件資源庫嗎？

標準零件資源庫

選取要安裝的標準零件資源庫　全選(S)　預設(D)

- 法國標準 (AFNOR)
- 美國標準 (ANSI)
- 澳大利亞標準 (AS)
- 英國標準 (BSI)
- 台灣標準 (CNS)
- 捷克標準 (CSN)
- 德國標準 (DIN)
- 中國標準 (GB)
- 俄國標準 (GOST)
- 印度標準 (IS)
- 國際標準 (ISO)
- 日本標準 (JIS)
- 韓國標準 (KS)
- 波蘭標準 (PN)
- 芬蘭標準 (SFS)
- 瑞典標準 (SS)
- 斯洛伐克標準 (STN)
- 義大利標準 (UNI)

選取要設定爲預設的標準零件資源庫:

台灣標準 (CNS)

規劃進度: 2/12頁

上一步(B)　下一步(N)

文件
支援

上一步(B)　建立部署(D)　規劃完成(F)　取消(C)

11. 選取【單機版授權】，再點【下一步】。

12. 爲了更強大您的 Autodesk® Mechanical，強烈建議您勾選【Express Tools】。

13. 點下【規劃完成】來進行下一步的設定。

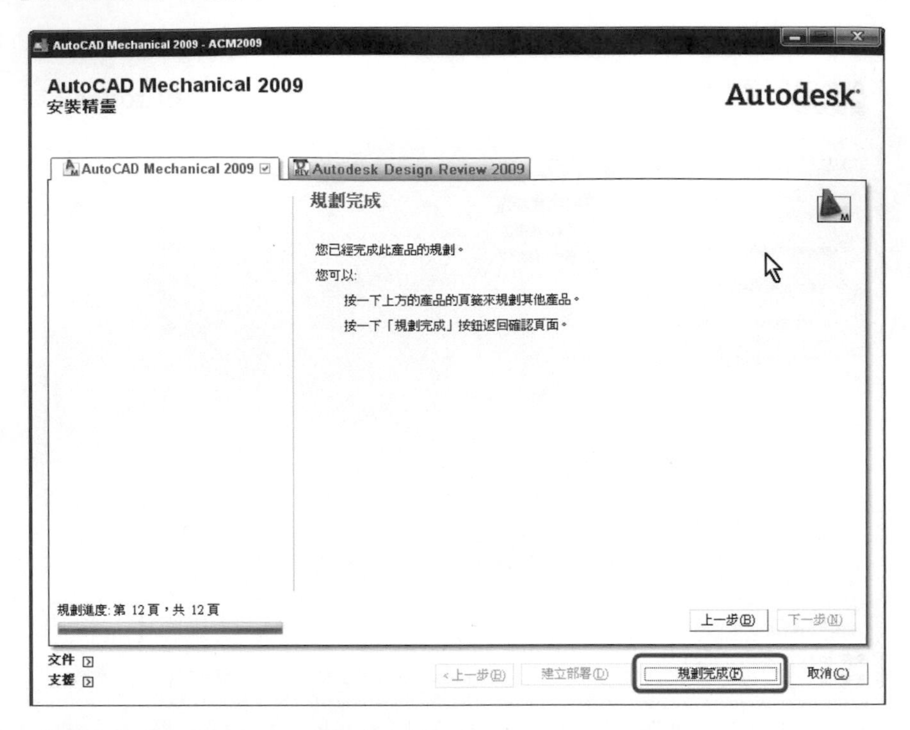

14. 點選【安裝】開始進行軟體安裝。

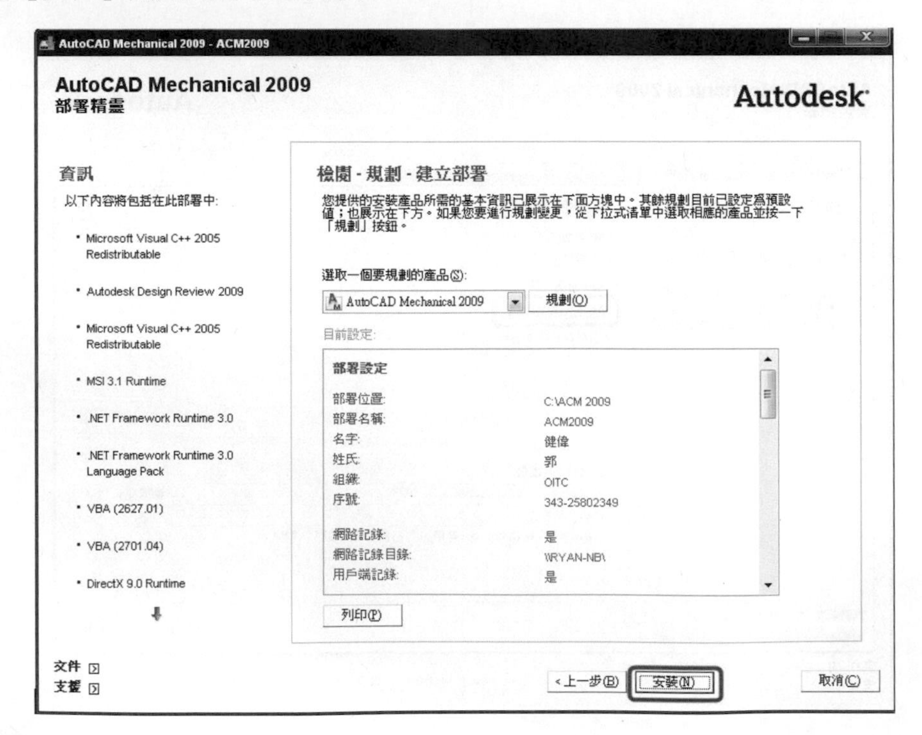

15. 此時請靜待安裝完成。

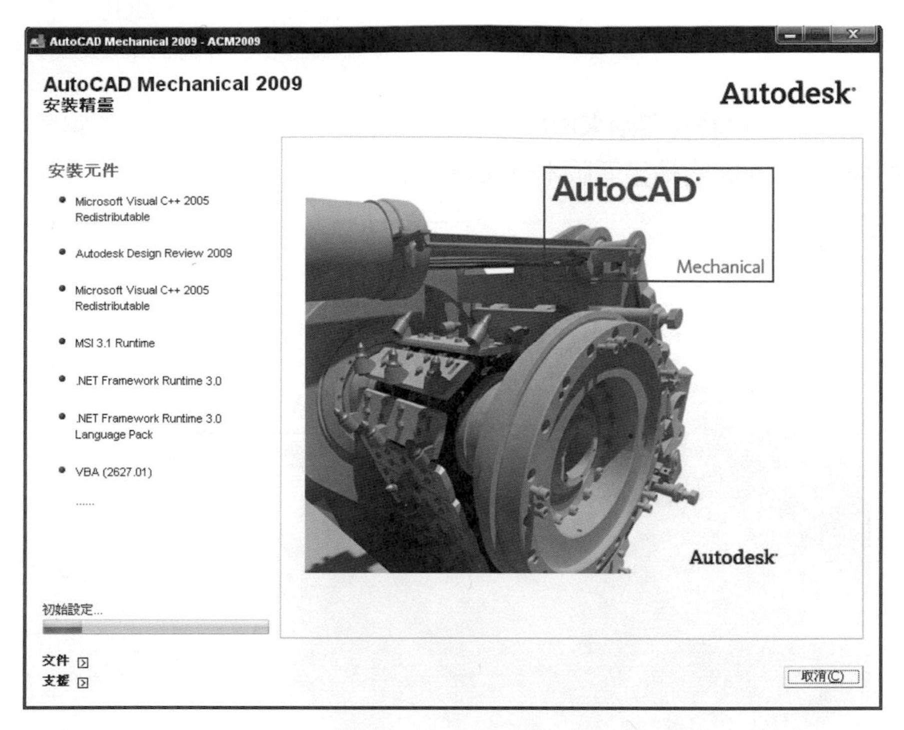

16. 於安裝完成之後點下【完成】即可。

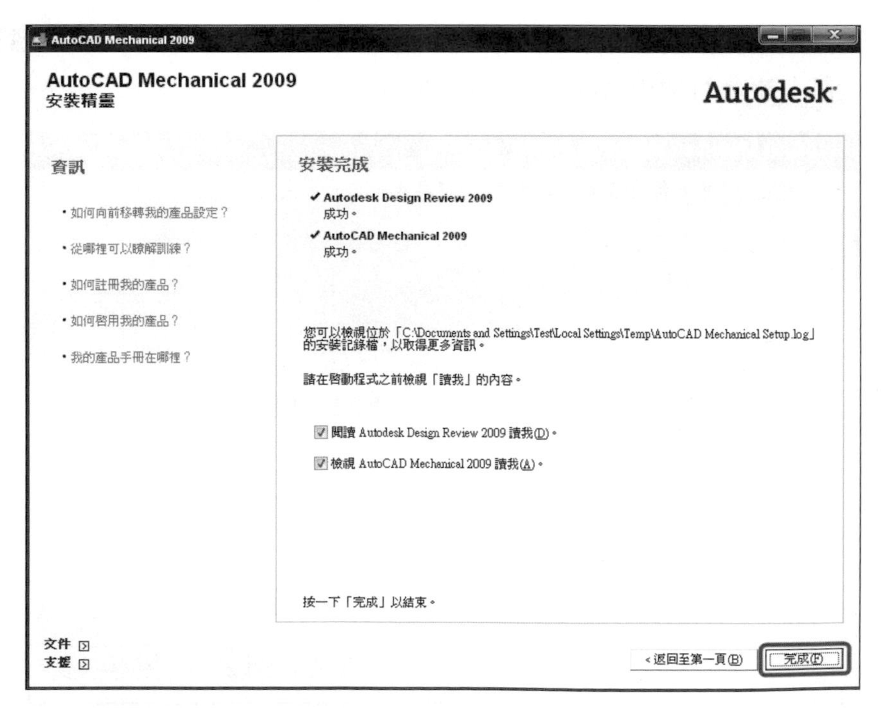

1-2-3　正式啓動 AutoCAD® Mechanical 2009

啓動

1. 在安裝完成之後我們要開始來使用新版的 AutoCAD® Mechanical，下圖爲啓動時的畫面，和先前的 2008 齒輪畫面版本有顯著的不同。

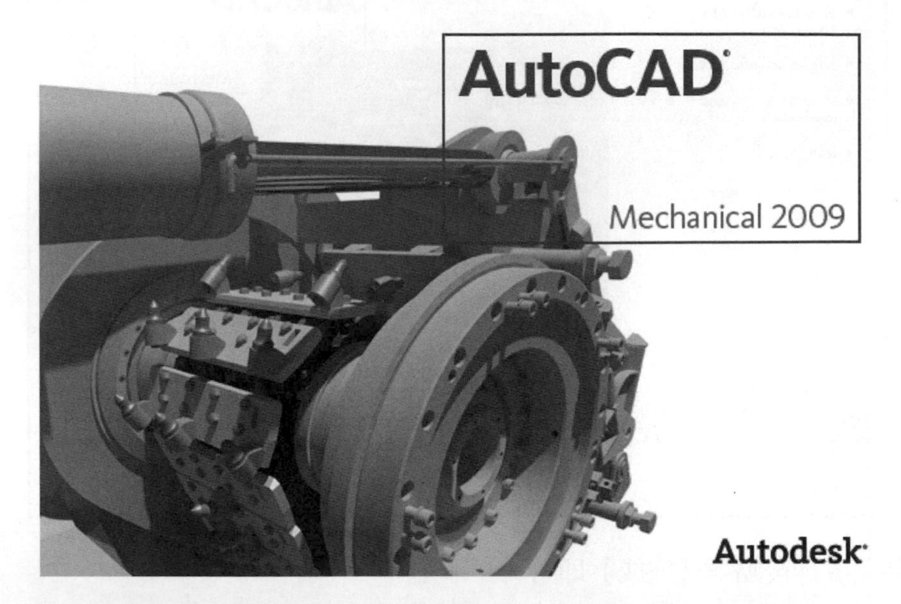

2. 因爲我們尚未註冊，所以只有 30 天以使用，若我們還不想註冊時可以先選擇下面的【執行產品】來先行使用 AutoCAD® Mechanical。

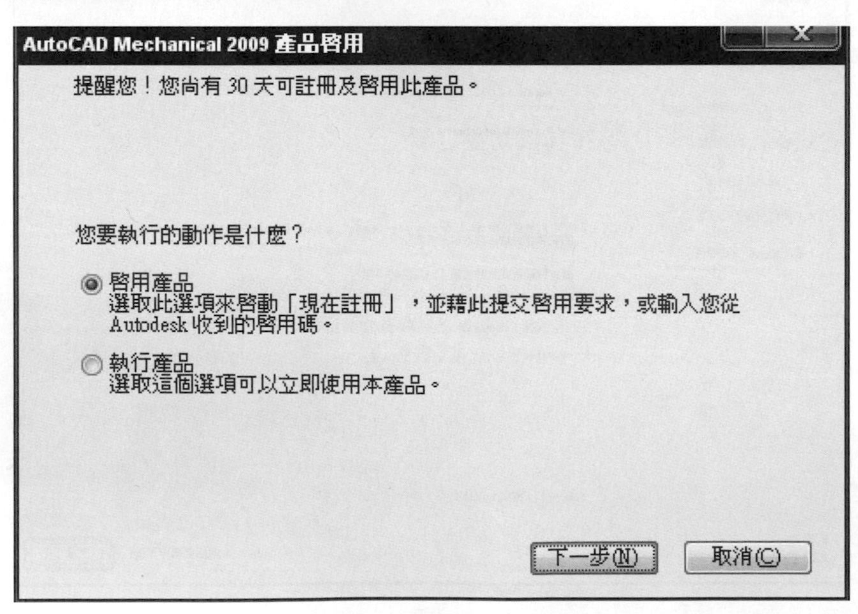

3. 在開啓 AutoCAD® Mechanical 之前，可能會出現一個對話框詢目您是否願意參加【客戶參與方案】的對話視窗，若不願意的話請點選【現在不想參與】。

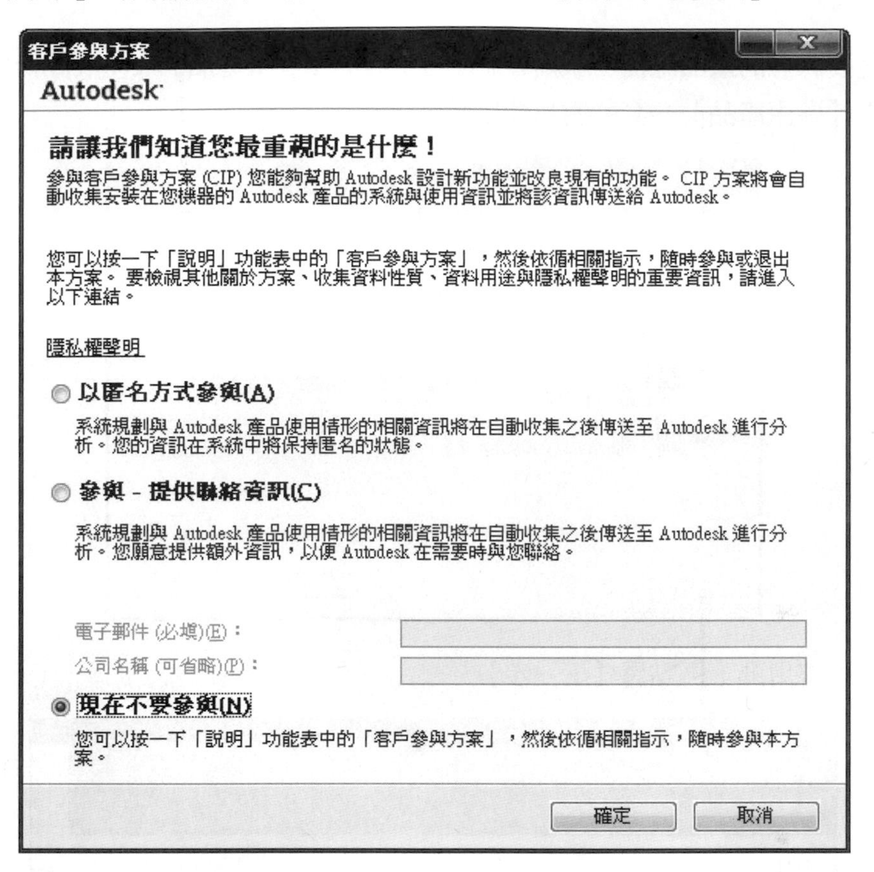

4. 點下【確定】後即可以立即使用 AutoCAD® Mechanical。

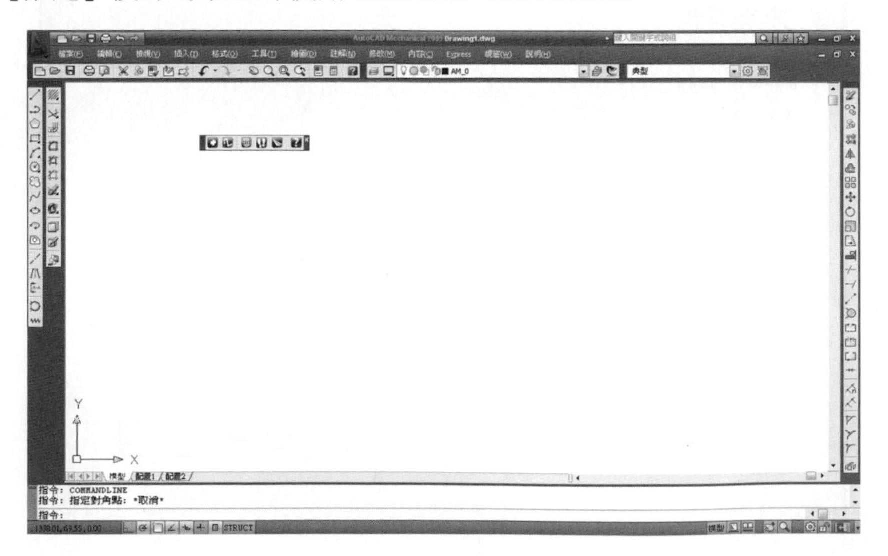

1-2-4 取得 AutoCAD® Mechanical 2009 正式授權

取得授權

1. 若您是要將您的產品註冊，那就必需點選上方的【啟用產品】來完成註冊與啟動的程序。※【啟用產品】一套軟體只能啟動一次。

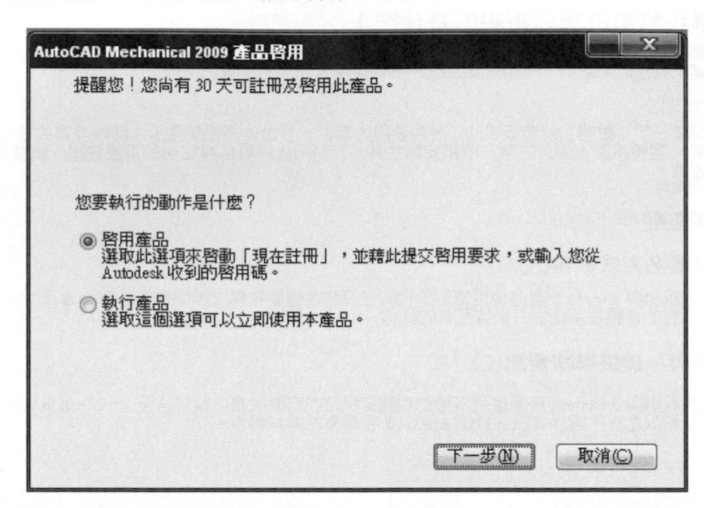

2. 選取取得啟用碼，再點選【下一步】。

3. 接下來會帶出客戶的資訊，請您務必詳細誠實填寫，此為往後登記之註冊資訊。

Autodesk

客戶資訊

產品: AutoCAD Mechanical 2009
序號:
需求碼: ZTWP H5ZK 7ZC7 Z2P3 RR8S SU4R

標有 * 的欄位必須填寫。

您在此頁面上輸入的資訊將與您的授權儲存在一起。它用於重新啟用與升級產品。請確定在此處輸入有效的資訊，以避免延誤使用該產品。

公司資訊

* 公司名稱: 大塚資訊科技股份有限公司
* 街道地址: 板橋市文化路二段285號19樓

街道地址 2:

街道地址 3:

* 城市: 台北縣
* 省: 台灣
* 郵遞區號: 220

連絡資訊

* 姓氏: 郭
* 名字: 健偉

部門: 台北支援部

* 您必須至少輸入下列其中一個選項

電子郵件: ryan@oitc.com.tw

電話:

區號: 02　號碼: 82526900

傳真:

區號: 02　號碼: 82527200

為了協助 Autodesk 更好地瞭解您所在業界的需求，請回答以下問題。
以下哪項描述最適合您所在的主要領域？

請選取

回應方式資訊

我希望透過以下方式取得此碼:

- ◉ 電子郵件
- ○ 傳真
- ○ 郵遞郵件

Autodesk 將使用您提供的資訊來註冊與/或發佈啟用碼，以使您持續獲悉我們的產品與服務資訊，並確保您因成為授權的 Autodesk 使用者而受益。Autodesk 不會將您的資訊出售或以其他方式提供給 Autodesk 或我們授權的商業合作夥伴以外的任何人。如果您想修正或更新先前註冊的客戶資訊，請按一下此處以聯絡 Autodesk，或者聯絡您當地的 Autodesk 辦事處。

<< 上一步　關閉　下一步>>

4. 系統會請您確定剛剛所填寫的客戶資訊，在此請您再確認一下。
   最後點下【提交】就可以向 Autodesk® 註冊。

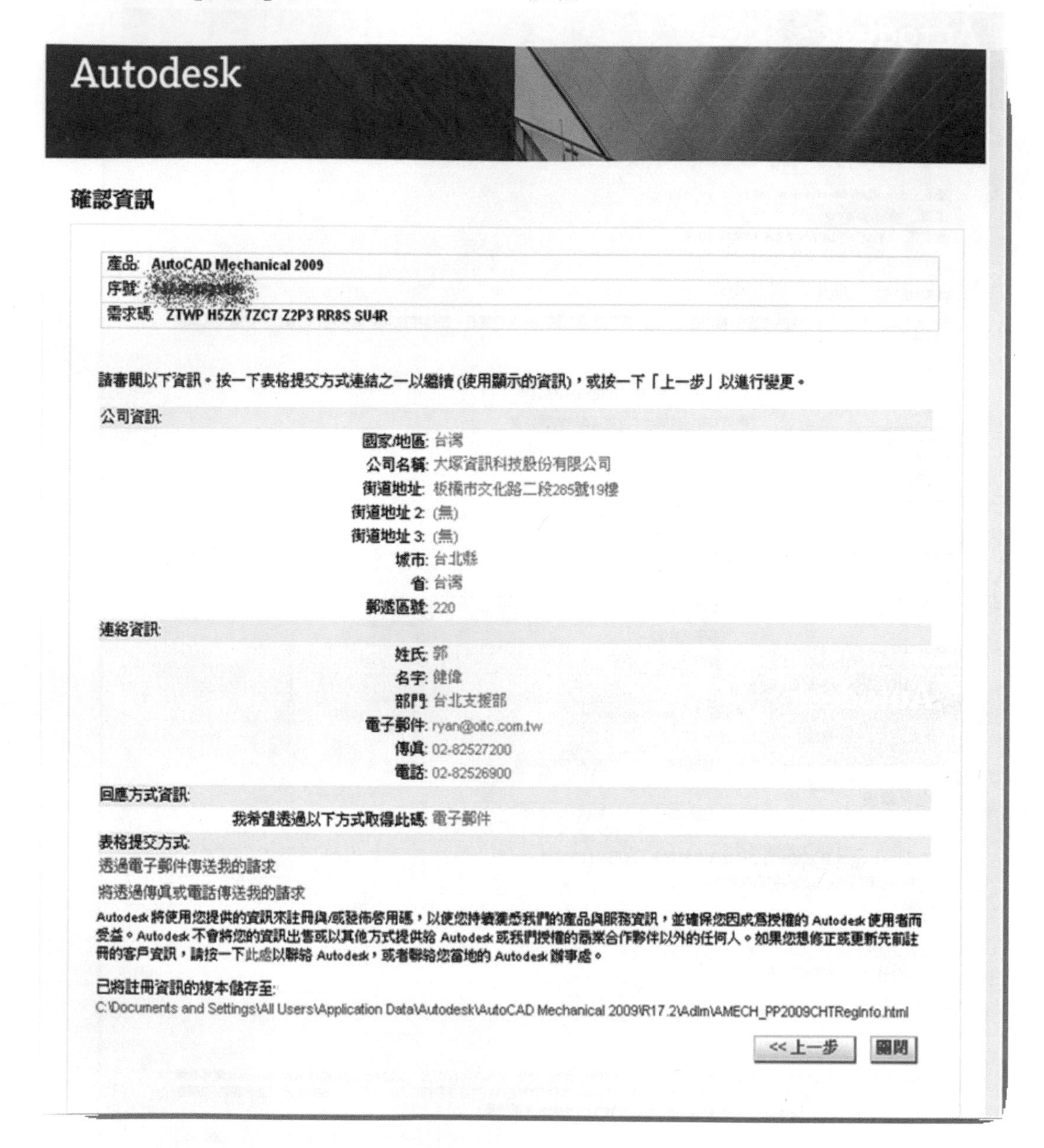

您的註冊資訊會儲存在：

C：\Documents and Settings\All Users\Application Data\Autodesk\AutoCAD Mechanical 2009\R17.2\ADLM\AMECH_PP2009CHTRegInfo.html

5.　打開後檢視資訊如下。

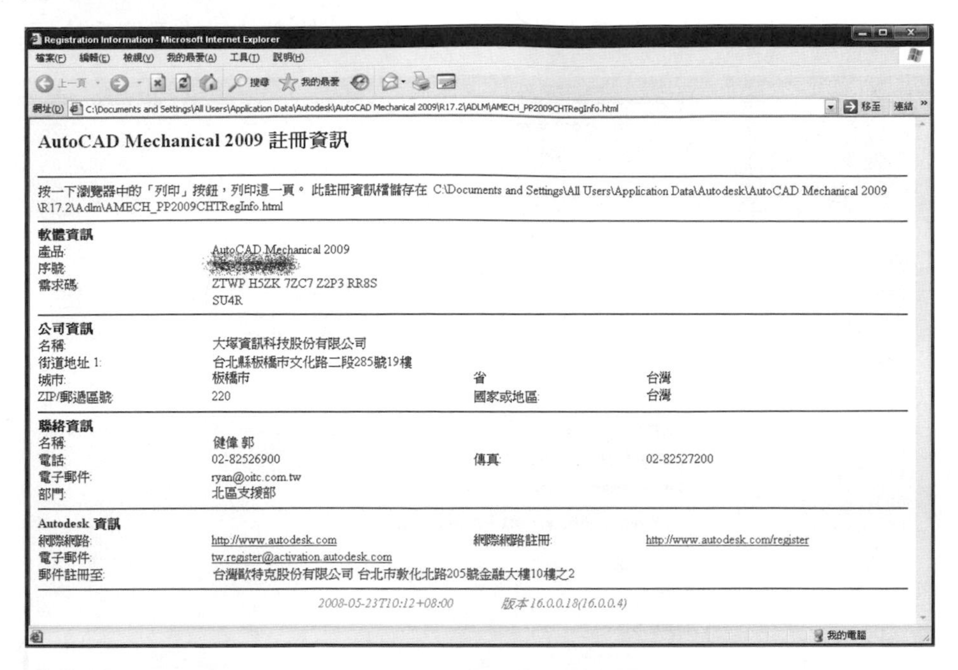

6.　若是無法使用網路註冊您可以使用其它的方式來完成上述的工作。

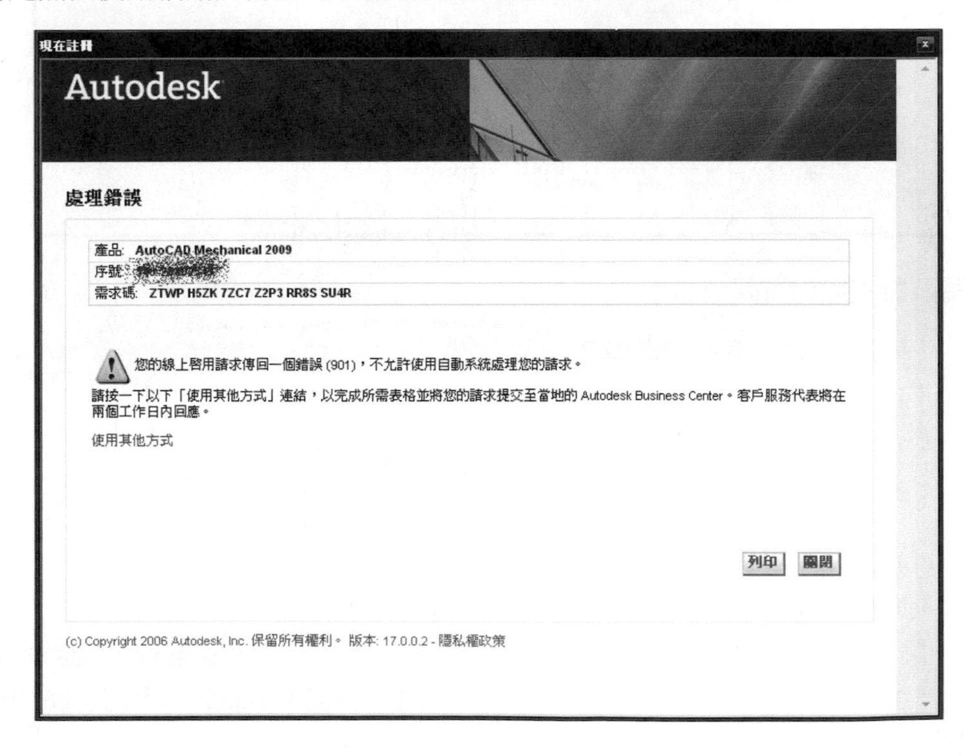

7. 另外提供一個 Autodesk® 網路註冊網址，或是您可以直接利用下列的連絡方式與 Autodesk® 網站註冊，不過似乎次數不可超過五次，超過就只能用傳真的了。

台灣歐特克股份有限公司

網址：http://register.autodesk.com

E-mail：register@activation.autodesk.com

地址：台北市敦化北路 205 號金融大樓 10 樓之 2

電話：2546-2223 分機 1

大塚資訊科技股份有限公司

網址：http://www.oitc.com.tw　線上會議中心：http://oitc.webex.com

CAD 論壇討論區：http://bbs.oitc.com.tw　大塚數位學苑：http://e-learning.com.tw

台北：02-8252-6900　新竹：03-550-5568　台中：04-2305-3266　台南：06-298-5111

高雄：07-556-0660

1-2-5　如何安裝 AutoCAD® Mechanical 2009 網路版

1-2-5-1　建立部署(Windows® XP 模式)

建立資料夾

1. 在您的磁碟機上建立一個名為【ACM 2009】的分享資料夾。

2. 選擇【共用和安全性】。

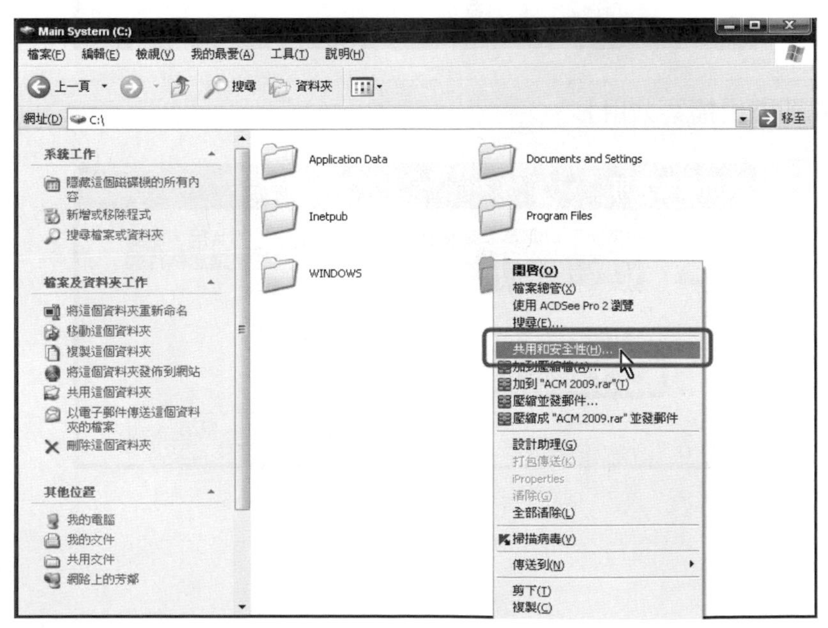

3. 在【共用】的頁籤，點選【如果您了解這個安風險，但仍要不執行精靈而共用檔案，請按這裡】。

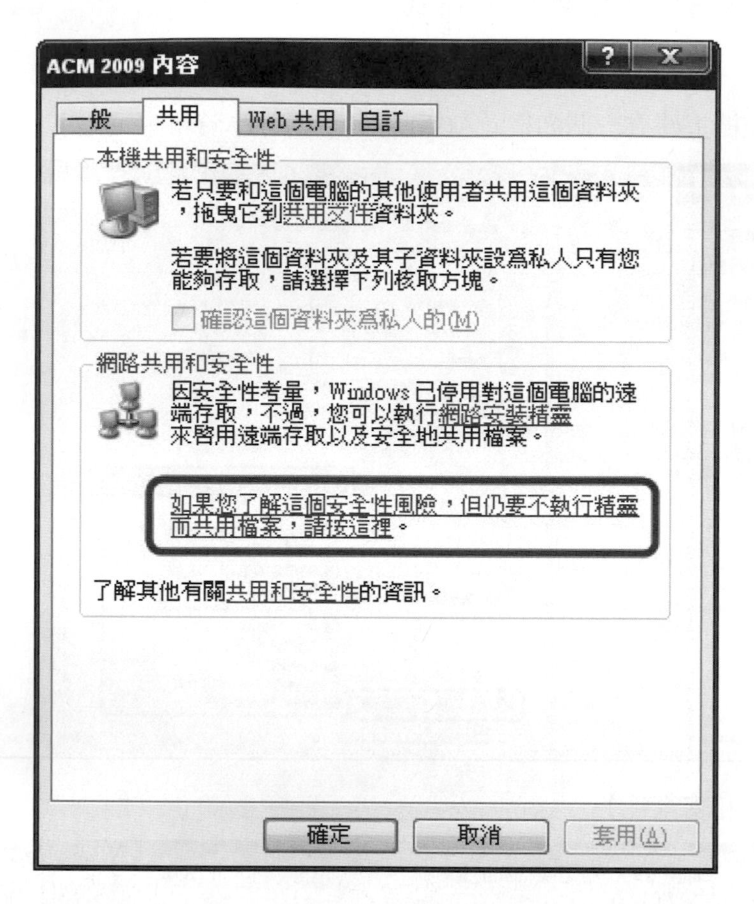

4. 選擇【立即啟用檔案共用】。

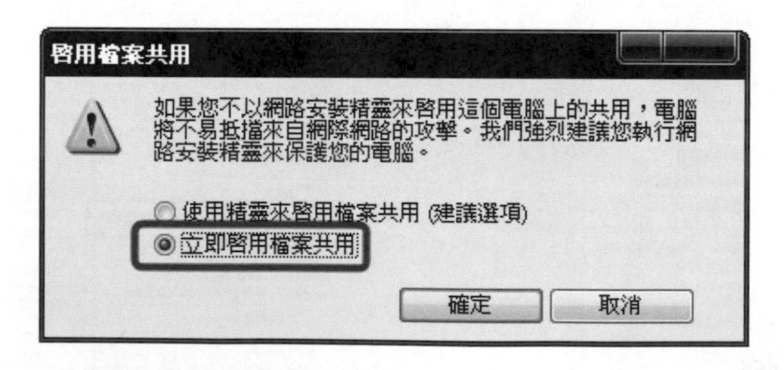

5. 勾選下列【在網路上共用這個資料夾】、【允許網路使用變更我的檔】，兩個選項。

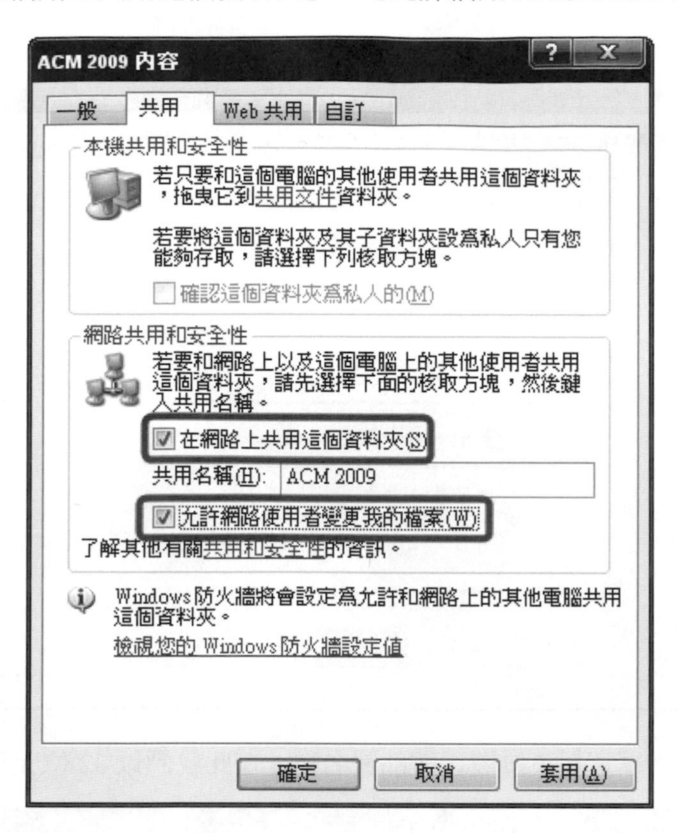

6. 此時剛剛所建立的 ACM 2009 就會出現一個分享的符號。

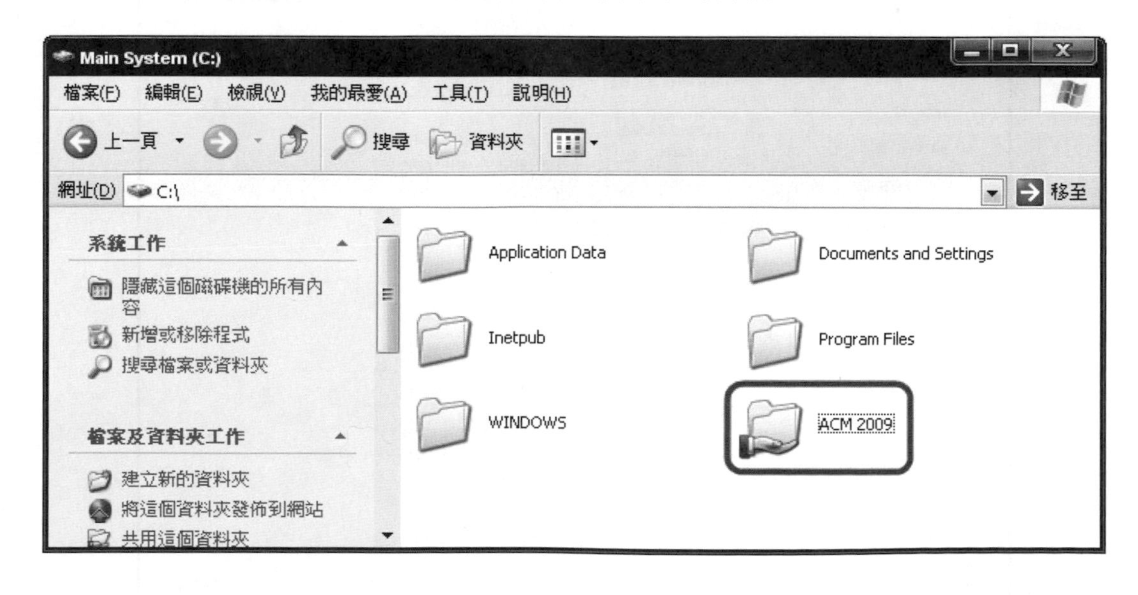

建立部署

1. 選擇【建立部署】。

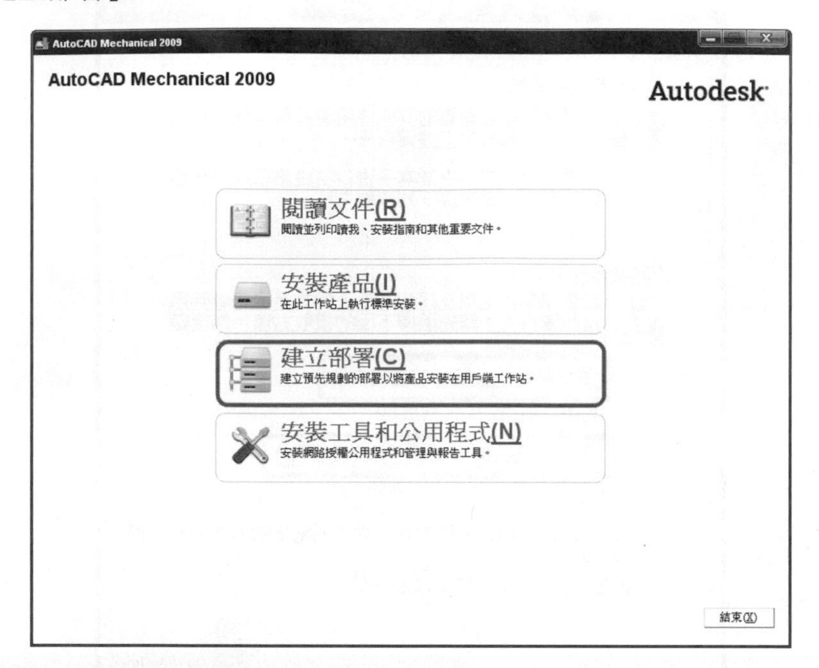

2. 在此輸入您的分享資料夾位置，與部署名稱。在此我們以 32 位元為例。

3. 此例為 RYAN-NB 這台電腦的分享位置，您可以直接點選或是輸入語法\\Ryan\ACM 2009\，或是您可以在 RYAN-NB 的地方輸入您的部署主機名稱，接著請點選【確定】。

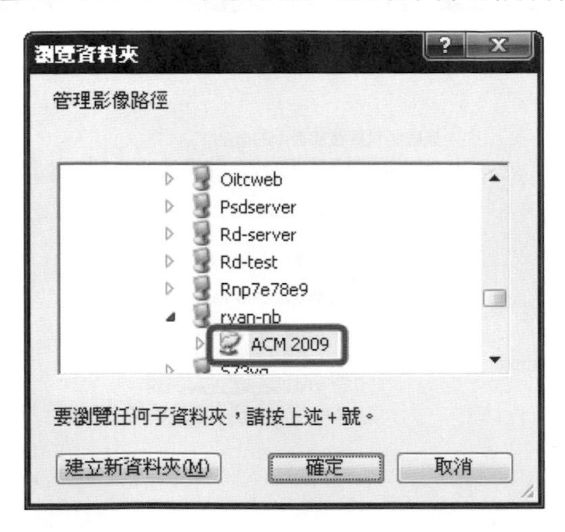

4. 一般而言我們只要勾選【AutoCAD Mechanical 2009】與【Autodesk Design Reviw 2009】就可以了，至於【Autodesk Vault 2009 (Client)】若不使用可以先不勾選，接著請點選【下一步】。

AutoCAD Mechanical 2009 - ACM2009
AutoCAD Mechanical 2009
部署精靈
Autodesk
資訊
• 系統需求
• 圖形卡驅動程式更新
• 管理影像是什麼？
• 選取所有產品包含在管理影像中的影響有哪些？
• 以後可以為未選取的產品建立部署嗎？
選取要包括在部署中的產品
您也可以選擇是否包括管理影像 (安裝媒體的網路複本) 中的產品。如果您基於此管理影像建立其他部署，您可能想要包括總產品清單中的所有產品。此部署中要包括的所選產品必須包括在此管理影像中。
管理影像　部署
AutoCAD Mechanical 2009
Autodesk Vault 2009 (Client)
用於管理和控制檔案的用戶端應用程式
Autodesk Design Review 2009
可供整個團隊使用的數位測量和標記。建議：某些 AutoCAD 功能需要 Autodesk Design Review。
文件
支援
<上一步(B)　下一步(N)>　取消(C)

5. 此時系統會出現正在初始化，大約會花費一點時，請耐心等待。

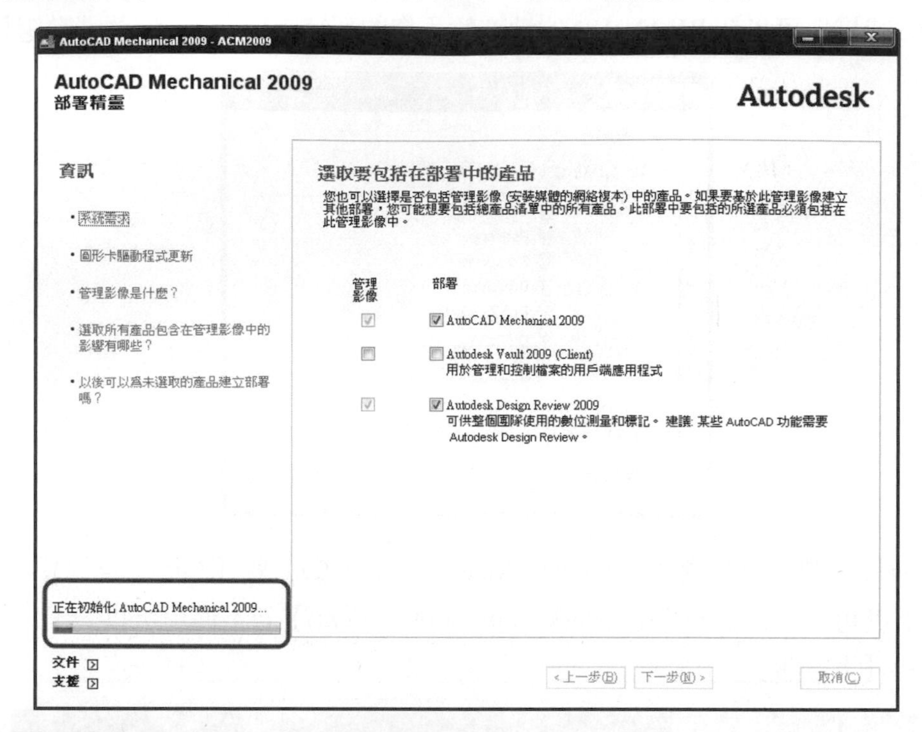

6. 請勾選【我同意】，並點下【下一步】。

7. 輸入個人化資料與序號，* 號者爲必塡。

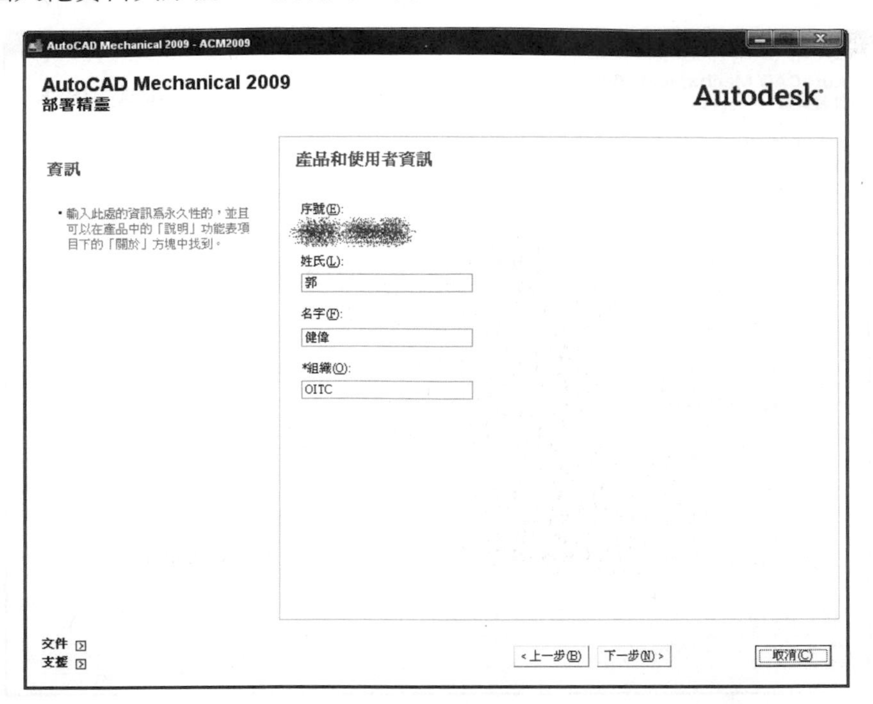

8. 預設値會爲您寫入記錄檔於 ACM 2009 的資料夾，靜謐模式爲無人値守安裝。但在此模式中無法看到錯誤畫面，因此若安裝後有問題可以修改這個地方。

9. 點選【規劃】，因爲在這個方地我們要加上【Express Tools】這個外掛程式。

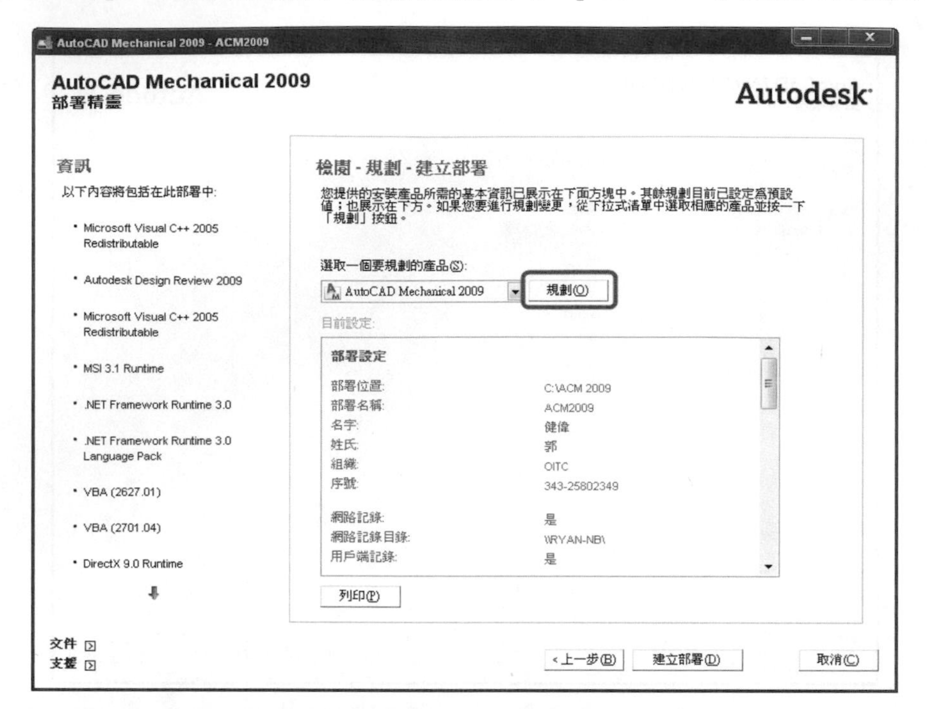

10. 檢查安裝【Autodesk Inventor 連結】有沒有勾選，再點選【下一步】。

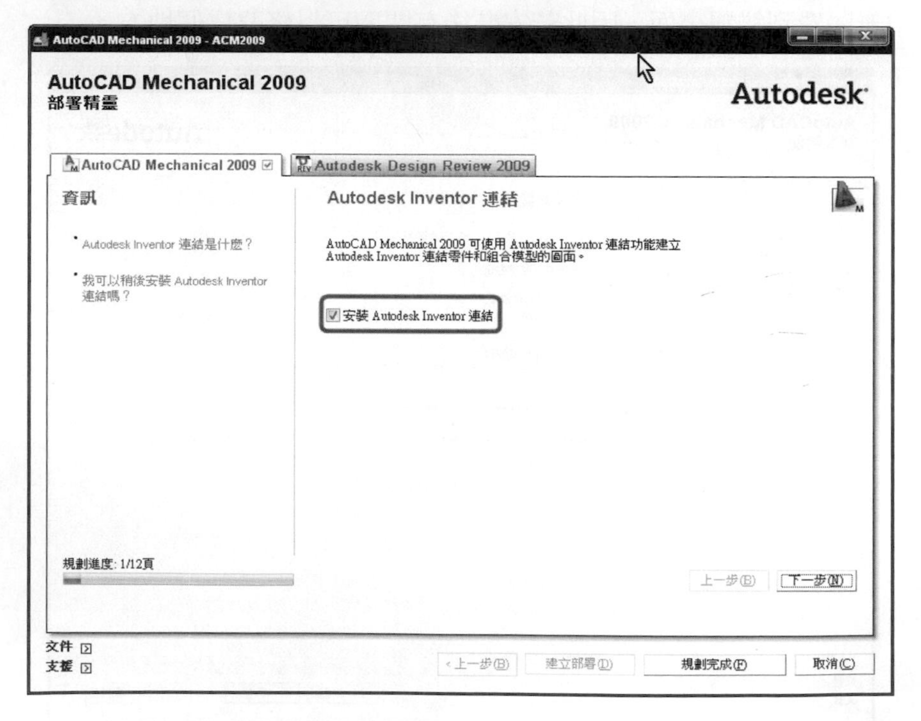

11. 選取所需要的國家標準，此處可以採預設選項即可，請直接點選【下一步】。

AutoCAD Mechanical 2009 - ACM2009

AutoCAD Mechanical 2009
部署精靈

Autodesk

AutoCAD Mechanical 2009 ☑ | Autodesk Design Review 2009

資訊

- 標準資源庫的用途是什麼？
- 以後可以安裝其他標準資源庫嗎？
- 為什麼需要選取預設標準零件資源庫？
- 以後可以變更我的預設標準零件資源庫嗎？

標準零件資源庫

選取要安裝的標準零件資源庫　全選(S)　預設(D)

- ☐ 法國標準 (AFNOR)
- ☑ 美國標準 (ANSI)
- ☐ 澳大利亞標準 (AS)
- ☐ 英國標準 (BSI)
- ☑ 台灣標準 (CNS)
- ☐ 捷克標準 (CSN)
- ☑ 德國標準 (DIN)
- ☐ 中國標準 (GB)
- ☐ 俄國標準 (GOST)
- ☐ 印度標準 (IS)
- ☑ 國際標準 (ISO)
- ☑ 日本標準 (JIS)
- ☐ 韓國標準 (KS)
- ☐ 波蘭標準 (PN)
- ☐ 芬蘭標準 (SFS)
- ☐ 瑞典標準 (SS)
- ☐ 斯洛伐克標準 (STN)
- ☐ 義大利標準 (UNI)

選取要設定為預設的標準零件資源庫:
台灣標準 (CNS)

規劃進度: 2/12頁

上一步(B)　下一步(N)

文件　支援

< 上一步(B)　建立部署(D)　規劃完成(F)　取消(C)

12. 若無共用的標準資源庫，請直接點選【下一步】。

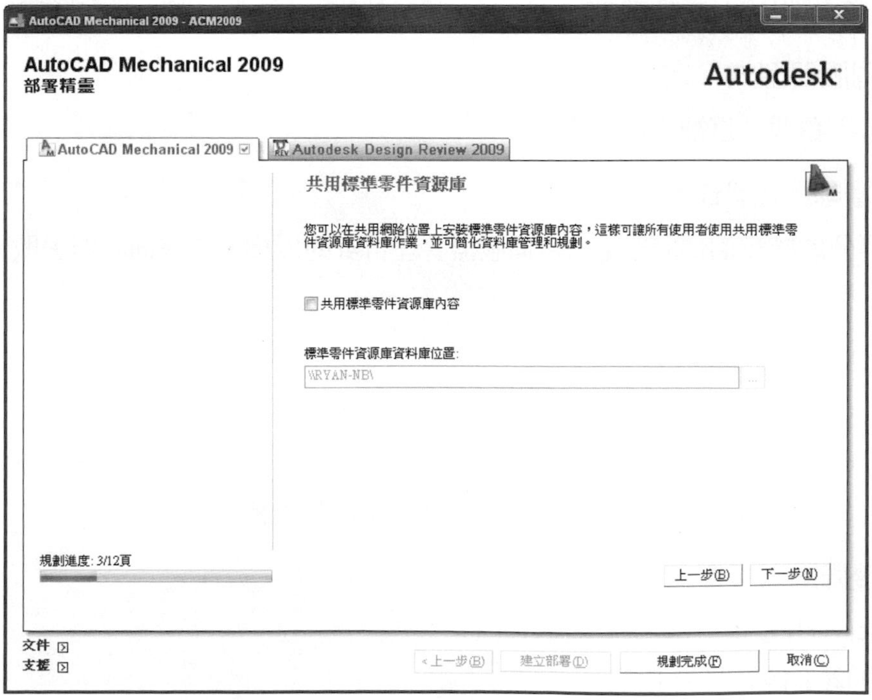

AutoCAD Mechanical 2009 - ACM2009

AutoCAD Mechanical 2009
部署精靈

Autodesk

AutoCAD Mechanical 2009 ☑ | Autodesk Design Review 2009

共用標準零件資源庫

您可以在共用網路位置上安裝標準零件資源庫內容，這樣可讓所有使用者使用共用標準零件資源庫資料庫作業，並可簡化資料庫管理和規劃。

☐ 共用標準零件資源庫內容

標準零件資源庫資料庫位置:
\\RYAN-NB\

規劃進度: 3/12頁

上一步(B)　下一步(N)

文件　支援

< 上一步(B)　建立部署(D)　規劃完成(F)　取消(C)

13. 選擇【網路版授權】與【單一授權伺服器】，並輸入伺服器名稱。

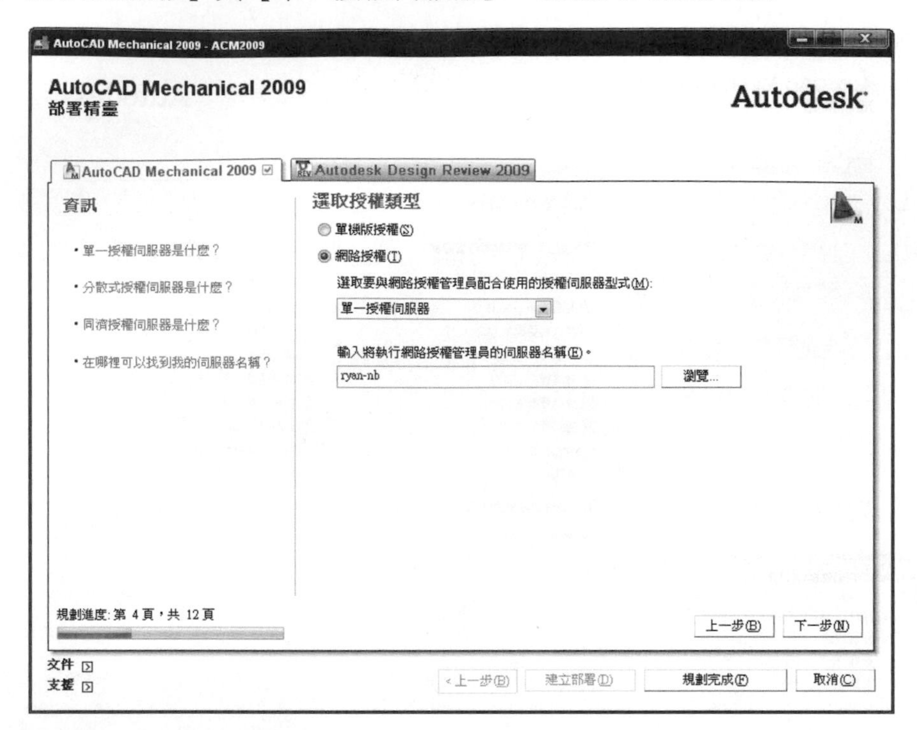

授權伺服器支援以下三種類型

單一授權伺服器型式：

一般常用類型，這裡不再敘述。

分散式授權伺服器型式：

將授權分散於多個伺服器中，各伺服器管理自身的授權，若該伺服器失敗，那麼該伺服器上的授權便不可用。

重複授權伺服器型式：

其類型爲利用三個伺服器來管理單一授權檔，其中必須兩台伺服器工作正常，系統才會繼續監視與發佈授權，若一個以上的伺服器失敗(不包括一個)，則所有的授權均不能再使用，且若更改三個伺服器中的一個，則必須重新申請授權。

以下是重複伺服器授權檔案的範例：

SERVER Server1(授權主機名稱爲 Server 1)

1a34567c90d2(主機網路卡卡號)

27005(重複伺服器所使用之連接埠)

SERVER Server2 2a34567f90d3 27005

SERVER Server3 3a34567b90d4 27005

USE_SERVER

VENDOR adskflex (開發產品廠商名稱) port=2080(產品指定的網路連接埠)

INCREMENT 46300ACD_2005_0F(授權檔支援的產品)adskflex 1.000(內部版本號碼參考)permanent 3(授權數目)\VENDOR_STRING=commercial(商業版本，教育版＝educational)：permanent BORROW=720(授權借用期限)SUPERSEDE\DUP_GROUP=UH(多個授權定義要求)ISSUED=22-mar-2004(產生授權檔的日期)SN=123-12345678(產品序號)SIGN(鑑定授權檔屬性的加密簽章)="XXXXX\XXXX\XXXX......."。

14. 勾選可以讓我們的 AutoCAD® Mechanical 更好用的【Express Tools】。

15. 維持預設值，請直接點選【下一步】。

AutoCAD Mechanical 2009 - ACM2009

AutoCAD Mechanical 2009
部署精靈

Autodesk

AutoCAD Mechanical 2009 ☑ | Autodesk Design Review 2009

資訊

- Internet Explorer 的用途是什麼？
- 我想要瞭解紀要。
- 我想要瞭解有關建立自訂捷徑的資訊。
- 有捷徑參數清單嗎？

指定使用者環境設定

☑ 安裝需要 Internet Explorer(E)
☑ 將 DWFx 設定爲預設發佈格式(W)

設定預設紀要名稱(P):
<<ACADMPP>>

☑ 建立 AutoCAD Mechanical 2009 桌面捷徑(S)
建立自訂桌面捷徑(U):

捷徑名稱	捷徑參數
<鍵入捷徑名稱>	<鍵入參數>

規劃進度: 第 6 頁，共 12 頁

上一步(B)　下一步(N)

文件
支援

<上一步(B)　建立部署(D)　規劃完成(F)　取消(C)

16. 維持預設值，請直接點選【下一步】。

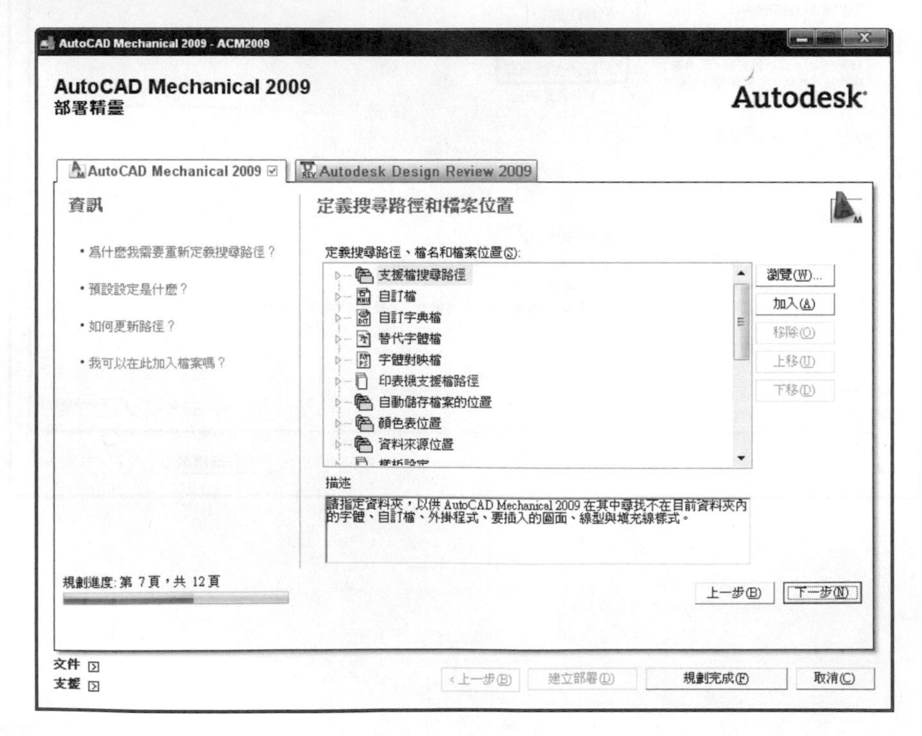

17. 若無其它需要伴隨安裝的程式，請再點【下一步】。

18. 在此可以加入修正程式 Service Pack 的 MSI 檔，即可整合成含修正的版本。

19. 為了方便管理，可以把這些選項取消。

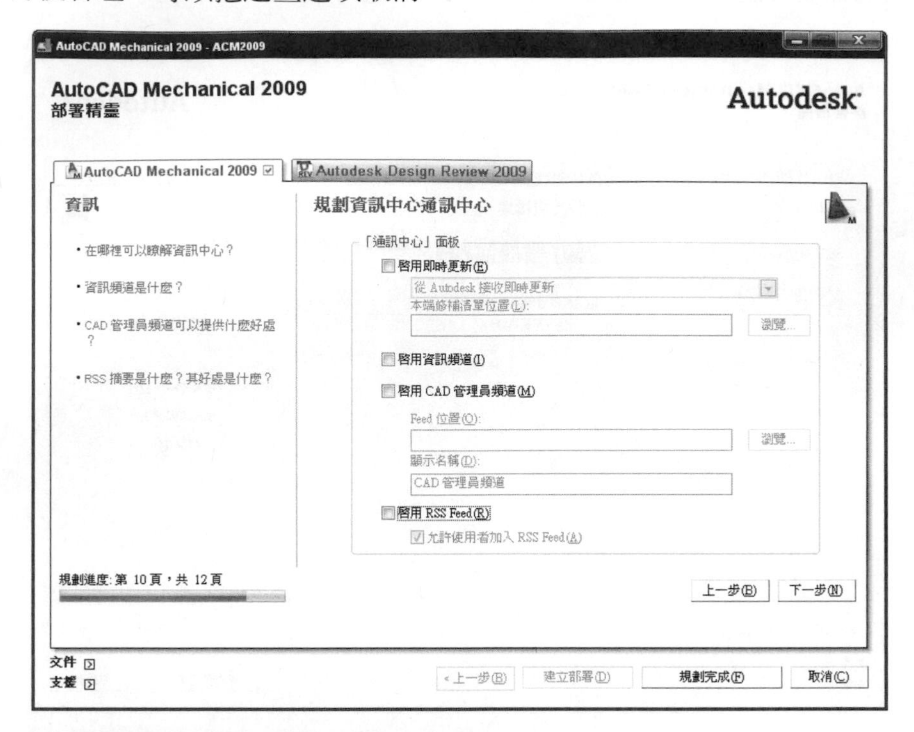

20. 再點選【下一步】。

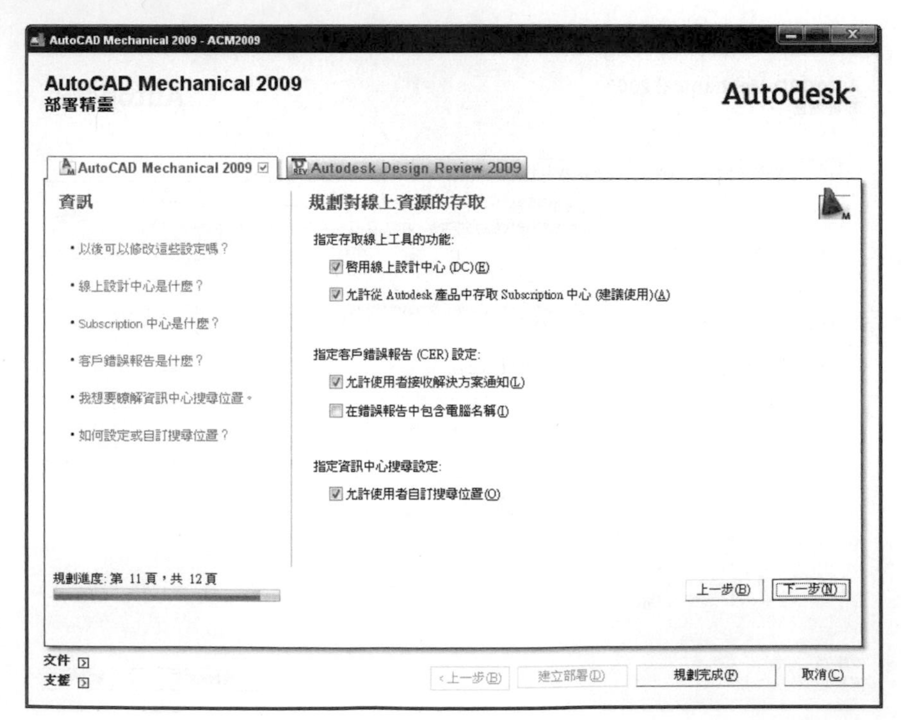

21. 點下【規劃完成】完成規劃設定。

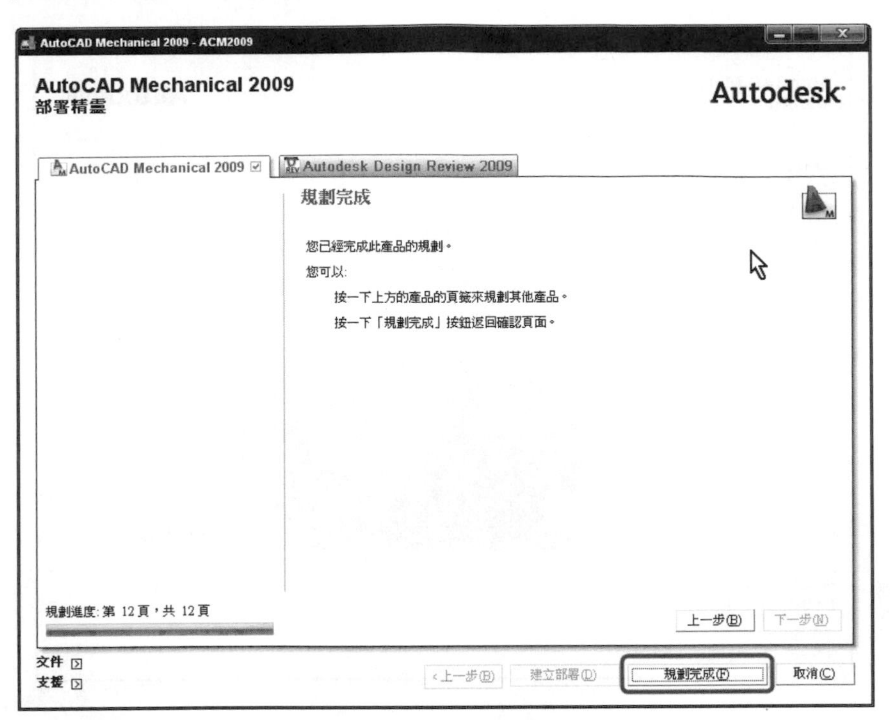

22. 點選【建立部署】開始部署工作。

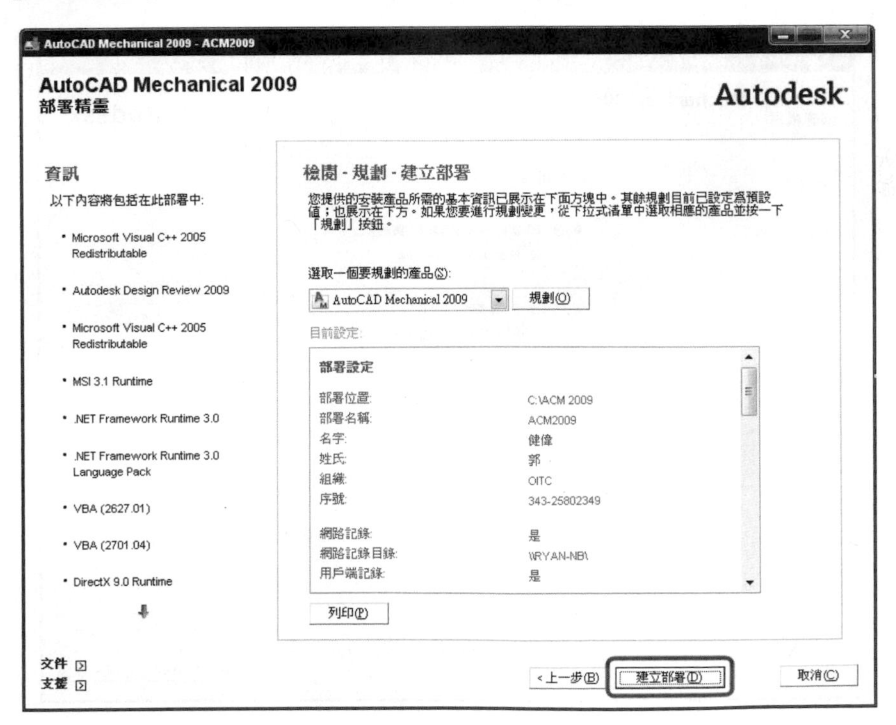

23. 此時系統就會自動的開始建立部署了。

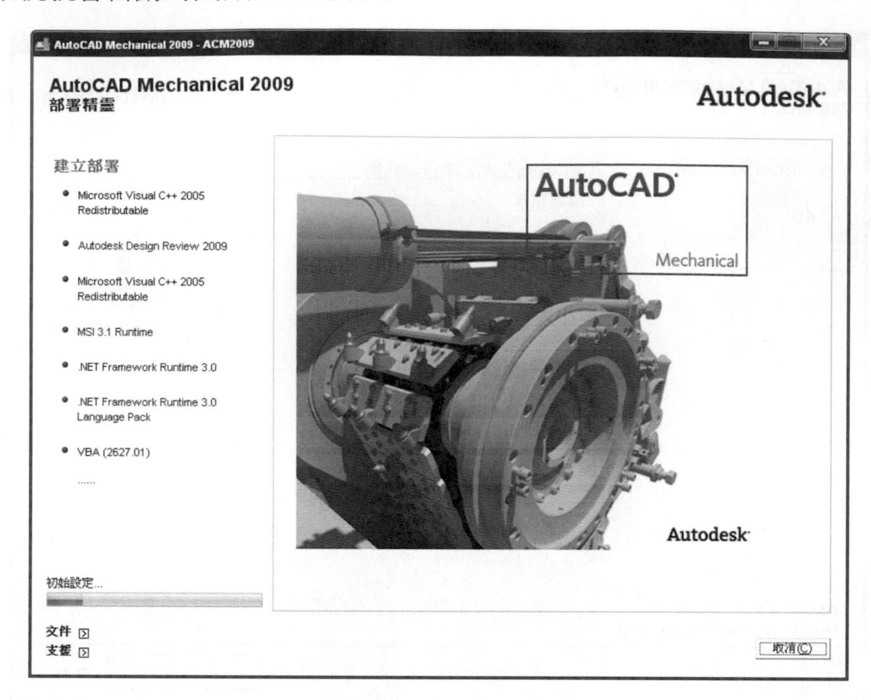

24. 部署過程當中，先前的版本若不關閉防毒會造成防毒程式一直去掃瞄*.CAB 的壓縮檔，造成部署時間過長，但新版似乎無此問題。

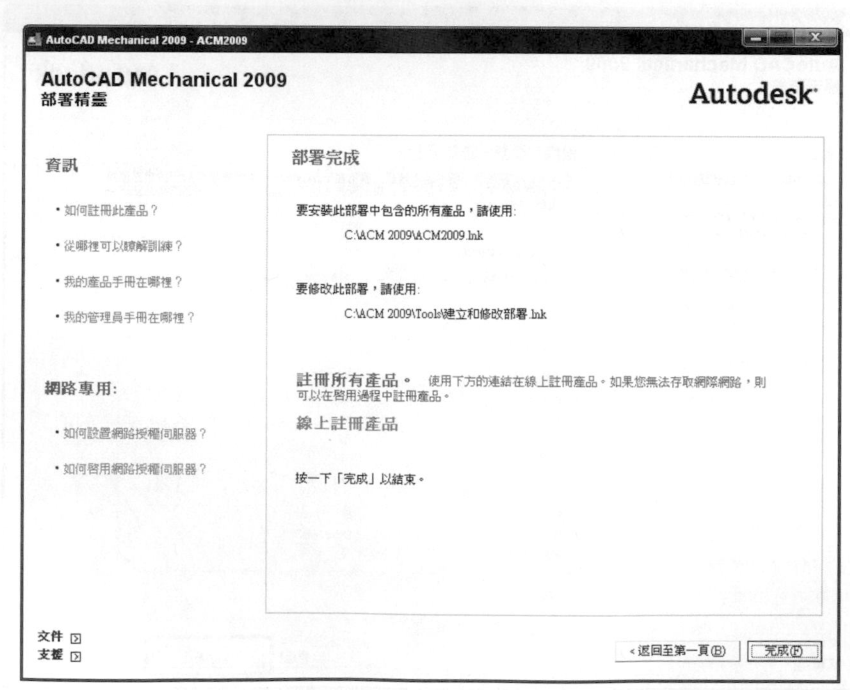

25. 部署完成之後品到我們先前所建立的資料夾，可以看到有一個捷徑【ACM 2009】，若要開始執行安裝，請點選【ACM 2009】。

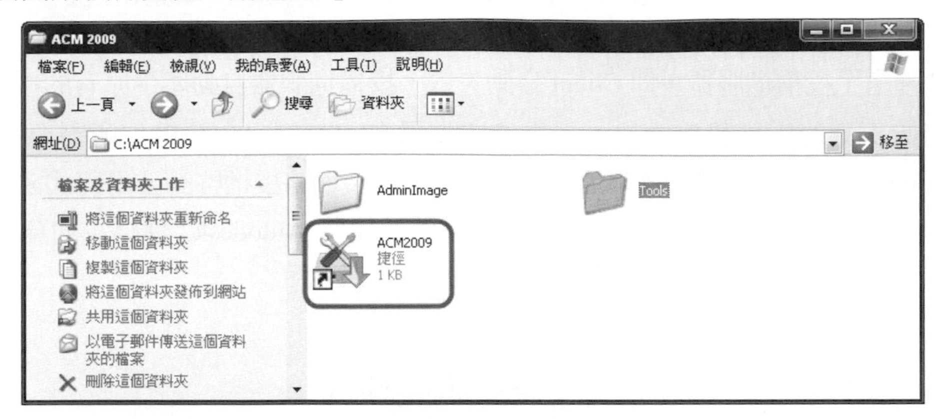

26. 2009 版開始因為擔心使用者會不小心點選修改 ACM 2009 的捷徑，已將此一捷徑改放到 Tools 資料夾中，若要修改此部署，請點選 Tools 資料夾中的【建立和修改部署】。

1-2-5-2　安裝網路授權應用程式

AutoCAD® Mechanical 的網路授權方式是透過 Autodesk® Network License Manager (NLM)作為網路授權的管理。

授權管理技術分成三個主要的部分，FLEXlm server (lmgrd.exe)、Autodesk® vendor daemon (adskflex.exe)和授權檔(xxx.lic 或 xxx.dat)。FLEXlm 是一種常見的 Client-Server 應用軟體，AutoCAD® 的網路用戶透過 FLEXlm Server 會不定時要求授權，FLEXlm Server 將回報 Autodesk® vendor daemon 的位置給用戶端，AutoCAD® 於是與 vendor daemon 建立連線並且送出授權要求。

接著 NLM 會依據授權檔，確認是否還有授權可以提供，依實際狀況允許或拒絕 AutoCAD® 的授權，一般而言在斷線時(即與授權伺服器失聯)，會維持約兩個小時的時間，並於最後的 5 分鐘進行提示授權已失聯，請儲存您的檔案。

您可以於 Client 端向授權伺服器借用授權，目前 2009 的版本已可借用 180 天(舊版本只有 30 天)，借用出去的授權可以於 180 天中指定的日期歸於授權，超過指定的日期的授權將自動歸還至授權伺服器，即 Client 自動失效，授權伺服器自動產生原有的授權。

在開始下列的安裝設定之前，請先確定您已向 Autodesk® 取得您所需要的授權檔(Lic)。您可以在安裝網路授權管理公用程式時一並安裝網路授權啓動公用程式，但建議您其實只需直接填寫下列所需要的資訊以 E-mail 的方式與 Autodesk® 連絡，約莫一天的時間，應該可以收到 Autodesk® 的授權檔。

您可以參考以下以資訊欄位爲例，並請詳細填寫。

公司全名：	公司地址：
連絡人：	產品名稱：
主機名稱：	網路卡號碼：
產品序號：	購買套數：

註：主機資訊可以於命令提示字元(CMD)鍵入：ipconfig /all >c：\ip.txt，即可得到主機相關資訊檔案。

安裝

1. 選擇【安裝工具和公用程式】。

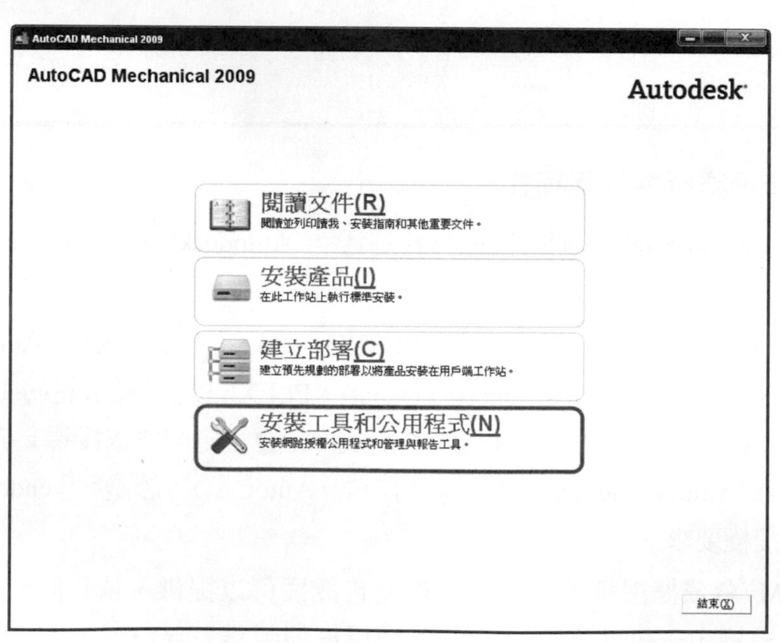

2. 勾選【Autodesk 網路授權管理員】，並點選【下一步】。

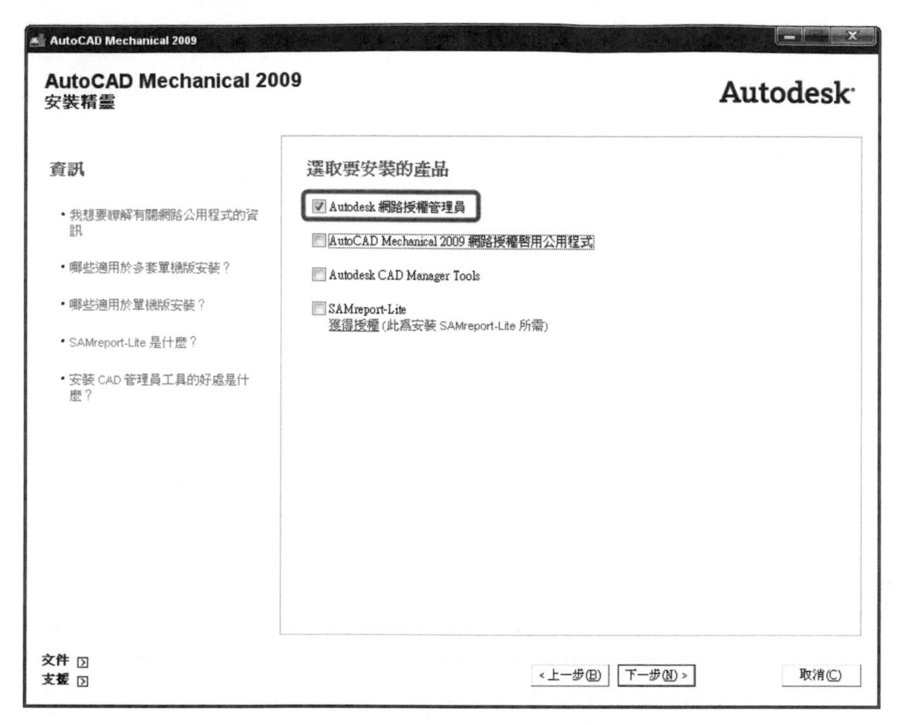

3. 選擇【我同意】，並點選【下一步】。

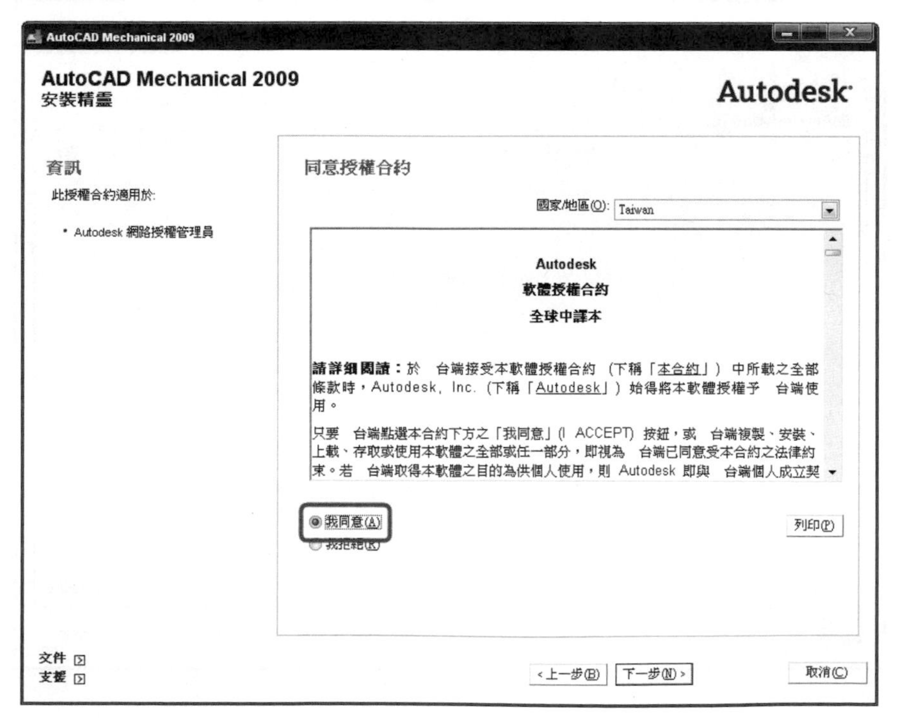

4. 點選【規劃】。

5. 您可以在此自訂安裝路徑,若不需要請點選【下一步】。

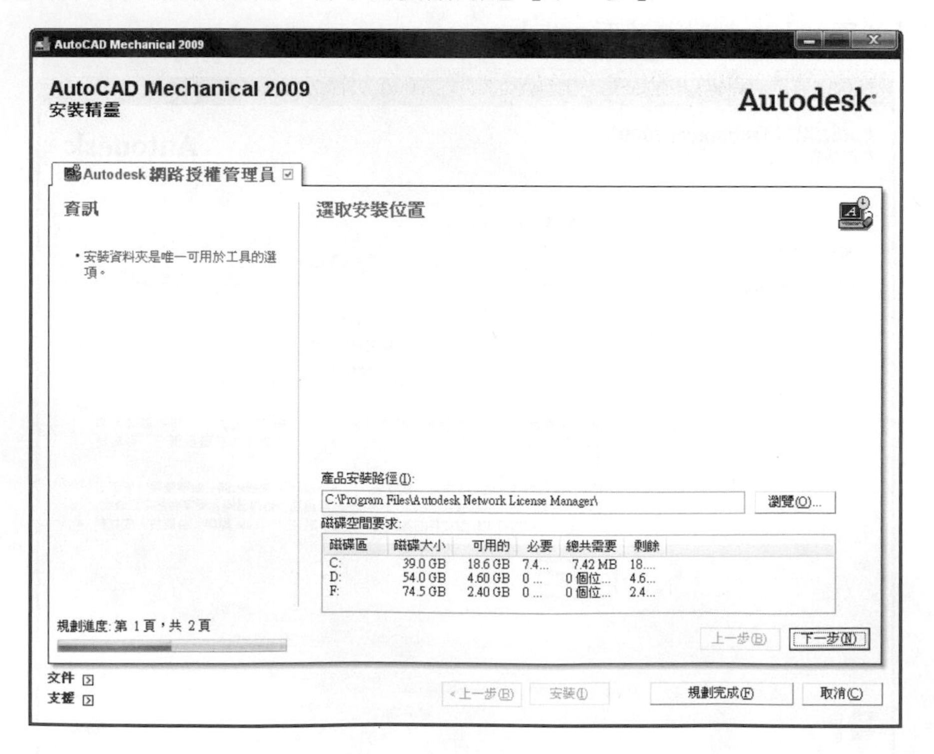

6. 再點下【規劃完成】。

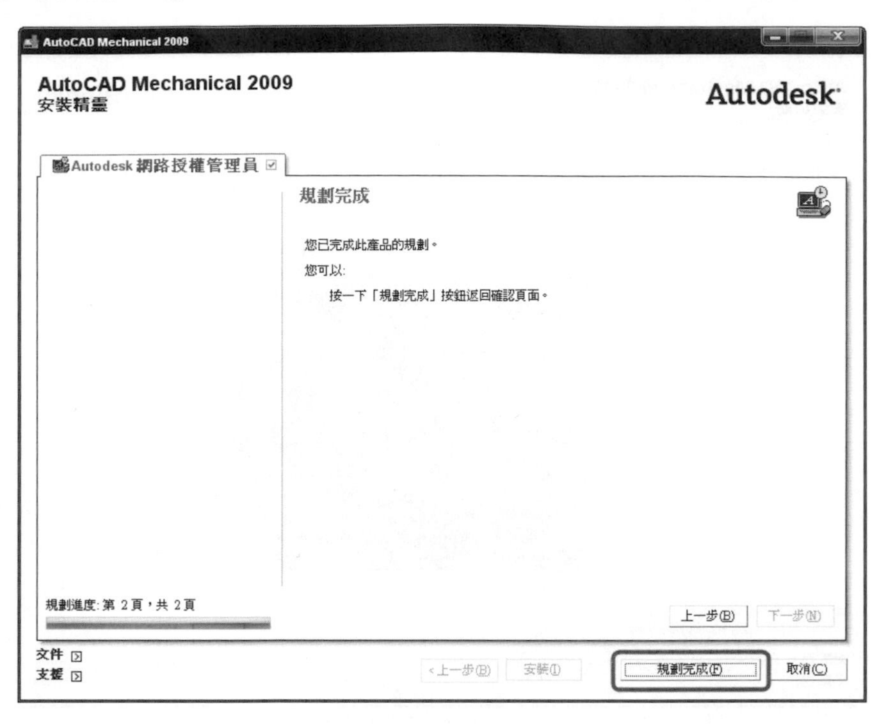

7. 請點下【安裝】。

8. 程式會開始自動安裝。

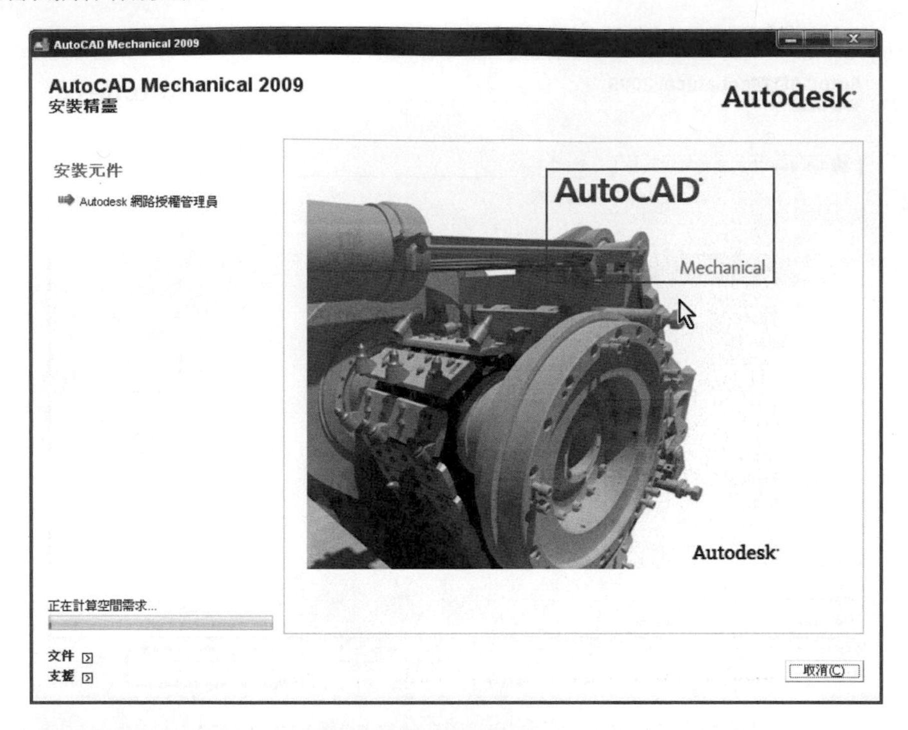

9. 安裝完成後，點下【完成】即可離開。

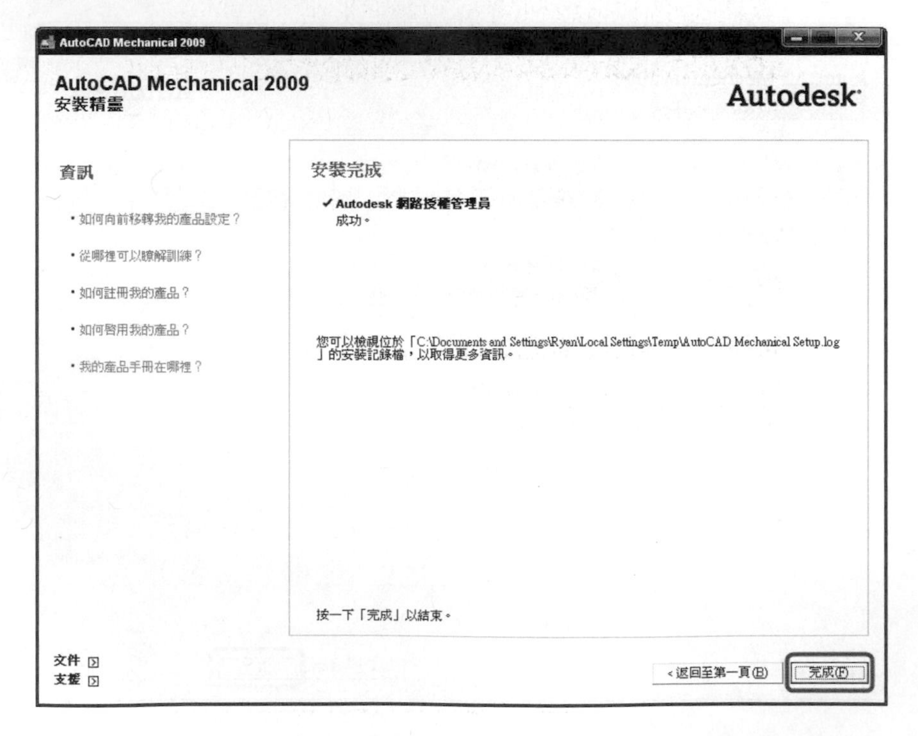

1-2-5-3　設定 LMTOOLS(網路授權公用程式)

設定

1. 請先將所收到的 xxx-xxxxxx.lic 複製到 C：\Program Files\Autodesk Network License Manager\License，再點下桌面上的【LMTOOLS】捷徑。

2. 下圖為 LMTOOLS 設定介面，請點選【Configuration using Services】。

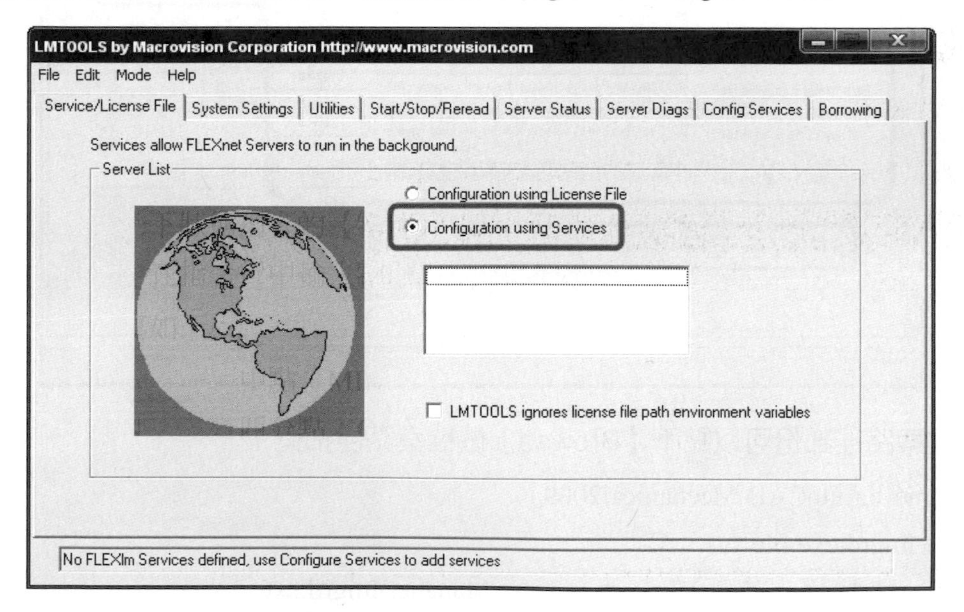

3. 請切換到【Config services】。

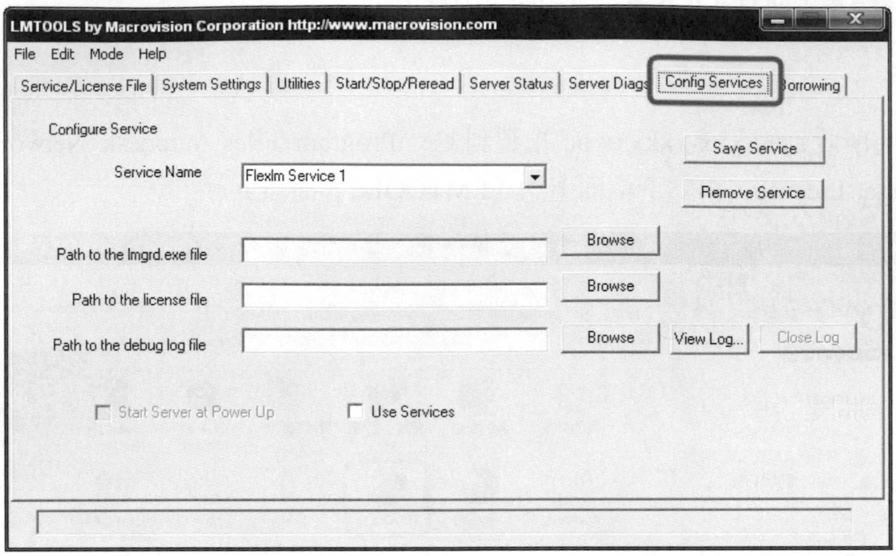

4. 輸入所需要的資料(您可以參考下列文字資訊)，完成後點選【Save Service】。

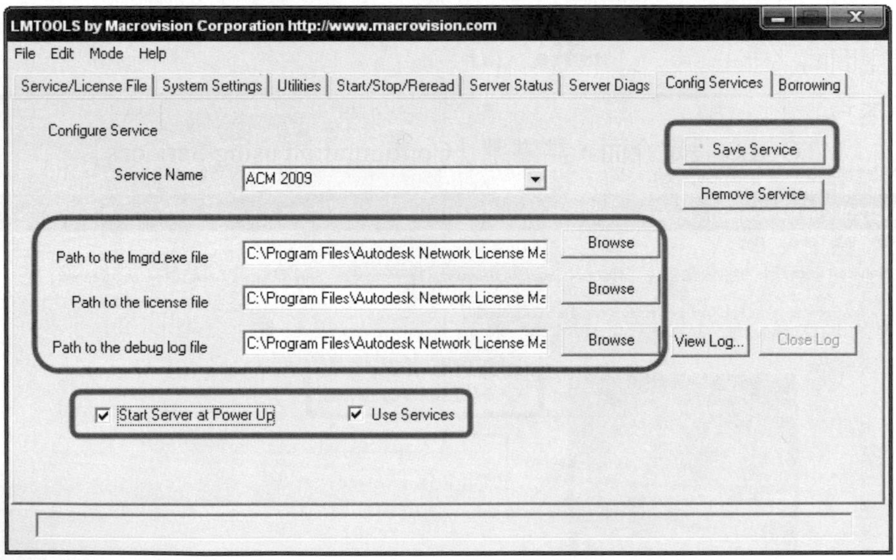

於下列檔案路徑部份可以點下【Browse】做檔案路徑指向：

Server Name：AutoCAD Mechanical2009

Path to the lmgrd.exe file：

C：\Program Files\Autodesk Network License Manager\lmgrd.exe

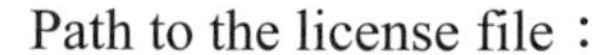

Path to the license file：

C：\Program Files\Autodesk Network License Manager\License\XXX-XXXXXXXX(X).lic 或 dat

Path to the debug log file：

C：\Program Files\Autodesk Network License Manager\License\DEBUG.TXT

註：DEBUG.TXT 為自建檔。

　　請記得務必勾選下列的兩個選項：

　　Start Server at Power UP：電腦一開機時就使用這個服務。

　　Use Service：使用這個服務。

5.　系統詢問是否儲存時，請點選【是】。

6.　點選中間的【Stop Server】後再點選左邊的【Start Server】。

註：中間下方的【Force Server Shutdown】選項為強制停止授權服務。

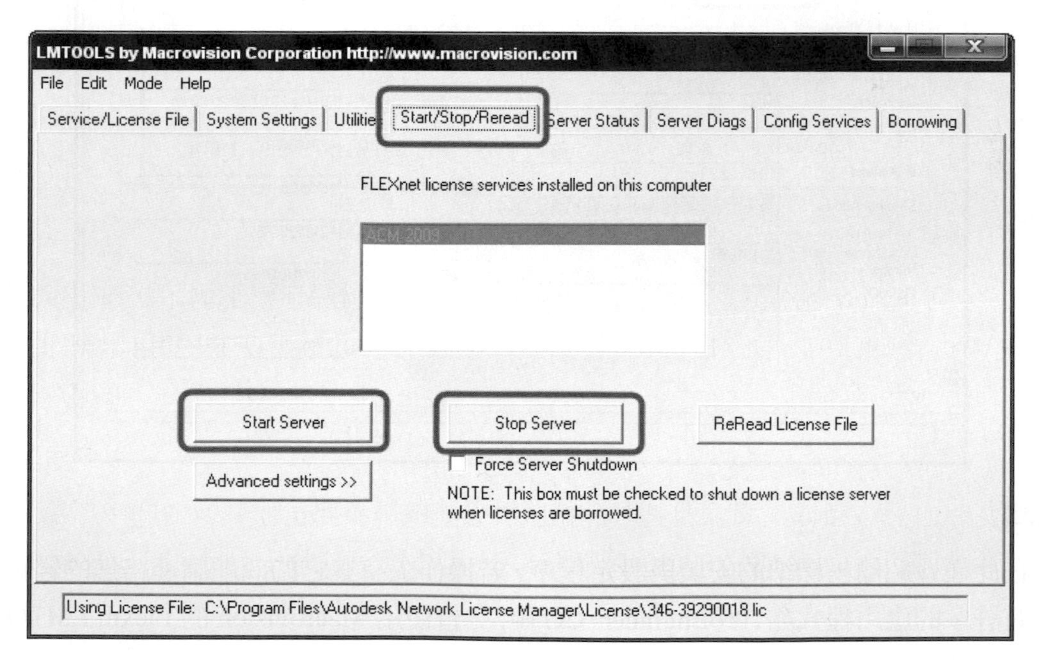

7. 於【Server Status】可以看到已成功使用下列的授權 Lic 檔案。
   另外也可以點選【Perform Status Enquiry】來查詢共有多少授權與使用量。

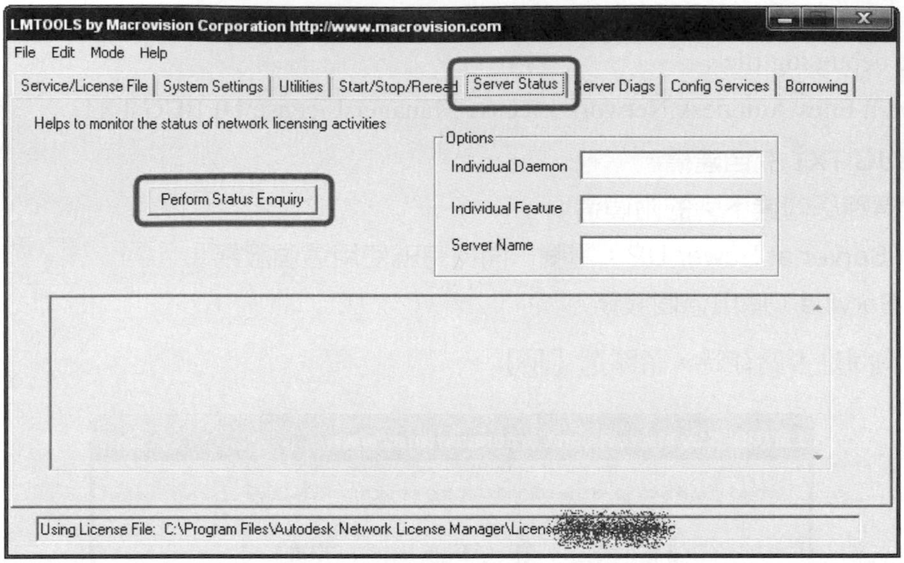

8. 若需要系統資訊，可於第二個頁籤【System Settings】查看。

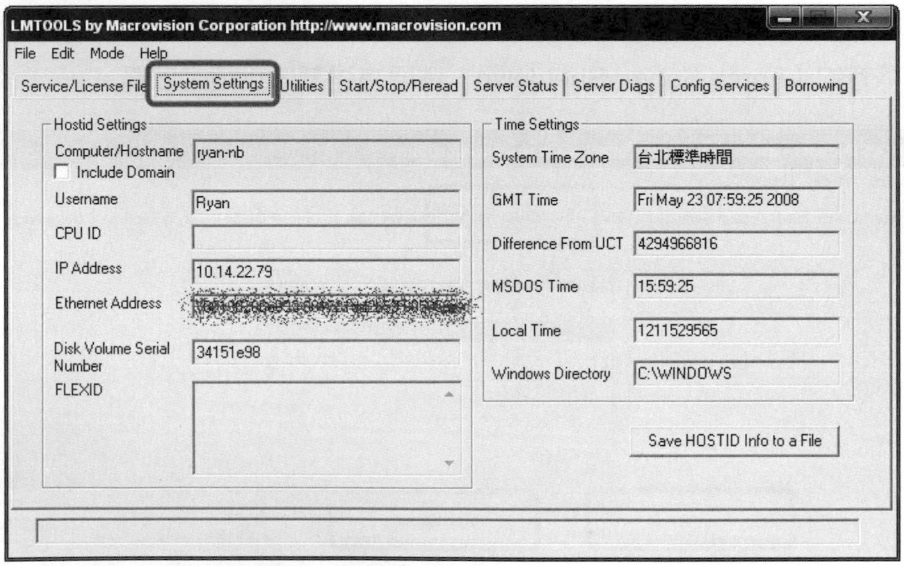

注意!

在此僅介紹簡易標準的安裝與設定程序，若操作上有其它的問題請連絡您的經銷商。坊間有許多的應用程式如：ProEnginner、UG 等...，皆使用 Macrovision 的 Flexm LMTOOLS 程式，在使用時請注意是否和其它應用程式相衝突。

註：如何確認 FLEXlm server (lmgrd.exe)與 Autodesk®　vendor daemon (adskflex.exe) 已正常啓動：

1. 請開啓「Windows 工作管理員」的處理程序標籤，確認 adskflex.exe 與 lmgrd.exe 已執行。
2. 如果 adskflex.exe 並未列在處理程序，請開啓「Config Service」標籤的「View Log」，由 log 檔判斷問題發生的原因。

9. AutoCAD® Mechanical 2009 所附的 NLM 版本是最新版的 11.4 已經可以支援 Windows Vista®。

詳細技術文件可以參考：LicensingEndUserGuide.pdf

檔案路徑：C：\Program Files\Autodesk Network License Manager\Docs\FlexUser\

在建制網路版安裝機制時，我們一般可以分爲授權服務機制與網路部署機制，就工作習慣與維護方便而言，我們會將此兩種機制放在同一部電腦／伺服器中，但是其實它是可以分散到兩部電腦的，也就是說授權只有一部電腦／伺服器，但部署出來的映像檔卻可以部署在多部電腦中，達到快速部署的目的。

部署完成之後，一般而言我們的映像檔就功成身退了，不過因爲病毒猖獗，難保往後 Client 電腦不會有需要重裝的需求，所以我們建議若無特殊的需求，是不需要把映像檔給刪除的。

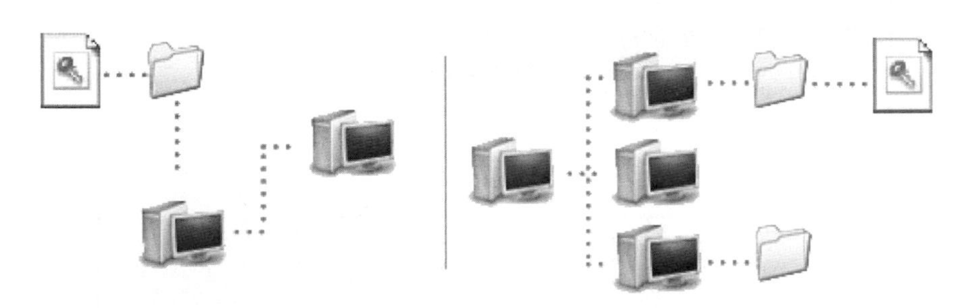

就工作習慣與維護方便而言，我們會將此兩種機制放在同一部電腦／伺服器中。

其實是可以分散到兩部電腦的，也就是說授權只有一部電腦／伺服器，但部署出來的映像檔卻可以部署在多部電腦中，達到快速部署的目的。

1-2-6 移除 AutoCAD® Mechanical 2009

移除

1. 到控制台的新增移除程式，找到 AutoCAD® Mechanical2009 並點選【變更／移除】。

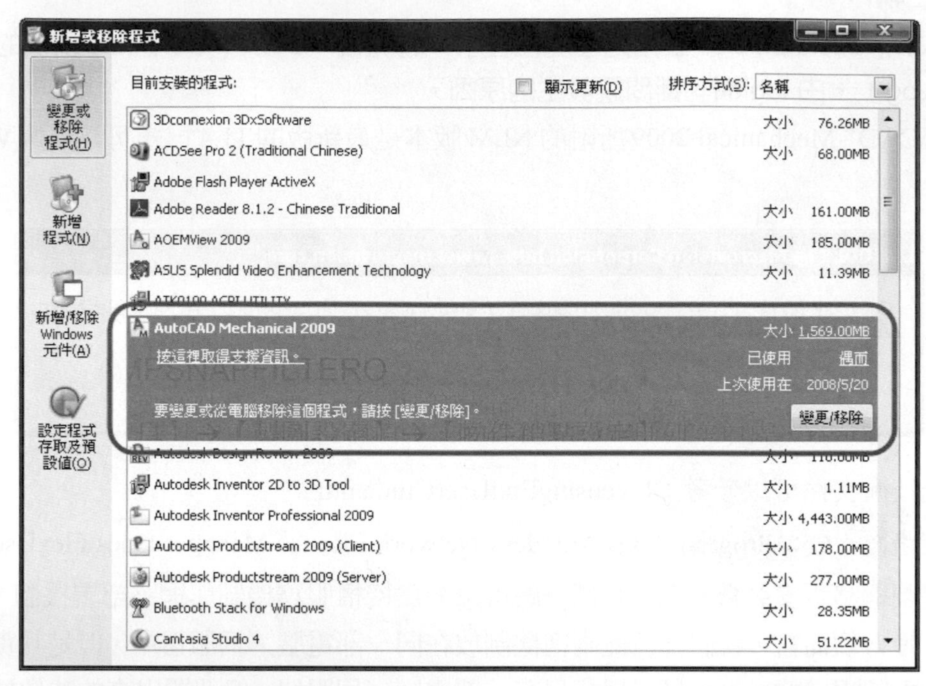

2. 選擇【解除安裝】，即可完成。

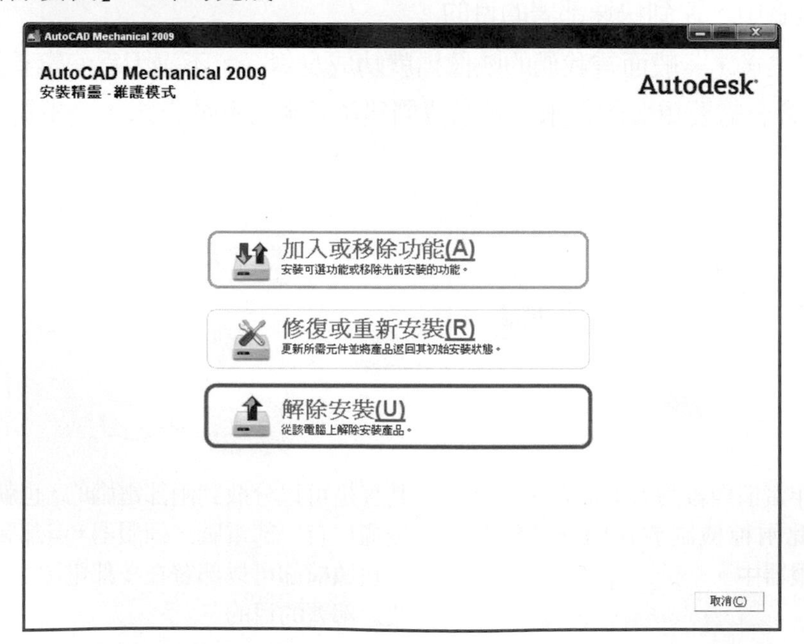

Chapter 2

學習使用

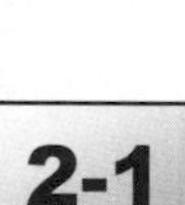

2-1 AutoCAD® Mechanical 操作介面

2-1-1 執行程式與開啓檔案

執行程式

請點選在桌面上的 AutoCAD® Mechanical 捷徑  來執行程式，軟體第一次開啓之時，於程式介面右下方會出現一個效能調整器，會在第一次開始使用時調整您的電腦效能，接下來是新增功能的介紹與 AutoCAD® Mechanical 啓動台。

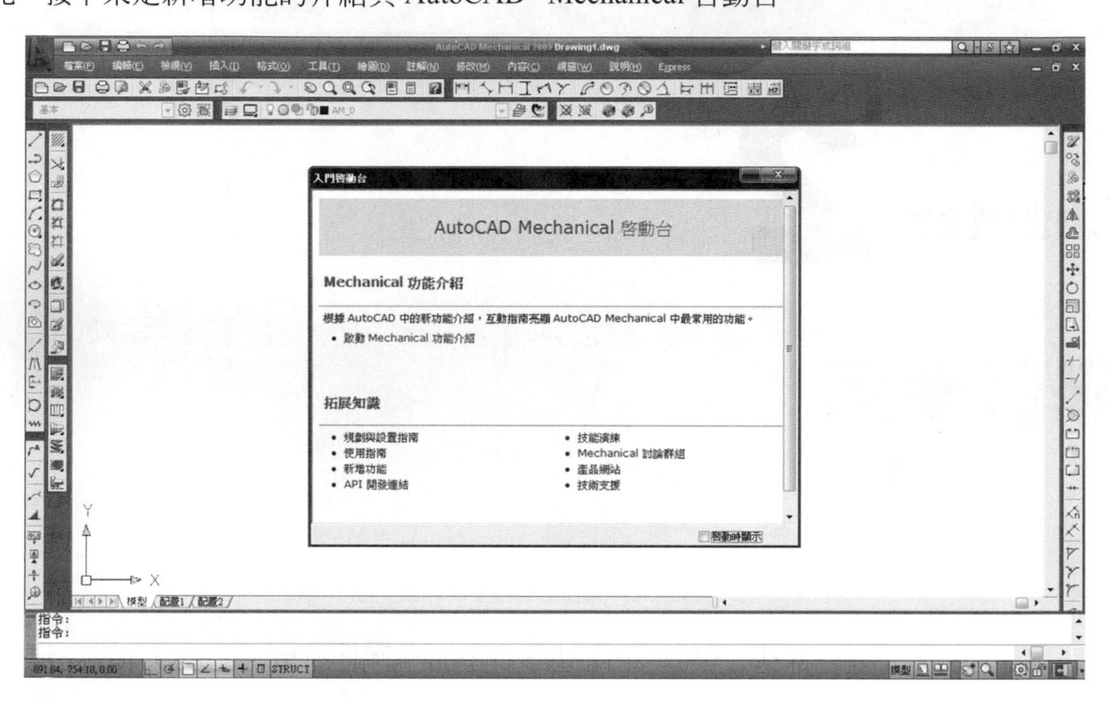

AutoCAD Mechanical 啓動台

你可以在啓動台中得到下列新增功能相關資訊：

AutoCAD® Mechanical 功能

Autodesk Design Review®

AutoCAD® Raptor

AutoCAD® 2008

AutoCAD® 2007

開新檔案：NEW

在 AutoCAD® Mechanical 中一開始程式會使用預設值幫我們載入 AM_ISO 這個圖面樣板，當然我們也可以修改這個設定，不過另一個方法是開啓不同基礎格式的樣板。

您可以在【選取樣板】的對話框中，選擇自已工作需要的樣板格式。下圖爲 Template 資料夾爲例。

註：您可以在【環境選項】中【檔案】→【圖面樣板檔位置】，查詢與設定樣板檔所在路徑。

您可以使用三種方式來執行開啓新檔這個動作：

1. 直接點選【檔案】→【新建】。
2. 按 Ctrl 鍵+N。
3. 在指令列輸入 NEW。

顯示／關閉啓動對話方塊：

1. 【環境選項】→【系統】→【一般選項】。
2. 於【指令列】輸入 CMDDIA + 0。

開啓舊檔：OPEN

我們可以在開啓檔案的對話框中，把常用的工作資料夾使用滑鼠左鍵拖曳的方式，拖到左邊的位置列，如此一來可以方便您加速開啓檔案，節省尋找檔案的時間。下圖以 ACM Dataset 資料夾爲例。

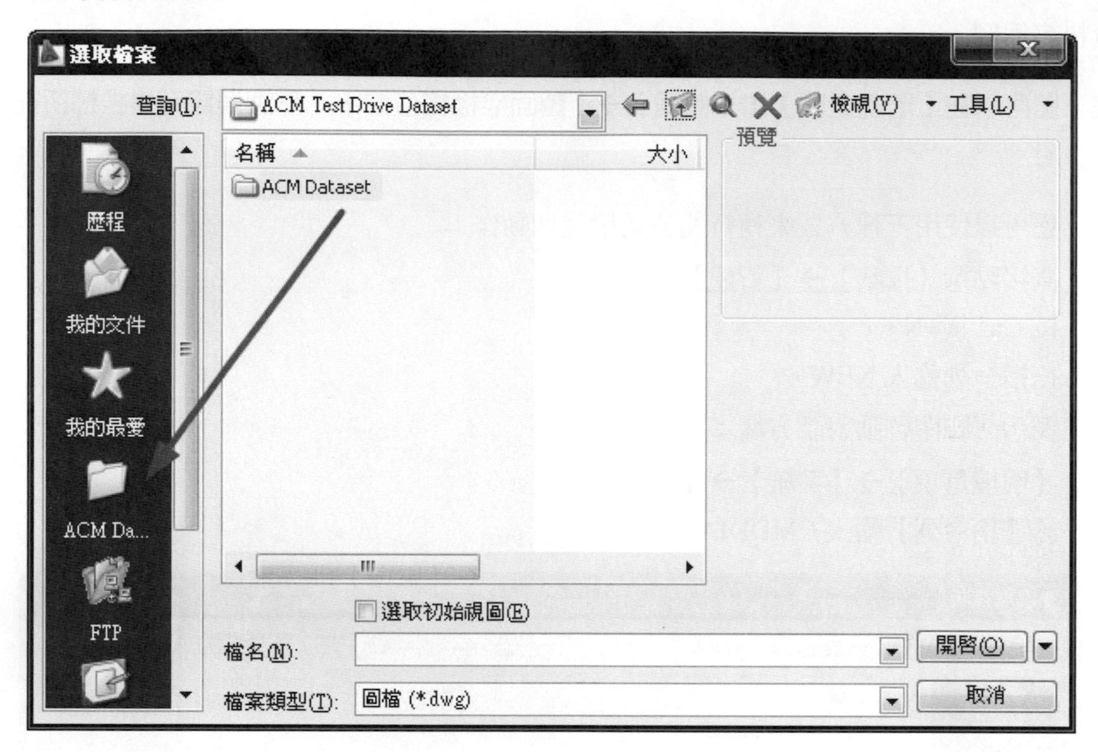

您可以下列幾種方式來開啓舊檔：

1. 直接點選工具按鈕【檔案】→【開啓】。
2. 使用按鍵 Ctrl 鍵 + O 鍵。
3. 在【指令列】輸入 OPEN。
4. 可在檔案總管內直接拖拉*.dwg 圖檔至工具列，視爲開啓(Open)。
5. 可在檔案總管內直接拖拉*.dwg 圖檔至繪圖區，視爲插入(Insert)。
6. 支援多視窗：可以開多個視窗，視窗間可以直接拖拉複製。
7. 可在【環境選項】→【系統】→【一般選項】，設定單一圖面相容模式(此設定 AutoCAD 只會一次開啓一張圖)。
8. 可局部開啓圖檔：載入圖面的一部份，包括特定的視景或圖層上的幾何圖形。

2-1-2　作圖區介面

操作介面

當您啓動 AutoCAD® Mechanical 時，【基本】工作區顯示為目前工作區域。使用此工作區來學習使用 AutoCAD® Mechanical，請參考下圖。

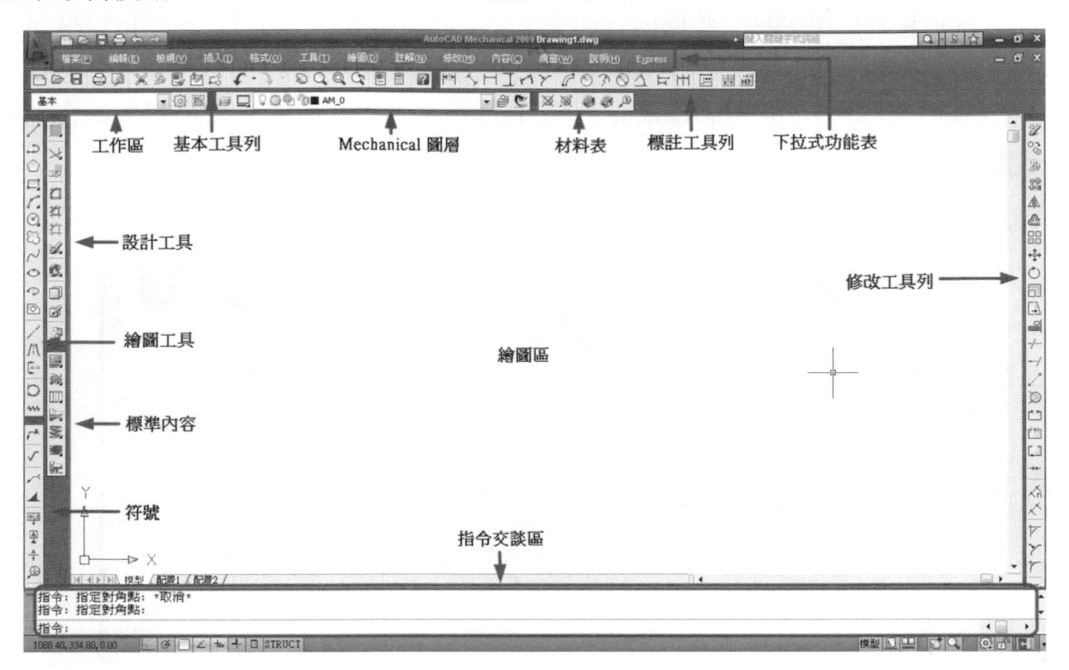

關於工作區域

1. 下拉式功能表：功能表列包含用於執行任務的功能表和指令。
2. 工作區：展示目前選取的工作區。當您在處理圖面時也可以切換。
3. 基本工具列：包含新建、開啓、儲存、另存和列印指令，以及一組檢視工具。
4. Mechacnical 圖層：包含目前的圖層狀態以及一組圖層工具。
5. 材料表：Mechanical 材料工具。
6. 標註工具列：Mechanical 標註工具。
7. 設計工具：Mechanical 設計工具。
8. 繪圖工具：包含所有的 Mechanical 製圖工具。
9. 標準內容：Mechanical 計算與 PowerPack 資料庫工具。
10. 符號：符號工具列。
11. 繪圖區：所有繪圖幾何圖型顯示。
12. 指令交談區：提供操作時的功能選項與訊息。

13. 修改工具列：此工具列包含一組用於修改物件和圖面的工具。
14. 狀態列：檢視和切換圖面設定的應用程式和圖面狀態列。

2-1-3 工具列配置

除了 AutoCAD® Mechanical 提供的標準選項工具列之外，我們也可以再自行增減工具列選項，在全新的 AutoCAD® Mechanical 當中已幫我們把原來的 AMACAD、AMPP 與 AMFLY 工具列群組整合成 Mechanical 工具列群組，方便我們選取，您可以直接在工具列空白處點選滑鼠右鍵做選取。

舊式工具列選項－AutoCAD® Mechanical 2000～AutoCAD® Mechanical 2008。

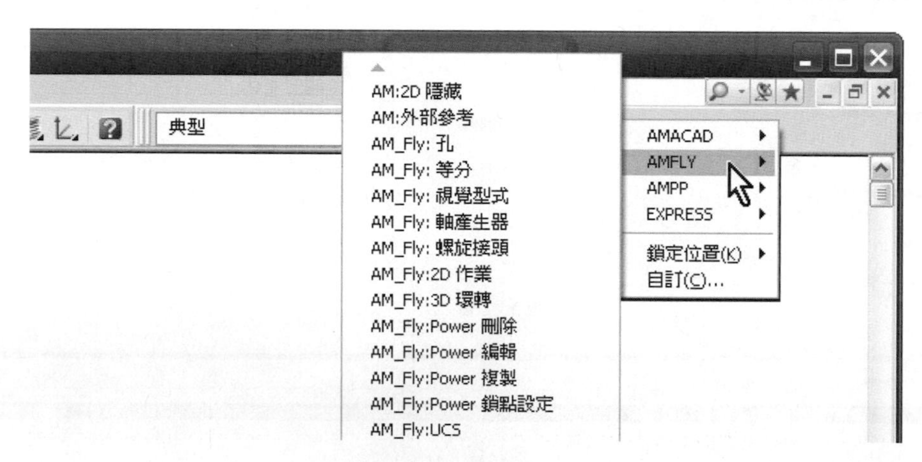

新式整合工具列選項－AutoCAD® Mechanical 2009。

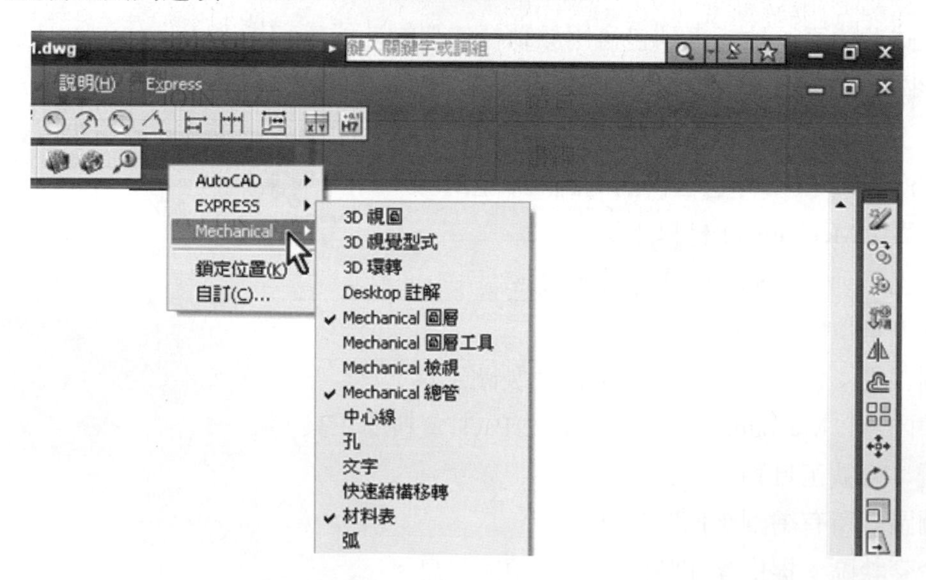

只要在工具列空白處點選滑鼠右鍵，就可以出現讓我們自行挑選工具列的選項。

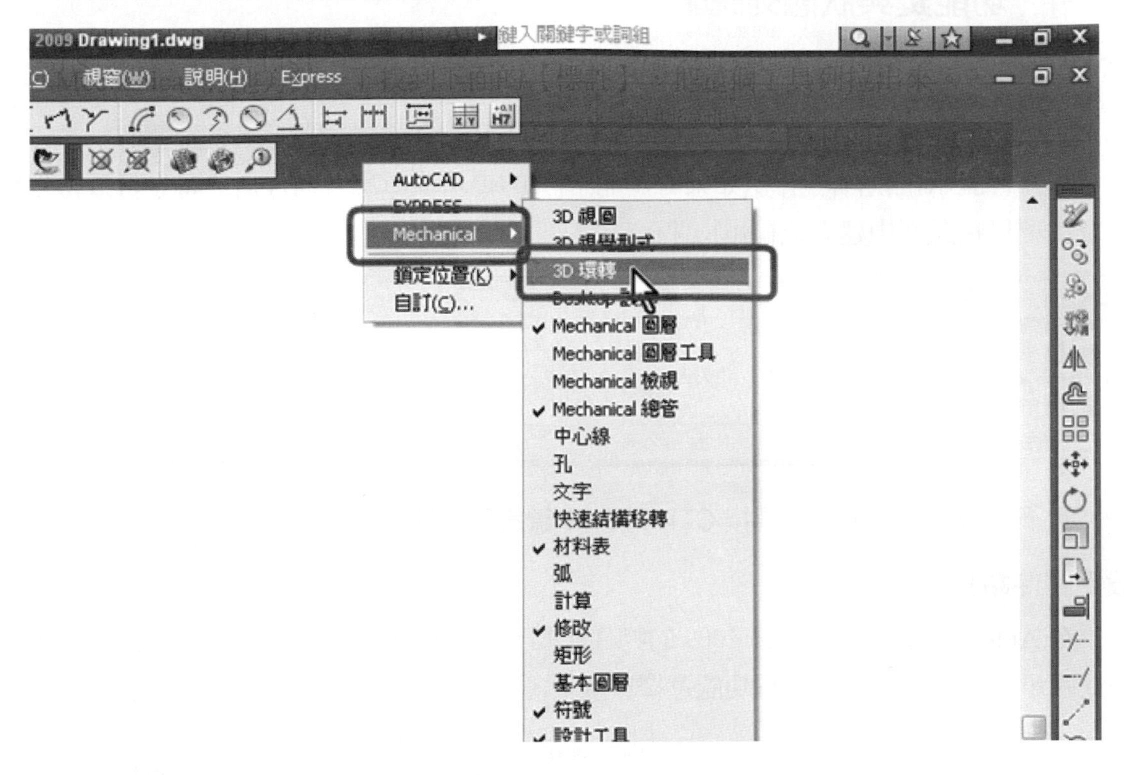

在這個工具列選項中選取我們需要的功能即可以拉出工具列。

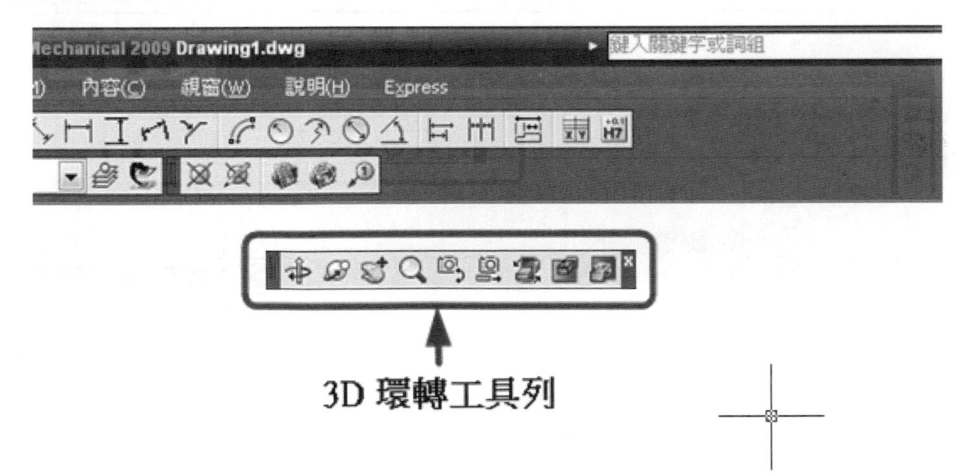

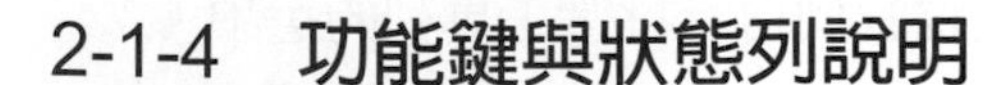

2-1-4 功能鍵與狀態列說明

狀態列說明

指令交談區：

指令行展示正執行的指令(如果有)、該指令的提示或訊息。執行指令時您可以檢視和選取選項以在圖面中建立或編輯物件。

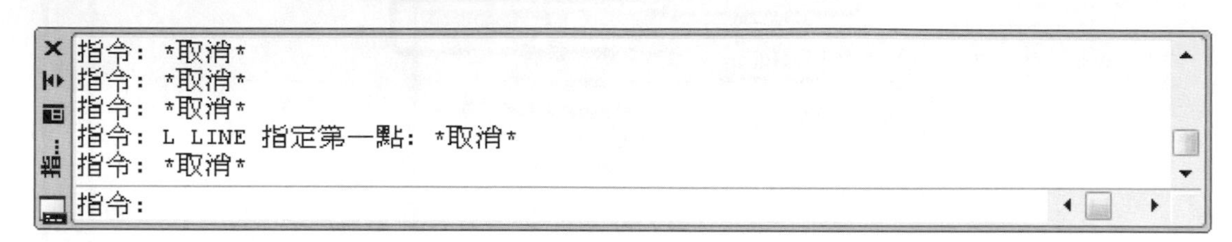

註：若不小心關掉指令行，請按 CTRL 鍵+ 9 鍵重新開啓。

設定物件鎖點：

在 AutoCAD® Mechanical 2009 的物件鎖點介面已做了新型式的更新，我們一樣可以在此圖示上點選滑鼠右鍵進行功能選擇與變更。

舊式：

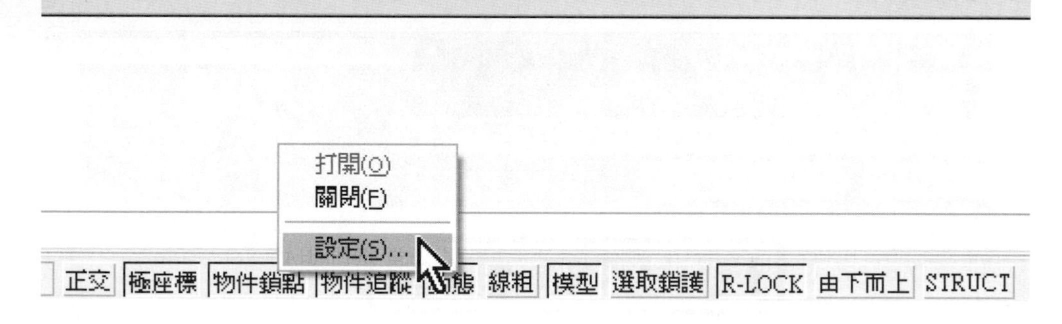

新式：

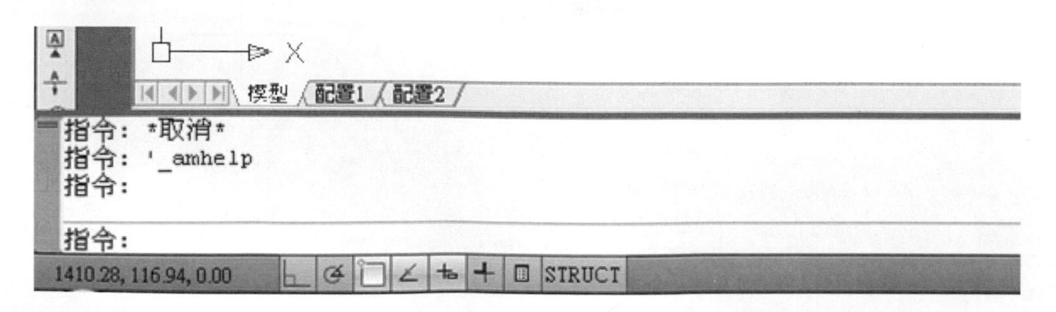

我們可以使用下列快速鍵進行功能執行，灰階代表非執行中。

圖示	快速鍵與功能
	F8 正交
	F10 極座標追蹤
	F3 物件鎖點
	F11 物件鎖點追蹤
	F12 動態輸入
	展示／隱藏線粗
	Ctrl+Shift+P 快速性質
STRUCT	2D 結構

其它快速功能鍵：

F1：線上說明。　　F2：AutoCAD® 文字視窗戶(交談框)。

F4：數位板開關。　F5：等角平面，需要和 F9 鎖點配合使用。

F6：動態 UCS 狀態列開關，可直接快點兩下狀態列。

F7：格線。　　　　F9：鎖點。

此圖示上點選滑鼠右鍵進行功能選擇與變更，就可以使用其它額外的功能選項。

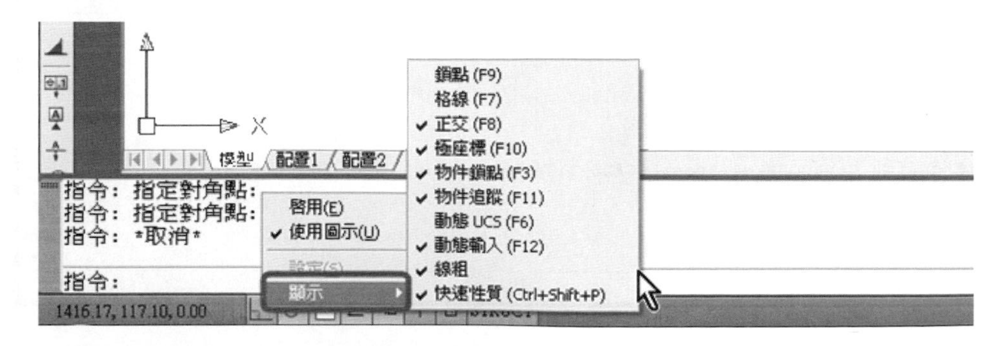

功能鍵功能說明

F1：線上說明

提供在軟體執行中的問題或是技術資料查詢，您可以使用【內容】、【索引】、【搜尋】等三種方式來查詢您所需要的相關資訊內容。

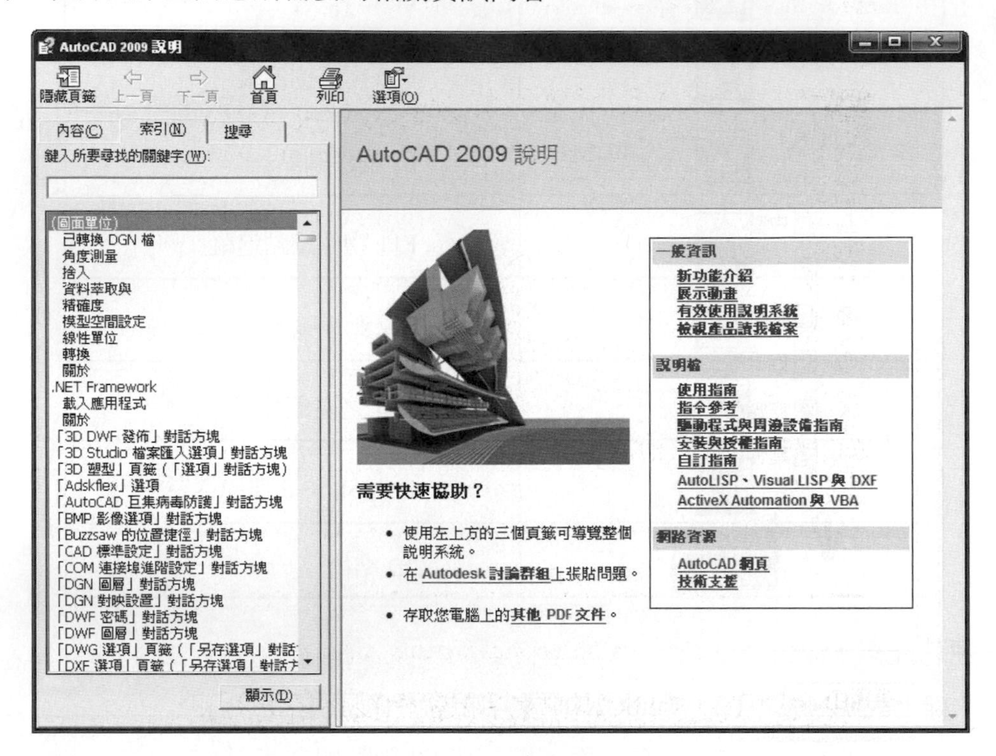

F2：AutoCAD 文字視窗戶(交談框)

可查詢現有與先前所執行的指令內容，用於大量資訊查詢用。

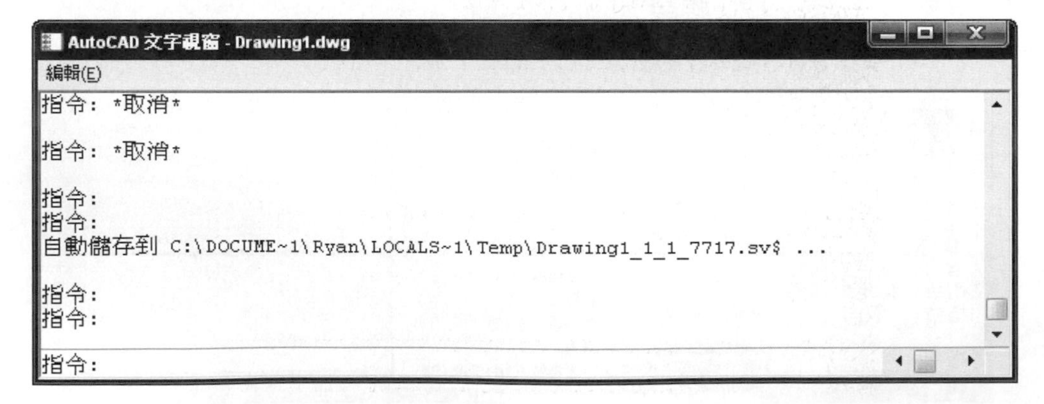

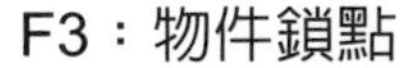

F3：物件鎖點

彈出式物件鎖點、常駐式物件鎖點、手動輸入、Power 鎖點，開啓與關閉物件鎖點的方法有很多。當提示輸入點時，您可以使用下列方式…。

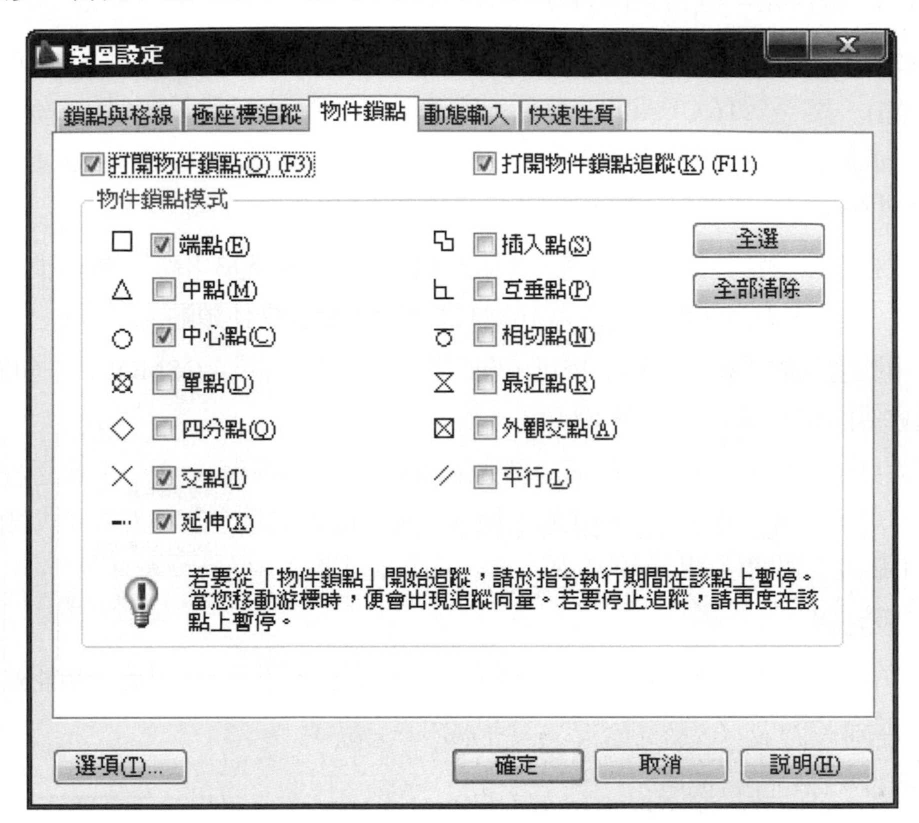

1. 彈出式：按 Shift 鍵，然後按滑鼠右鍵(內含矩型中心、二點的中點)。
2. 工具列：在【物件鎖點】工具列上按下【物件鎖點】按鈕。
3. 常註式：按一下狀態列上的【物件鎖點】按鈕。
4. 鍵盤輸入法：在指令行中輸入物件鎖點的簡稱。

物件鎖點簡寫如下：

端點：END　　中點：MID　　交點：INT　　切點：TAN

中心點：CEN　　四分點：QUA　　插入點：INS　　無點：NON

垂直點：PER　　最近點：NEA　　單點：NOD　　平行：PAR

延伸：EXT

二點之間的中點：MTP 或 M2P。

外觀交點：APP 鎖點到不在同一平面內的兩物件的可見交點。

鎖點模式代碼：

指令：OSMODE　　儲存於：登錄　　初始值：4133

使用下列位元碼設定常駐式物件鎖點模式：

0 NON(無)	1 END(端點)	2 MID(中點)	4 CEN(圓心)
8 NOD(節點)	16 QUA(四分點)	32 INT(交點)	64 INS(插入點)
128 PER(垂直點)	256 TAN(切點)	512 NEA(最近點)	1024 QUI(快速)
2048 APP(外觀交點)	4096 EXT(延伸線)	8192 PAR(平行)	

如果要指定多個物件鎖點，請輸入其值的和。例如，輸入 3 指定「端點」(位元碼 1)與「中點」(位元碼 2)物件鎖點。輸入 16383 將會指定所有物件鎖點。

當使用狀態列的「物件鎖點」按鈕來關閉物件鎖點時，除了 OSMODE 按鈕的正常值之外，還會傳回位元碼 16384 (0×4000)。

開發人員可以利用這個額外的值來撰寫 AutoCAD 的應用程式，並區分出這模式和「草圖設定值」對話方塊所關閉「物件鎖點」模式。設定這個位元，會關閉常駐式物件鎖點。將 OSMODE 設為關閉這個位元的某值，會打開常駐式物件鎖點。

F4：數位板開關

負責數位板的開關功能，現階段因使用數位板的人已經不多，所以此一功能就不細述。

F5：等角平面

需要和 F9 鎖點配合使用。

F6：動態 UCS 狀態列開關，可直接快點兩下狀態列。

動態 UCS 狀態列開關，可直接快點兩下狀態列。UCS 為使用者定義的座標系統，在 3D 空間中定義 X、Y 和 Z 軸的方位。UCS 可確定圖面中幾何圖形的預設位置。

F7：格線

格點的主要功能就是讓繪圖的過程配合鎖點的操作。

F8：正交

與世界座標水平垂直的設定，如果正交沒開，就必需用<角度先定義三大座標系：絕對座標 X,Y,Z、相對座標@X,Y,Z、相對極座標@距離<角度@=at。

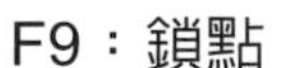

F9：鎖點

在繪圖時利用滑鼠來選取幾何、線段、外型的特徵點。當指令行要您輸入一個位置點時，就可利用鎖點模式的啓用來快速抓到正確的位置點。

註：鎖點過程中可以按 TAB 切換鎖點、SHIFT+滑鼠右鍵。F3 則是關閉／打開鎖點。

F10：物件鎖點

您可以透過按 F10，或使用 AUTOSNAP 系統變數來打開或關閉極座標追蹤。

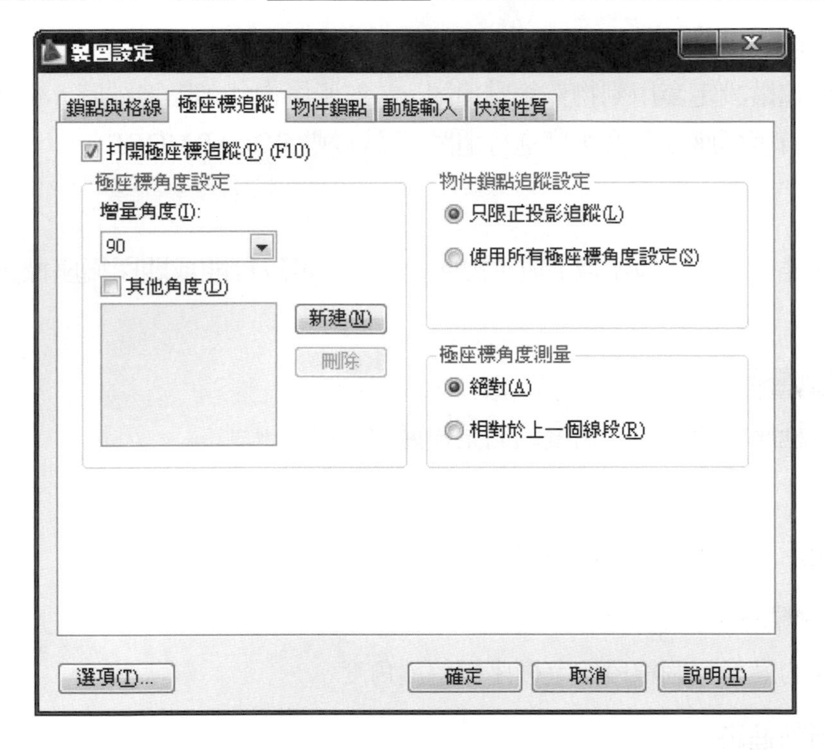

增量角度：

設定用於顯示極座標追蹤對齊路徑的極座標角度增量。您可以輸入任何角度，或從清單中選取常用角度 90 度、45 度、30 度、22.5 度、18 度、15 度、10 度或 5 度(系統變數 POLARANG)。

其他角度：

使清單中的任何其他角度可用於極座標追蹤。「其他角度」勾選方塊也受系統變數 POLARMODE 的控制。其他角度清單也受系統變數 POLARADDANG 的控制。

注意!

其他角度是絕對的，而非增量的。

角度清單：

選取「其他角度」後，會列示可用的其他角度。若要新增角度，請按一下「新建」。若要移除既有的角度，請按一下「刪除」(系統變數 POLARADDANG)。

只限正交追蹤：

當物件鎖點追蹤在打開狀態時，只顯示取得物件鎖點點的正交(水平／垂直)物件鎖點追蹤路徑(系統變數 POLARMODE)。

使用所有極座標角度設定：

將極座標追蹤設定套用到物件鎖點追蹤。當您使用物件鎖點追蹤時，游標會自取得的物件鎖點開始沿著極座標對齊角度進行追蹤(系統變數 POLARMODE)。

注意！

按一下狀態列上的「極座標」與「物件追蹤」也可以打開或關閉極座標追蹤與物件鎖點追蹤。

極座標角度測量：

設定作爲極座標追蹤對齊角度的測量根據的基準。

絕對：

以目前使用者座標系統(UCS)爲極座標追蹤角度的基準。

相對於上一個線段：

根據繪製的最後一個線段確定極座標追蹤角度。

F11：物件鎖點追蹤

物件鎖點追蹤開關。在指令中指定一些點時，物件鎖點追蹤可使游標根據其他物件鎖點沿著對齊路徑追蹤。

若要使用物件鎖點追蹤，您必須打開一個或多個物件鎖點。

F12：動態輸入

控制指標輸入、尺寸輸入和動態提示，以及製圖工具提示的外觀。動態輸入的目的是要把指令區的對話移到繪圖區，也稱爲抬頭顯示對話框。

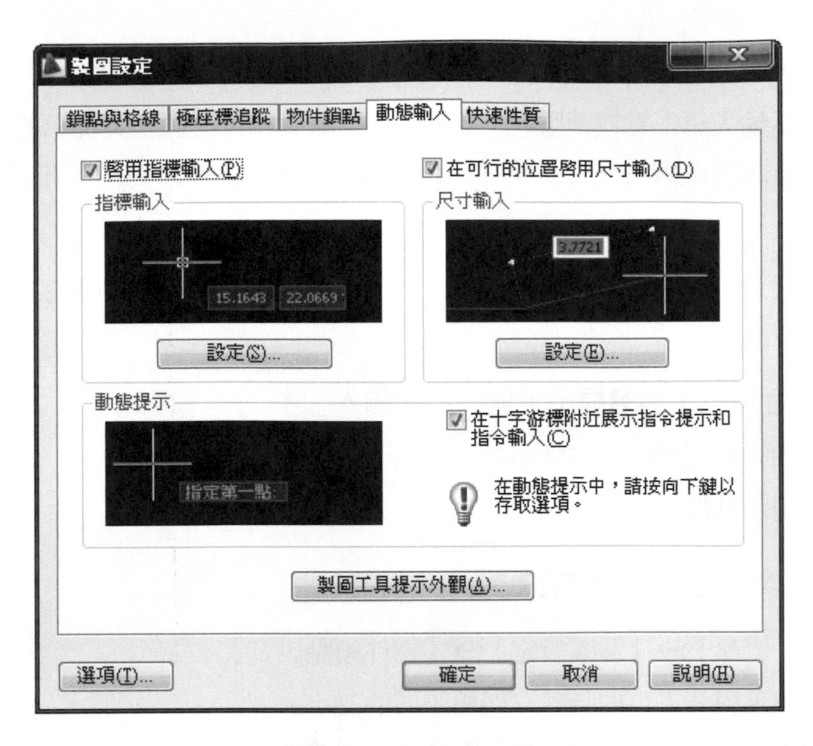

選取加粗亮顯：加強選取時候的辨識，只要把遊標移到物件上，物件會加粗亮顯。

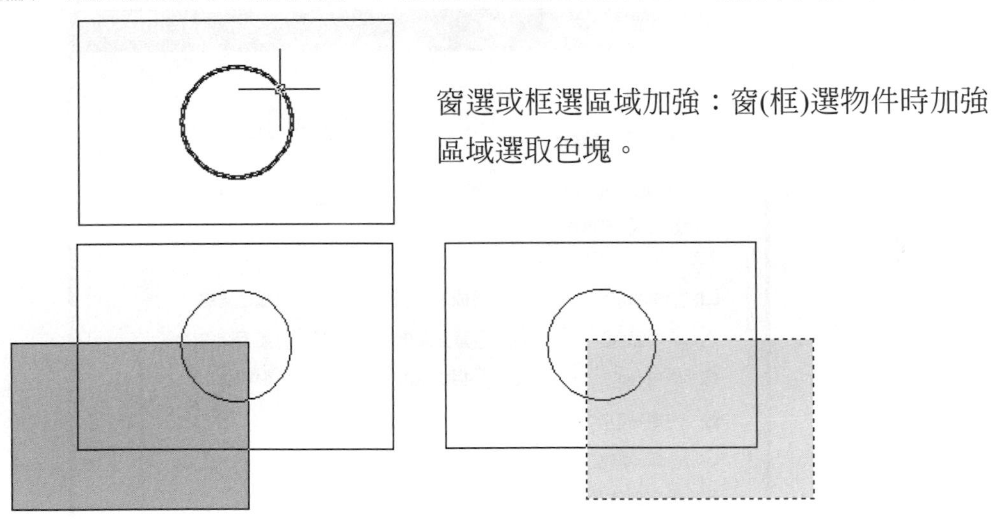

窗選或框選區域加強：窗(框)選物件時加強區域選取色塊。

啓用指標輸入：

打開指標輸入。當指標輸入和標註輸入都打開時，若標註輸入可用，則它會取代指標輸入(系統變數 DYNMODE)。

指標輸入：

在游標附近的工具提示中顯示十字游標位置的座標值。當指令提示輸入點時，您可在工具提示中輸入座標值，而非在指令行中。

當指令提示輸入第二點或距離時，顯示帶有距離值和角度值工具提示的標註。標註工具提示中的值會隨著游標的移動而變更。您可在工具提示中輸入值，而在非指令行中。

動態提示：

爲了完成指令，必要時會在游標附近的工具提示中顯示提示。您可在工具提示中而非指令行中輸入值。

在十字游標附近展示「指令提示」與「指令輸入」：

在「動態輸入」工具提示中顯示提示(系統變數 DYNPROMPT)。

製圖工具提示外觀。

Power 鎖點：AMPSNAPFILTERO

您可以在【工具】→【製圖設定】→【物件鎖點設定】

1. 設定物件鎖點模式：可同時建立四組不同的設定。
2. 物件鎖點的篩選選項：可把不想鎖點的物件過濾掉。

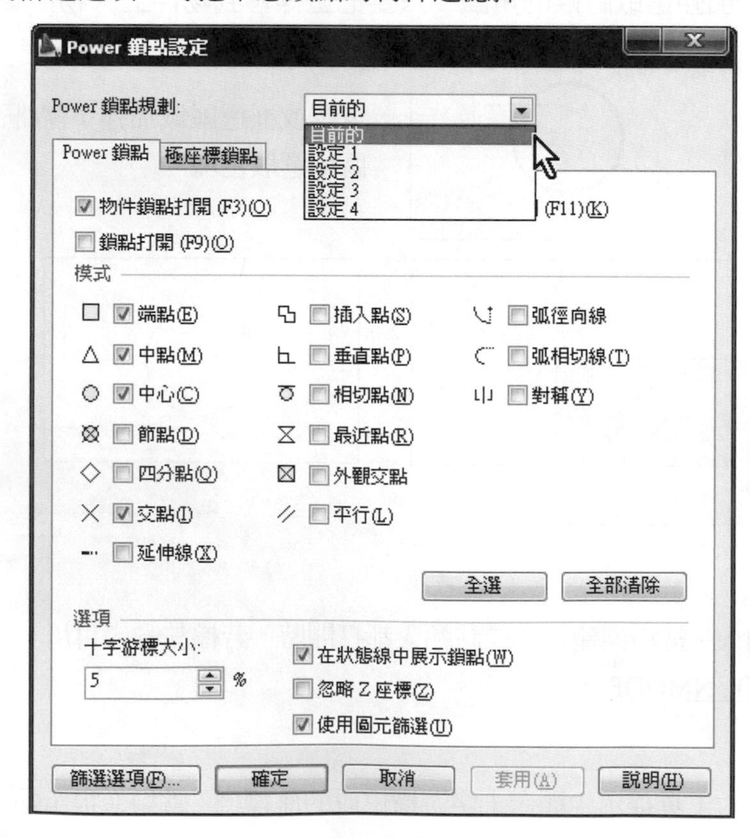

如果在 AutoCAD® Mechanical 中使用 AutoCAD® 的標註無法鎖點的話，可以試著把過濾器中的 DIMENSION 給取消勾選掉。

鎖點說明：

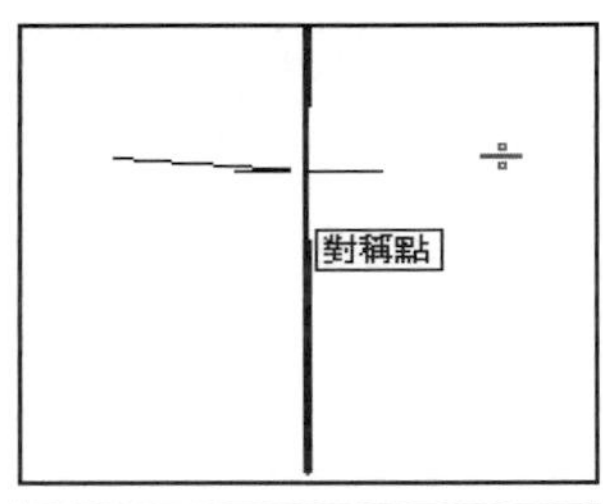

對稱：對稱鎖點至指定的線。

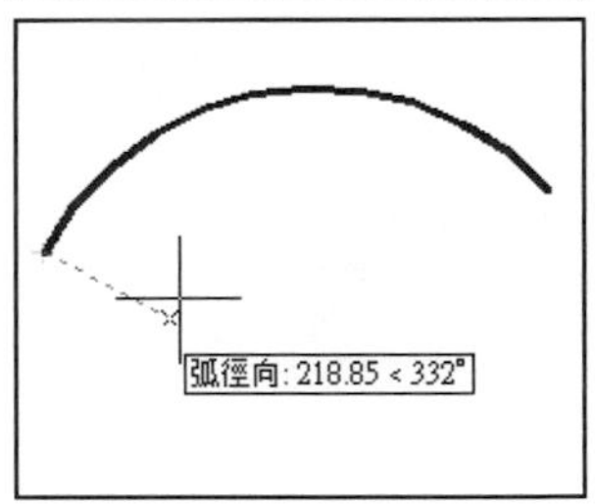

弧徑向：鎖點至穿通弧中心點和其中一個弧端點之假想線的一點。

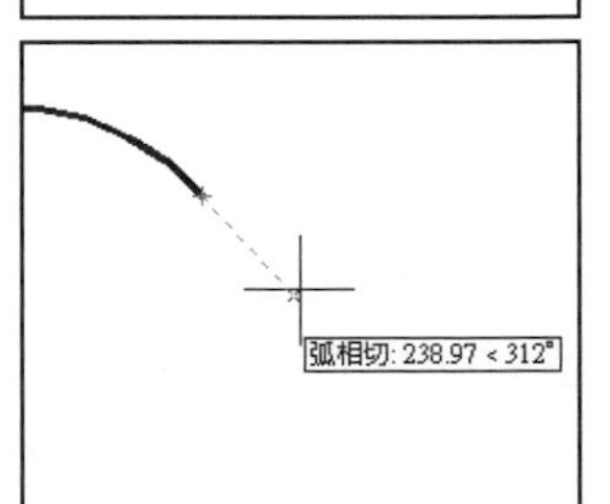

弧相切：鎖點至相切穿通弧端點之假想線的一點。

2-1-5　滑鼠功能鍵控制

滑鼠

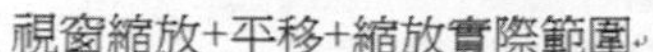

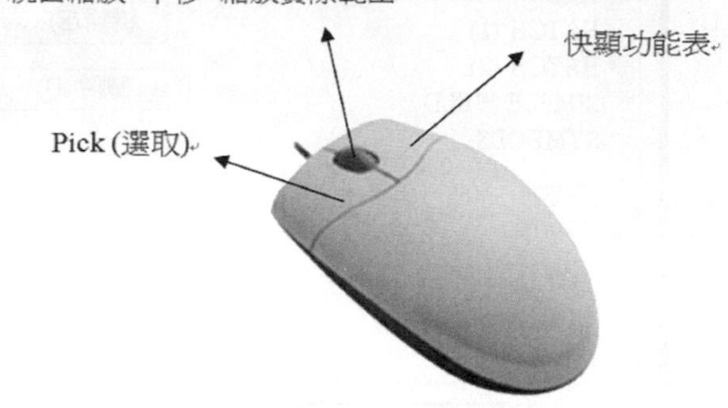

中鍵：Zoom

繪製過程中最常用指令 Zoom

滾動＝視窗縮放、按住＝平移、快點兩下＝縮放實際範圍。

更改變數 MbuttonPAN：<1>中鍵變成鎖點對話框。

右鍵：快顯功能表

Power command

Shift＋ 右鍵：彈出式物件鎖點功能表。

滾輪縮放比例：ZoomFactor：<45>。

以游標放置位置爲縮放基準中心，做縮放動作。

縮到無法再縮時，執行 REgen，重新解析即可再做縮放。

游標符號所代表的意思：

＋：點選取　　□：物件選取

框選與窗選

選取物件除了直接點選物件的方式外，還可以配合下表做額外的選取：

1. 由左至右窗選：螢幕呈現實線框，且必須完全被框涵蓋者爲選取。

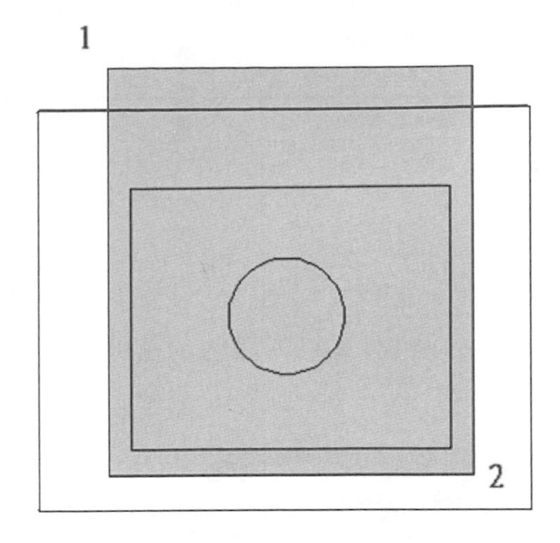

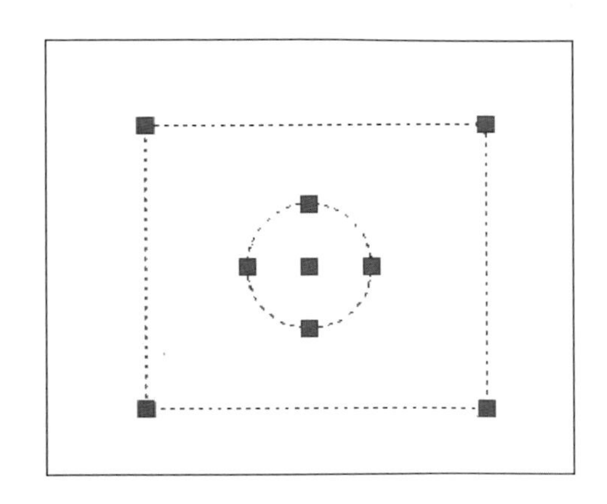

2. 由右至左框選：螢幕呈現虛線框，只要被框碰到者就已被選取。

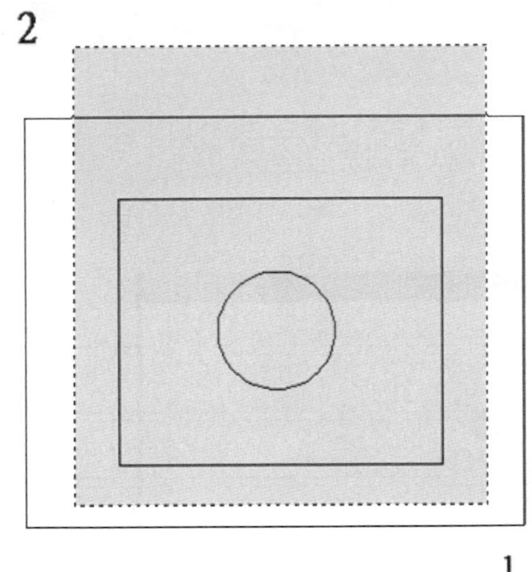

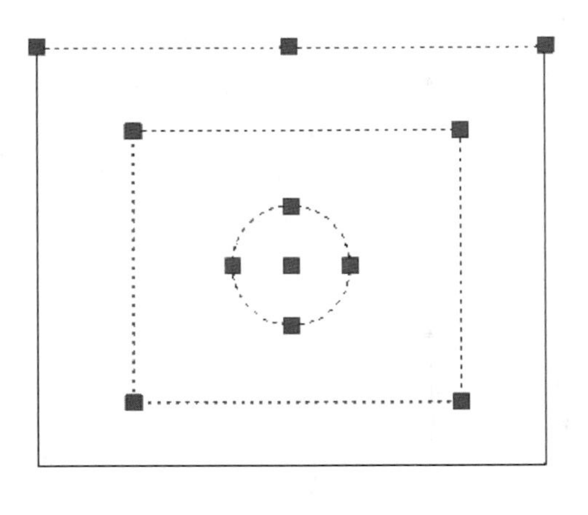

3. 自動(Auto)，只要沒選取到物件，會自動切換成窗(框)選。
4. 多邊型窗選(WPolygon)。
5. 加入選取(Add)。
6. 籬選(Fence)。
7. 前次選集(Previous)。
8. 全部(ALL)。
9. 多邊型框選(CPolygon)。
10. 移除選取(Remove)也可以用 Shift 鍵控制。
11. 復原(Undo)。
12. 群組(Group)。
13. 上一個(Last)。

2-2 工作區

2-2-1 工作區的建立與刪除

建立

工作區是將功能表、工具列以及可固定視窗(性質選項板、設計中心及工具選項板視窗)集合，加以群組化。在 2009 的版本裡面，除了可以自訂工具列之外，還可以利用工作區的管理方式讓管理介面變的更人性化。

1. 可以到下拉式功能表的【檢視】→【工具列】。

2. 在【工作區】按滑鼠右鍵→【新工作區】來自訂一個工作區。

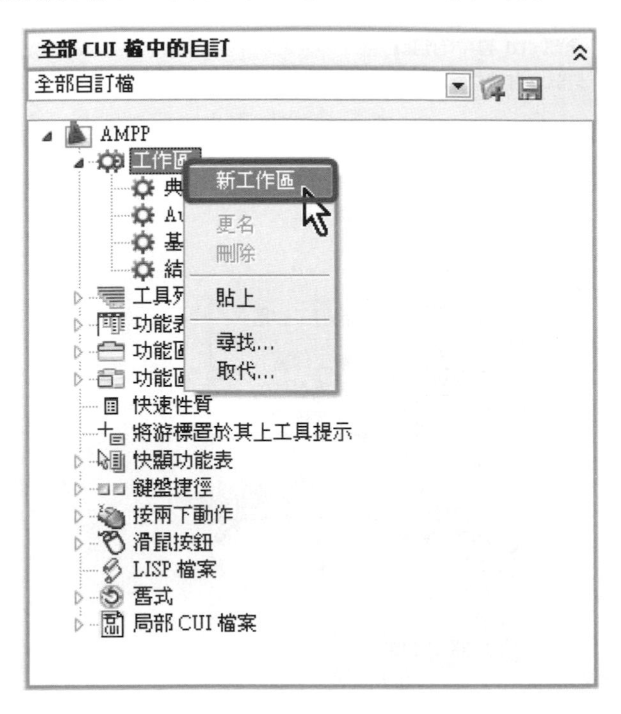

3. 可於自訂工作區的地方自行建立一個【ACM 課程】的工作區，再按下【確定】即可完成設定。

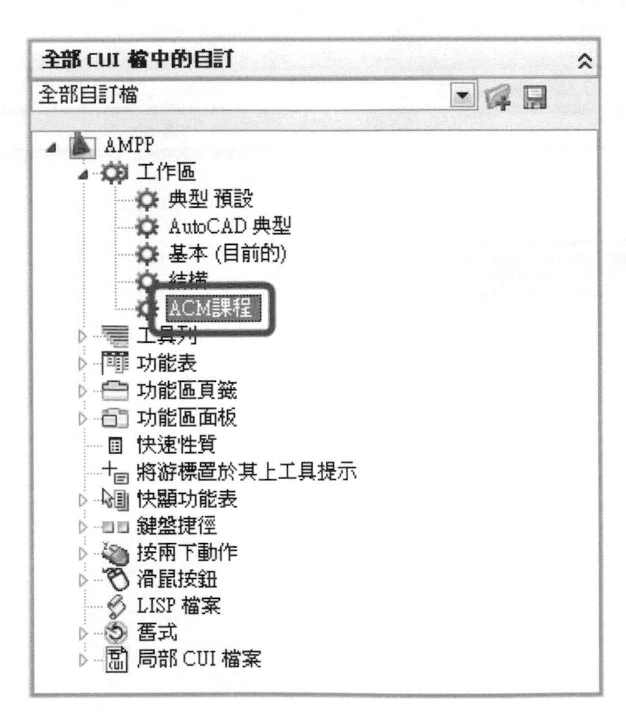

4. 建立的工作區也可以直接在此一操作介面作刪除或是更名的動作。

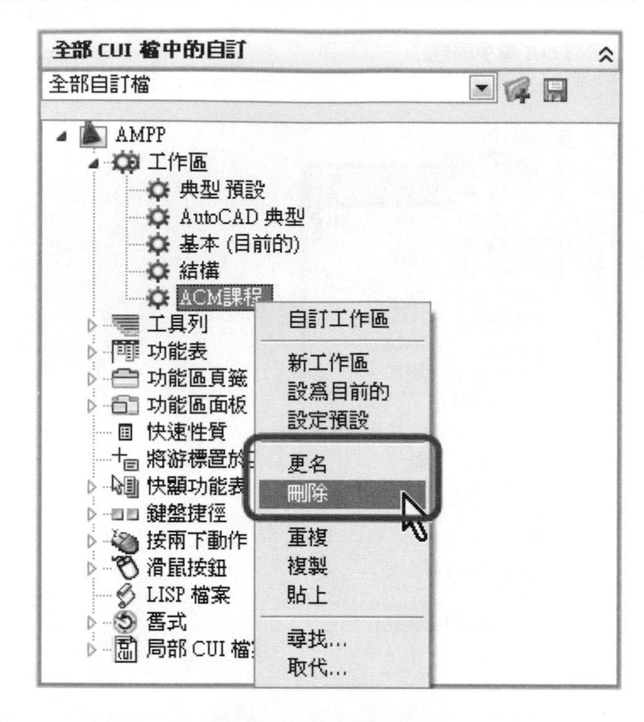

5. 此時我們可以在工作區下拉式選單中找到剛剛所建立的【ACM 課程】工作區。

6. 在這個階段我們要加入一個工具列在 ACM 課程的工作區中，首先在上方工具列空白的地方點下滑鼠右鍵，會出 AutoCAD®、Express、Mechanical 等工具列群組，在 Mechanical 的地方點一下找到下面的【標註】，把這個工具列拉出來。

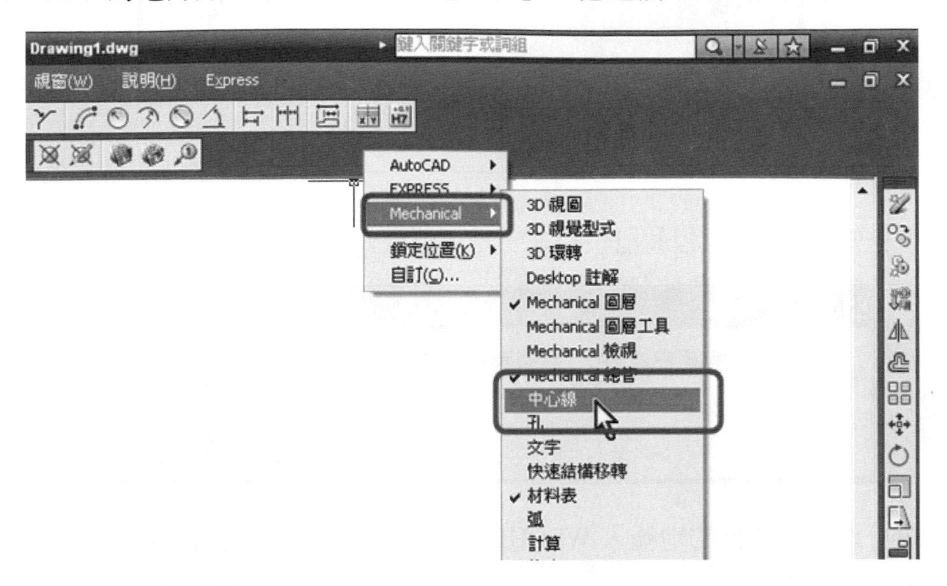

7. 所拉出的圖示如下圖。

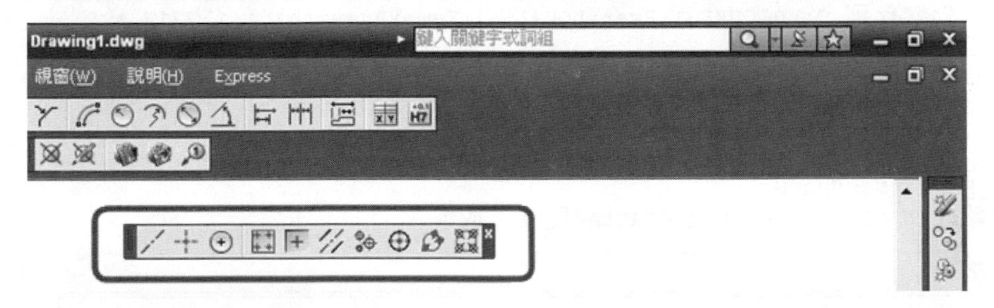

8. 選擇【將目前的另存成...】。

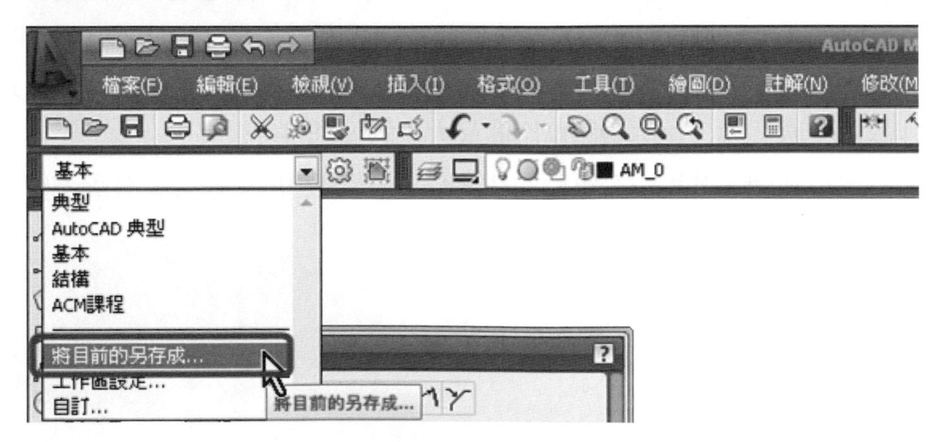

9. 選擇我們先前所建立的【ACM 課程】。

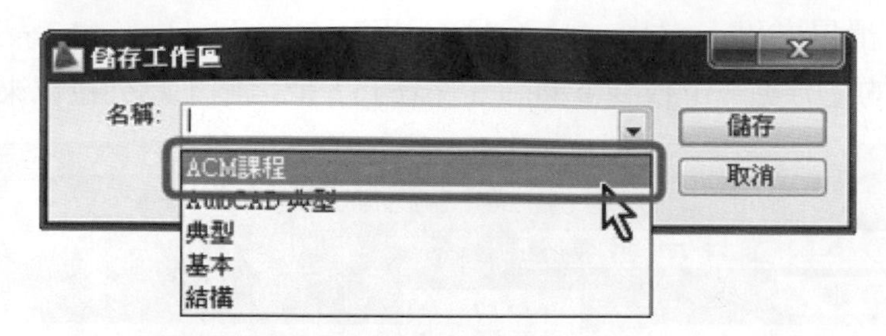

10. 系統會告知【ACM 課程】已經存在，是否要取代它？請選擇【取代】即可。

11. 另外也可以在指令行的地輸入 WSCURRENT 指令，再輸入您的工作區名字也可以達到切換的效果。

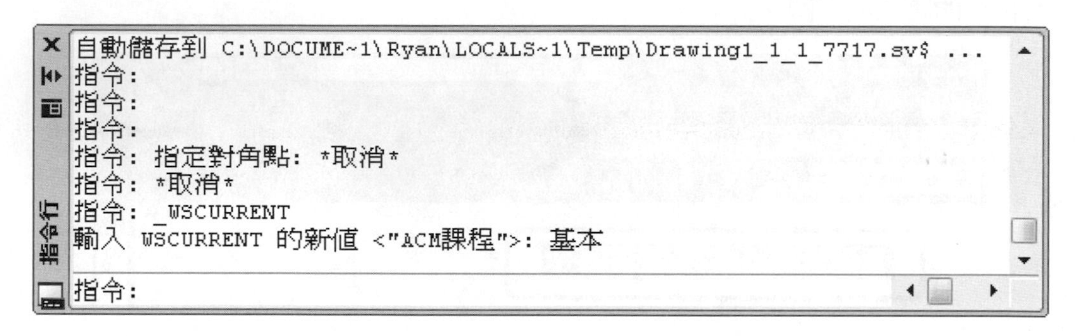

以往在 AutoCAD® 中我們常常會置入許多的 Lisp 程式，而這些程式其實並不是很經常使用得到，但是卻又不是不用，因此在我們的繪圖周圍就放置了許多的工具列，使得我們的繪圖區越來越小，終就造成我們的不便，現在有了工作區的貼心功能，就可以在許多的不同工作環境中做切換，達到繪圖區空間最大化的便利性。

而且若是出現兩個人共用一台電腦的情況時，也可以利用工作區來分隔不同的作業環境。

下圖為此次為大家所整理的工作區環境：

1. ACM 課程。

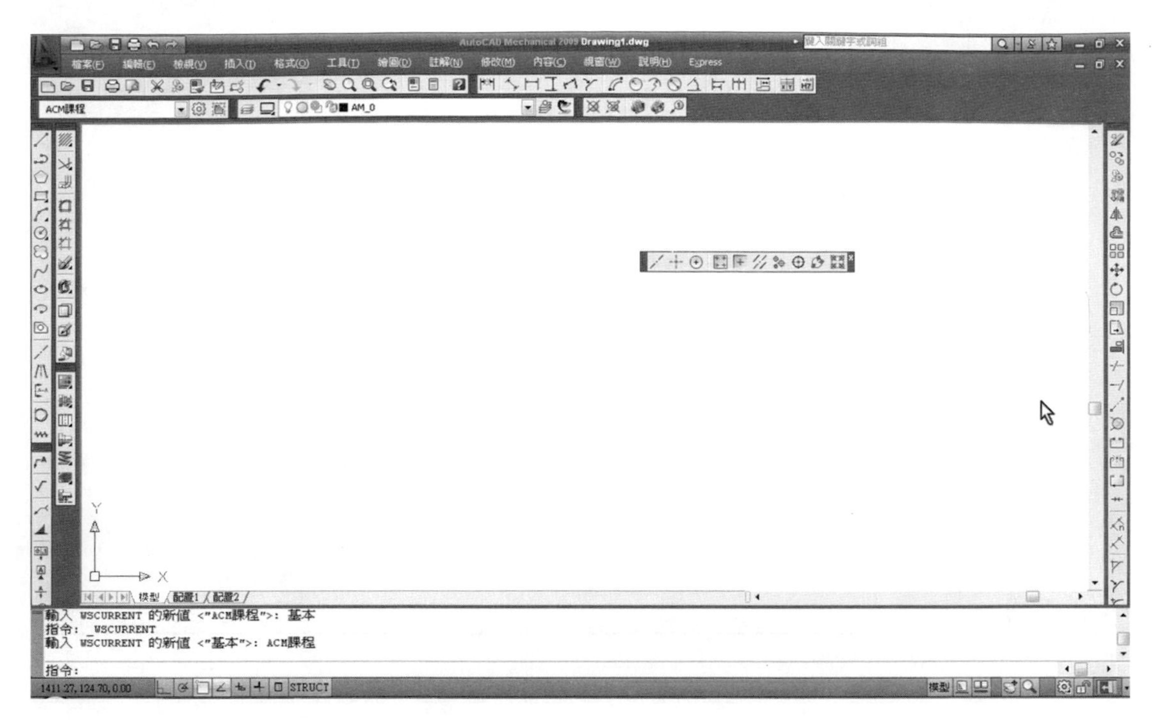
AutoCAD Mechanical 2009 Drawing1.dwg
輸入 WSCURRENT 的新值 <"ACM課程">: 基本
指令: _WSCURRENT
輸入 WSCURRENT 的新值 <"基本">: ACM課程
指令:

2. 典型。

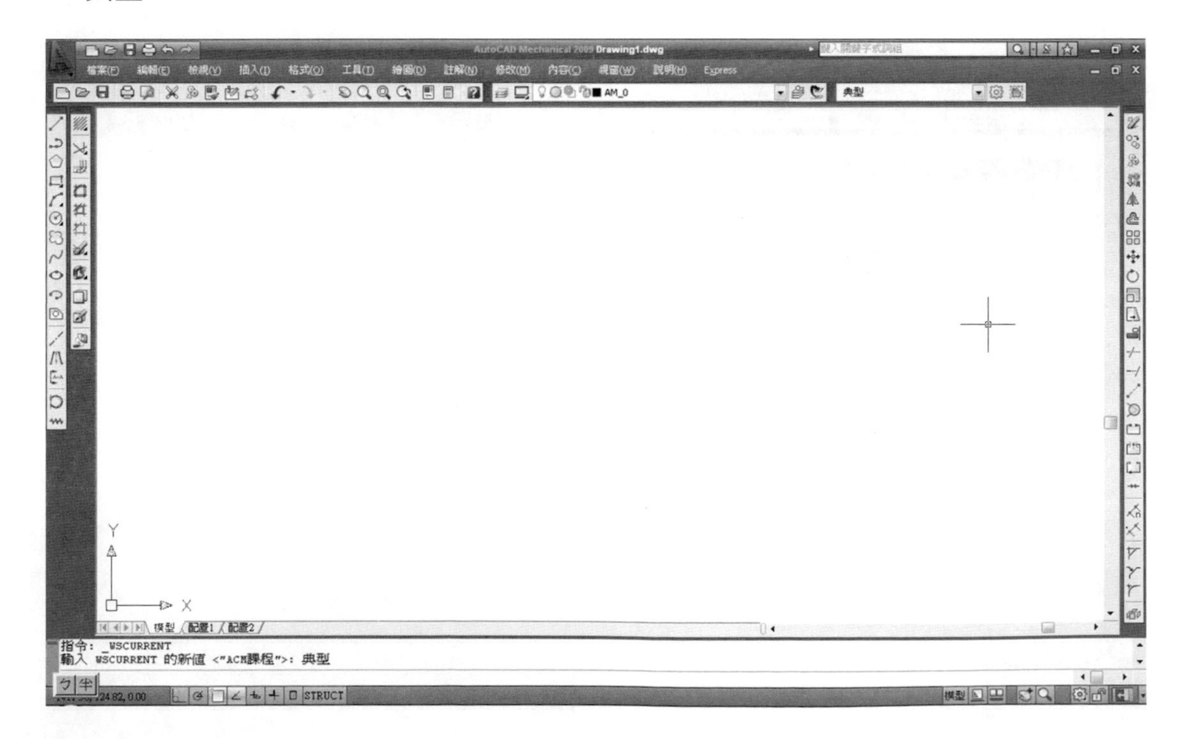
AutoCAD Mechanical 2009 Drawing1.dwg
指令: _WSCURRENT
輸入 WSCURRENT 的新值 <"ACM課程">: 典型

3. AutoCAD® 典型。

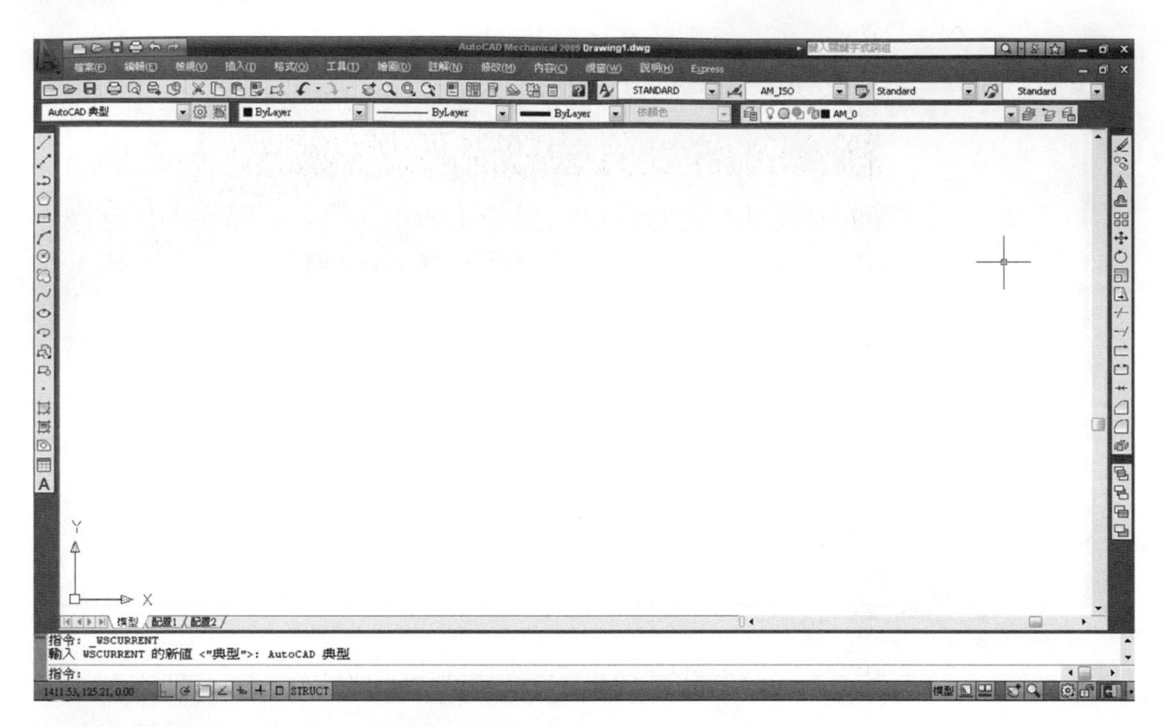

4. 基本。

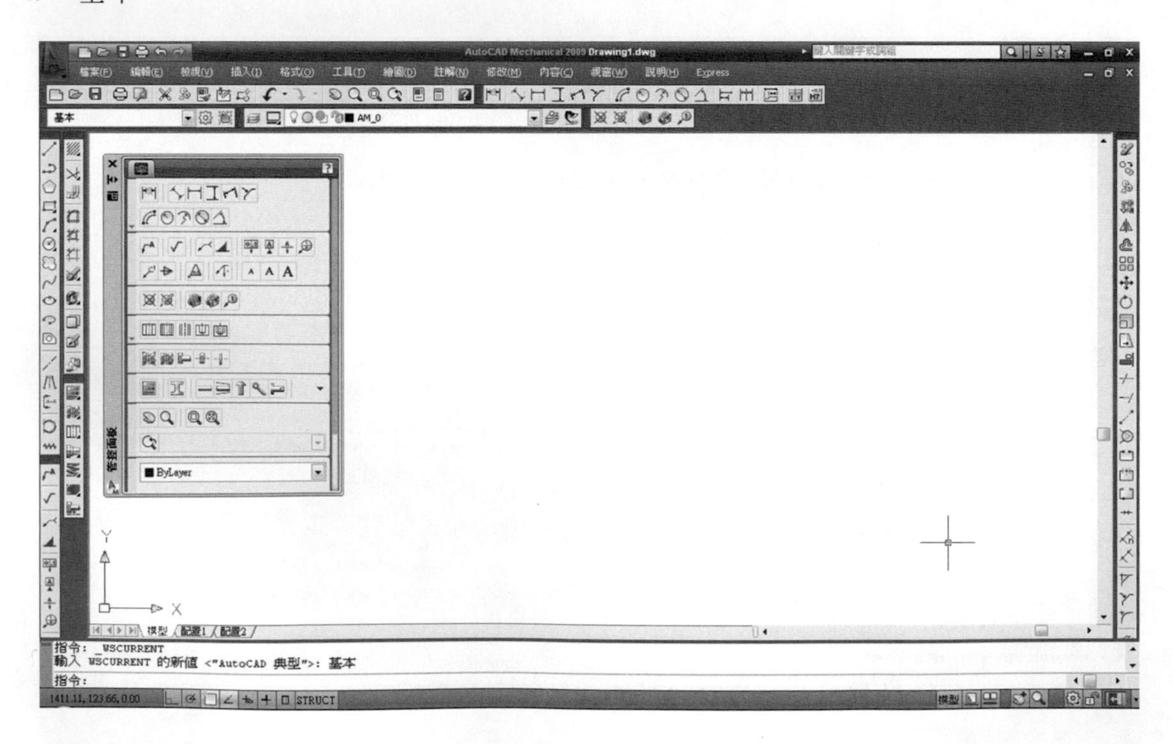

5.　結構。

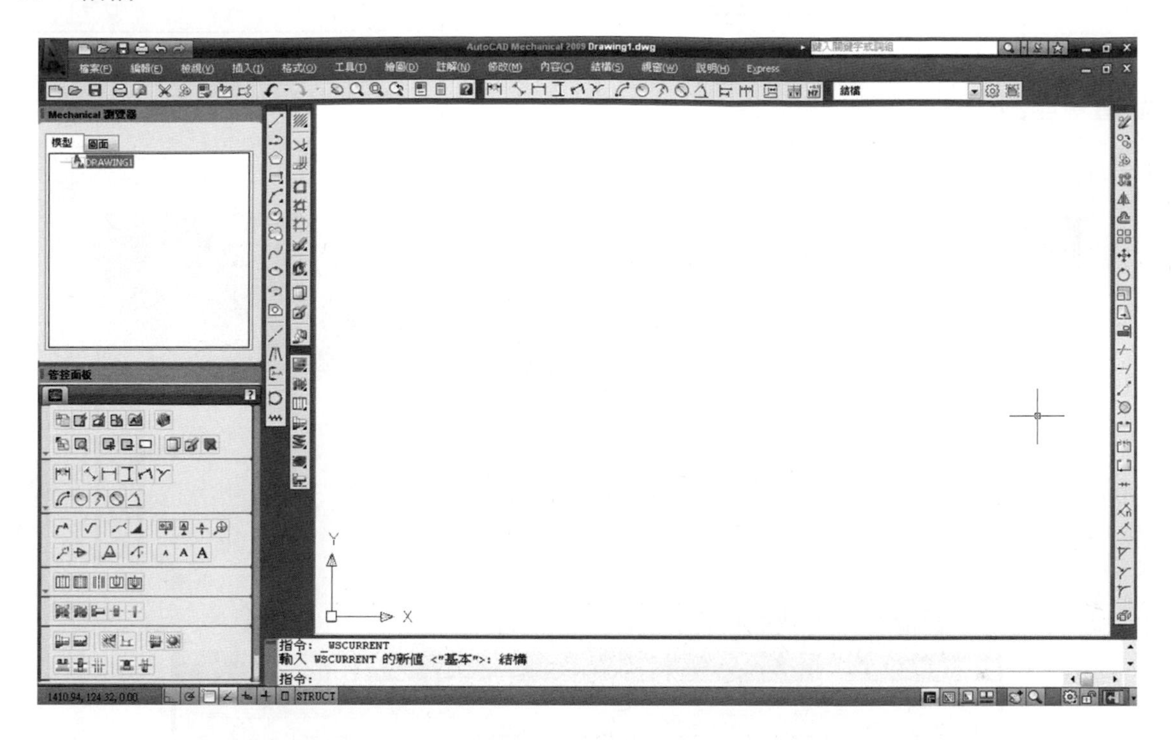
AutoCAD Mechanical 2009 Drawing1.dwg
檔案(F) 編輯(E) 檢視(V) 插入(I) 格式(O) 工具(T) 繪圖(D) 註解(N) 修改(M) 內容(C) 結構(S) 視窗(W) 說明(H) Express
結構
Mechanical 瀏覽器
模型
圖面
DRAWING1
管控面板
Y
X
指令: _WSCURRENT
輸入 WSCURRENT 的新值 <"基本">: 結構
指令:
STRUCT

2-3 新增、自訂工具列

新增、自訂

1. 在空白的工具列上面點選滑鼠的左鍵，選擇【自訂】。

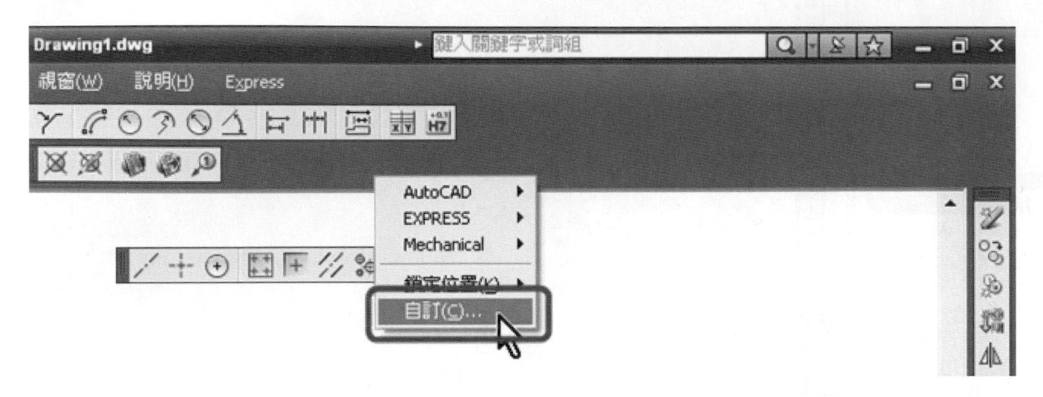

2. 於左邊的瀏覽器的地方我們可以找到【工具列】。

3. 在工具列的上面點下滑鼠右鍵，會出現選項，點選【新工具列】。

4. 在此我們建立一個【常用工具列】。

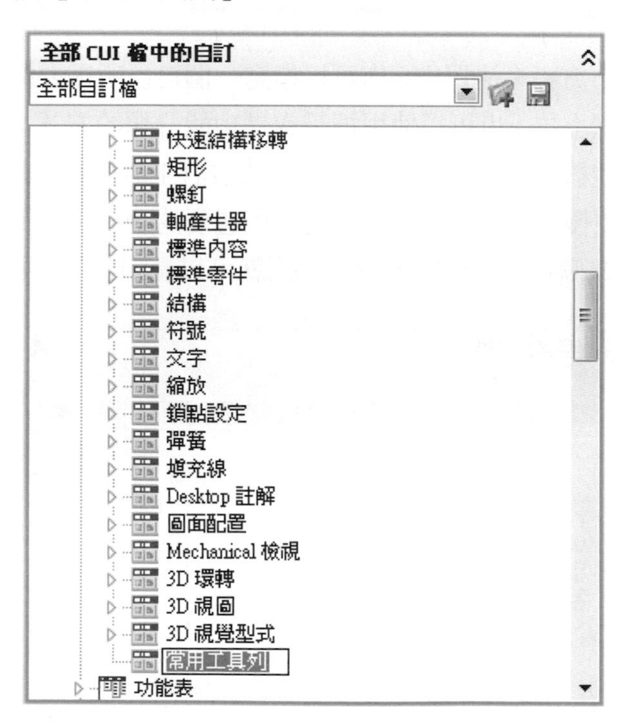

5. 在工具列的項目中就會出現一個【常用工具列】。

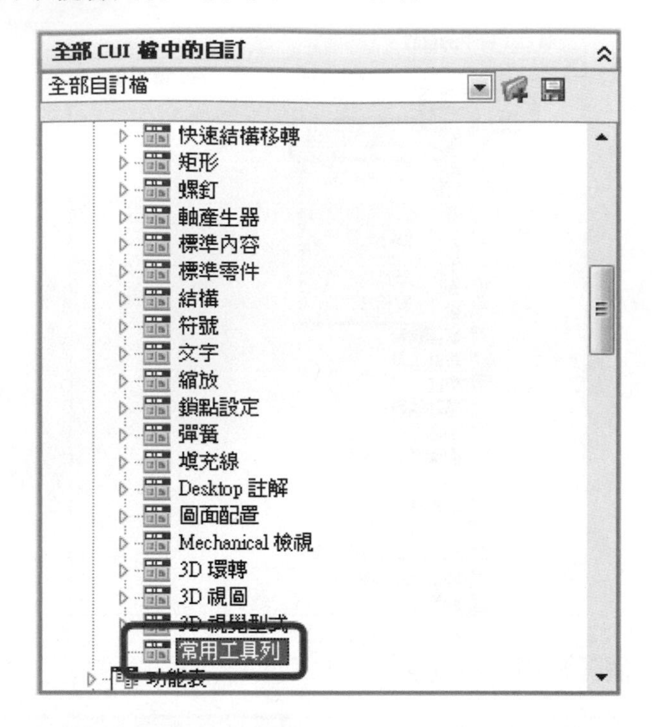

6. 在此對話框的左下方指令清單中，您可以指定一個自已所需要的功能指令，然後點著滑鼠左鍵拖曳，往上拉。也可以使用搜尋或是功能分類的方式來加入所需要的功能。在拉的過程當中也許會遇到在還沒拉到我們的自訂工具列時，畫面上的捲軸就在亂動了，沒關係，只要慢慢拉，我們就可以把我們想要的功能拖曳到所指定的工具列了。當然您可以多拉幾個到工具列中，待會我們就可以看到我們所拉出來的工具列。

7. 拖曳完成之後就可以看到在我們剛剛所自訂的【常用工具列】的地方，加入了一個【凸輪】。

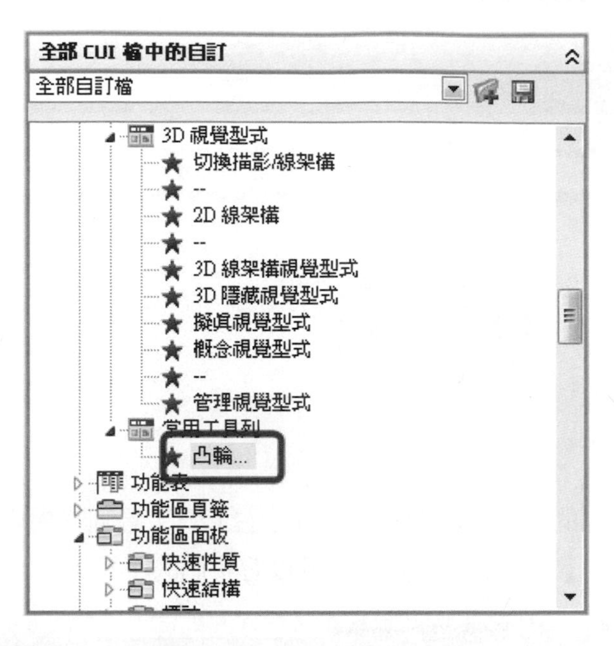

8. 當然，如果您需要更改或是刪除在工具列上的功能的話，可以在該工具列上面點下滑鼠右鍵，做修改會是移除的動作。

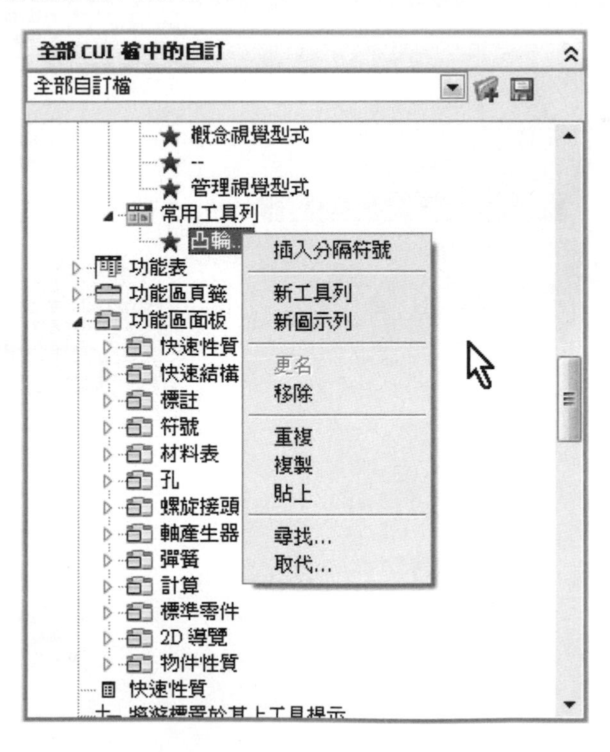

9. 點下【確定】之後，在我們的繪圖區就可以看到剛剛所建立的工具列，您可以直接拉到上面和其它的工具列並排。

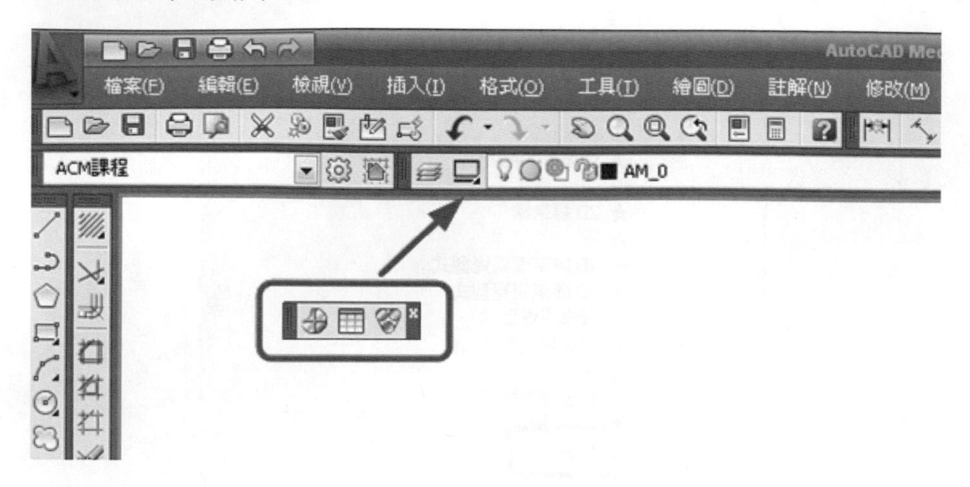

10. 如果不小心把自訂的工具列給關掉了，可於右上方工具列空白處，點選滑鼠右鍵選擇【Mechancial】→【常用工具列】，就可以看我們的工具列了。

2-4 速查

2-4-1 重要基礎工具列功能速查

Mechanical 總管工具列

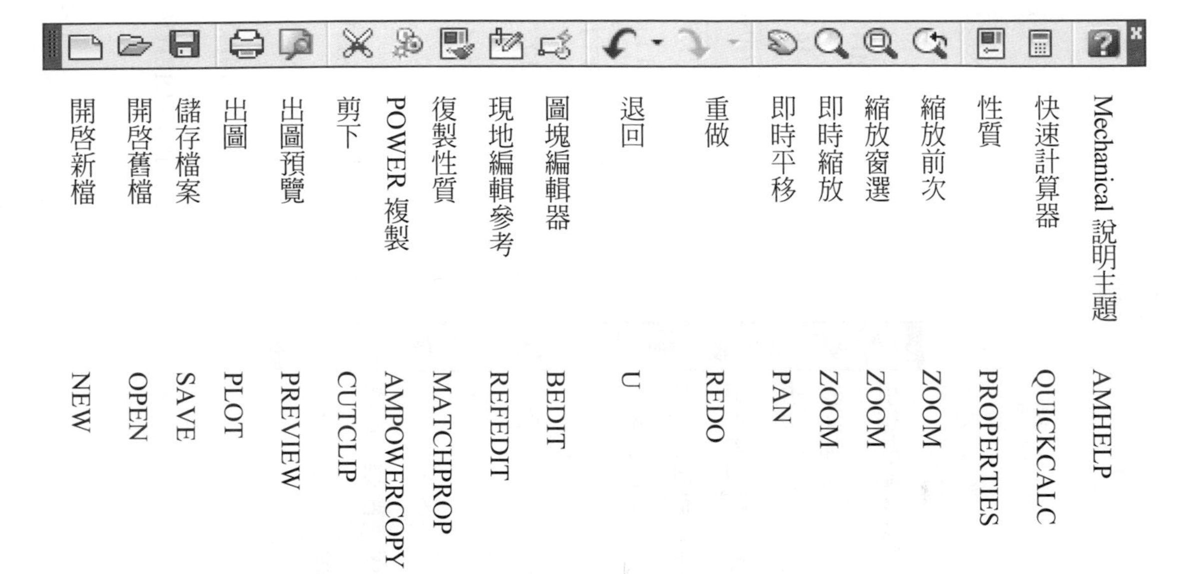

工作區

繪圖工具列

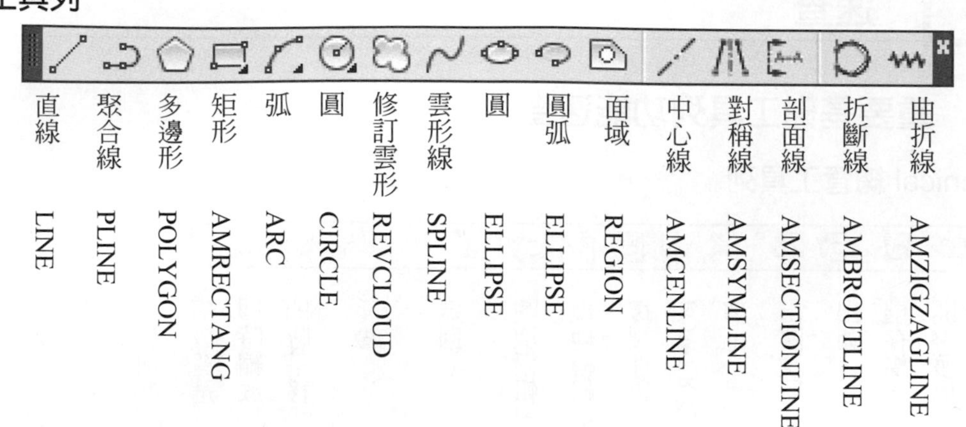

名稱	指令
直線	LINE
聚合線	PLINE
多邊形	POLYGON
矩形	AMRECTANG
弧	ARC
圓	CIRCLE
修訂雲形	REVCLOUD
雲形線	SPLINE
圓	ELLIPSE
圓弧	ELLIPSE
面域	REGION
中心線	AMCENLINE
對稱線	AMSYMLINE
剖面線	AMSECTIONLINE
折斷線	AMBROUTLINE
曲折線	AMZIGZAGLINE

符號

名稱	指令
引線註記	AMNOTE
表面加工	AMSURFSYM
熔接	AMWELDSYM
熔接表現法	AMSIMPLEWELD
特徵控制框	AMFCFRAME
基準識別字	AMDATUMID
特徵識別字	AMFEATID
基準目標	AMDATUMTGT
邊	AMEDGESYM
推拔與斜度	AMTAPERSYM
標記／戳記	AMMARKSTAMP
附加引線	AMSYMLEADER

修改

名稱	指令
POWER 刪除	AMPOWEREASE
複製	COPY
POWER 複製	AMPOWERCOPY
POWER 檢視	AMPOWERVIEW
鏡射	MIRROR
偏移	AMOFFSET
陣列	ARRAY
移動	MOVE
旋轉	ROTATE
調整比例	SCALE
拉伸	STRETCH
對齊	ALIGN
修剪	TRIM
延伸	EXTEND
調整長度	LENGTHEN
接合圖元	AMJOIN
切斷	BREAK
一點切斷	AMBREAKATPT
選取並切斷	BREAK
接合	JOIN
等分	DIVIDE
等距	MEASURE
倒角	AMCHAM2D
倒角標註	AMCHAM2D_DIM
圓角	AMFILLET2D
分解	AMEXPLOED

設計工具

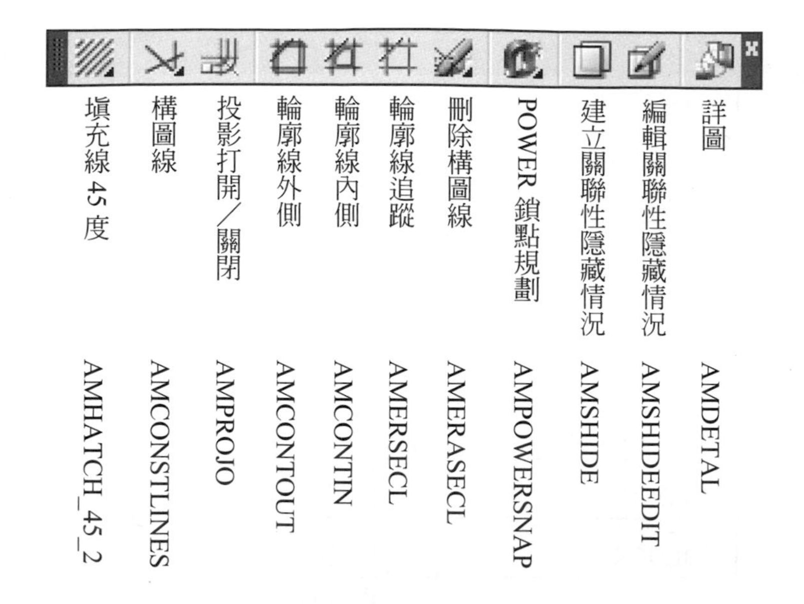

2-4-2　重要基礎指令快捷鍵速查

外部指令快速鍵

指令	執行內容	指令說明
CATALOG	DIR/W	查詢目前目錄所有的檔案
DEL	DEL	執行 DOS 刪除指令
DIR	START EDIT	執行 DOS 查詢指令
EDIT		執行 DOS 編輯執行檔 EDIT
SH		暫時離開 AutoCAD® 將控制權交給 DOS
SHELL		暫時離開 AutoCAD® 將控制權交給 DOS
START	START	啓動應用程式
TYPE	TYPE	列示檔案內容
EXPLORER	START EXPLORER	啓動 Windows 下的檔案管理員
NOTEPAD	START NOTEDPAD	啓動 Windows 下的記事本
PBRUSH	START PBRUSH	啓動 Windows 下的小畫家

基礎指令快速鍵

快速鍵	執行指令	說明
A	ARC	弧
ADC	ADCENTER	AutoCAD® 設計中心
AA	AREA	面積
AR	ARRAY	陣列
-AR	-ARRAY	指令式陣列
AV	DSVIEWER	鳥瞰視景
B	BLOCK	圖塊建立
-B	-BLOCK	指令式圖塊建立
BH	BHATCH	繪製剖面線
BC	BCLOSE	關閉圖塊編輯器
BE	BEDIT	圖塊編輯器
BO	BOUNDARY	建立封閉邊界
-BO	-BOUNDARY	指令式建立封閉邊界
BR	BREAK	截斷
BS	BSAVE	儲存圖塊編輯器
C	CIRCLE	圓
CH	PROPEPTIES	物件性質修改
CHA	CHAMFER	倒角
CHK	CHECKSTANDARD	檢查圖面 CAD 標註
CLI	COMMANDLINE	呼叫指令行
CO 或 CP	COPY	複製
COL	COLOR	對話框式顏色設定
D	DIMSTYLE	尺寸型式設定

快速鍵	執行指令	說明
DAL	DIMALIGNED	對齊式線性標註
DAN	DIMANGULAR	角度標註
DBA	DIMBASELINE	基線式標註
DCE	DIMCENTER	中心註記標註
DCO	DIMCONTINUE	連續式標註
DDA	DIMDISASSOCIATE	取消關聯的標註
DDI	DIMDIAMETER	直徑標註
DED	DIMEDIT	尺寸修改
DI	DIST	求兩點間距離
DIV	DIVIDE	等分佈點
DLI	DIMLINEAR	線性標註
DO	DOUNT	環
DOR	DIMORDINATE	座標式標註
DOV	DIMOVERRIDE	更新標註變數
DR	DRAWORDER	顯示順序
DRA	DIMARDIUS	半徑標註
DRE	DIMREASSOCIATE	重新關聯的標註
DS	DSETTINGS	繪圖設定
DT	TEXT	單行文字
E	ERASE	刪除物件
ED	DDEDIT	單行文字修改
EL	ELLIPSE	橢圓
EX	EXTEND	延伸
EXP	EXPORT	匯出資料

快速鍵	執行指令	說明
F	FILLET	圓角
FI	FILTER	過濾器
G	GROUP	群組設定
-G	-GROUP	指令式群組設定
GD	GRANDIENT	漸層剖面線
GR	DDGRIPS	掣點控制設定
H	BHATCH	繪製剖面線
-H	-HATCH	指令式繪製剖面線
HE	HATCHEDIT	編修剖面線
I	INSERT	插入圖塊
-I	-INSERT	指令式插入圖塊
IAD	IMAGEADJUST	影像調整
IAT	IMGEATTCH	併入影像
ICL	IMAGECLIP	截取影像
IM	IMAGE	貼附影像
-IM	-IMAGE	貼附影像
J	JOIN	結合
L	LINE	畫線
LA	LAYER	圖層性質管理員
-LA	-LAYER	指令式圖層管理
LE	LEADER	引導線標註
LEN	LENGTHEN	調整長度
LI	LIST	查詢物件資料
LO	-LAYOUT	配置設定

快速鍵	執行指令	說明
LS	LIST	查詢物件資料
LT	LINETYPE	線型管理員
-LT	-LINETYPE	指令式線型載入
LTS	LTSCALE	線型比例設定
LW	LWEIGHT	線寬設定
M	MOVE	搬移物件
MA	MATCHPROP	物件性質複製
ME	MEASURE	量測等距佈點
MI	MIRROR	鏡射物件
ML	MLINE	繪製複線
MO	PORPERTIES	圖元性質修改
MS	MSPACE	切換至模型空間
MT	MTEXT	多行文字寫入
MV	MVIEW	浮動視埠
O	OFFSET	偏移複製
OP	OPTIONS	環境選項
OS	OSNAP	物件鎖點設定
-OS	-OSNAP	即時平移
P	PAN	兩點式平移控制
-P	-PAN	兩個式什移控制
PA	PASTESPEC	選擇性貼上
PE	PEDIT	編輯聚合線
PL	PLINE	繪製聚合線
PO	POINT	繪製點

快速鍵	執行指令	說明
POL	POLYGON	繪製正多邊型
PR	OPTIONS	環境選項
PRE	PREVIEW	輸出預視
PRINT	PLOT	繪圖輸出
PS	PSPACE	圖紙空間
PU	PURGE	清除無用物件
-PU	-PURGE	指令式清除無用物件
QC	QUICKCALC	計算機
R	REDRAW	重繪
RA	REDRAWALL	所有視埠重繪
RE	REGEN	重生
REA	REGENALL	所有視埠重生
REC	RECTANGLE	繪製矩形
REG	REGION	2D 面域
REN	RENAME	更名
-REN	-RENAME	指令式更名
RM	DDRMODES	繪圖輔助設定
RO	ROTATE	旋轉
S	STRETCH	拉伸
SC	SCALE	比例縮放
SE	DSETTINGS	繪圖設定
SET	SETVAR	設定變數值
SN	SNAP	鎖點控制
SO	SOLID	填實三邊或四邊形

快速鍵	執行指令	說明
SP	SPEEL	拼字
SPE	SPLINEEDIT	編修雲形線
SPL	SPLINE	雲形線
ST	STYLE	字型設定
STA	STANDARDS	規劃 CAD 標準
T	MTEXT	多行文字寫入
-T	-MTEXT	指令式多行文字寫入
TA	TABLET	數位板規劃
TB	TABLE	插入表格
TI	TILEMODE	圖紙空間與模型空間設定切換
TO	TOOLBAR	工具列設定
TOL	TOLERANCE	公差符號標註
TR	TRIM	修剪
TS	TABLESTYLE	表格型式
UC	UCUMAN	UCS 管理員
UN	UNITS	單位設定
-UN	-UNITS	指令式單位設定
V	VIEW	視景
-V	-VEIW	視景控制
W	WBLOCK	圖塊寫出
-W	-WBLOCK	指令式圖塊寫出
X	EXPLODE	炸開
XA	XATTACH	貼附外部參考
XB	XBIND	併入外部參考

快速鍵	執行指令	說明
-XB	-XBIND	文字式併入外部參考
XC	XCLIP	截取外部參考
XL	XLINE	建構線
XR	XREF	外部參考控制
-XR	-XREF	指令式外部參考控制
Z	ZOOM	視埠縮放控制

2-4-3 AutoCAD® Mechanical 2009 支援檔案格式

AutoCAD® Mechanical 2009 支援檔案格式

副檔名	說明	副檔名	說明
.as$	圖形暫存檔	.lin	線型定義檔
.arg	環境選項個案設定檔	.log	圖面記錄檔
.adt	圖形檢核報告檔	.lsp	AutoLISP 程式檔
.arx	ARX 應用程式檔	.max	3DS MAX & VIZ 格式檔
.avi	多媒體動態展示檔	.mli	材質庫檔
.bak	DWG 圖形備份檔	.mnc	功能表編譯檔
.bmp	點陣圖影像檔	.mnd	MC 功能表原始碼
.cfg	規劃檔	.mnl	AutoLISP 功能表程式檔
.ctb	出圖形式表格檔	.mnr	功能表資源檔
.cui	自訂使用者介面檔	.mns	功能原始檔
.dbx	Object DBX 程式檔	.mnu	功能表母體檔(新生 mns)
.dcc	對話框顏色控制檔	.mnx	DOS 版功能表編譯檔
.dce	對話框錯誤報告檔	.pat	剖面線形狀定義檔

副檔名	說明	副檔名	說明
.dcl	對話框程式檔	.pcp	舊式出圖規劃設定參數檔
.doc	WORD 文件檔	.pc2	R14 出圖規劃設定參數檔
.dvb	VBA 檔案	.pc3	ACAD 2004 出圖規劃設定參數檔
.dwf	網際網路圖形檔	.pgp	快捷鍵定義檔
.dwg	圖形檔	.plt	繪圖輸出檔
.dws	圖形標準檔	.ppt	PowerPoint 簡報檔
.dwt	圖形樣板檔	.ps	Post Sscript 檔
.dxf	標準圖形交換檔	.sat	ASIC 實體圖形檔
.dxx	屬性 DXF 格式萃取檔	.scr	劇本檔、草稿檔
.exe	應用程式執行檔	.shp	字型原始檔
.err	AutoCAD 錯誤報告檔	.shx	字型編譯檔
.fas	快速載入的 AutoLISP 程式檔	.slb	SLIDE 幻燈片庫檔
.fmp	字體替換對應表檔	.sld	SLIDE 幻燈片檔
.hdi	輔助說明索引檔	.stl	立體石板印刷格式檔
.hlp	輔助說明檔	.sv$	自動儲存檔
.htm	網頁標準格式檔	.tga	TGA 影像檔
.html	網頁標準格式檔	.tif	TIF 影像檔
.igs	IGES 圖形交換檔	.txt	ACSII 文字檔
.ini	組態設定檔	.unt	單位定義檔
.jpg	JPEG 影像檔	.vlx	Visual LISP 程式檔
.las	圖層狀態圖檔	.wav	多媒體聲音檔
.wmf	Windows Meta 中繼檔	.xls	Excel 文件
.xmx	外掛訊息檔	.xtp	工具選項板定義檔

2-4-4 AutoCAD® Mechanical 2009 支援檔案格式

AutoCAD® Mechanical 2009 支援儲存格式

AutoCAD® Mechanical 2009 圖面(*.dwg)
AutoCAD® 2007 圖面(*.dwg)
AutoCAD® Mechanical 2008 圖面(*.dwg)
AutoCAD® Mechanical 2007 圖面(*.dwg)
AutoCAD® Mechanical 2006 圖面(*.dwg)
AutoCAD® Mechanical 2005 圖面(*.dwg)
AutoCAD® Mechanical 2004 圖面(*.dwg)
AutoCAD® Mechanical 2004 DX 圖面(*.dwg)
AutoCAD® Mechanical 6 圖面(*.dwg)
AutoCAD® 2004 圖面(*.dwg)
AutoCAD® 2000/LT2000 圖面(*.dwg)
AutoCAD® 圖面標準(*.dws)
AutoCAD® Mechanical 圖面樣板(*.dwt)
AutoCAD® 2007 DXF 圖面(*.dxf)
AutoCAD® 2004 DXF 圖面(*.dxf)
AutoCAD® 2000/LT2000 DXF 圖面(*.dxf)
AutoCAD® R12/LT2 DXF 圖面(*.dxf)

AutoCAD® 2009 支援儲存格式

AutoCAD® 2007 圖面(*.dwg)
AutoCAD® 2004/LT 2004 圖檔(*.dwg)
AutoCAD® 2000/LT 2000 圖面(*.dwg)
AutoCAD® R14/LT 98/LT 97 圖面(*.dwg)
AutoCAD® 圖面標準(*.dws)
AutoCAD® 圖面樣板(*.dwt)
AutoCAD® 2007 DXF 圖面(*.dxf)
AutoCAD® 2004/LT2004 DXF 圖面(*.dxf)
AutoCAD® 2000/LT2000 DXF 圖面(*.dxf)
AutoCAD® R12/LT2 DXF 圖面(*.dxf)

Chapter 3

繪圖

3-1 繪圖工具

原則上在 AutoCAD® Mechanical 繪圖和在 AutoCAD® 上差不多，但是在使用繪圖工具列中其實隱藏了許多好用的功能，我們將列舉幾個常用與好用的功能為大家說明。

將工作區的介面切換到【基本】的選項後，於左手邊的垂直工具列就是我們要和大家說明的繪圖工具列。

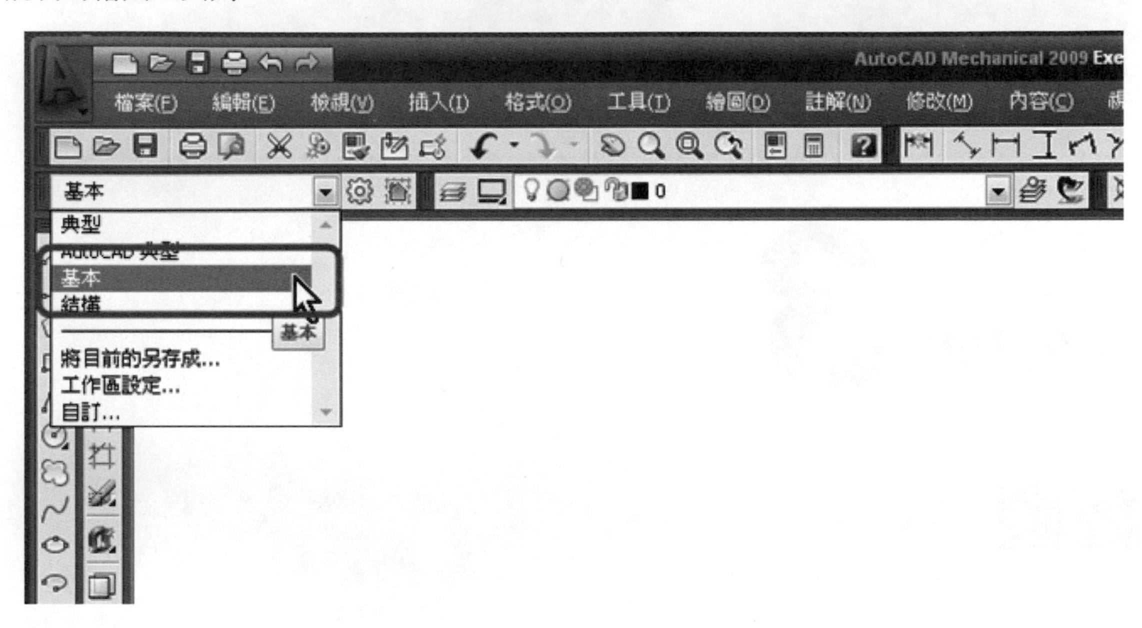

繪圖工具列

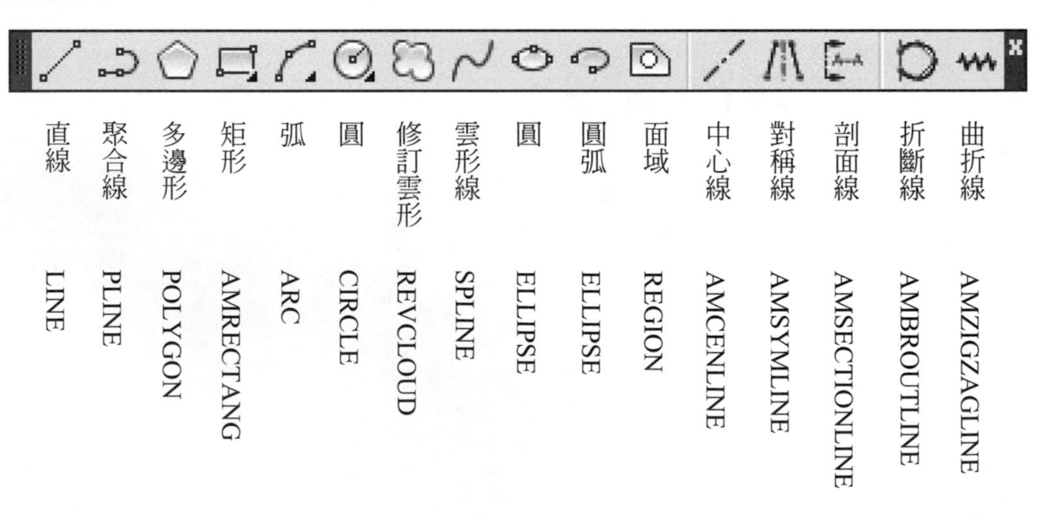

3-1-1　線：LINE

可於【繪圖】→【線】找到此功能，快速鍵爲【L】。

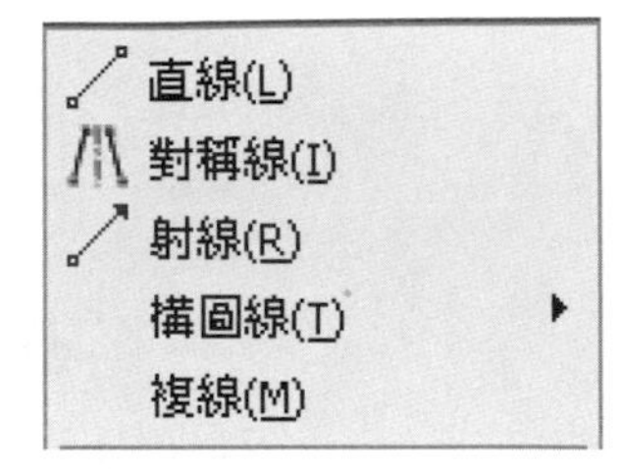

直線：Line

對稱線：AMSYMLINE

射線：RAY

複線：MLINE

折斷線：AMBROUTLINE

剖面線：AMSECTIONLINE

曲折線：AMZIGZAGLINE

線的分類

聚合線：PLine

聚合線編輯：PEdit

自由曲線：SPLine

線的使用方法

可直接使用絕對座標輸入或是使用相對座標輸入

絕對座標：基於座標系原點 (0,0) 的座標系統，所有的輸入必需牢記與原點的距離關係。

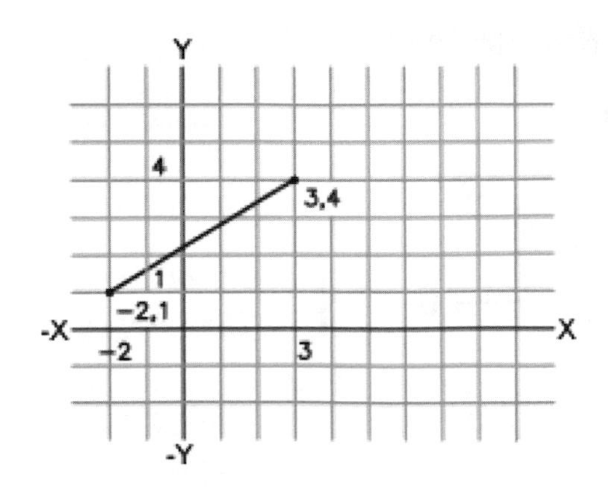

相對座標：以該點的座標為原點，當您知道某點與前一點的位置相對關係時，可以使用相對座標，較為方便使用。

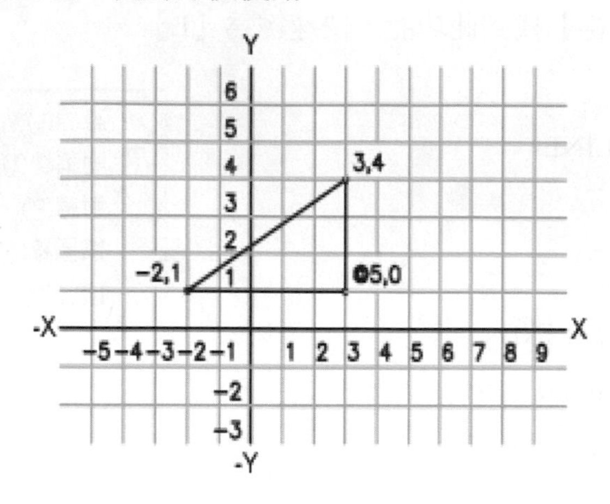

凡使用相對座標法時一定要在輸入座標之前加上@的符號，其表示方法有增減量表示法及距離角度表示法兩種。

1. 增減量表示法：表示方法=@△X,△Y

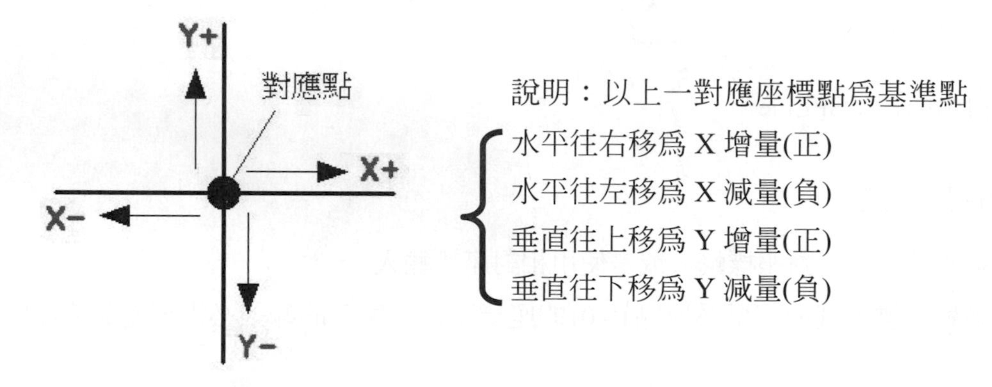

Y+
Y−
X+
X−
對應點
說明：以上一對應座標點為基準點
水平往右移為 X 增量(正)
水平往左移為 X 減量(負)
垂直往上移為 Y 增量(正)
垂直往下移為 Y 減量(負)

2. 距離角度表示法：表示方法=@距離<角度

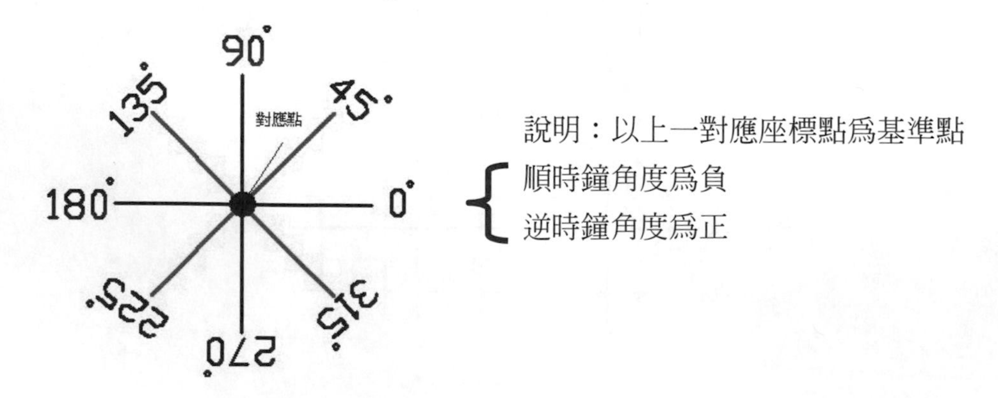

3-1-2　弧：ARC

可於【繪圖】→【線】找到此功能，快速鍵【A】。

在此 AutoCAD® Mechanical 提供 11 種方式建立。

三點
起點、中心、終點
起點、中心、角度
起點、中心、弦長
起點、終點、角度
起點、終點、方向
起點、終點、半徑
中心點、起點、終點
中心點、起點、角度
中心點、起點、弦長
連續

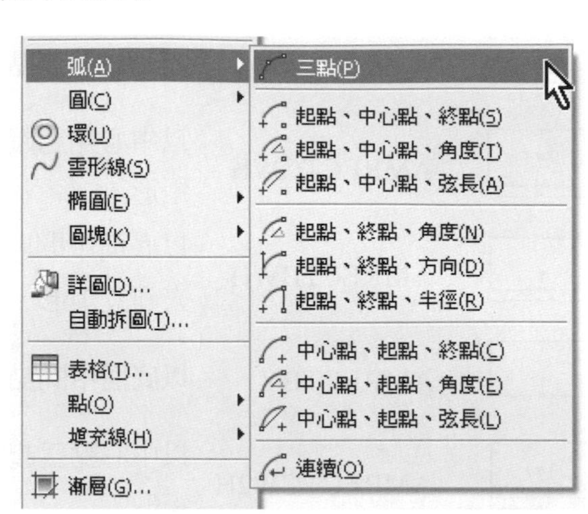

3-1-3　矩形：AMRECTANG

可於【繪圖】→【矩形】找到此功能，快速鍵【REC】。在此 AutoCAD® Mechanical 提供 13 種方式建立矩形。

1. 如果是鍵入全名(RECTANG)，則是執行 AutoCAD® 舊的矩形指令。
2. 執行指令後再敲一次 Enter 或空白鍵，會進入矩形選項。

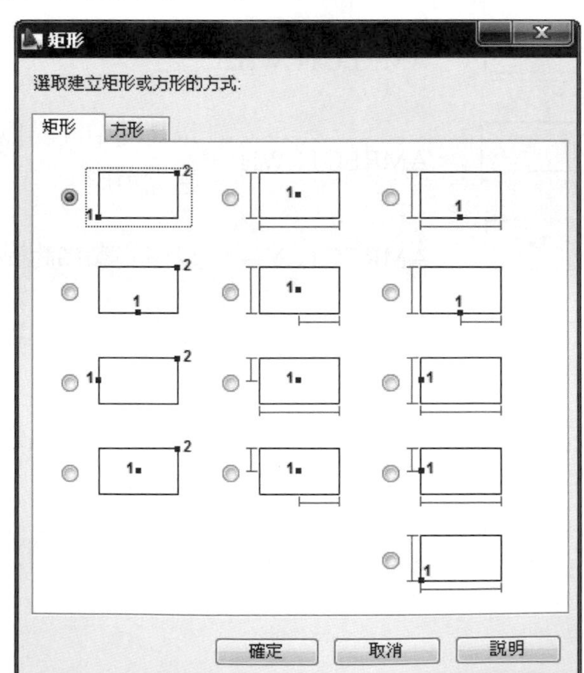

藍色數字標記：指定點位。

藍色標記：點選順序。

綠色標記：輸入尺寸。

指令	說明
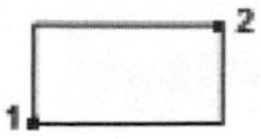 AMRECTANG	以第一個角點爲起點並定義端點來建立矩形。
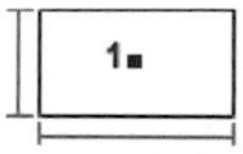 AMRECTCWH	以中心點爲起點並使用全底面(寬度)和全高來建立矩形。
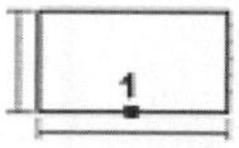 AMRECTBWH	以底面中間點爲起點並使用全底面(寬度) 和全高來建立矩形。
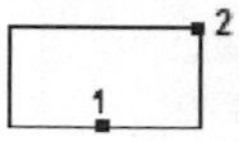 AMRECTBY	以底面中間點爲起點並定義端點來建立矩形。
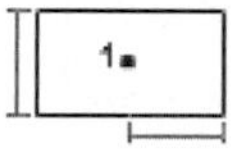 AMRECTCW2H	以中心點爲起點並使用半底面(寬度)和全高來建立矩形。
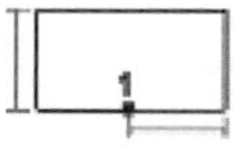 AMRECTBWH2	以底面中間點爲起點並使用半底面(寬度) 和全高來建立矩形。
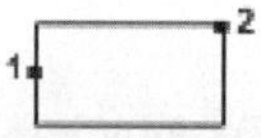 AMRECTLY	選取高度中間作起點並定義端點來建立矩形。
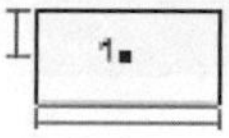 AMRECTCWH2	以中心點爲起點並使用全底面(寬度)和半高來建立矩形。
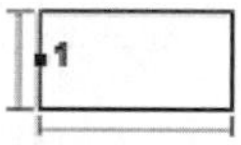 AMRECTLWH	以高度中間點爲起點並使用全底面(寬度)和全高來建立矩形。
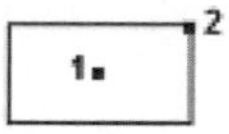 AMRECTCY	以中心點爲起點並使用端點來建立矩形。
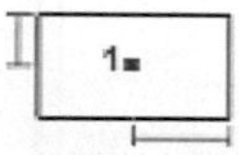 AMRECTCW2H2	以中心點爲起點並使用半底面(寬度)和半高來建立矩形。
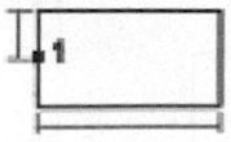 AMRECTLWH2	以高度中間點爲起點並使用全底面(寬度)和半高來建立矩形。
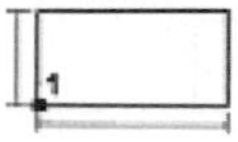 AMRECTXWH	以第一角點爲起點並使用全底面(寬度)和全高來建立矩形。

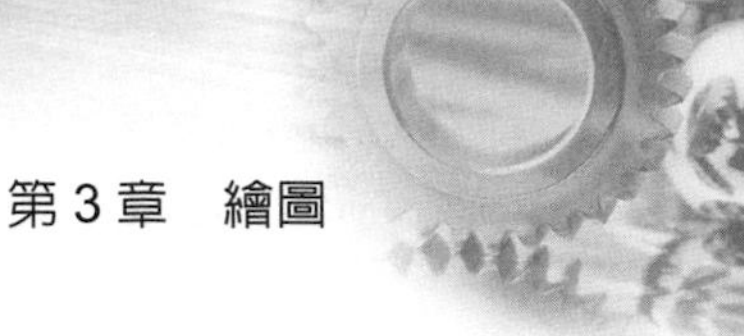

在此 AutoCAD® Mechanical 提供 6 種方式建立方形。

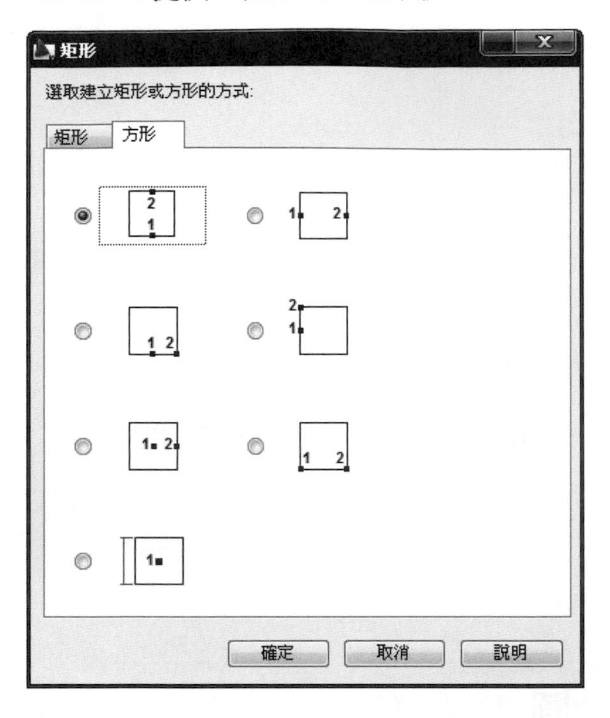

指令	說明
AMRECTQBT	以底面中間點爲起點並使用全底面(寬度)來建立方形。
AMRECTQLR	以高度中間點爲起點並使用全底面(寬度)來建立方形。
AMRECTQBY	以底面中間點爲起點並使用半底面(寬度)來建立方形。
AMRECTQLY	以高度中間點爲起點並使用半底面(寬度)來建立方形。
AMRECTQCR	以中間點爲起點並使用半底面(寬度)來建立方形。

AMRECTQXY　透過選取起點並使用全底面(寬度)來建立方形。

AMRECTQCW　以中間點爲起點並使用全底面(寬度)來建立方形。

快點兩下使用 AutoCAD® Mechanical 功能的矩、方形可重新編輯矩型。

3-1-4　多邊形：POLYGON

可於【繪圖】→【多邊形】找到此功能，快速鍵【POL】。

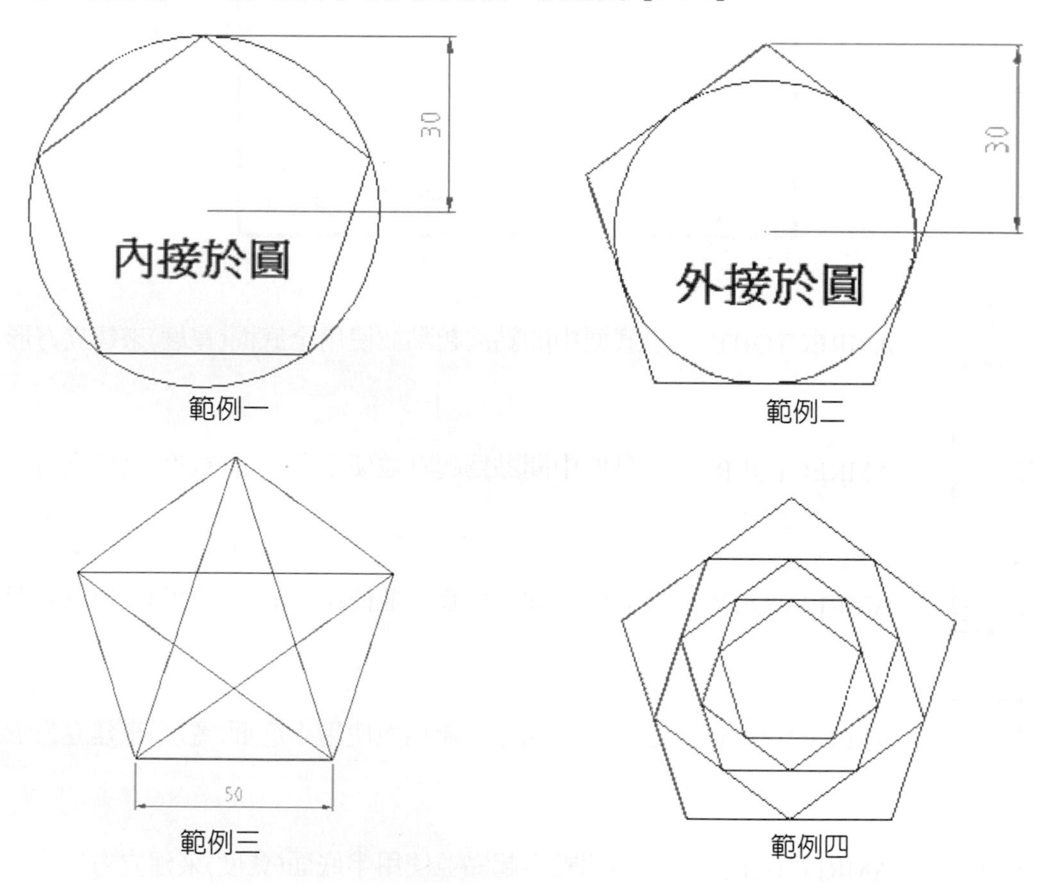

範例一　範例二　範例三　範例四

已知多邊形中心點與各頂點間的距離時，使用【內接於圓】。<範例一>

已知多邊形中心點與各邊長的垂直距離時，使用【外切於圓】。<範例二>

已知多邊形的邊長距離，使用【邊緣 E】。

3-1-5　修訂雲形：REVCLOUD

可於【繪圖】→【雲形線】找到此功能。

於型式方面有兩種不同的類別可以挑選。

正常

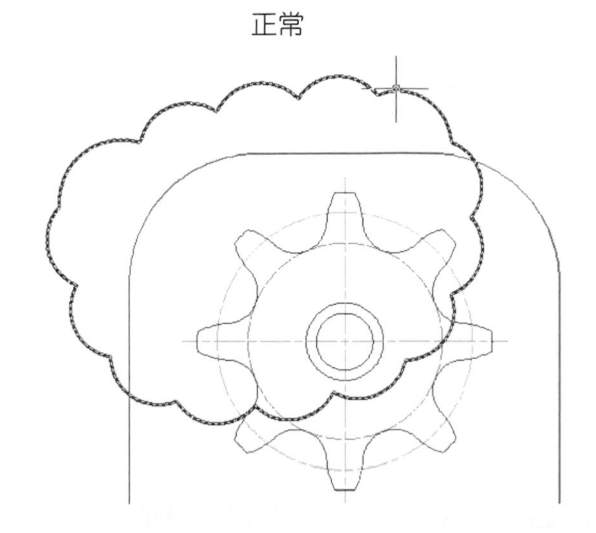

書法

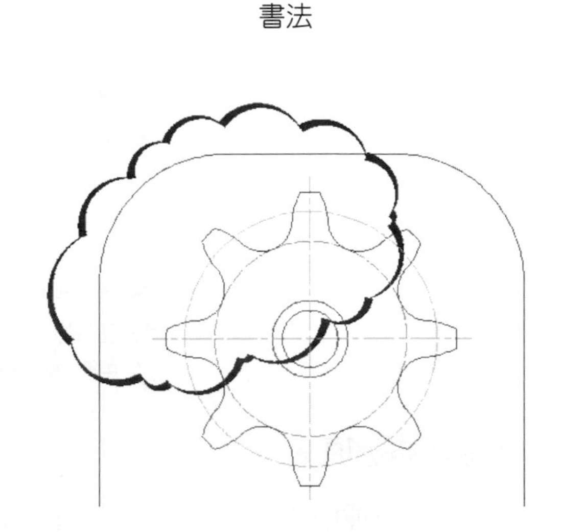

直接點選該功能後再選起始點，移動滑鼠即可。

3-1-6　圓：CIRCLE

可於【繪圖】→【圓】找到此功能，快速鍵【C】。

在此 AutoCAD® Mechanical 提供 7 種方式建立矩形。

中心點、半徑

中心點、直徑

二點

三點

相切、相切、半徑

相切、相切、相切

甜甜圈圓：Donut

3-1-7　中心線：AMCENTLINE

可於【繪圖】→【中心線】找到此功能。

在此 AutoCAD® Mechanical 提供 9 種方式建立中心線。

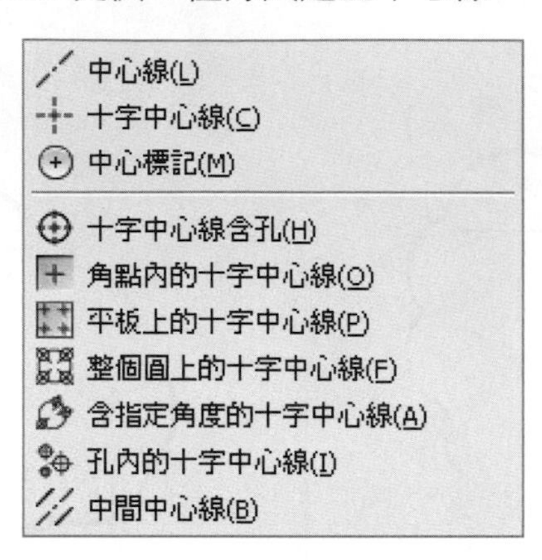

中心線延伸選項

不論在何種中心線功能，可以使用 Enter 或空白鍵來呼叫出中心線延伸選項。

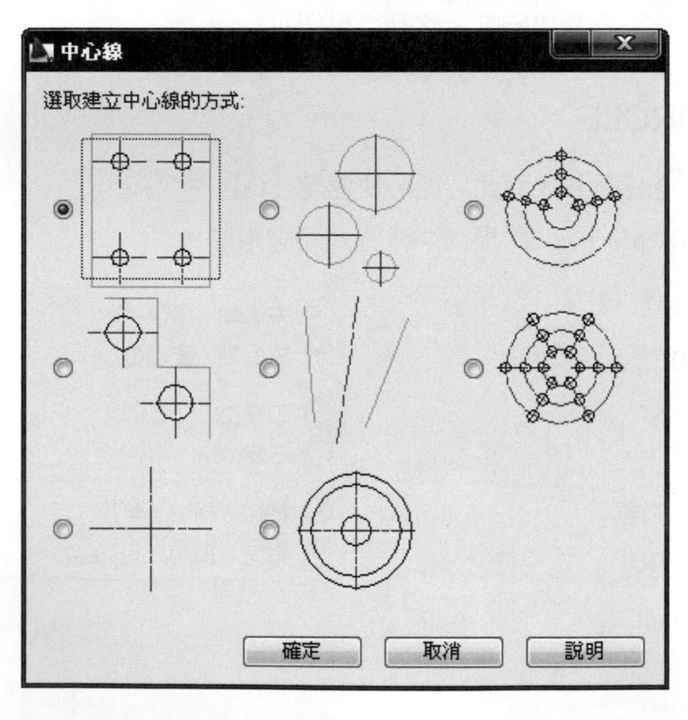

Mechanical 的中心線，會自動產生圖層(AM_7)，繪製中心線時，可以設定外偏移量(固定、自動)。可於【環境選項】→【AM：標準】→【中心線】找到該設定。

範例

十字中心線：

繪出下圖一堆孔

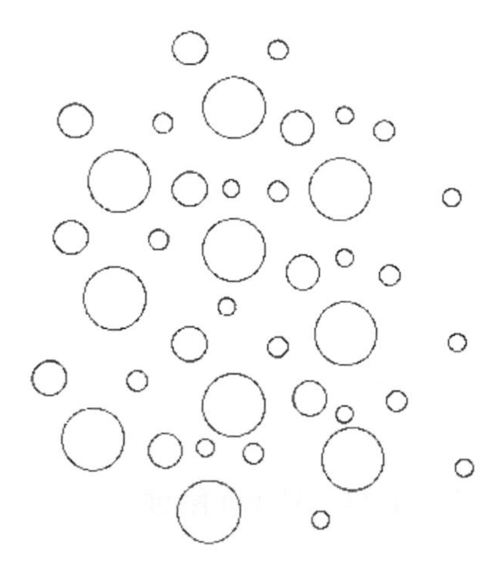

使用十字中心線功能框選之後完成了註記

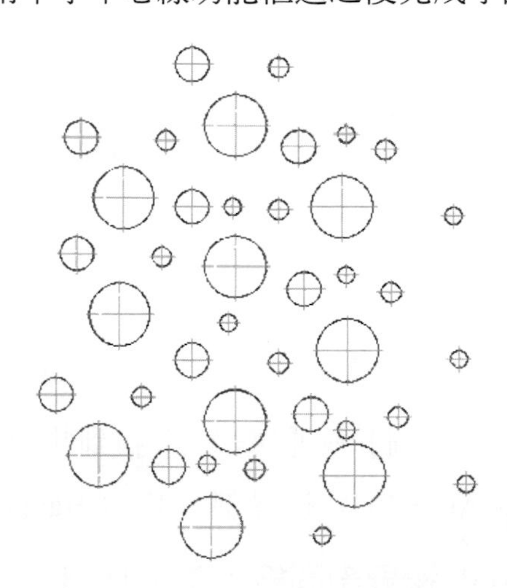

平板上的十字中心線：

簡單完成下面圖形

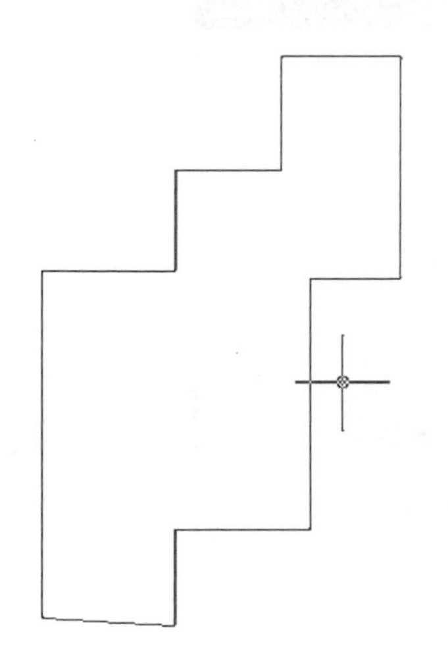

使用平板上的十字中心線功能框選之後就完成了註記，偏移量爲 10mm。

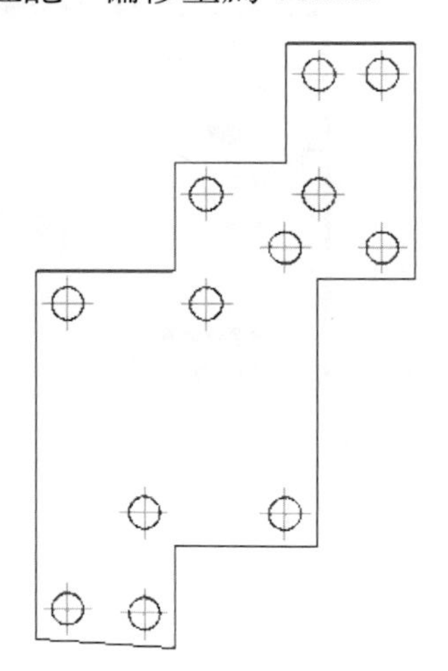

3-1-8　對稱線：AMSYMLINE

可於【繪圖】→【對稱線】找到此功能。

爲 AutoCAD® Mechanical 功能中自動依據該線做鏡射(MIRROR)功能的線段。

1. 首先先使用此功能繪製一條對稱線。

2. 點選中心線端點後，於此線另一側繪製圖元，即可看見相反的圖元產生。

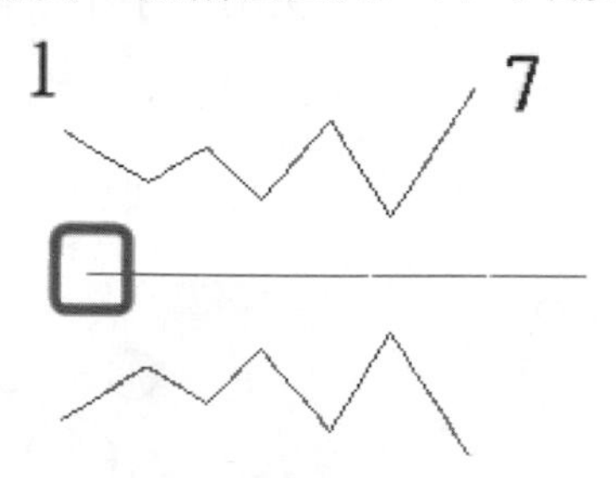

3-1-9 剖面線：BHATCH、HATCH

可於【繪圖】→【填充線】找到此功能。

提供 AutoCAD® 邊界剖面線：BHatch 與 Mechanical 剖面線：Hatch 兩種功能。

AutoCAD® 邊界剖面線：BHATCH

關聯式標註：當剖面線的區域範圍改變時，剖面線會自動調整，可填實封閉區域或漸層。

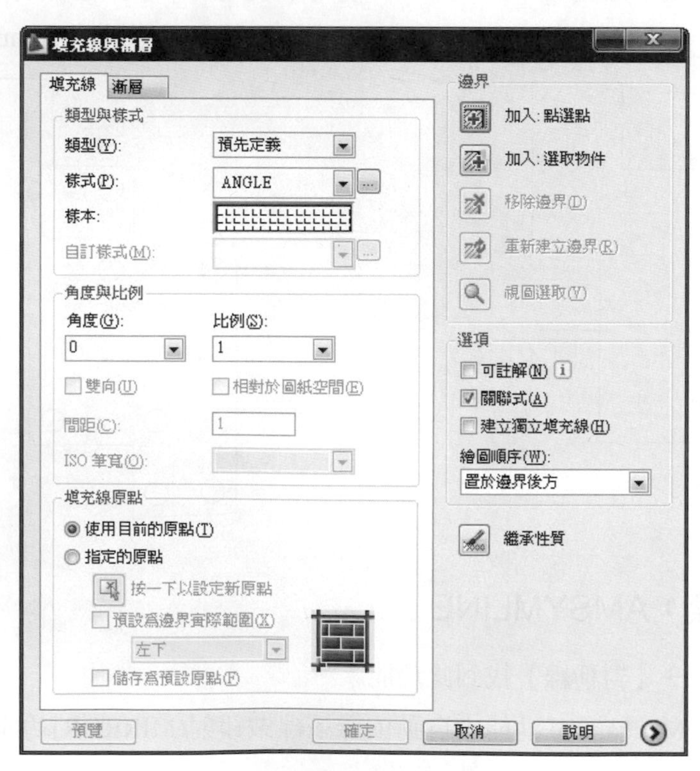

Mechanical 剖面線：HATCH

Mechanical 的剖面線，會自動產生圖層(AM_8)並自動判斷輪廓線：中心線不視爲輪廓線，但可以先選中心線，再選邊界線即可視爲輪廓。

外輪廓如果有修改，Mechanical 的剖面線只要快點兩下後 Enter 鍵，即可修改。工具列中有內定六種不同型式的剖面線含雙向剖面線。

使用 Mechanical 的剖面線只要於執行填充線後，點選內部輪廓即可。

雙向：

與原始直線成 90 度角繪製直線。

計算邊界：

在編輯時計算填充線範圍的新邊界。

調整填充線距離到小於 5 條填充線：

指定在填充的區域較小時，程式繪製的填充線的數目。此選項是否可用取決於規劃內的設定。依預設，填充線的數目爲 5。

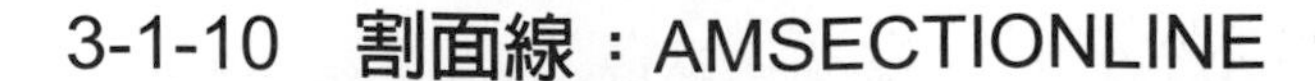

3-1-10 割面線：AMSECTIONLINE

可於【繪圖】→【剖面線】找到此功能。

此指令提供標準剖面線和另外兩條不同線型的剖面線。寬線的長度與文字高度相符(針對標註型式 GEN-ISO-ORD 設定)。如果直線長度比文字高度小三倍，則程式將按照寬線繪製整個直線區段。

此程式一律由整個圖檔決定下一個可用的剖面線參考字母，並使用該字母做爲預設字母。

1. 簡單繪製下列圖示。

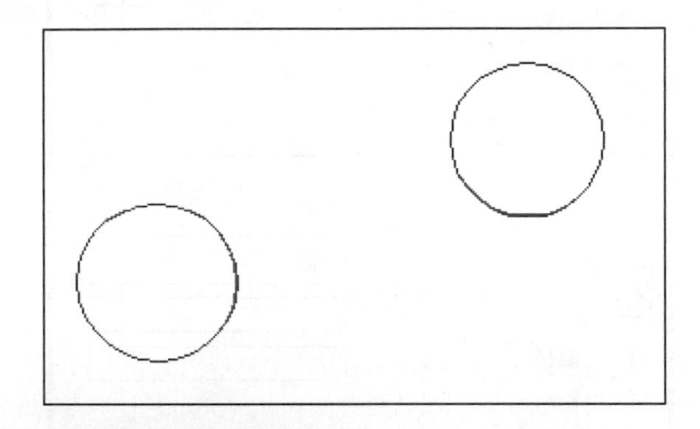

2. 使用剖面線與物件追蹤功能繪製出剖面線。
3. 輸入剖面代號(程式會自動記憶該圖檔上一次使用的代號)。
4. 放置代號原點，即可完成。

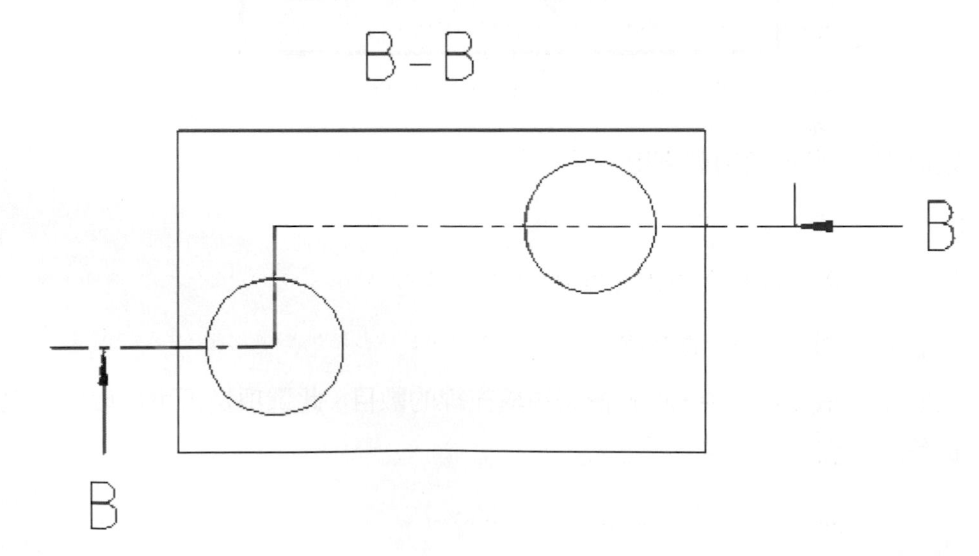

3-1-11　構圖線(建構線)：AMCONSTLINES

可於【繪圖】→【構圖線】找到此功能。

利用構圖線特徵，您可以建立在一個方向上無限延伸的構圖線(射線)或在兩個方向上無限延伸的構圖線(構圖線)。您也可以建立圓形構圖線。

構圖線不會變更圖面的實際範圍；所以其無限長度的標註對縮放或檢視點沒有任何影響。您可以用移動、旋轉及複製其他物件的相同方式，移動、旋轉及複製構圖線。

您可以使用構圖線做為建立其他物件的參考。例如，使用構圖線來尋找某個孔的中心點、準備同一個物件的多視圖，或建立可用於鎖點的暫時交點。

依預設，當您建立構圖線時，程式將其放在圖層 AM_CL 中。構圖線以紅色顯示。

構圖工具列

您可以使用構圖線將重要的點投影至其他視圖中。

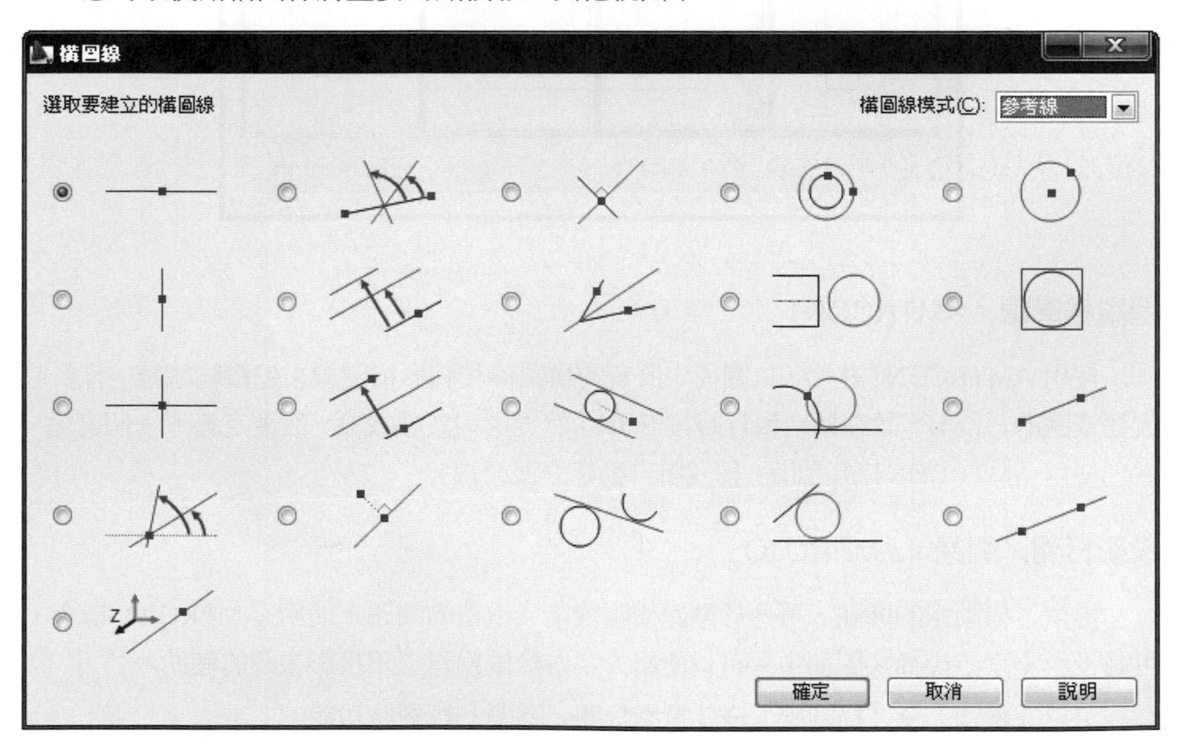

建立及使用構圖線的其他選項如下：

自動建立構圖線：AMAUTOCLINES

使用 AMAUTOCLINES，可以建立水平或垂直構圖線。程式在「自動建立構圖線」對話方塊中包含數個選項，用來建立水平或垂直構圖線。當您使用 AMAUTOCLINES 指令時，程式只考慮圖層 AM_0、AM_1、AM_2、AM_3 及 AM_7 上的物件。

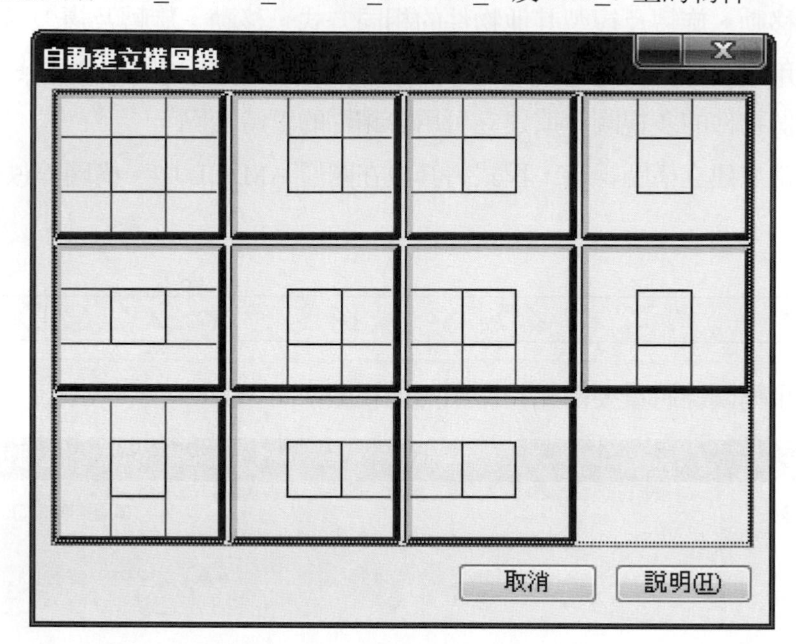

追蹤輪廓線：AMTRCONT

使用 AMTRCONT 指令，以圖面中既有的構圖線和圓形構圖線來追蹤輪廓線。若要追蹤弧或圓的一部分，請在指令執行時按 Enter，然後選取該弧或圓。然後定義下一個交點。當您使用 AMTRCONT 指令時，程式將自動建立聚合線。

投影打開／關閉：AMPROJO

提供了構圖線的開關，可免於刪除構圖線後又重畫的問題，使用 AMPROJO 指令，可將投影十字游標插入圖面中。可以使用十字游標做為建立正投影視圖的輔助。

可於【繪圖】→【構圖線】→【投影打開／關閉】找到此功能。

我們簡單準備一個含有 PowerPack 功能的圖形來說明此一功能。

1. 下圖爲一個含有 PowerPack 孔特徵的三視圖。

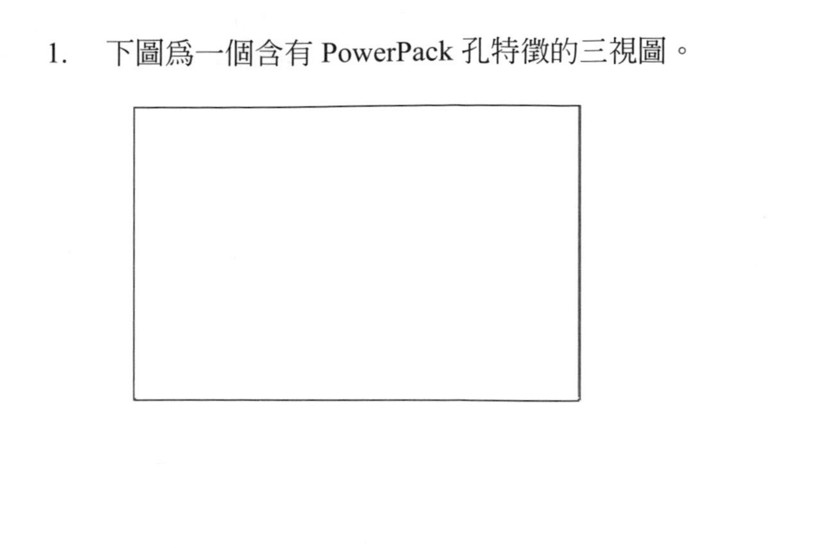

2. 執行取【投影打開／關閉】或執行【AMPROJO】，出現詢問投影[關閉(OFF)／打開(ON)]時，請確認使用<打開(ON)>，再選取下圖的點 1 與點 2，就可以追蹤到點 3。

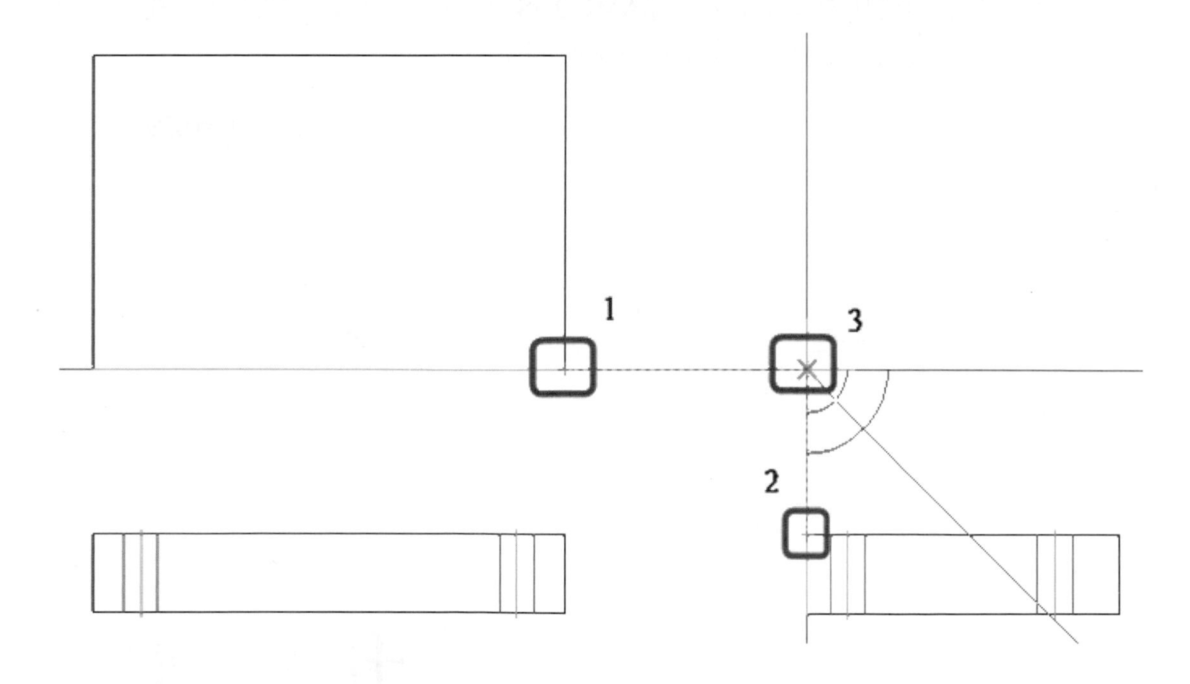

3. 點下點 3 的位置後，此時投影的位置可做四個象限的位置，請選取第二象限(即下圖所示位置)。

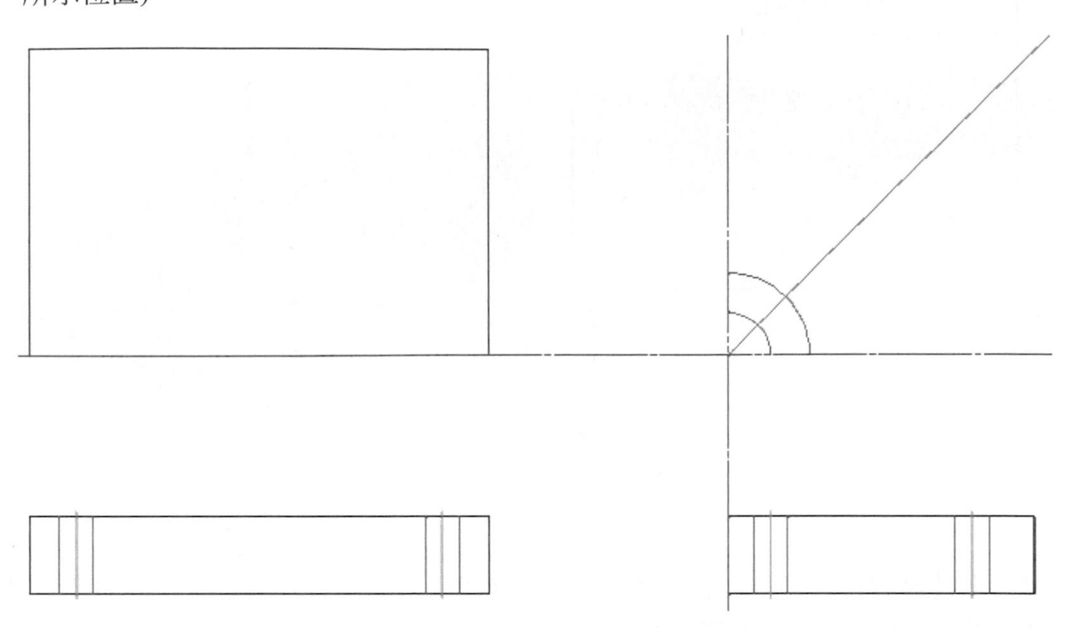

4. 使用垂直的構圖線功能，或是輸入【AMCONSTVER】，點選下列的四個孔中心線，此時會發現構圖線會動的折繞，完成後如下圖所示。

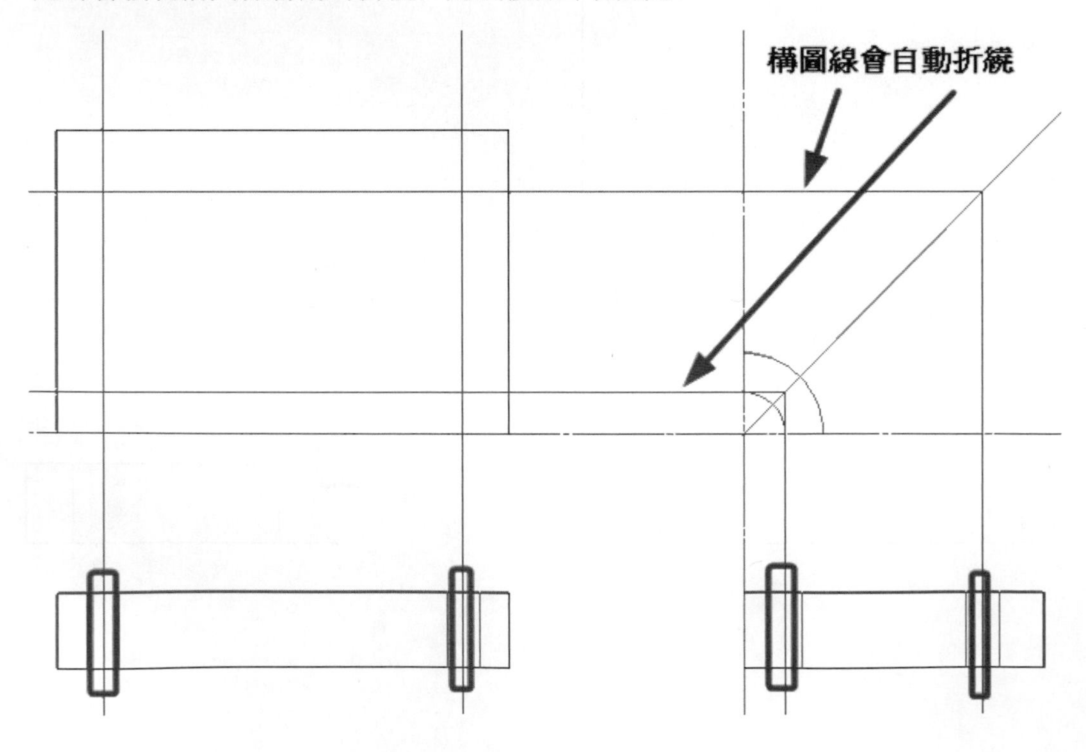

5. 此時我們就已經得知四個孔的位置，接下來就是放置這四個孔，請點選【POWER 檢視】或執行【AMPOWERVIEW】，再點選下面的任一孔特徵，會出現【選取新視圖】的對話視窗，請點選【ISO 273 一般】。

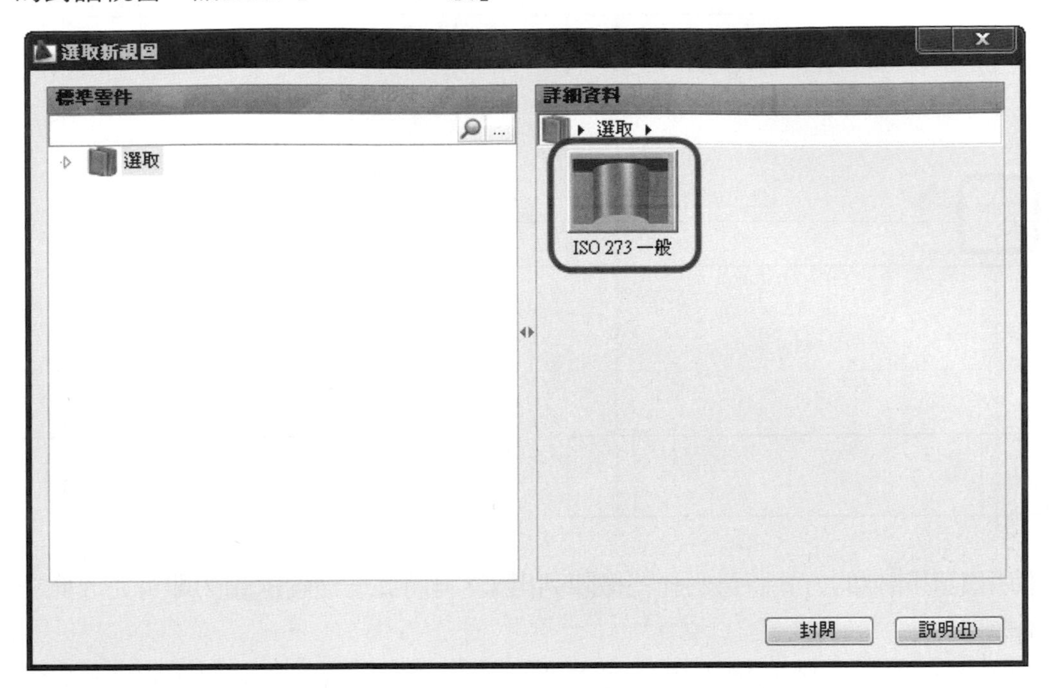

6. 選擇上視圖。

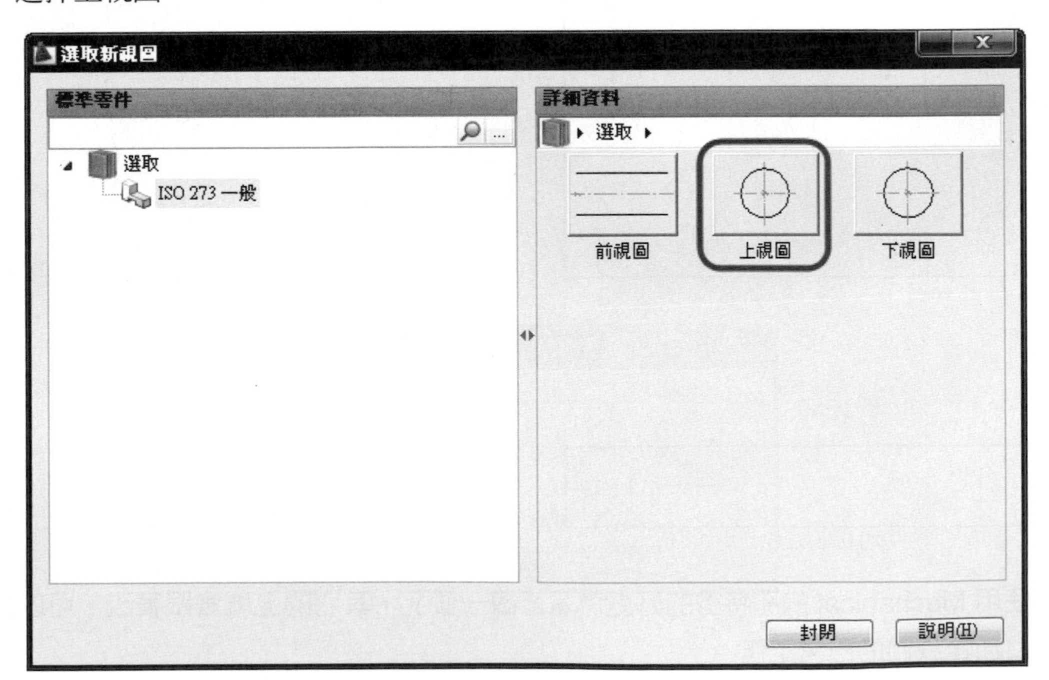

7. 將孔的中心放置在左下的構圖線交線位置，如下圖所示。

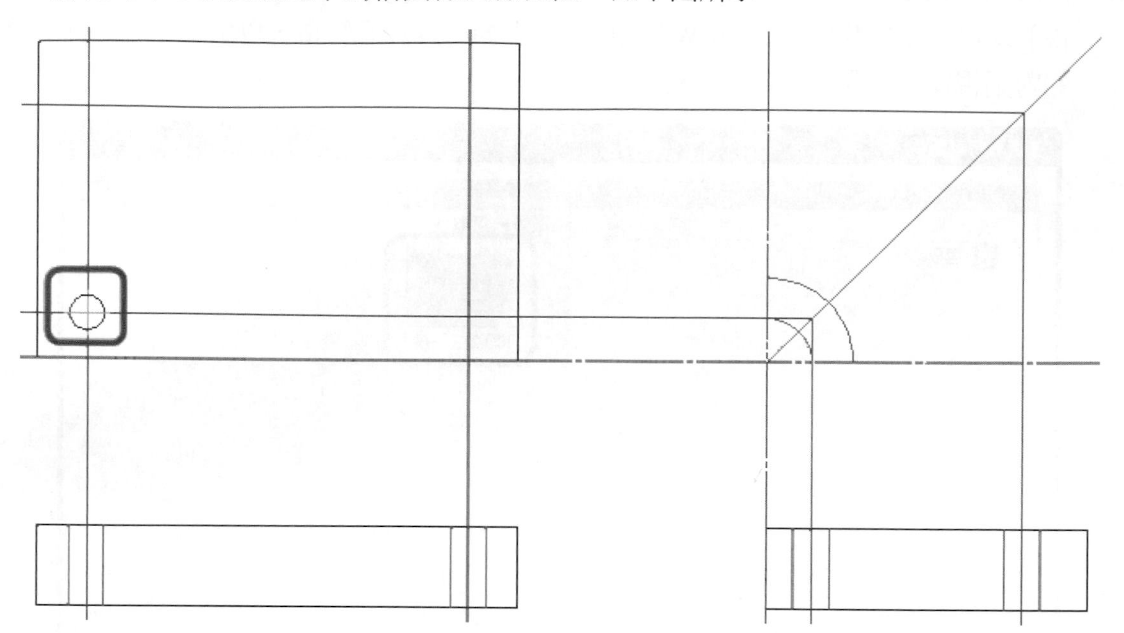

8. 使用矩形陣列的方式將這個孔特徵陣列出來，再將此一構圖線關閉即可完成此一視圖作圖。

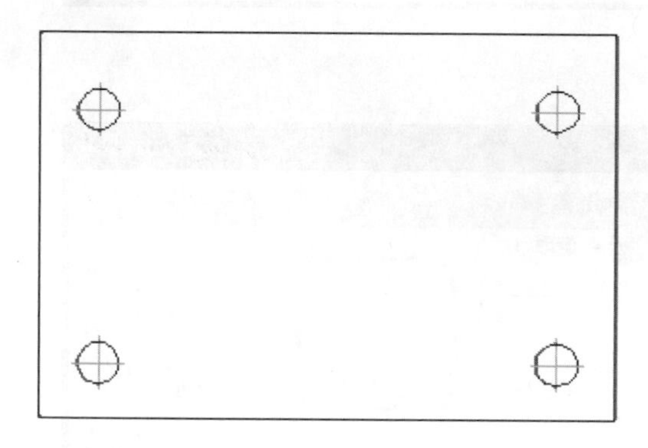

註：使用 Mechanical 的孔特徵的好處就是修改一個孔，其它的孔就會跟著改，可以方便及加速我們的日常工作。

3-1-12　輪廓線尋找：AMCONTIN

可於【繪圖】→【邊界】找到此功能。

邊界：BOUNDRY。

輪廓線尋找器

輪廓線外側：顯示物件的外輪廓。

輪廓線內側：顯示物件的內輪廓。

輪廓線追蹤：追蹤輪廓線的所有點。

輪廓線外側

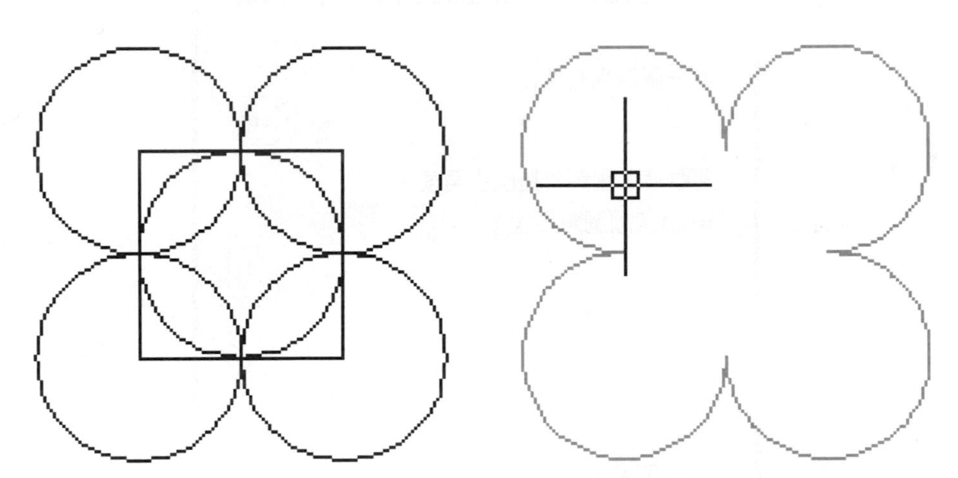

輪廓線內側

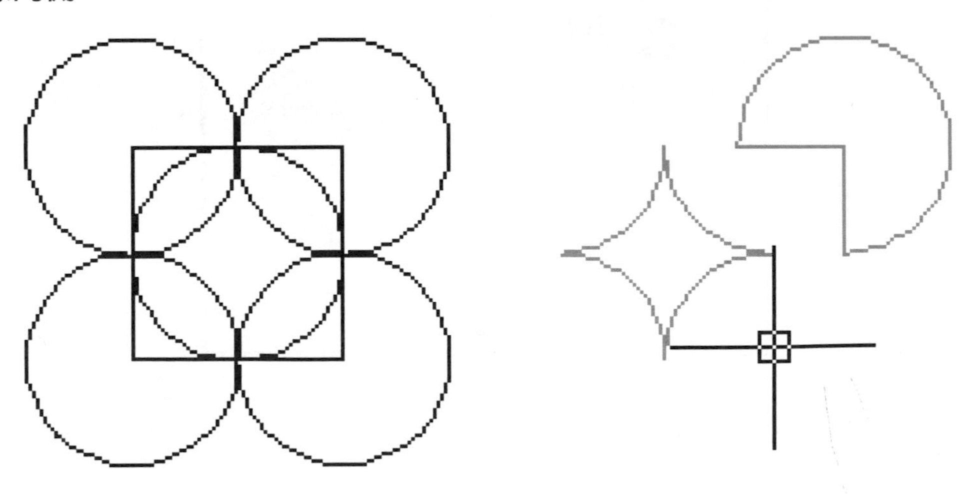

3-1-13 倒角：AMCHAM2D

可於【修改】→【倒角】找到此功能。

使用 AMCHAM2D 指令，您可連接兩個非平行物件，方法為延伸或修剪物件，使物件以斜切線相交或接合。您可以將直線、聚合線、建構線及射線倒角。

啓動此指令後，可以開啓「倒角」對話方塊，您可以在其中從清單中選取倒角長度與角度，然後輸入倒角值。您也可以使用 AMCHAM2D 指令指定標註給斜切邊。

點選圖元的兩側，即可做出倒角，再按 Enter 或空白鍵則可以帶出功能視窗，若需要再度修改尺寸數值時，可以快點兩下該圖元的倒角處，即可修改。

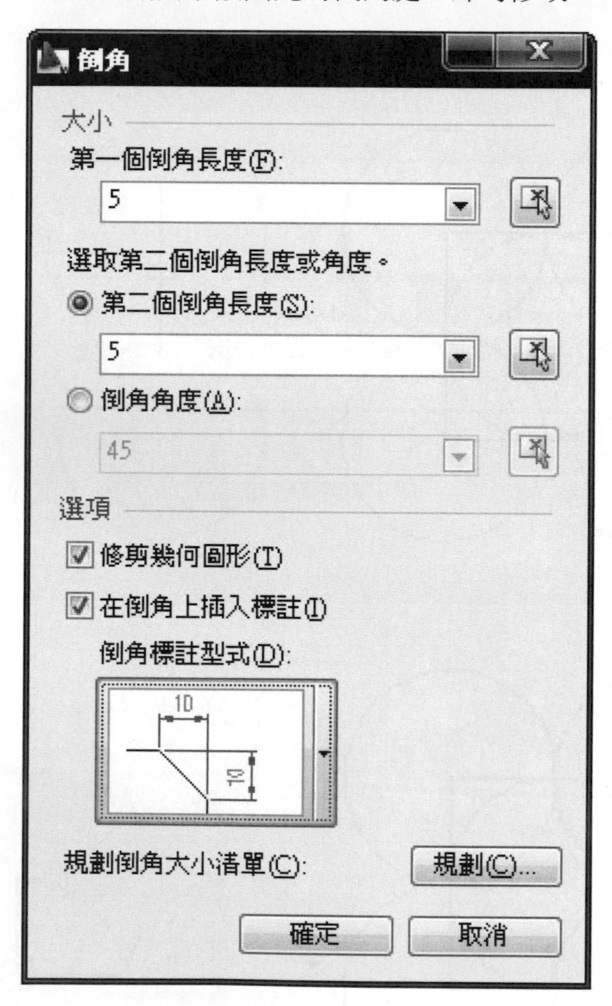

在 AutoCAD® Mechanical 中提供了 12 種倒角尺寸類別，可以依需要選擇。

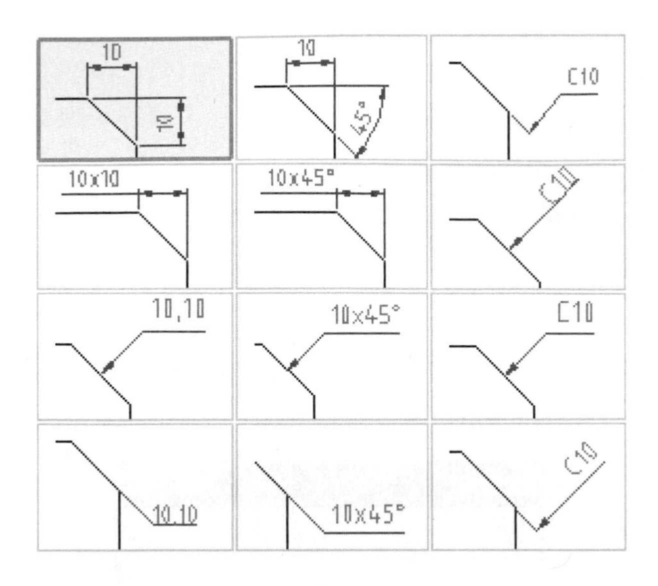

並且可以規劃常用的倒角尺寸，方便選用。

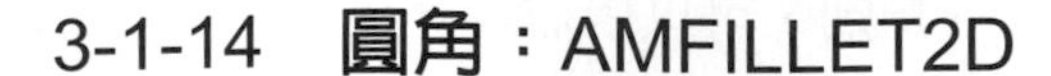

3-1-14 圓角：AMFILLET2D

可於【修改】→【圓角】找到此功能。

使用 AMFILLET2D，可以將兩個弧、圓、橢圓弧、直線、聚合線、射線、雲形線或構圖線(含指定半徑的弧)的邊緣圓角化。

啓動此指令後，即可開啓「圓角半徑」對話方塊，您可以在其中從清單中選取圓角半徑並輸入半徑值。您也可以設定 AMFILLET2D 指令，指定標註給外圓角邊並修剪角點邊的交線。

可以針對圖元選擇是否需要在圓角上插入標註，此處同樣可以規劃常用的圓角尺寸，方便選用。

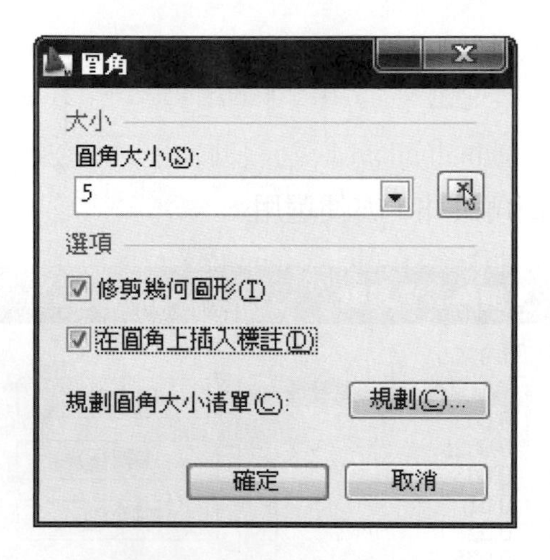

在帶出半徑標註後可以針對需要做【設置(o)】設定。

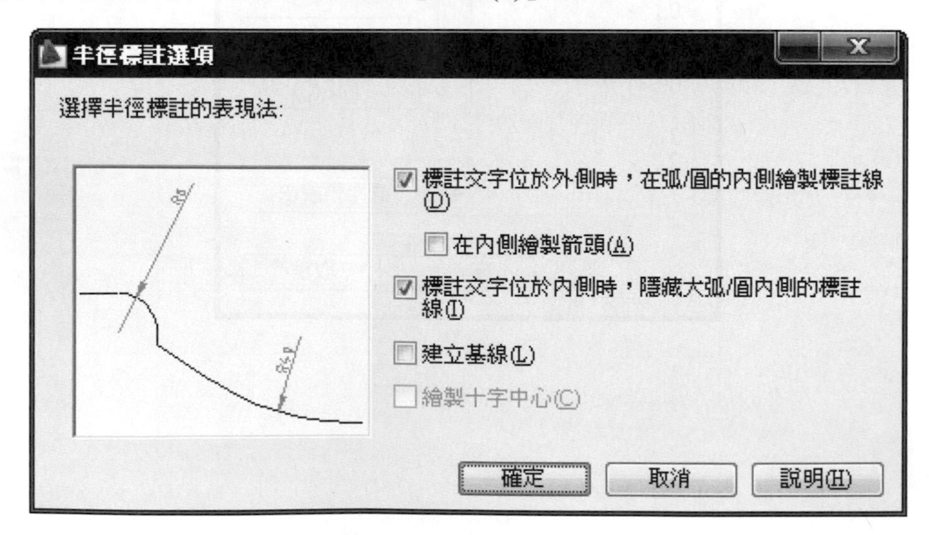

3-2 綜合應用

以下我們以一個實際的範列來說明：

1. 在繪圖區中使用【圓】指令建立下圖同心圓，直徑依序是 15、39、114、135mm。

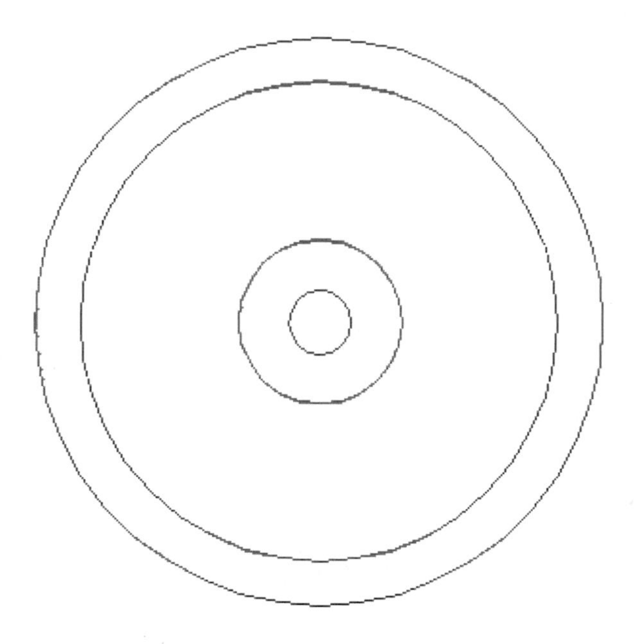

2. 使用【中心線】功能的【十字中心線含孔】。

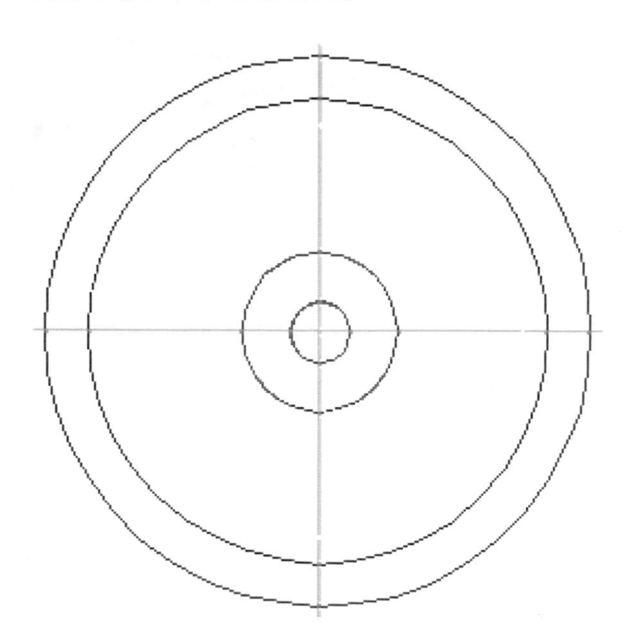

3. 直接使用追蹤功能，由右邊的位置拉出一個中心標記。

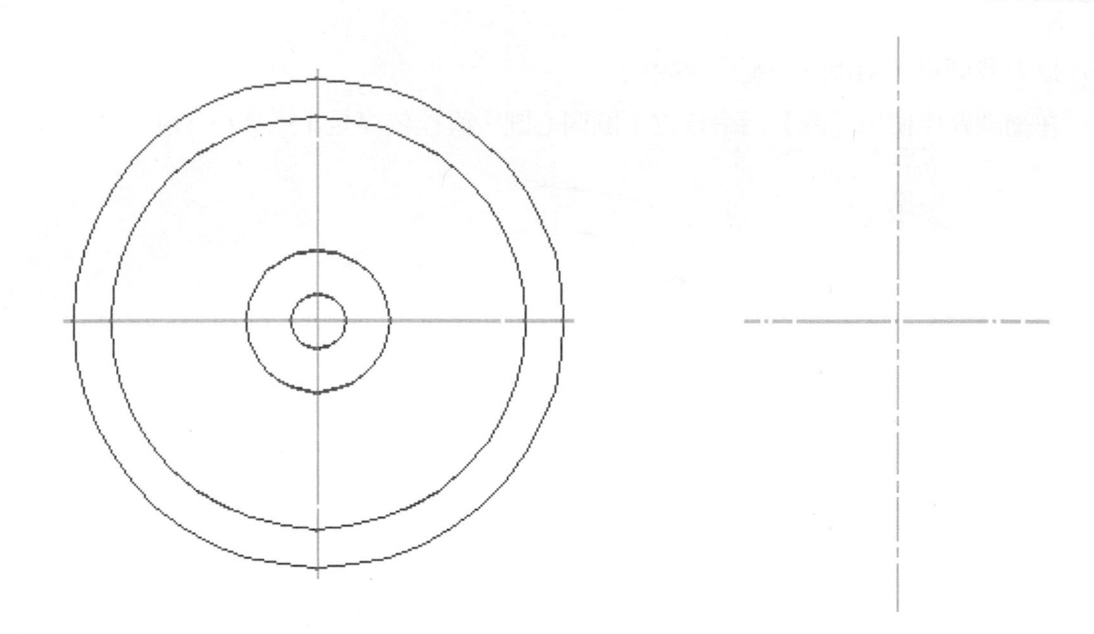

4. 簡單繪出下列圖型，並使用垂直的構圖線來完成下列線段。

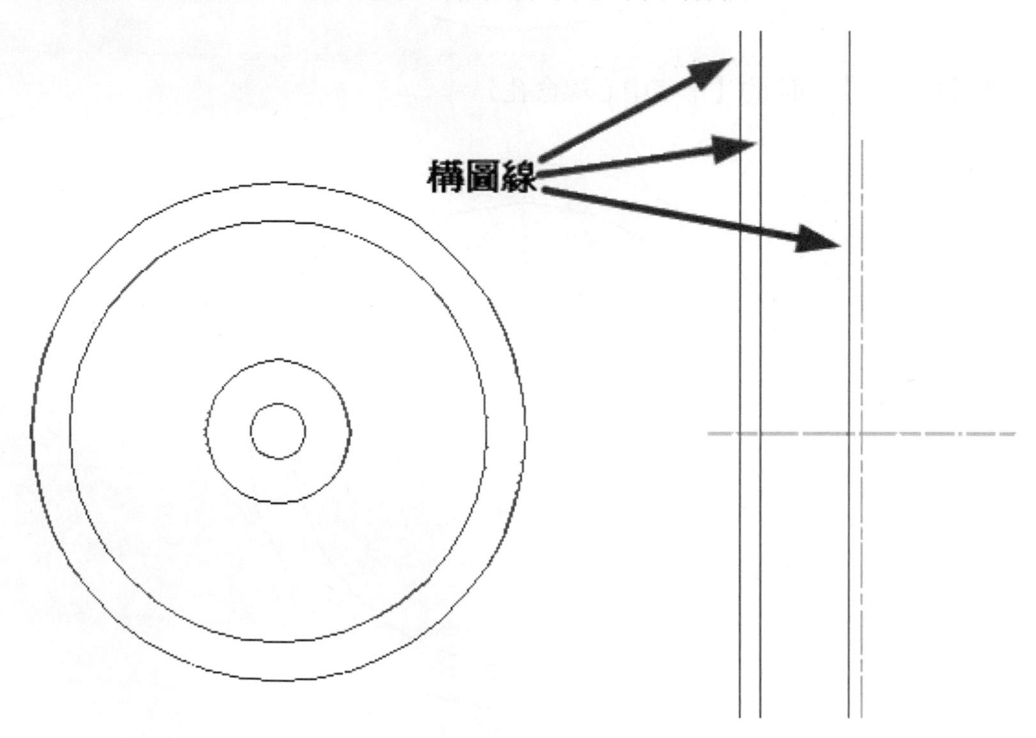

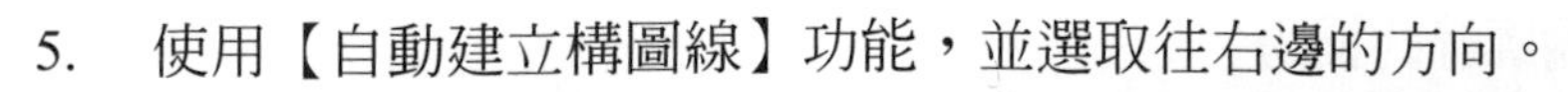

5. 使用【自動建立構圖線】功能，並選取往右邊的方向。

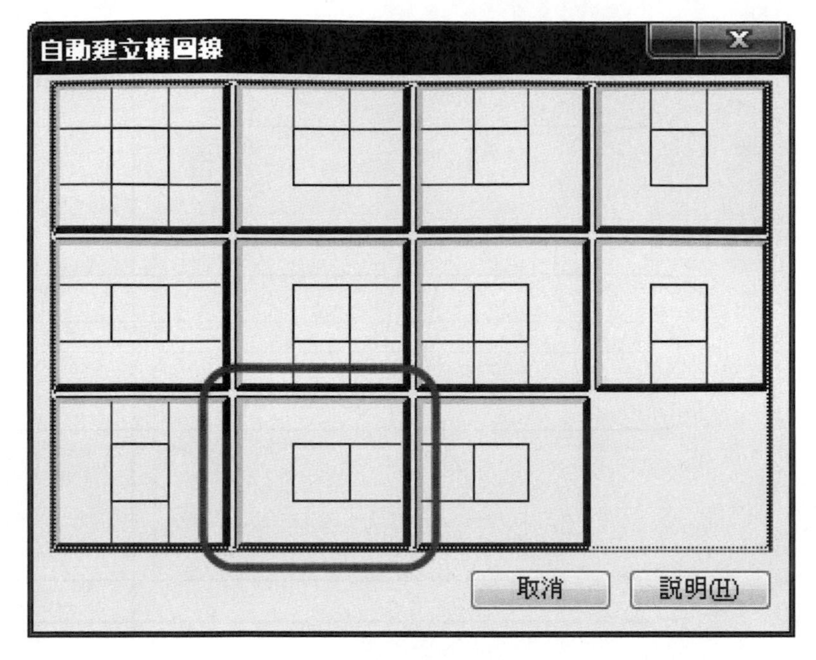

6. 選取往右之後框選下圖的大圓，即會自動的做出 9 條的構圖線。

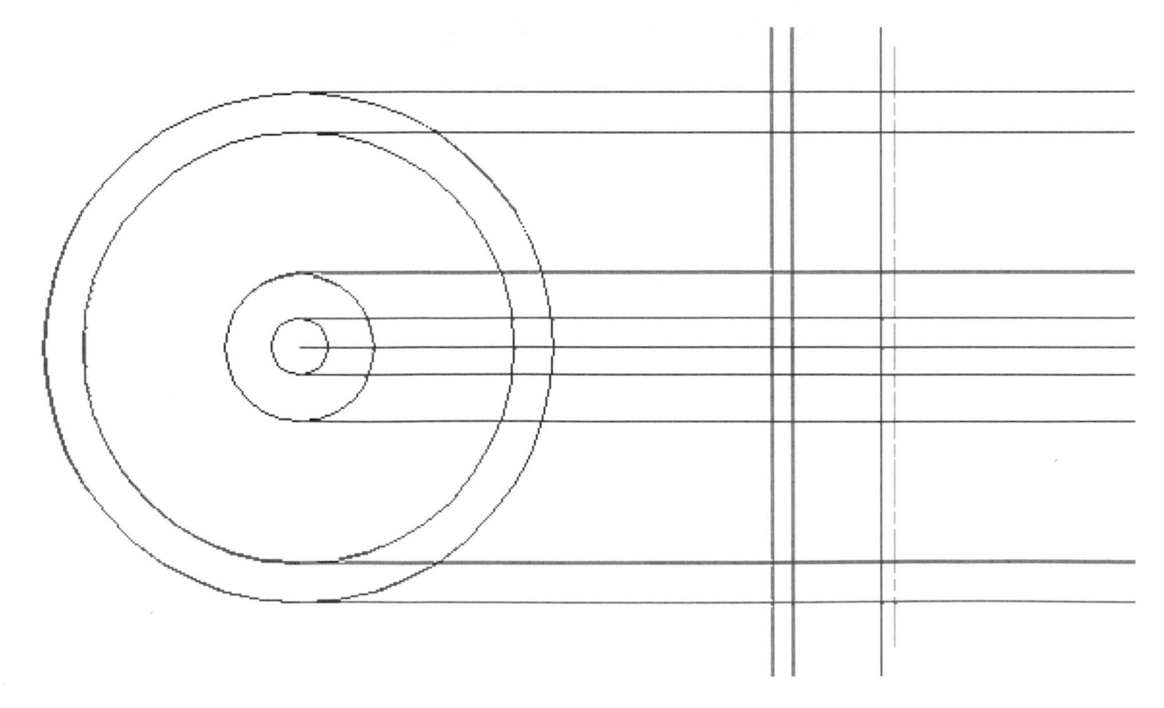

7. 使用【對稱線】功能做輪廓線的描邊。

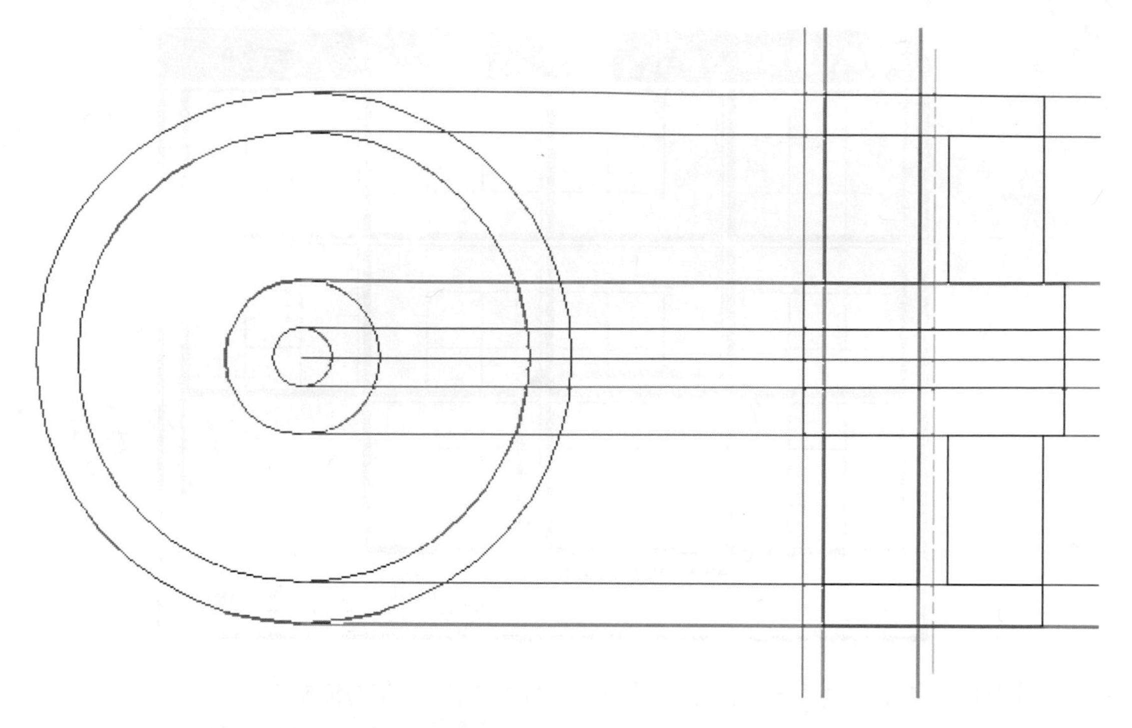

8. 描完邊之後將構圖線圖(AM_CL)層關閉或是刪除構圖線。

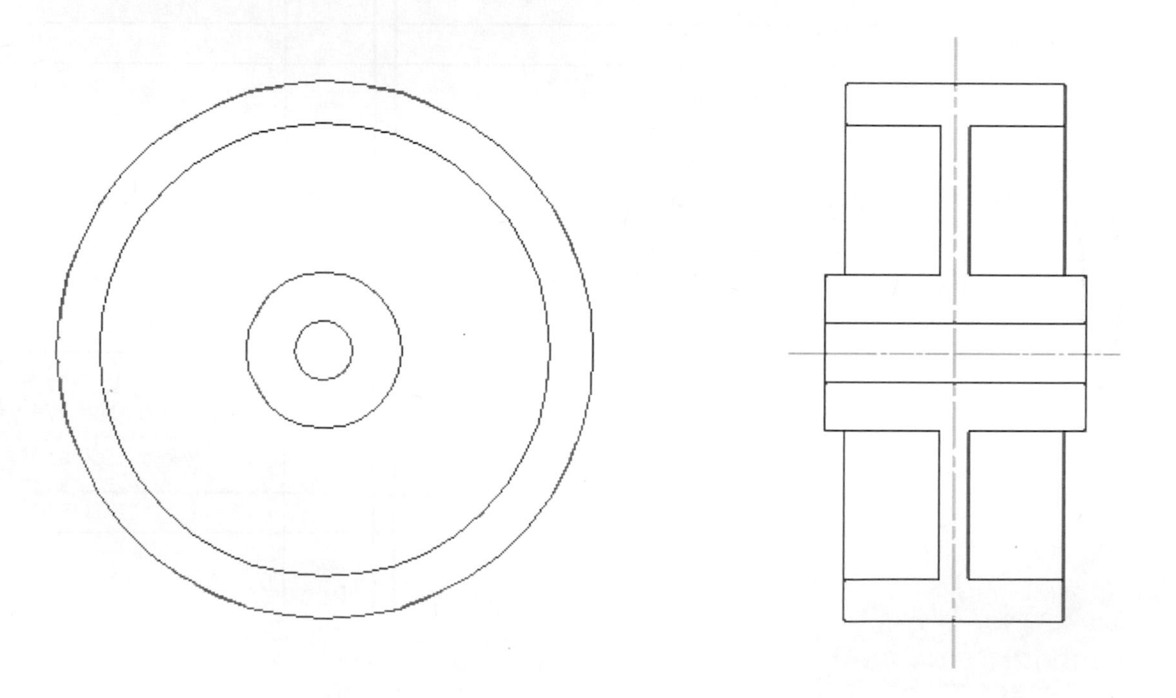

9. 使用 AutoCAD® Mechanical 倒角。
   倒角數値爲 5mm×5mm，共有四個邊要完成。

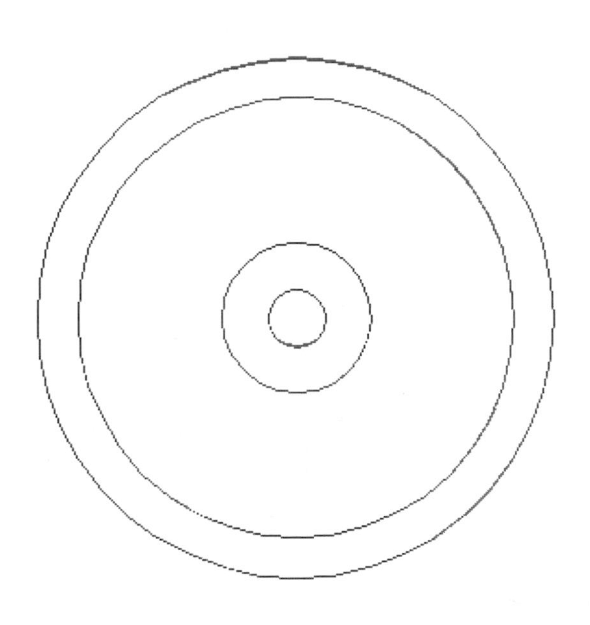

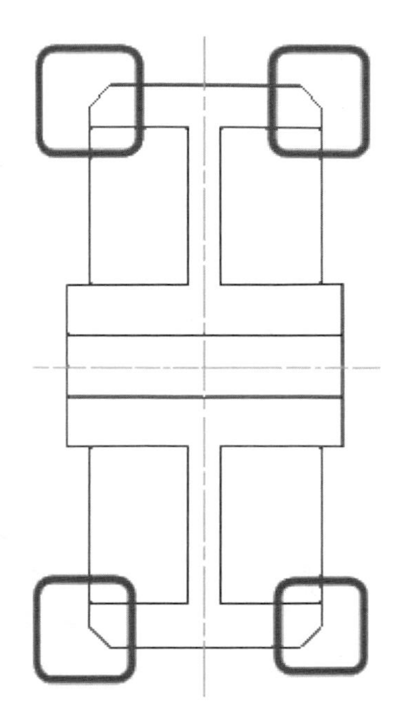

10. 使用 AutoCAD® Mechanical 圓角。
    圓角半徑爲 5mm。

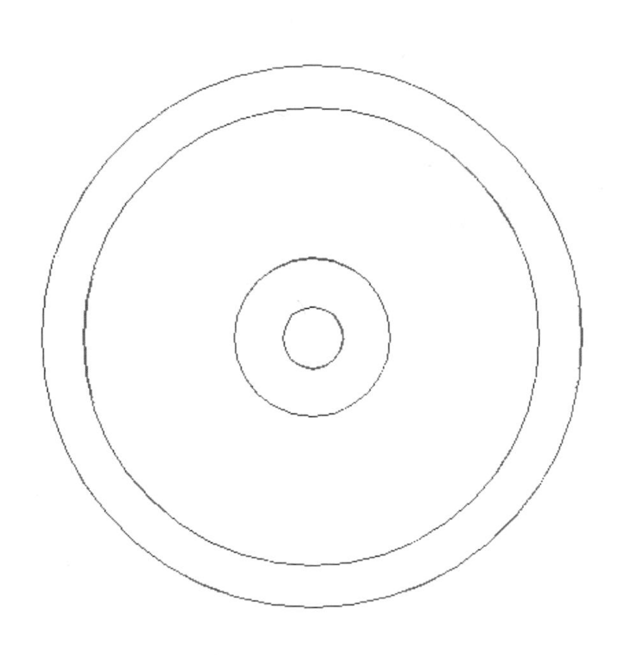

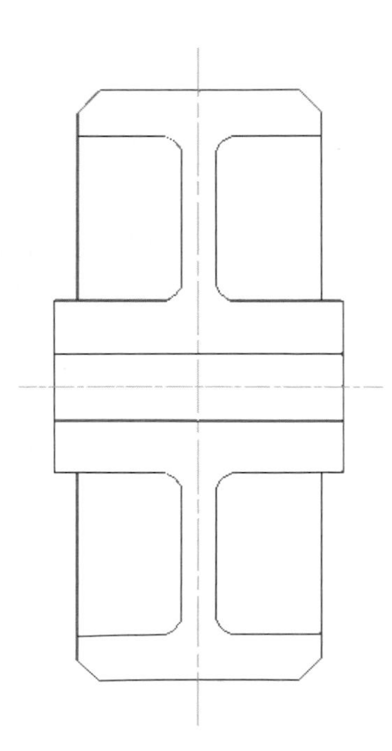

11. 置入填充線。

    填充線請選取【ANSI 31】，並點選上下兩處內部輪廓。

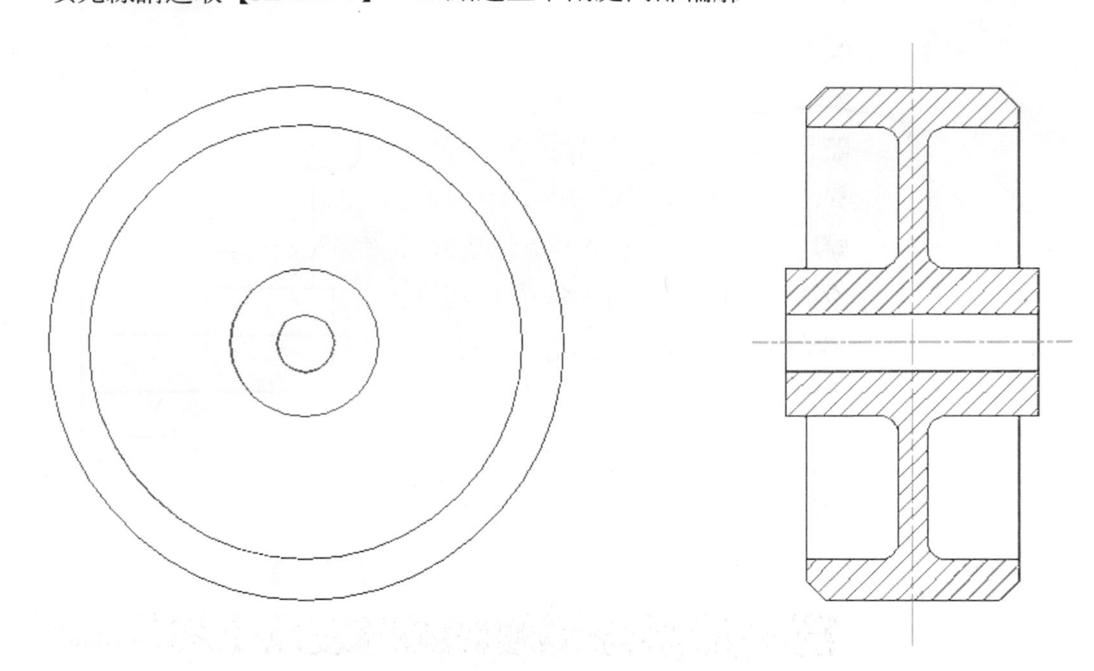

12. 複製外圍輪廓。

    執行【複製外圍輪廓】功能，再將其輪廓複製出來。

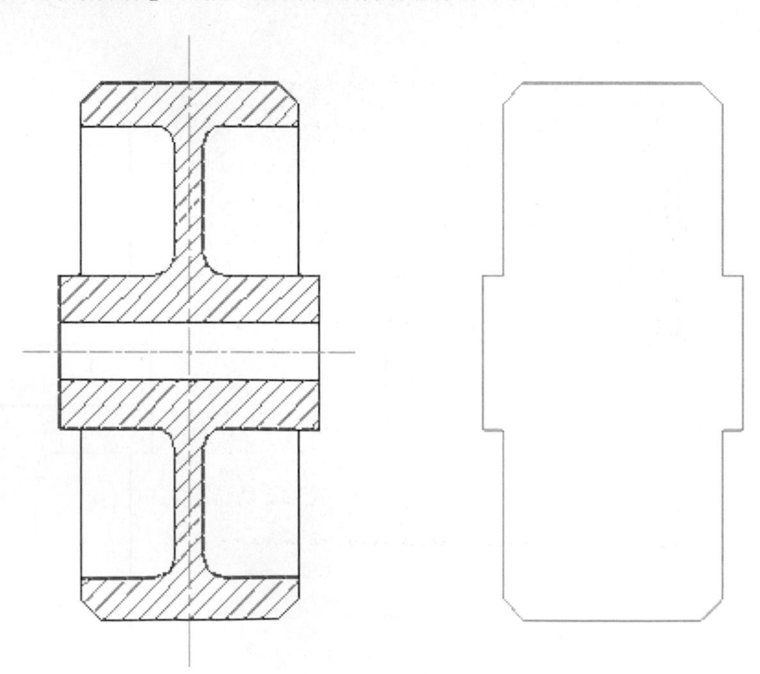

13. 先將【複製性質】工具將剛剛的輪廓改為第 0 層後，再建立一條中心線使用用對稱線補上兩側的線。
    複製性質可於【修改】→【性質】→【複製性質】找到。

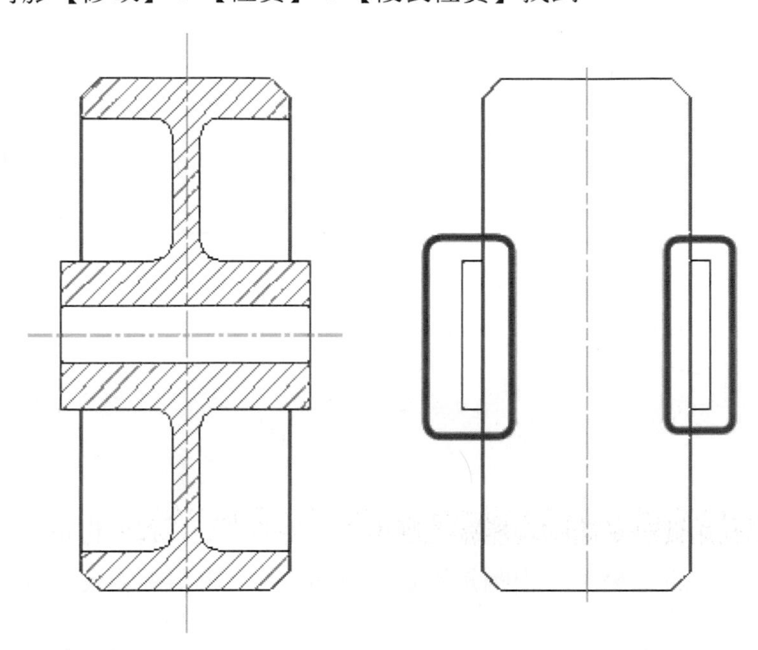

14. 利用鎖點追方式放置剖面線與原點。

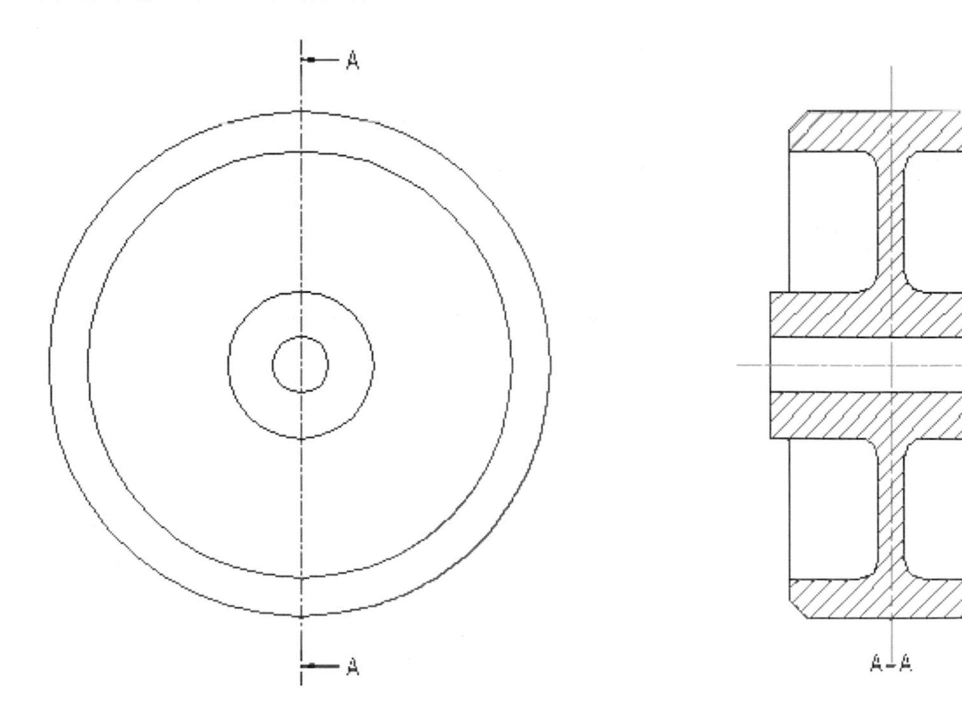

15. 完成。

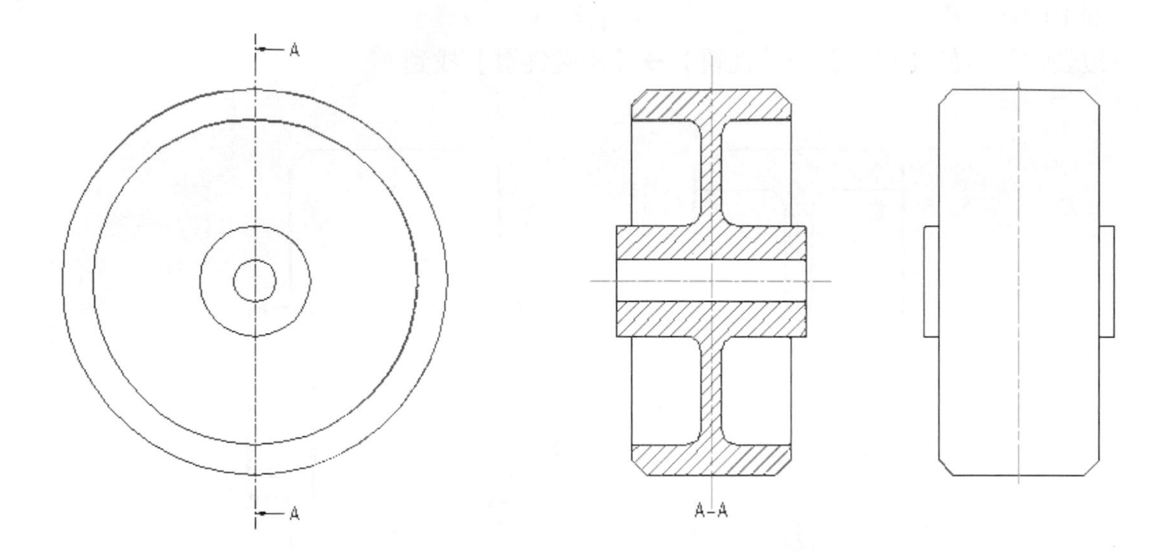

以上是我們利用此一章節的功能綜合應用所產生的圖面，大家也可以試著做做看，使用 AutoCAD® Mechanical 來做三視圖是不是比 AutoCAD®來得更方便了呢。

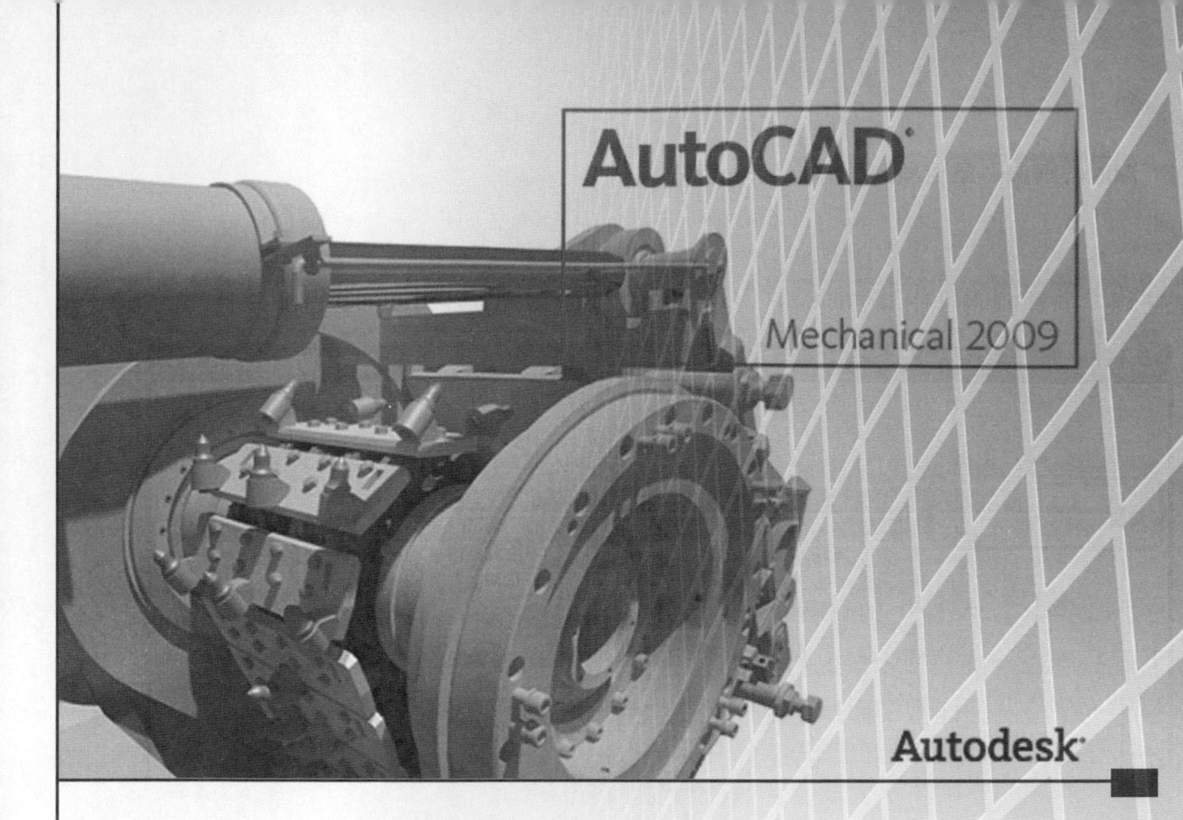

Chapter 4

編輯與圖層

➢4-1 Power 操控員：AEMMANIPULAT

➢4-2 掣點(控制點)

➢4-3 圖層：AMLAYER

➢4-4 圖層控制與圖層群組

4-1 Power 操控員：AEMMANIPULAT

在我們的日常編輯當中，其實習慣了像移動、旋轉、複製等常用指令，其實在 AutoCAD® Mechanical 中也有一個具集合了旋轉、移動、複製、鎖點於一身的功能，在這個章節我們就要來教導大家如何使用這個集多功能於一身的 Power 操控員吧。

可於【修改】→【Power 操控員】找到此功能。

下面我們以一個範列來做說明，在這個例子當中，我們要把原來是垂直的剖面視圖變成水平的，在這個工作當中因爲是要學習新功能，所以當然是不可以使用移動、旋轉、複製等功能。

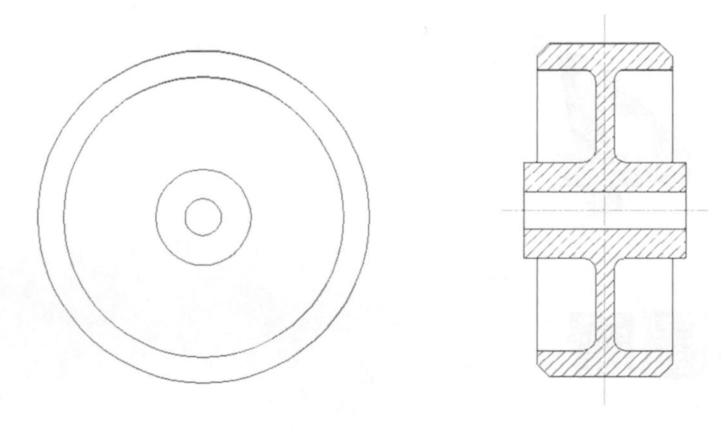

將上圖垂直的剖面視圖變成下圖水平的。

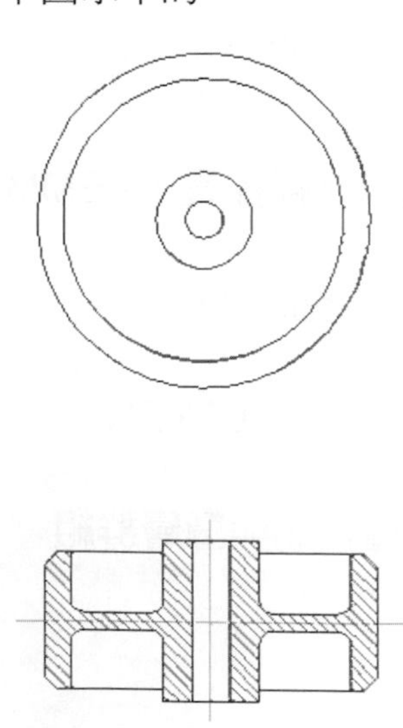

1. 首先執行【Power 操控員】。

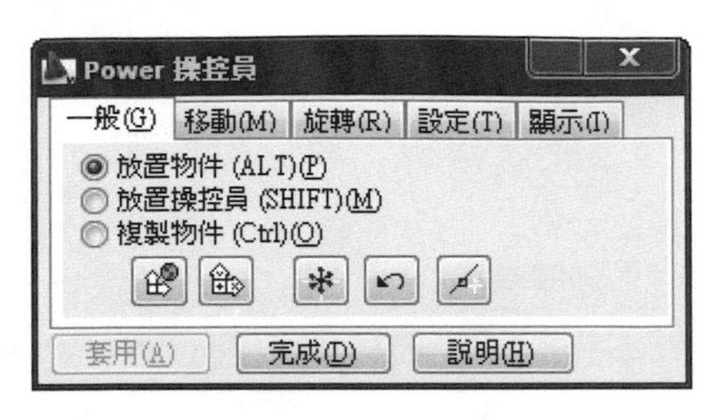

2. 開啓 Power 操控員之後，選擇【放置操控員(SHIFT)】，再把操控員的中心用滑鼠左鍵拖曳到想要移動的目標物。

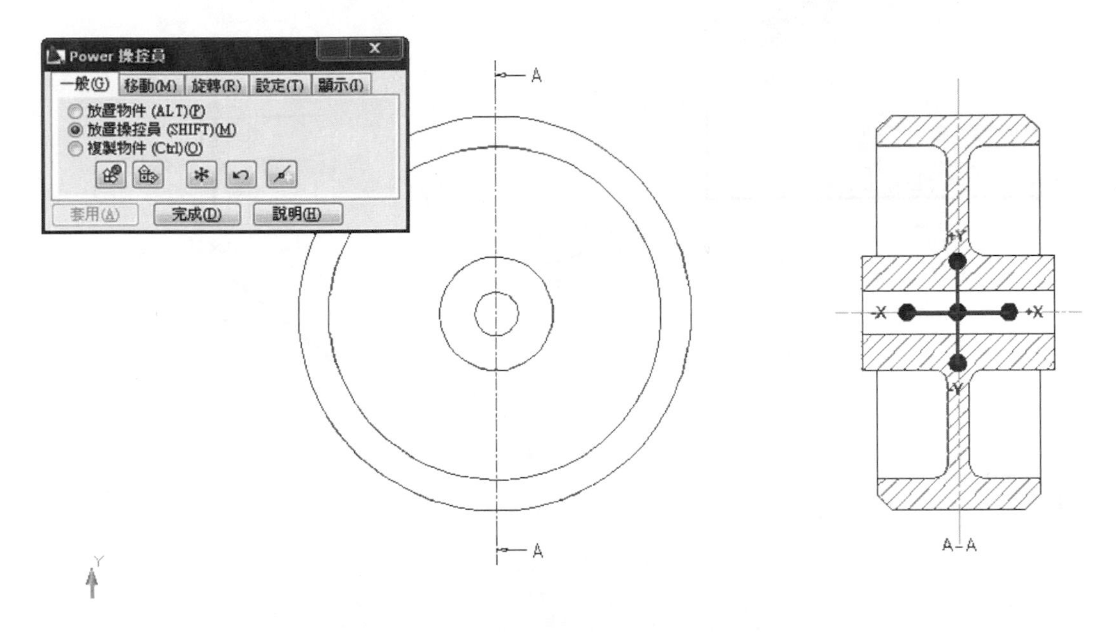

3. 切換到【放置物件(ALT)】。

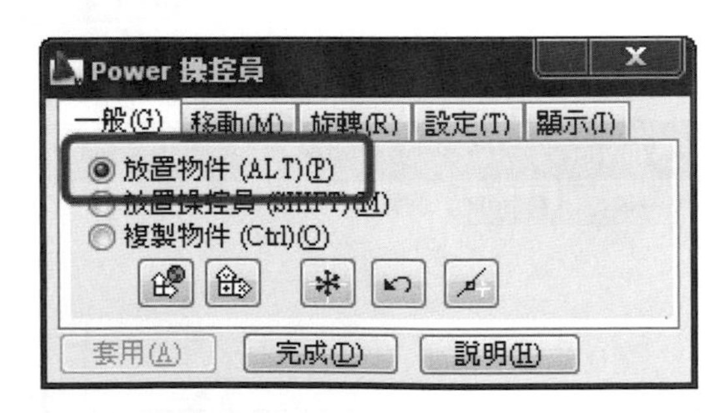

4. 切換到【移動】。

Power 操控員
一般(G) 移動(M) 旋轉(R) 設定(T) 顯示(I)
精確距離(E):
複本數目(C):
使用距離鎖點(S) 0
套用(A) 完成(D) 說明(H)

5. 移動時點選操作員的中心，再配合鎖點模式，即可以對應到左邊圖形的下方。

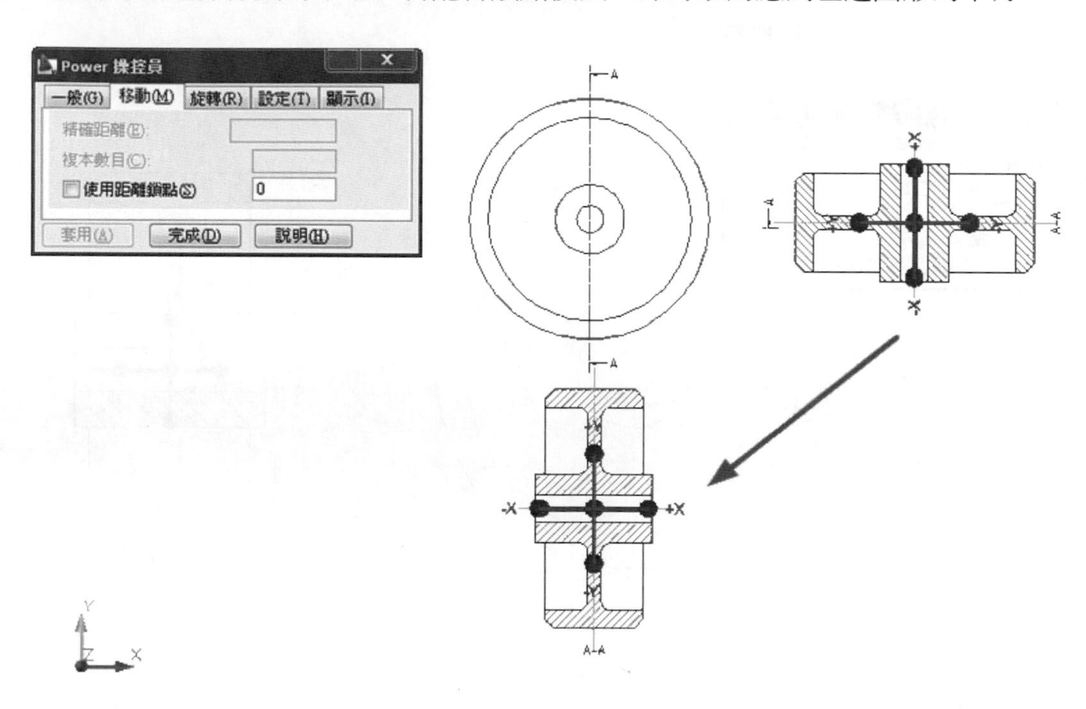

6. 點選【旋轉】。

Power 操控員
一般(G) 移動(M) 旋轉(R) 設定(T) 顯示(I)
精確角度(E):
複本數目(C):
使用角度鎖點(S) 15
套用(A) 完成(D) 說明(H)

7.　點選操作員十字的右邊一下，該控制鈕會變成黃色。

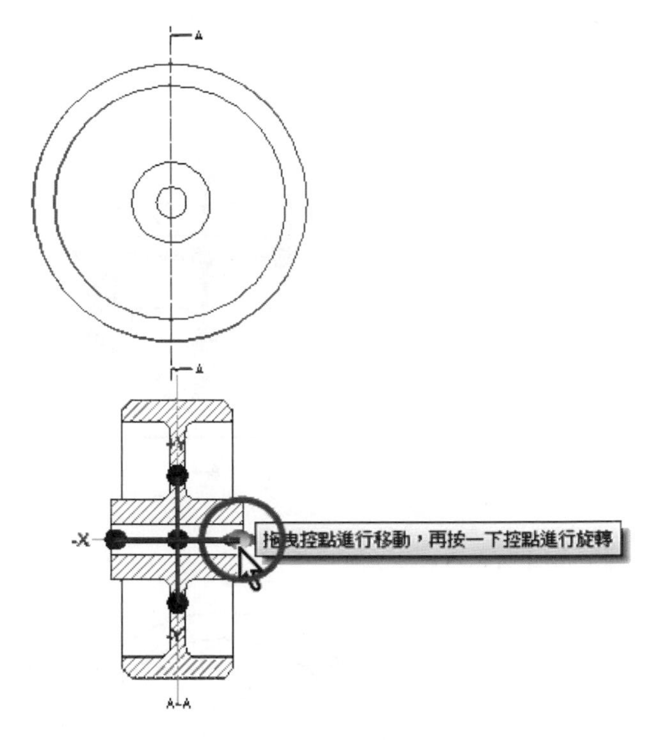

8.　再點該點一下，會出現左右兩個綠色的箭頭，此時可以做左右的移動。

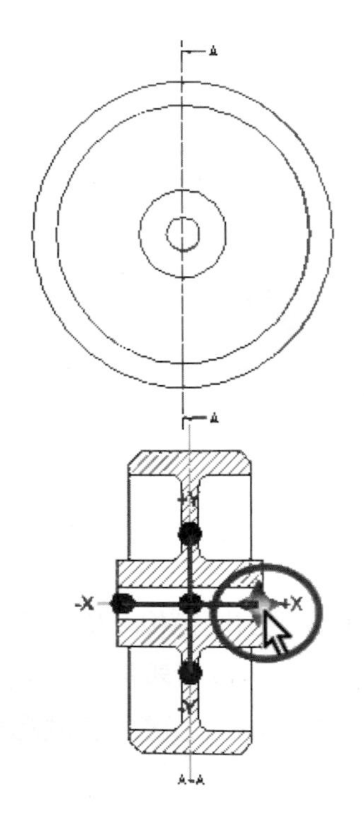

9. 接下來再點該點一下，會再出現上下兩個綠色的箭頭，此時就可以做旋轉的移動。

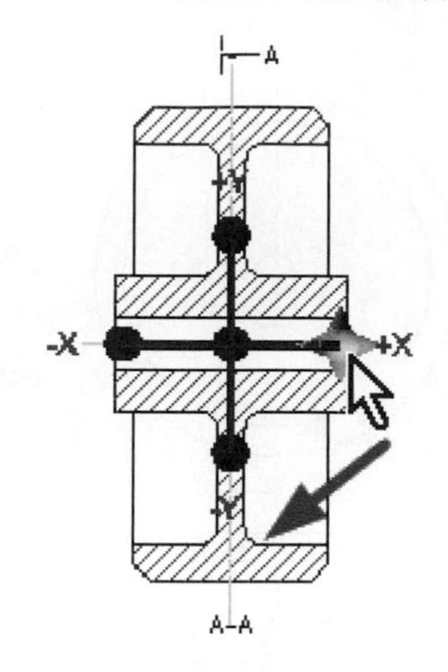

10. 完成的圖形如下：

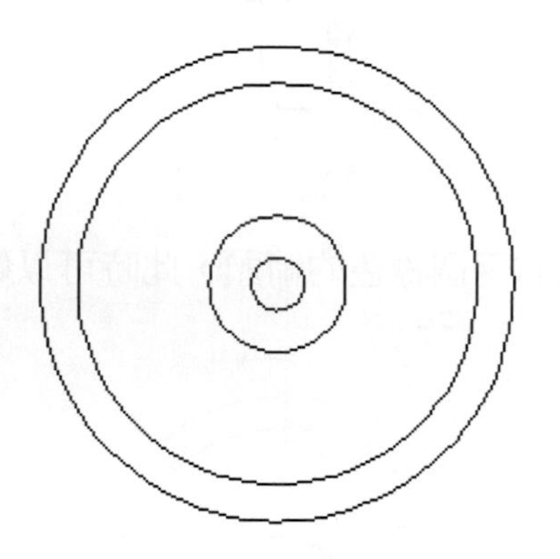

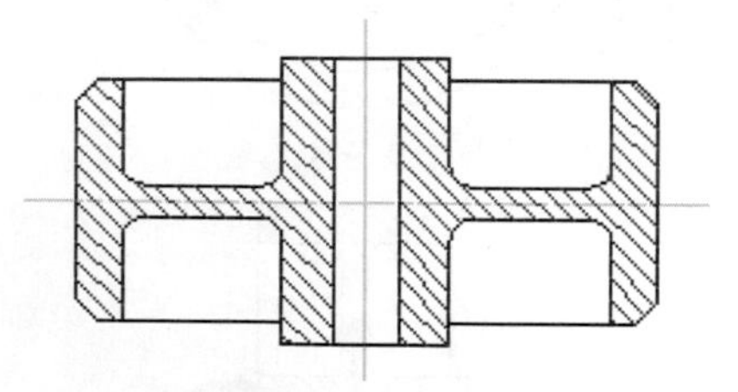

註：若操控員圖示不見，可至 UCS 絕對座標(0,0,0)找尋。

若對話方塊不見，可直接輸入 O，(O 代表顯示【選項】)。

原使用 Power 操控員的背景為深灰，此書上之截圖已做去背處理。

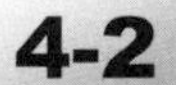

4-2 掣點(控制點)

掣點是實面填實的小方框，在選取物件後，物件就會顯示掣點。您可以拖曳這些掣點來快速拉伸、移動、旋轉、調整比例或鏡射物件。

若要使用掣點，請選取要作動的基準點掣點。然後選取一個掣點模式。利用 Enter 或空白鍵來切換這些模式。也可以使用(快速鍵)或按一下滑鼠右鍵，檢視所有模式與選項。

您可以使用多個掣點作爲基準掣點。選取掣點時，按住 Shift 鍵。

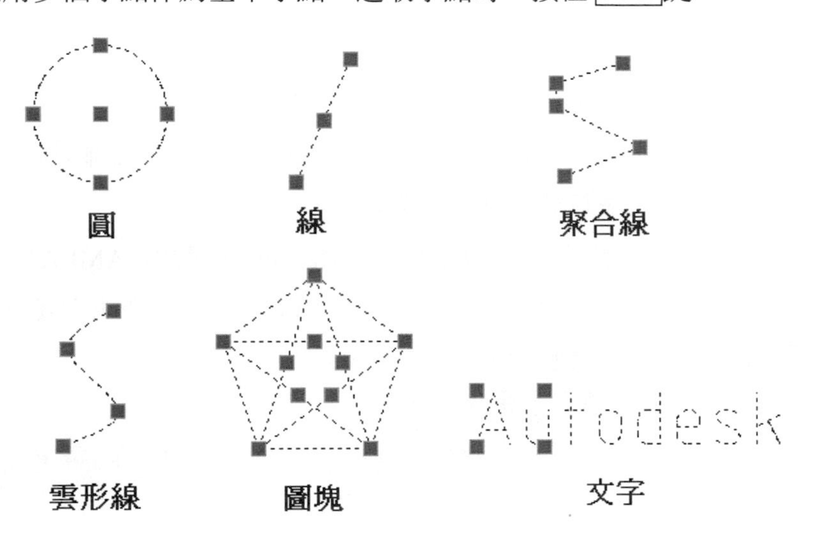

擎點的類型

1. 掣點拉伸物件：

   將選取的掣點移動到新位置，便可以拉伸物件。文字、圖塊參考、線的中點、圓的中心與點物件上的掣點將移動物件，而不拉伸物件。

2. 掣點移動：

   可用選取的掣點來移動物件。選取的物件被亮顯，指定下一點之方向與距離移動。

3. 掣點旋轉：

   透過拖曳與指定一個點位置，來圍繞一個基準點旋轉物件。可輸入角度值。

4. 掣點調整比例：

   可以透過從基準掣點向外拖曳，指定一個點位置來增大或減小物件的尺寸。

5. 掣點鏡射：

   可以用鏡射線來鏡射物件。使用「正交」將有助於您指定垂直或水平的鏡射線。

4-3 圖層：AMLAYER

在 AutoCAD® 和 AutoCAD® Mechanical 中管理圖層的方式有很大區別。

AutoCAD® 指令永遠在目前圖層上建立物件。因此，您必須在建立物件前將與物件類型對應的圖層設爲目前圖層。這表示您必須預先建立圖層並指定設定(例如顏色、線粗和線型)。

使用稱爲「自動性質管理」的功能的 AutoCAD® Mechanical 指令，已被事先規劃以在特定圖層上建立物件。不管將哪個圖層設爲目前圖層，這些指令僅在事先定義的圖層上建立幾何圖形／物件。如果圖層不存在，指令將自動建立圖層。設定值(例如圖層顏色、線粗和線型)取自稱爲圖層定義的事先規劃的設定集。

AutoCAD® Mechanical 快速建立的圖層稱爲 Mechanical 圖層。AMLAYER 指令讓您能夠查看 Mechanical 圖層清單以及圖層定義。與 LAYER 指令讓您能夠變更圖層的性質類似，AMLAYER 指令讓您能夠變更 Mechanical 圖層的性質和圖層定義。另外，AMLAYER 指令向您展示了每個圖層上建立了哪些物件。

AutoCAD® Mechanical 隨附已依預設指定給不同物件的 31 個圖層定義。這些圖層的名稱都以「AM_」開頭，後接如下所述的號碼或片語。

- 工作圖層：圖層 AM_0 至 AM_12。幾乎所有幾何圖形都建立在工作圖層上。
- 標準零件圖層：圖層 AM_0N 至 AM_12N。AutoCAD® Mechanical 指令在這些圖層上建立標準零件和特徵。
- 特殊圖層：AM_BOR(用於圖面邊界)、AM_PAREF(用於零件參考)、AM_CL(用於構圖線)、AM_VIEW(用於視埠)以及 AM_INV(用於不可見線)。

AutoCAD® Mechanical 允許您自訂每個物件類型的性質，以便 AutoCAD® Mechanical 指令可以在您選擇的圖層而不是在依預設建立的圖層上建立它們。若要取得有關如何自訂 AutoCAD® Mechanical 物件性質的資訊，請參閱《規劃與設置指南》中的主題規劃自動性質管理。

可於【環境選項】→【AM 標準】→【ISO】找到此功能。

4-4 圖層控制與圖層群組

使用圖層組織物件

本章節中示範了分別在 AutoCAD®及 AutoCAD® Mechanical 中使用圖層組織物件的差別，以及如何將 AutoCAD® 圖層轉換為 AutoCAD® Mechanical 圖層。

圖層就像是一張張透明的描圖紙，用於線型、顏色與其他標準之控管。

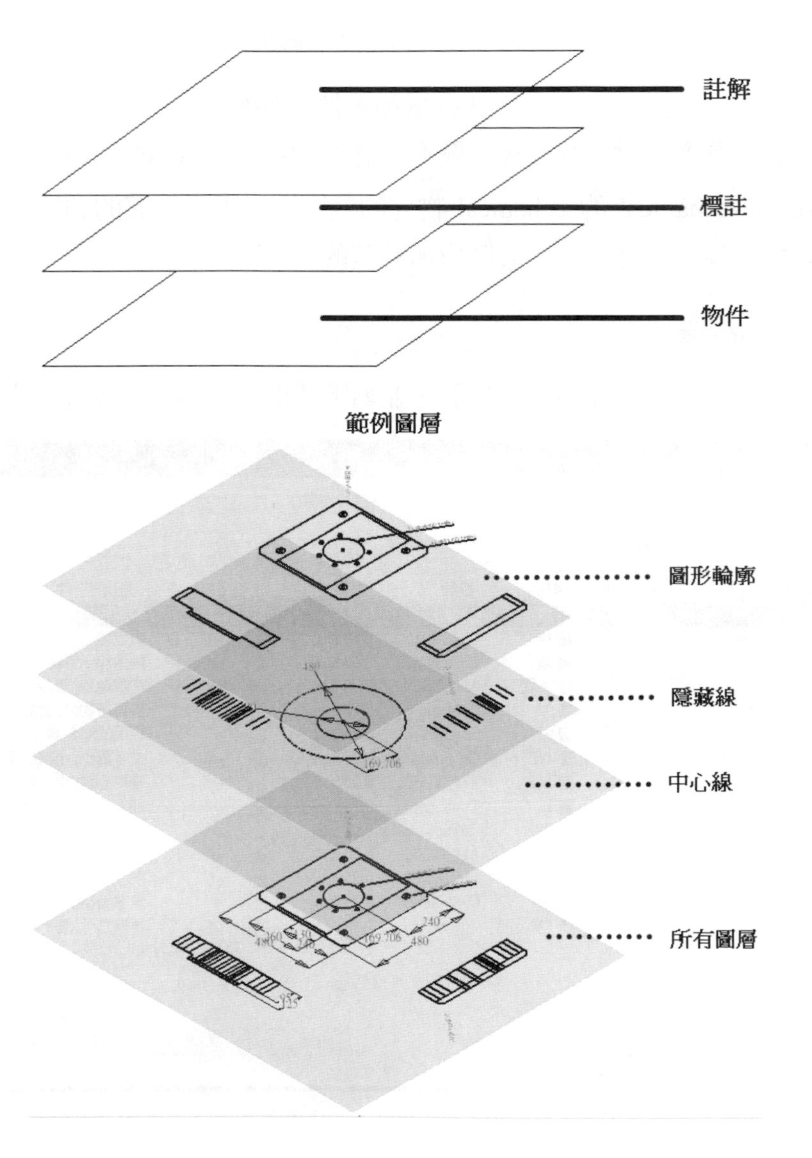

使用 AuotCAD® 圖層與 AutoCAD® Mechanical 圖層有什麼不同？

在 AutoCAD® 中，需要在「圖層性質管理員」對話方塊中手動爲圖層定義性質，例如顏色、線型、線粗和其他性質。在繪圖的過程當中需要自行的切換所對應的圖層，操作上雖不困難，但卻緊瑣。AutoCAD® Mechanical 不需要事先訂定圖層，當您使用 Mechanical 指令時，目前圖層會變更爲爲對其執行指令的物件所定義的圖層。使用者只需要操作所需功能，如：線、填充線、中心線，AutoCAD® Mechanical 會自動認識與歸類，此一功能有助於加速並簡化您的工作。

事先定義的 Mechanical 物件性質和圖層有哪些優勢？

在 Mechanical 圖面中，有許多標準特徵和零件，例如通孔、錐坑孔和柱坑孔、螺釘、墊圈、螺帽、銷、彈簧、軸及繪製幾何圖形、註解和符號的 Mechanical 標準。

AutoCAD® Mechanical 的 echanical 物件的性質使用事先定義的圖層自動管理這些物件。由於此功能，減少了您自行定義圖層所花費的時間。

檢視事先定義的圖層

1. 在指令提示下，輸入【AMLAYER】，並點下【顯示／隱藏圖層定義】按鈕。

2. 依據圖層管理員介面可以得知 AM_7 為中心線圖層，AM_8N 為填充線圖層。

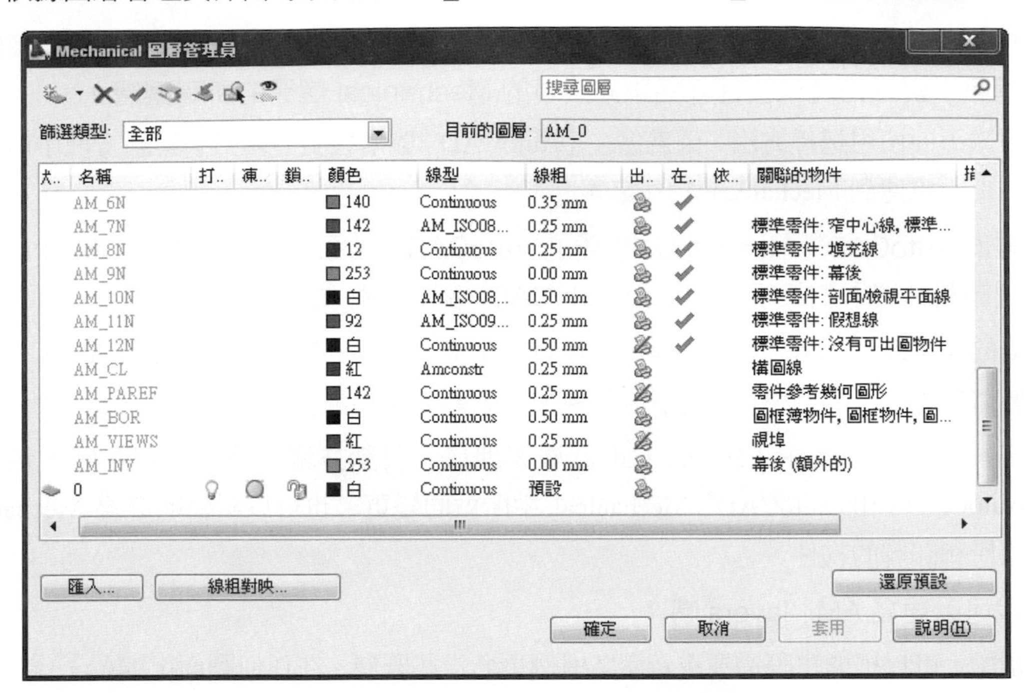

瞭解圖層物件使用

因使用 Mechanical 指令時，圖層會自動變更為對應其執行指令的物件所定義的圖層。所以使用者只需要操作所需功能，如：線、填充線、中心線，AutoCAD® Mechanical 會自動認識與歸類。

例如我們簡單的繪製一條中心線，AutoCAD® Mechanical 會自動的把此一線段歸類到 AM_7 的圖層。

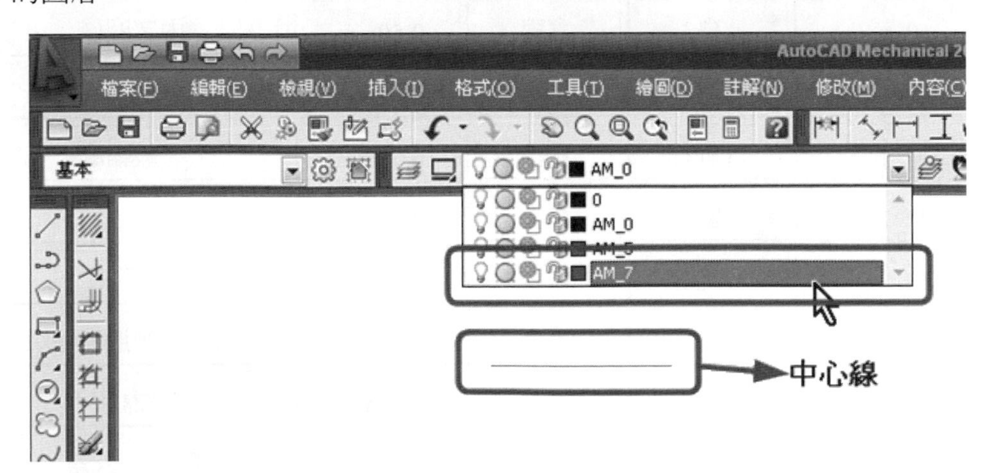

關於使用圖層疑問？

1. 是否可以使用「AutoCAD® 圖層性質管理員」對話方塊代替「Mechanical 圖層管理員」對話方塊來管理包括事先定義的 Mechanical 圖層的所有圖層？

   建議不要使用這種方法，因爲您在【AutoCAD® 圖層性質管理員】對話方塊中所做的變更不會傳到 Mechanical 物件定義。

2. 對於 AutoCAD® Mechanical 中舊的 AutoCAD® 圖面，是否可以在【Mechanical 圖層管理員】對話方塊中變更 AutoCAD® 圖層的性質？

   是的。可以在「Mechanical 圖層管理員－AMLAYER」對話方塊中變更 AutoCAD® 圖層的性質。您的變更將覆蓋在「圖層」對話方塊中所做的所有變更。

   換言之，您可以在「Mechanical 圖層管理員」對話方塊中控制所有圖層，包括從 AutoCAD® 和 AutoCAD® Mechanical 中所做的變更。也可以明確地定義 Mechanical 圖層和關聯的物件。

3. 我可以更名 AM_ layers 嗎？

   是的，可以根據實際需要重新命名慣例更名這些圖層。在任何圖面上開始工作之前，我們建議您先在【物件性質設定】對話方塊中規劃所有物件的圖層和性質。

AutoCAD® Mechanical 圖層說明簡列

在 AutoCAD® 裡，圖層是必須要自行定義的，但在 AutoCAD® Mechanical 能自動的切換對應圖層。

圖層名稱	顏色	線型	線寬	用途
0	白	實線	0.50mm	內定圖層
AM_0	白	實線	0.50mm	一般輪廓
AM_1	14 紅棕	實線	0.50mm	一般輪廓
AM_2	藍	實線	0.50mm	一般輪廓
AM_3	紫紅	虛線	0.25mm	2D 隱藏
AM_4	綠	實線	0.25mm	內／外側邊界輪廓
AM_5	綠	實線	0.25mm	標註
AM_6	黃	實線	0.35mm	配合、公差

圖層名稱	顏色	線型	線寬	用途
AM_7	淡藍	中心線	0.25mm	中心線物件
AM_8	紅	實線	0.25mm	剖面線
AM_9	灰	實線	0.00mm	2D 隱藏不可見
AM_10	白	中心線	0.50mm	割面線
AM_11	綠	假想線	0.25mm	假想線
AM_12	白	實線	0.50mm	外部參考
AM_0N	白	實線	0.50mm	標準零件用
AM_1N	14 紅棕	實線	0.50mm	標準零件用
AM_2N	藍	實線	0.50mm	標準零件用
AM_11N	綠	假想線	0.25mm	標準零件用
AM_12N	白	實線	0.50mm	標準零件用
AM_CL	紅	實線	0.25mm	構圖線
AM_PAREF	142 藍	實線	0.25mm	零件參考幾何圖形
AM_BOR	白	實線	0.50mm	圖框
AM_VIEWS	紅	實線	0.25mm	視埠
AM_INV	灰	實線	0.00mm	幕後(額外的)

將 AutoCAD® 圖層轉換 Mechanical 圖層

1. 從 Getting_Started 資料夾開啓 gs_acad_layers 圖面。

Getting_Started 檔案的資料夾路徑：

Windows® Vista™：

C:\Users\Public\Documents\Autodesk\ACADM 2009\Acadm\Getting_Started

Windows® XP：

C:\Documents and Settings\All Users\共用文件\Autodesk\ACADM 2009\Acadm\Getting_Started

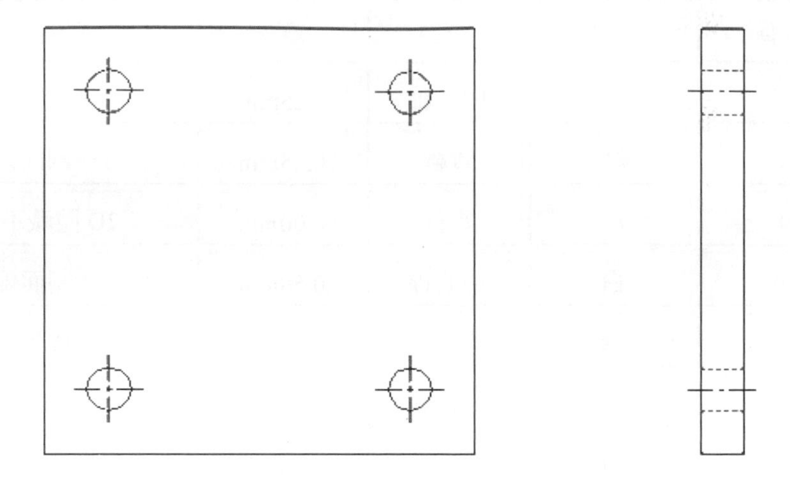

2. 執行【AMLAYER】開啓【Mechanical 圖層管理員】，可以看到先前的 AutoCAD® 圖層。

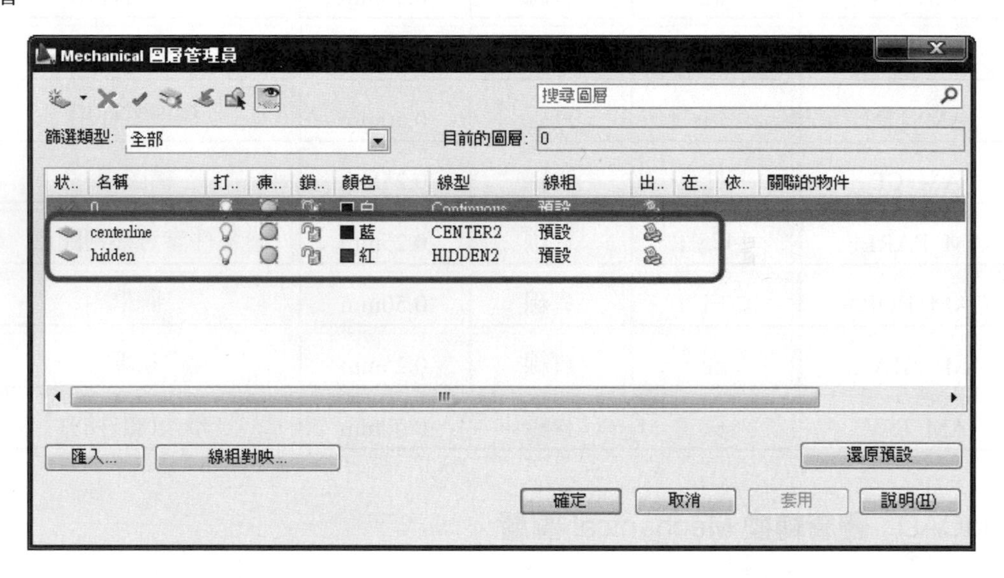

3. 接下來我們要做的就是把 AutoCAD® 中心線圖層轉換成 Mechanical 圖層，請至【工具】→【選項】→【AM：標準】→【ISO】。

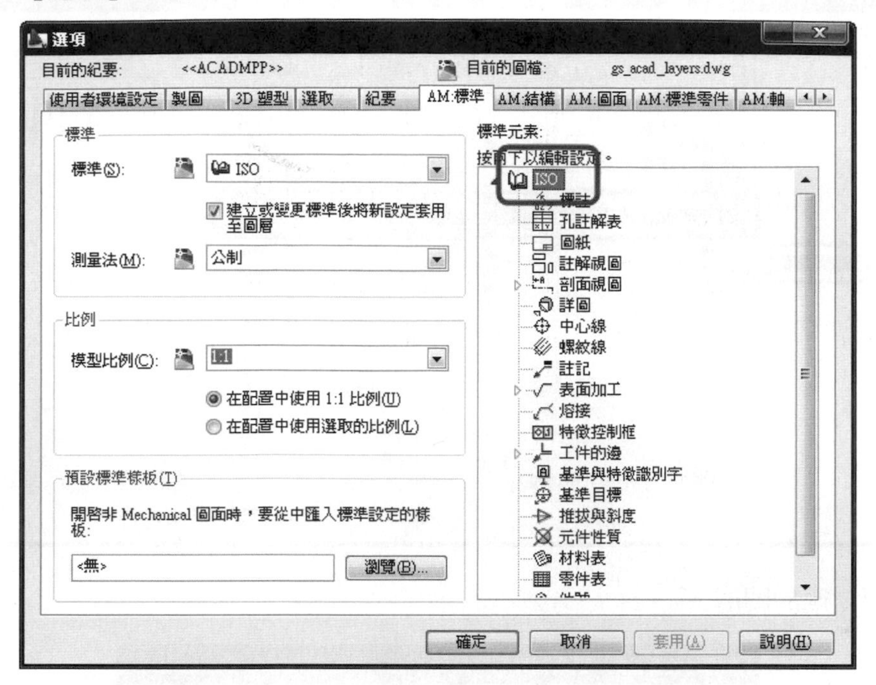

4. 再點選設定。

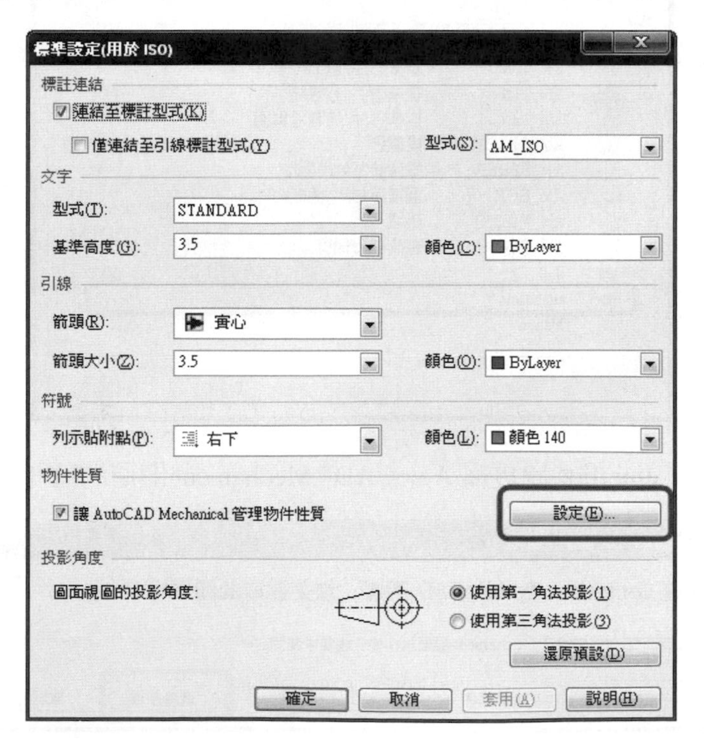

5. 選取【製圖】→【中心線】後快點兩下中心線圖層。

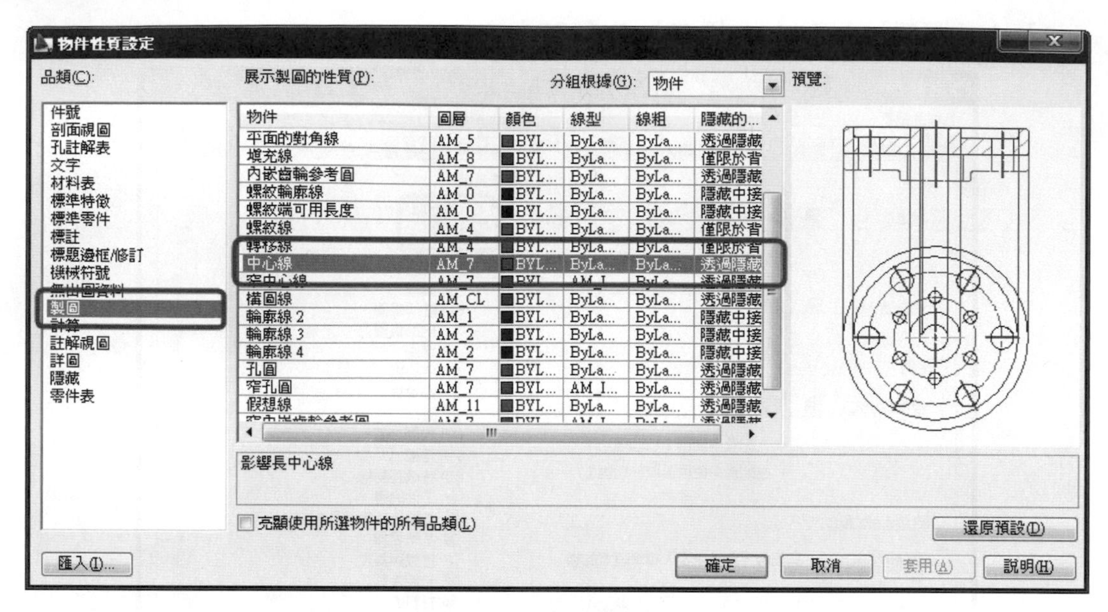

6. 選取要對應的圖層。

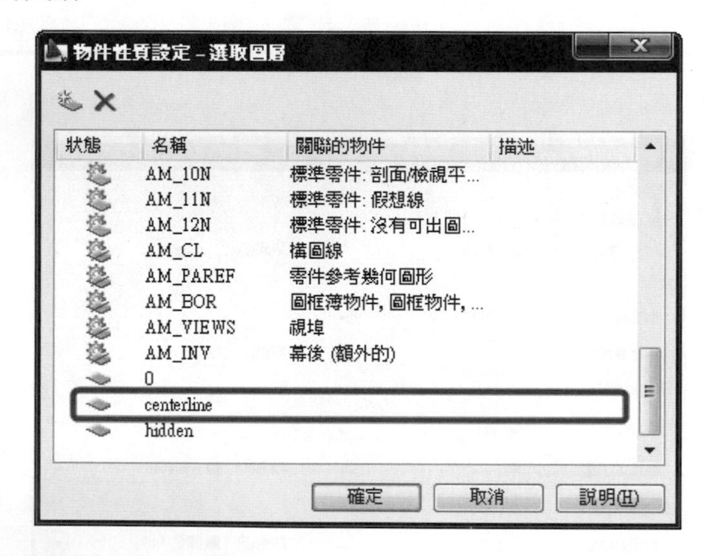

7. 程式會出現將 Centerline 變更為 AutoCAD® Mechanical 圖層的確認對話框。

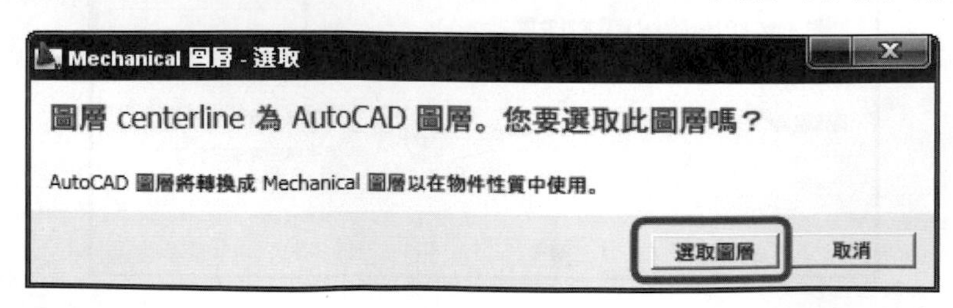

8. 可以看到此時 Centerline 圖層已經與 AutoCAD® Mechanical 中心線圖層產生關聯了。

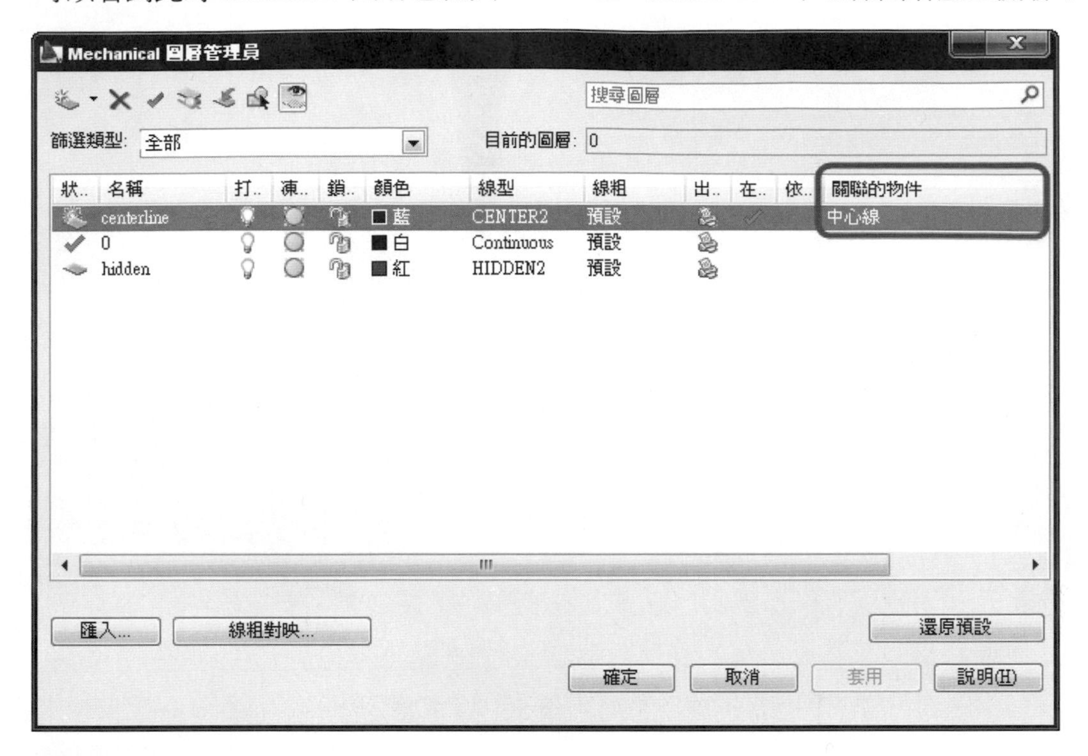

重點提示：

使用【Mechanical 圖層管理員】對話方塊，而不是【AutoCAD® 圖層性質管理員】對話方塊處理所有圖層。

若要確保圖層在所有圖面中的一致性，請在【物件性質設定】對話方塊中設置圖層並將它們另存成樣板以備重新使用。

若在 AutoCAD® Mechanical 當中建議您一次只有一種性質的圖層，避免程式在判斷時將圖層分類錯誤。

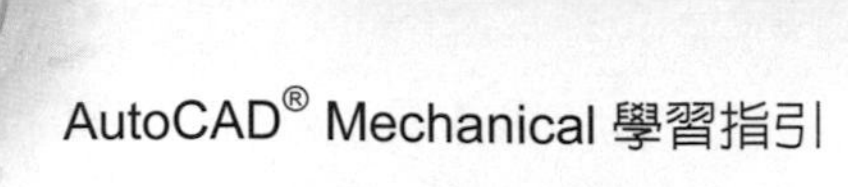

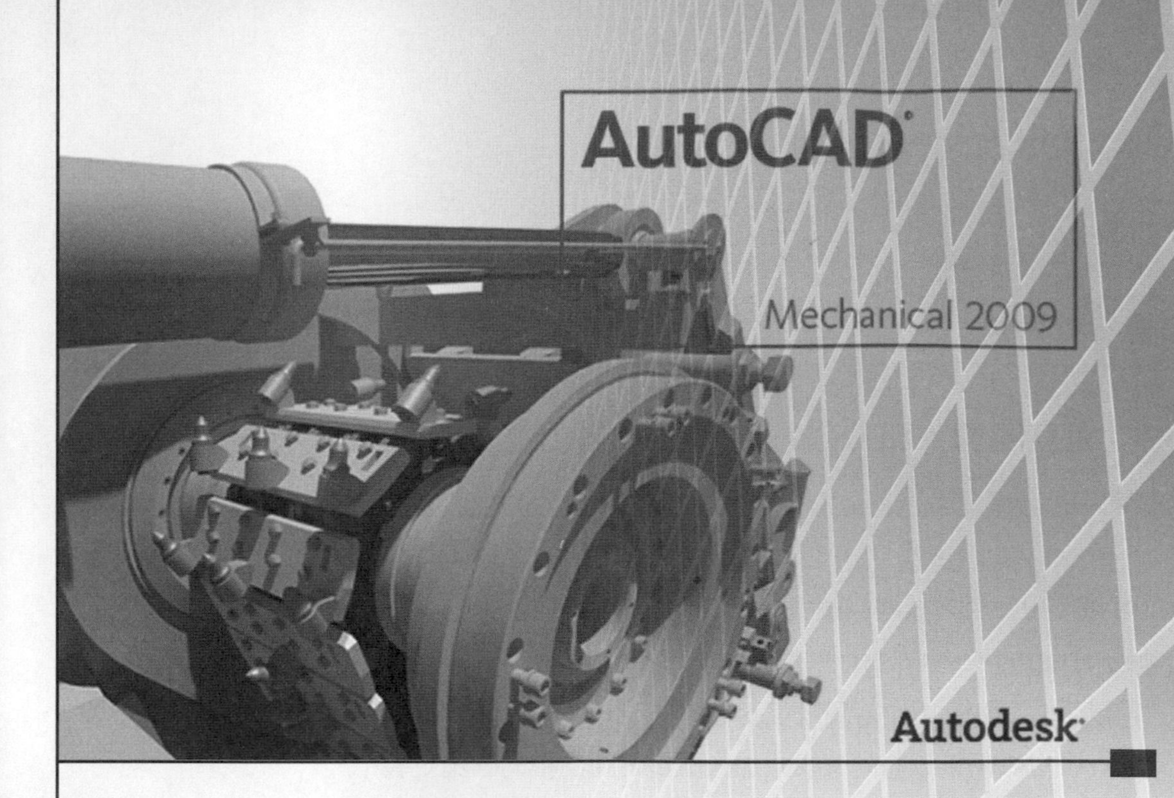

Chapter 5

圖塊與其它工具

5-1 圖塊

5-1-1 建立圖塊：BLOCK

在繪圖的過程當中是否常常有許多的圖元需要重覆的建立？在此我們可以將此建爲圖塊。

您可以使用數種方式建立圖塊：

- 將物件加以結合，在目前圖面中建立圖塊定義。
- 使用圖塊編輯器功能區關聯式頁籤功能區處於作用中狀態時)或圖塊編輯器未處於作用中狀態時)，以將動態模式加入至目前圖面中的圖塊定義中。
- 建立圖檔，然後將其作爲圖塊插入其他圖面。
- 使用數個相關圖塊定義建立圖檔以用作圖塊資源庫。

圖塊可以由繪製在不同圖層上具有不同顏色、線型和線粗性質的物件所組成。雖然圖塊永遠插入到目前圖層上，但是圖塊參考可以保留包含在圖塊中物件的原始圖層、顏色與線型性質的相關資訊。您可以控制圖塊中的物件是保留它們的原始性質，還是從目前的圖層、顏色、線型或線粗設定繼承這些性質。

圖塊定義還可以包含將動態模式加入圖塊的元素。您可以在圖塊編輯器功能區關聯式頁籤或圖塊編輯器中將這些元素加入至圖塊中。當您將動態模式加入圖塊時，同時將彈性和智慧加入幾何圖形。當您將具有動態模式的圖塊參考插入圖面時，您可以透過自訂掣點或自訂性質(具體取決於圖塊的定義方式)來操控圖塊參考的幾何圖形。

您可以使用 PUGE 指令中移除未使用的圖塊定義。

您也可以建立可註解若要取得有關建立與使用可註解圖塊的更多資訊，請參閱(建立可註解圖塊和屬性)。

來源物件多重選擇

1. 保留：建立好圖塊之後，保留所選取的來源物件。
2. 轉換成圖塊：建立好圖塊之後，將所選取的來源物件直接轉換成圖塊。
3. 刪除：建立了圖塊之後，從圖面中刪除選取的物件。

圖塊定義對話框

圖塊定義
名稱(N):
基準點
在螢幕上指定
點選點(K)
X: 0
Y: 0
Z: 0
物件
在螢幕上指定
選取物件(T)
保留(R)
轉換成圖塊(C)
刪除(D)
未選取任何物件
模式
可註解(A)
使圖塊方位與配置相符(M)
等比例縮放(S)
允許分解(P)
設定
圖塊單位(U):
公釐
超連結(L)...
描述
在圖塊編輯器中開啓(O)
確定
取消
說明(H)

右鍵快顯功能表

以基準點複製圖形後，可以將此圖形快速自動的建立成圖塊，不過在此圖塊名稱則為系統自行編碼，且對於細部的設定都會略過。

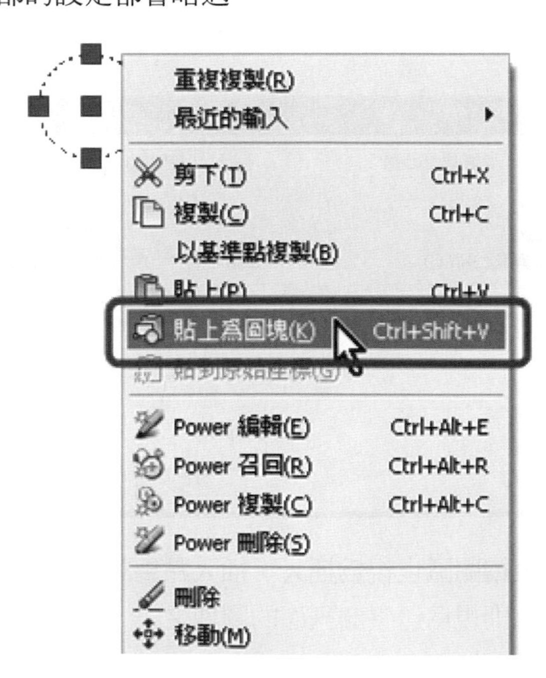

5-1-2 圖塊存檔與插入

1. 將以圖檔(*.dwg)的方式外存所選取的圖元，等於是一張獨立的圖檔。
   下圖為指定外存檔案的路徑。

2. 使用插入功能：Insert。
   可插入圖塊或圖檔。

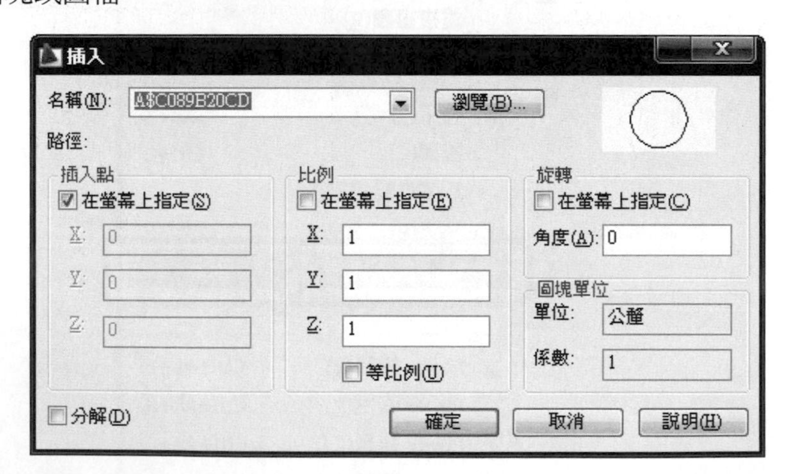

3. 直接將檔案拖拉至繪圖區也視為插入，插入點為該張圖檔的原點(0,0)。
4. 當圖檔插入之後，則視為這張圖裡面的圖塊之一。

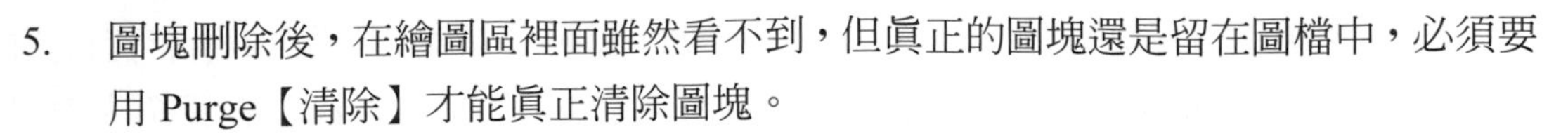

5. 圖塊刪除後，在繪圖區裡面雖然看不到，但真正的圖塊還是留在圖檔中，必須要用 Purge【清除】才能真正清除圖塊。

可於【檔案】→【圖檔公用程式】→【清除】找到此功能。

插入點：可直接在圖面上指定或是直接手動輸入。

比例：若 X、Y 輸入的是負的比例係數值，則會插入圖塊的鏡射影像。

旋轉：以目前的 UCS 為基準，指定插入圖塊的旋轉角度。

5-2 資源庫：AMLIBRARY

「資源庫」功能簡化了圖檔的使用和管理。啓動 AMLIBRARY 指令時，螢幕上將顯示「資源庫」對話方塊。按一下右鍵即可使用資源庫的所有選項。您可以執行下列動作：

- 建立新資料夾與子資料夾。
- 將目前圖面中所選取的物件加入「資源庫」。
- 將新增圖檔至「資源庫」或刪除「資源庫」中的既有圖檔。
- 從「資源庫」中選取圖面，並將其插入圖面視窗進行編輯。
- 將外部目錄、資源庫或目錄連接到「資源庫」。

將常用的圖塊或標準零件做成幻燈片，於資源庫中統一管理，並可以放於 Server 中共用。

可於【工具】→【資源庫】找到。

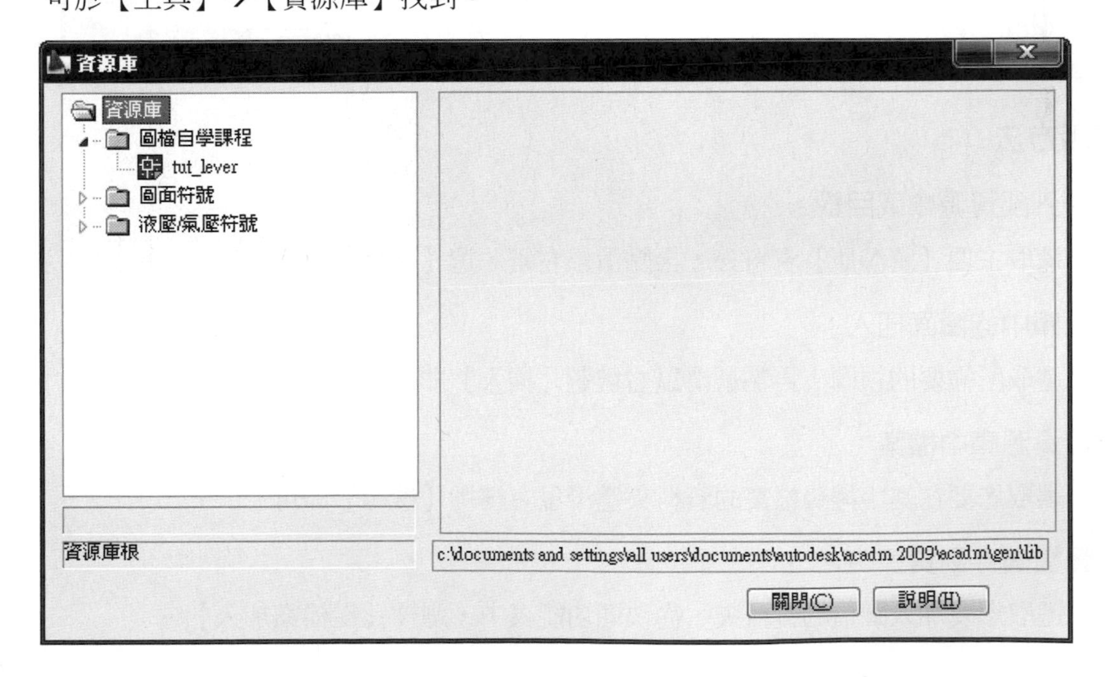

資料夾部分：這部分在「資源庫」對話方塊的左邊。它顯示資源庫中所有資料夾的清單。當選取某個資料夾時，資料夾部份的下方會出現資料夾描述。若要顯示資料夾中所有檔案和子資料夾的清單，請按兩下該資料夾。

預覽部分：這部分在「資源庫」對話方塊的右邊。它顯示位於所選取之資料夾中的所有圖檔的幻燈片影像。當您選取一個亮顯的幻燈片時，預覽部份下方的區域內會顯示路徑描述。若要將圖面插入到圖檔視窗，請按兩下所要的幻燈片。

延伸選項

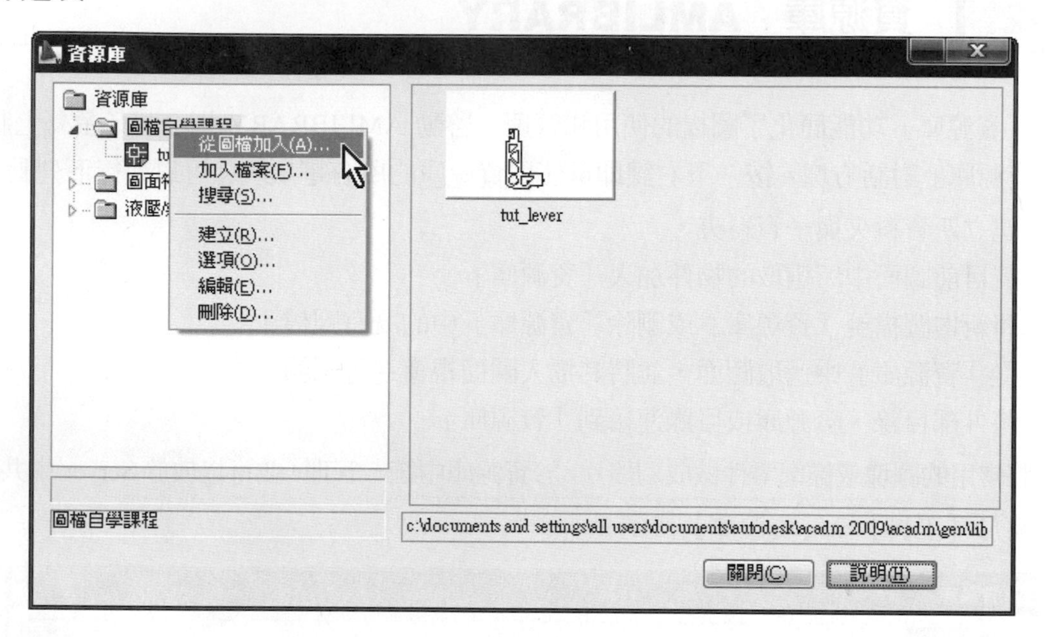

使用方法

連接外部資源庫或目錄：

選取主要【資源庫】資料夾，再點滑鼠右鍵，選【連接】。

資源庫中的圖面插入：

選取所需要的視圖，再點選滑鼠右鍵選【插入】即可。

搜尋資源庫中檔案：

選取您要在其中搜尋檔案的資料夾選滑鼠右鍵選【搜尋】即可。

將圖檔儲存到資源庫：

選取您要加入圖檔的資料夾，從快顯功能表中，選擇【從檔案加入】。

加入檔案：

將檔案(*.DWG)整個加入資源庫，來源檔案如果有更改，資源庫也會跟著改。

搜尋：

搜尋資源庫中的檔案。

設定插入時的旋轉、比例，與是否為圖塊及外部參考等。

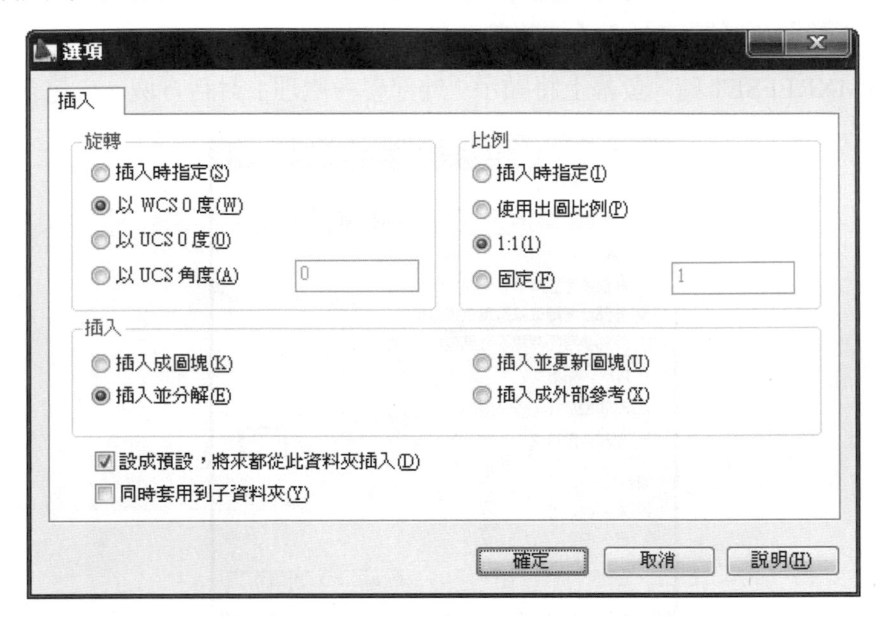

設定按鈕的顯示數目與大小。

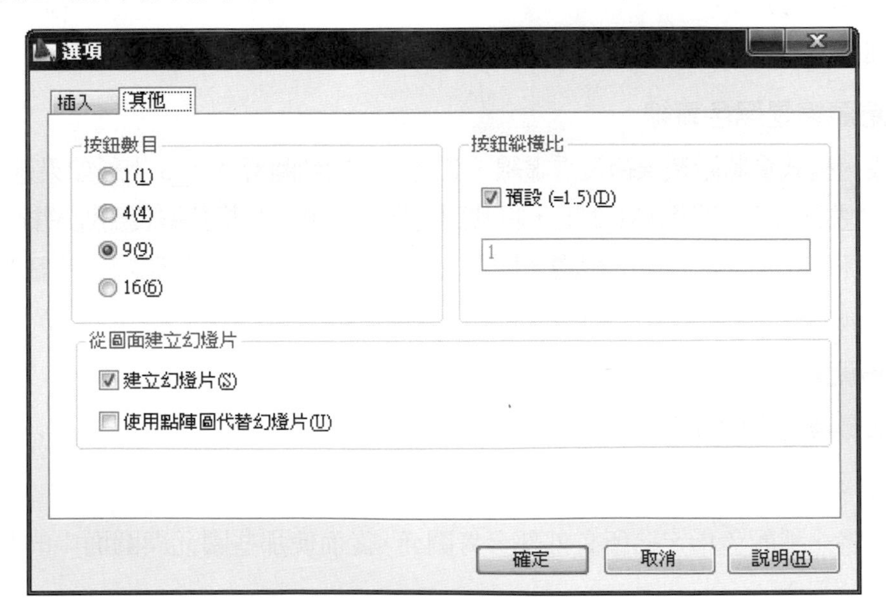

5-3 外部參考

外部參考處理：AMXREFSET

如果將外部參考(xref)插入至目前的圖面，並要變更程式表示外部參考圖元的方式，請使用 AMXREFSET 指令。程式僅將變更儲存到目前圖面，而不會儲存到外部參考本身。

可於【設計】→【圖塊】→【外部參考設定】找到此功能。

啓動 AMXREFSET 時，螢幕上將顯示「外部參考處理」對話方塊。它包含下列選項：

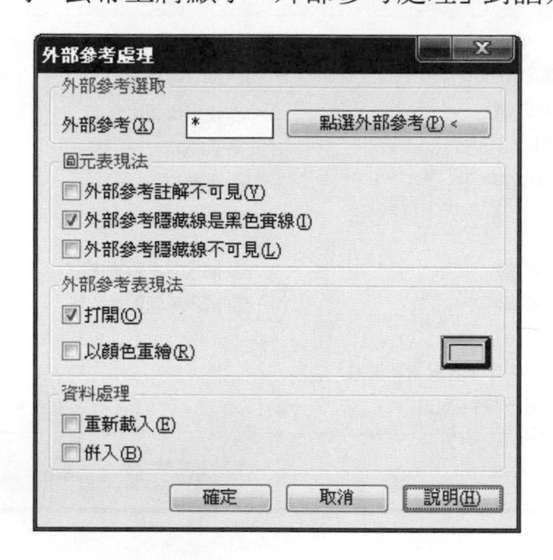

外部參考註解不可見：

使外部參考的註解圖面中不可見。

外部參考隱藏線是黑色實線：

依預設，程式會將隱藏線繪製爲虛線，並將其放置到圖層 AM_3 上。如果選取此選項，程式會將這些線保留在圖層 AM_3 上，將其顏色指定爲黑，並將其繪製爲連續線。由於填充線功能不能將隱藏線設定於輪廓線邊，因此，如果填充區域包含此類線，建議您將這些線設定爲不可見。

外部參考隱藏線不可見：

使外部參考的隱藏線在圖面中不可見。

以顏色重繪：

您可以將一種顏色指定給所有外部參考圖元，從而使那些圖元與圖面中的其他圖元更容易區分。

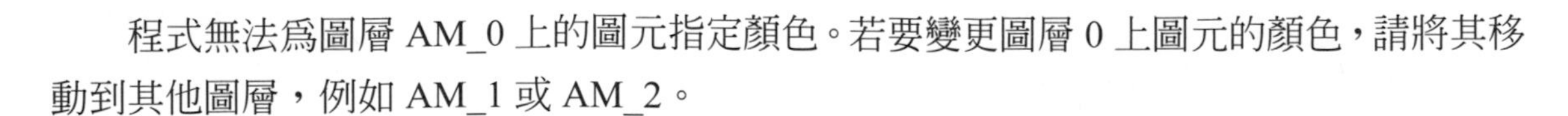

程式無法為圖層 AM_0 上的圖元指定顏色。若要變更圖層 0 上圖元的顏色，請將其移動到其他圖層，例如 AM_1 或 AM_2。

資料處理－重新載入：

您可以更新對外部參考圖面所作的變更。此功能在多個使用者同時使用同一外部參考時非常有用。

資料處理－併入：

您可以將所有外部參考做為內部圖塊貼附並儲存到圖面中。

在目前的圖面內變更外部參考設定的步驟：

1. 開啟自已需要使用外部參考的圖面，然後插入數個外部參考。
2. 在指令提示下，輸入 AMXREFSET。
3. 在「外部參考處理」對話方塊中，輸入要編輯的外部參考名稱，或選取「點選外部參考」按鈕，然後從圖面中選取外部參考。
4. 作必要的資料輸入，然後選擇「確定」。

5-4 設計中心：ADCENTER

設計中心：ADCenter(Ctrl 鍵 + 2 鍵)

使用設計中心，您可以組織對圖面、圖塊、填充線以及其它圖面內容的存取。您可以將任何來源圖面中的內容拖曳到目前圖面中，亦可將圖面、圖塊與填充線拖曳到工具選項板上。來源圖面可以位於您的電腦、網路位置或網站上。此外，如果開啓多個圖面，則可以使用設計中心在圖面之間複製與貼上其它內容(如圖層定義、配置與文字型式)來簡化繪圖過程。

使用設計中心，您可以：

- 瀏覽您的電腦、網路磁碟機與網頁以尋找圖面內容，如圖面或符號資源庫。
- 檢視任何圖檔中的具名物件(如圖塊與圖層)定義表，然後將定義插入、貼附、複製與貼到目前圖面中。
- 更新(重新定義)圖塊定義。
- 為您經常存取的圖面、資料夾和網際網路位置建立捷徑。
- 向圖面加入內容(如外部參考、圖塊與填充線)。

- 在新視窗中開啟圖檔。
- 將圖面、圖塊與填充線拖曳到工具選項板上以便存取。

可於【工具】→【選項板】→【設計中心】找到此功能。

可從設計中心檢視個您的圖檔。

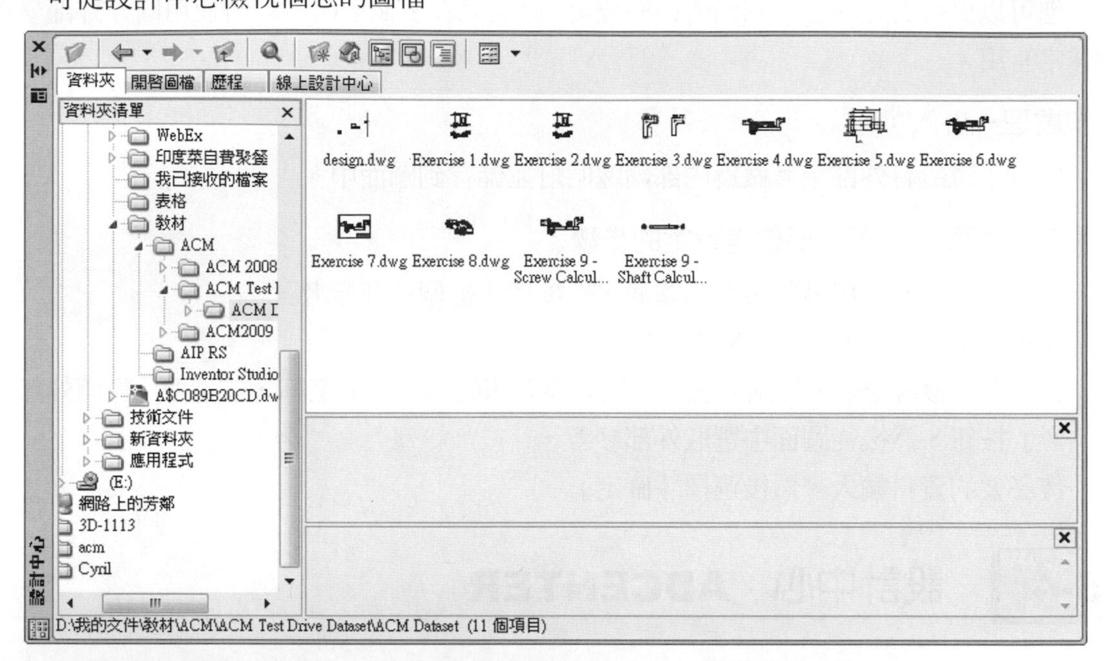

針對該圖檔還可以檢視其它內容，如外部參考、圖塊、線型...等。

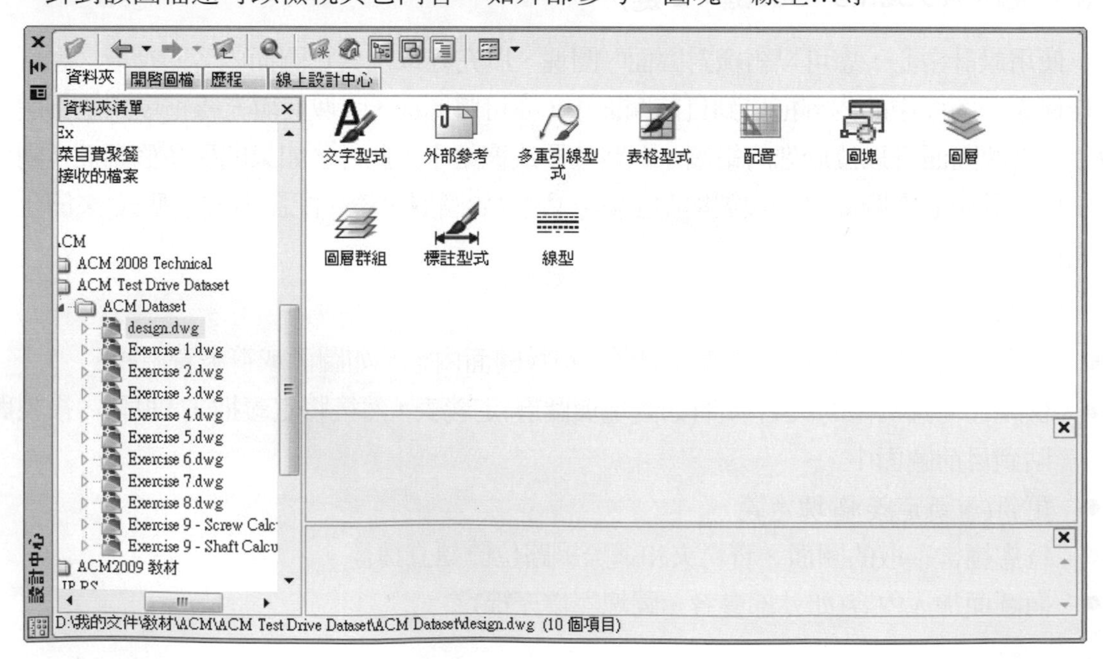

將圖中圖塊直接用滑鼠左鍵拖曳到繪圖區。

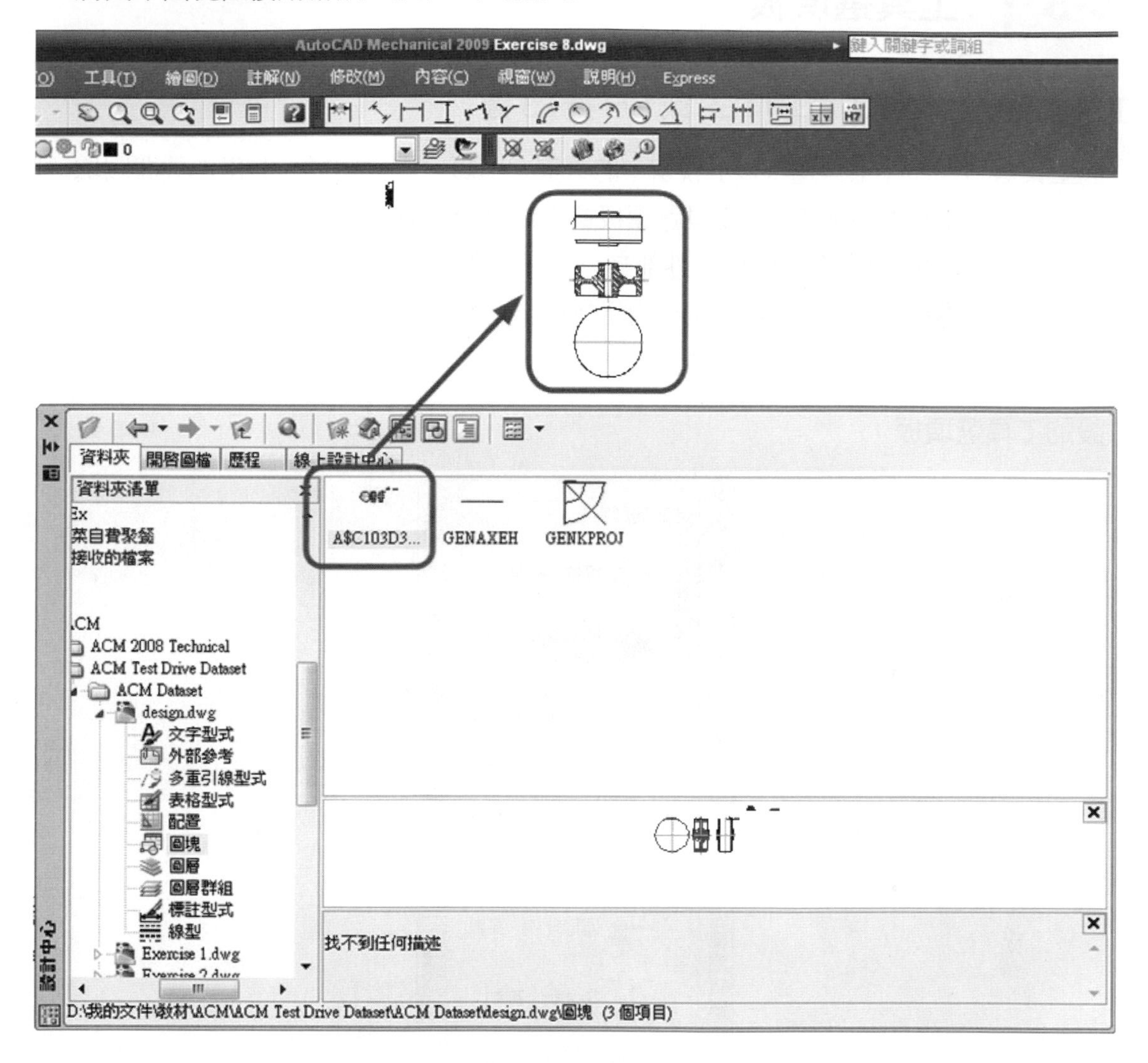

5-5 工具選項板

工具選項板：TOOLPALETTES 或 Ctrl 鍵+ 3 鍵

工具選項板爲【工具選項板】視窗中的頁籤式區域，提供組織、共用與放置圖塊、填充線以及其他工具的有效方式。工具選項板還可以包含由協力廠商開發人員提供的自訂工具。您可以將常用的(指令、圖塊、外部參考、剖面型式、表格…等等)建立於工具選項板中，成爲一選項按鈕，並且可以分成各別群組以方便使用。

可於【工具】→【工具選項板】找到此功能。

預設的工具選項板：

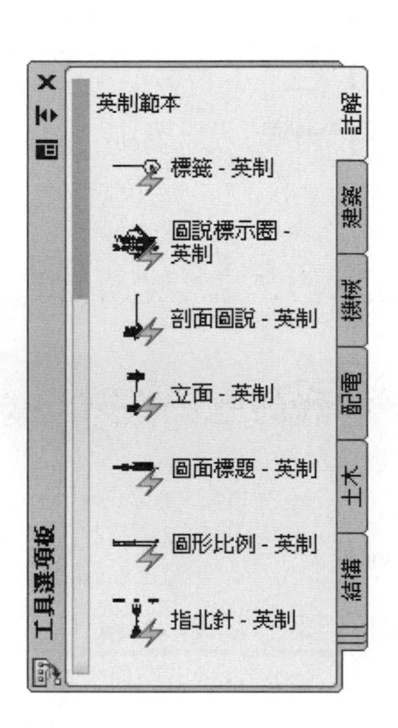

選項板按鈕性質：

在任何一顆選項板上的按鈕按右鍵，都可設定其性質(例：剖面線可以直接設定剖面線型式，BLOCK 或外部參考可設定來源路徑…)。

自訂工具選項板：

若要把指令加到工具選項板中，必須把選項板的自訂對話框叫出來，然後再把工具列中的指令用滑鼠直接拖拉到工具選項板中即可

可於【工具】→【自訂】→【工具選項板】找到此功能。

1. 開啓自訂工具選項板的程式對話框，可於左側點選滑鼠右鍵建立【新選項板】。

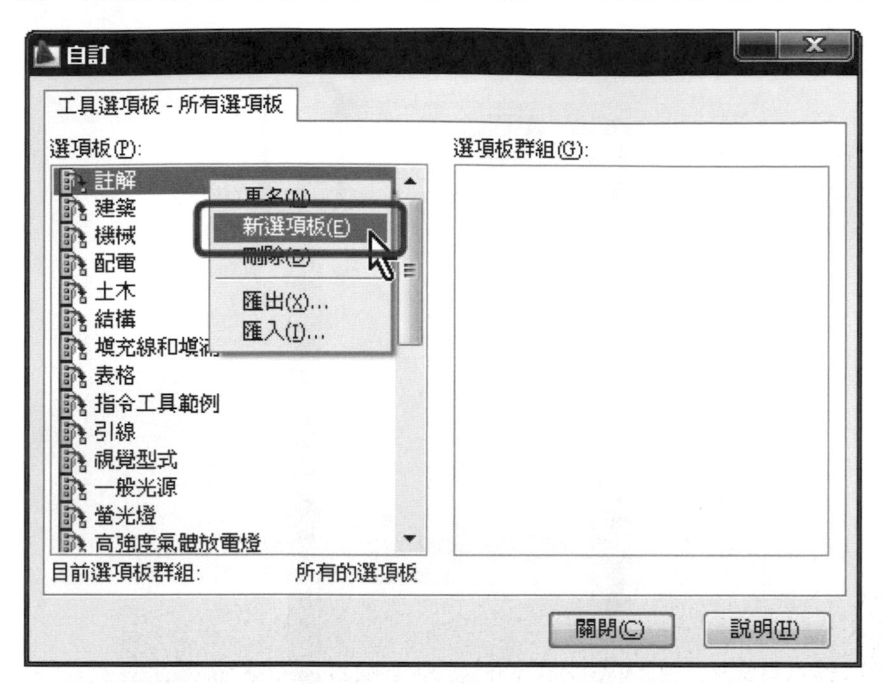

2. 此時可以自建一個新的工具選項板，我們在此命名爲【ACM 課程】。

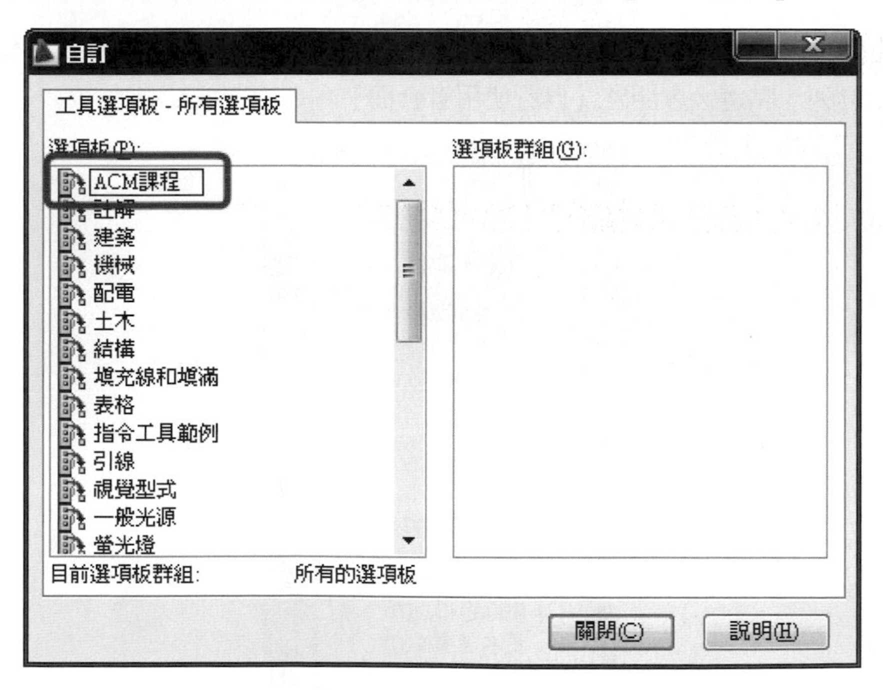

3. 此時我們就擁有了一空的工具選項板，後面我們會針對此一工具選項板做些設定與功能置入的動作。

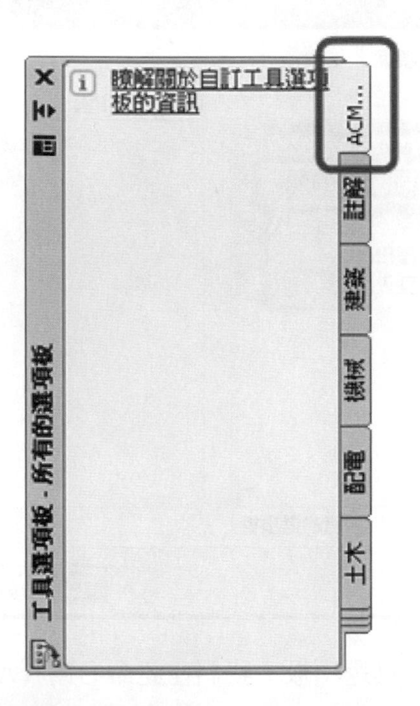

4. 使用【自訂指令】可以將您的工具選項板加入常用的功能，您可以將此視爲是一個大型的工具列，點選後會開啓【自訂使用者介面】。

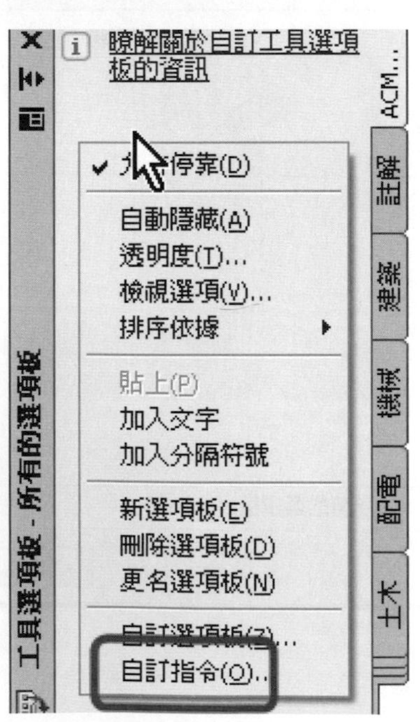

5. 在指令清單的地方搜尋到自已想要的功能之後，直接點選滑鼠左鍵拖　到左邊的工具選項板中，在此如果設定了多個工具選項板也可以在此切換不同的功能介面，如圖中左側的工具選項板，其實提供了許多的預設功能，如土木、配電、機械、建築、註解…等等。

6. 點選功能圖示點選滑鼠右鍵選擇【性質】，可以自訂其功能的參數。

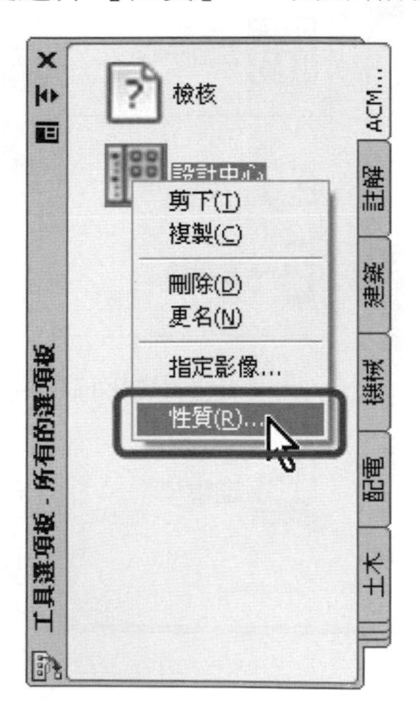

7. 懂得巨集指令語法的人也可以在此修改甚至是建立一個屬於自已的新功能。

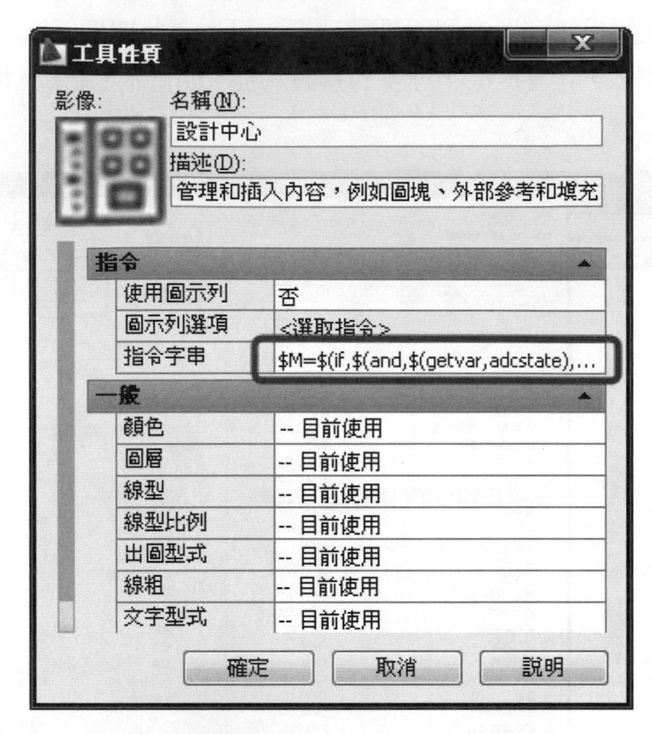

8. 其它的相關功能可以再加上分隔符號幫助我們分類，也可以設定是否要自動隱藏、與是否允許停靠(指是否可以停靠於左右側的工具列旁)。

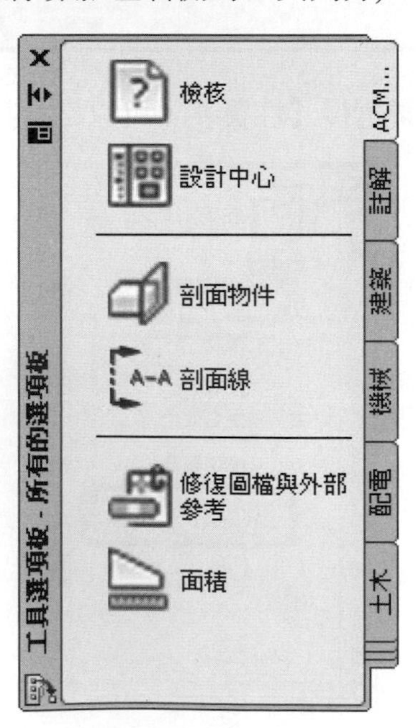

9. 最後是透明度的設定，若是有其它的需要也可以針對此工具選項板做透明度的設定，不過此一功能會使用掉您的一些效能。

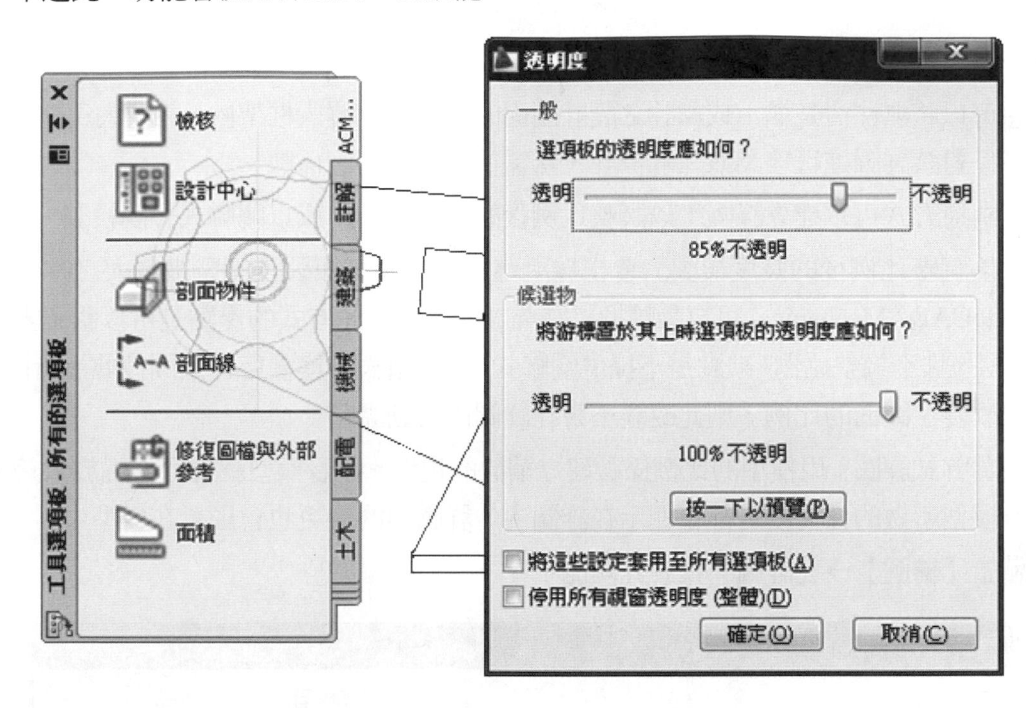

10. 若是要保留自已所建立的工具選項板也可以使用自訂功能中的【匯出／匯入】功能來保留或是共享彼此之間的工具選項板。

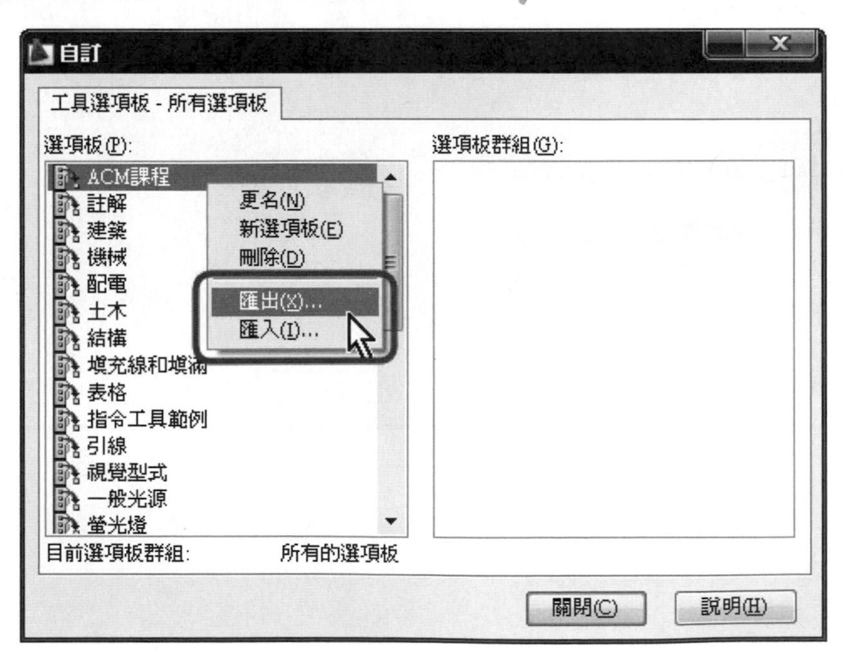

5-6 詳圖放大

詳圖：AMDETAIL

您可以將無法清楚顯示或標註之設計圖面的任何部分置入框架內，並放大為詳圖。然後您可以對該詳圖進行作業並註解標註，無需重新調整比例係數。

有兩種方式可以建立詳圖：以調整比例後的長度複製，或以關聯式詳圖複製。

「以調整比例後的長度複製」會根據所選取的比例來複製及調整被放大之物件的大小。AutoCAD® Mechanical 可自動轉換標註詳圖的比例。此方式的優點是可以明確表現符號與標註，且不調整比例。缺點是不提供關聯式性質。這表示模型與詳圖間彼此沒有關係。如果您改變了圖面的比例，則此改變不會在詳圖內自動調整。

「關聯式詳圖」用模型的比例係數建立縮放的視埠。觀看模型就會像透過放大鏡來觀看。對模型所做的任何變更都會顯示在詳圖內。詳圖內的變更也會顯示在模型中。

可於【繪圖】→【詳圖】找到此功能。

操作步驟

1. 在指令提示下，輸入【AMDETAIL】或於【繪圖】→【詳圖】找到此功能。
2. 畫一個圓，或選取「矩形／物件」，定義詳圖的圖框。

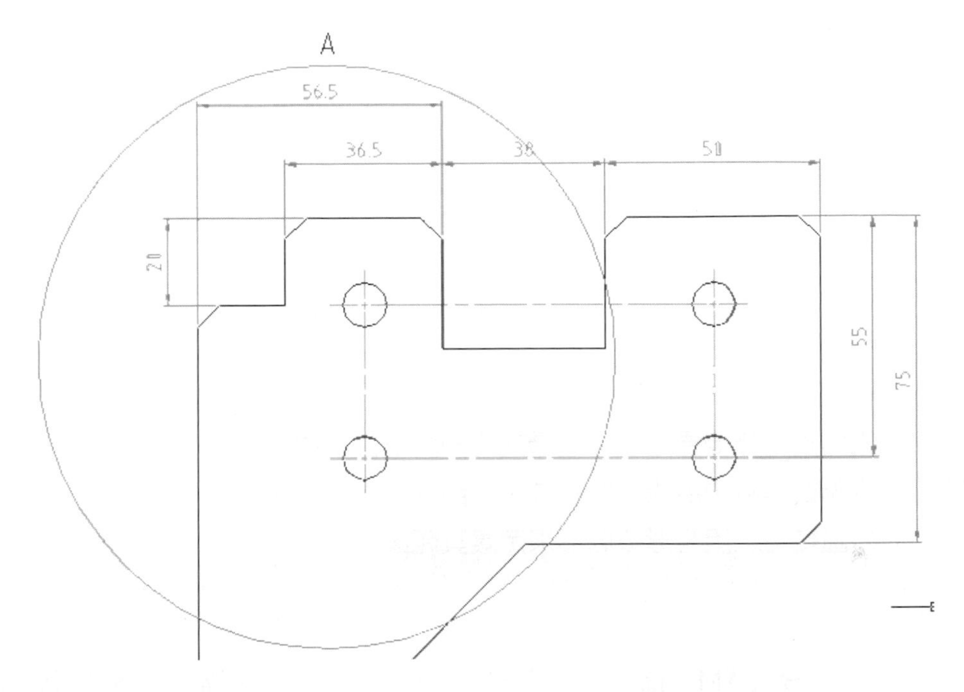

3. 在「詳圖」對話方塊中，指定剖面的詳圖放大比例，以及進一步的比例選項。

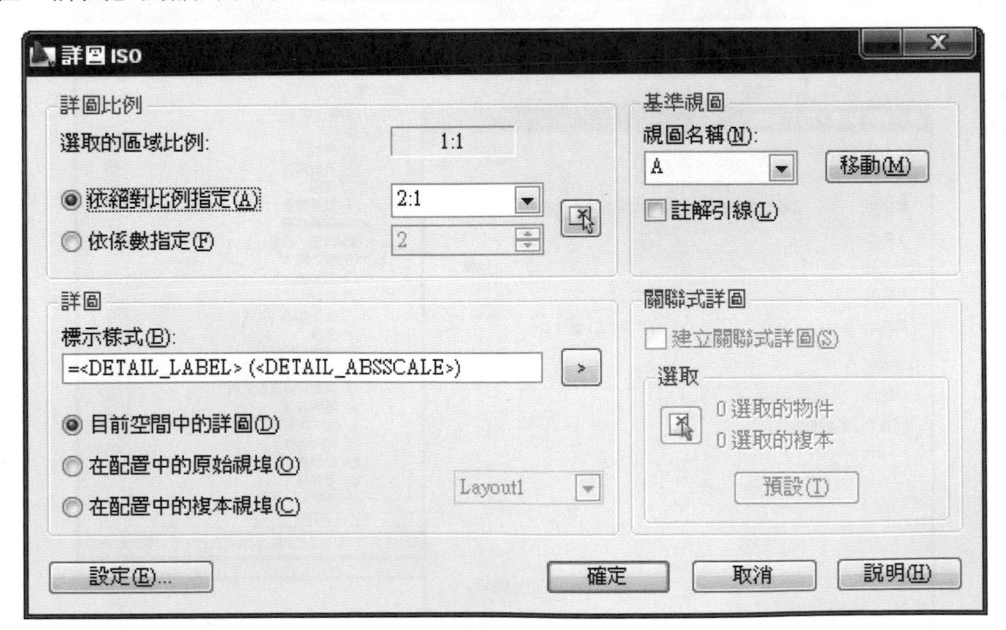

4. 使用游標將詳圖放在圖面中。可以看見紅色框選的數值是一致的。

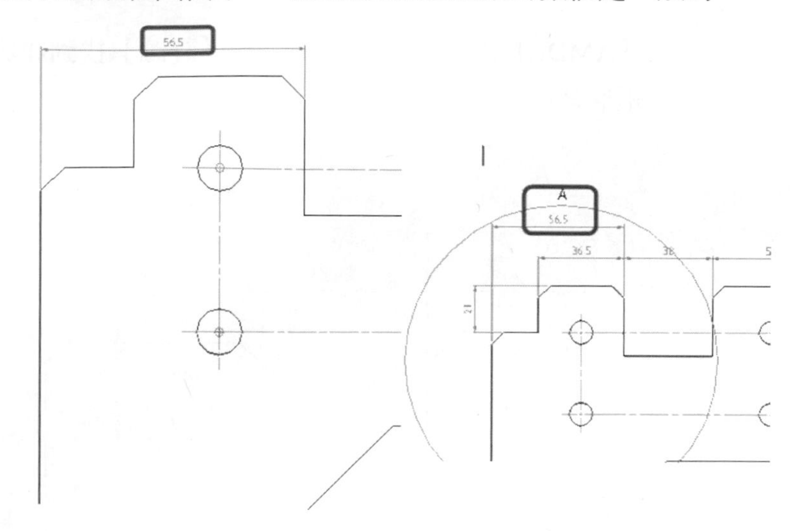

註：1. 對原始圖元作變更之後，關聯式詳圖將會立即更新。

2. 在關聯式詳圖中所標示的尺寸，會自動計算比例係數。

3. 放大區域可以用矩形或圓形來定義其範圍。

額外選項

【環境選項】→【AM：標準】→【詳圖】，可針對文字、標示、邊框再做設定。

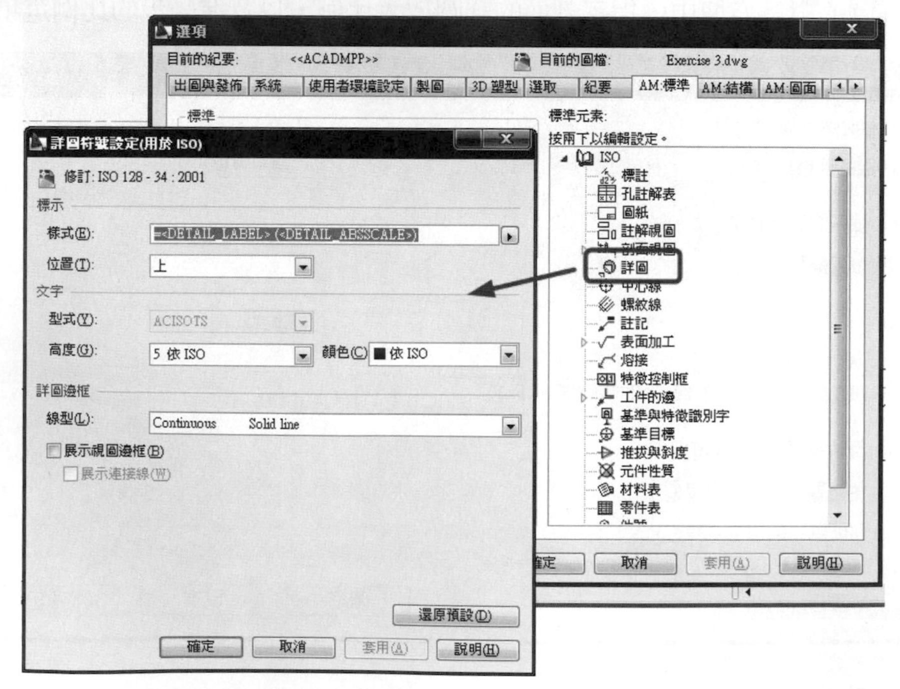

5-7 關聯式隱藏：AMSHIDE

在組合中，元件經常會被其他元件所隱蔽。元件的給定視圖在組合視圖內的不同例證中會受到不同程度的隱蔽。元件的某個例證中的元件隱藏線可能會不同於其他例證的元件隱藏線。由於 Mechanical 結構的關聯性質，建立某個例證的隱藏線(使用 AM2DHIDE)將會自動更新所有其他例證。為避免此問題，需要使用特殊指令 AMSHIDE 在 Mechanical 結構環境中建立隱藏線。

可於【修改】→【關聯性隱藏】找到此功能。

透過指令可使圖面中具有前景和背景關係的物件產生隱藏線或隱藏。

1. 隱藏線可直接用按鈕點選方式顯示。
2. 自動判斷外輪廓的樣式。

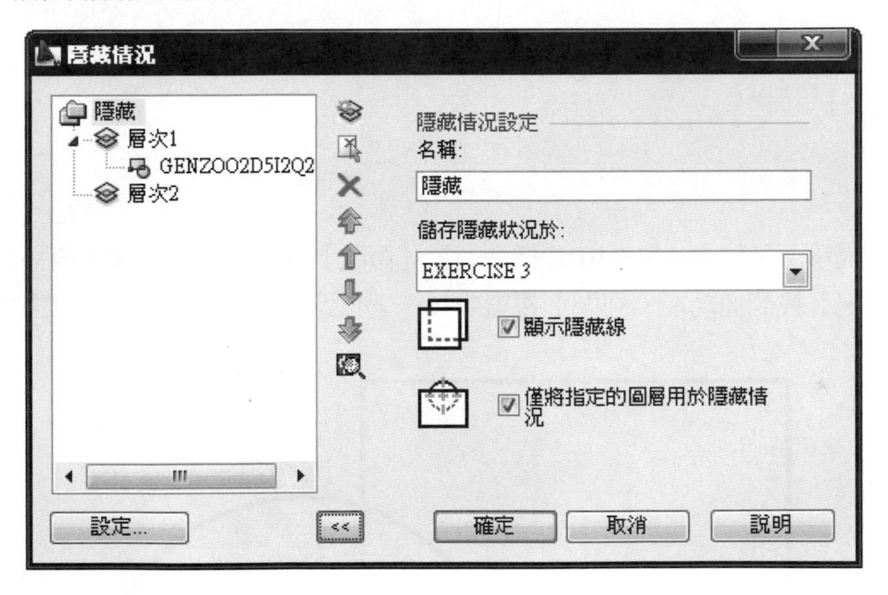

隱藏情況對話視窗的選項功能

1. 為比兩個層級隱藏情況(僅前景和背景)更加複雜的隱藏情況建立附加級。
2. 將物件從一個層級移到另一個層級。
3. 為層級加入物件／從層級移除物件。

若要編輯隱藏情況，請使用 AMSHIDEEDIT 指令。

建立隱藏情況的步驟

1. 準備一個簡單的圖形。

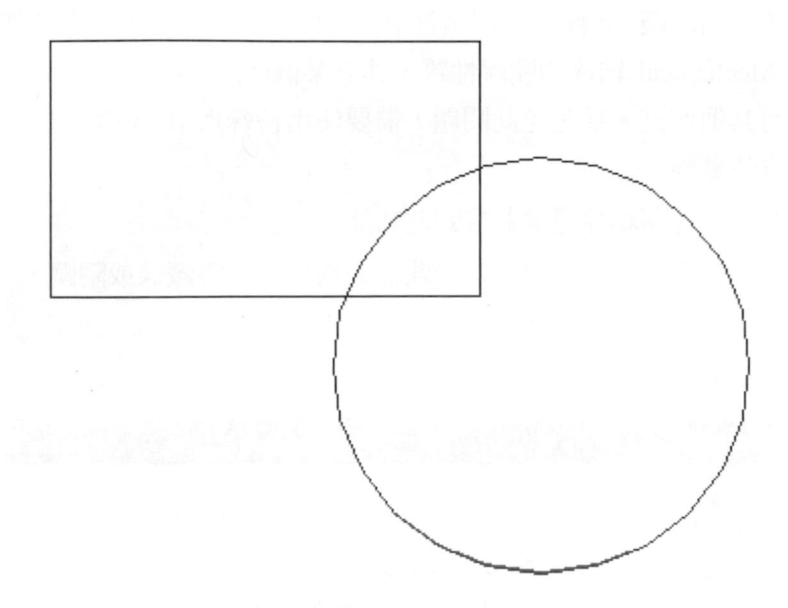

2. 在指令提示下，輸入 AMSHIDE 指令或於【修改】→【關聯性隱藏】→【建立關聯性隱藏情況】找到此功能。在圖形視窗中按一下以選取前景物件，在此請點選圓形。

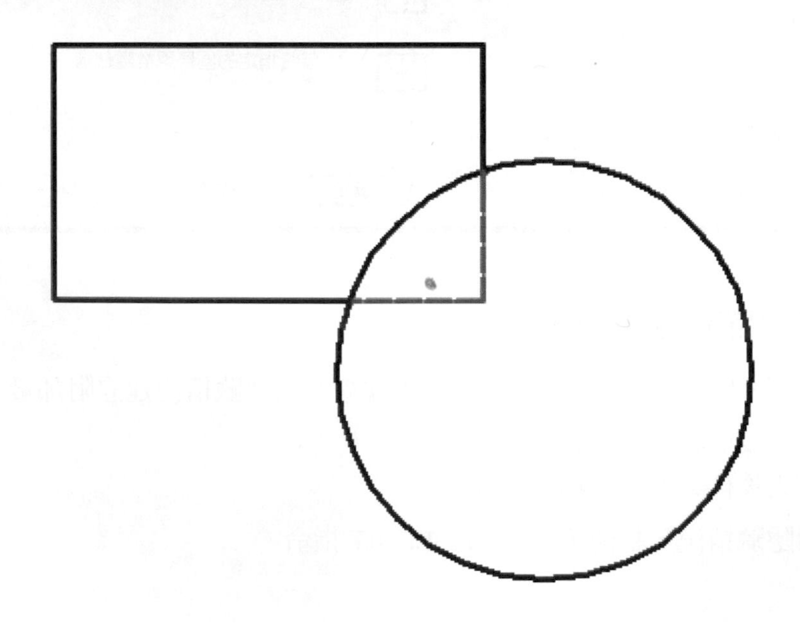

3. 可於此視窗調整視圖順序與是否需要顯示隱藏線，並且在前景移動時會自動的遮蔽後景。

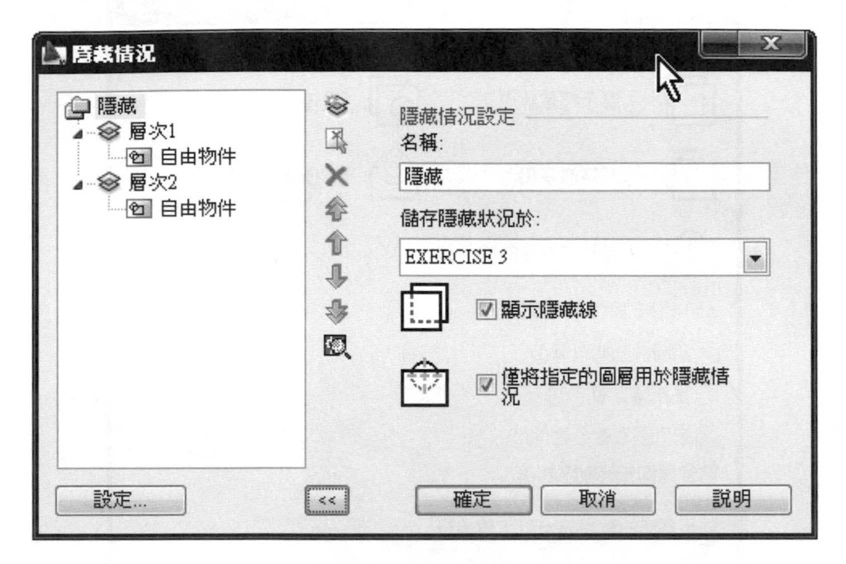

4. 可以比較出兩者的不同，上圖為顯示隱藏線，下圖為不顯示。

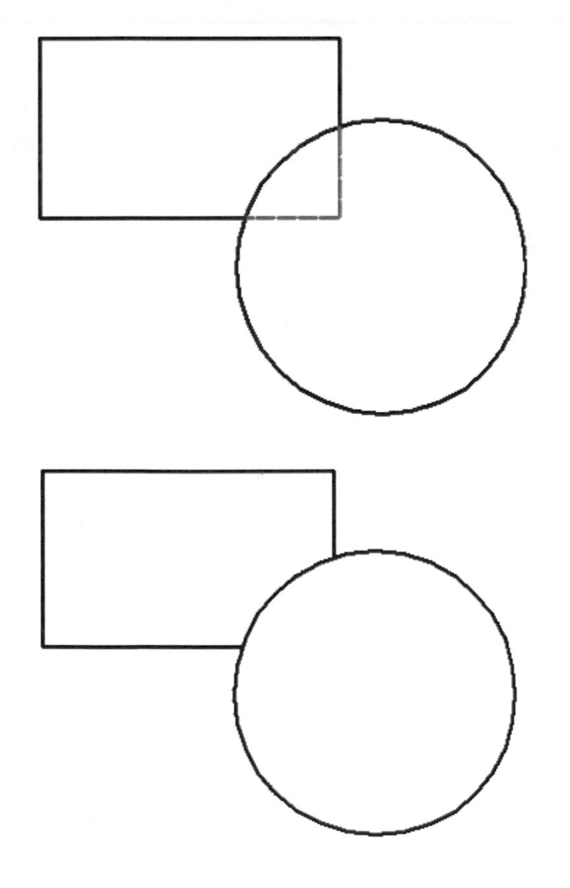

5. 針對細項設定可以參照【設定】，包括反轉整個設定等等…。

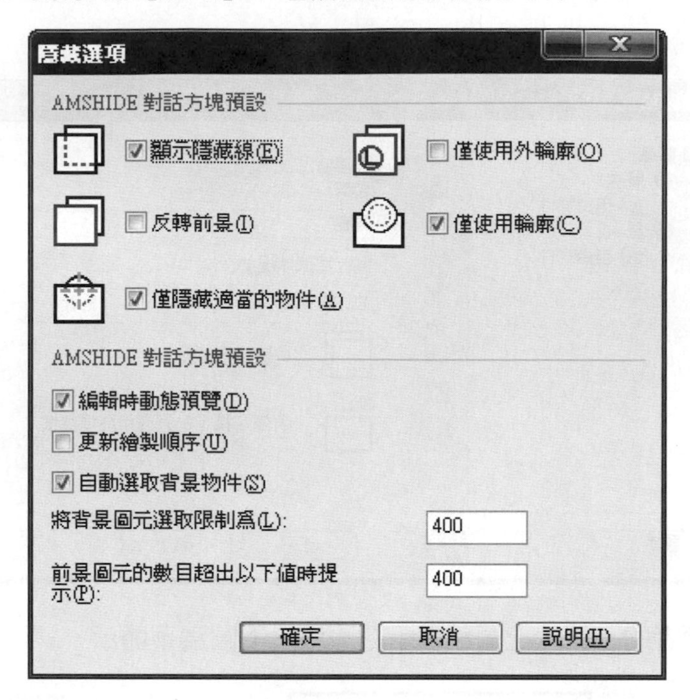

移除隱藏情況的步驟

1. 如果 Mechanical 瀏覽器不可見，請在指令提示下鍵入 AMBROWSER。可於【修改】→【關聯性隱藏】→【編輯關聯性隱藏情況】找到。
2. 按一下隱藏情況。觀察模型空間並確認是否已選取正確的隱藏情況。
3. 在 Mechanical 瀏覽器中的隱藏情況上按一下右鍵。
4. 按一下「刪除」。

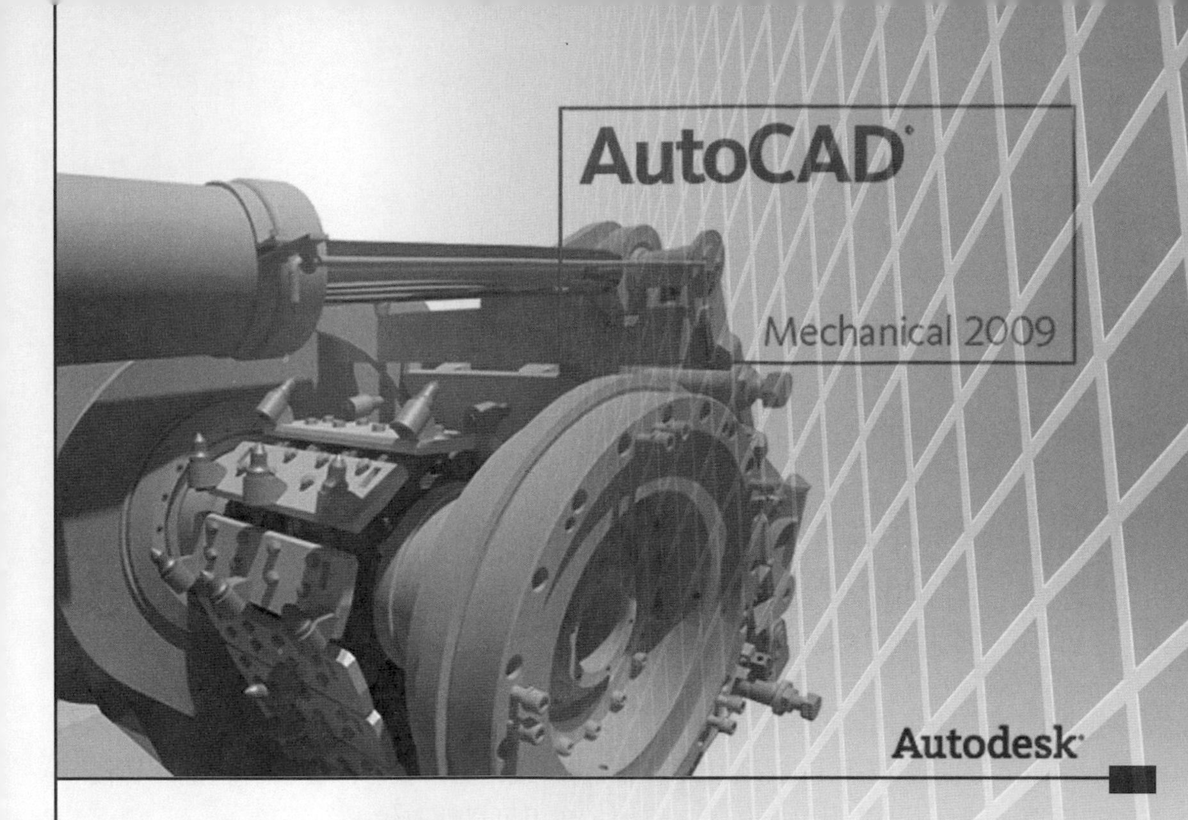

Chapter 6

結構／結構瀏覽器

何謂 Mechanical 結構？

「Mechanical 結構」從根本上說是一種將直線、弧和圓(幾何圖形)群組爲零件，並且在以後將零件群組爲組合的方式。在 Mechanical 結構專門術語中，零件和組合通常被稱爲元件。

將幾何圖形分組爲元件並非 AutoCAD® Mechanical 新概念。在引進 Mechanical 結構之前，有兩種主流幾何圖形組織方式：圖層群組與圖塊。

圖層群組

可以根據圖層群組幾何圖形。假設您要爲齒輪箱建立軸元件。您可以建立一個名爲「MainGearShaft」的圖層群組，並將屬於該軸的所有幾何圖形置於該圖層群組上。然後可將該軸視爲單一圖元，並對其執行作業，例如，套用可見性取代。

圖塊

可以定義具有幾何圖形(代表元件)的圖塊，並且隨後可以向其加入零件參考。如果必須將元件插入圖面中，則請插入相應的圖塊。材料表會自動更新，並且由於幾何圖形可以重複使用，因此可以節省時間。

Mechanical 結構提供以上這兩種方式的所有優點，並且還提供更多其他功能。在 Mechanical 瀏覽器中，零件是僅由元件視圖組成的元件。組合是包含其他元件的元件。

下面的清單展示了依據相似要求引入的圖元

註解視圖	爲了詳細說明，而使重複使用元件幾何圖形成爲可能的圖元。
資料夾	類似於 AutoCAD® 圖塊的圖元，專門用於 Mechanical 結構配，並展示於 Mechanical 瀏覽器中。
虛擬組合	一種群組機構，用於群組未採用機械方式組合的元件。
參考元件	一種用於將可視效果或上下文加入至組合的元件。
外部參考元件	經由專門用於 Mechanical 結構的外部參考機構重複使用的元件。
關聯式隱藏	一種自動癒合的 2D 隱藏特徵，主要用於處理元件之間的隱藏情況。

使用 Mechanical 結構

您可以在瀏覽器內使用 2D 結構，在瀏覽器資料夾中將直線、圓以及其他圖元群組為組合、次組合、構件、零件以及視圖。

可於【工具】→【選項板】→【Mechanical 瀏覽器】，找到此功能。

在 Mechanical 瀏覽器中主要可以產生元件、資料夾、註解視圖，下面我們就要依照這幾個類別來為大家說明如何使用與操作這些功能。

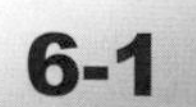

6-1 元件

建立元件

1. 簡單的繪製一個下列的圖形。

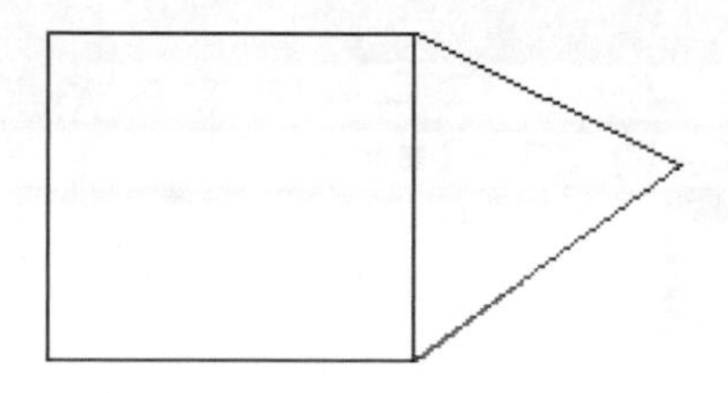

2. 直接在瀏覽器按滑鼠右鍵【新建】→【元件】，再輸入視圖名稱。

3. 此時就會看到在左邊的 Mechanical 瀏覽器多出了一些圖示。

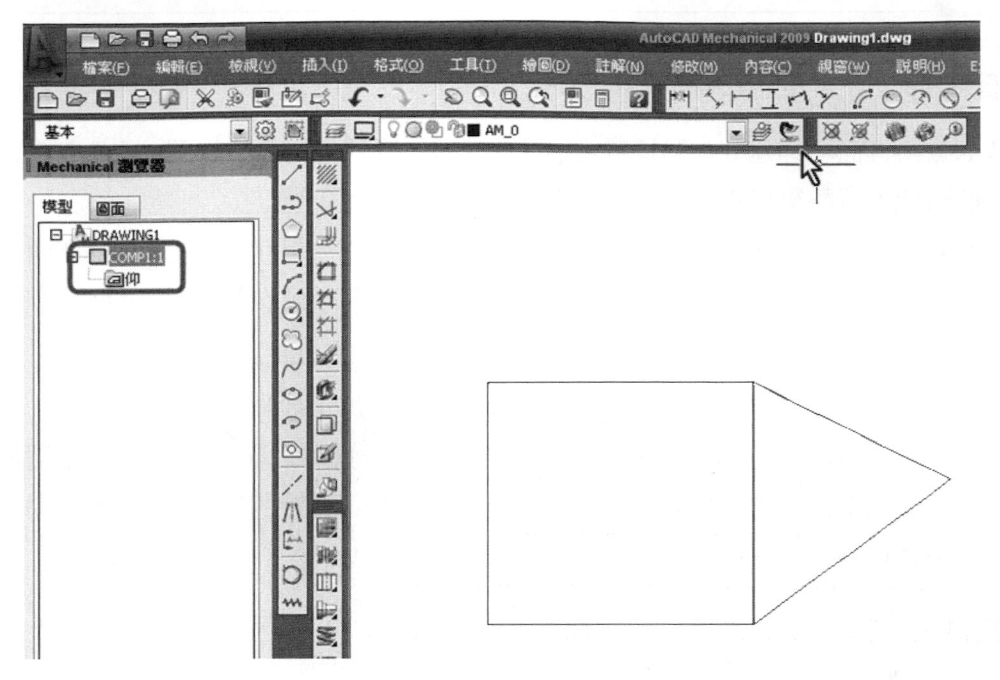

4. 接下來我們可以將此一圖形任意的複製。

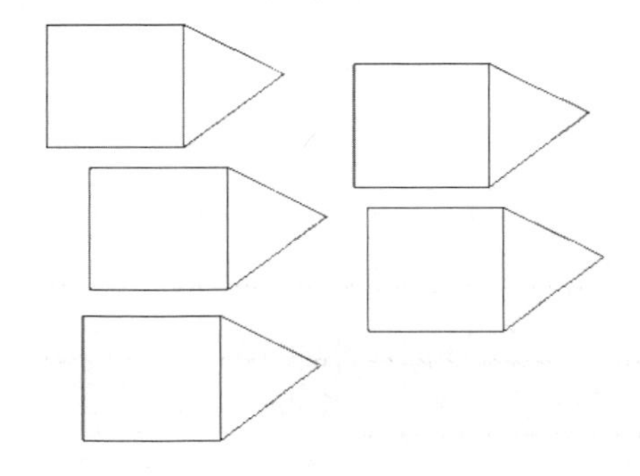

5. 再針對其中一個圖形做擊點的移動，我們將可以發現其它的圖形也一併地更新了。

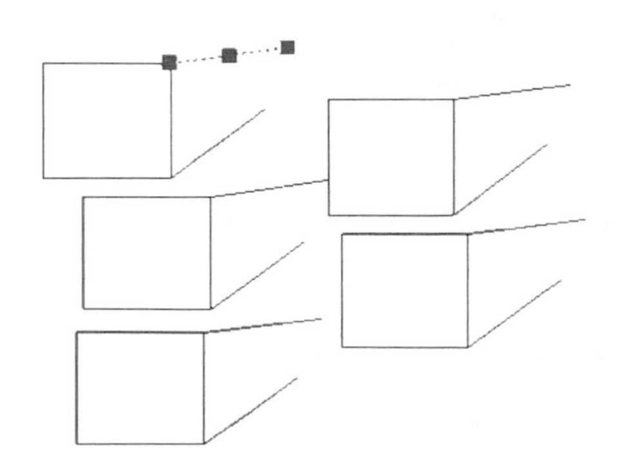

6-2 資料夾

建立資料夾

在瀏覽器裡面可以建立一個資料夾，然後把圖元放到資料夾中管理，此法有點像是在建立一個圖塊，資料夾可以內含在構件裡面。

資料夾類似於圖塊，其定義可被多次引用。像圖塊一樣，其定義儲存在圖面的非圖形區域中。還是與圖塊類似，您對資料夾定義所做的任何變更都反映在該資料夾的所有例證中。

雖然資料夾與圖塊極其類似，但也存在明顯的差異。

1. 資料夾的內容無需特殊的編輯模式(如：REFEDIT)仍可編輯。
2. 資料夾的所有例證均展示在 Mechanical 瀏覽器中。您可以在 Mechanical 瀏覽器中的資料夾圖示上按一下右鍵，並執行一些作業(例如，縮放至其幾何圖形或套用可見性增強功能)。

建立資料夾方式

1. 簡單的繪製出下列的圖形。

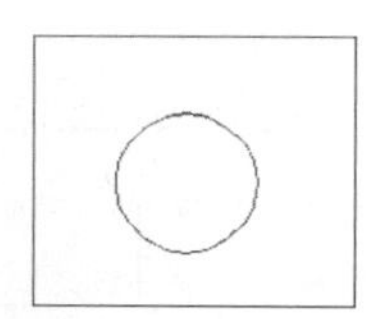

2. 直接在瀏覽器按滑鼠右鍵【新建】→【資料夾】，再輸入視圖名稱。

修改資料夾方式

直接點選圖形做掣點的編輯。簡單的繪製出下列的圖形。

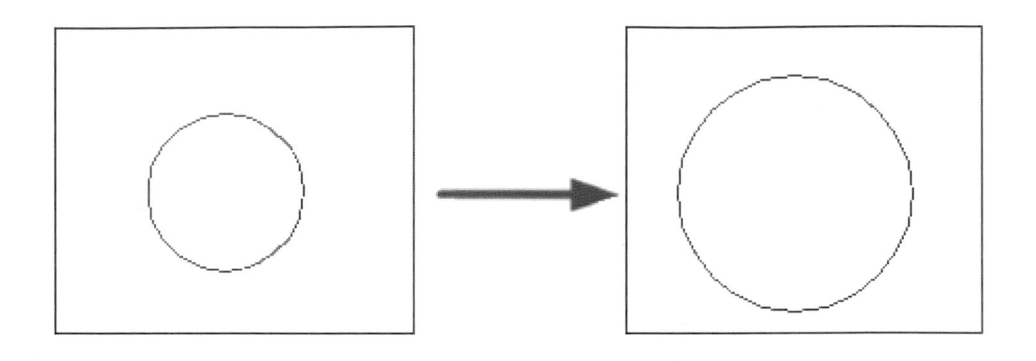

複製資料夾方式

1. 直接執行 COPY 指令後，就可以看到於左側的資料夾已經多出了一個。
   Mechanical 瀏覽器會展示資料夾(資料夾 1：2)的第二個例證，提示您複製了資料夾，而不僅僅是複製了內容。

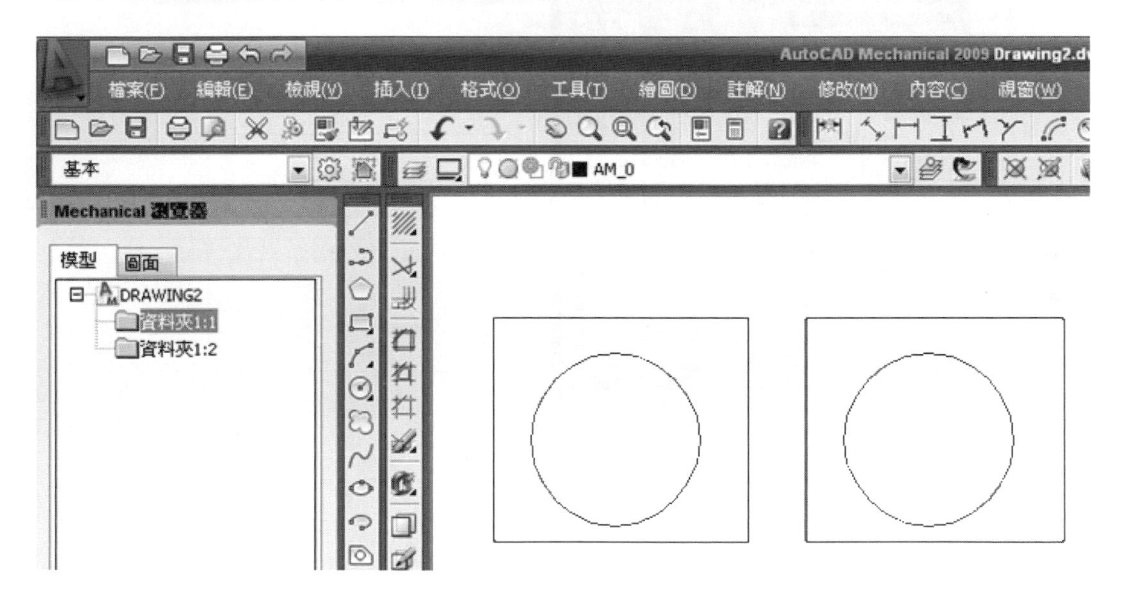

巢狀(子)資料夾

如同圖塊，資料夾可為巢狀。但是，資料夾不能在自身內為巢狀，這是對資料夾巢狀的唯一限制。

2. 直接在在資料夾第二個例證下方的矩形繪製一條斜線。

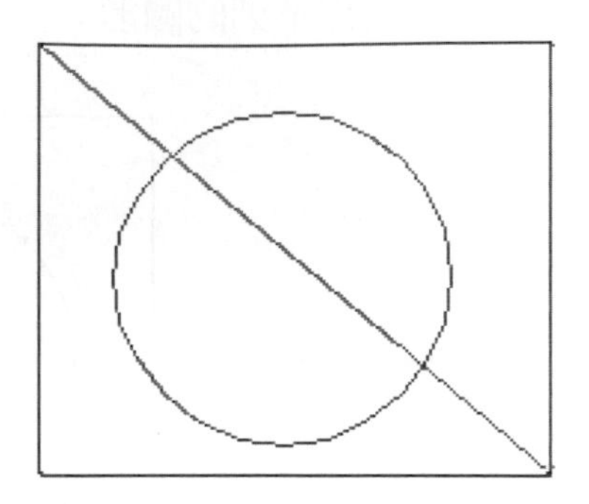

3. 再點滑鼠左鍵選左側的 Mechanical 瀏覽器的【新資料夾】，輸入名稱後選取斜線。

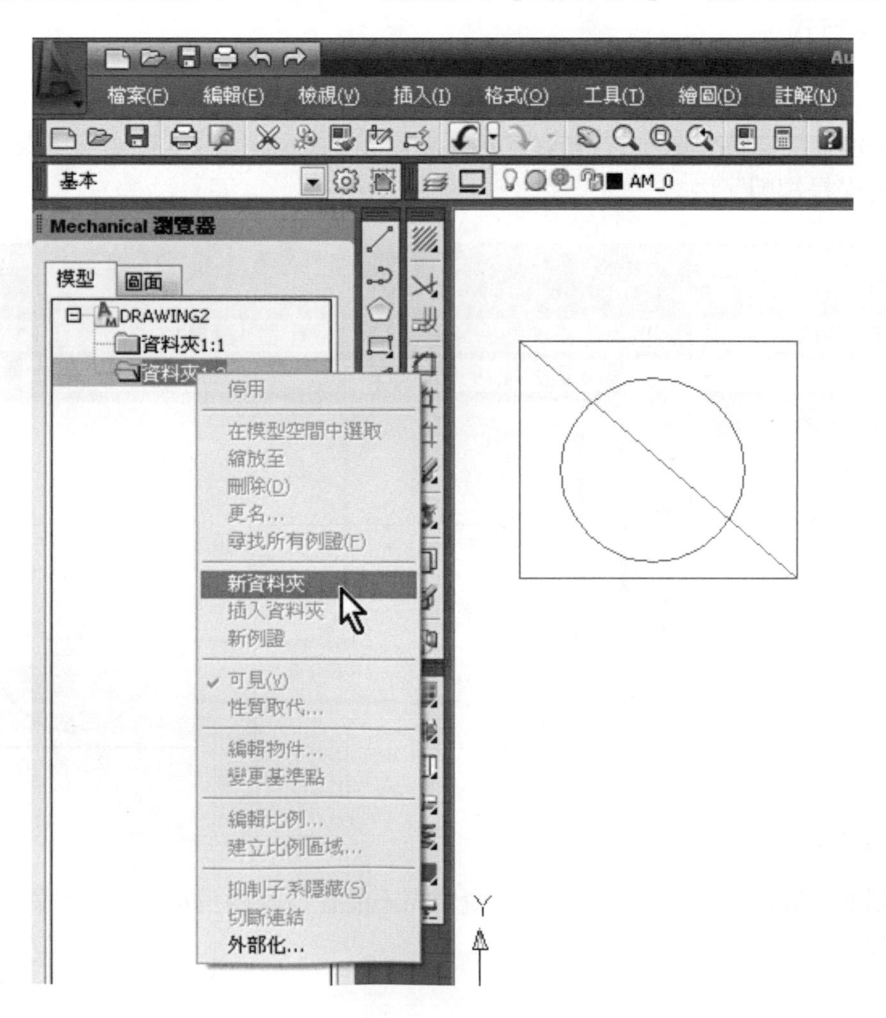

4. 即可看到巢狀(子)資料夾已產生。

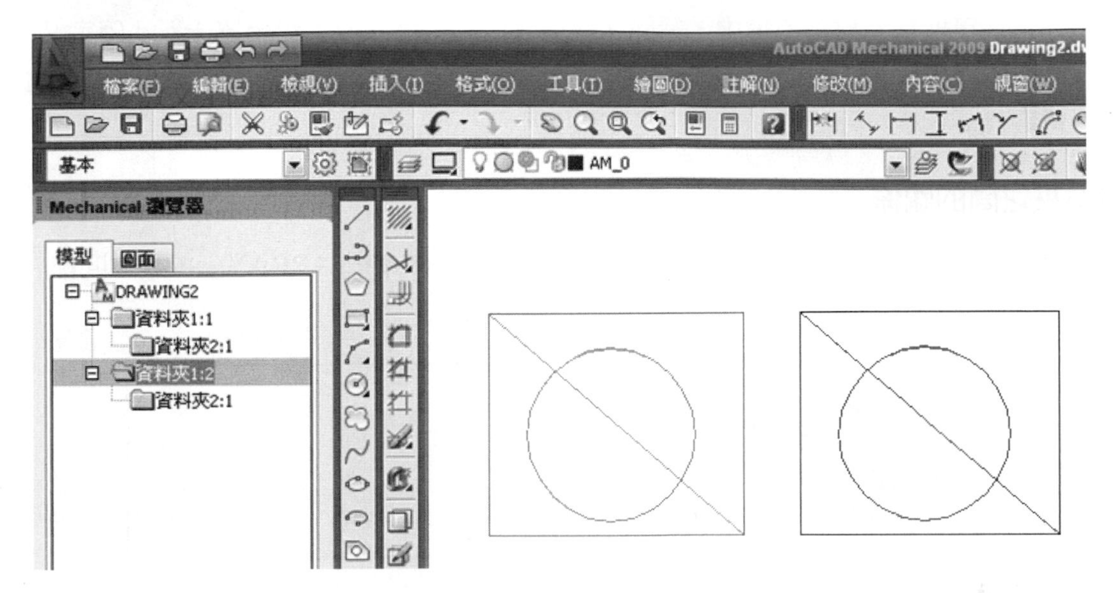

註：在此範例中因為資料夾是關聯的，所以修改一個圖元會導致所有圖元更新。

注意!

當您加入巢狀資料夾時，會同時更新兩個例證，就像加入直線時一樣。由於從「資料夾 1：2」的關聯式功能表中選擇了「新資料夾」，因此將「資料夾 2：1」建立爲「資料夾 1：2」的子系，並且由於相同原因，會將「資料夾 2：2」插入至「資料夾 1：2」中。請注意，如同使用圖塊，您可以在插入時旋轉資料夾例證。

例證與複本

若要完成對資料夾的學習，您還會用到一些瀏覽器功能，例如可見性和性質取代。在執行這些練習的過程中，您將瞭解例證與複本之間的差異。

取代性質的步驟

1. 在瀏覽器中，於「資料夾 1：1」上按一下右鍵，然後選取「性質取代」。
2. 在「性質取代」對話方塊中，選取「取代性質」勾選方塊。
3. 選取「顏色」勾選方塊，預設顏色會變更爲紅色。
4. 按一下「確定」。

   請注意整個例證(包含巢狀資料夾)現在呈紅色的方式。另請注意顏色的變更如何對「資料夾 1：2」無影響。

5. 在瀏覽器中，再次於「資料夾 1：1」上按一下右鍵，然後選取「性質取代」。
6. 在「性質取代」對話方塊中，清除「啓用取代」勾選方塊，然後按一下「確定」。
7. 在瀏覽器中，在「資料夾 1：1」□「資料夾 2：1」上按一下右鍵，然後選取「性質取代」。

資料夾之間的關係

只要是把圖元定義爲資料夾，不管是 COPY、MIRROR、ARRAY…，其之間都將會有關聯性存在。

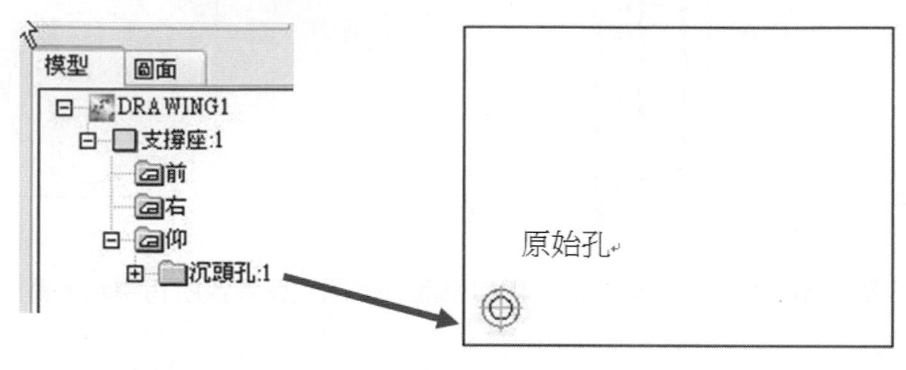

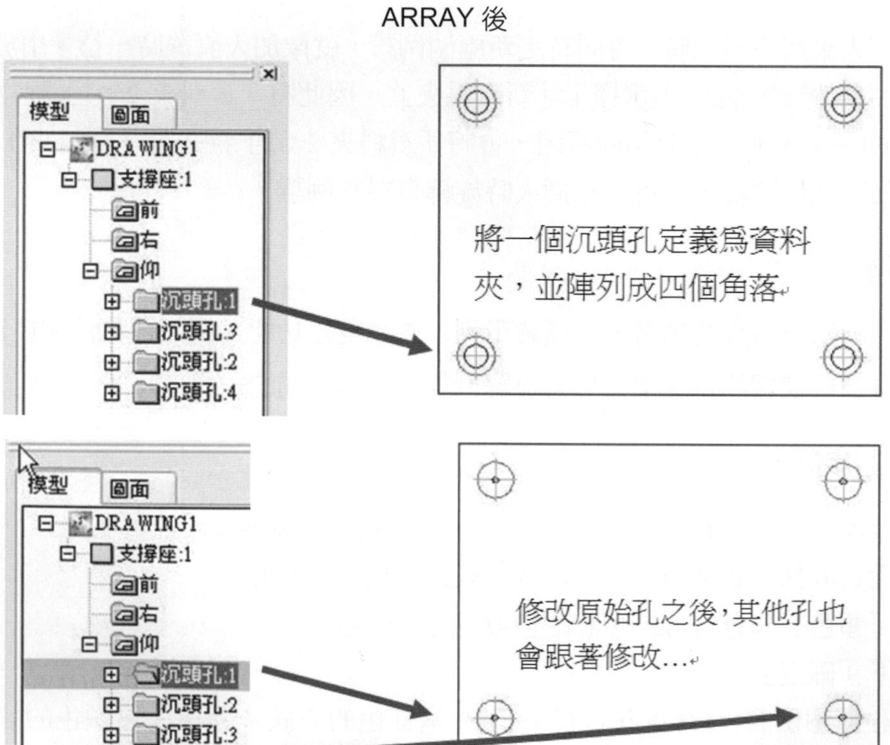

6-3　構件外部化

您可以外部化元件和資料夾的內部定義，並將這些定義儲存於外部檔案中。然後，基於外部化定義的元件和資料夾就成爲外部參考元件。

也可以在外部化元件或資料夾時指定樣板。某些設定(例如結果圖檔的製圖標準的單位和元素)將依據此樣板。如果外部化元件或資料夾中幾何圖形的設定與樣板中的設定發生衝突，則優先使用樣板中的設定。

注意!

當您外部化元件時，系統會計算元件視圖的最佳填入位置，且可能不會將視圖的填入位置反映在目前圖面中。

如果您建立了外部參考元件的(內部)註解視圖，則可以將此註解視圖外部化到外部參考元件的來源圖面。您不能外部化至任何其他外部檔案。

在結構瀏覽器中，我們可以利用外部化的功能來達到拆零件而且還具有雙向更新的功能。

只要在結構瀏覽器裡面的構件上面按右鍵→【外部化】。

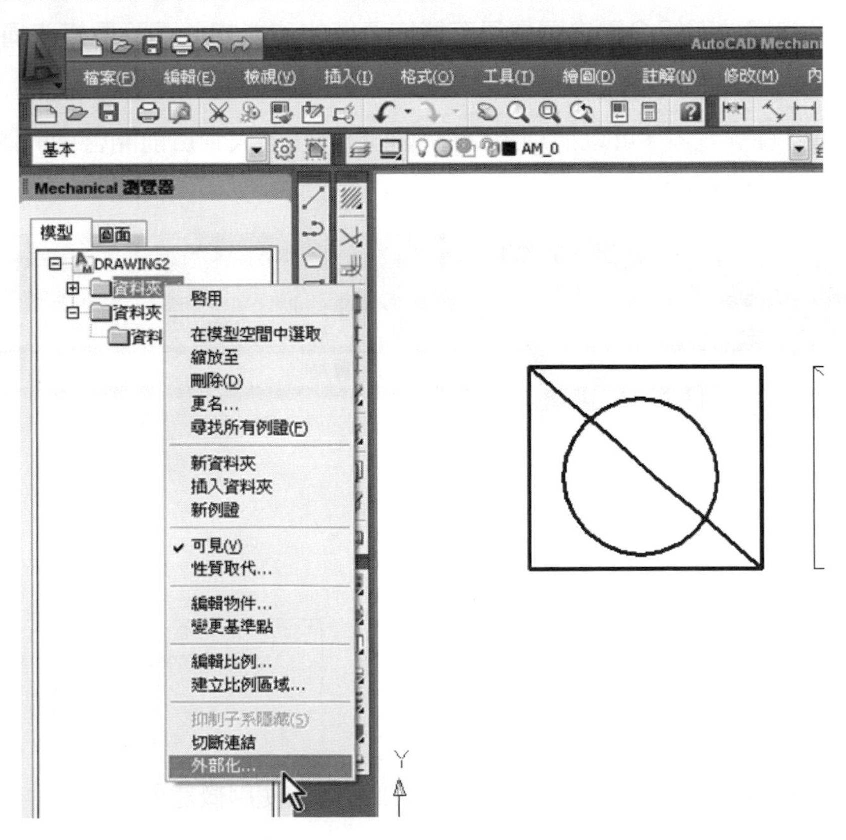

選取檔案

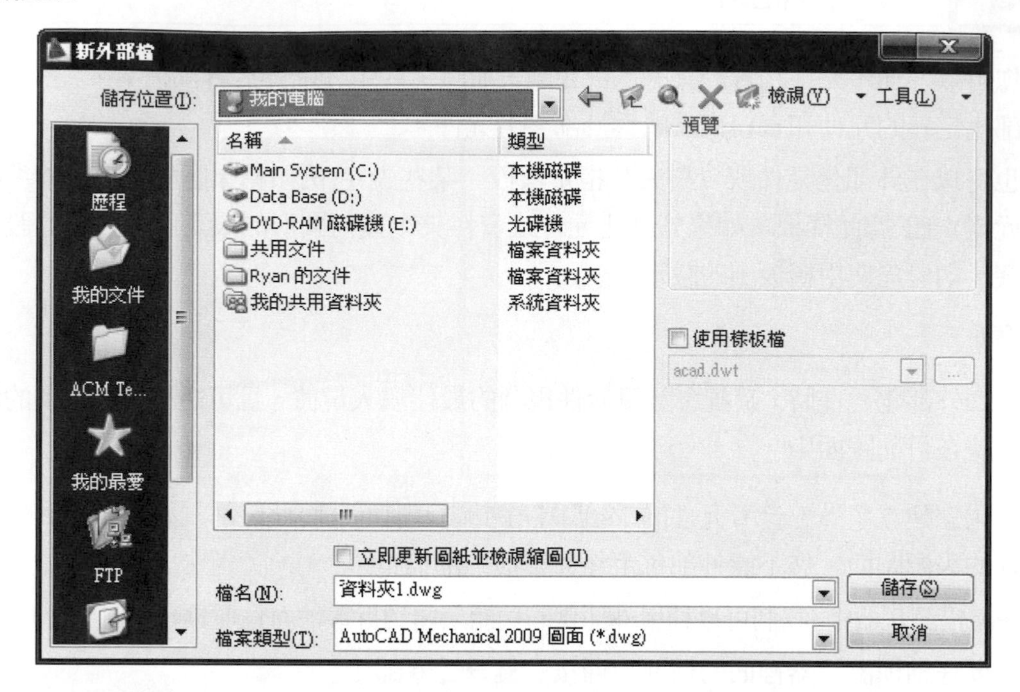

註：外部化後的構件與組合圖之間是具有雙向連結的功能的，不管是修改構件或是組合圖，都會自動更新其來源圖檔，但重點是圖檔位置不得任意更改。

利用結構目錄瀏覽器，可以把別張圖檔裡面的構件插入到目前開啓中的圖檔來使用，也是具有雙向連結的功能。

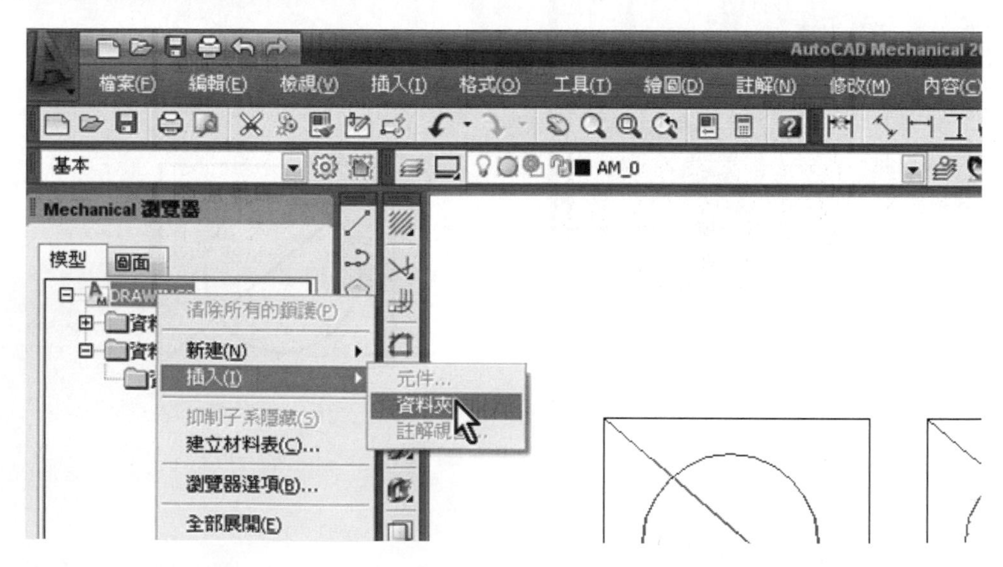

註：所有關於外部化的動作，其實只是運用外部參考的使用概念而已。

修改構件內容

若要修改構件，加入或是移除圖元，可用下列兩種方法來修改：

1. 直接點選 Mechanical 瀏海器做編輯。
2. 直接點選視圖兩下做編輯。

在瀏覽器上的構件圖按右鍵→編輯→內容(代表視圖作用中)，這時繪圖區的其它圖元會變成灰階的顏色。

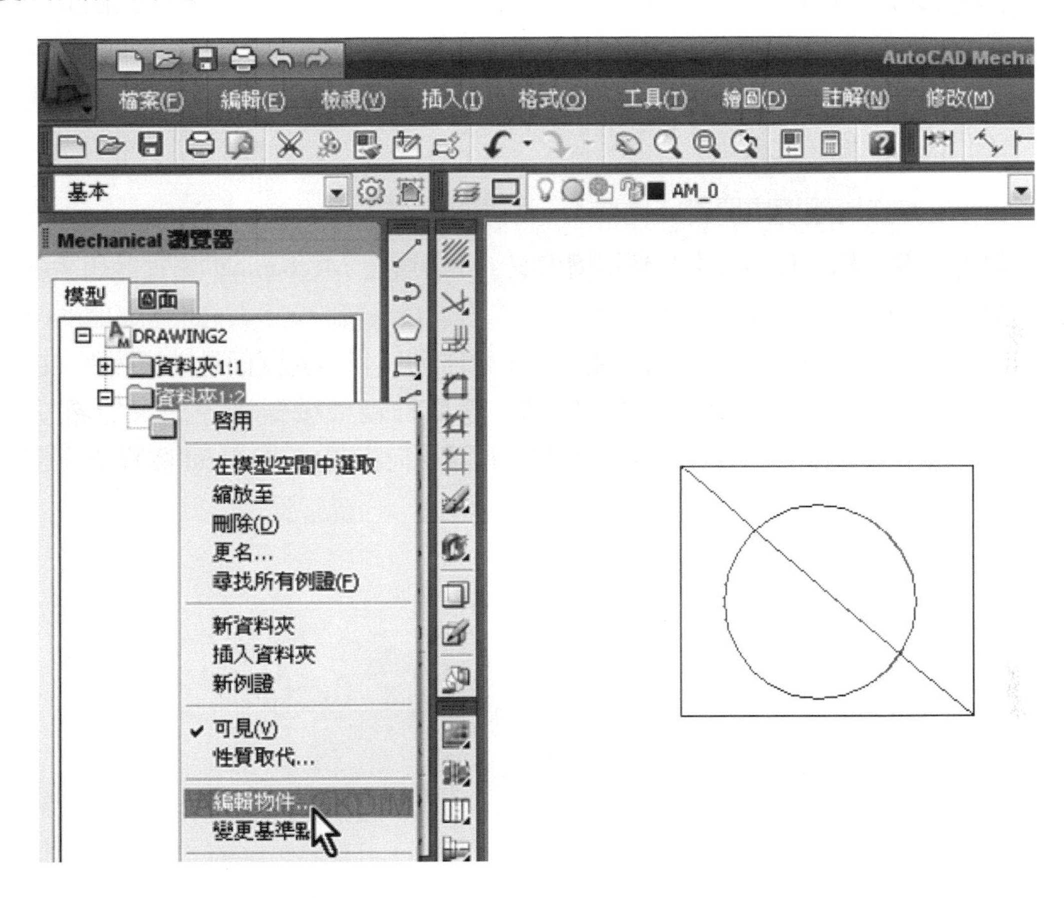

在瀏覽器上的構件視圖直接快點兩下，也視同作用(編輯)此構件視圖。

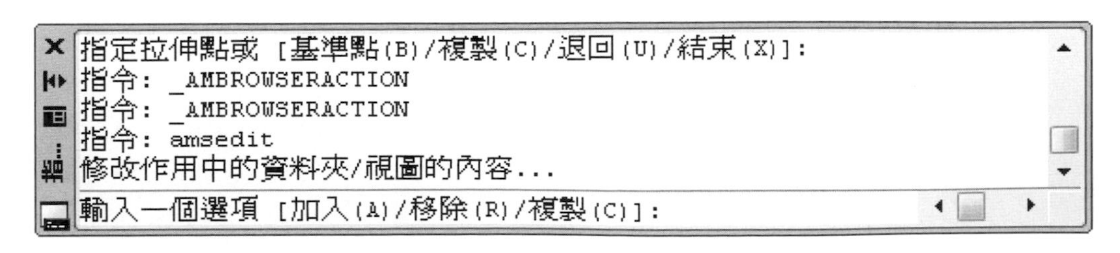

6-4 Q&A

Q1：如果在結構環境中開啓舊檔，那麼會怎樣？

解：在此環境中開啓一個舊檔(尚未啓用機械結構的檔案)時，不會影響 Mechanical 瀏覽器和「選項」對話方塊中「AM：結構」頁籤上的設定。二者均爲系統設定，與您開啓的圖面無關。STRUCT 狀態列按鈕(爲與圖面有關的設定)將關閉，指示此圖面不是結構圖面。

如果您希望打開此圖面的結構，按一下 STRUCT 狀態列按鈕。在尚未建立結構物件時，仍然可以關閉此按鈕。

Q-2：如果在非結構環境中開啓結構檔案，那麼會怎樣？

解：如果您在非結構工作環境中收到結構檔案，不會影響 Mechanical 瀏覽器和「選項」對話方塊中「AM：結構」頁籤上的設定。二者均爲系統設定，與您開啓的圖面無關。STRUCT 狀態列按鈕(爲與圖面有關的設定)將打開，指示此圖面是結構圖面。在已建立結構之後，您無法關閉圖面的結構。著要檢視機械結構，您可能希望打開 Mechanical 瀏覽器(請參閱上一頁，以取得有關如何打開Mechanical 瀏覽器的說明)。

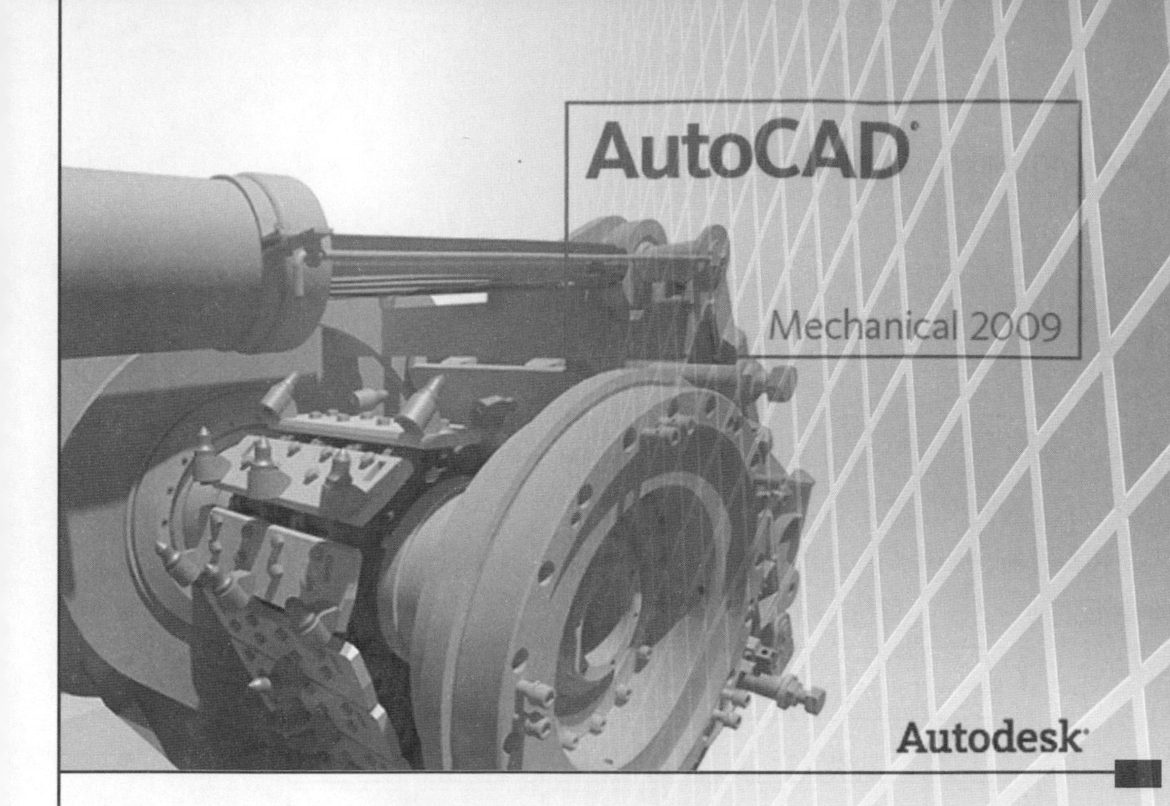

Chapter 7

圖框／標題欄

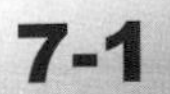

7-1 圖框／框題欄(AutoCAD®)

建立圖框、框題欄

運用 Block 做圖框、標題欄(適用於 AutoCAD® 標註)，先把圖紙大小畫出來，並將圖紙的左下角點移動到座標點原點(0,0)，再繪製邊框範圍和標題欄。

常用圖紙尺寸大小，單位 mm。

格式	A0	A1	A2	A3	A4
寬	1189	841	594	420	297
高	841	594	420	297	210

一般標題文字的部份我們可以用單行文字或多行文字來來建立，對於需要帶出來的文字部份則建議使用屬性文字。

輸入文字：

DText(單行文字)

MText(多行文字)

繪製者

圖名

日期

寫入屬性文字：ATTDEF

標籤：在圖檔中所辨識的文字。

提示：當插入圖框後，會先提示你輸入某些文字。

值：如果這個欄位事先有輸入值，當你在插入圖框後，會先顯示些設定值。

定義屬性文字內容

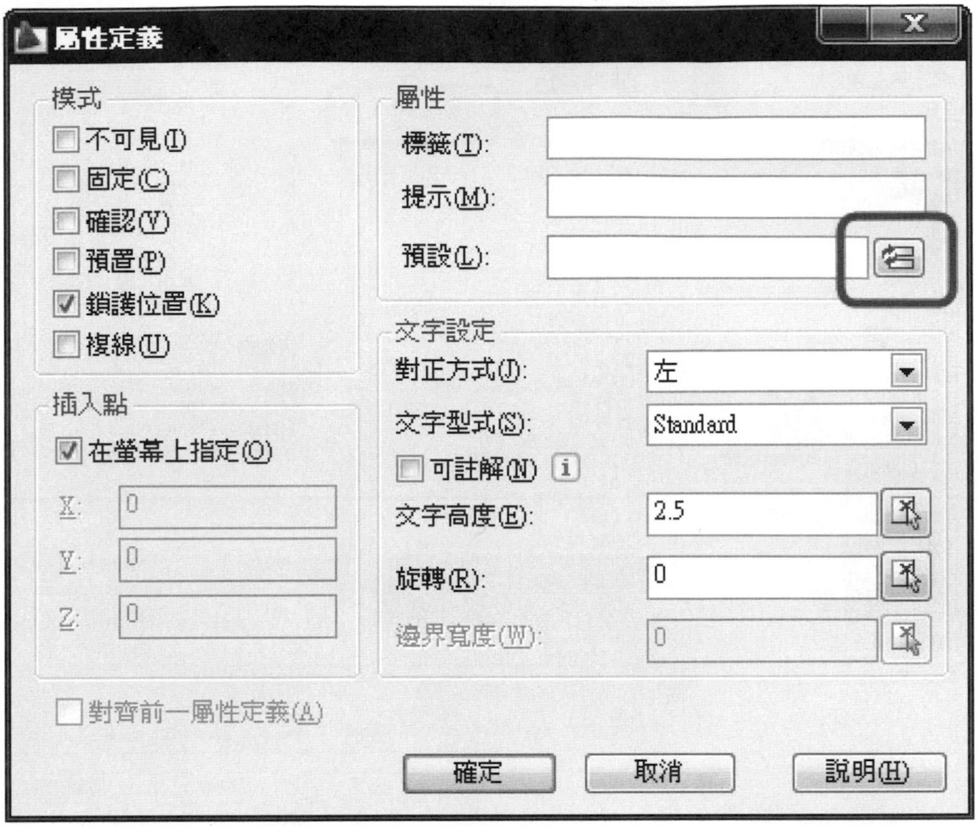

屬性定義

模式
不可見(I)
固定(C)
確認(V)
預置(P)
鎖護位置(K)
複線(U)

插入點
在螢幕上指定(O)
X: 0
Y: 0
Z: 0

對齊前一屬性定義(A)

屬性
標籤(T):
提示(M):
預設(L):

文字設定
對正方式(J): 左
文字型式(S): Standard
可註解(N)
文字高度(E): 2.5
旋轉(R): 0
邊界寬度(W): 0

確定　取消　說明(H)

不可見：指定插入圖塊時不顯示或列印的屬性值。ATTDISP 指令將取代「不可見」模式。

常數：提供一個固定的值，作爲圖塊插入時的屬性值。

確認：插入圖塊時提示您確認屬性值是否正確。

預置：當您插入一個含有預置屬性的圖塊時，將屬性設爲它的預設值。

鎖定位置：鎖護圖塊參考中屬性的位置。解鎖時可以使用指點掣點編輯相對於其餘圖塊移動屬性，並且可以重新調整複線屬性大小。

複線：指定屬性值可以包含多行文字。選取此選項後，即可指定屬性的邊界寬度。

可另外選取現成的功能變數

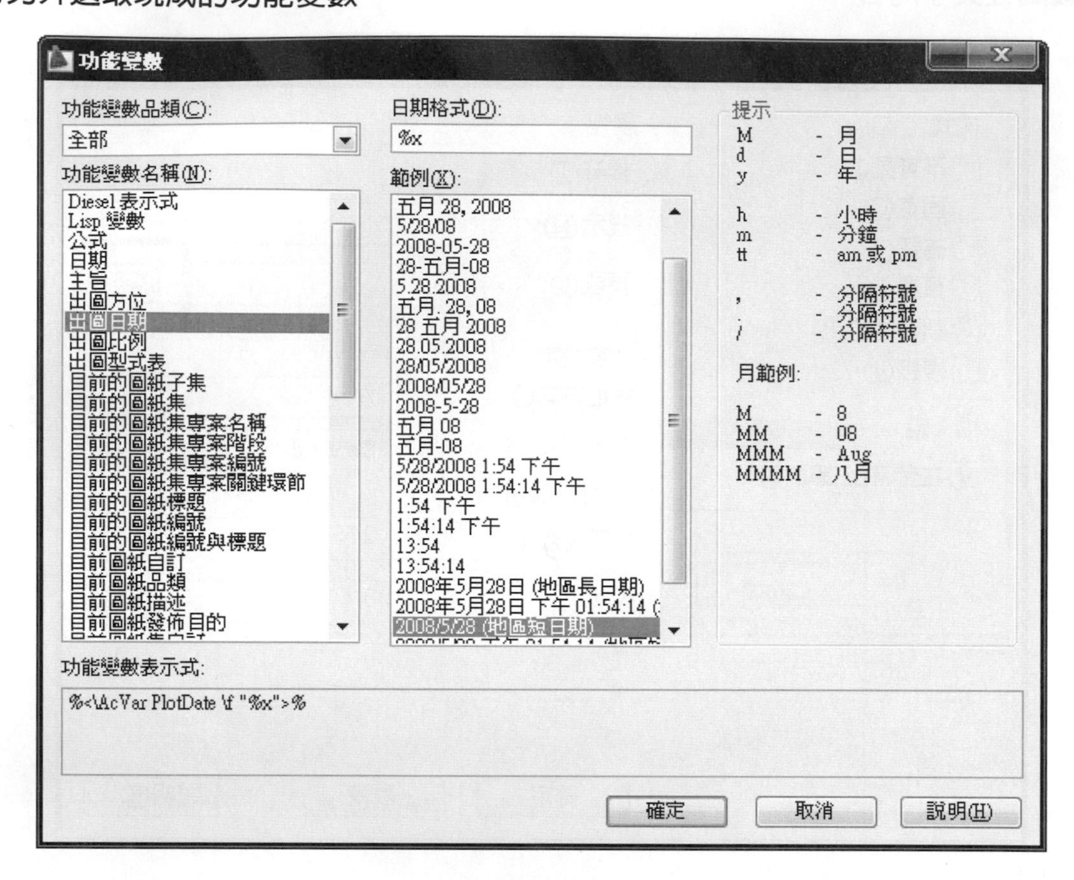

此功能變數是包含指示的文字，用來顯示在圖面生命週期期間希望變更的資料。當更新此功能變數時，將顯示最新資料。例如：「檔名」欄位是檔案的名稱。如果檔名變更，更新功能變數後將顯示新檔名。

可以使用任何種類的文字(公差除外)插入功能變數，包括表格儲存格中的文字、屬性以及屬性定義。當任何文字指令處於作用中時，均可使用快顯功能表上的「插入功能變數」。

某些圖紙集功能變數可作爲定位器插入。例如：您可以將「SheetNumberAndTitle」作爲定位器插入。之後，將配置加入圖紙集時，此定位器功能變數會顯示正確的圖紙編號與標題。

當您在圖塊編輯器中工作時，可以在圖塊屬性定義中使用圖塊定位器功能變數。沒有值可用的功能變數會顯示連字符號(----)。例如：「圖檔性質」對話方塊中所設定的「作者」功能變數，可能爲空。無效的功能變數顯示井字號(####)。例如，僅在圖紙空間內才有效的功能變數「CurrentSheetName」，如果被置於模型空間中，則將顯示爲井字號。

7-2 圖框／標題欄(Mechanical)

AutoCAD® Mechanical 提供了幾種不同的標題欄框可供您進行選擇。若要自訂這些標題欄框，瞭解它們的屬性很重要。本附錄將概述標題欄框中可用的文字和屬性，以及它們在標題欄框結構中的位置。

由於 AutoCAD® Mechanical 發行了多種語言版本，因此 AutoCAD® Mechanical 所隨附標題欄框上的標題欄框標題可做為可轉換字串。因此，它們會自動轉換為您使用的工作平台的語言。

(genmsg"gentitis"60){22.7} GEN-TITLE-DWG{13.6}
(genmsg"gentitis"68){15.7} GEN-TITLE-FSCM{8.0}
(genmsg"gentitis"64){19.2} GEN-TITLE-SHEET{11.8}
(genmsg"gentitis"62){18.9} GEN-TITLE-SCA{12.7}
GEN-TITLE-SIZ{22.6}
GEN-TITLE-NAME{14.9}
GEN-TITLE-DACT{21}
GEN-TITLE-CHKM{14.9}
GEN-TITLE-DES1{12.3}
GEN-TITLE-APPM{14.9}
GEN-TITLE-DES2{24.5}
GEN-TITLE-ISSM{14.9}
GEN-TITLE-REV{22.6}
(genmsg"gentitis"61){40.4}
GEN-TITLE-CTRN{19.4}

標題欄框資料

標題欄框項目被實做為屬性。它們的形式通常為 GEN-TITLE-SOMENAME {12.3}，其中：

- GEN-TITLE-SOMENAME 為屬性名稱。
- {22.7}為定義的文字寬度與文字高度的比率。例如，如果文字高度為 5 個單位，可用空間的寬度為 100 個單位，則大括號內的值應該為 20。

插入標題欄框圖面時，同時顯示屬性、大括號以及文字訊息(指出從中呼叫屬性的訊息檔案)。

大括號

屬性後面的大括號顯示了文字的定義寬度和文字高度的比率。範例：如果您要輸入高度為 5 個單位，可用空間的寬度為 100 個單位的文字，則必須輸入值{20}。這樣文字便會緊密配合。如果以後插入的文字更高(例如 8 個單位)，則大括號中的值也必須調整(至{12.5})；否則，文字將顯示在可用空間的外面。

訊息檔案

訊息檔案是文字檔，其中包含您插入圖框時，顯示在「變更標題欄框資料」對話方塊中的屬性。這些屬性的變更，取決於所選圖框以及標準。

訊息檔位於 Acadm/Translator 目錄中您可以修改或延伸訊息檔案，以符合您的規格。

Mechanical 的圖框／標題欄是有屬性參數的，可以自動計算比例、自動設定標註比例(但需和 Power 標註使用)自動圖層於 AM_BOR，可開啓內含的圖檔來修改。

我們建議您將原有的 ACM 圖框開啓修改替用，可免除人爲設定錯誤發生。

標題欄框屬性包括

屬性	定義
GEN-TITLE-APPM	核可者
GEN-TITLE-CHECKD	校對日期
GEN-TITLE-CHKM	校對者
GEN-TITLE-CTRN	契約號碼
GEN-TITLE-DACT	設計活動
GEN-TITLE-DAT	製圖日期
GEN-TITLE-DES1	圖面標題
GEN-TITLE-DES2	圖面次標題
GEN-TITLE-DWG	檔名
GEN-TITLE-FSCM	FSCM 號碼
GEN-TITLE-ISSD	發行日期
GEN-TITLE-ISSM	發行者
GEN-TITLE-MAT1	材料線 2
GEN-TITLE-MAT2	材料線 1
GEN-TITLE-NAME	繪圖者
GEN-TITLE-NORM1	原材料線 2
GEN-TITLE-NORM2	原材料線 1
GEN-TITLE-NR	圖面號碼
GEN-TITLE-PLOT	出圖日期

屬性	定義
GEN-TITLE-POSI	料件號碼
GEN-TITLE-QTY	數量
GEN-TITLE-REV	更改
GEN-TITLE-SCA	比例係數
GEN-TITLE-SHEET	圖紙號碼
GEN-TITLE-SIZ	大小
GEN-TITLE-WT	權値

7-2-1　自訂圖框

我們建議您將原有的 ACM 圖框開啓修改替用，可免除人爲設定錯誤發生。您可以開啓一個標準的 ISO 格式的圖框樣板，檔案路徑可以參考下列所示。

圖框路徑請參考：

C：\Documents and Settings\All Users\Documents\Autodesk\ACADM 2009\Acadm\Gen\Dwg\Format

請記得標題欄框的左下角一定要放在原點(0,0)點，四個參數點要放在各角點位。

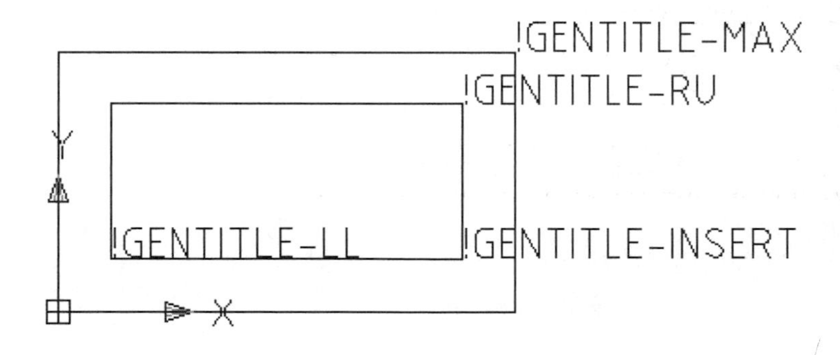

常用圖紙尺寸大小，單位 mm。

格式	A0	A1	A2	A3	A4
寬	1189	841	594	420	297
高	841	594	420	297	210

7-2-2 自訂標題欄

我們建議您將原有的 ACM 圖框開啓修改替用，可免除人爲設定錯誤發生。

1. 開啓一個選取包含最符合您的需求的標題欄框之檔案。

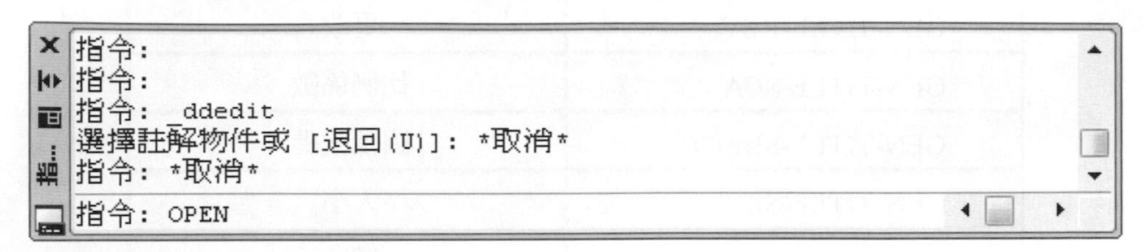

標題欄路徑請參考：

C：\Documentsand Settings\All Users\Documents\Autodesk\ACADM 2009\Acadm\Gen\Dwg\Title

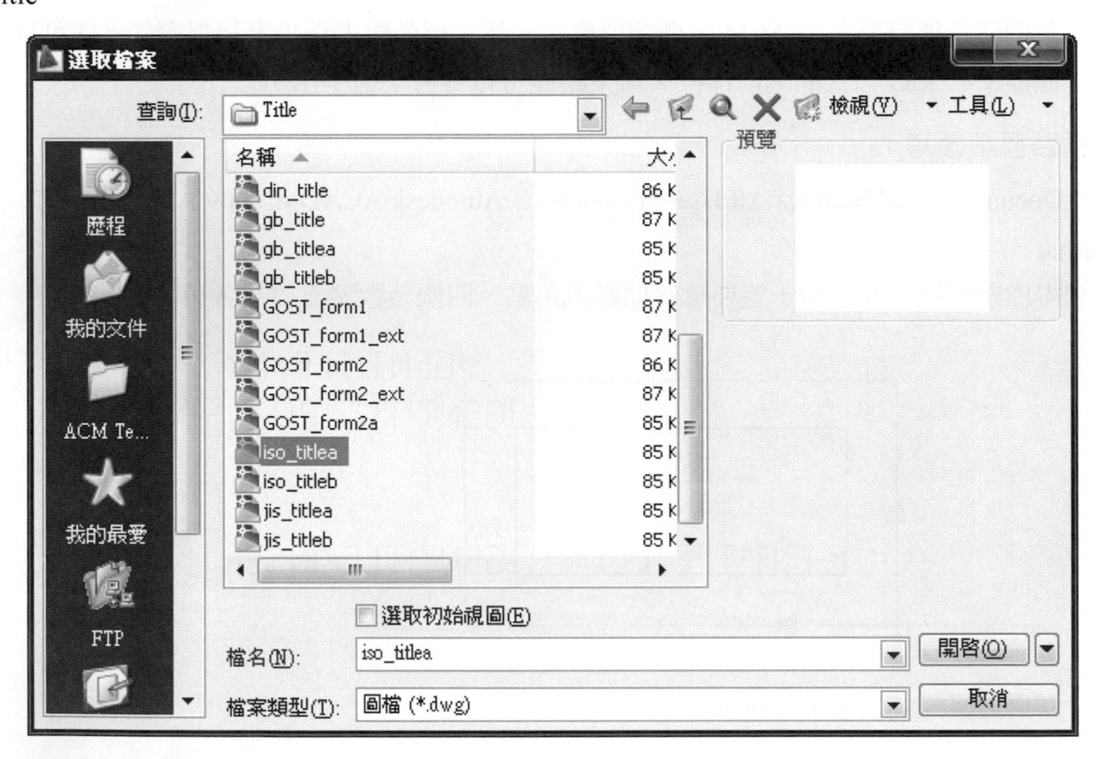

注意！

程式會將標題邊框儲存在包含標題邊框檔案之資料夾的 Title 子資料夾中。

2. 另存成其他名稱，並將檔案儲存在同一資料夾中。

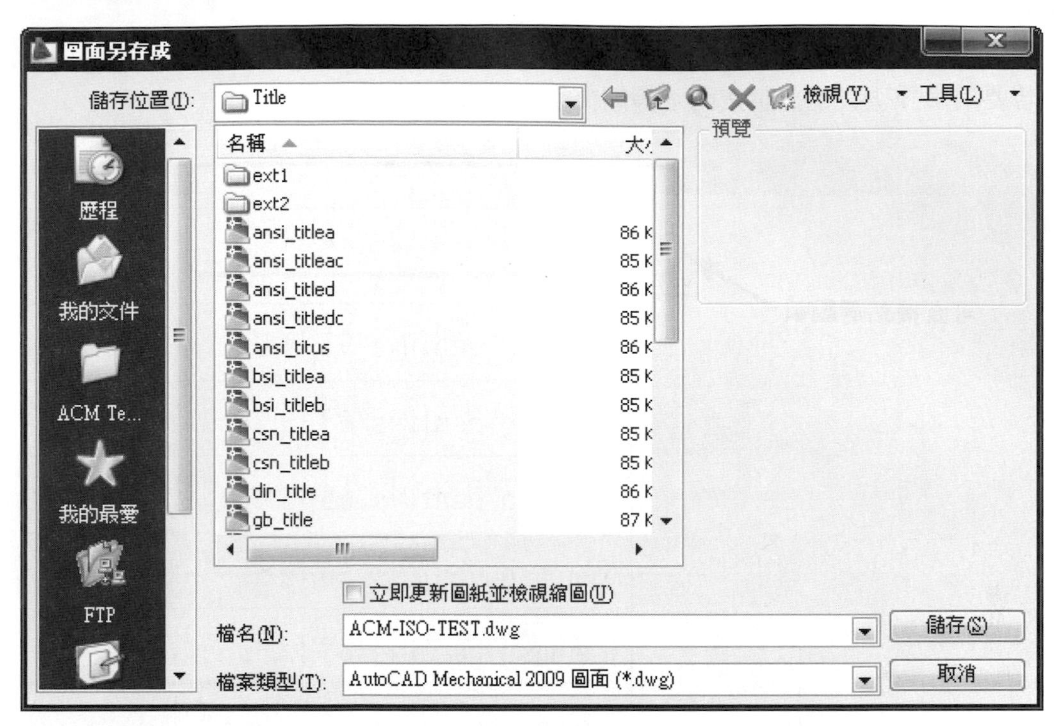

3. 從【檢視】功能表中，選取【縮放】→【縮放全部】。
螢幕上將顯示標題欄框。

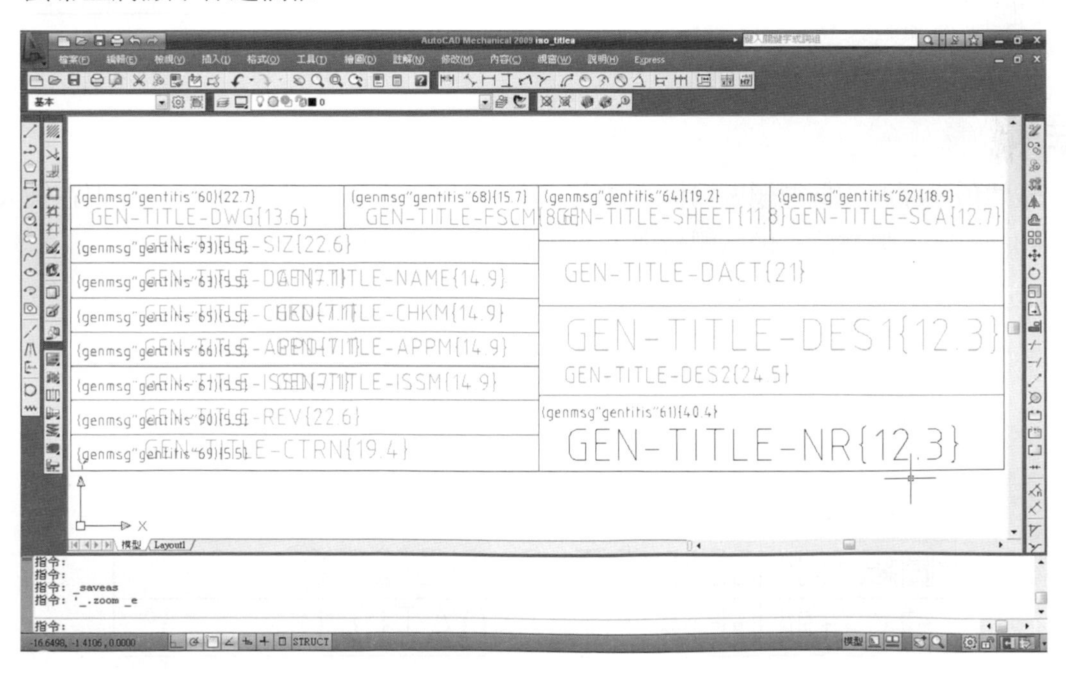

ISO 標題欄框的圖解

標題欄框標題以紅色顯示，而標題欄框資料(做爲屬性)以藍色顯示。

若要編輯靜態文字，請按兩下靜態文字並鍵入新標題。

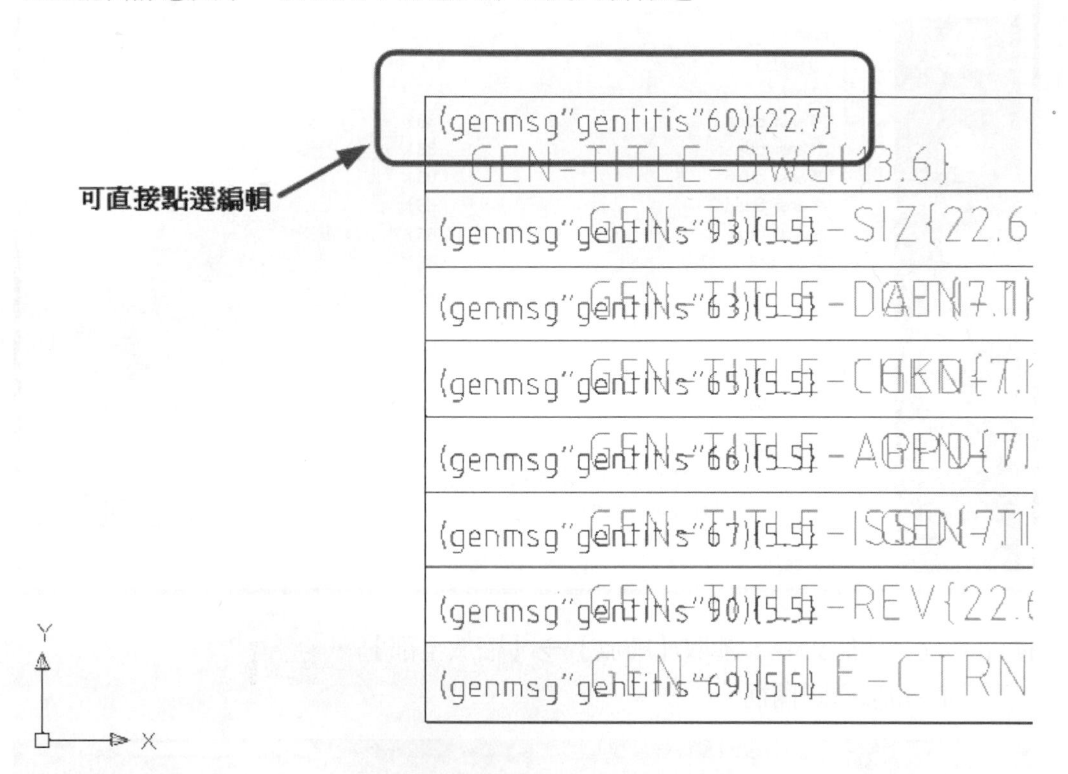

注意!

雖然預設標題欄框標題做爲標籤實施(例如，Igenmsg "gentitis" 60{22.7})，但在插入您自己的標題時，無需將其做爲標籤插入。直接鍵入要顯示的文字。

當然我們也可以自行設計一個簡單一點的標題欄，做爲練習。

檔名	GEN-TITLE-DWG{13.6}
姓名	GEN-TITLE-NAME{14.9}
比例	GEN-TITLE-SCA{12.7}
圖紙大小	GEN-TITLE-SIZ{22.6}
建立日期	GEN-TITLE-DAT{7.1}

自訂標題欄框的圖解

標題欄框標題以紅色顯示，而標題欄框資料(做為屬性)以藍色顯示。

編輯變數文字的步驟：

按兩下變數文字，可以直接進行編輯。

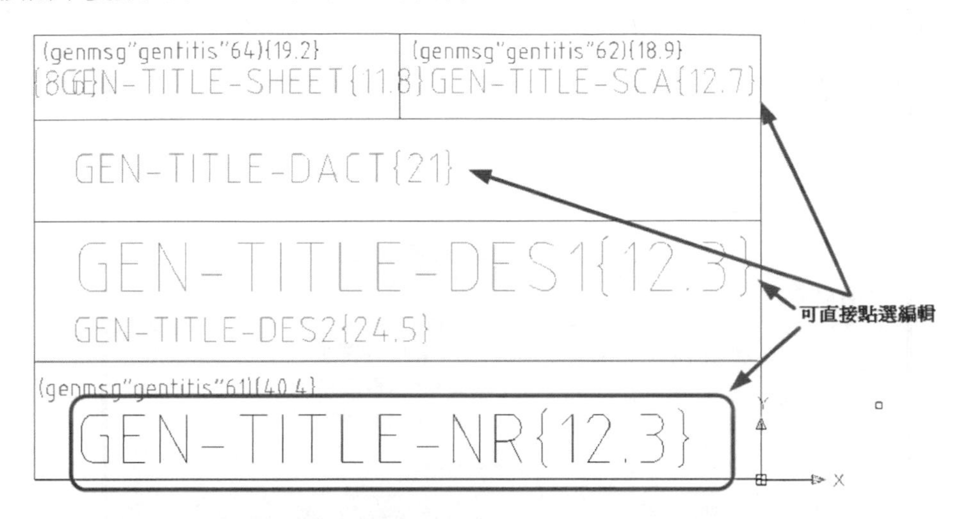

螢幕上將顯示「編輯屬性」對話方塊。

編輯屬性定義

標籤: GEN-TITLE-NR{12.3}

提示: (genmsg "gentitis" 70)

預設: -

確定　取消　說明(H)

在「標籤」方塊中，鍵入標題欄框屬性的名稱，並以一對大括號結束。

在大括號之間鍵入變數文字寬度與高度的比率。例如：如果文字高度為 5 個單位，可用寬度為 100 個單位，則請在大括號之間輸入 20。

在提示方塊中，鍵入此變數文字的標題。

注意事項雖然預設標題欄框標題做為標籤實施(例如：Igenmsg “gentitis” 60)，但自訂標題無需做為標籤插入。鍵入要顯示的文字。

在預設方塊中，鍵入變數文字的預設值。按一下【確定】即可。

其它依需要，使用 MOVE 與 ERASE 指令編輯。

儲存後關閉檔案即可完成。

7-3 使用 Mechanical 的圖框／標題欄

在這個章節我們要使用的是ACM的圖框與標題欄，您可以點選下拉式功能表中的【註解】→【圖面標題和修訂(R)】→【圖面標題／邊框(D)】，選擇圖紙格式和標題欄框。

可依需要選擇對應的圖框與標題欄。

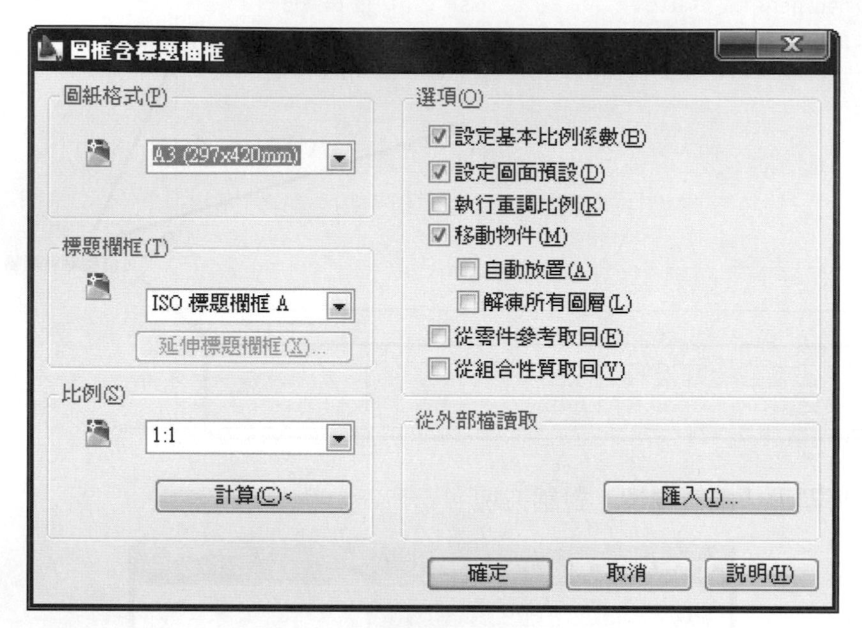

設定基本比例係數

當選取此選項時，剖面比例係數會儲存在規劃中，做爲基準比例係數(只在「模型」空間內)。

設定圖面預設

將格線、鎖點、限界、線型比例以及其他選項設定爲與您所選比例係數對應的預設值。會影響以下系統變數：

- CHAMFERA
- CHAMFERB
- FILLETRAD
- GRIDUNIT
- SNAPUNIT
- LUPREC
- LTSCALE

執行重調比例

調整文字、符號、標註、表格以及其他元素，以符合變更後的比例係數。

移動物件

將既有的物件置於所插入圖框內的圖面編輯器中。如果您同時選取了「自動放置」選項，則選取的物件將移動至圖框中心。

自動放置

將選取的物件移到圖框的中心。如果在「圖紙設定」對話方塊(透過「選項」對話方塊的「AM：標準」頁籤存取)中選取了「要重調比例的物件：自動選取」選項，則將自動選取位於插入圖框內的所有物件。如果不存在圖框，請選取所有物件。如果物件置於圖框外側，請清除「圖紙設定」對話方塊(透過「選項」對話方塊的「AM：標準」頁籤存取)中的「自動選取」勾選方塊。否則，位於圖框外側的物件就不是所選圖框的一部分。

解凍所有圖層

選取所有包含物件的圖層，將其移入圖框，然後加以解凍。完成後還原圖層的狀態。

從零件參考取回

從零件參考中取回標題欄框的值。如果圖面包含多個零件參考，則請選取零件參考。

從組合性質取回

從組合性質取回標題欄框的值。

從外部檔案讀取。

匯入

顯示以*.tit 結尾之檔案的清單。如果您從外部位置匯入檔案，或者經常使用圖框及標題欄框資料，則可能要從外部檔案匯入標題欄框及圖框資訊。此匯入檔是圖面管理的介面。

由於 Mechanical 的圖框／標題欄具有計算功能，所以在此圖框內使用 ACM 的 Power 標註、詳圖放大等功能時，則會依圖框放大的倍率而自動調整整體比例。

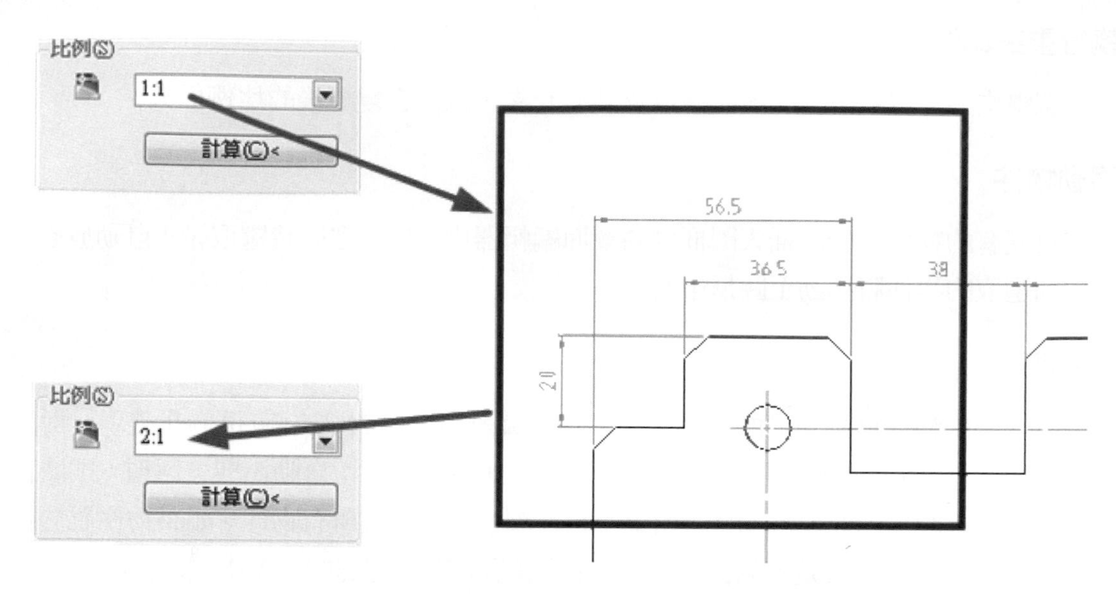

圖框插入之後，填入所需要之屬性欄位，紅色的部份爲自動填入系統的值。

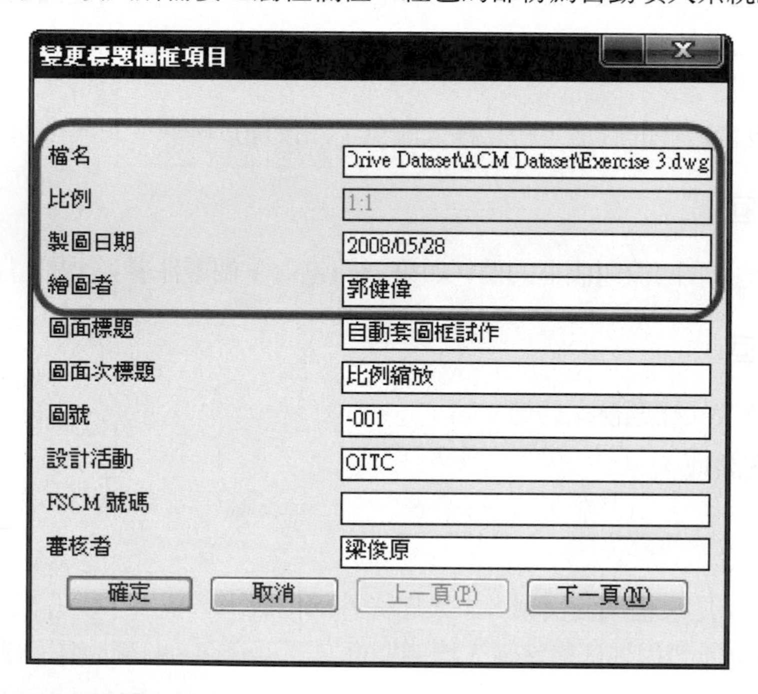

如果事先已經定義圖框和標註尺寸，則在置換圖框／標題欄時，可點選重新調整比例的選項，即可自動調整已標註的尺寸整體比例大小。

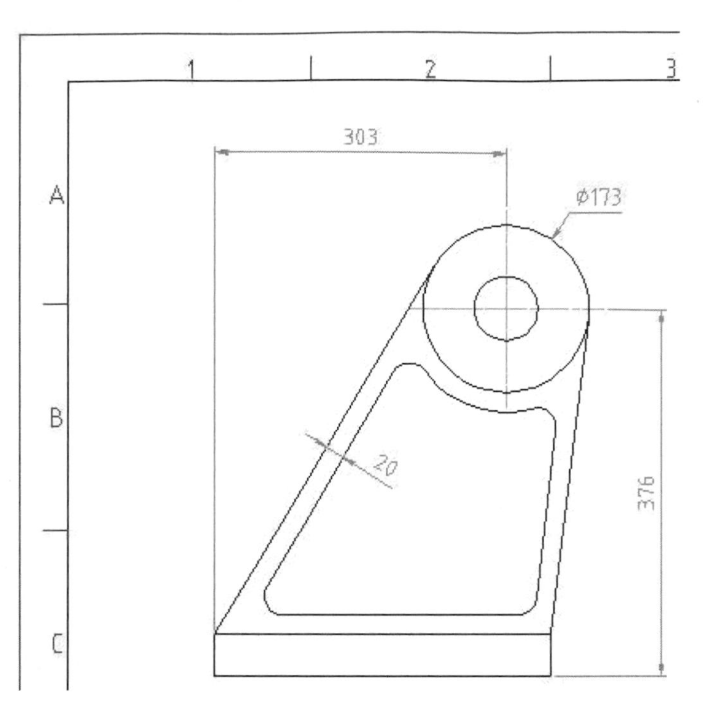

A3 圖框，比例 1：5

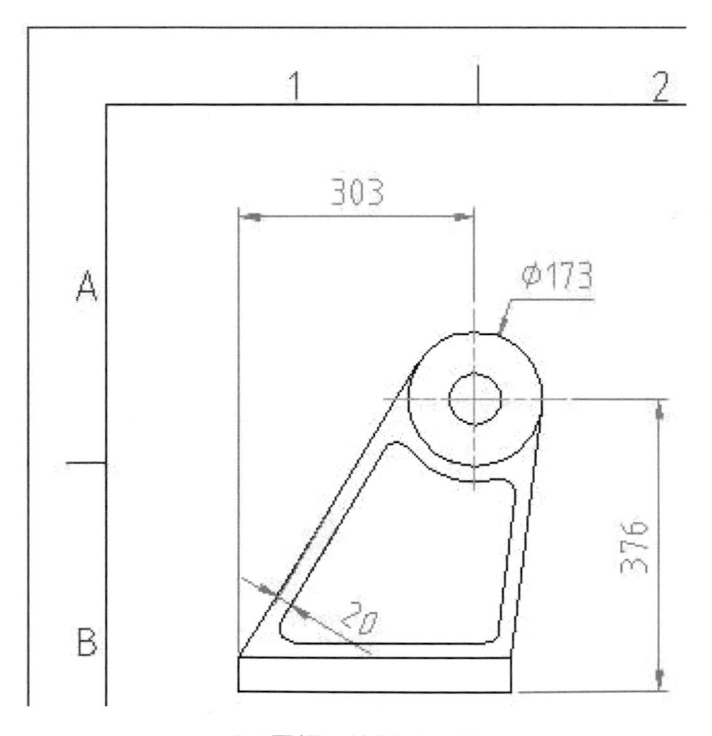

A4 圖框，比例 1：10

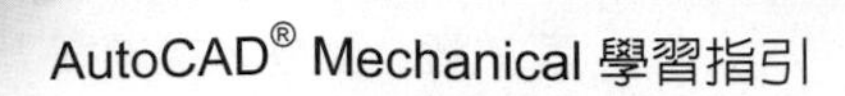

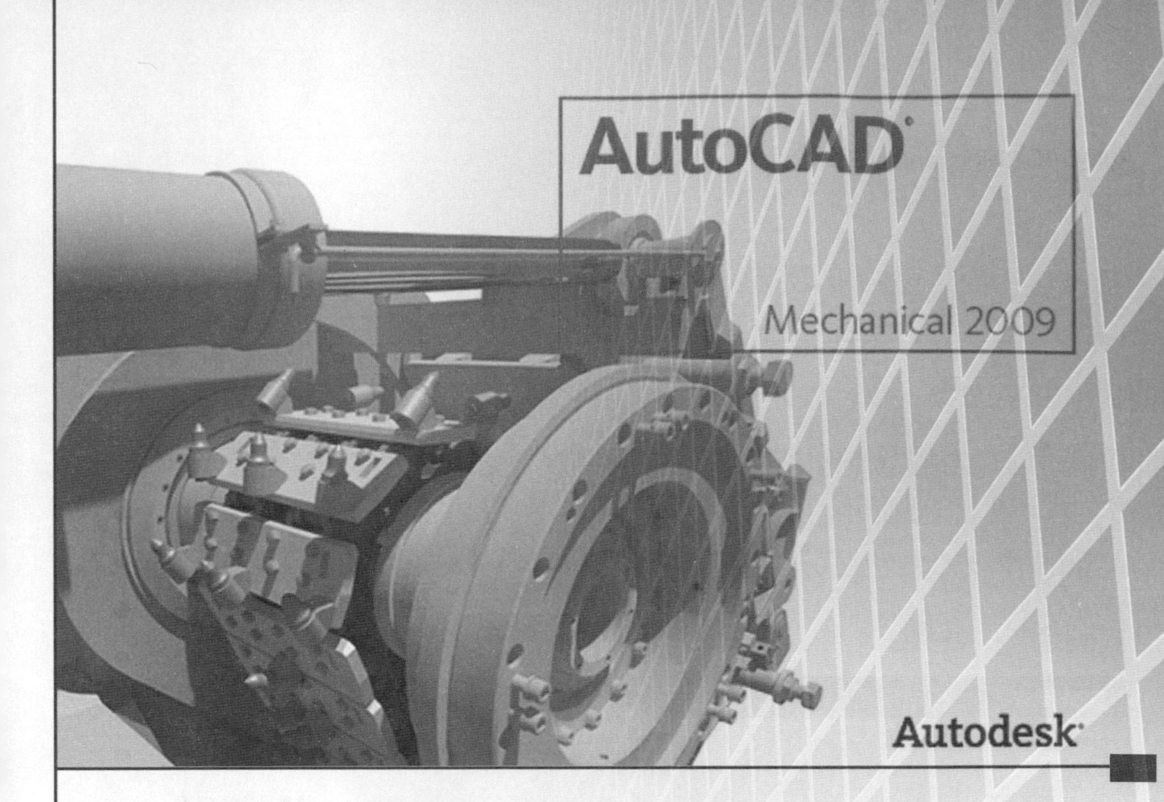

Chapter 8

標註

8-1 字型設定

文字型式：STYLE

圖面中的所有文字都具有與字型名稱相關聯的字型。當您輸入文字時，AutoCAD® 會使用作用中的字型。若要使用不同字型建立文字，必須用另一種字型做爲目前字型。

可於【格式】→【文字型式】找到此功能，快速鍵爲【ST】。

文字型式設定

新建

可建立新的文字型式。

設定字體

使用 Windows® 的 TrueType 字體。較美觀，但圖檔速度容易變慢。

使用 AutoCAD® 編譯造型字體。爲線架構，速度較快。

使用單線體中文字型：請把【□使用大字體(U)】勾選，再【大字體(B)】選擇 chineset.shx。

使用大字體

本設定項僅用於 SHX 型式的字體，若您希望 SHX 字體能繪出中文時，那麼就必須勾選本項。

大字體／文字型式

在勾選「使用大字體」的情況下，會顯示「大字體」選擇表，此表列有 bigfont.shx、@extfont2.shx、chineset.shx 等三種字體，若希望 SHX 文字型式能繪製中文，必須選取 chineset.shx 字體。

若使用 True Type 字體，會顯示「文字型式」選擇表，它可以設定字體型式，如粗體、斜體、粗斜體等。可選取的型式，視所選取的 True Type 字體而異。

高度：預設值爲 0，如果有設字高，則在書寫文字時會直接以此高度爲預設值。

註：如果您開啓的圖面的文字都是????，那就是【□使用大字體(U)】，沒打勾。

8-2 標註型式設定

標註型式管理員：DDIM

使用此對話方塊可以自訂基準標註型式及其派生項以適用於不同標註類型。
AM_ISO 爲 Mechanical 預設的標註型式；ISO-25 爲 A2000 內定的標註型式。
Mechanical 的型式設定是個別分開獨立設定的。
可於【格式】→【標註型式】找到此功能，快速鍵爲【D】。
快點兩下或點選型式後點選設爲目前的(U)，成爲使用中型式。
點選型式後點選修改(M)...。

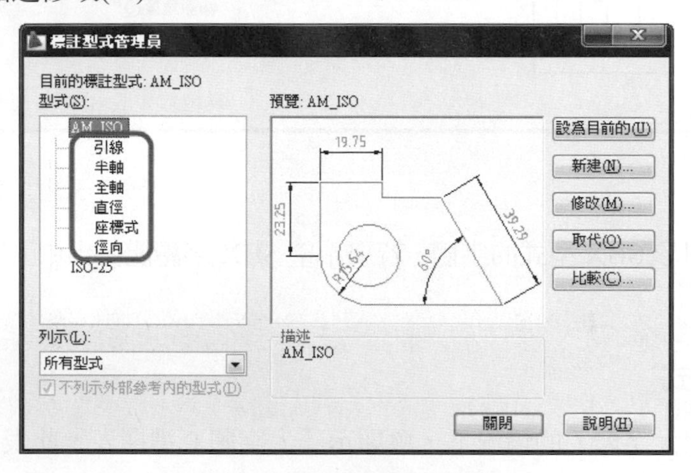

標註線和延伸線的線型可以變更，延伸線長度可以固定。

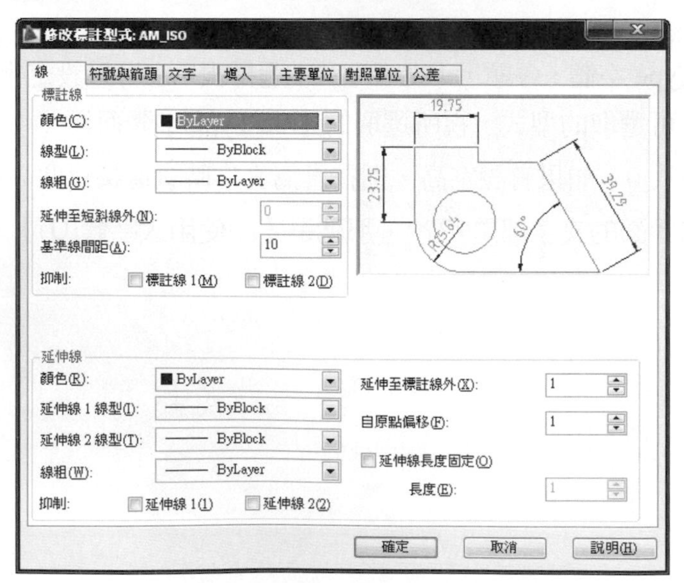

設定不同的標註型式時，可以在不同需要的時候，選擇不同的標註型式，因此若要達到標註的多樣化，同時設定多組的標註型式是必要的。

8-3 Power 標註

此標註功能爲 AutoCAD® Mechanical 特有的功能，望文生義就可以瞭解是一個強而有力的標註工具，在此功能中系統會自動產生圖層(AM_5)、並且可以鎖定尺寸之間的距離、自動排列標註、連續標註(指令不中斷)、孔註解表、公差配合…等方便的標註功能，此功能有別於一般的 AutoCAD® 標註。

Power 標註：AMPOWERDIM

可以自動的依照標註時的移動作置來切換水平、垂、對齊等方式的標註工具，且在拉出標註值後，可以自動鎖定與物件之間的間距放置標註。

可於【註解】→【POWER 標註】找到此功能。

【環境選項】→【AM：標準】→【標註】→【□使用鎖點距離(U)】。

勾選【使用鎖點距離(U)】。

標註設定

標註型式

基準標註型式(B): AM_ISO 編輯(E)...

強制 Power 標註使用此標註型式(P)

預設表現法

選取倒角、半徑與直徑標註的預設表現法:

倒角(C)... 半徑(R)... 直徑(M)...

標註文字

忽略線性標註測量的 AutoCAD 比例係數(N)

自訂事先定義之標註文字的清單: 事先定義的文字(X)...

配合與公差

自訂配合表現法與選取預設的選項:

配合(F)...

自訂公差方式與選取預設的選項:

公差(T)...

配合清單需要更新時(L): 先詢問

放置選項

在建立標註時顯示視覺輔助(W)

在連續標註中，如果長度小於以下值，則使用點取代箭頭(G): 10

使用放置的距離鎖點(U)

鎖點值(V): 12

顯示「Power 標註」對話方塊(O): 第一個標註

展示文字取代提示(S)

還原預設(D)

確定 取消 套用(A) 說明(H)

自動鎖定尺寸之間的間距。

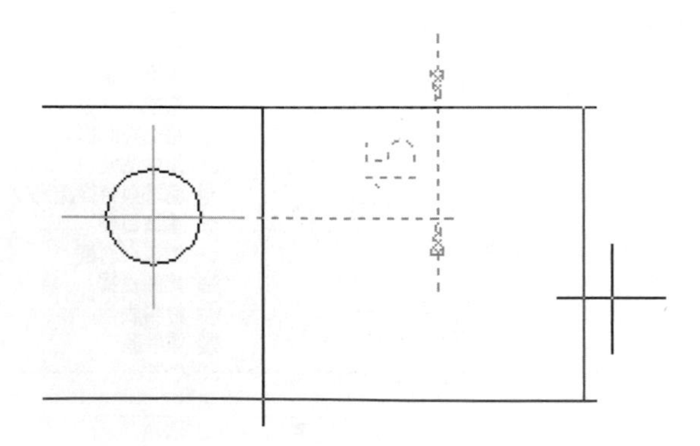

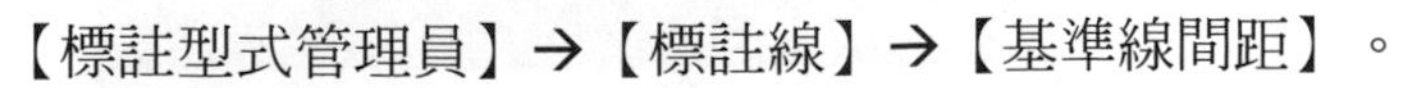

【標註型式管理員】→【標註線】→【基準線間距】。

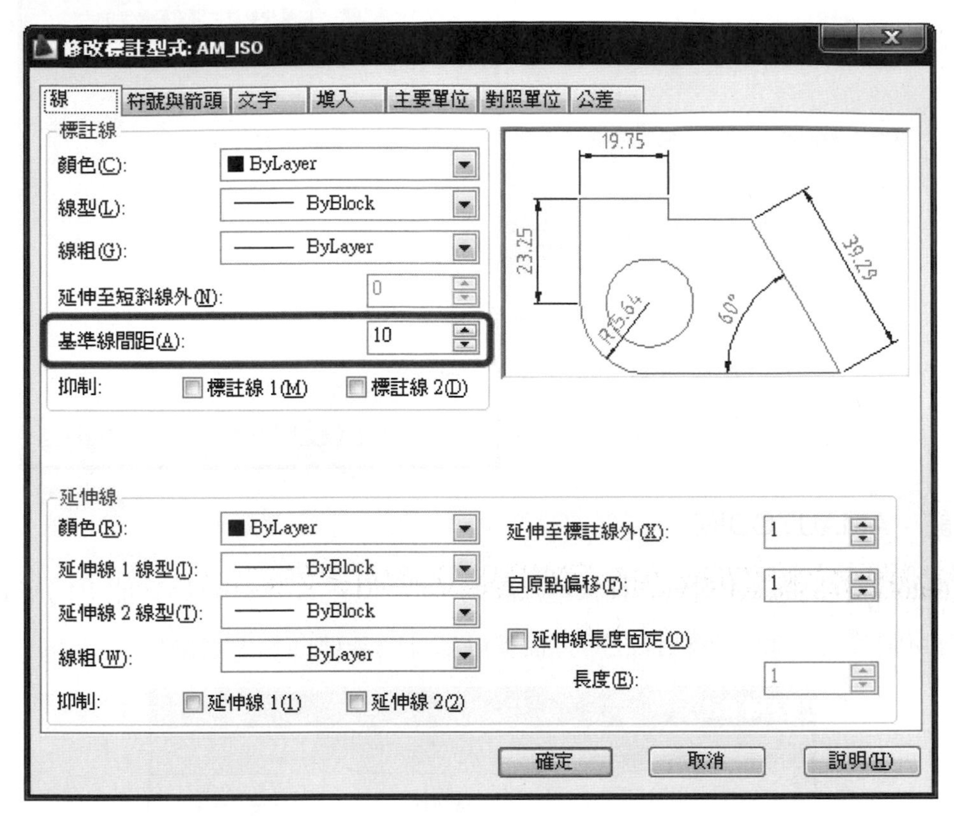

若是使用 Power 來刪除尺寸，則會自動補齊間距。

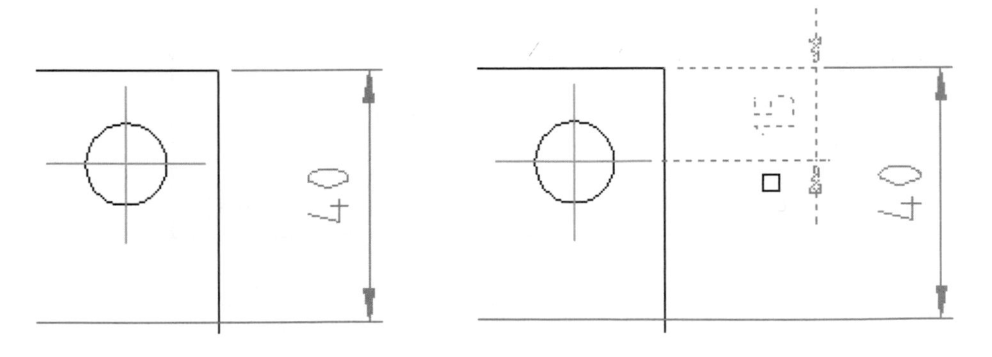

若是所標註的尺寸線遇重疊的狀況，則會要求選取排列種類。

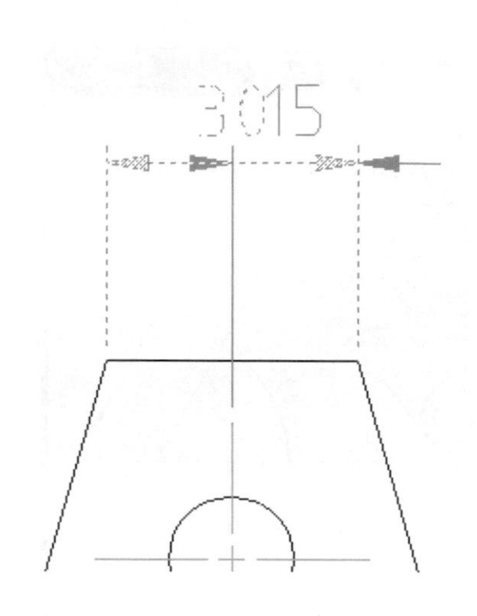

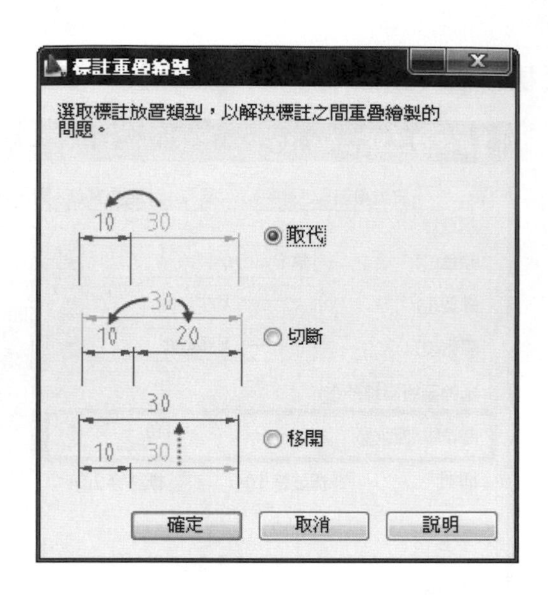

自動標註：AMAUTODIM

在 AutoCAD® 中就有提供一種快速標註的功能，但在 ACM 中，此功能更為靈活運用。

平行自動標註：此為線性標註的一種，可以分成基準面和連續兩種。

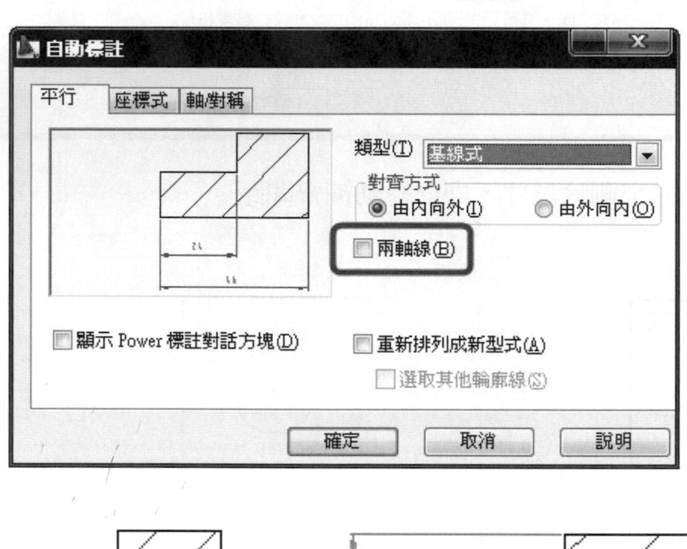

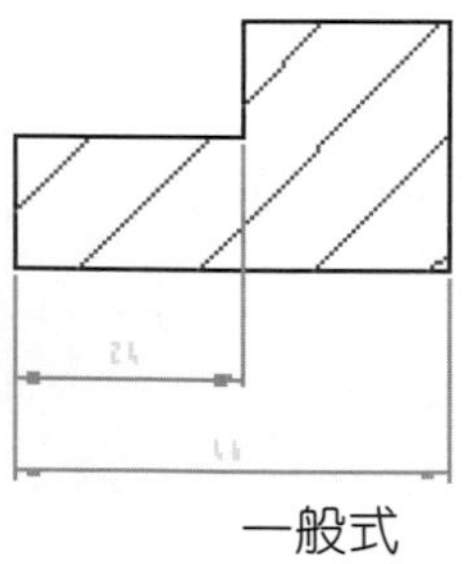

一般式

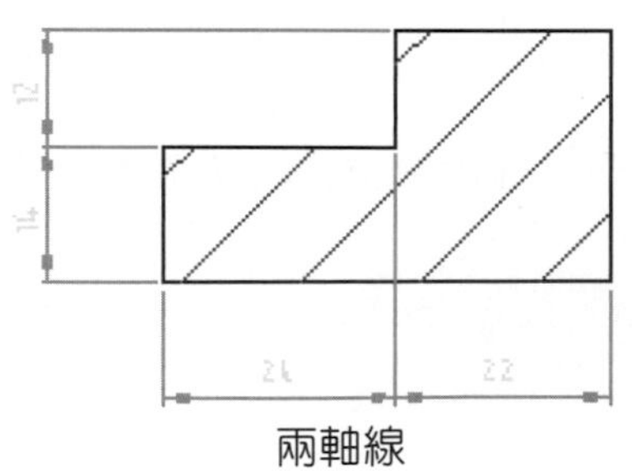

兩軸線

座標式自動標註：AMAUTODIM

可以直接在對話框設定文字方向和抑制尺寸線。

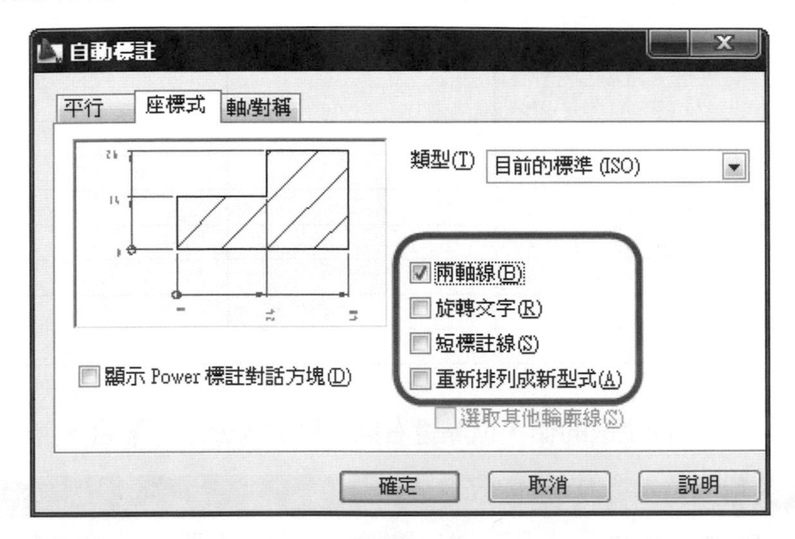

軸／對稱：在此標註中，還可選擇前視圖和側視圖的類型、還有全軸／半軸的標註。

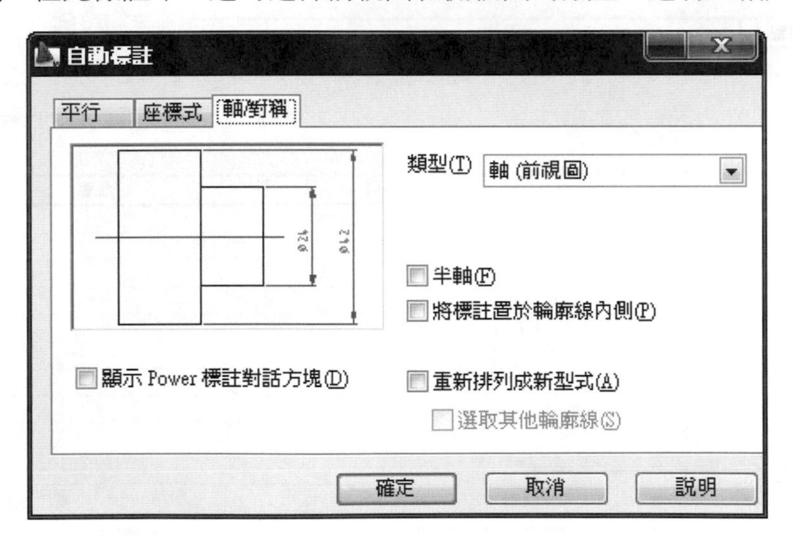

標註角度：AMPOWERDIM_ANG

建立角度標註，並指定尺度標註的公差或配合。

孔註解表：AMHOLECHART

建立圖面中的孔座標位置及大小標註、產生孔註解表，並可以直接在註解表中加入公差配合及描述。

在圖面上快點兩下孔表格，可以編輯表格內容…。

座標清單					
孔	X	Y	ϕ	項目	標準
H.1	99.02	69.39	ϕ72.64		
H.2	99.02	171.25	ϕ72.64		
H.3	99.02	286.4	ϕ55		
H.4	239.41	172.73	ϕ60		
H.5	243.85	67.91	ϕ72.64		
H.6	243.85	286.4	ϕ72.64		
H.7	376.85	171.25	ϕ72.64		
H.8	379.81	69.39	ϕ60		
H.9	382.77	286.4	ϕ72.64		

紅色文字為不可手動更改的值，但點選右鍵可以加入公差／配合。

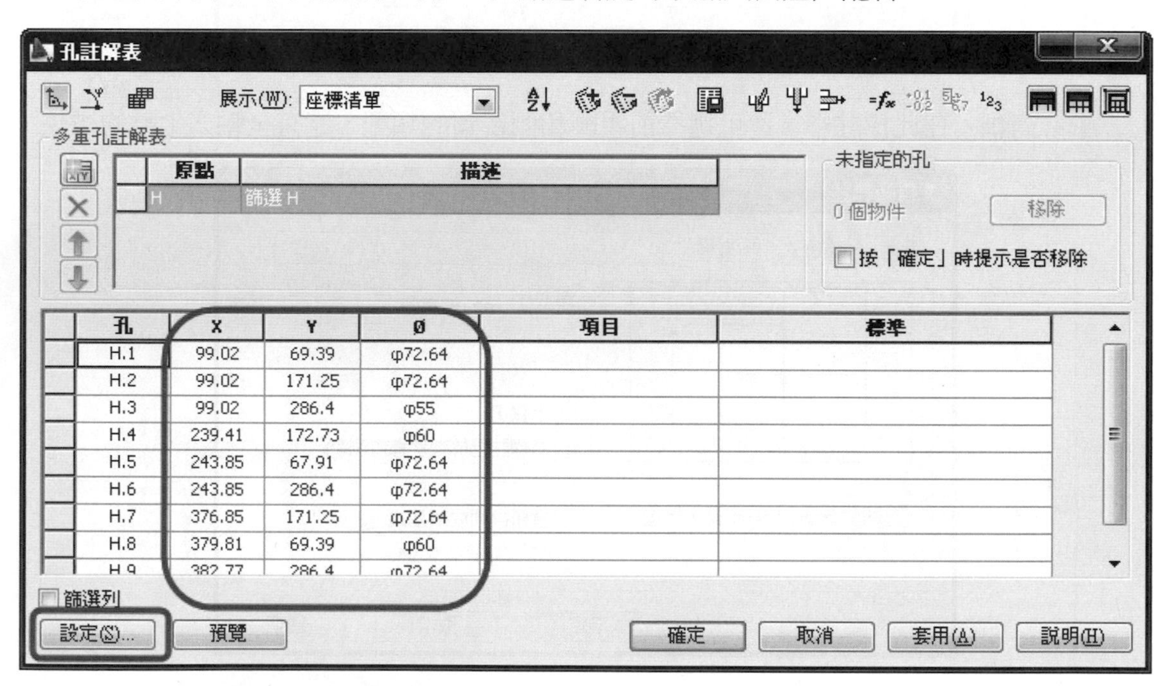

點下左下方的【設定】可以針對表格做設定。

孔註解表設定
展示(S): 座標清單
座標清單
貼附點(T): 左上
標題樣式: =<DefaultTitle>
文字型式(Y): STANDARD
表頭間隙(G): 1
行距(N): 單一
列間隙(R): 1
表頭文字高度(E): 3.5
表頭文字顏色: 顏色 140
資料文字高度(X): 3.5
資料文字顏色: 顏色 140
點與原點直角
標示位置(L): 右上
繪製從點到標示的引線(W)
點識別字(P): 無
展示座標系統(C)
原點終止符(O): 空心圓點
展示 0 原點指示符號(0)
文字高度(I): 3.5
文字顏色: 顏色 140
還原預設(D)
確定　取消　說明(H)

點下上方的【展示】的下拉式選單，還可以帶出延伸的孔表。

【環境設定】→【AM：標準】→【孔註解表】。

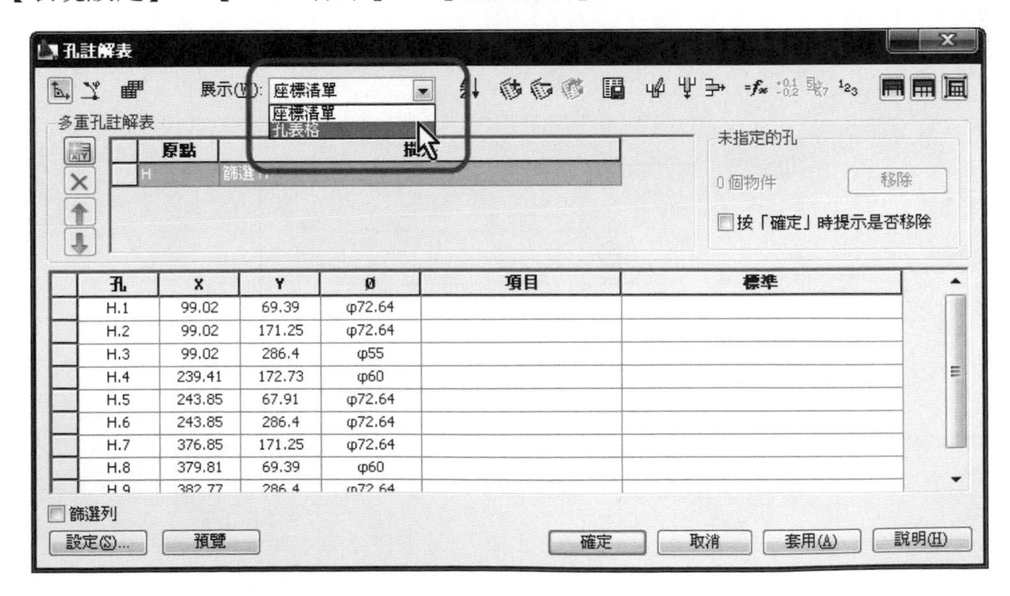

在孔表當中會自動的計算所有的孔數與直徑類別。

孔表		
孔	ϕ	數量
A	ϕ60	2
B	ϕ72.64	6
C	ϕ55	1

配合表：AMFITSLIST

將既有的配合及其各別尺度值放入列示中，並將列示插入您的圖面。

快點滑鼠兩下即可進行表格更新。

ϕ60	h7 0 -0.03 60 59.97
ϕ55	h7 0 -0.03 55 54.97
標註	配合

多重編輯：AMDIMMEDIT

當我們同時有許多的尺度標註需要編輯時，可以同時編輯多個尺度標註，並可以加入公差、配合、特殊字元符號...等。

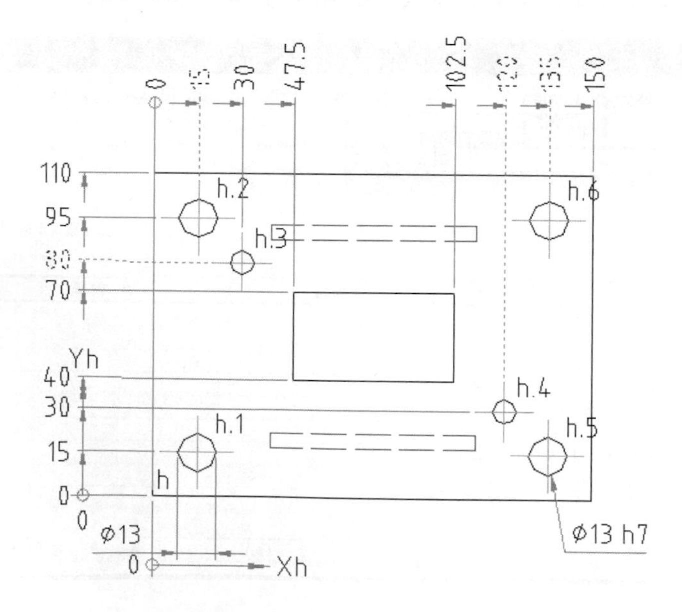

排列標註：AMDIMARRANGE

將雜亂無序的尺度標註重新排列，可選取單一個尺度標註也可以選取所有尺度標註。

第一個尺度標註與物件輪廓的間距可以固定，環境選項裡面可以設定固定距離。

環境選項→AM：標準→標註→使用距離鎖點。

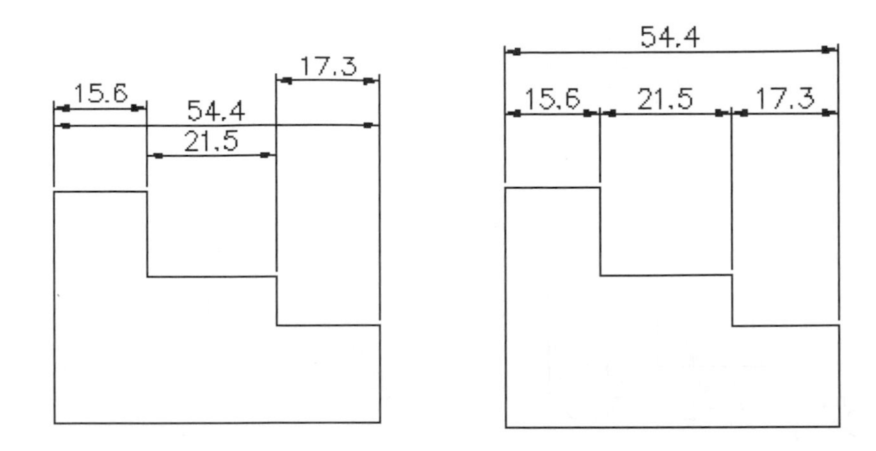

尺寸和尺寸之間的間距也是可以固定，標註型式管理員裡面可以設定。

【標註型式管理員(Ddim)】→【AM_ISO】→【修改】→【線與箭頭】→【基準線間距】。

線性對稱拉伸：AMDIMSTRETCH

運用既有的尺度標註，輸入新的值來拉伸或縮短物件輪廓，若是圓的話則爲更改其直徑。

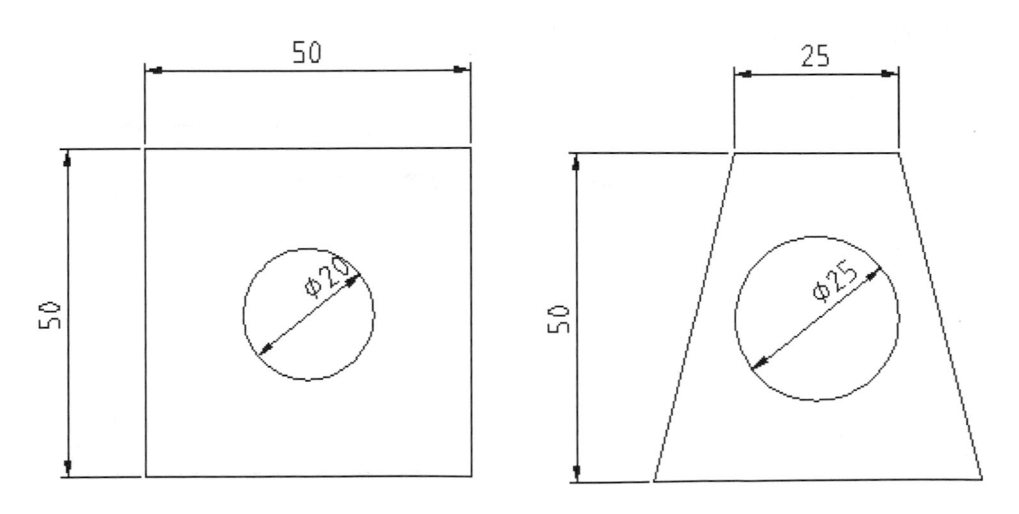

對齊尺度標註：AMDIMALIGN

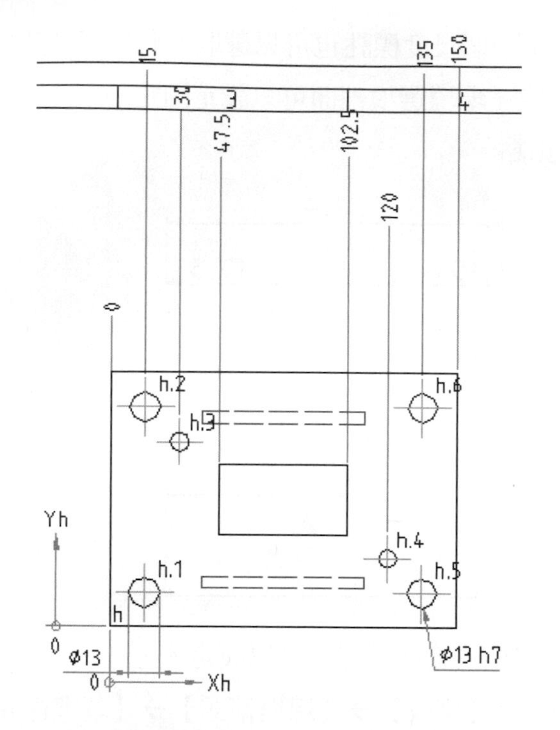

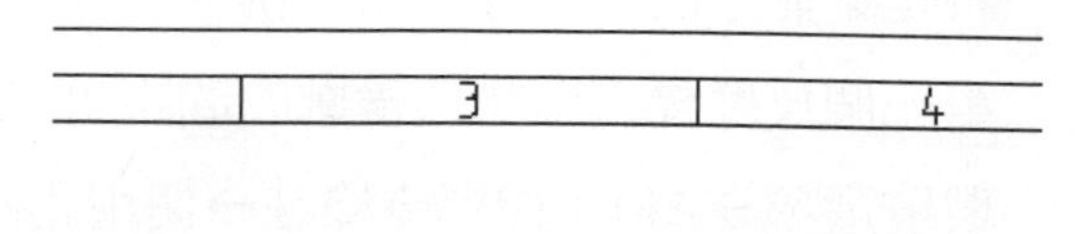

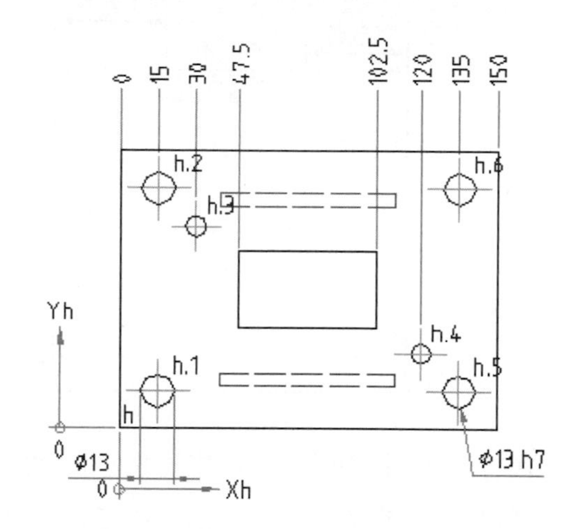

指令：_amdimalign

1. 選取基準標註。
2. 再選取要對齊的座標式標註即可完成。

接合尺度標註：AMDIMJOIN

將兩個或兩個以上尺度接合成一個尺度，包含長度標註、角度標註的接合。

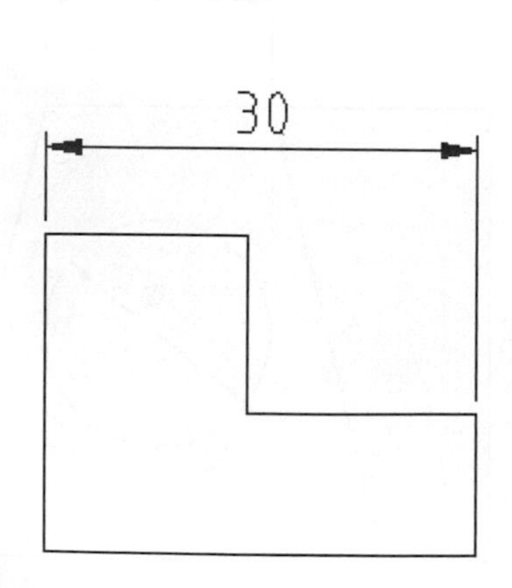

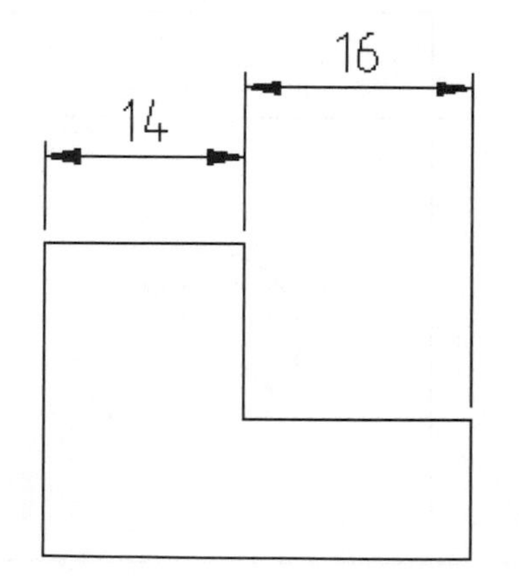

插入尺度標註：AMDIMINSERT

將既有的尺度標註分成兩個個別尺度標註。

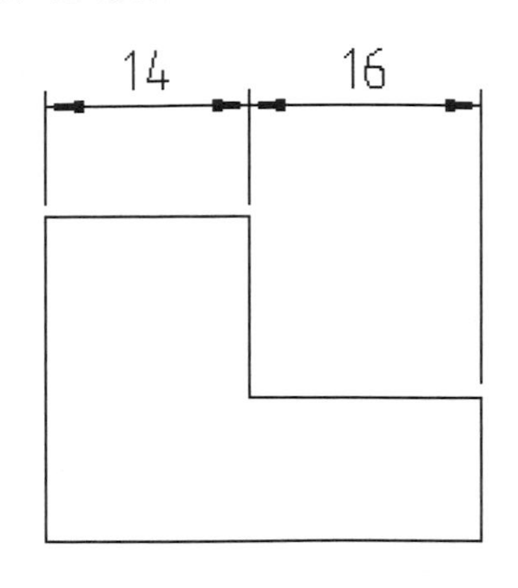

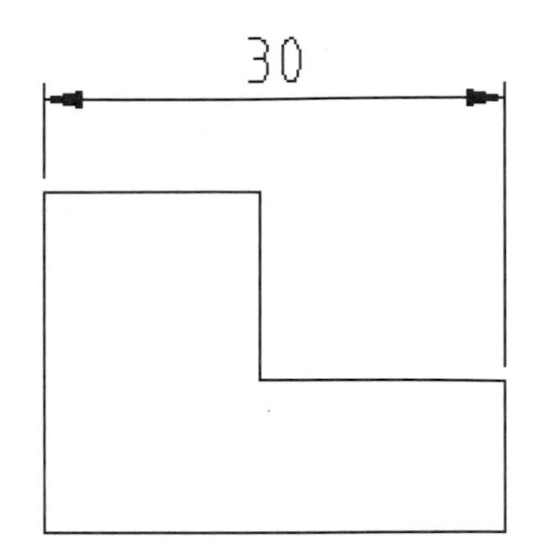

切斷尺度標註：AMDIMBREAK

將兩個相互干涉的標註線或延伸線切斷出一個缺口，而不需要炸開標註，使看起來更爲美觀。

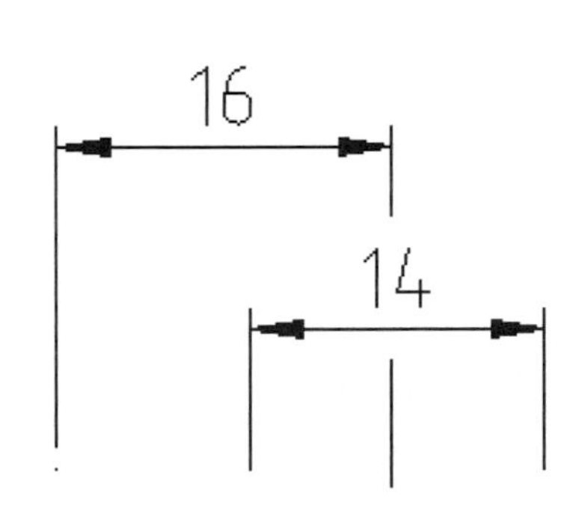

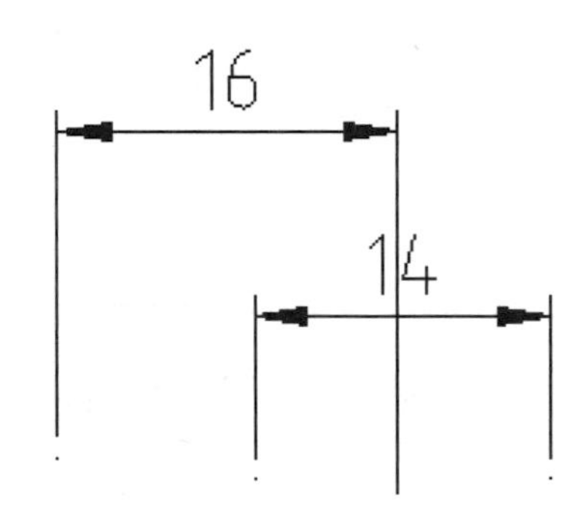

檢查尺度標註：AMCHECKDIM

可以搜尋、亮顯整張圖面內所有含有取代文字的尺度標註，並可編輯該尺寸。

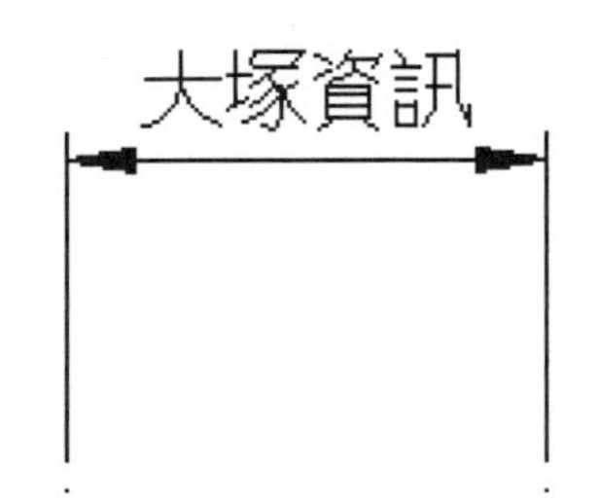

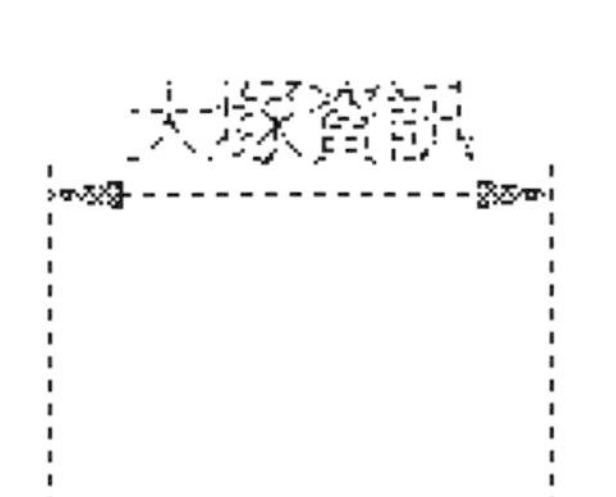

使用 Power 標註，若要刪除尺寸可以使用 Power 刪除，

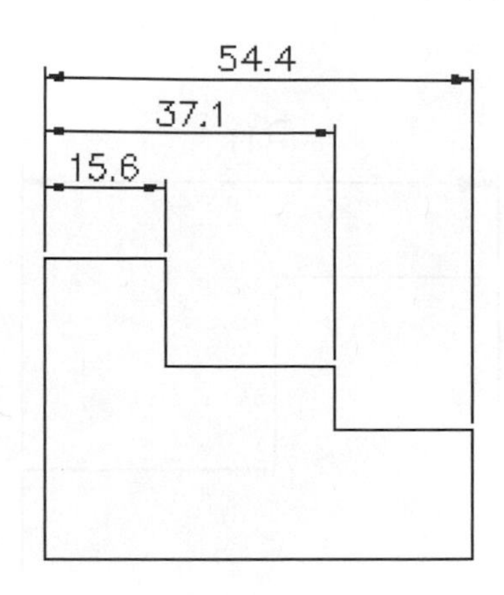

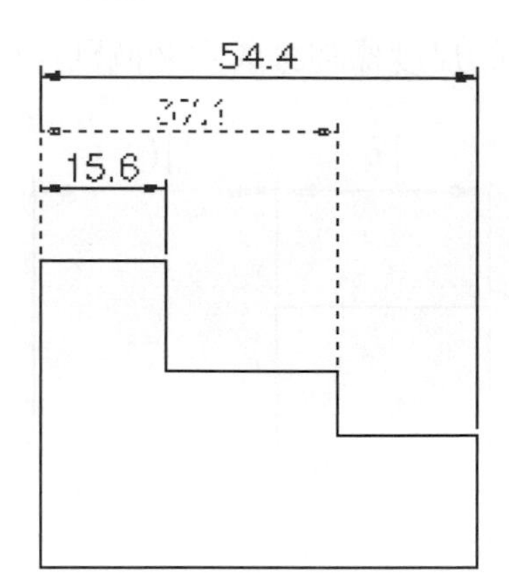

則會自動排列尺寸之間的間隙。

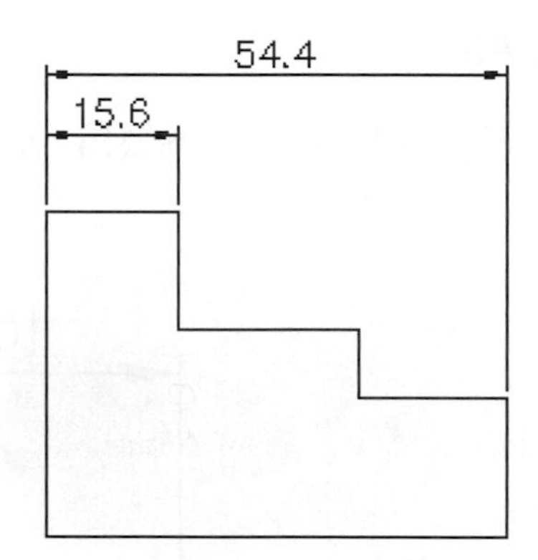

註：若使用一般的刪除，則不會自動的排列尺寸之間的間隙。

8-4 符號

AutoCAD® Mechanical 提供了九種可插入至圖面的符號。它們是：

- 基準識別符號。
- 基準目標符號。
- 邊符號。
- 特徵控制框符號。
- 特徵識別字符號。
- 註記符號。
- 推拔與斜度符號。
- 表面加工符號。
- 熔接符號。
- 標記／戳記符號。

注意事項標記／戳記符號僅可用於 GOST 標準。

如果與 AutoCAD® Mechanical 一起提供的符號不能滿足您的需求，您可以建立自訂符號並將其貼附至您正在註解的物件。移動物件時，貼附的符號也會隨之移動。

AutoCAD® Mechanical 讓您能夠從其他圖面匯入符號資源庫。當您規劃用於公司標準的樣板時，您可以從既有圖面的符號資源庫匯入表面加工符號的符號資源庫。

如果既有圖面沒有符號資源庫，您可以：

- 開啓您要重新使用的包含表面加工符號的圖檔，並將其加入至該圖面的符號資源庫。然後將資源庫匯入樣板。
- 建立包含您要使用的所有表面加工符號的獨立圖面，並將其加入至符號資源庫。然後將資源庫匯入樣板。

若要從其他圖面的符號資源庫匯入表面加工符號，請將樣板的表面加工符號的製圖標準和修訂版設定設爲與您正從其匯入符號的圖檔的設定相同。

Mechanical 的符號性質設定，必需到【環境選項】→【AM：標準】→【標準性質】。

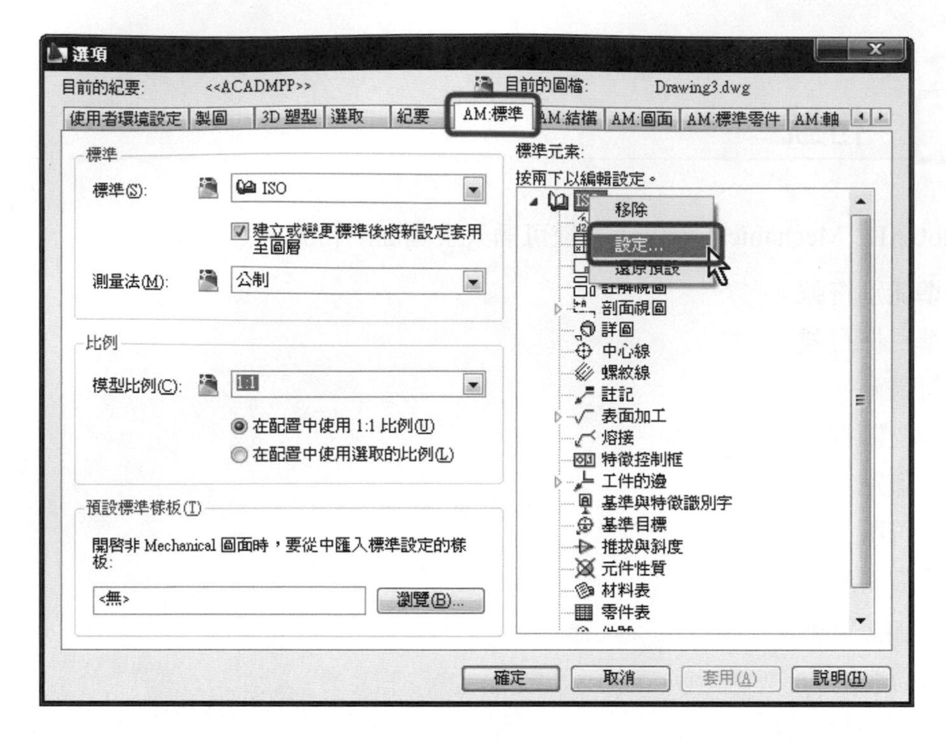

在此可以設定投影類型，也就是角法的設定。

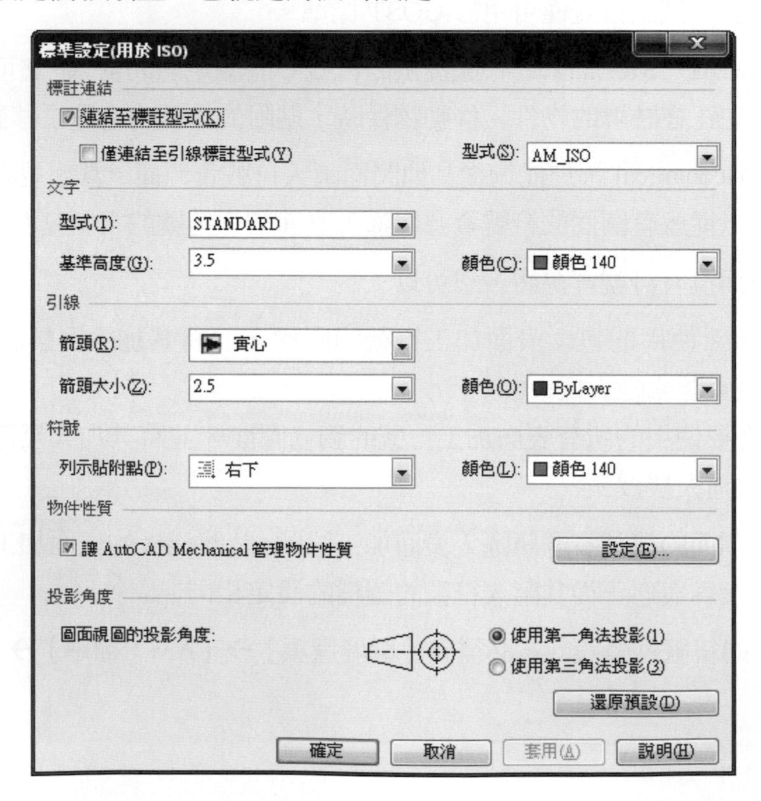

補充

第一角法：

又稱第一象限法，是以 觀察者(眼睛) → 物體 → 投影面，三者順序排列的一種正投影法。

第三角法：

又稱第三象限法，是以 觀察者(眼睛) → 投影面 → 物體，三者順序排列的一種正投影法。

8-4-1　引線註記：AMNOTE

文字輸入

直接點選需要註記的地方再輸入文字即可。

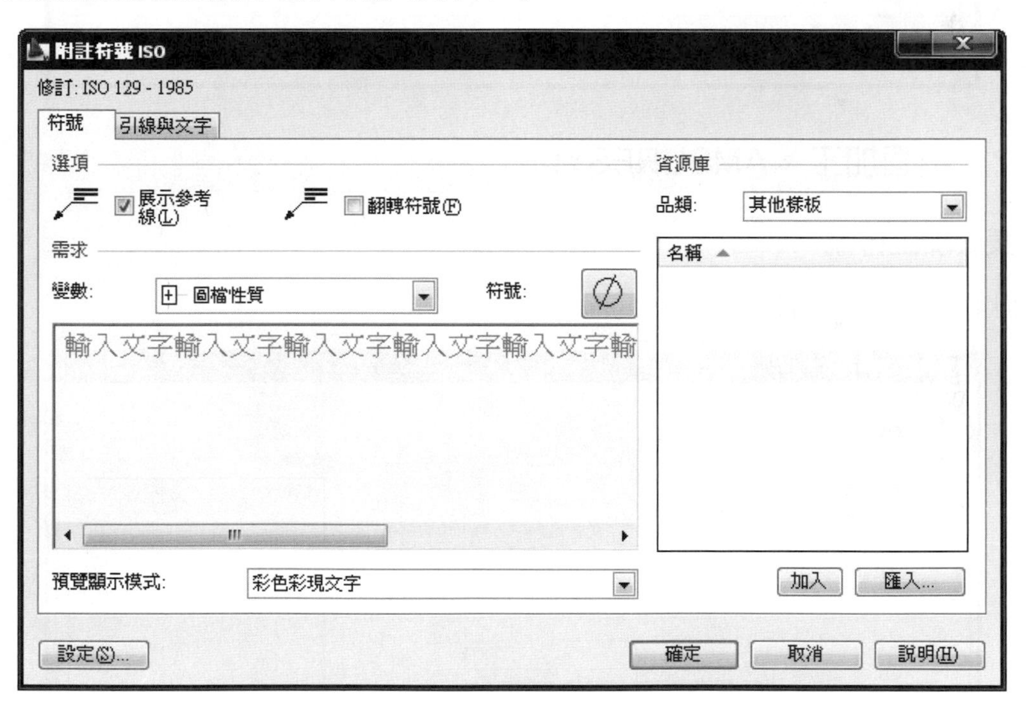

可指定箭頭等型式

附註符號 ISO
修訂: ISO 129 - 1985
符號　引線與文字
引線
箭頭: 依標準
編輯引線線段: 加入(A)　移除(R)
編輯物件貼附件: 貼附(H)　分離(E)
參考線角度: 調整(J)
文字
文字對正方式: 靠左對齊
引線對正方式: 至參考行
設定(S)...　確定　取消　說明(H)

8-4-2　表面加工：AMSURFSYM

設定表面加工符號

加工需求的部份可以參考下列的補充。

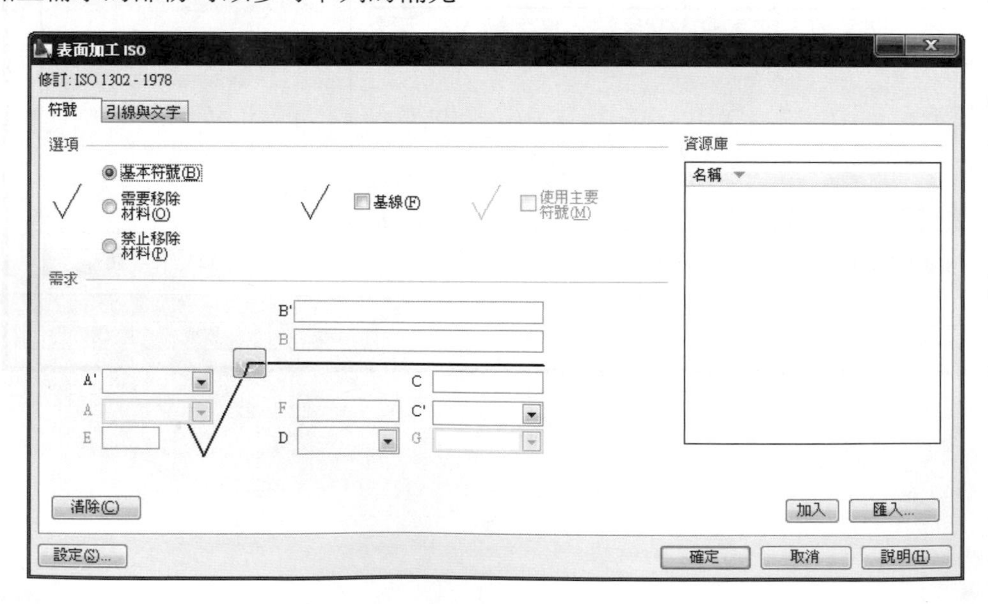

修改線段／引線

表面符號之組成

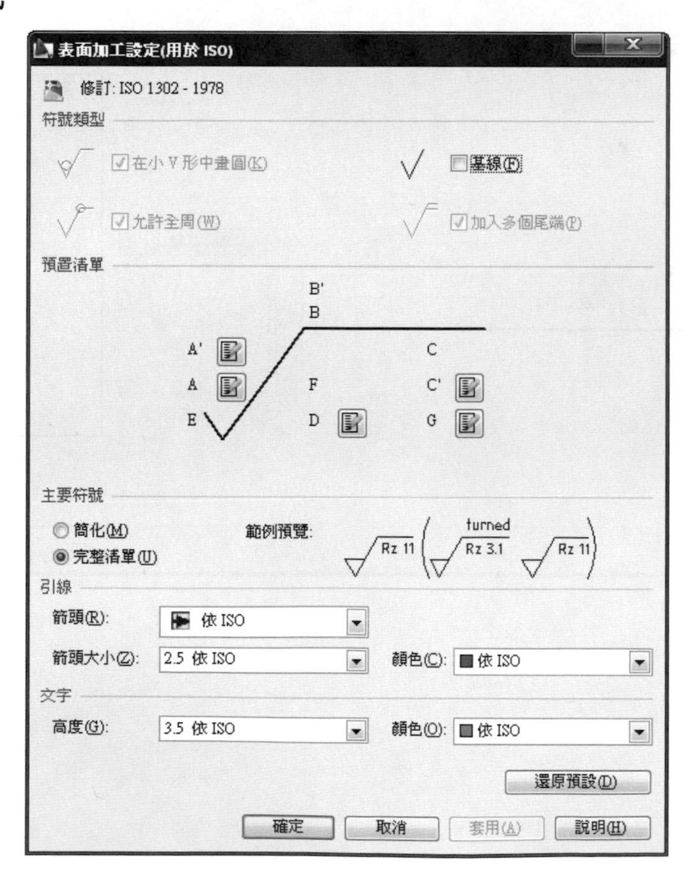

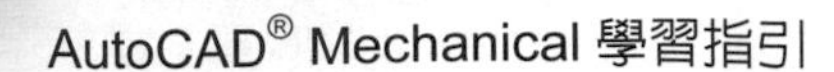

補充說明：

(1) 切削加工符號
(2) 表面粗糙度
(3) 加工方法之代字或表面處理
(4) 基準長度
(5) 刀痕方向符號
(6) 加工裕度

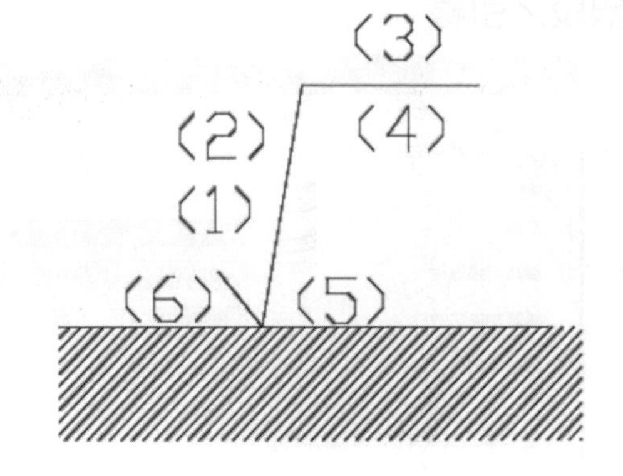

8-4-3 熔接符號：AMWELDSYM

設定方位與符號

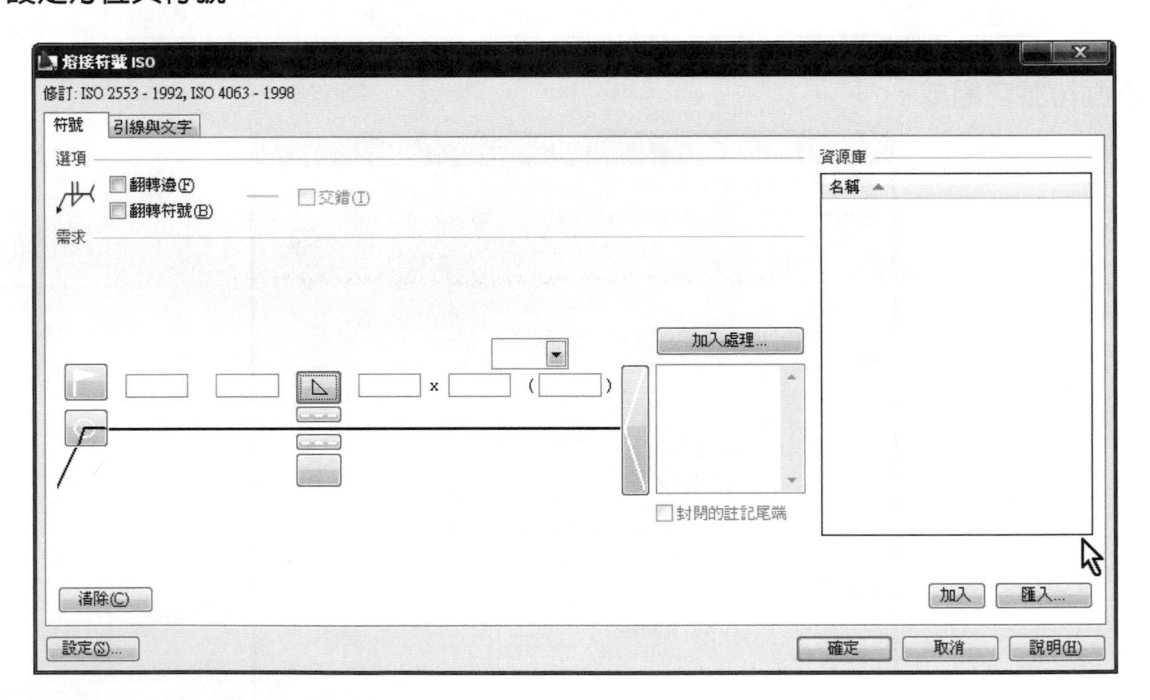

加入處理的編號與處理方法

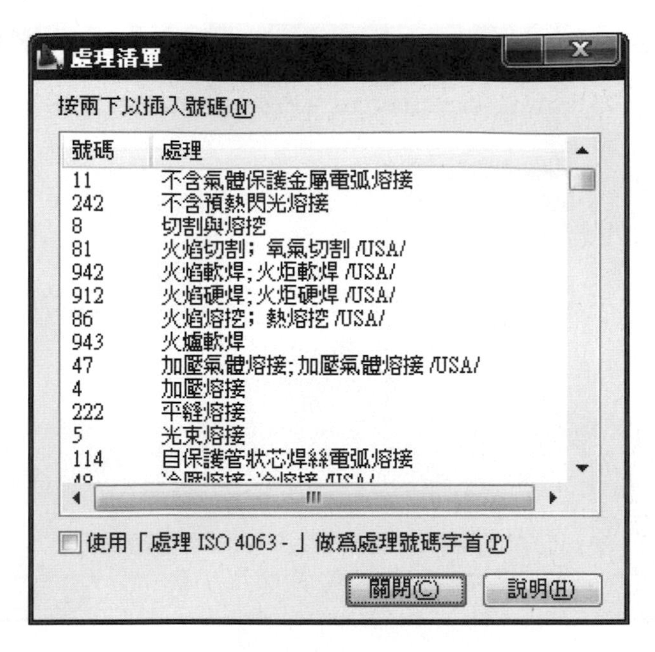

選擇可展示間隙與符號

引線與文字設定

熔接符號 ISO
修訂: ISO 2553 - 1992, ISO 4063 - 1998
符號 引線與文字
引線
箭頭: 依標準
編輯引線線段: 加入(A) 移除(R)
編輯物件貼附件: 貼附(H) 分離(E)
文字
文字對正方式: 靠左對齊
設定(S)... 確定 取消 說明(H)

8-4-4 熔接表現法：AMSIMPLEWELD

可在橢圓、圓、弧、線和聚合線上使用。您可以將上視圖套用至線、聚合線、圓和弧。您可以輸入熔接縫寬度，或使用指向設備加以定義。您可以指定要沿著它來熔接工作件的直線段，或提供整個物件的熔接。

選取熔接表現法

使用「選取熔接符號」對話方塊來建立前視圖及側視圖中的熔接。

從左到右的圖示有：

- 前視圖中的單一V 形對接熔接。
- 前視圖中的填角熔接。
- 側視圖中的單一V 形對接熔接。
- 側視圖中的填角熔接。

根據選取的符號，指令行上會顯示不同的選項。

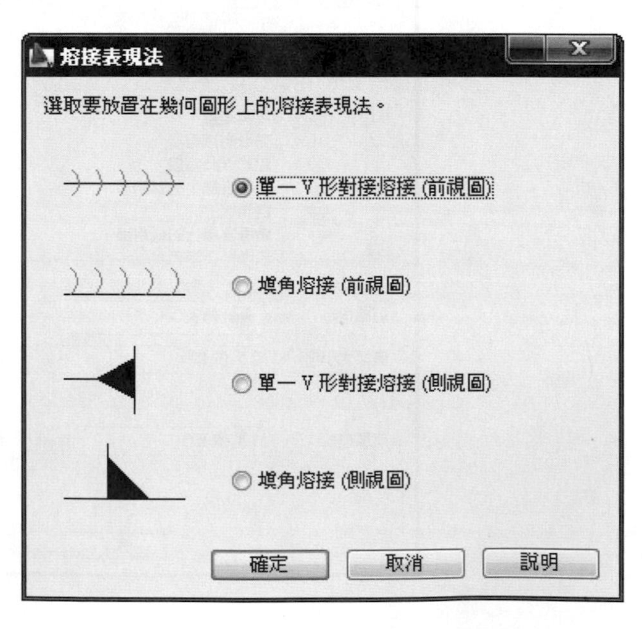

8-4-5　特徵控制框：AMFCFRAME

符號設定

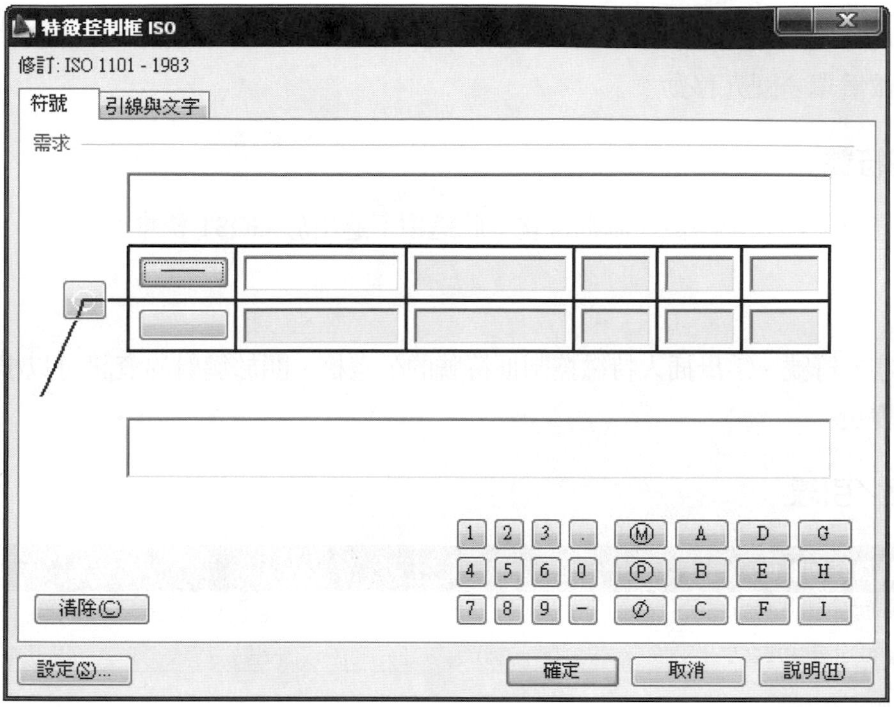

頂端註記

使用此方塊以加入文字，此文字必須顯示在特徵控制框之上。在模型空間中，註解和特徵控制框一起做爲單一圖元移動。

符號

選取特徵的幾何符號。可用的特徵符號清單與「特徵控制框設定」對話方塊中的設定相符，可用的特徵符號取決於目前的標準。

公差

編輯主要公差資料。使用對話方塊中的鍵盤來插入特殊符號，鍵盤字元及鍵盤符號與目前的製圖標準相符。

基準

在圖面中編輯此特徵識別的基準值。

底端註記

使用此方塊以加入必須顯示在特徵控制框之下的文字。在模型空間中，註解和特徵控制框一起做爲單一圖元移動。

加入全周符號

將全周符號加入至特徵控制框符號。此選項不適用於 GOST 標準。

鍵盤

將數字、符號、字母插入特徵控制框符號的公差框。關於鍵盤的資訊可以根據目前的標準進行變更。

修改線段／引線

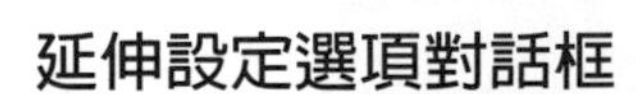

延伸設定選項對話框

特徵控制框設定(用於 ISO)

修訂: ISO 1101 - 1983

合併型式

☑ 合併符號(S)　☐ 合併公差(T)

☑ 合併基準(M)　☑ 調整儲存格為垂直對齊(V)

幾何標註與公差

展示符號(W): 幾何特性

☑ 真直度
☑ 真平度
☑ 真圓度
☑ 圓柱度

符號文字型式(Y): ACISOGDT　包含字體: AMGDT.shx

引線

箭頭(R): 依 ISO

箭頭大小(Z): 2.5 依 ISO　顏色(C): 依 ISO

文字

高度(G): 3.5 依 ISO　顏色(O): 依 ISO

還原預設(D)

確定　取消　套用(A)　說明(H)

合併符號

如果儲存格包含相同的符號，則合併符號儲存格。

合併公差

如果公差值相同，則合併垂直相鄰的公差儲存格。

合併基準

如果公差相同，則合併垂直相鄰的基準儲存格。

調整儲存格為垂直對齊

為儲存格內容加空間，因此相似區域的儲存格寬度相同。

8-4-6 基準識別字：AMDATUMID

基準識別字 ISO

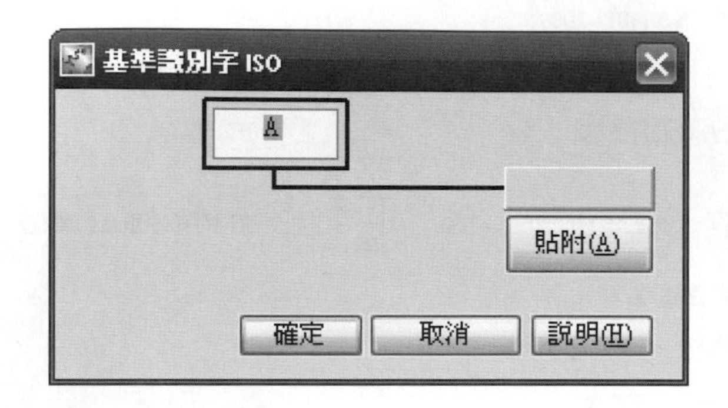

基準值：指定基準識別字的識別名稱。

箭頭：指定引線箭頭的類型。您可以從樣盤中選取箭頭。箭頭清單與目前的製圖標準相符。預設箭頭是符號的標準箭頭，可在「選項」對話方塊中設定。

貼附：將符號貼附至圖面中的幾何圖形。

分離：分離符號。符號變成獨立分離式物件。

修改箭頭／文字

8-4-7　基準目標：AMDATUMID

使用一個基準來控制整個表面的公差是不實際的，因爲基準建立的是理論上的精確平面、直線或輪廓。爲了指定實際資料，可在圖面上選取並指示稱爲基準目標的相關位置。

符號描述

基準目標是被水平線分成兩部分的圓形框。下半部用於輸入字母及數字。字母表示基準特徵，數字表示基準目標號碼。上半部用於輸入其他資訊，例如，基準目標區的標註。

符號類型

您可以將基準目標貼附至：

- 十字指示的點。
- 兩個十字指示的直線。
- 剖面線區域指示的區域終止類型。

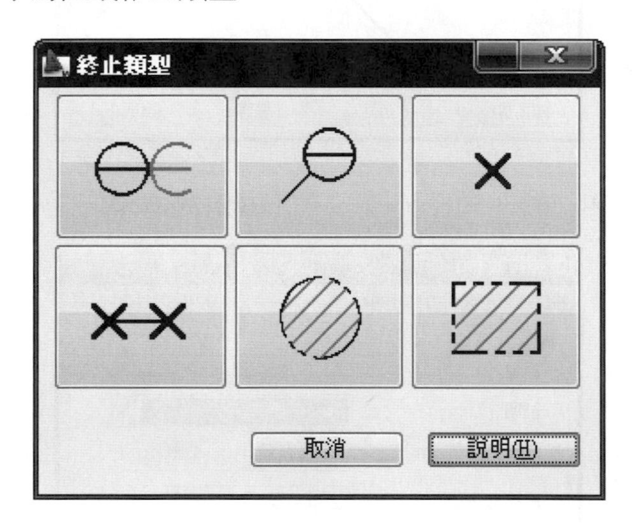

終止類型

- 無：不含任何終止的基準目標。
- 點：含點終止的基準目標。
- 直線：含直線終止的基準目標。
- 圓：含圓形終止的基準目標。
- 矩形：含矩形終止的基準目標。
- 貼附：貼附到其他基準目標的基準目標。

8-4-8 建立邊符號：AMEDGESYM

訂定需求與放置選項

引線設定

設定內容

修訂：

顯示目前的標準。

主要符號：

設定主要符號的選項，其使用一個共同的符號表示所有邊共有的狀態。

簡化：

將主要符號設定為簡化的表現法。相應地，僅基本符號在集合指示右側的括號中顯示。

完整清單：

將主要符號設定為完整表現法。相應地，如果邊符號在圖面中其他位置，其狀態會在集合指示右側的括號內完整表示。

8-4-9　推拔與斜度：AMTAPERSYM

符號輸入

設定選項

推拔與斜度設定(用於 ISO)

修訂: ISO 3040 - 1990 (E)

符號

- 推拔符號 (ANSI)
- 斜度符號 1 (ANSI)
- 斜度符號 2 (ANSI)
- 推拔符號 (BSI/CSN/DIN/GB/ISO/JIS)
- 斜度符號 1 (JIS)
- 斜度符號 2 (JIS)
- 斜度符號 1 (BSI/CSN/DIN/ISO)
- 斜度符號 2 (BSI/CSN/DIN/ISO)
- 推拔符號 (GB)
- 斜度符號 1 (GB)

引線

箭頭(R): 依 ISO

箭頭大小(Z): 2.5 依 ISO　顏色(C): 依 ISO

文字

高度(G): 3.5 依 ISO　顏色(O): 依 ISO

還原預設(D)

確定　取消　套用(A)　說明(H)

引線與文字設定

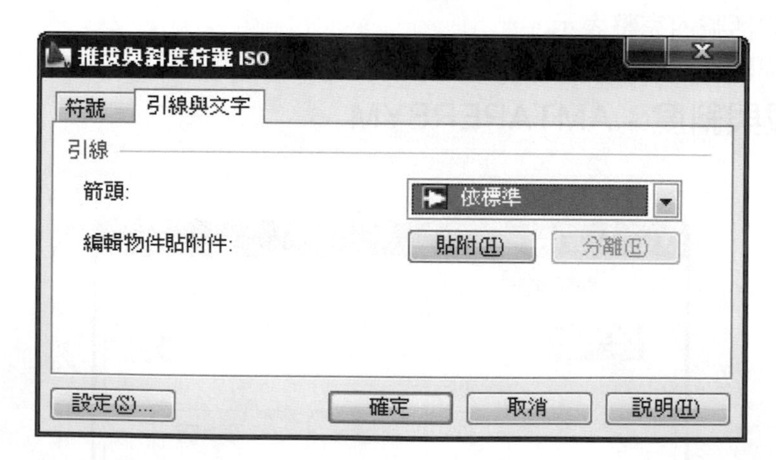

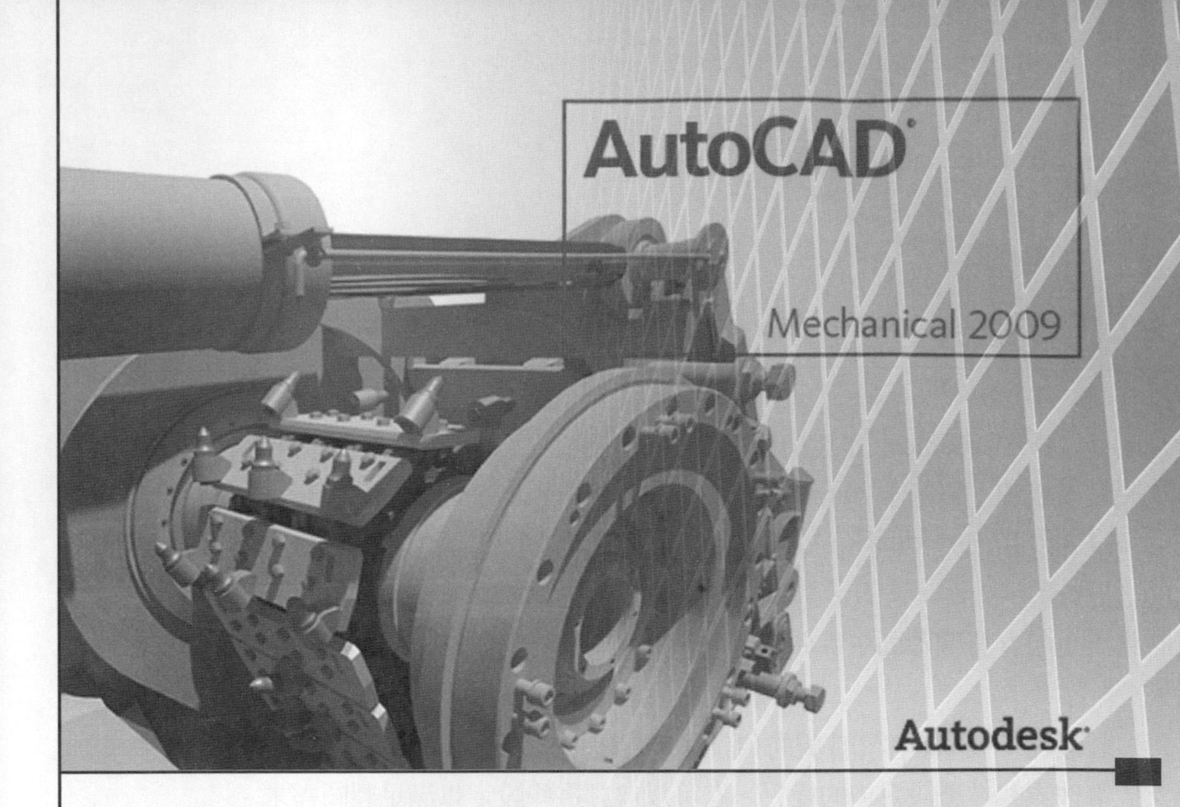

Chapter 9

材料表／件號球

- 9-1　材料表資源庫
- 9-2　零件參考：AMPARTREF
- 9-3　件號球：AMBALLOON
- 9-4　零件表：AMPARTLIST
- 9-5　語言轉換器：AMLANGCONV

9-1 材料表資源庫

AutoCAD® Mechanical 是為機械專門用途而建置的 2D 機械工程設計與製圖應用程式，在製造環境中，與基本 AutoCAD®軟體相比，更能大幅提昇生產力。其中包含了基於標準的零件庫及預先繪製圖庫，可提高設計準確度，並可自動執行一般工作以節省大量設計時間。

材料表是包含有關圖面中零件和組合之資訊的表格。程式使用此資訊產生零件表和件號。

選取製圖標準後，零件和件號的預設設定將變更以與此標準相符。材料表設定也將變更為支援零件表和件號設定中的變更。您可以自訂這些設定以滿足製圖需求。

規劃材料表、零件表和件號是相互連結的作業。自訂元件性質，包括：

- 性質在材料表中如何顯示。
- 零件表配置。
- 件號。
- 程式從圖面中的零件和組合中擷取哪些資訊顯示在材料表中。

我們建議開始繪圖之前自訂材料表規劃。如果您在建立材料表後變更材料表規劃，則材料表可能包括不一致的資料。

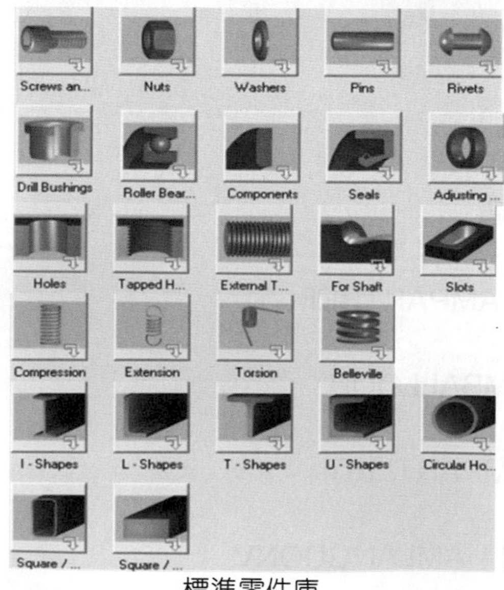

標準零件庫

常用零件

9-1-1　建立基本物件與選取材料庫元件

在此我們要用一個簡單的例子來向大家說明在 AutoCAD® Mechanical 中是如何使用材料表資源庫與件號、零件表。

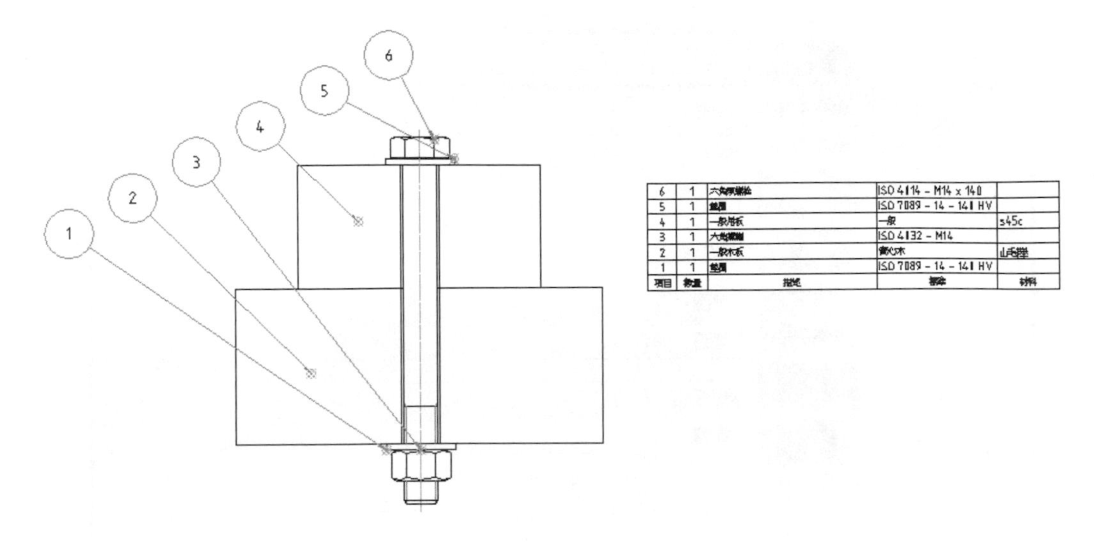

6	1	六角頭螺栓	ISO 4114 - M14 x 140	
5	1	墊圈	ISO 7089 - 14 - 141 HV	
4	1	一般鋼板	一般	s45c
3	1	六角螺帽	ISO 4132 - M14	
2	1	一般木板	實心木	山毛櫸
1	1	墊圈	ISO 7089 - 14 - 141 HV	
項目	數量	描述	標準	材料

1. 首先請大家使用 Mechanical 的矩形工具簡單的建立下面的圖形，在此上方為底 100mm×高 50mm 的小矩形，下方的大矩形則是大略的繪製一下，不要和上面尺寸的差太多就好。

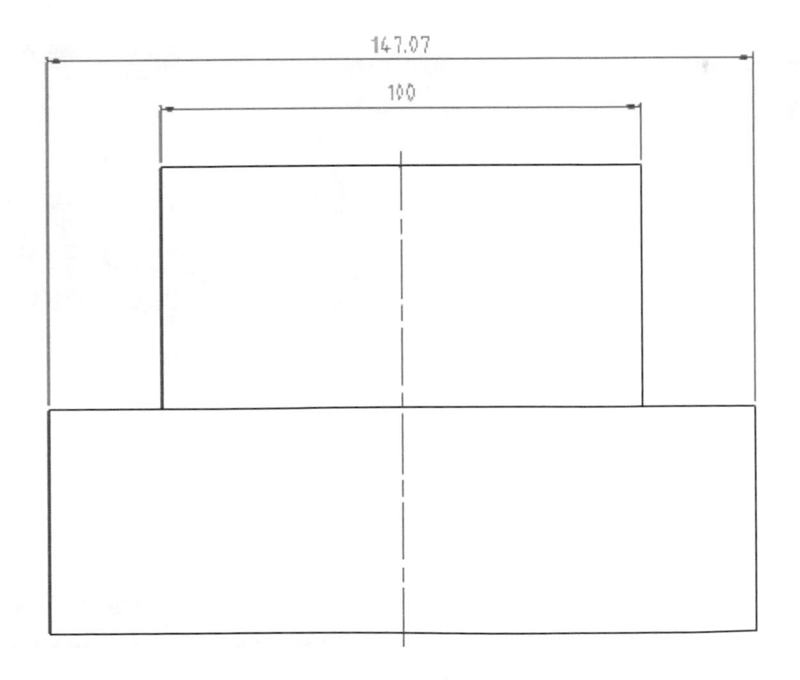

2. 點選【內容】→【螺旋接頭】。

出現【螺旋接頭–前視圖】的對話視窗，在此我們先挑選螺釘的部分。

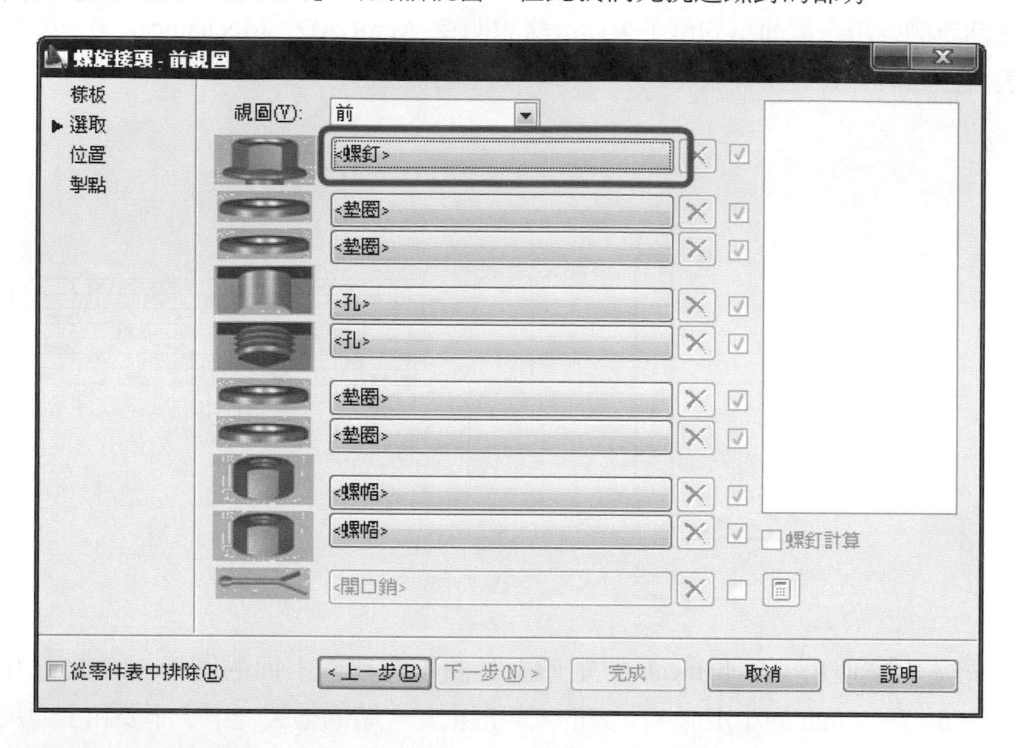

3. 選取【六角頭類型】。

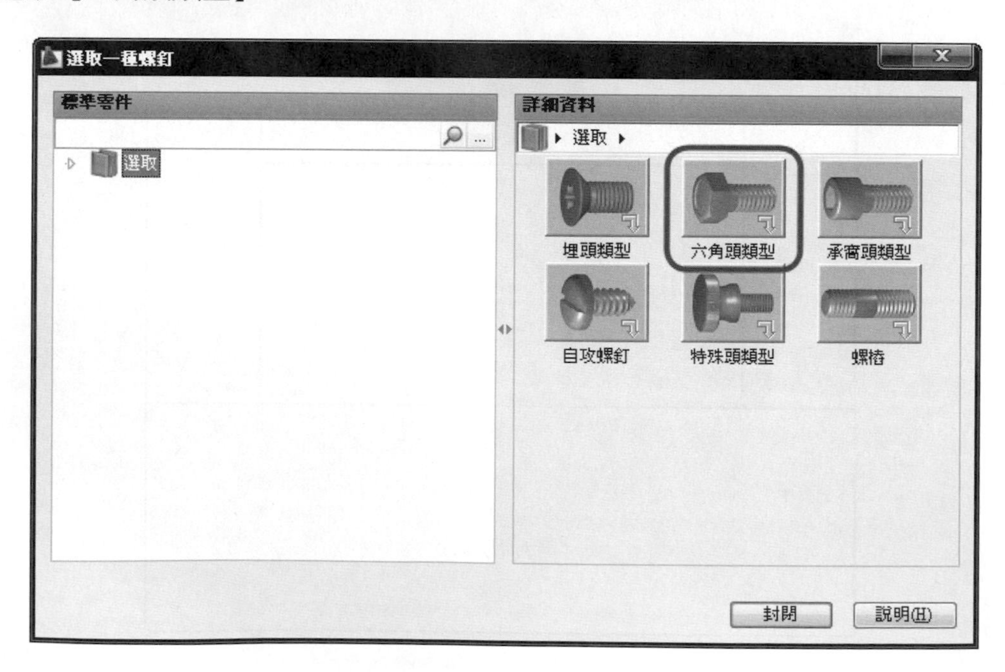

4.　選取 ISO 標準的【ISO 4017 螺栓】。

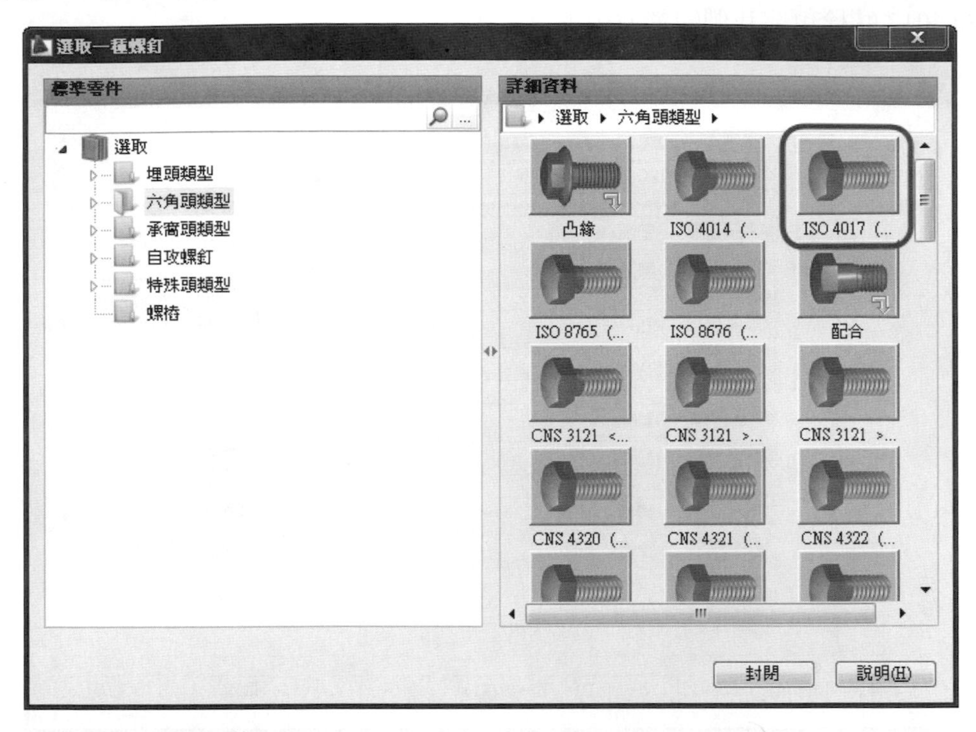

5.　挑選完成之後再挑選所要呈的視圖型式，在此我們選【前視圖】。

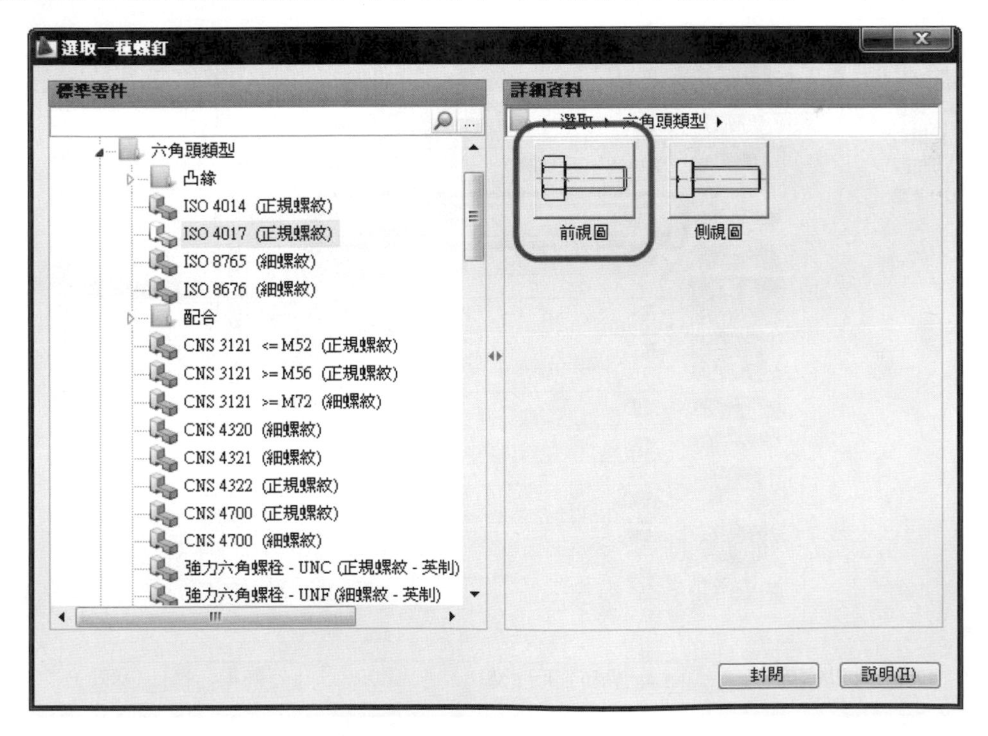

6. 完成了之後程式會先自動的給予一個預設值，在此我們看到的是 M10，而所需要的 ISO 4017 螺栓也在我們的選取選項目中。

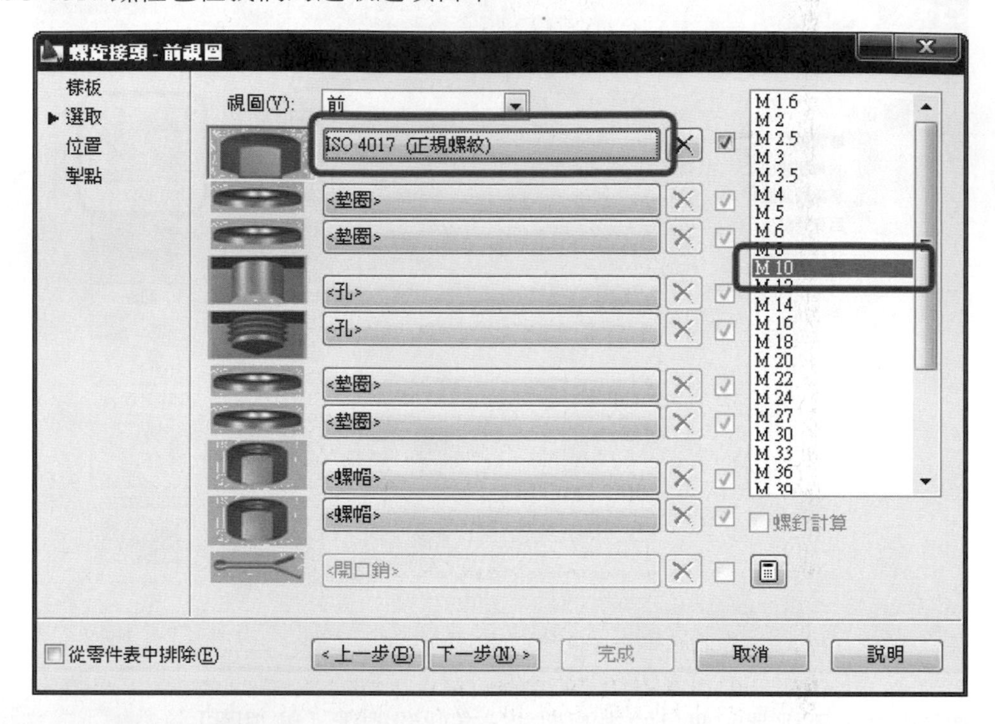

7. 再來是墊圈。

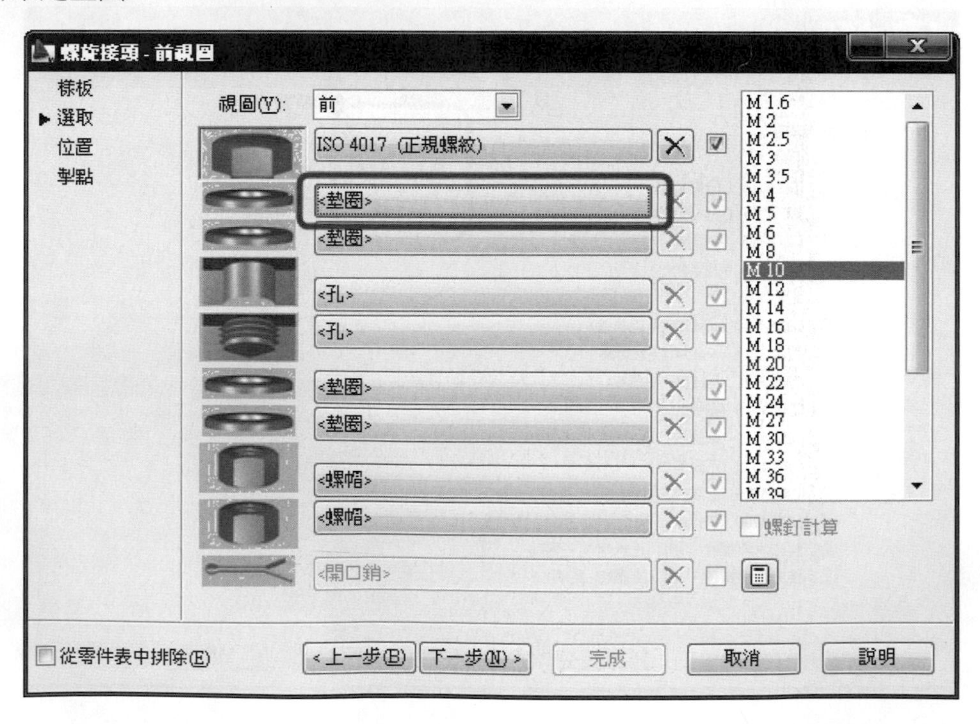

8. 請選擇【普通】墊圈。

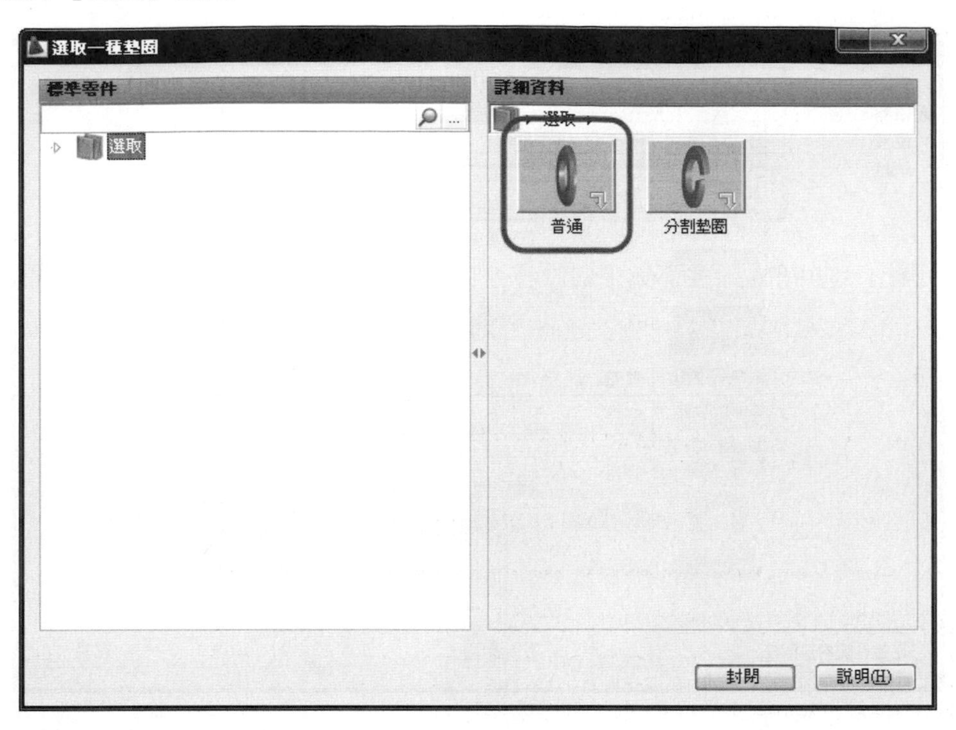

9. 選擇【ISO 7089】墊圈。

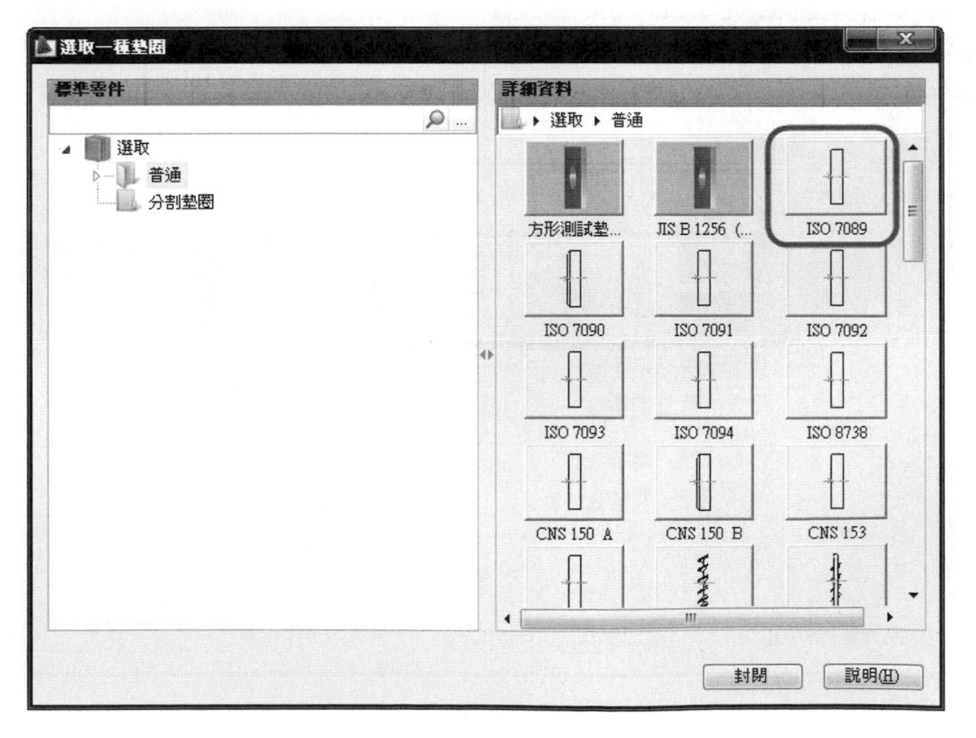

10. 此時規格 ISO 7089 的墊圈就選取完成。

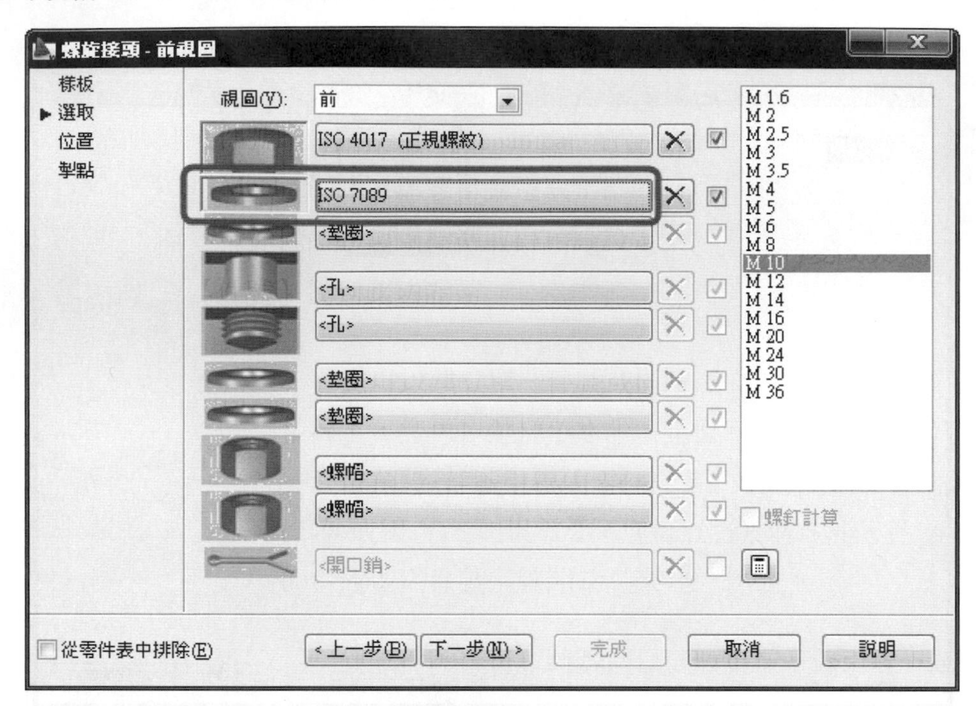

11. 接下來是孔的部分。

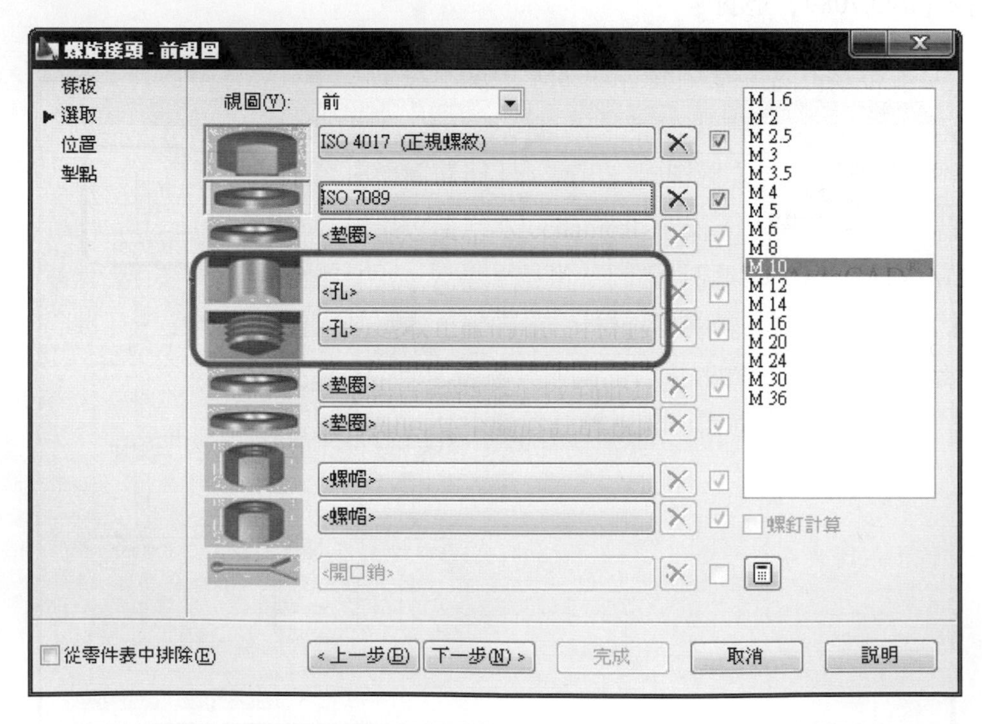

12. 選取【穿通圓柱】。

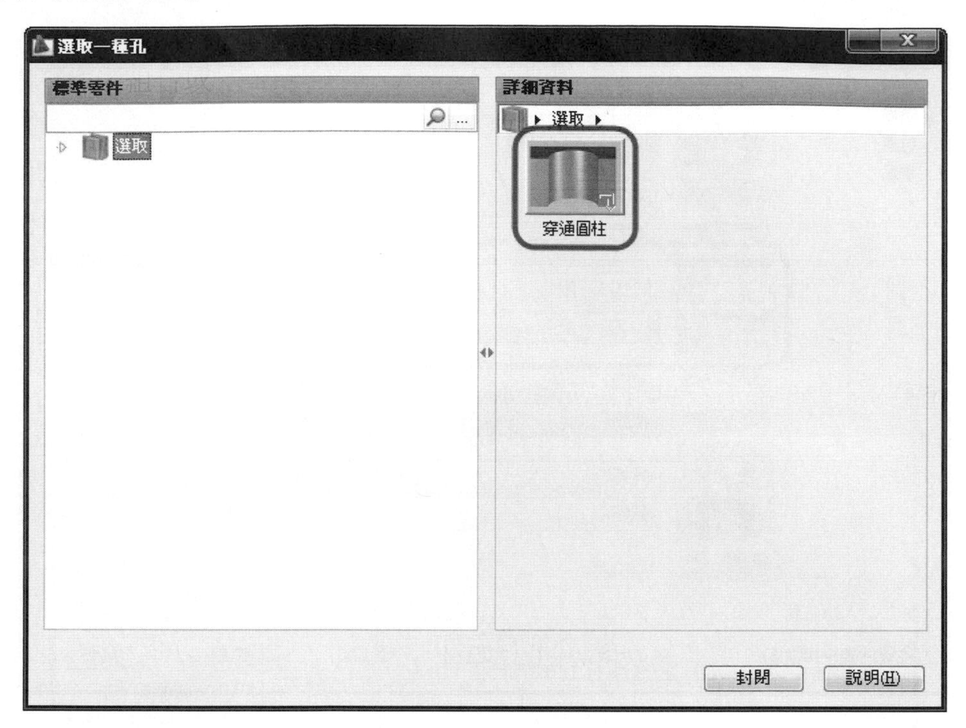

13. 選擇【ISO 273 一般】配合孔。

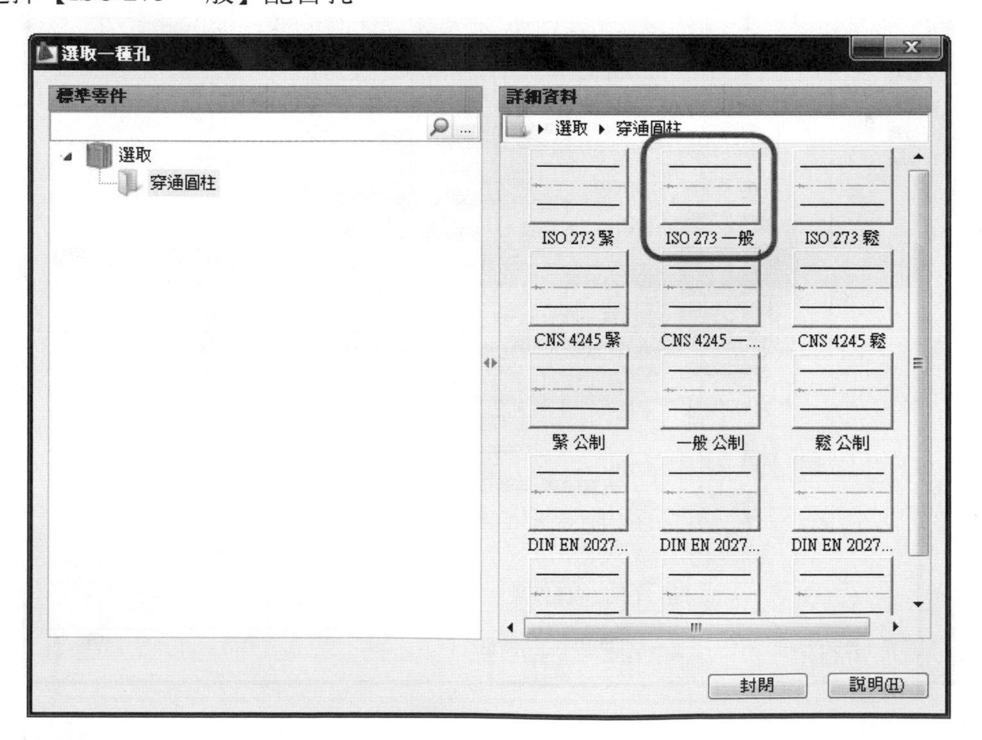

14. 因爲在我們的圖面上共有兩個物件，因此記得總共要選取兩次。

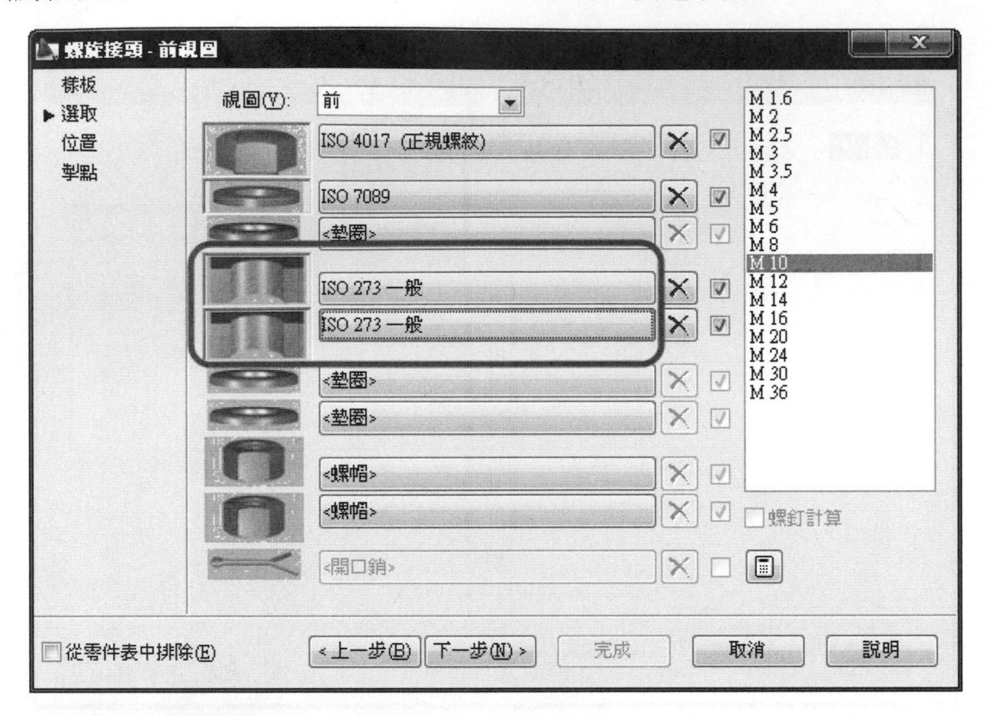

15. 再來是下方的墊圈。

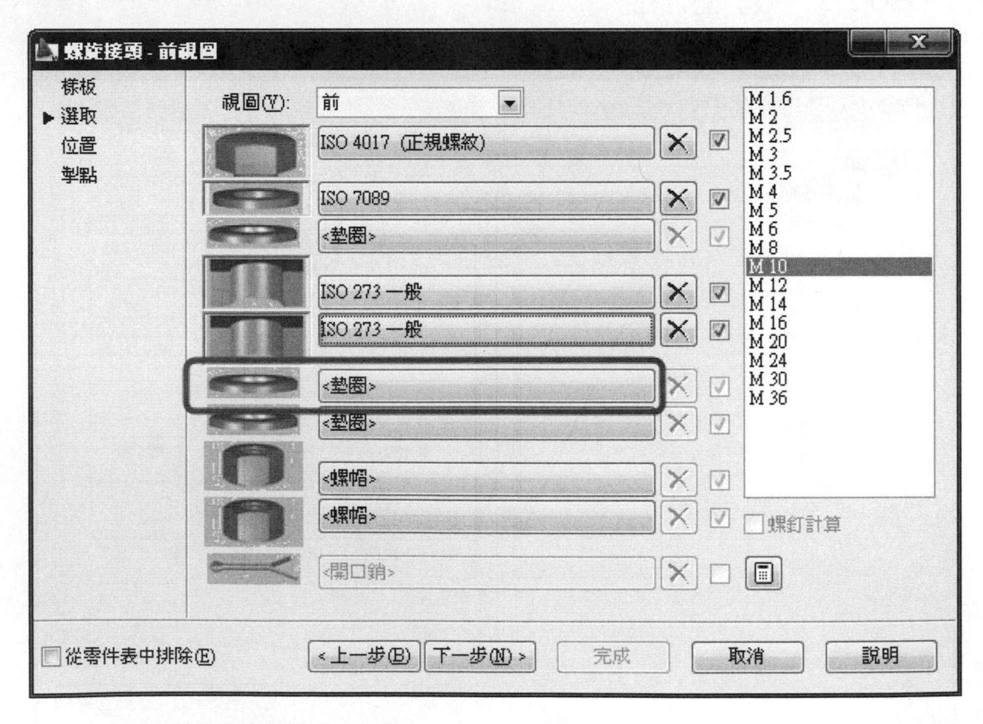

16. 和上面的墊圈選法一樣，選擇【普通】。

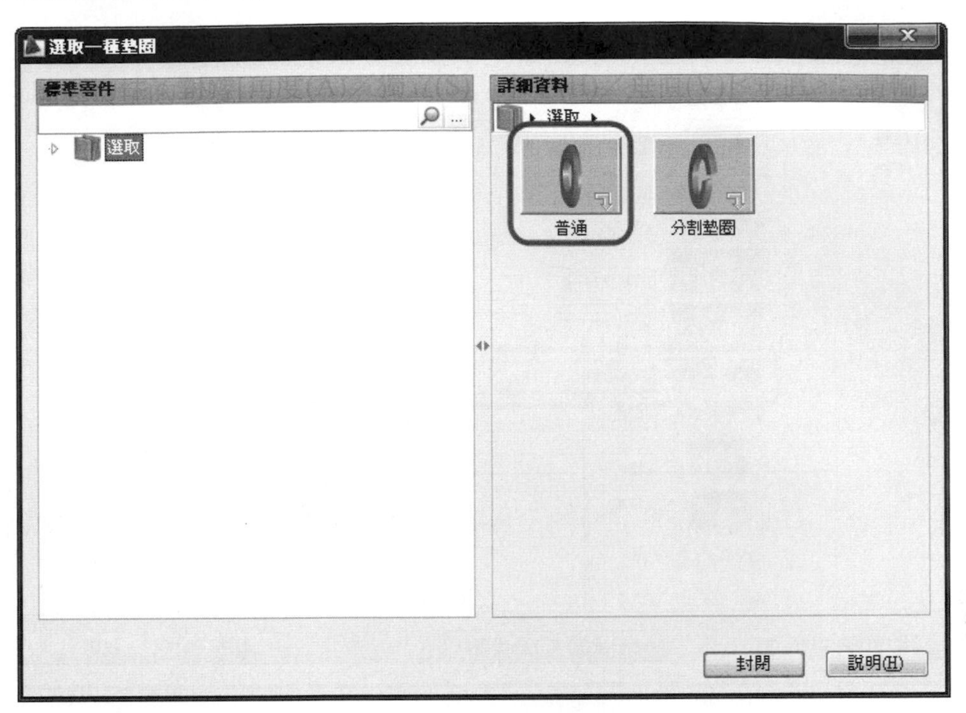

17. 在此我們選擇【ISO 7089】。

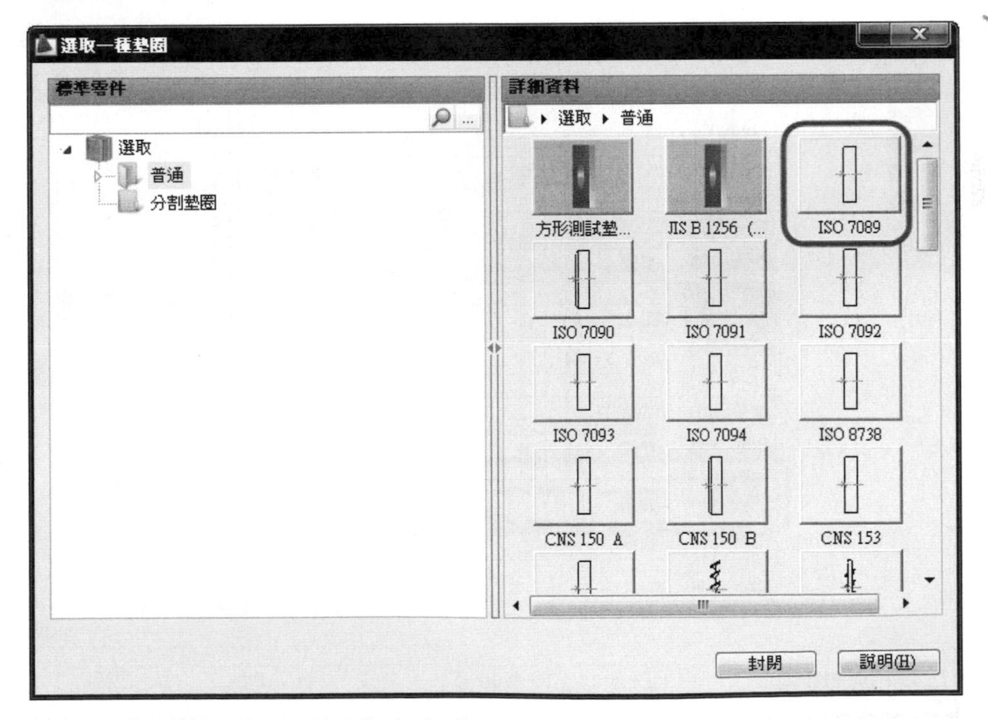

18. 選取結束後如下圖所示。

螺旋接頭 - 前視圖

樣板
選取
位置
掣點

視圖(V): 前

ISO 4017 (正規螺紋)
ISO 7089
<墊圈>
ISO 273 一般
ISO 273 一般
ISO 7089
<墊圈>
<螺帽>
<螺帽>
<開口銷>

M 1.6
M 2
M 2.5
M 3
M 3.5
M 4
M 5
M 6
M 8
M 10
M 12
M 14
M 16
M 20
M 24
M 30
M 36

螺釘計算

從零件表中排除(E)
< 上一步(B)
下一步(N) >
完成
取消
說明

19. 最後我們要做的是螺帽的選取，至於下方確保(開口銷)的部分我們就先跳過不選取了。

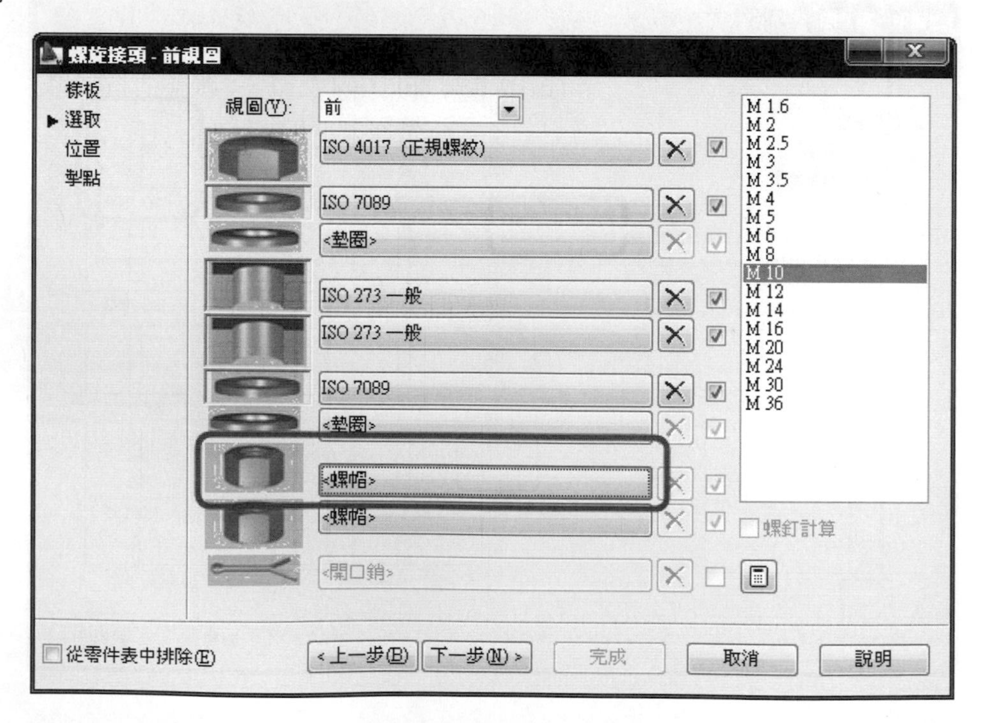

20. 選取【六角螺帽】。

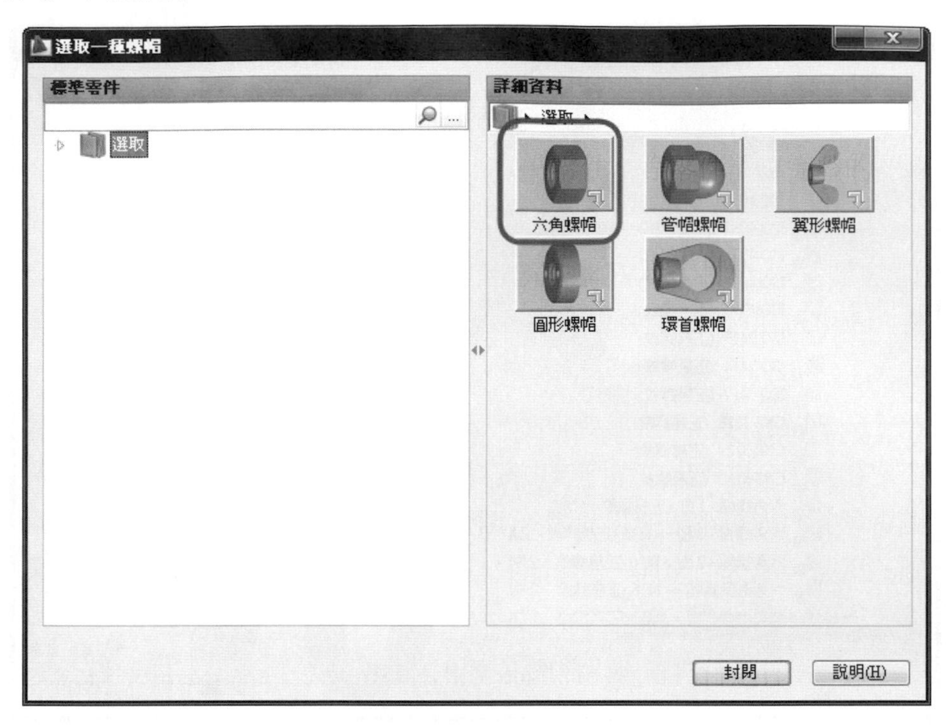

21. 選取【ISO 4032】。

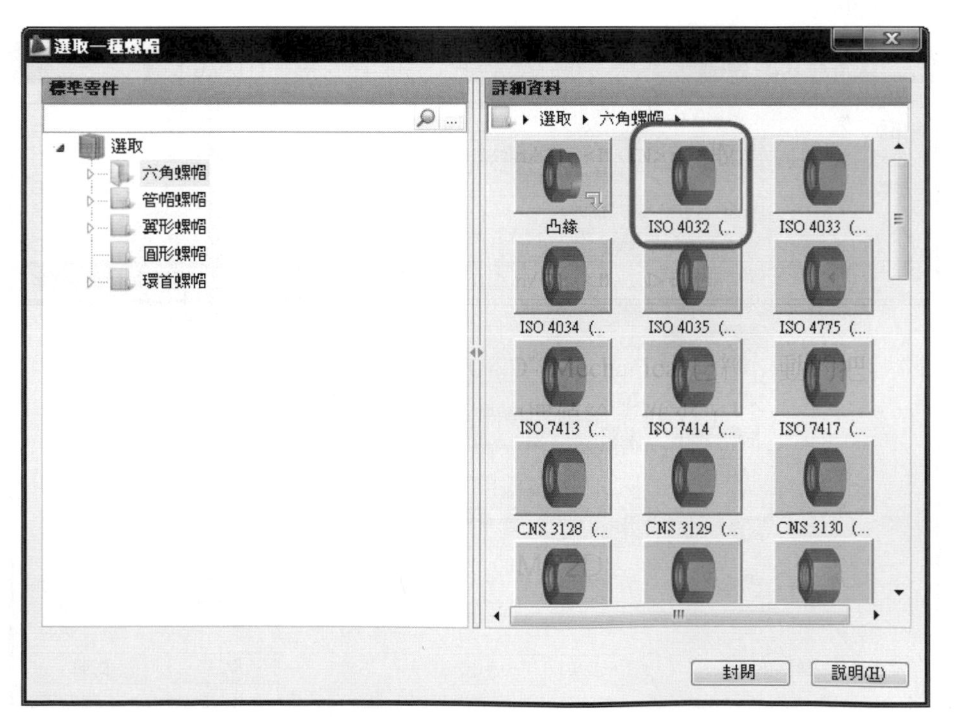

22. 選取【前視圖】。

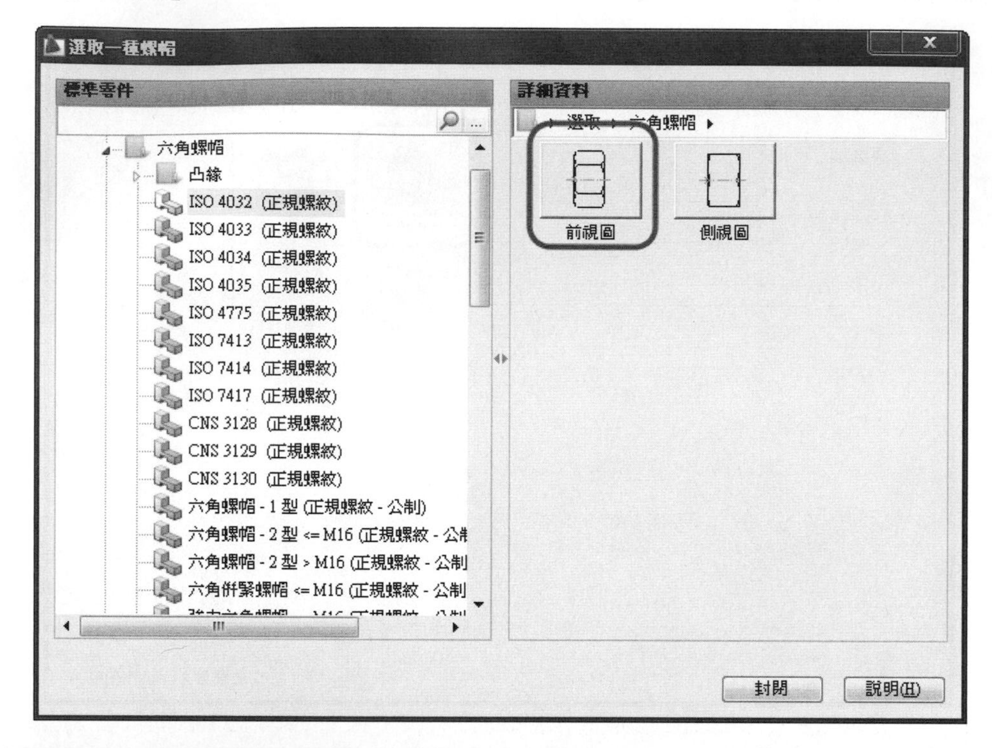

23. 選取結果如下圖。

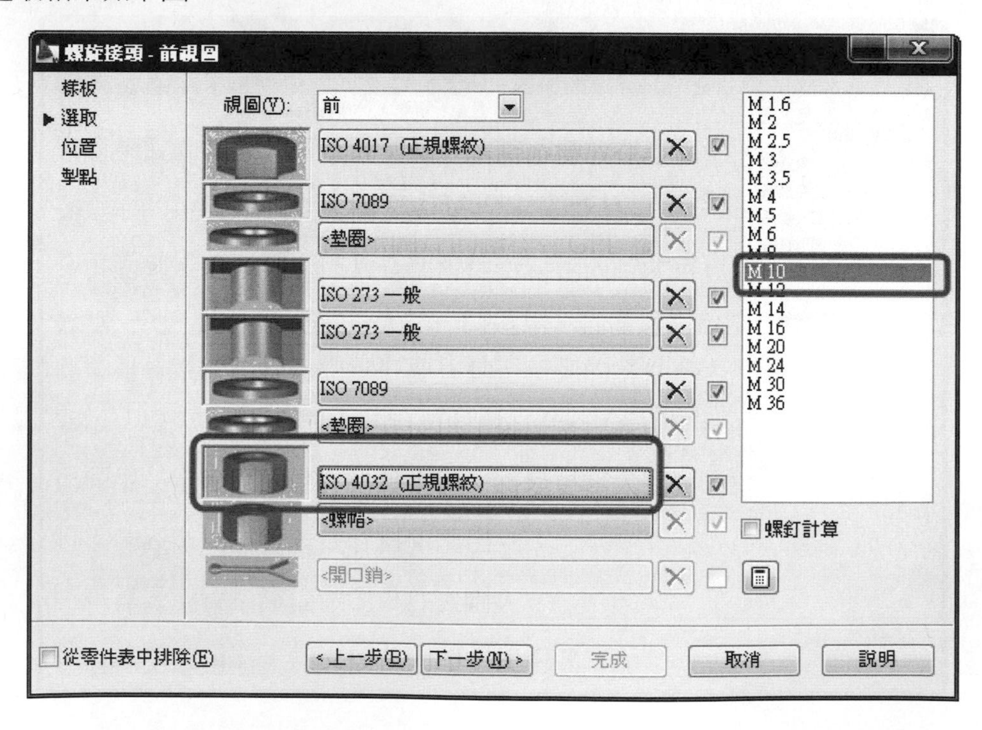

當然如果您有勾選螺釘計算的話，在等一下我們建立零件組合時，ACADM 也會自動的帶出計算的畫面。

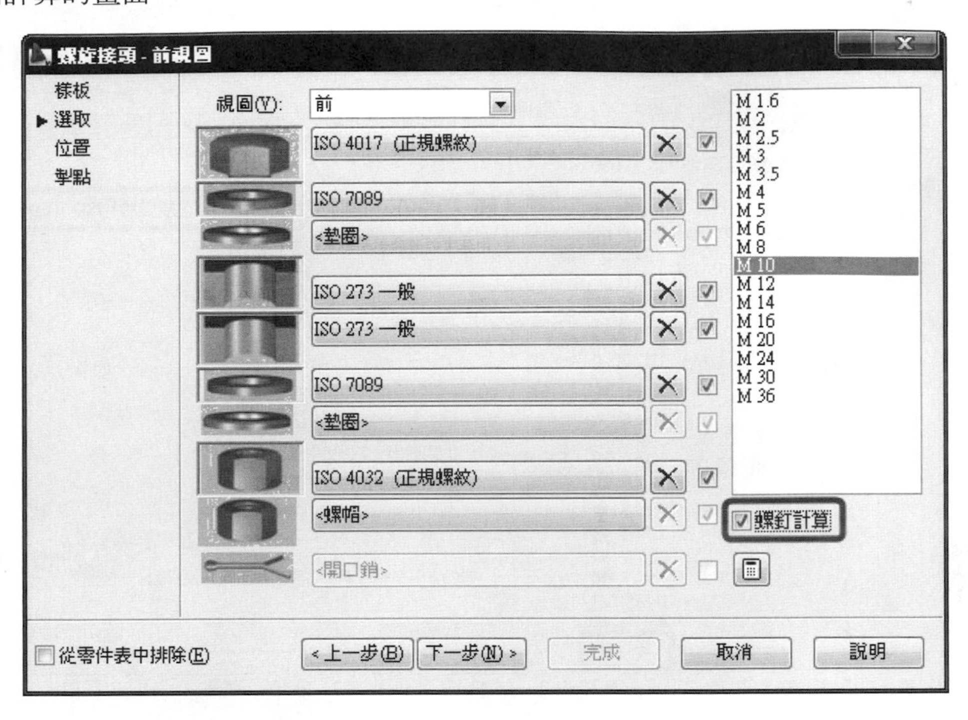

事先計算，可以先計算出所需要的數據。

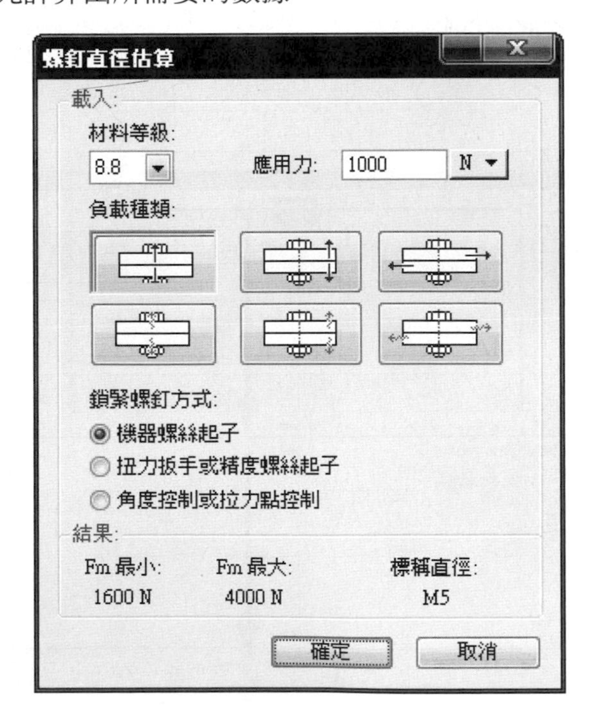

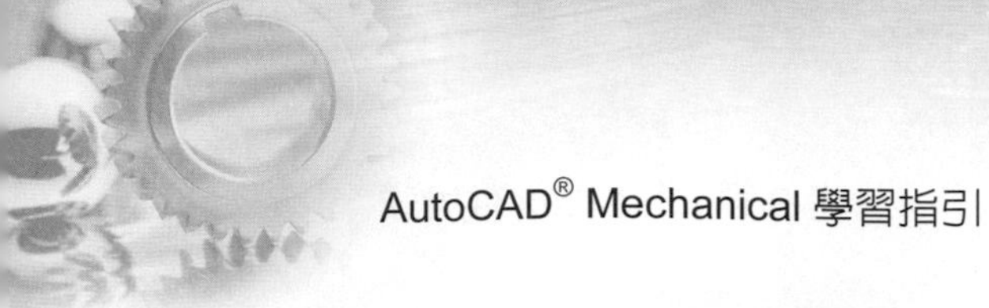

若此一規格是我們常用的制式規格，我們也可以點選【上一步】，將此一設定儲存成樣板，方便我們下次選用。

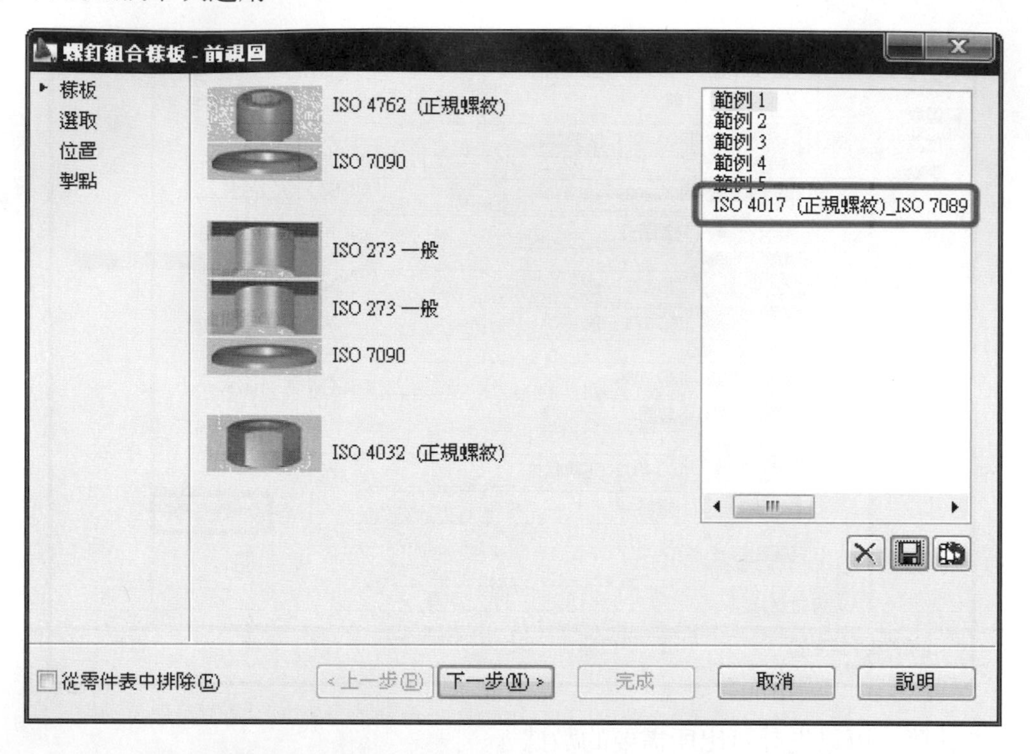

接下來請依順序點選此三個點。

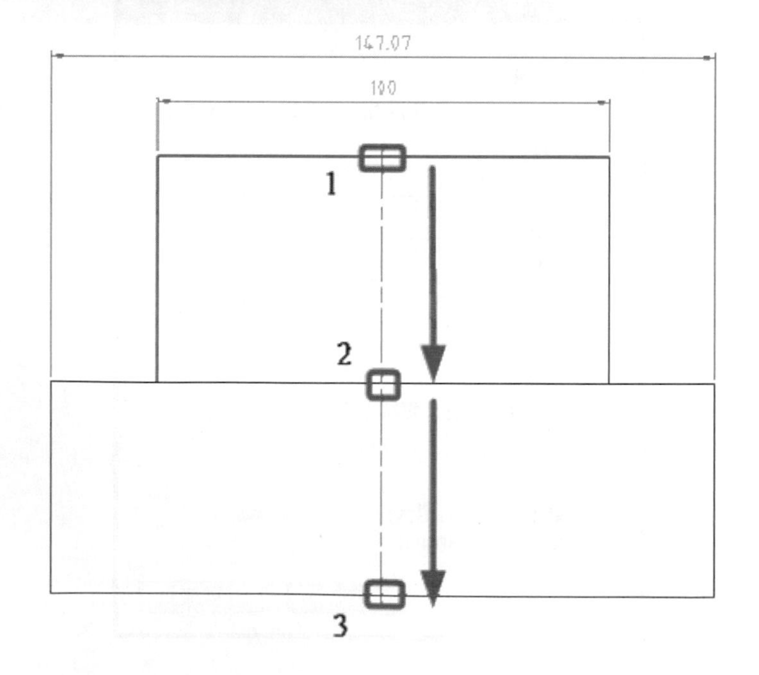

在此我們可以看出剛剛我們所繪制的板件與螺栓組的資訊，也可在此調整相關數據。

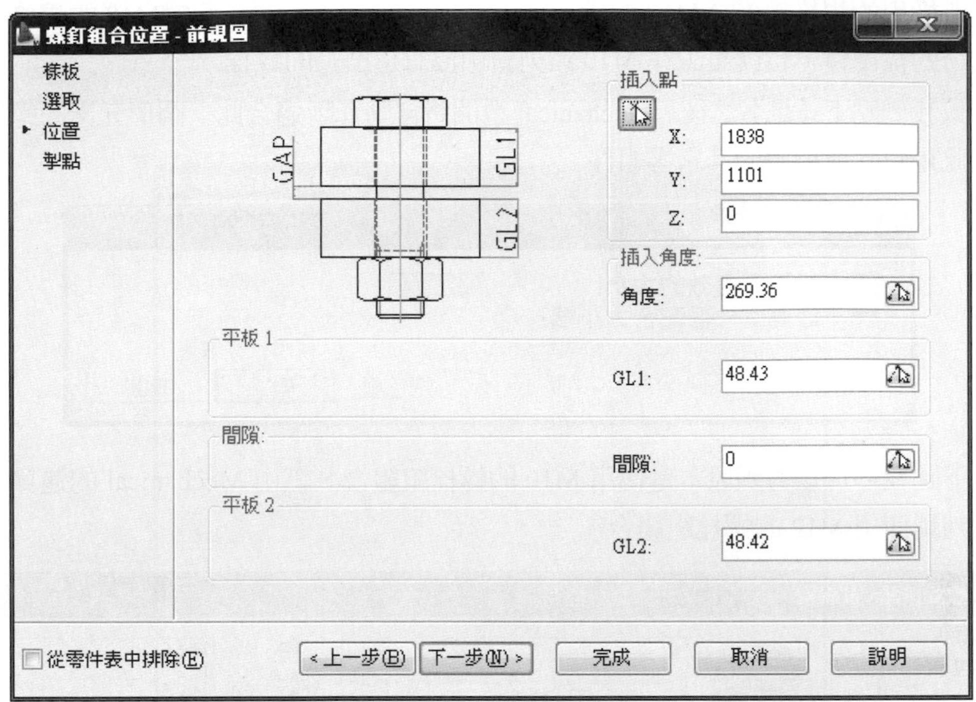

點一下【下一步】之後，可以看到有四種不同的方式來表達我們的視圖。

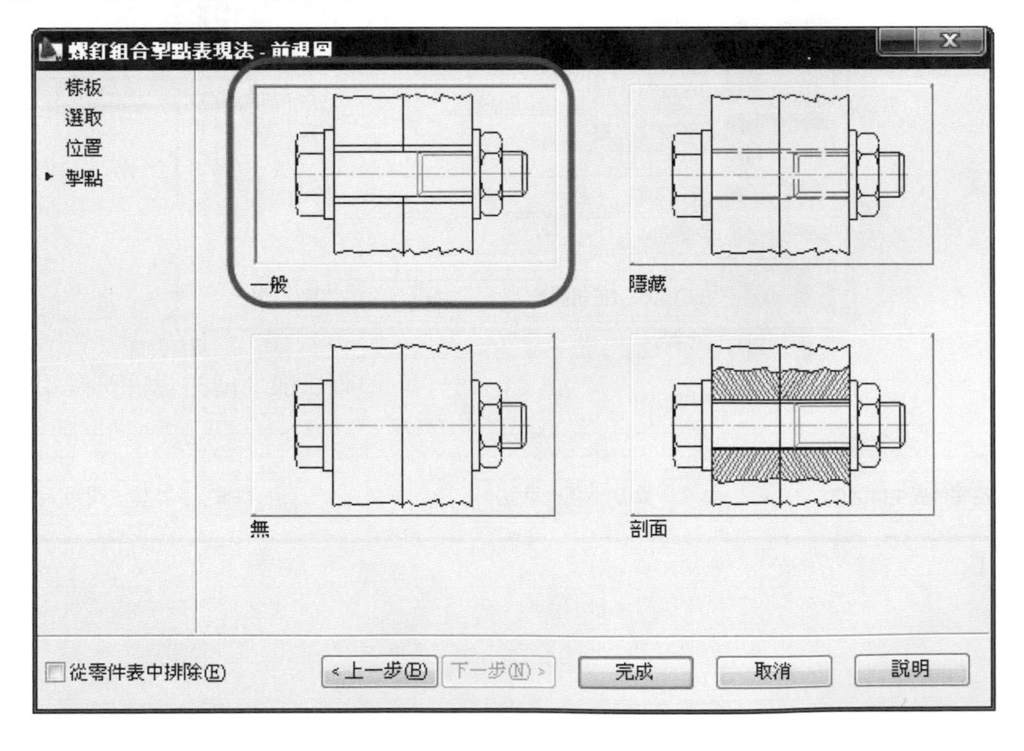

當我們點下【完成】之後，Mechanical 會開始自動的去計算我們剛剛的設定，在此之前我們所採用的規格為 ISO M10 的螺栓組，當出現下圖時，代表著在 M10 的規格當中找不到符合的標準件，也就是說在 M10 系列當中沒有這麼長的螺栓。

所以我們點下【是】之後，Mechanical 會開將自動介斷適合此一圖形元素的螺栓組組合，在此是包含所對應的其它零組件。

由下圖我們可以看到原本是使用 M10 的螺栓組組合，經由 Mechanical 的運算，已經自動的判斷使用 M12 的螺栓組組合。

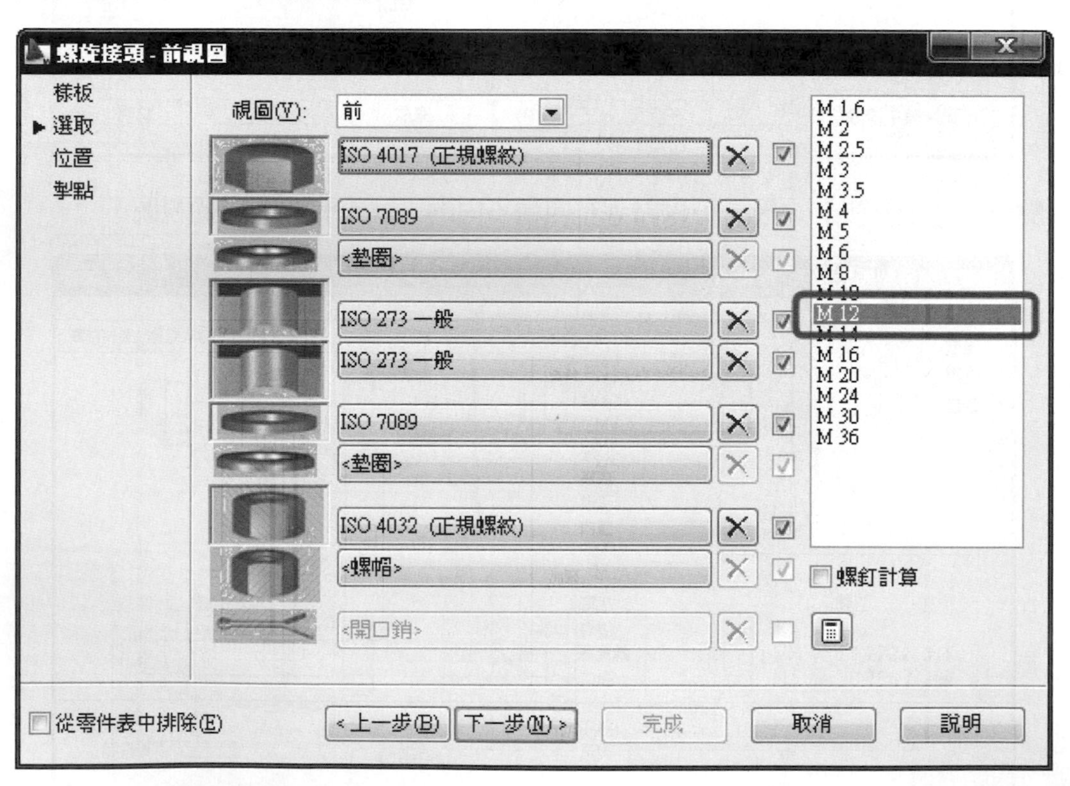

點下完成之後，會自動的帶出相關的計算畫面。

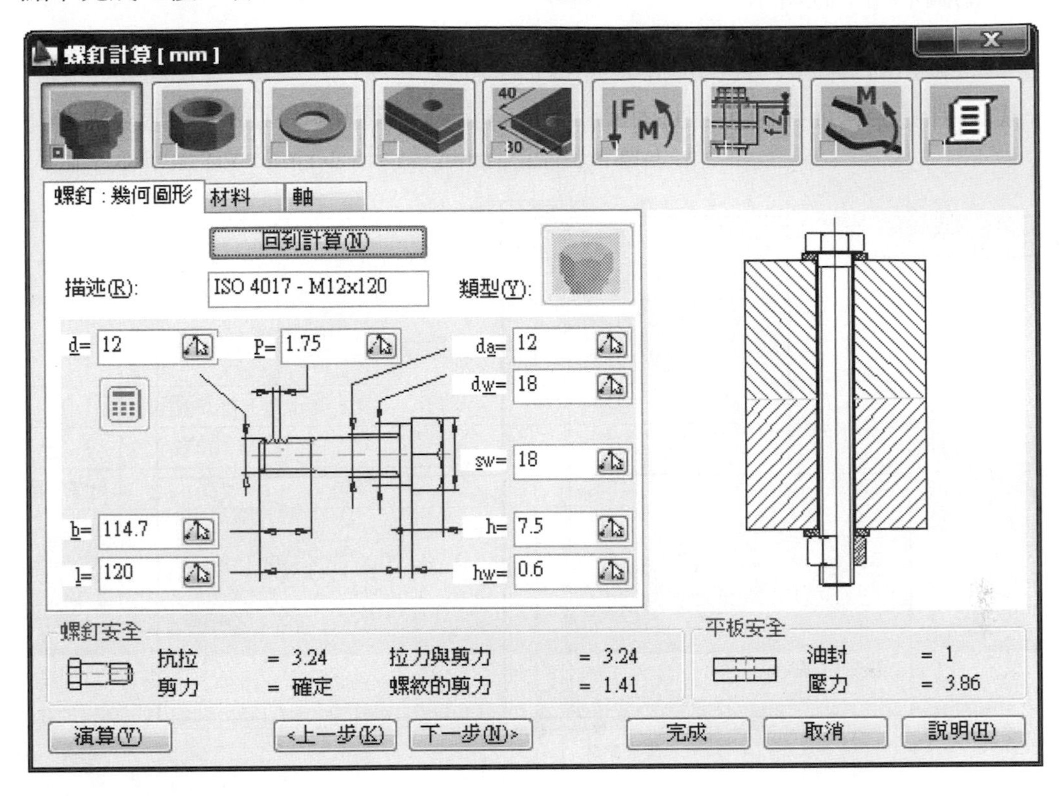

若沒有額外的需求，可以直接的點上完成，即可得到下圖的表格。

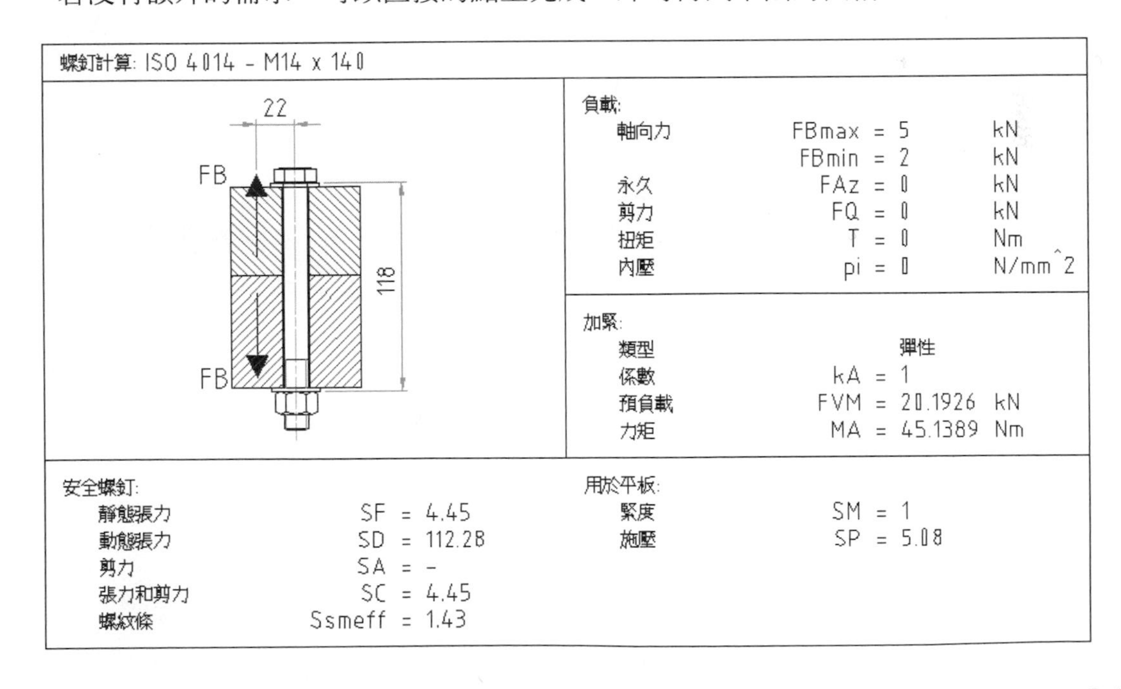

螺釘計算: ISO 4014 - M14 x 140

負載:

軸向力	FBmax = 5		kN
	FBmin = 2		kN
永久	FAz = 0		kN
剪力	FQ = 0		kN
扭矩	T = 0		Nm
內壓	pi = 0		N/mm^2

加緊:

類型		彈性
係數	kA = 1	
預負載	FVM = 20.1926	kN
力矩	MA = 45.1389	Nm

安全螺釘:

靜態張力	SF = 4.45
動態張力	SD = 112.28
剪力	SA = -
張力和剪力	SC = 4.45
螺紋條	Ssmeff = 1.43

用於平板:

緊度	SM = 1
施壓	SP = 5.08

完成的圖形如下圖所示。

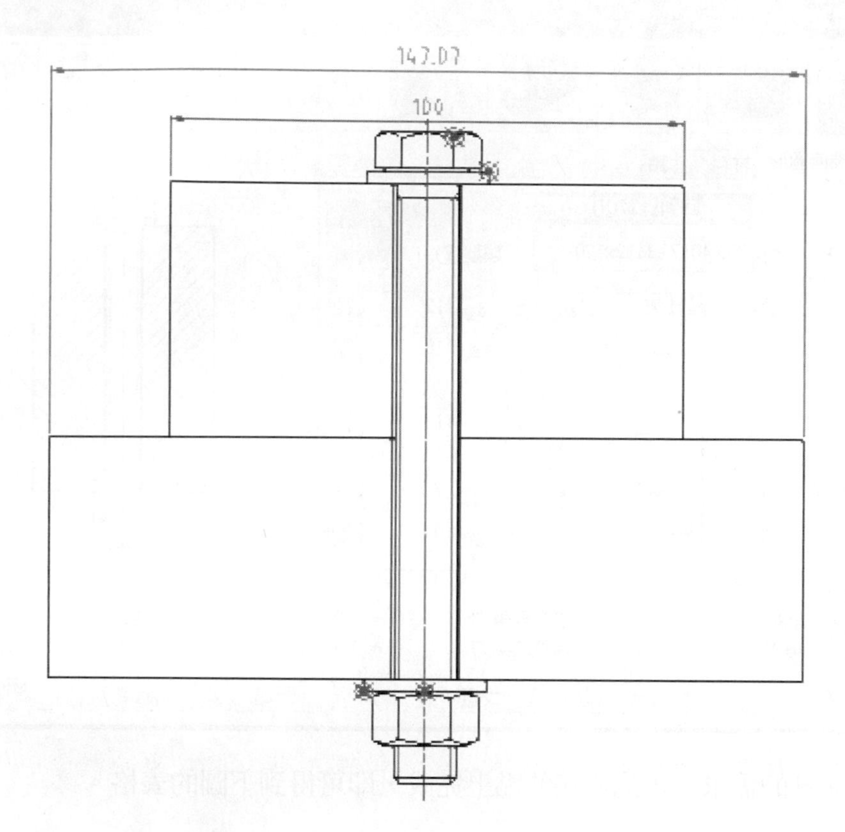

9-2 零件參考：AMPARTREF

您可使用零件參考來描述模型空間中的零件，模型空間中的零件參考設計為材料表中的零件和組合。

零件參考建立時，可將其與圖塊進行關聯(稱為圖塊零件參考)。這樣，此圖塊的所有例證都會計入材料表中，包含零件參考的巢狀圖塊被視為組合。如果圖面已編件號，與零件參考關聯的圖塊會被識別為零件或組合(視具體情況而定)。

注意!

您可使用圖塊和圖塊零件參考在圖面中建立組合結構。但是請注意，這種建立組合結構的方法已被 Mechanical 結構所取代。

您也可以將零件參考當作未關聯的零件參考放置在繪圖區或幾何圖形中。如果您在幾何圖形中放置零件參考，則此零件參考將顯示為在其中心處有一個實體圓。該實體圓表示，如果移動幾何圖形，則零件參考將隨之移動。

當您建立零件參考時，請為材料表輸入所需的資料。但是，如果您建立的零件參考與既有的零件參考非常類似，則可以將其做為複本建立。這將減少您必須輸入的資料。

如果在圖面中的多處均具有相同零件，且零件不是做為圖塊來繪製的，則可以執行下列作業。

在零件幾何圖形的一個複本上放置零件參考。然後，參考第一個零件參考為其他零件建立零件參考。零件參考的元件性質隨後成為關聯式。如果您變更一個零件參考中的性質值，則其他零件參考會自動反應此變更。

秘訣使用 AutoCAD® COPY 指令複製零件參考是做為參考建立零件參考的較快方式。

1. 在我們需要定義的地方點一下，此時在我們點下去的同時就會出現一個定義點的符號，並且帶出一個零件參考的對話框。我們可以在此一對話框輸入想要請 AutoCAD® Mechanical 幫我們帶出的資訊。

   可於【註解】→【零件參考】找到此功能。

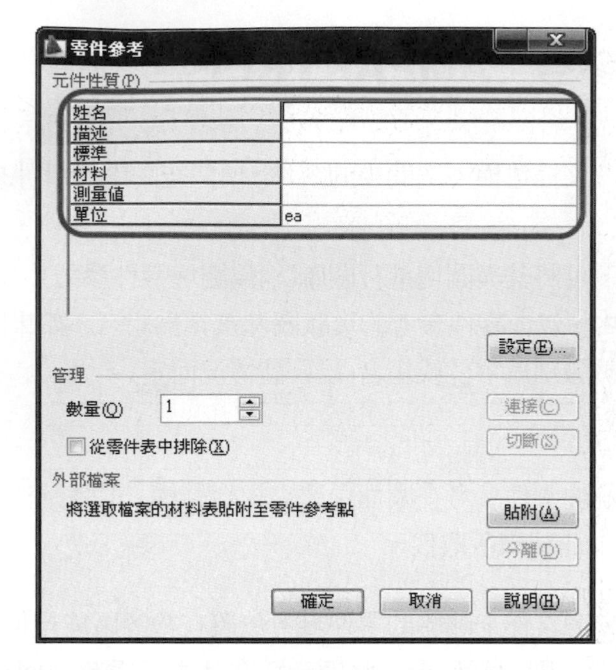

2. 請先輸入第一塊板子的資訊，您可以依欄位輸入對應的資料。

姓名	板子一
描述	一般用板
標準	一般
材料	S45C
測量值	
單位	ea

3. 此時在我們先前點過的地方就會出現一個參考點。

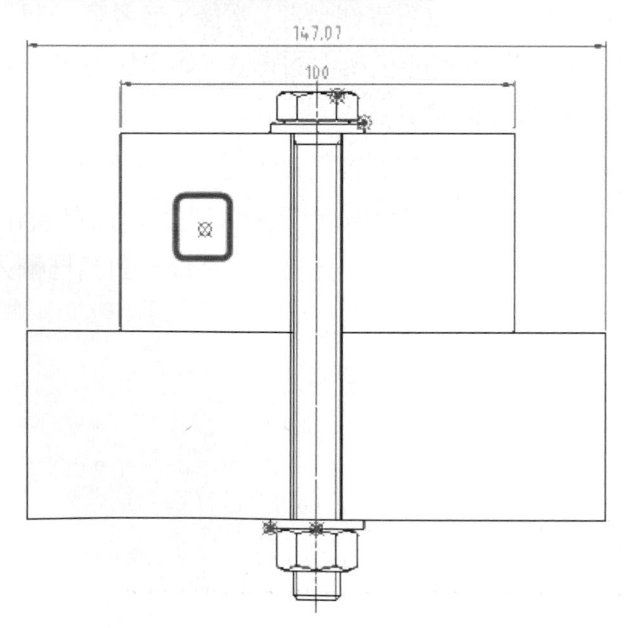

4. 接下來再輸入第二塊板子的資訊。

姓名	板子二
描述	一般用板
標準	一般
材料	S45C
測量值	
單位	ea

5. 整個完成了之後可以在我們的圖形元素上看到原來沒有定義點的地方已經佈上了兩個定義點，如此我們就完成了定義點的設定。

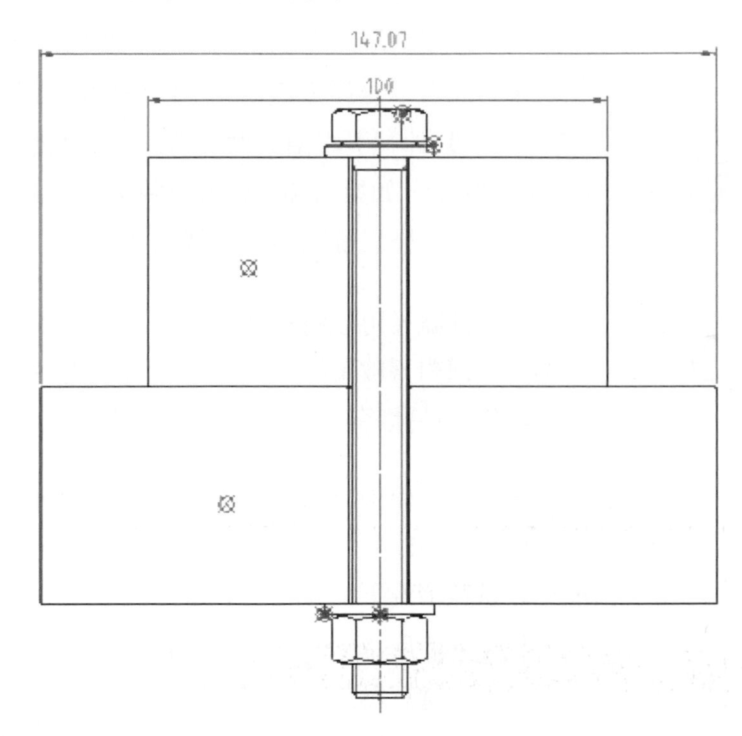

準備好了零件的定義點之後，我們就可以在待會的材料表上把剛剛所設定的值記錄在材料表上。

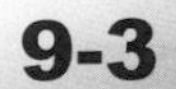

9-3 件號球：AMBALLOON

當為註解視圖建立件號時，請使用 Mechanical 瀏覽器上的「建立件號」右鍵功能表選項，這樣 AutoCAD® Mechanical 會為您自動選取正確的材料表。

當您建立件號時，會從目前的製圖標準取得預設設定。

可於【註解】→【件號】找到此功能。

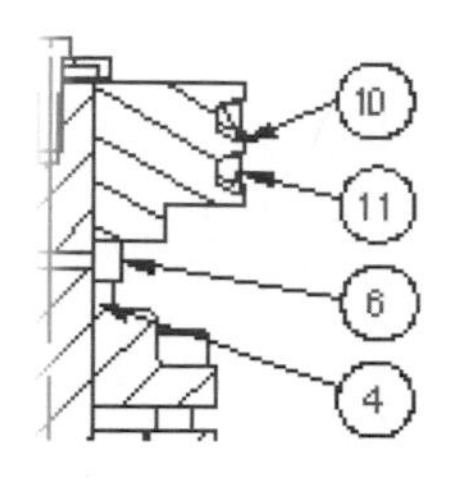

您可以建立單一件號或同時建立多個件號。在多個件號的情況下，您可以選擇依水平、垂直或任何直線來對齊件號。

依預設，件號引線由零件參考的中心開始或者貼附至元件(零件或組合)。如果需要，您可以將某個並非零件參考或元件的位置做為件號引線開始點來建立件號。

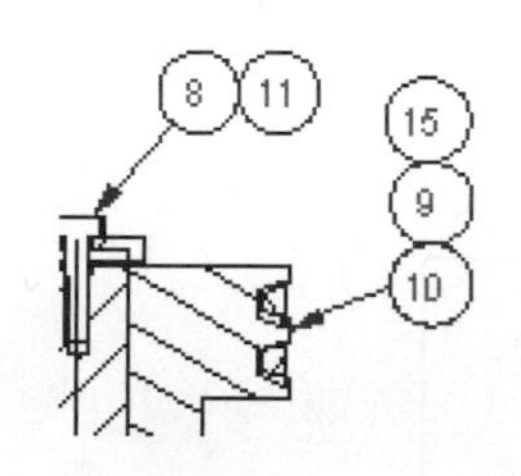

建立件號後可以將數個件號收集在一條引線下。您可以選擇指定如何對齊收集的件號。如果預設件號型式設定為自訂件號，收集的件號將在其實際範圍內連接。

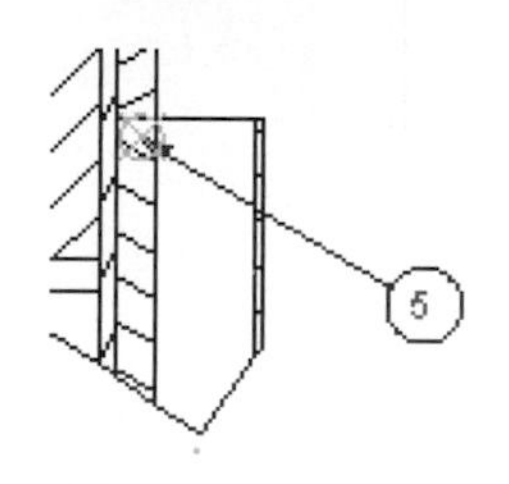

如果您不使用 Mechanical 結構，您可能會遇到您要編件號的物件尚未透過將零件參考貼附至其而旗標為零件的情形。在這種情況下，您可以同時建立零件參考和件號。

如果您使用 Mechanical 結構，通常可在註解視圖中為組合編件號。當您為註解視圖編件號時，AutoCAD® Mechanical 會自動選取正確的組合材料表。件號幾何圖形不屬於註解視圖定義。如果您透過其他圖面啟用註解視圖或其外部參考，則件號就會如同其不屬於註解視圖一樣運作。

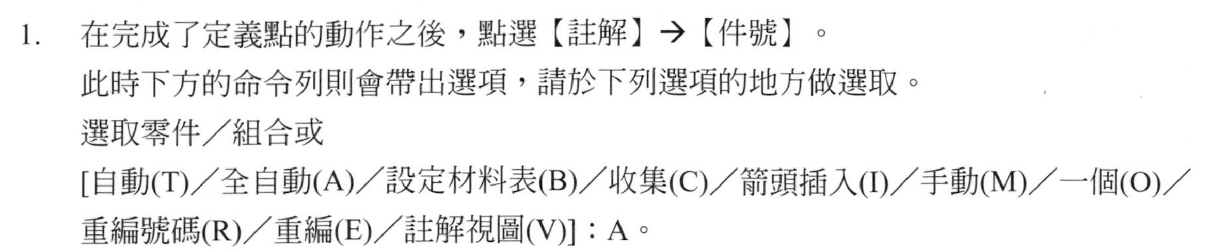

1. 在完成了定義點的動作之後，點選【註解】→【件號】。
   此時下方的命令列則會帶出選項，請於下列選項的地方做選取。
   選取零件／組合或
   [自動(T)／全自動(A)／設定材料表(B)／收集(C)／箭頭插入(I)／手動(M)／一個(O)／重編號碼(R)／重編(E)／註解視圖(V)]：A。
2. 在此我們選【全自動(A)】。

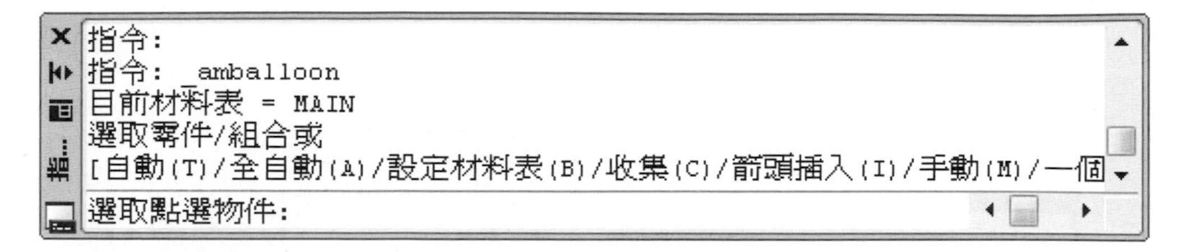

原本水藍色的定義點就會變色爲紅色。

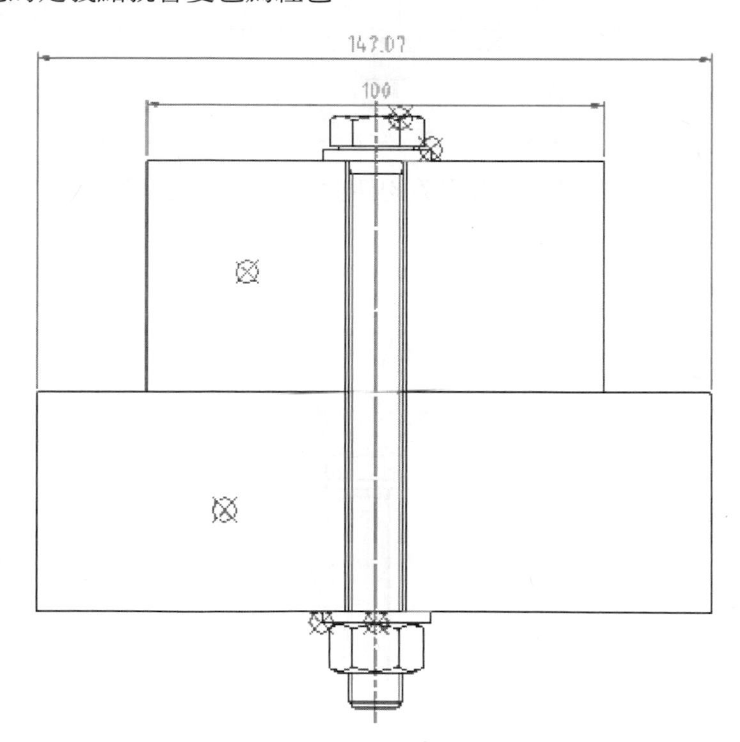

3. 再框選我們圖形。

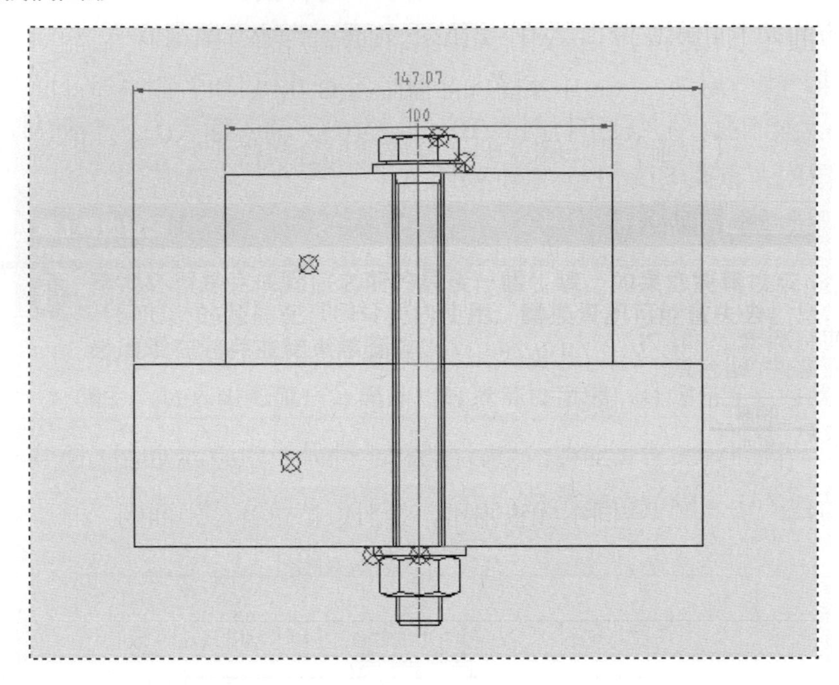

此時系統就會自動的帶出所有有定義的件號。

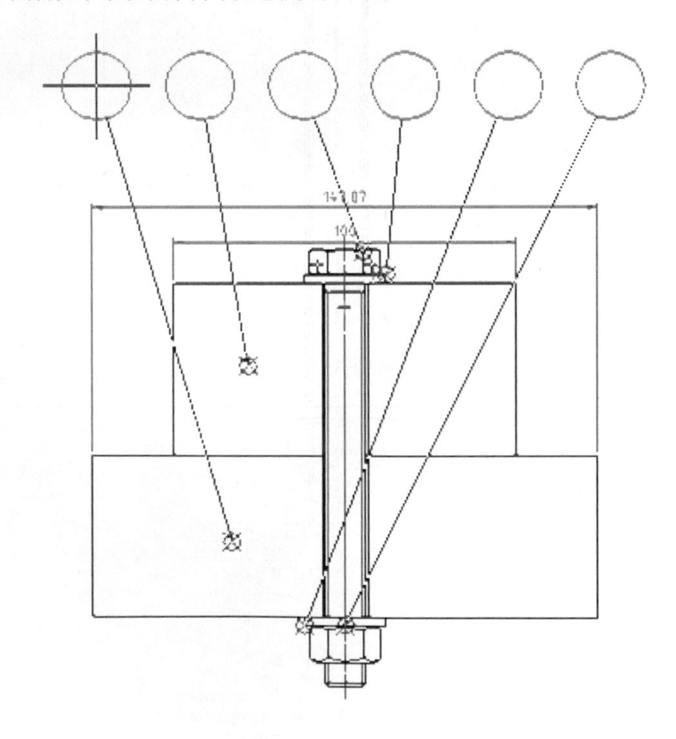

如果想要變更爲垂直的型式，請於下列選項的地方做選取。

選取點選物件：指定對角點：找到 6 個。

選取點選物件：對齊[角度(A)／獨立(S)／水平(H)／垂直(V)]<垂直>：請輸入【V】。

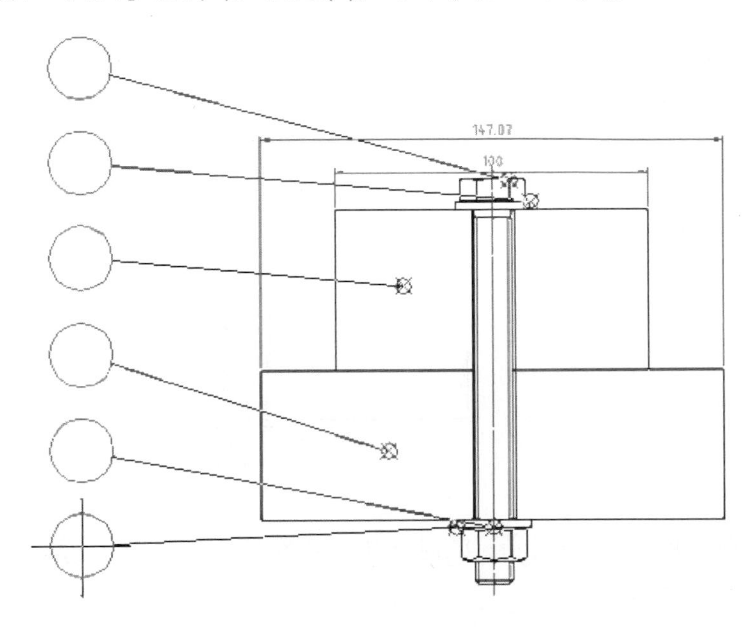

若要配合零組件外觀的話，可以在輸入【A】之後，在畫面上繪製一直線。

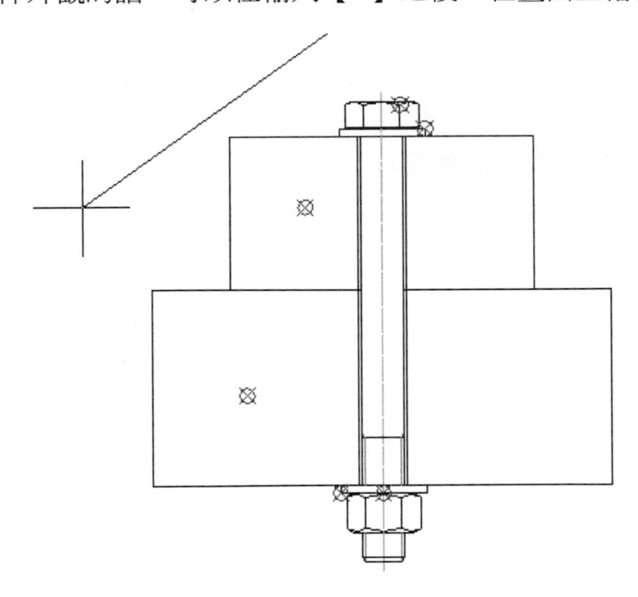

此時系統則會依照此線段的角度做件號的標示。

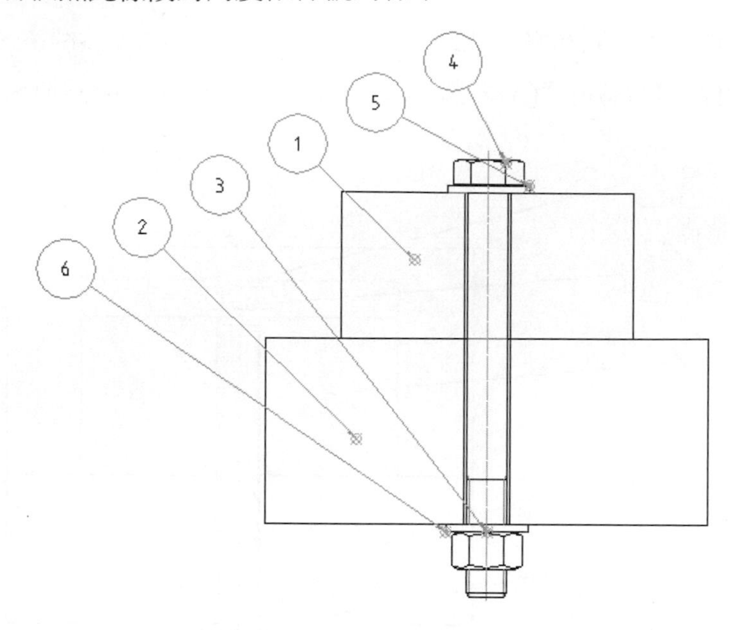

如果覺得件號的順序不是很滿意的話，可以再點取一次件號，選則【E】。

目前材料表 = MAIN。

選取零件／組合或

[自動(T)／全自動(A)／設定材料表(B)／收集(C)／箭頭插入(I)／手動(M)／一個(O)／重編號碼(R)／重編(E)／註解視圖(V)]：R。

輸入起始料件號碼：<1>：1　(即件號起始值)

輸入增量：<1>：1　(即件號增量)

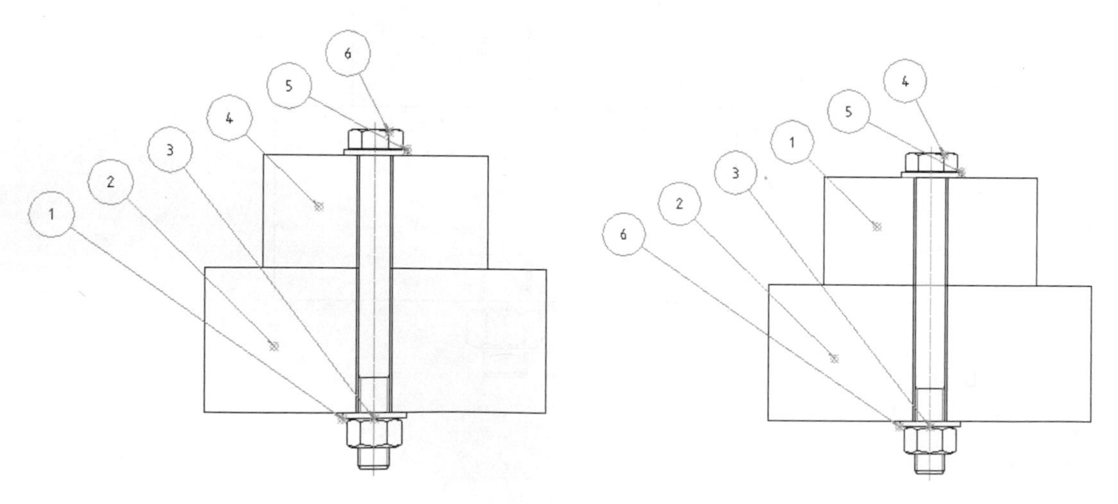

 9-4 零件表：AMPARTLIST

在組立圖中，通常我們會將每一個零件賦予零件名稱、數量、材質...等，材料表資源庫就像是一個總表一樣，將總組立、次組立、標準零件...等零件清單完整的記錄在裡面，必要時再將我們需要的零件表插入到圖面中使用。

若要建立包含圖面中所有零件和組合的零件表，必須將主材料表設定為目前材料表。

若要建立包含模型空間內特定圖框之零件和組合的零件表，必須將相應的邊框材料表設定為目前材料表。

若要為 Mechanical 結構組合建立零件表，通常要建立組合的註解視圖，然後建立註解視圖的零件表。零件表會從正確的組合材料表中自動衍生出資料。因為零件表可潛在地包含有關圖檔的資訊(超過註解視圖範圍的資訊)，因此零件表不會成為註解視圖定義的一部分。如果您透過其他圖面啓用註解視圖或其外部參考，則零件表不會被視為屬於此註解視圖。

材料表資料庫的建立，可分為圖框內和全部圖檔內，可自行選擇。

可於【註解】→【零件表】找到此功能。

執行【註解】→【零件表】後，系統會詢問是否要建立全部圖檔內的材料表：此時選取 MAIN 即可，再將所需列出 BOM 表的圖素元件全部選取起來即可。

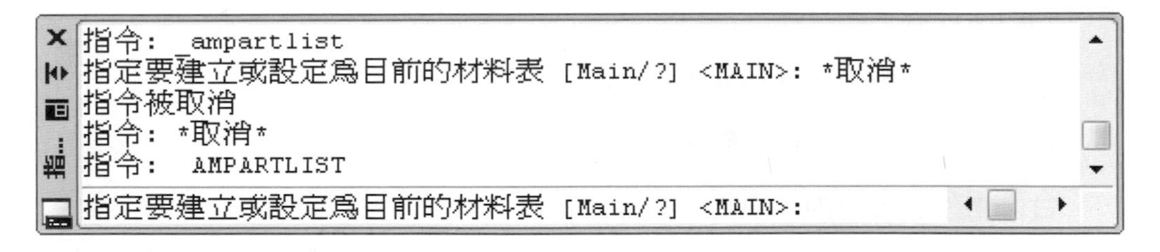

此時我們可以看到在零件表 ISO 中 AutoCAD® Mechanical 已經自動的把我們的組立給列出清單，連我們剛剛所建立的材料也都一併的把值給帶進來了。

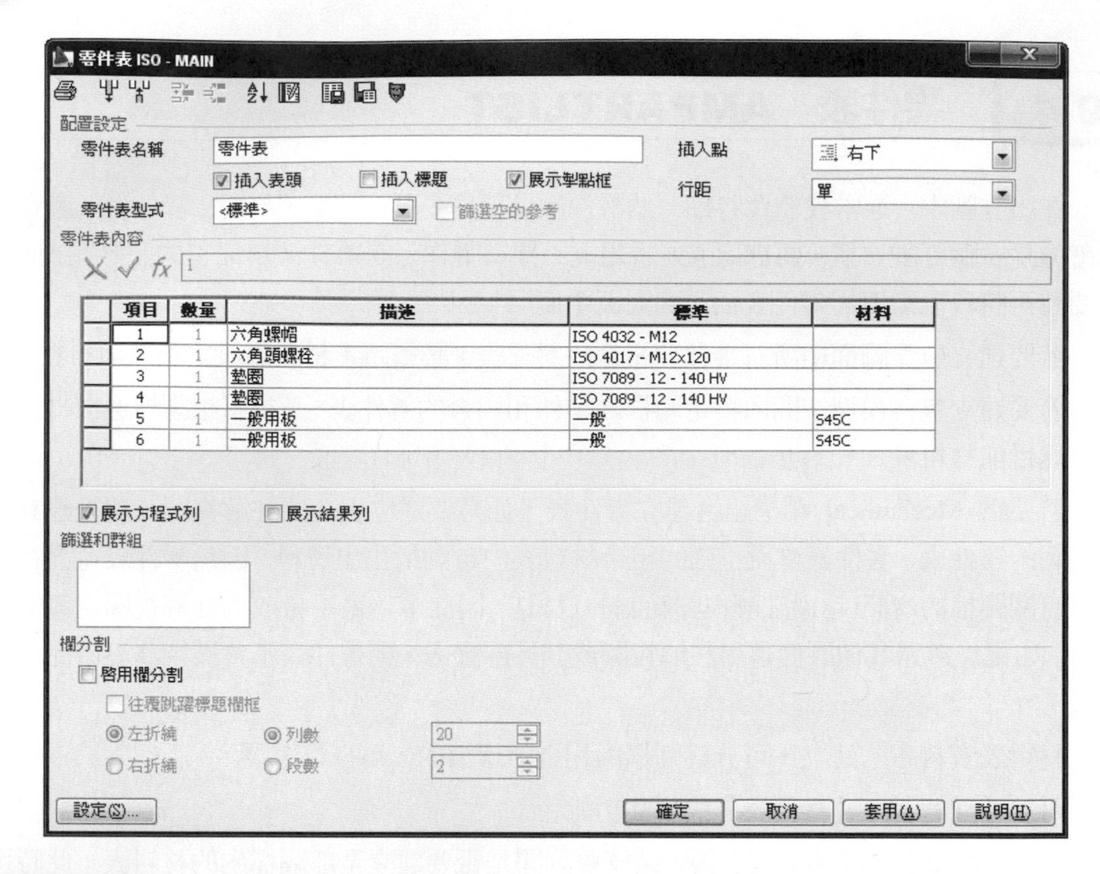

工具列按鈕

列印零件表。

刪除選取的欄。若要選取某欄，請將游標放在該欄中。

在選取的位置左側插入欄。

合併兩列或更多列。僅當全部零件資料相同時才可以合併。

分割一列。此作業在數量大於一時適用，且僅適用於零件參考。按一下此按鈕，系統將提示您選取要移動至新列的零件參考。

顯示「排序」對話方塊，其提供了排序零件表中料件的各種選項。

爲欄中一定範圍的儲存格設定值。將變更寫入相應的材料表。

將零件表做爲試算表或資料庫匯出。

將試算表或資料庫檔做爲零件表匯入。

執行遮罩編輯器，其支援在列印中使用遮罩。

修改件號型狀

若需要不同的件號型式，您可以進入到【環境選項】→【AM：標準】→【件號】。

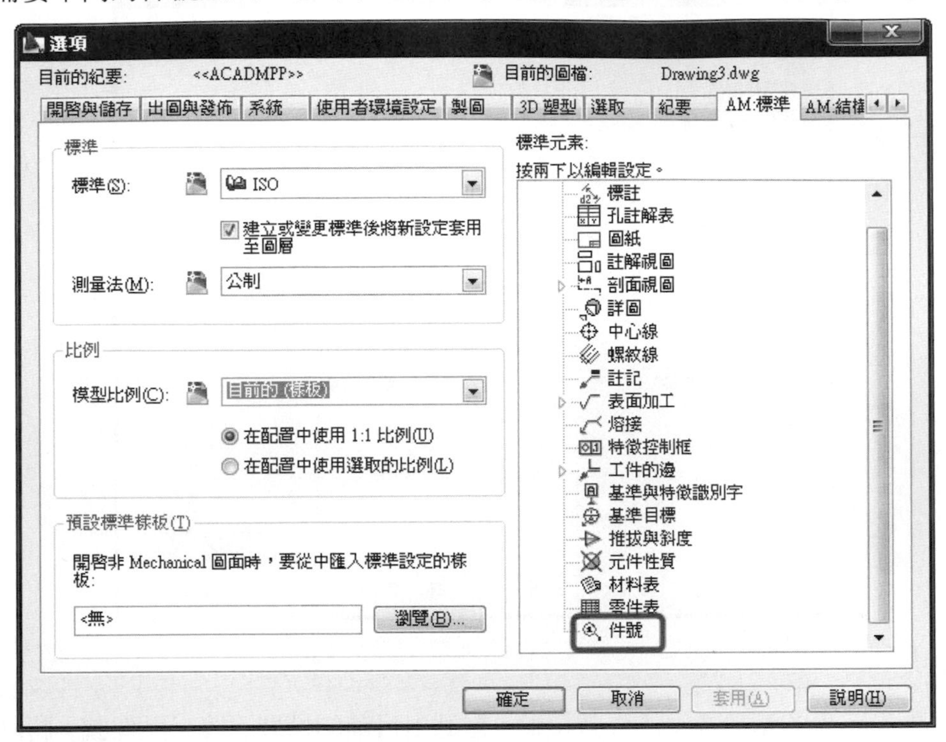

在左下方的自訂件號型式，再點下瀏覽。

選取件號的類型

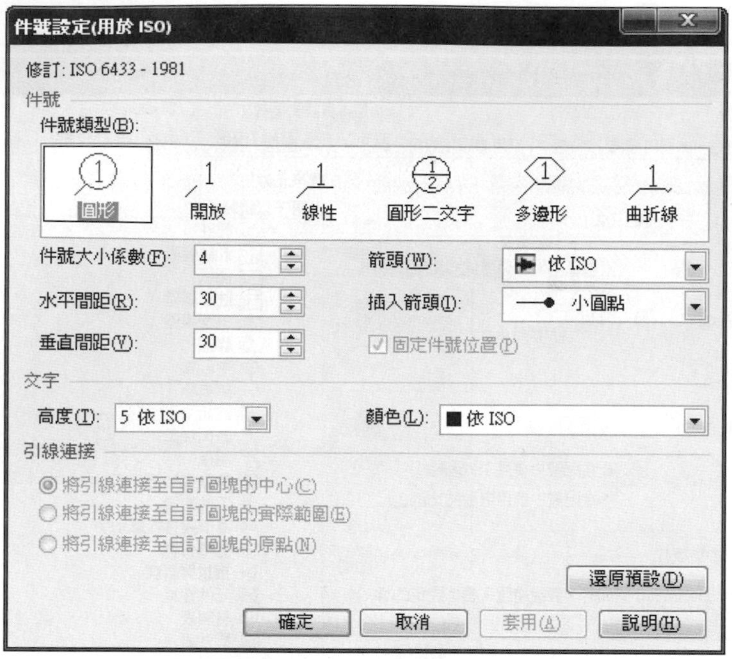

件號類型：

顯示事先定義的基於標準的件號樣盤。框選出目前的選取。按一下件號，將其設定為預設。

件號大小係數：

指定件號比件號文字大多少倍。

水平空間：

設定件號自動對齊時必須保持的水平距離(兩個相鄰件號的中心之間)。

垂直間距：

設定件號自動對齊時必須保持的垂直距離(兩個相鄰件號的中心之間)。

箭頭類型：

設定用於引線終止的箭頭。顯示包含符合標準的箭頭的樣盤，以協助您選取需要的箭頭。

輔助類型：

設定用於未在物件線或圖示終止的引線的箭頭。顯示包含符合標準的箭頭的樣盤，以協助您選取需要的箭頭。

固定件號位置：

將件號鎖護於放置它們的位置處，則在它們所貼附的物件移動時它們不移動。

當然如果有額外的需要，我們也可以在剛剛的零件表 ISO-MAIN 的地方去設定一些小微調。

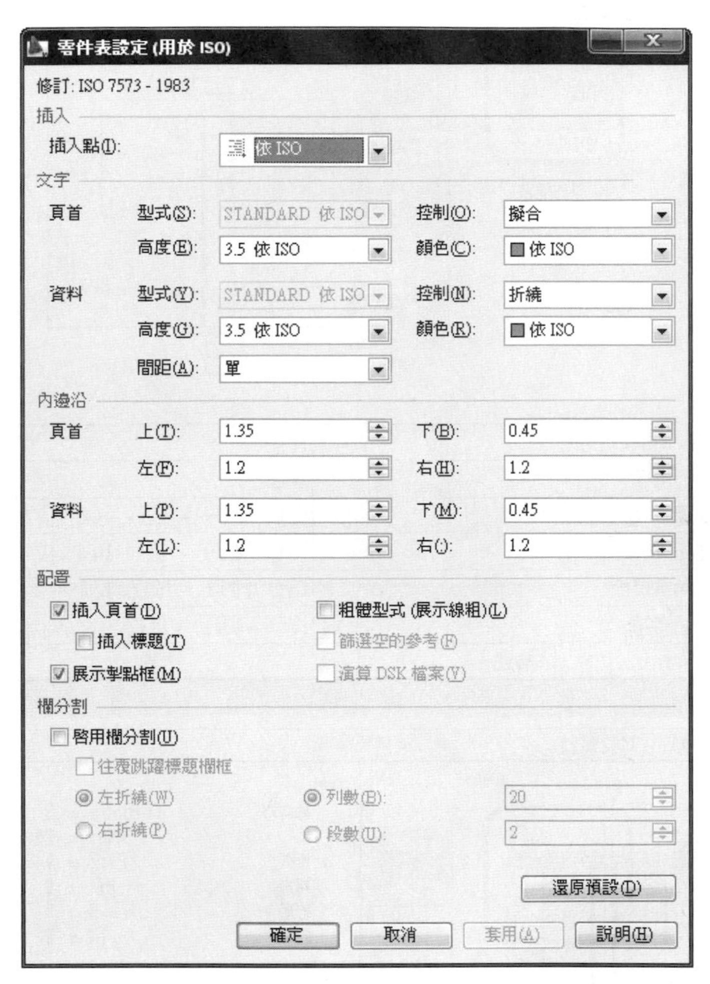

經微調後的表格就會如下圖所示：

項目	數量	描述	標準	材料
6	1	一般用板	一般	S45C
5	1	一般用板	一般	S45C
4	1	墊圈	ISO 7089 - 12 - 140 HV	
3	1	墊圈	ISO 7089 - 12 - 140 HV	
2	1	六角頭螺栓	ISO 4017 - M12x120	
1	1	六角螺帽	ISO 4032 - M12	

到這個階段，您是否已經完成下圖的動作了呢？

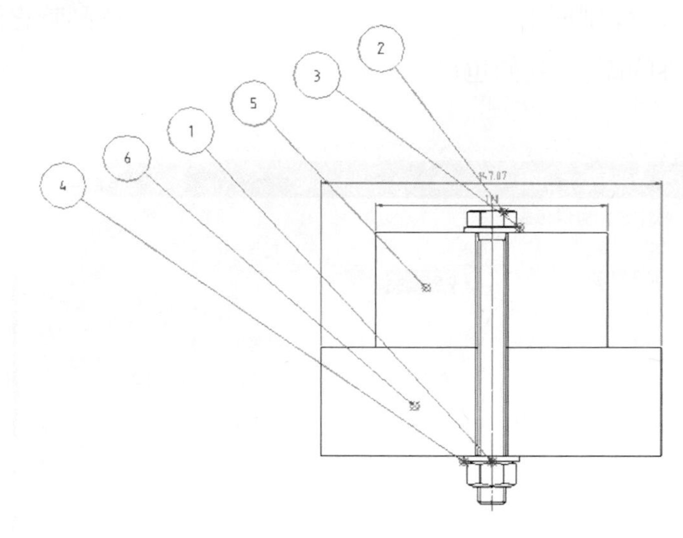

6	1	一般用板	一般	S45C
5	1	一般用板	一般	S45C
4	1	墊圈	ISO 7089 - 12 - 140 HV	
3	1	墊圈	ISO 7089 - 12 - 140 HV	
2	1	六角頭螺栓	ISO 4017 - M12x120	
1	1	六角螺帽	ISO 4032 - M12	
項目	數量	描述	標準	材料

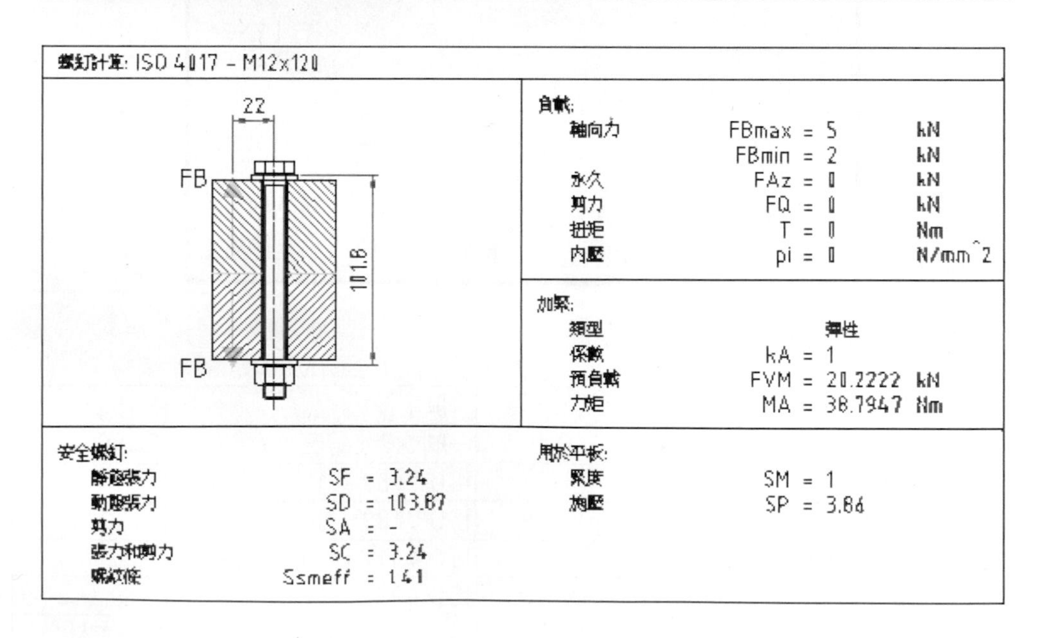

螺釘計算: ISO 4017 - M12x120
22
FB
101.8
FB
負載:
軸向力 FBmax = 5 kN
FBmin = 2 kN
永久 FAz = 0 kN
剪力 FQ = 0 kN
扭矩 T = 0 Nm
內壓 pi = 0 N/mm^2
加緊:
類型 彈性
係數 kA = 1
預負載 FVM = 20.2222 kN
力矩 MA = 38.7947 Nm
安全螺釘:
靜態張力 SF = 3.24
動態張力 SD = 103.87
剪力 SA = -
張力和剪力 SC = 3.24
螺紋條 Ssmeff = 1.41
用於平板:
緊度 SM = 1
施壓 SP = 3.86

9-4-1　自訂材料表欄位

利用了上述所教導的方式我們已經學會了如何建立材料表，但是我們常常會有一些其它的欄位需要建立，例如：熱處理、安全存量等...，因此在這個章節當中我們就以一個很簡單的例子來教導各位如何來自訂一個屬於自已的欄位。

6	1	一般用板	一般	S45C
5	1	一般用板	一般	S45C
4	1	墊圈	ISO 7089 - 12 - 140 HV	
3	1	墊圈	ISO 7089 - 12 - 140 HV	
2	1	六角頭螺栓	ISO 4017 - M12x120	
1	1	六角螺帽	ISO 4032 - M12	
項目	數量	描述	標準	材料

1. 首先請先進入到【環境選項】→【AM：標準】→【材料表】。

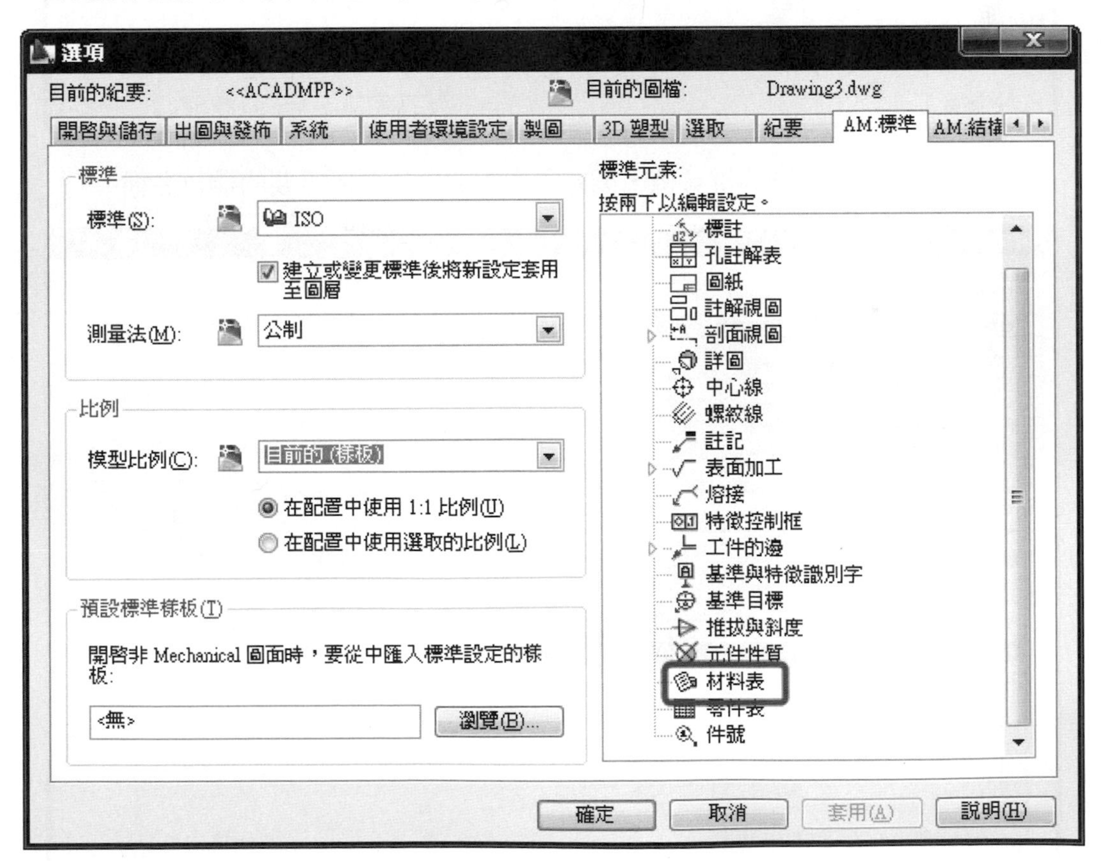

您可以在命令列直接輸入【OP】可以快速的啟動該對話框。

2. 在可用的元件性質當中可把捲軸拉到最下方，有個【按一下加入】。

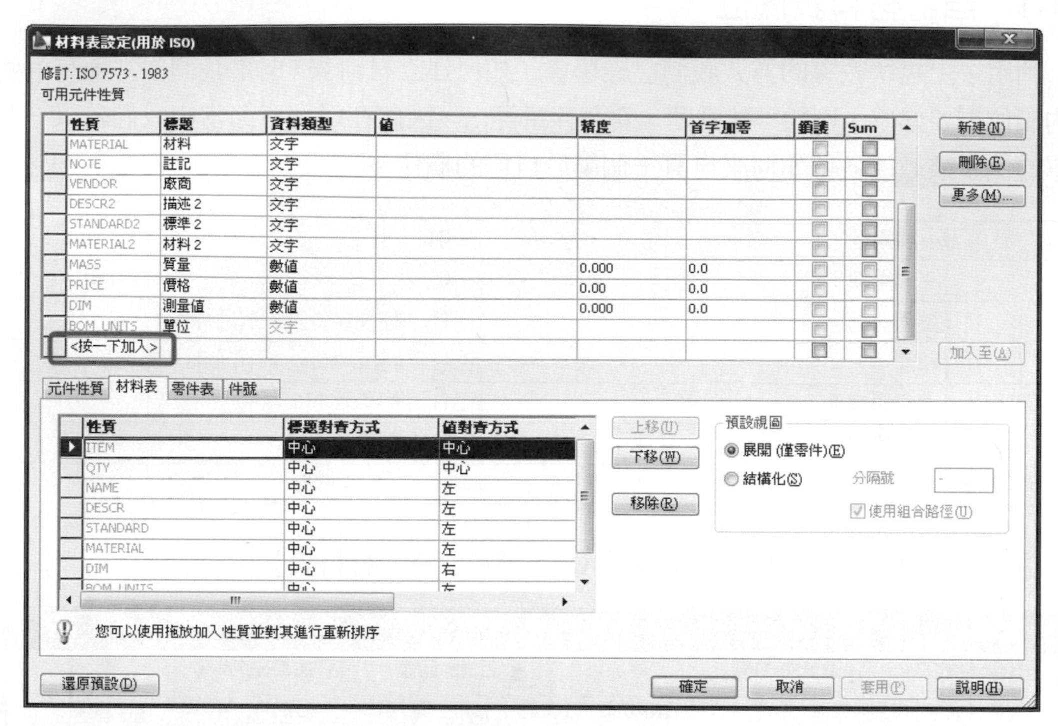

3. 前方的性質欄位是系統的辨識值，後方的標題則是我們所需要的欄位名稱。

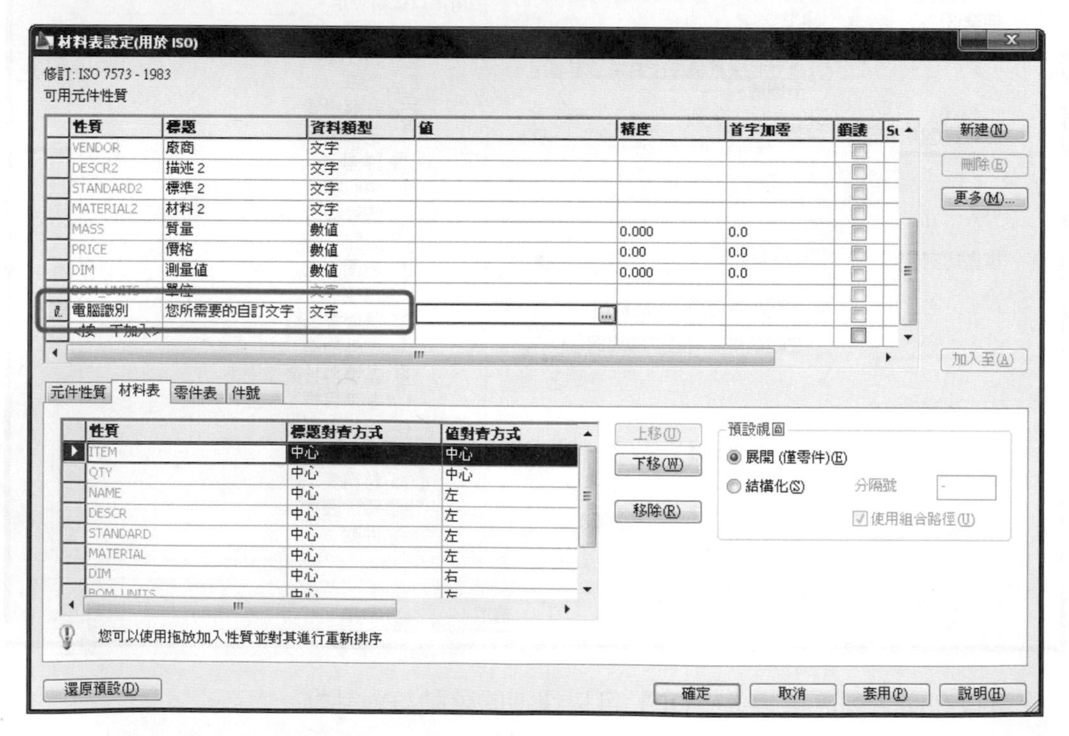

4.　當然您可以點下右邊的【更多】鈕，可以再加入更多的自訂性質。

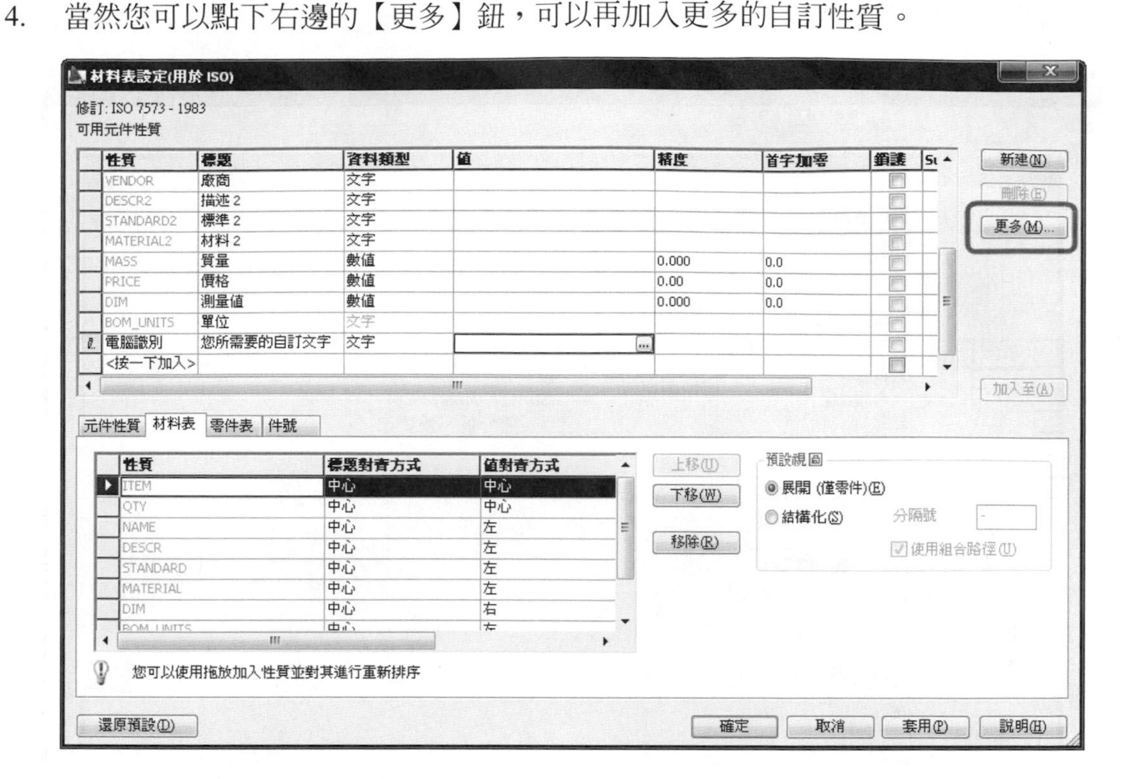

5.　於【更多】按鈕中的自訂性質。

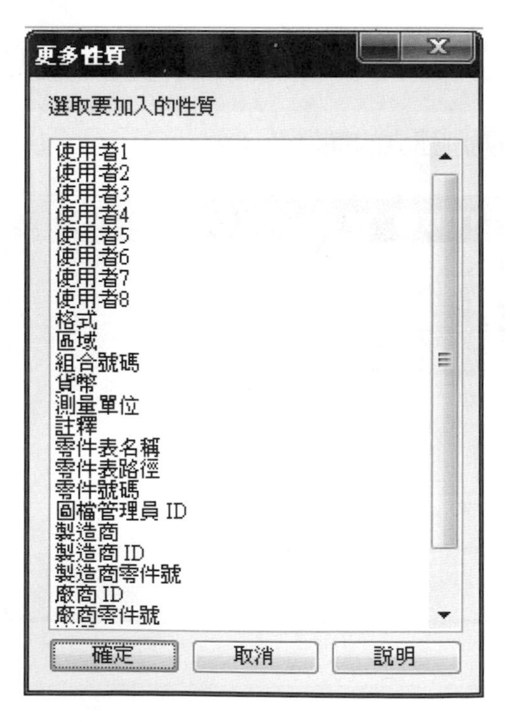

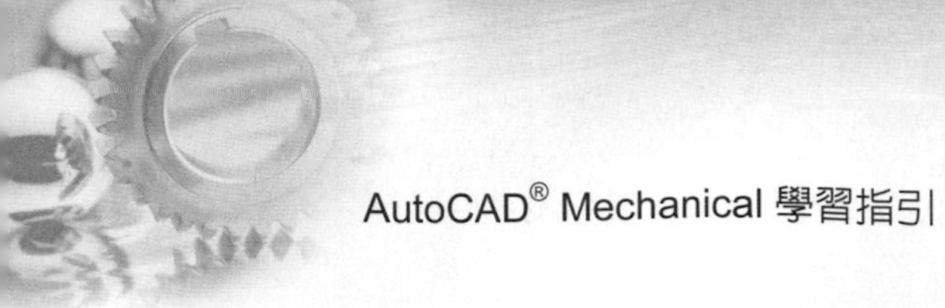

6. 此到回到零件表，選取【插入欄】。

7. 系統就會出現我們剛剛所建立的欄位名稱。

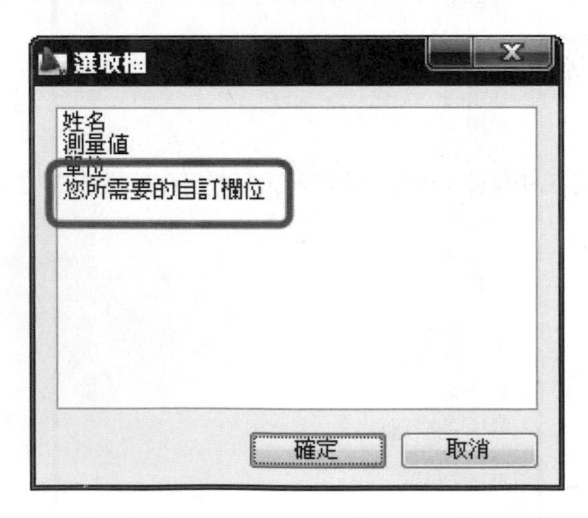

8. 選取完成之後就可以在中間的零件表內容中看到我們的欄位已經出現了。
至於欄位的順序可以選取完該欄位之後利用滑鼠拖拉到其它欄位的前／後。

項目	您所需要的自訂欄位	數量	描述	標準
1		1	六角螺帽	ISO 4032 - M12
2		1	六角頭螺栓	ISO 4017 - M12x120
3		1	墊圈	ISO 7089 - 12 - 140 HV
4		1	墊圈	ISO 7089 - 12 - 140 HV
5		1	一般用板	一般
6		1	一般用板	一般

9. 如此一來則可以輕鬆的建立我們所需要的欄位。

6		1	一般用板	一般	S45C
5		1	一般用板	一般	S45C
4		1	墊圈	ISO 7089 - 12 - 140 HV	
3		1	墊圈	ISO 7089 - 12 - 140 HV	
2		1	六角頭螺栓	ISO 4017 - M12x120	
1		1	六角螺帽	ISO 4032 - M12	
項目	您所需要的自訂欄位	數量	描述	標準	材料

9-5 語言轉換器：AMLANGCONV

語言轉換器是 AutoCAD® Mechanical 的一項貼心功能，這個功能並不是翻譯，而是在系統中內建了許多的語系，把我們常用的欄位名稱以各國的語言建立之後提供選擇，此功能在不同國家／地區之間的公司交換圖面時十分有用。您可以轉換整個圖面，也可以僅轉換所選片語。因為是常用的欄位名稱，所以自訂的欄位並不會自動的變成英文的。

如果 AutoCAD® Mechanical 在預設多語言字典中找不到詞組，它會提示您鍵入轉換文字。或者，您可以將轉換儲存在自訂多語言字典檔中；通常是與您所轉換圖面具有相同名稱的檔案，但是使用 MLD 副檔名。

在呼叫語言轉換器後顯示的對話方塊中，您可以指定 AutoCAD® Mechanical 要使用的多語言字典檔清單。您可以編譯所有常用詞組(預設字典中不存在的詞組)的自訂字典，並將其用於所有後續轉換。

語言轉換器支援下列語言：

繁體中文	簡體中文	捷克文
丹麥文	芬蘭文	法文
德文	匈牙利文	義大利文
日文	韓文	挪威文
波蘭文	葡萄牙文	俄文
斯洛維尼亞文	西班文	瑞典文

注意！

不同的語言需要不用的字型來對應，否則將會出現亂碼。

可於【工具】→【語言】→【語言轉換器】找到此功能。

接下來我們就要以剛剛所建立的 BOM 表來作示範：

項目	您所需要的自訂欄位	數量	描述	標準	材料
6		1	一般用板	一般	S45C
5		1	一般用板	一般	S45C
4		1	墊圈	ISO 7089 - 12 - 140 HV	
3		1	墊圈	ISO 7089 - 12 - 140 HV	
2		1	六角頭螺栓	ISO 4017 - M12x120	
1		1	六角螺帽	ISO 4032 - M12	

1. 在指令提示下，輸入 AMLANGCONV 指令。

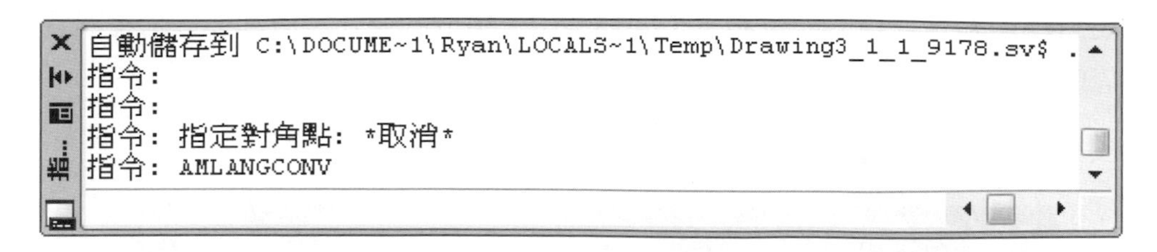

2. 在【線上轉換】對話方塊中，選取【CHT(繁體中文)】做爲來源語言，【ENU(英文)】做爲目標語言。

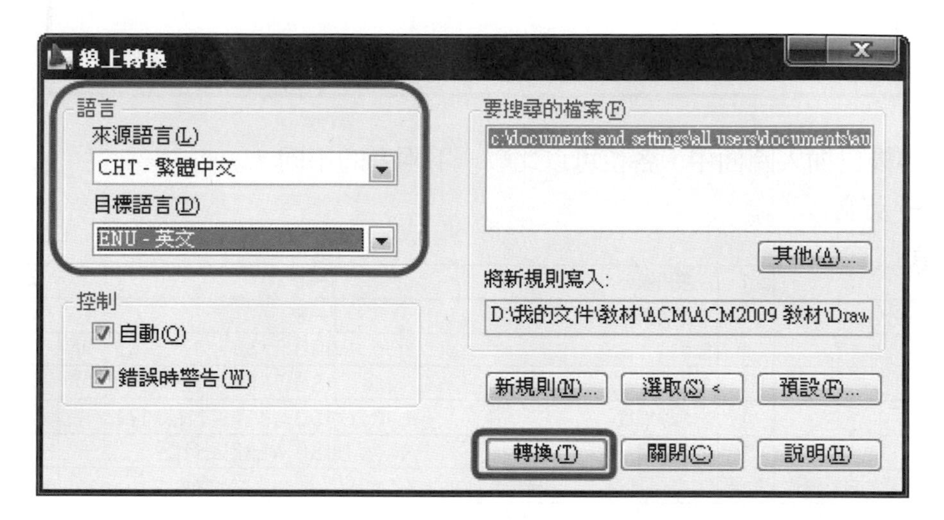

3. 如果 AutoCAD® Mechanical 遇到一個無法轉換的片語(任何多語言字典檔案中都不存在的片語)，則會顯示「線上轉換警告」對話方塊。

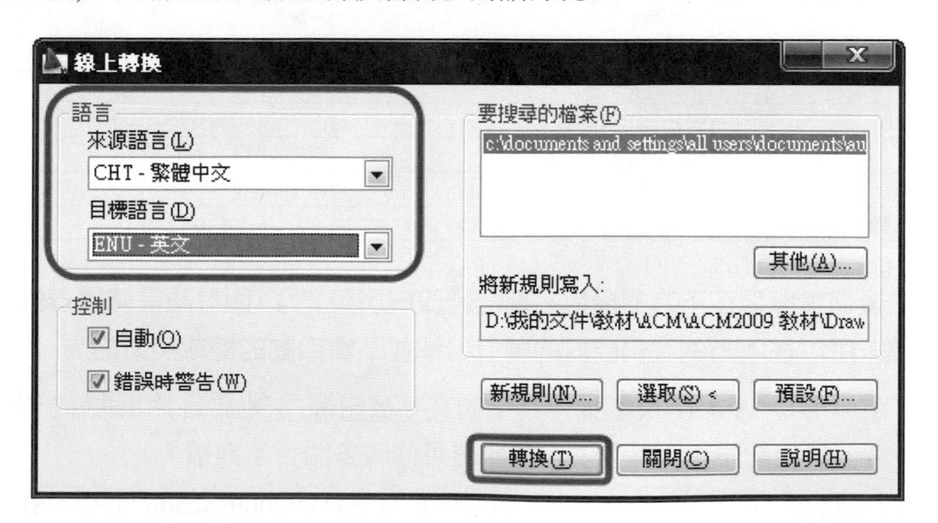

注意！

若要將轉換儲存在自訂的多語言字典檔案中，請按一下【新規則】。此規則將儲存在一個與您的圖面名稱相同、但以 MLD 爲副檔名的檔案中。

4. 轉換完成後即顯示【線上轉換資訊】對話方塊。按一下【確定】。

5. 英文轉換已插入圖面中，各位可以比較一下兩者的不同。

中文→英文

6		1	一般用板	一般	S45C
5		1	一般用板	一般	S45C
4		1	墊圈	ISO 7089 - 12 - 140 HV	
3		1	墊圈	ISO 7089 - 12 - 140 HV	
2		1	六角頭螺栓	ISO 4017 - M12x120	
1		1	六角螺帽	ISO 4032 - M12	
項目	您所需要的自訂欄位	數量	描述	標準	材料

英文→中文

6		1	一般用板	一般	S45C
5		1	一般用板	一般	S45C
4		1	Washer	ISO 7089 - 12 - 140 HV	
3		1	Washer	ISO 7089 - 12 - 140 HV	
2		1	Hex-Head Bolt	ISO 4017 - M12x120	
1		1	Hex Nut	ISO 4032 - M12	
Item	您所需要的自訂欄位	Qty	Description	Standard	Material

註：完成之後您會發現在下方的欄位名稱已經改成了英文了，因為語言轉換器的功能並不是翻譯，所以在下方的我們自訂的欄位名稱並不會自動的變成英文的。

多語言字典檔是 ASCII 文字檔，其中的文字被組織爲欄(語言)和編號的列組成的格線，以供參考。使用記事本或其他文字編輯器可修改多語言字典檔。

MLD 檔案路徑：C：\Program Files\Autodesk\ACADM 2009\Acadm\TRANSLATOR

9-5-1　手動增加語言字典檔文字(.mld)字串的步驟

透過直接從多語言字典檔案(*.mld)插入字串，可以確保會自動轉換該字串。從多語言字典檔案插入文字的步驟：

1. 在指令提示下，輸入 AMLANGTEXT。螢幕上將顯示「語言轉換器文字選取」對話方塊。

2. 從【要搜尋的檔案】下拉式清單方塊中，選取要從中插入文字的多語言文字檔案。如果未列示多語言字典，按一下【其他】。

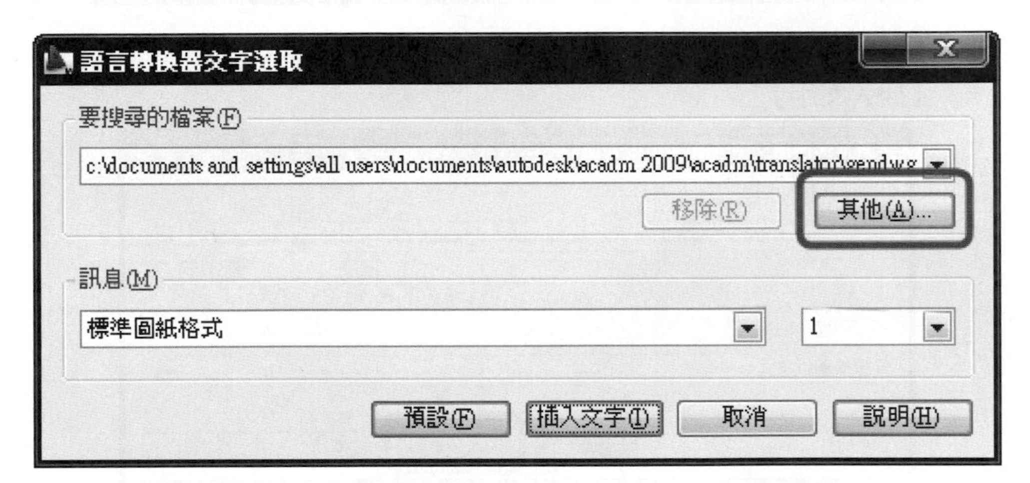

3. 找到多語言字典檔案，然後按一下「開啓」。

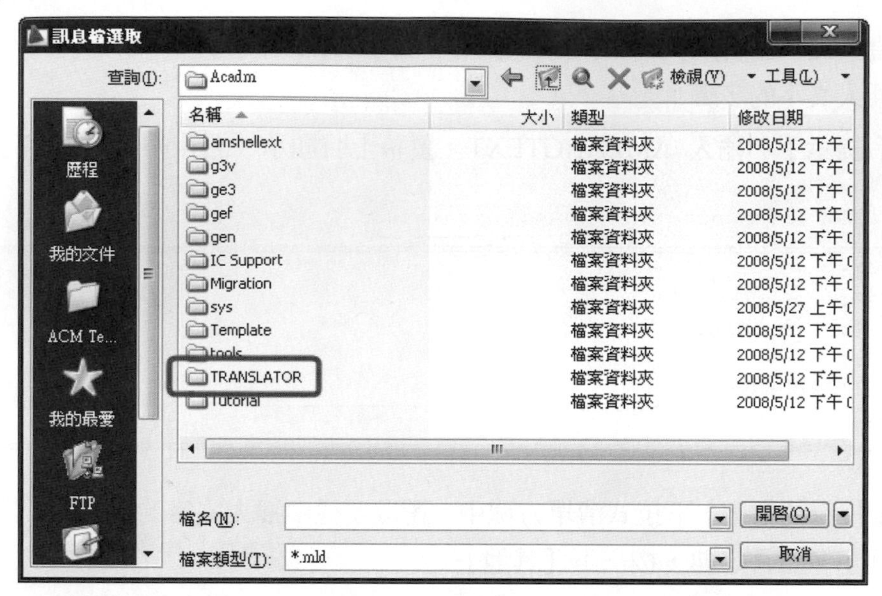

4. 使用【訊息】下的任何一個下拉式清單方塊，並選取要插入的訊息。
按一下【插入文字】。

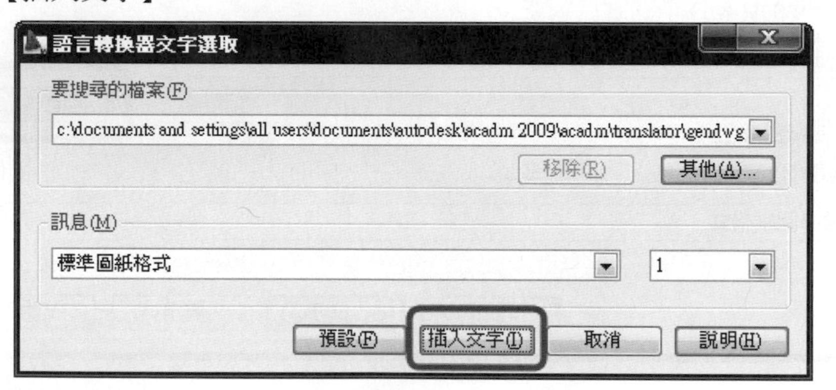

5. 在模型空間中，按一下滑鼠左鍵來插入點。

6		1	一般用板	一般	S45C
5		1	一般用板	一般	S45C
4		1	Washer	ISO 7089 - 12 - 140 HV	
3		1	Washer	ISO 7089 - 12 - 140 HV	
2		1	Hex-Head Bolt	ISO 4017 - M12x120	
1		1	Hex Nut	ISO 4032 - M12	
Item	您所需要的自訂欄位	Qty	Description	Standard	Material

中心點

後續的工作就是輸入文字，若使用預設文字高度，可直接按 Enter 或是空白鍵。若接受預設旋轉角度，可直接按 Enter 或空白鍵。此時文字應該已經插入。

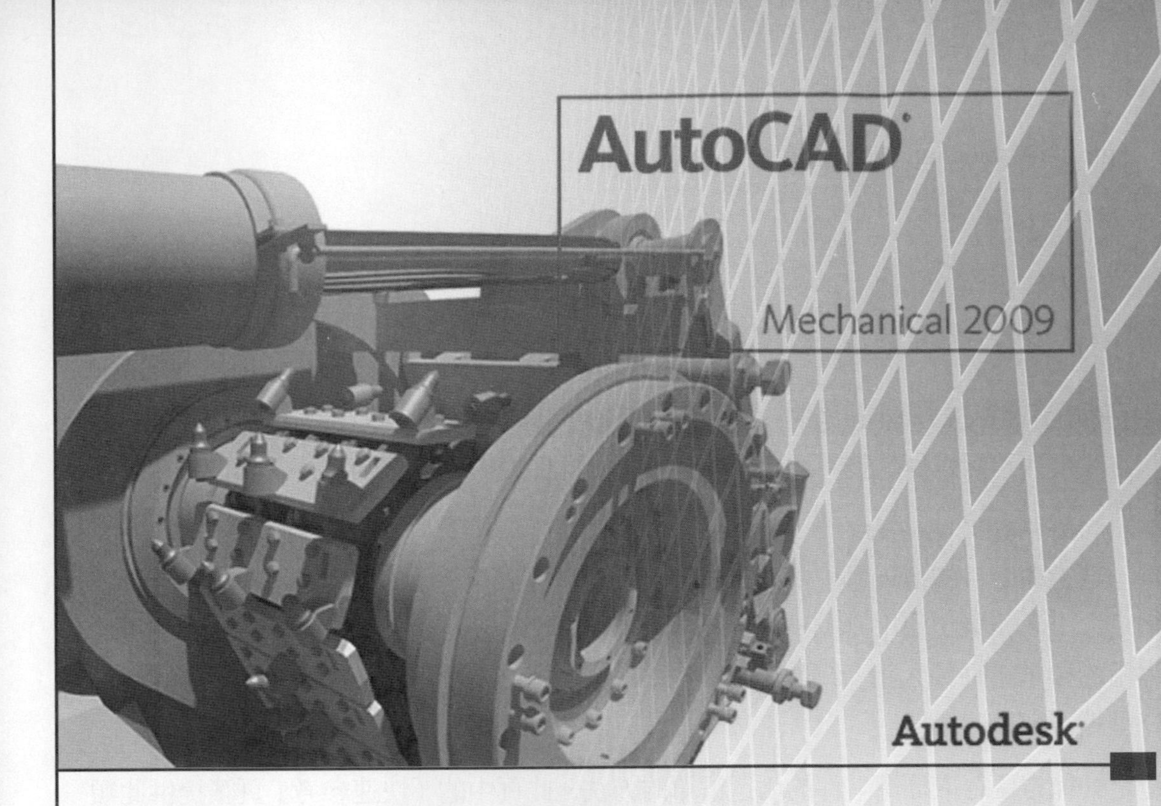

Chapter 10

標準零件

- 10-1　螺釘
- 10-2　孔
- 10-3　軸產生器
- 10-4　彈簧：AMCOMP2D

AutoCAD® Mechanical 包含有 80 多萬個事先繪製的標準零件，您可以將它們插入圖面中。這些零件包括螺釘、墊圈、螺帽、圓柱銷、推拔銷、有槽傳動螺椿、開口銷、普通鉚釘、埋頭鉚釘、U 形夾銷、塞、潤滑器、封閉環、鑽套、軸承、鍵以及型鋼。

每一個標準零件的插入過程都類似。選取您要插入的標準零件，選取要插入的視圖，然後指定大小。如果您使用 AMSTDPLIB 指令，您可以選取插入任何標準零件。如果您使用專用的標準零件插入指令(例如 AMSTLSHAP2D)，您僅可存取與此指令關聯的零件(以 2D 型鋼爲例)。

這是一種方便存取標準零件的篩選清單的方法。此頁中的「快速參考」頁籤提供此類指令的清單。「程序」頁籤提供兩個程序集的存取。其中一個程序集(插入螺釘的程序)說明了使用 AMSTDPLIB 指令的程序，另一個程序集(插入型鋼的程序)說明了使用標準零件專用指令的程序。

您可以用 AMPOWERVIEW 指令從圖面中存在的標準零件快速產生視圖(例如，從前視圖建立上視圖)。

當您將標準零件插入圖面內時，程式將自動插入包含零件相關資訊的零件參考。

再複雜組合中，以預設形式(標準表現法)展示標準零件可能使圖面雜亂。使用 AMSTDPREP 指令並變更至簡化表現法以達到更佳概觀。

程式將標準零件儲存在 GDB(整體)資料庫中。此資料庫包含零件的描述、參數式檔案(GPL 檔)的路徑和對話方塊中所展示圖片的路徑。GPL 檔(整體參數式資源庫檔案)是壓縮格式的參數式檔案。

10-1 螺釘

「螺旋接頭」精靈，可以讓您自行設定螺旋接頭的參數並且在允許的數據內產生所需要的零件。指令行選項會根據您在此精靈中選取的視圖不同而變更。

點下 AM：內容第一個功能【螺釘】不放，此指令會啓動延伸的功能選項。

延伸的選項

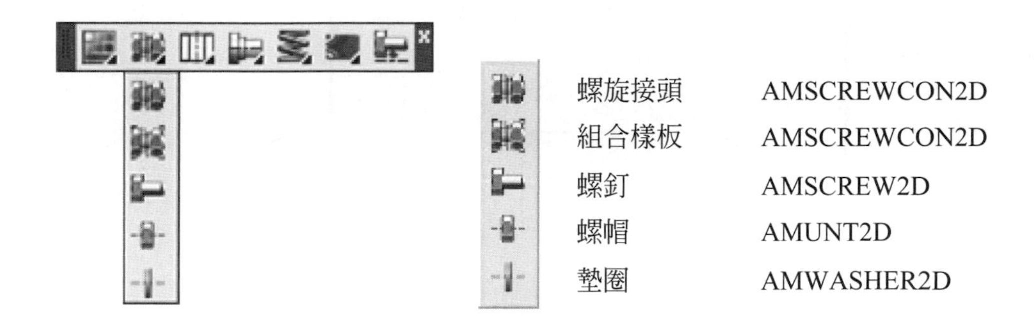

螺釘樣板已於前一章節說明過了，所以我們在此僅以如何使用 AutoCAD® Mechanical 資源庫的零件爲重點。

可於【內容】→【結件】找到下述所有功能。

您可以調整檢視的內容，修改檢視的選項，方便選擇。

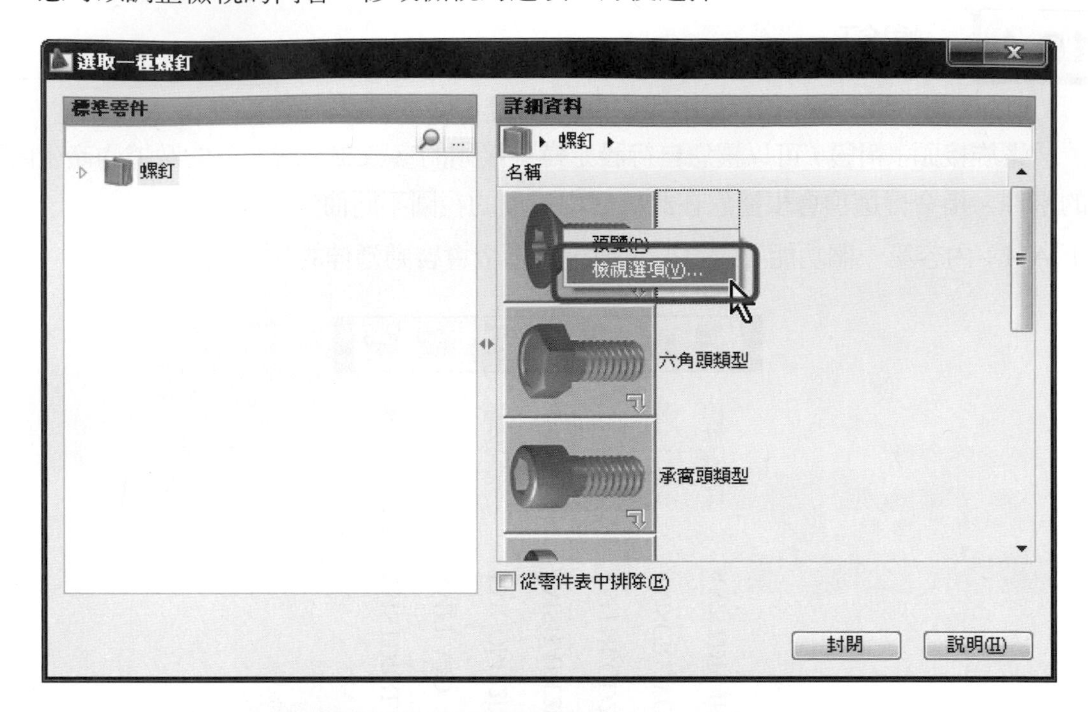

調整影像大小約為第二格，視圖型式選【帶文字的圖示】即可。

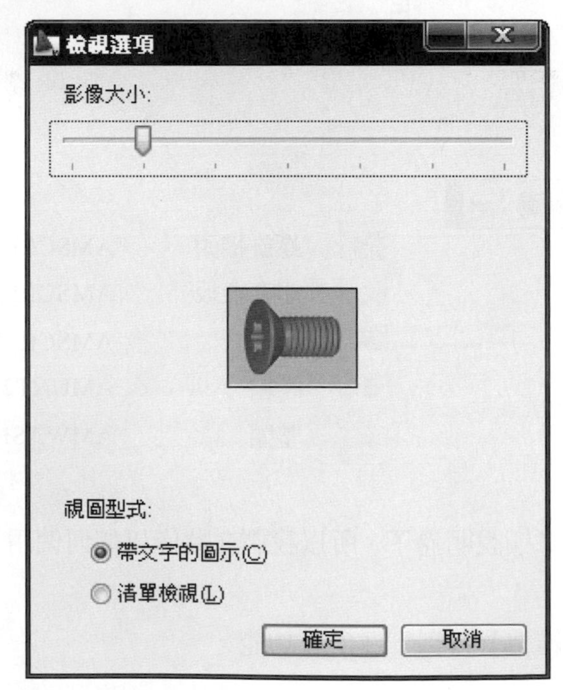

10-1-1　螺釘：AMSCREWCON2D

1. 選擇任一項所需要的螺釘類型，在此我們以常用的【六角頭類型】爲例。

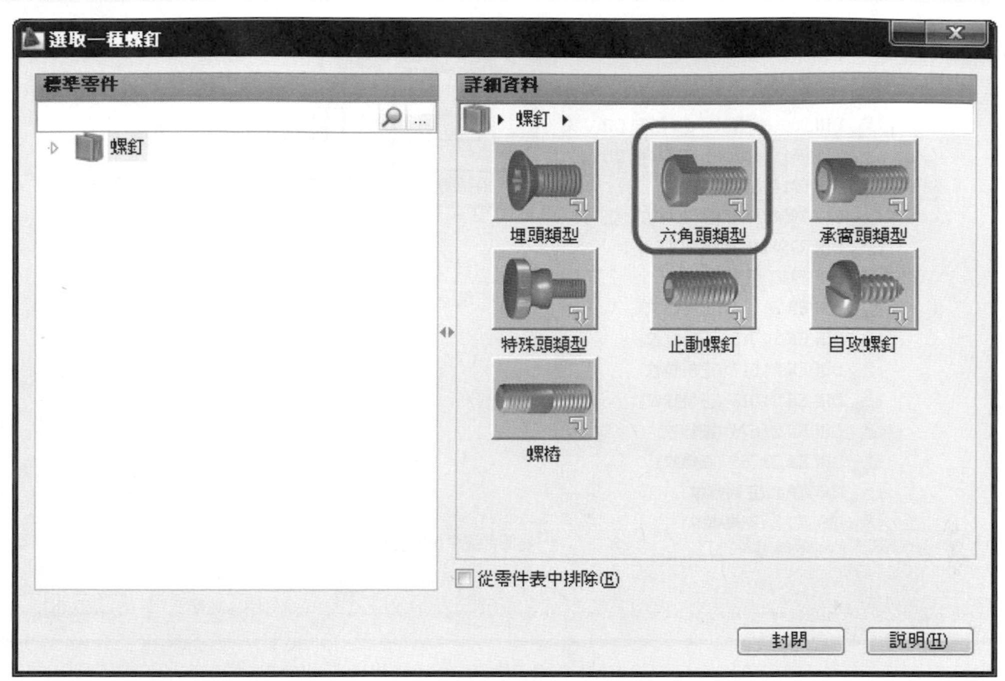

2. 選取【ISO 4014】。

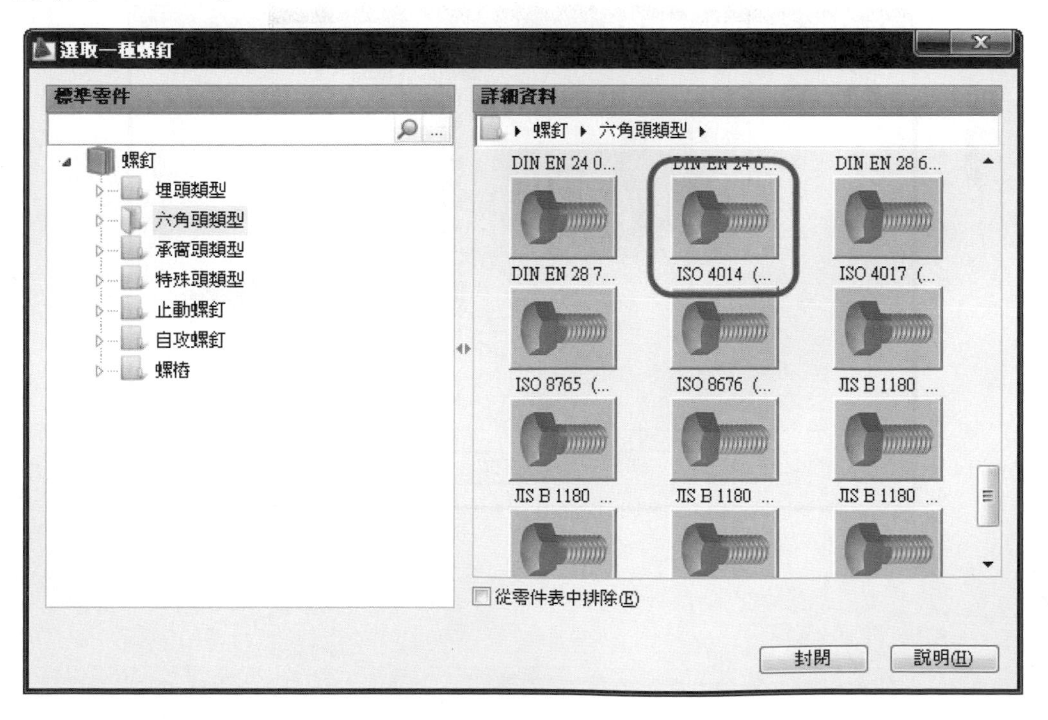

3. 選取【前視圖】。

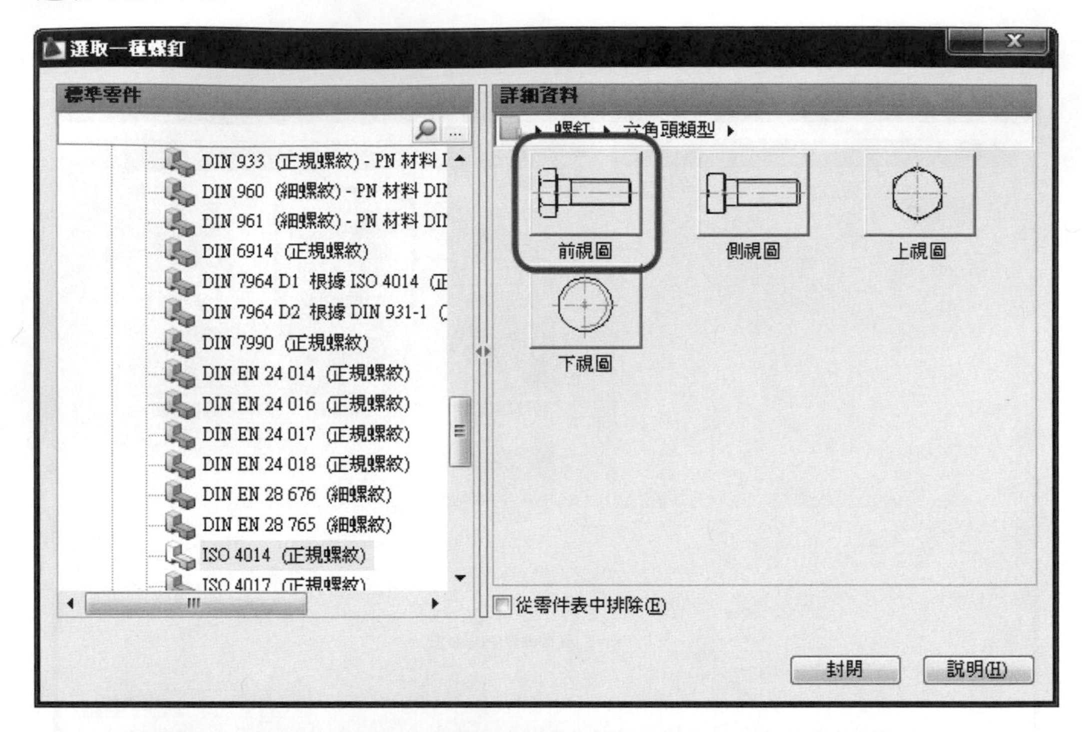

4. 在繪圖區選取好了建立點之後，再選取所需要的螺釘規格。

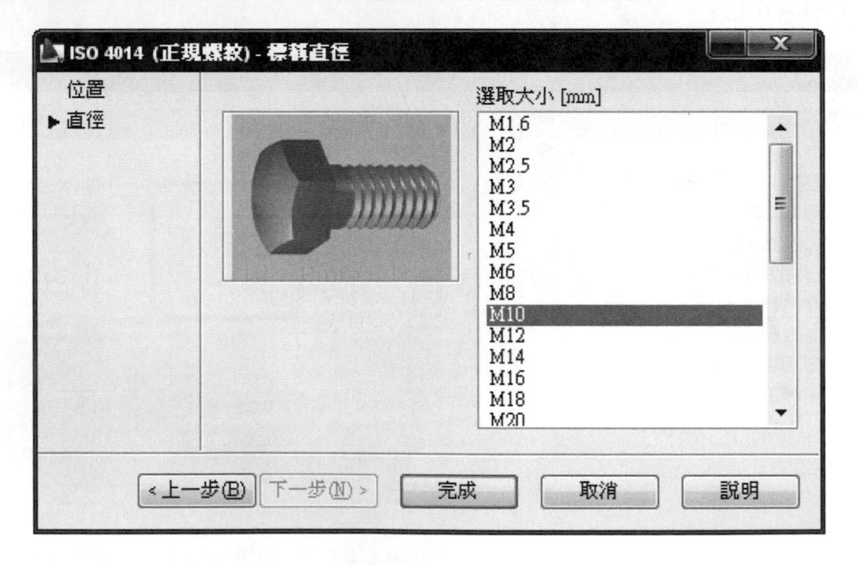

5. 使用滑鼠來改變螺釘大小。

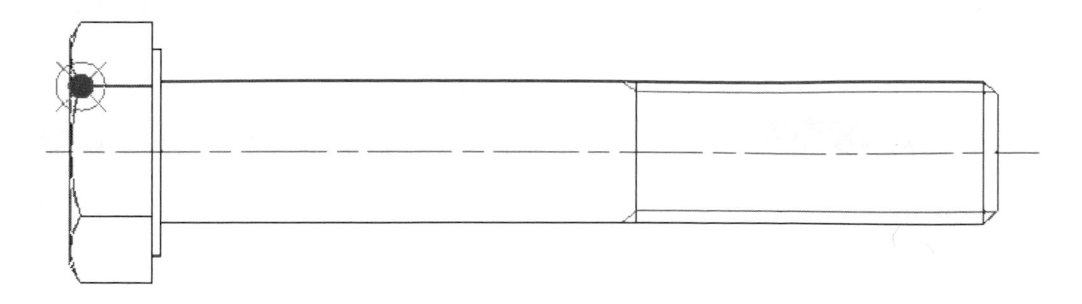

6. 已經成立的圖型可以快點兩下來修改尺寸與大小。

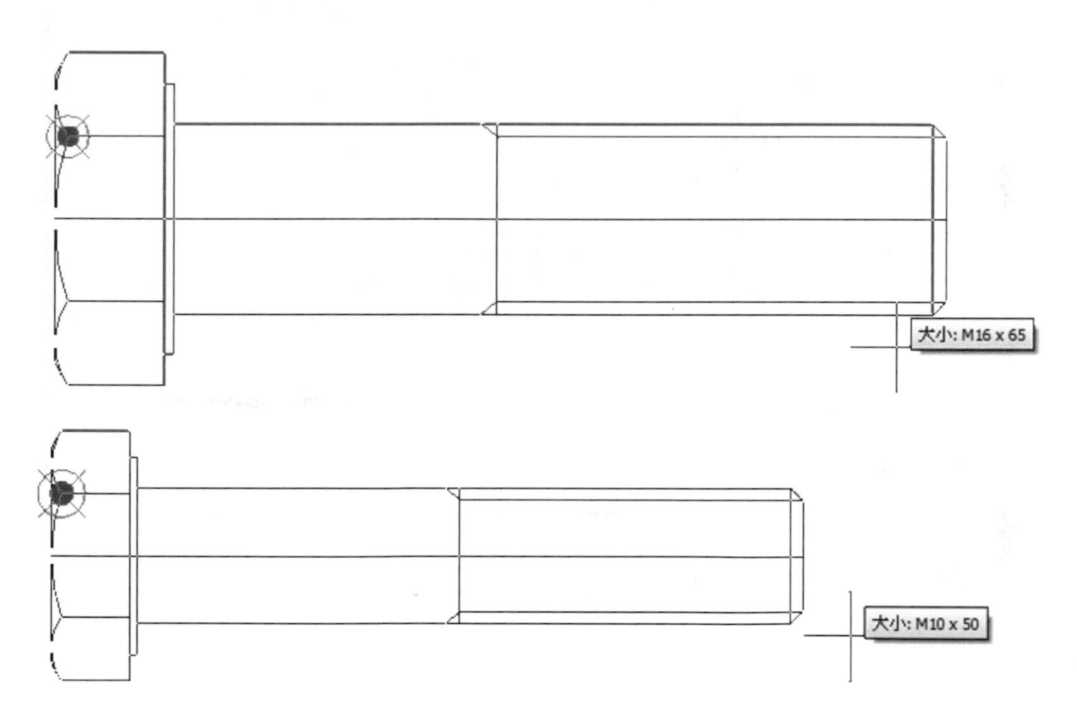

資源庫設定

如果覺得每次要挑選 ISO 的類型時都要拉動捲軸很煩人，可以在【環境選項】→【AM：標準零件】調整標準的排列順序與篩選。

增減與排列順序

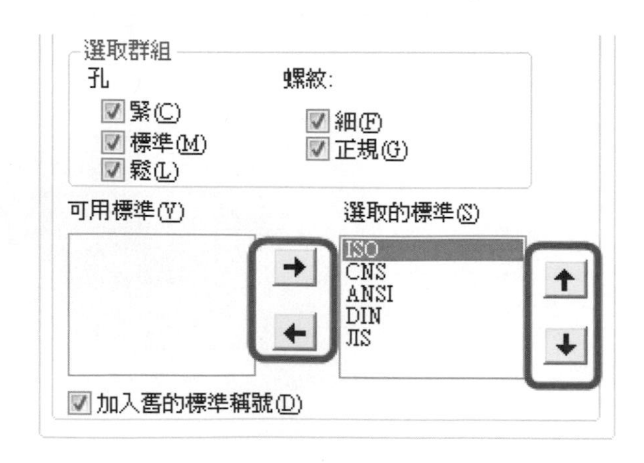

10-1-2　墊圈

1. 選取【普通】墊圈。

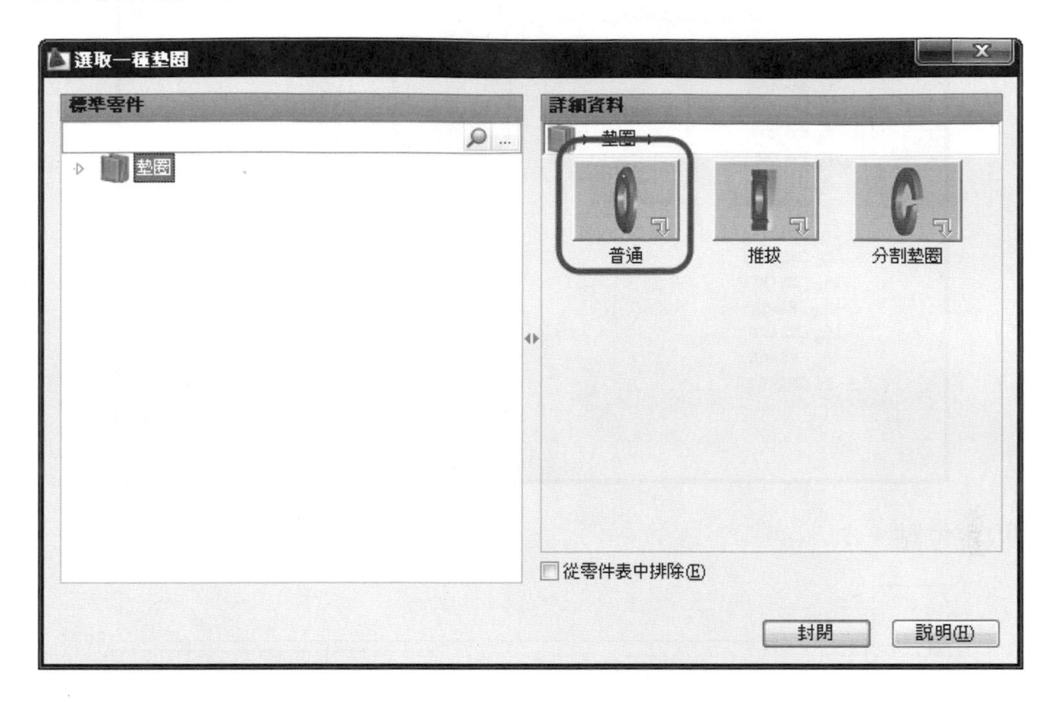

2. 選取【ISO 7089】。

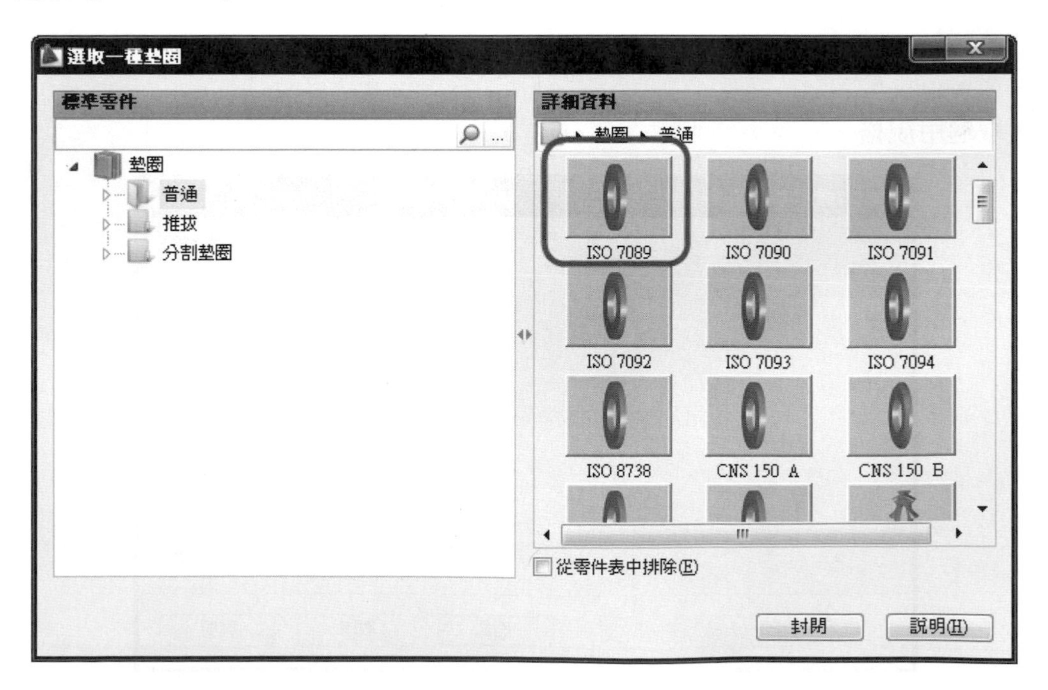

3. 選取【前視圖】。

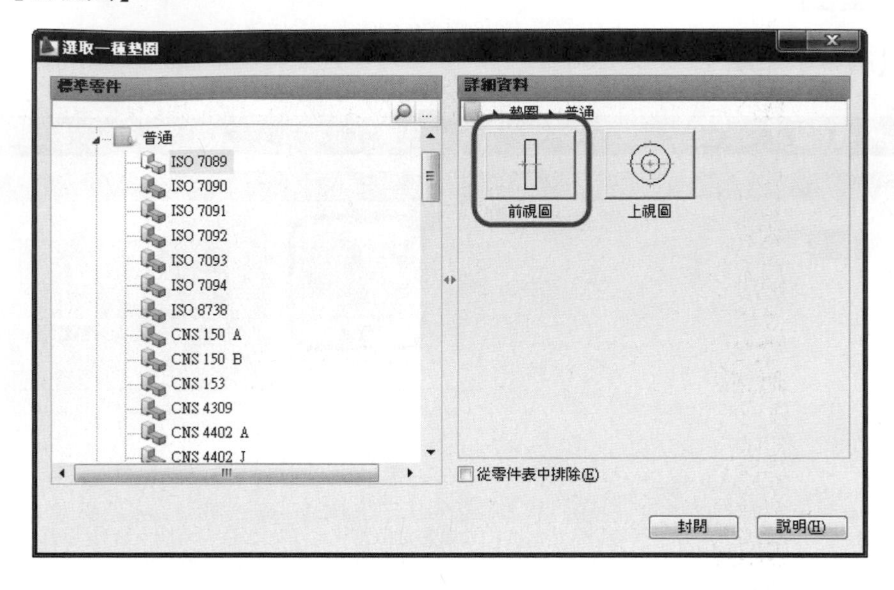

4. 選取定位點。

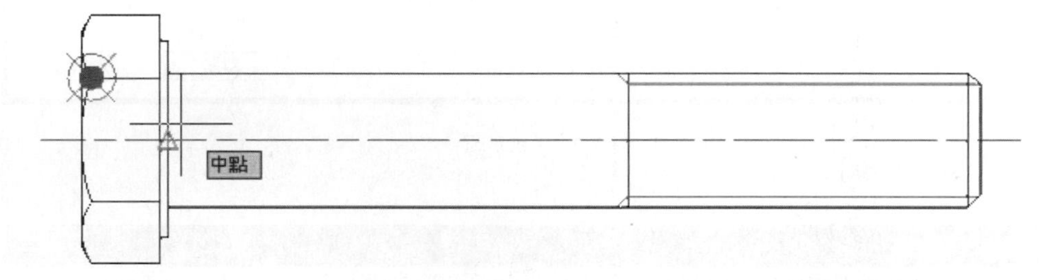

5. 選取適用規格。

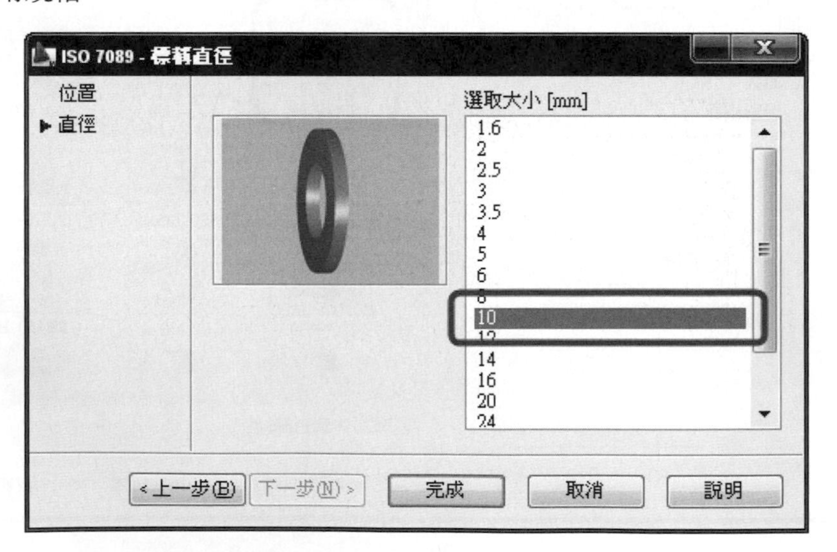

6. 完成後如下圖。

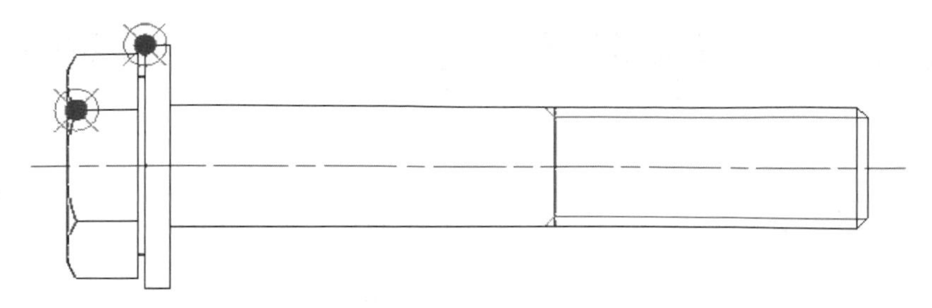

7. 若要設變快點滑鼠左鍵兩次即可做修改，移動的話也只要點選掣點即可。

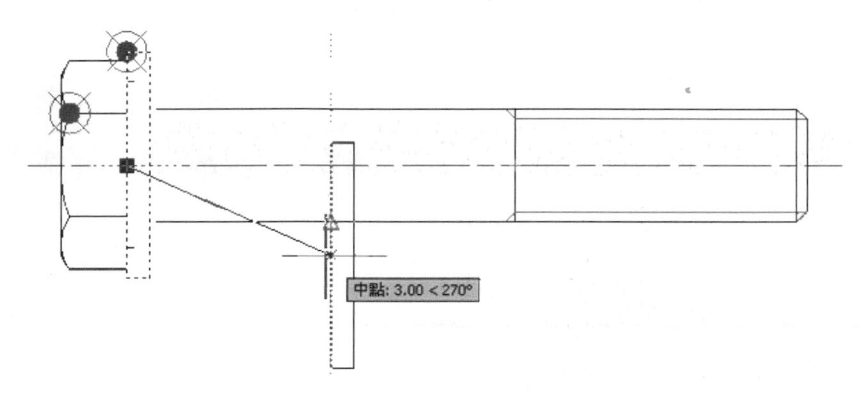

10-1-3　螺帽

1. 在此我們以常用的【六角螺帽】爲例。

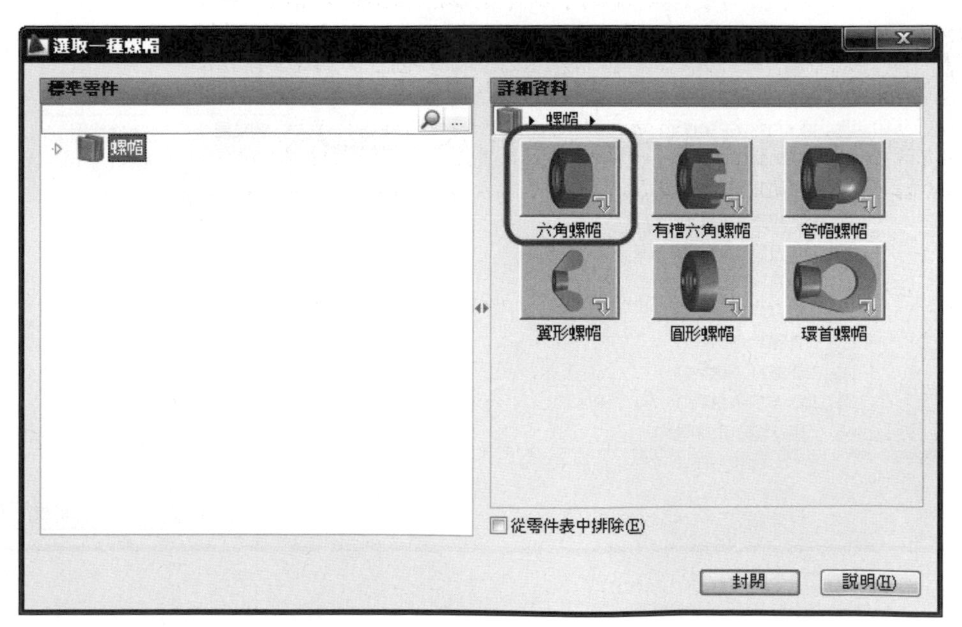

2. 選擇【ISO 4032】。

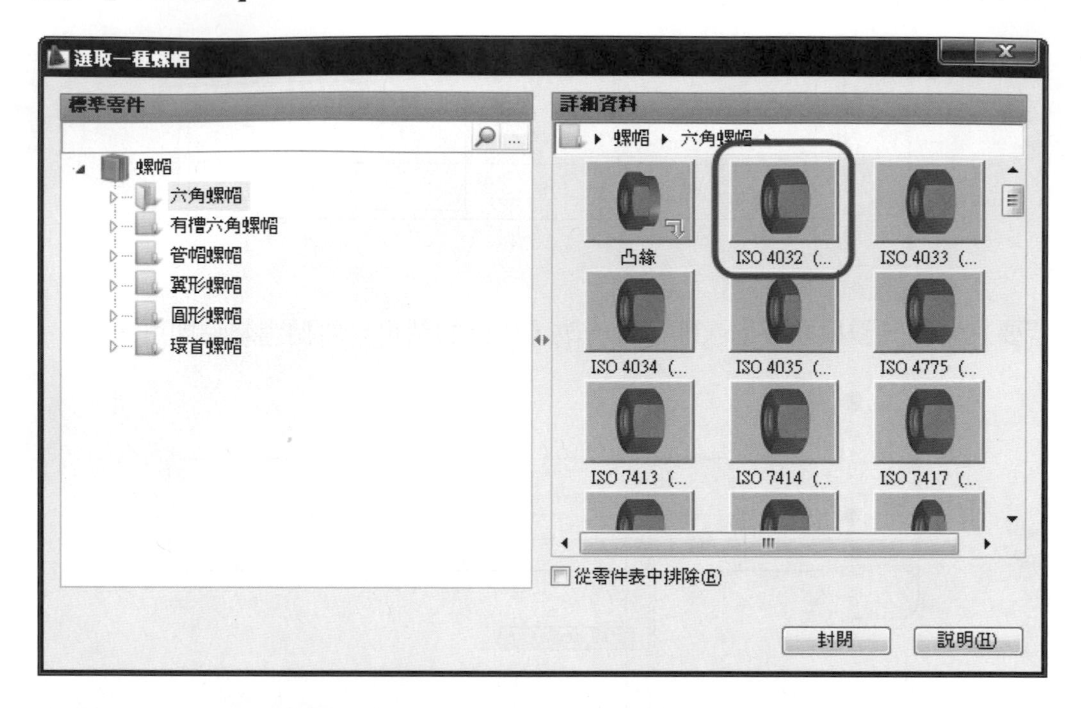

3. 選取【前視圖】。

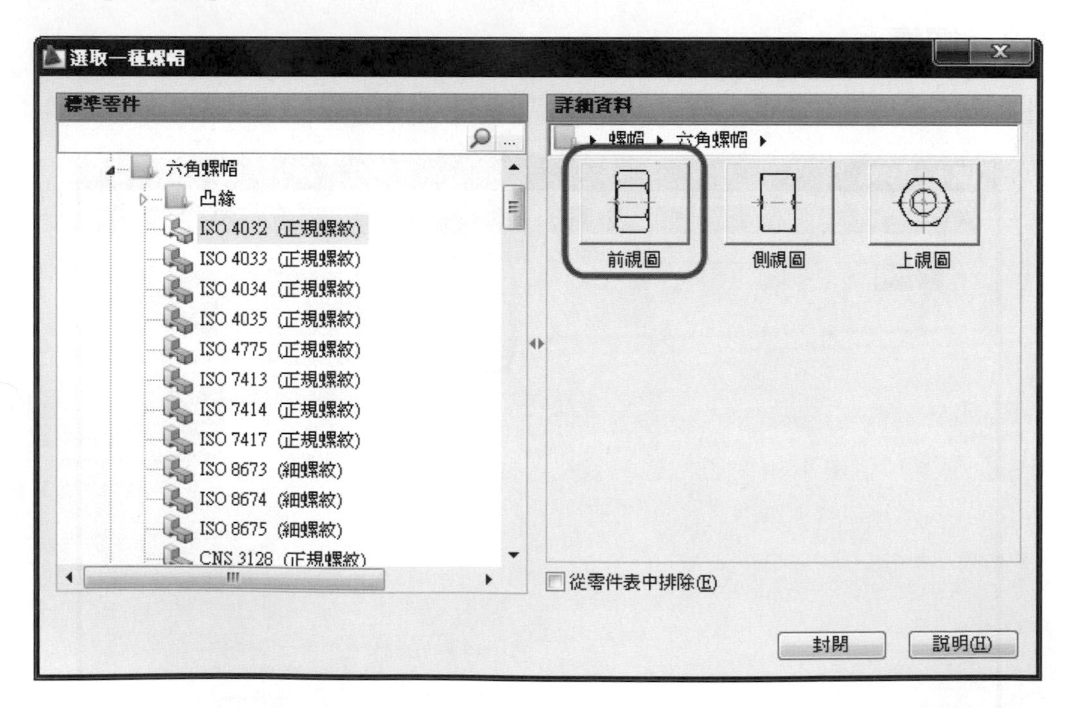

4. 系統會詢問插入點。

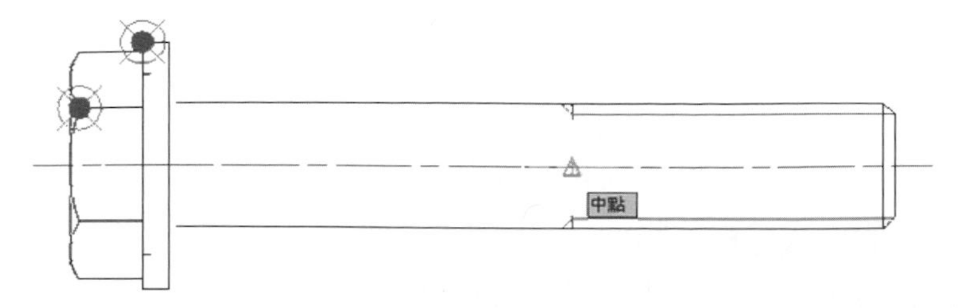

5. 選取所需的規格。

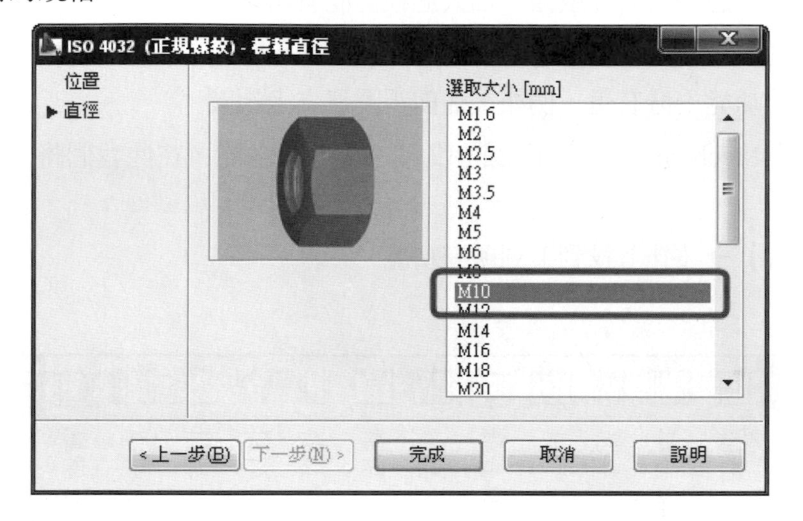

6. 完成之後就如下圖。

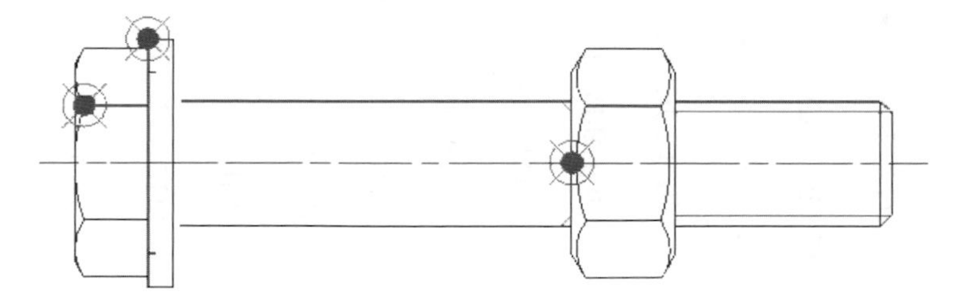

7. 若要刪除該零件，請使用 POWER 刪除，而不要使用直接的 Erase 刪除。
   POWER 刪除：AMPOWERERSE
   可於【修改】→【POWER 刪除】找到此功能。

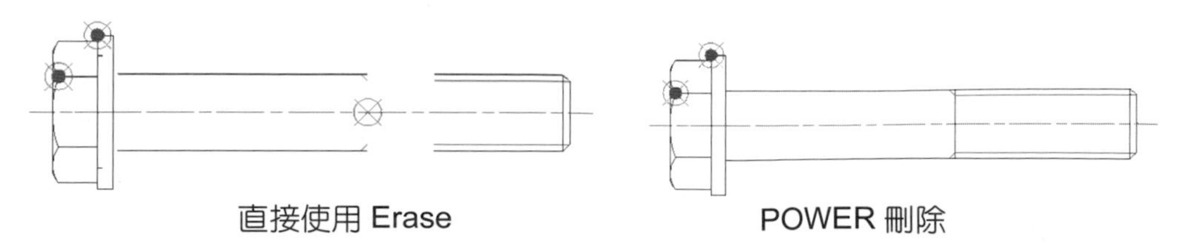

直接使用 Erase　　　　POWER 刪除

10-2 孔

除了標準零件，標準零件資源庫還包含事先繪製的通孔、盲孔、柱坑、錐坑、穿通槽、盲槽、攻牙通孔、攻牙盲孔、外螺紋和螺紋端。

所有標準特徵的插入過程都類似。選取要插入的孔或槽並決定視圖、插入點、孔長度以及標稱直徑。您也可以插入由使用者定義直徑的孔和自訂槽。

注意事項根據您插入的孔或槽，插入過程可能有所不同。

在圖面中插入了孔／槽後，您可以使用 AMPOWERVIEW 指令快速產生孔／槽的新正投影視圖。此功能十分有用，例如，從前視圖建立上視圖。

AutoCAD® Mechanical 提供了我們 12 種的各式孔功能，在此我們將一一的簡單示範如何產生。

可於【內容】→【孔】找到下列所有功能。

孔工具列

通孔	攻牙通孔	外螺紋	盲孔	攻牙盲孔	柱坑	錐坑	螺紋端	推拔外螺紋	推拔內螺紋	穿通槽	盲槽
AMTHOLE2D	AMTAPTHOLE2D	AMEXTHREAD2D	AMBHOLE2D	AMTAPBHOLE2D	AMCOUNTB2D	AMCOUNTS2D	AMTHREADEND2D	AMTAPETHREAD2D	AMTAPITHREAD2D	AMTSLOT2D	AMBSLOT2D

10-2-1　通孔：AMTHOLE2D

1. 選取【ISO 273 一般】。

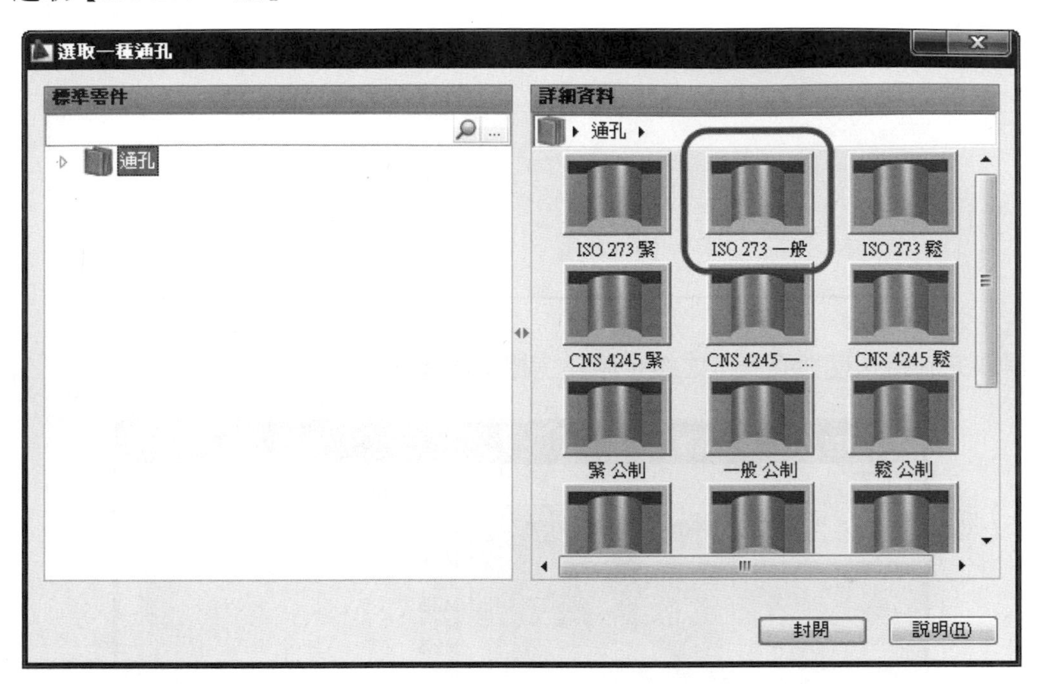

2. 選擇【前視圖】。

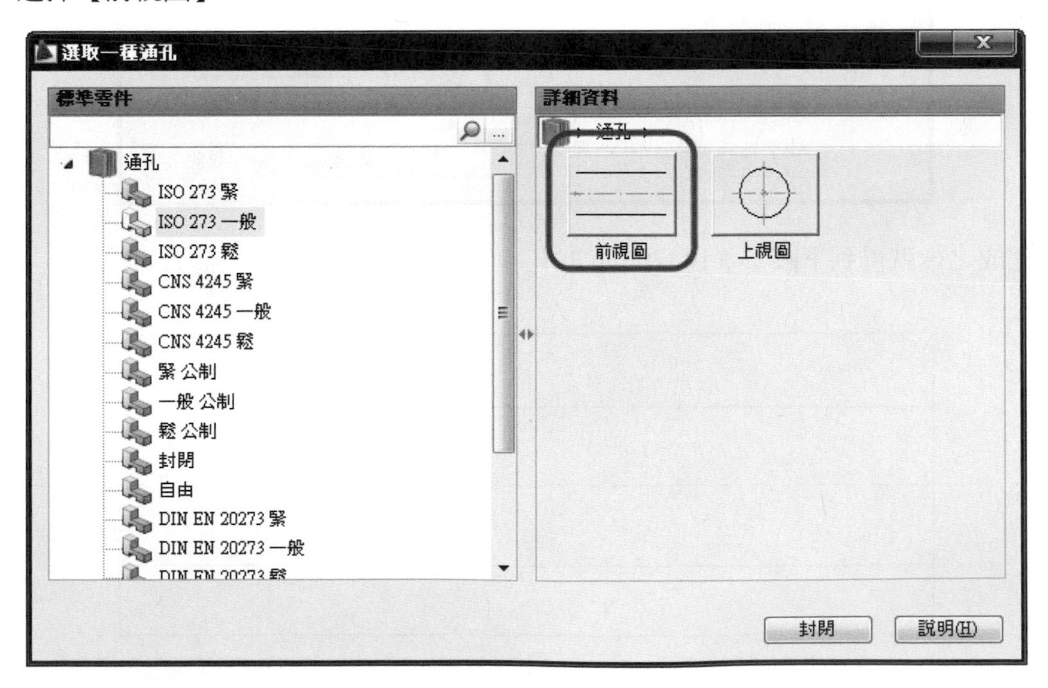

3. 選取起點與終點。

4. 選取完旋轉角度與孔長度之後，請點選標稱直徑。

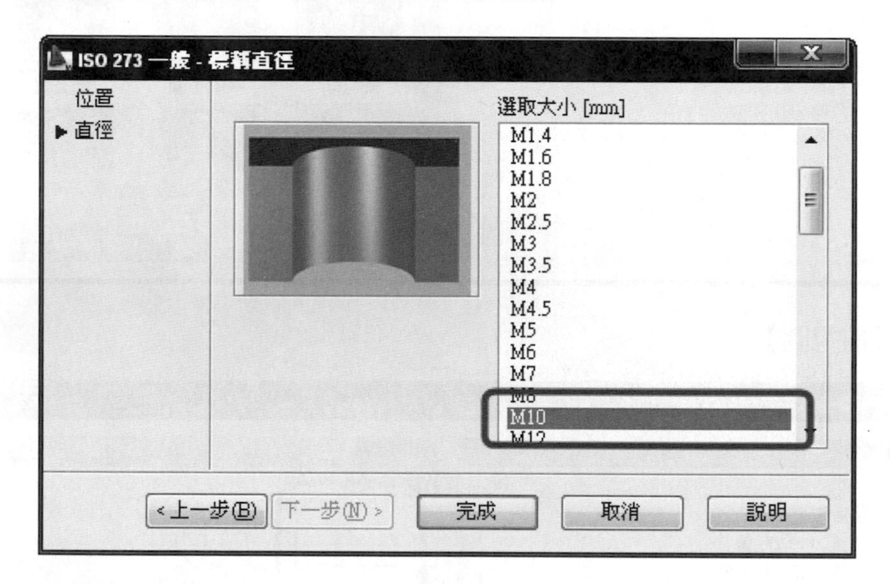

5. 完成之後就得到下圖：ϕ 10×20mm 的孔。

10-2-2　盲孔：AMBHOLE2D

1. 選取【盲孔公制】。

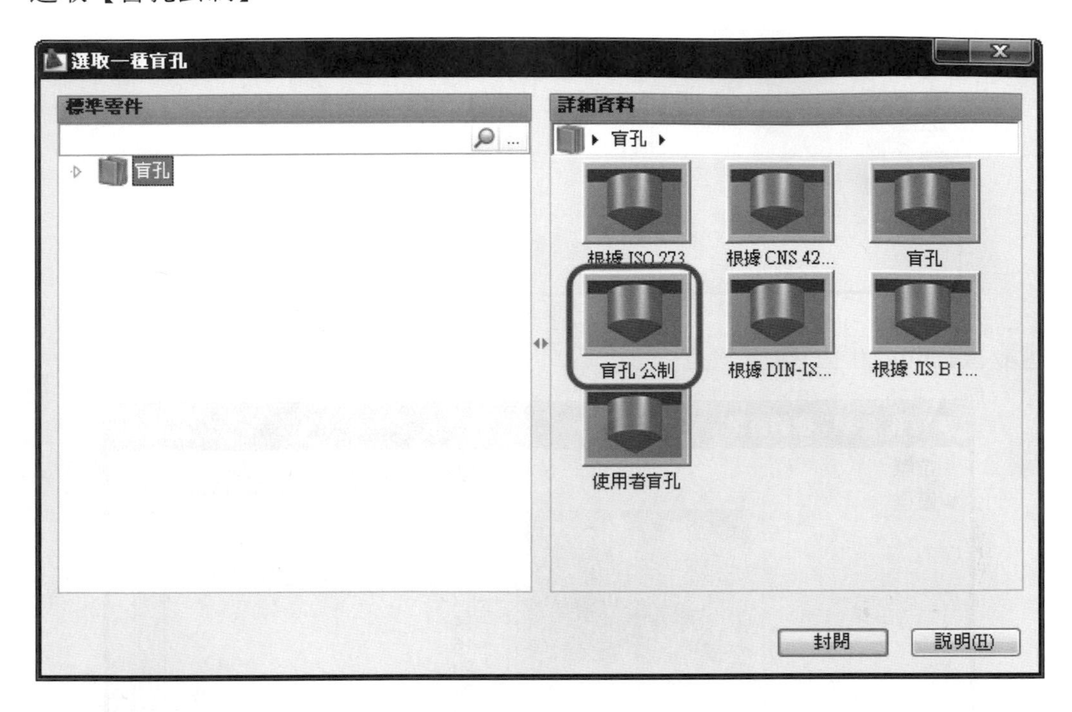

2. 選取【前視圖】。

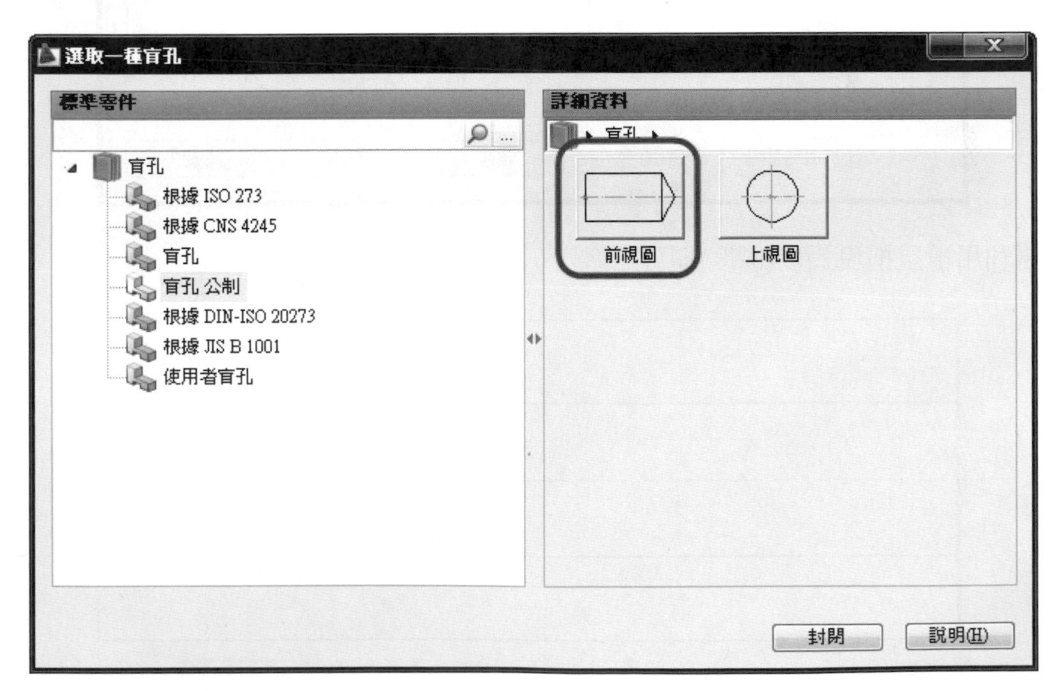

3. 選取起點與終點。

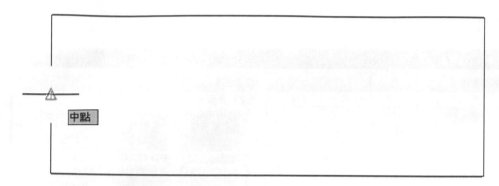

4. 選取盲孔的大小直徑。

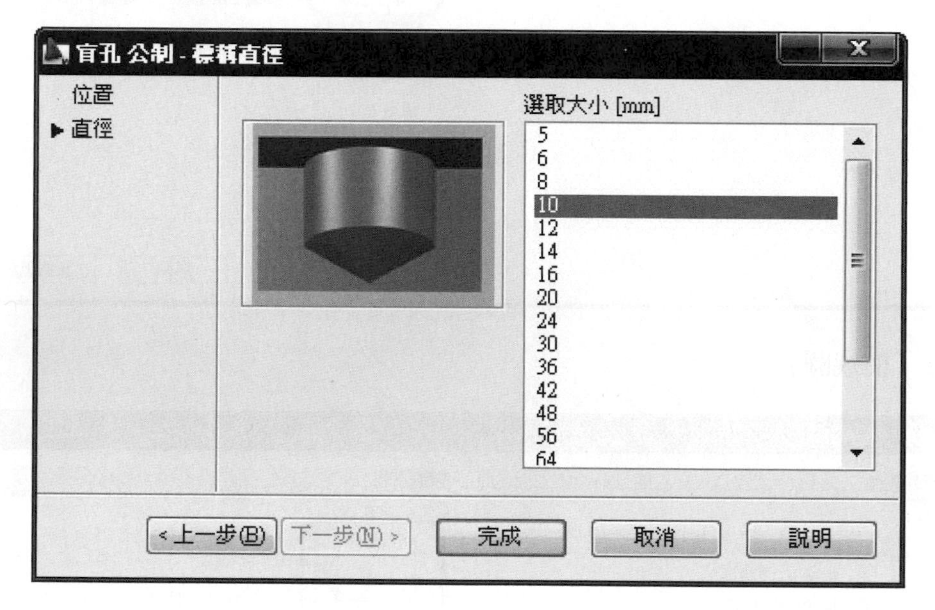

5. 再利用滑鼠拖曳長度(深度)即可。

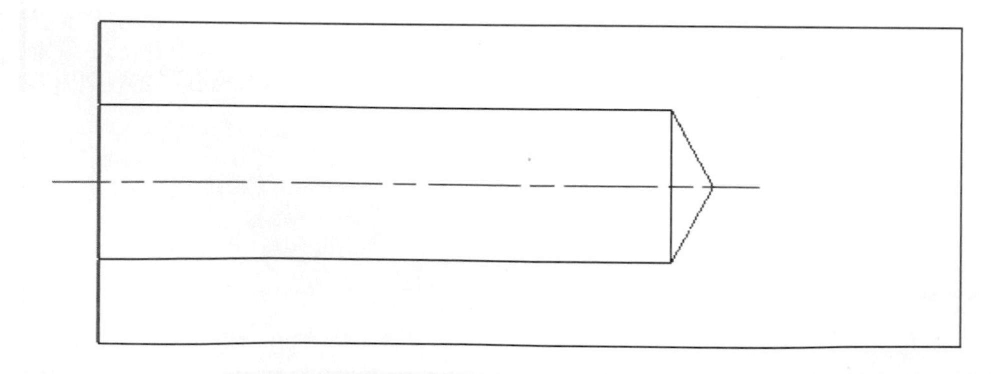

10-2-3　攻牙通孔：AMTAPTHOLE2D

1. 選取【ISO 261 (正規螺紋)】。

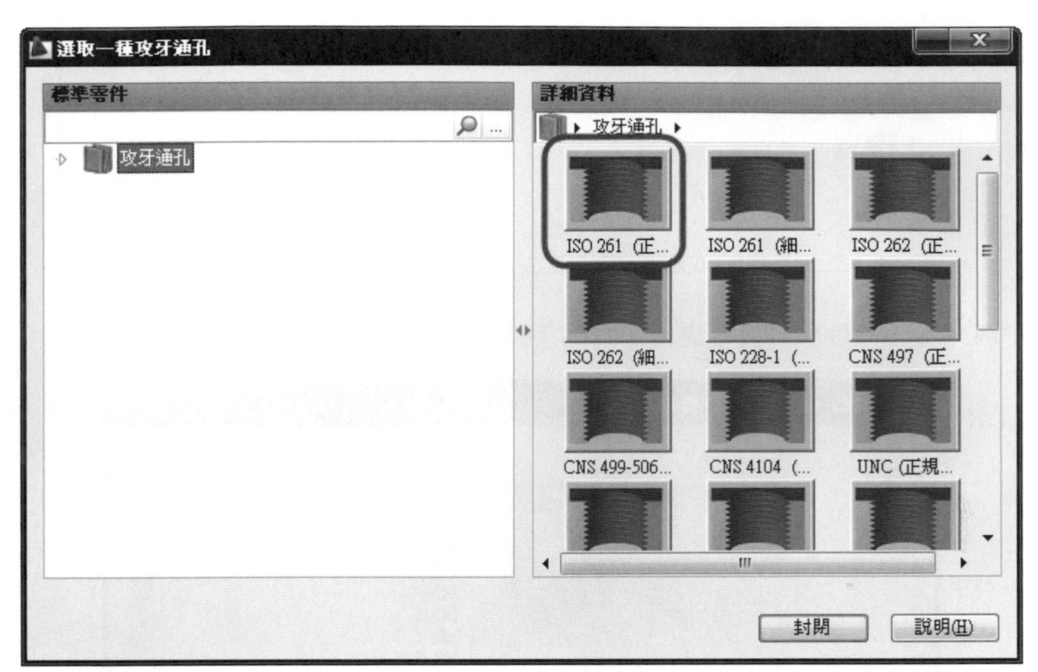

2. 選擇【前視圖】。

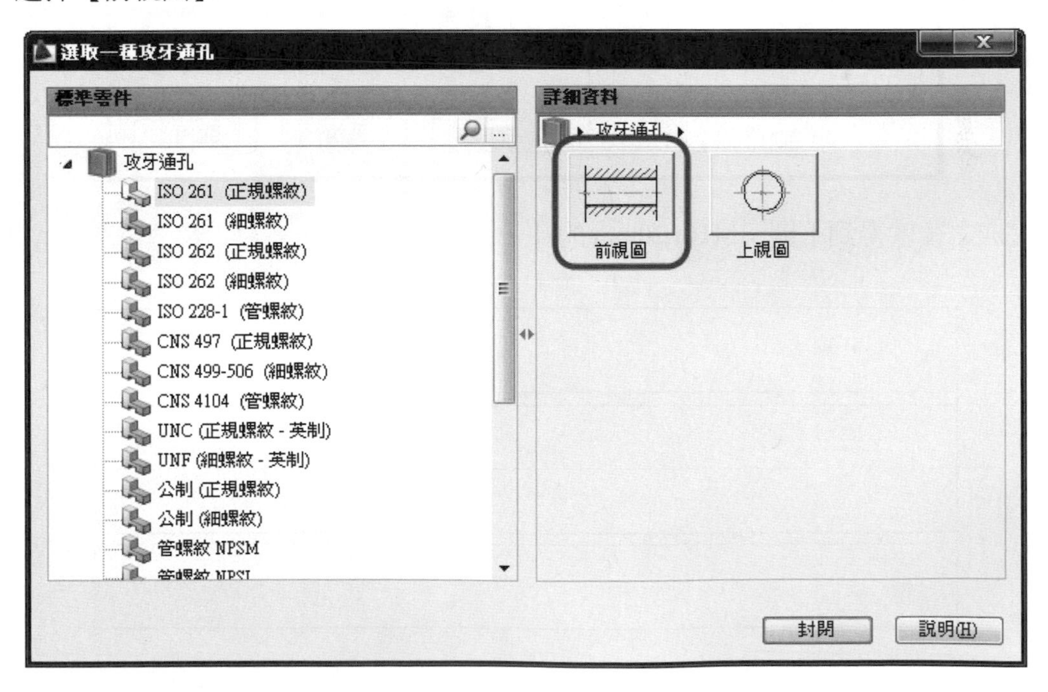

3. 選取起點與終點。

4. 選取完旋轉角度與孔長度之後，請點選標稱直徑。

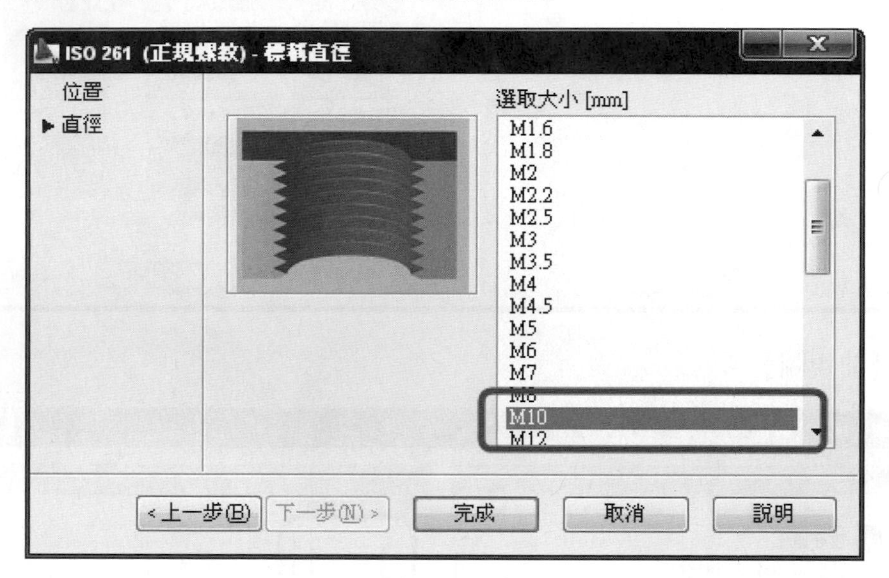

5. 完成之後就得到下圖：M10×20mm 的孔。

10-2-4　攻牙盲孔：AMTAPBHOLE2D

1. 選取【ISO 262 (正規螺紋)】。

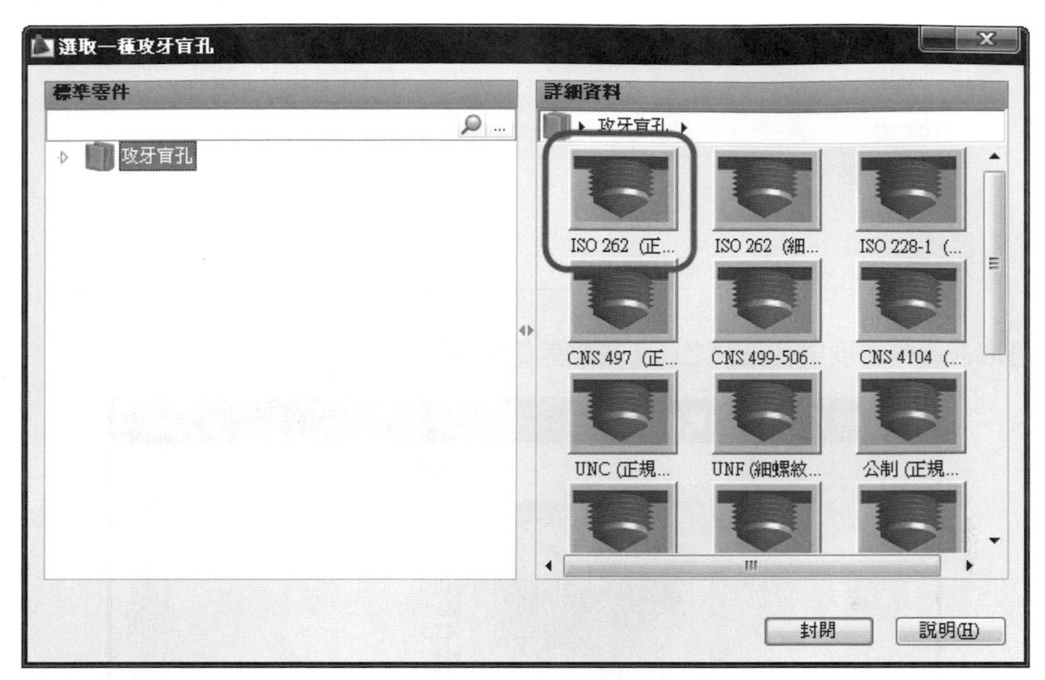

2. 選擇【前視圖】。

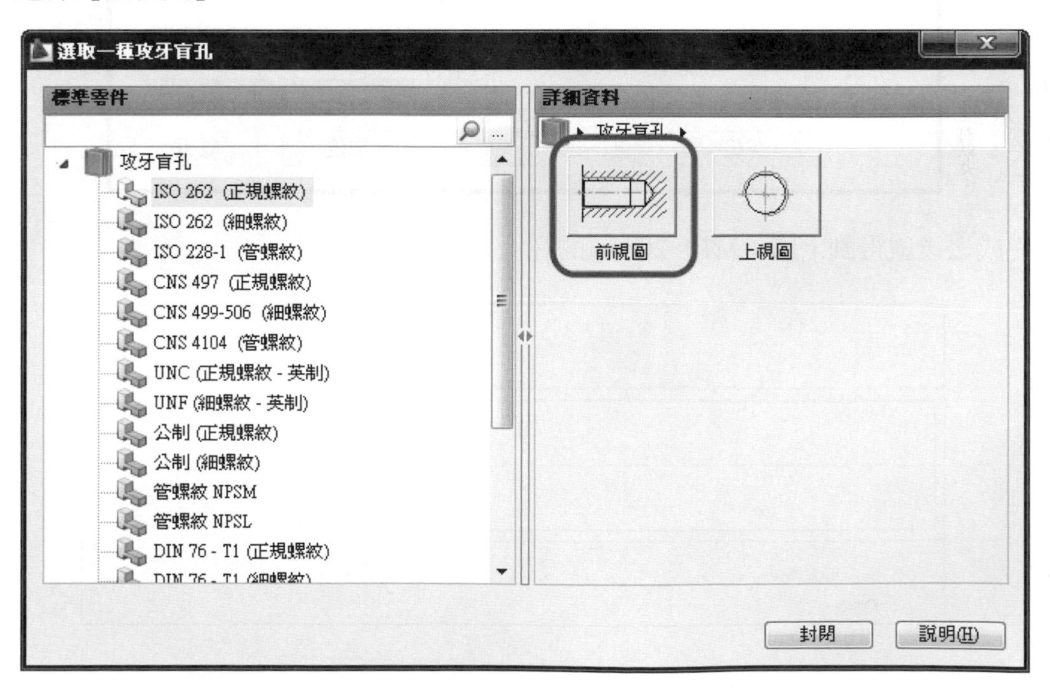

3. 選取起點與終點。

4. 選取完旋轉角度與孔長度之後，請點選標稱直徑。

5. 完成之後就得到下圖：M10×20mm 的孔。

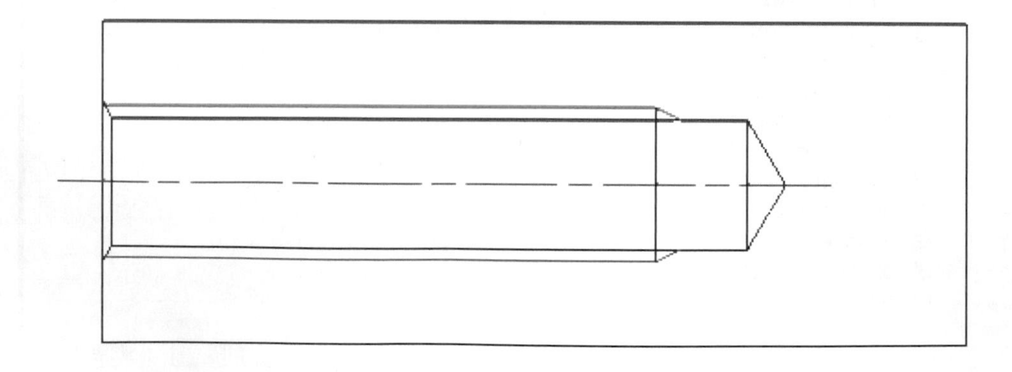

10-2-5　外螺紋：AMEXTHREAD2D

1. 選取【ISO 261 (正規螺紋)】。

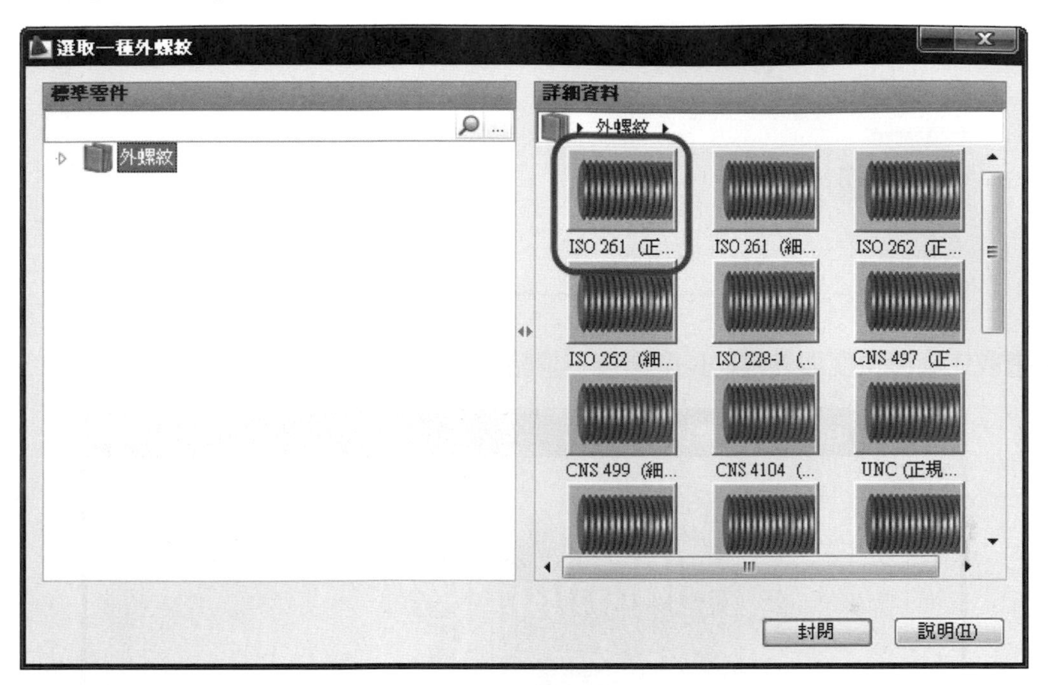

2. 選擇【前視圖】。

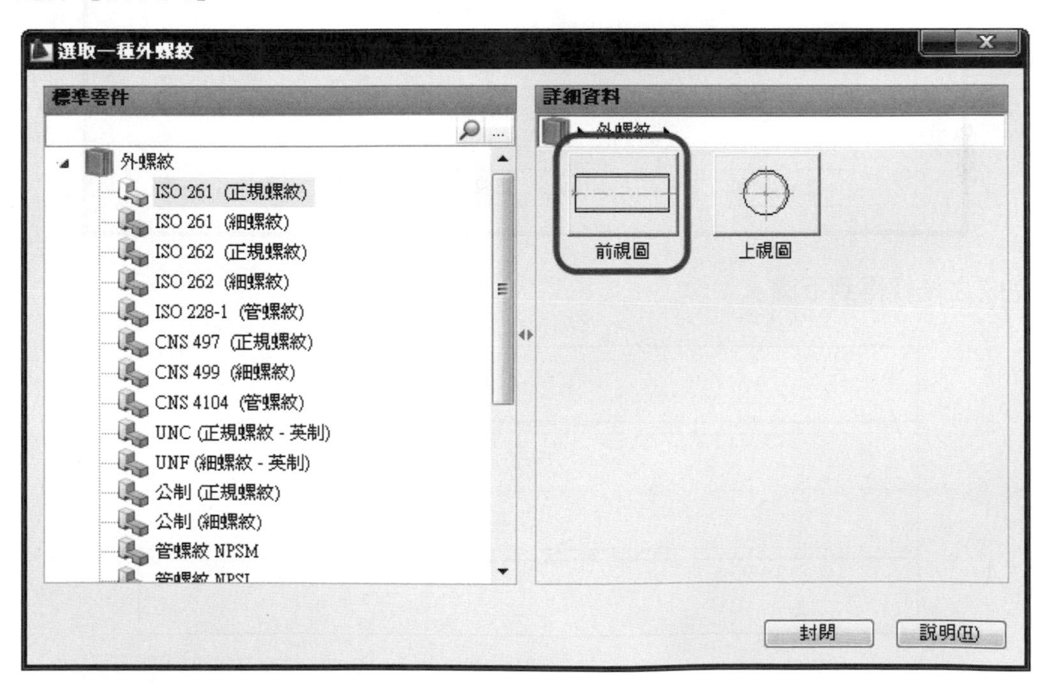

3. 選取起點與終點。

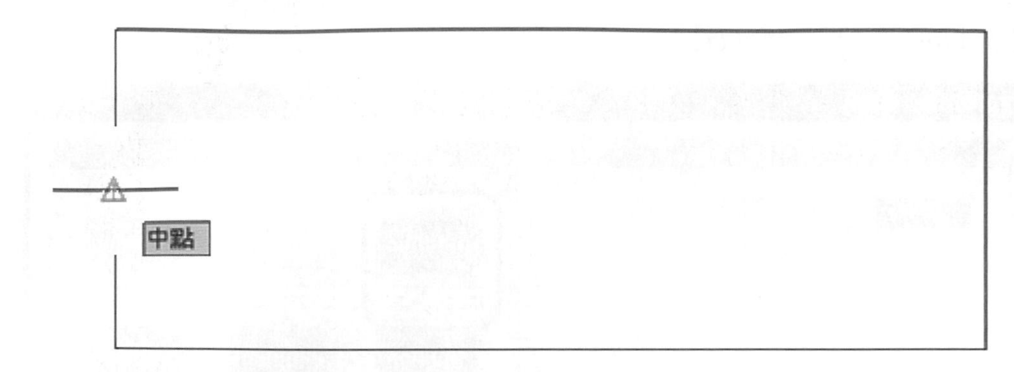

4. 選取完旋轉角度與外螺紋長度之後，請點選標稱直徑。

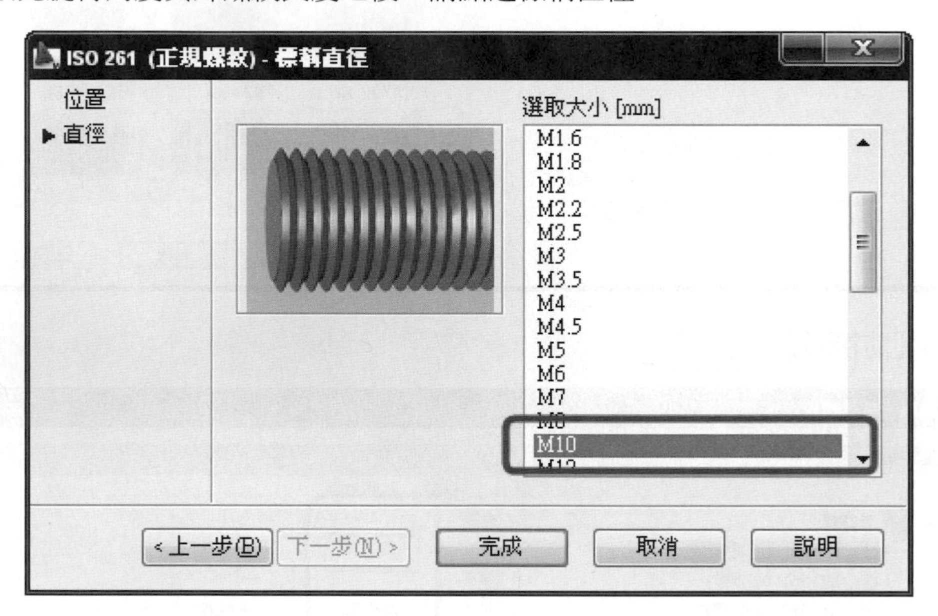

5. 完成之後就得到下圖。

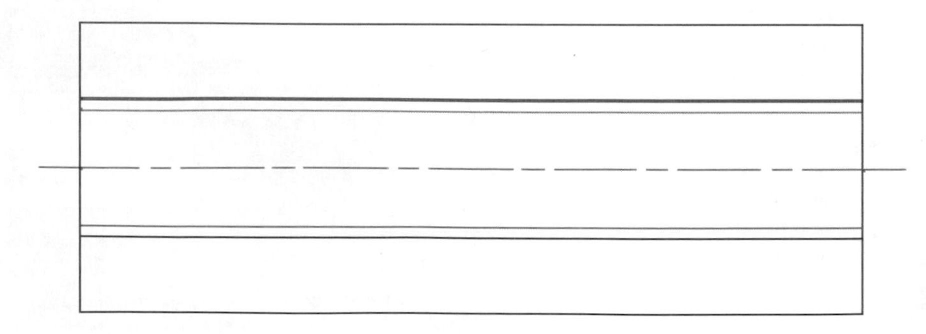

10-2-6　螺紋端：AMTHREADEND2D

1. 選取【ISO 4753 混制端 (正規螺紋)】。

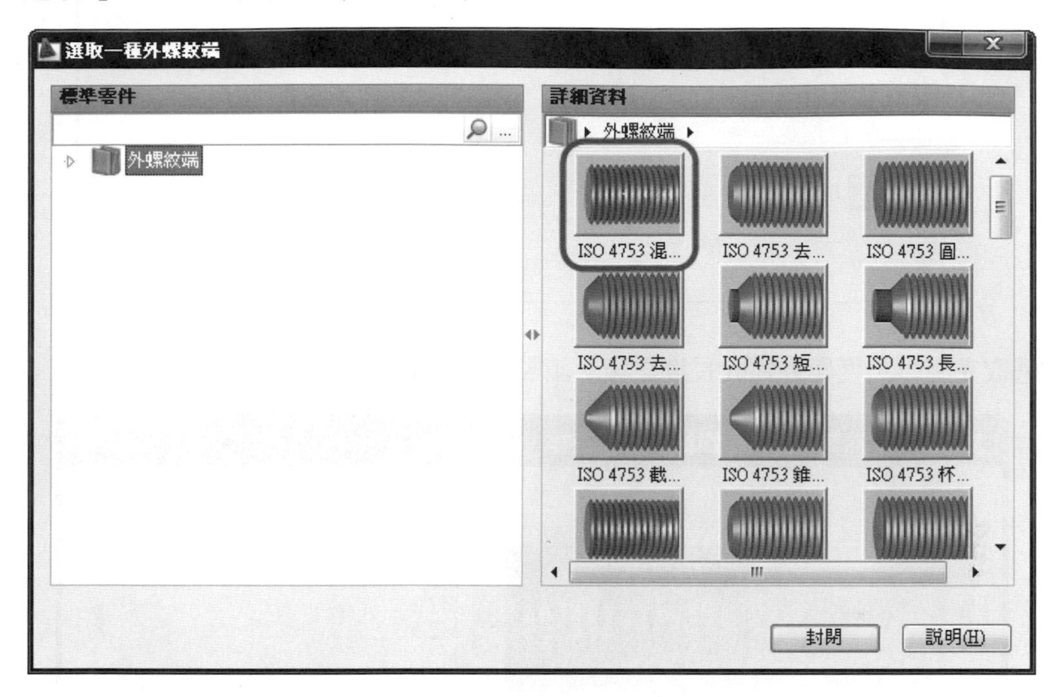

2. 選擇【前視圖】。

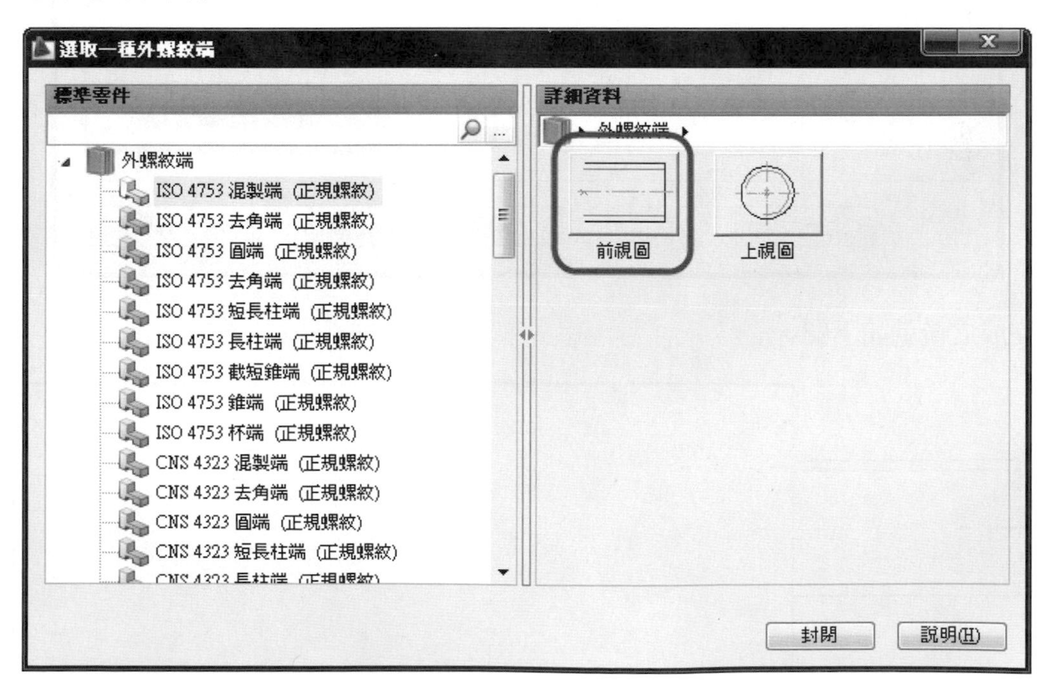

3. 選取起點與終點。

4. 選取完旋轉角度與外螺紋長度之後，請點選標稱直徑。

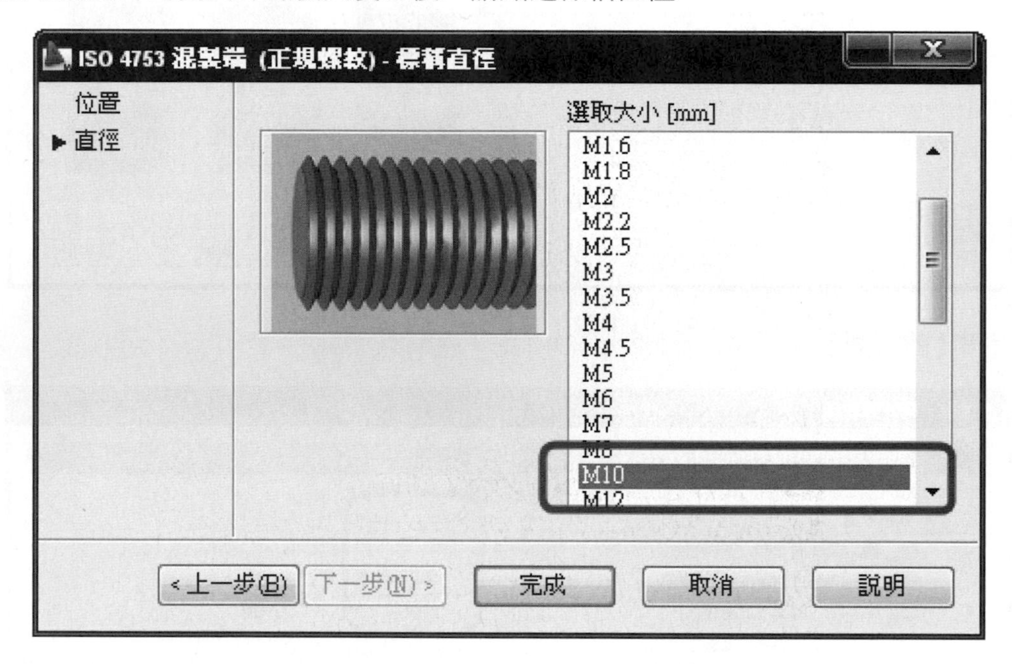

5. 完成之後就如下圖。

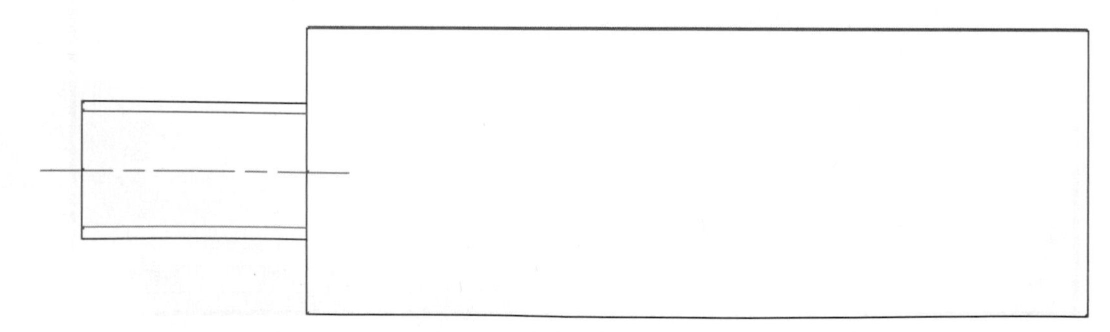

10-2-7　柱坑：AMCOUNTB2D

1. 選取【ISO 柱坑】。

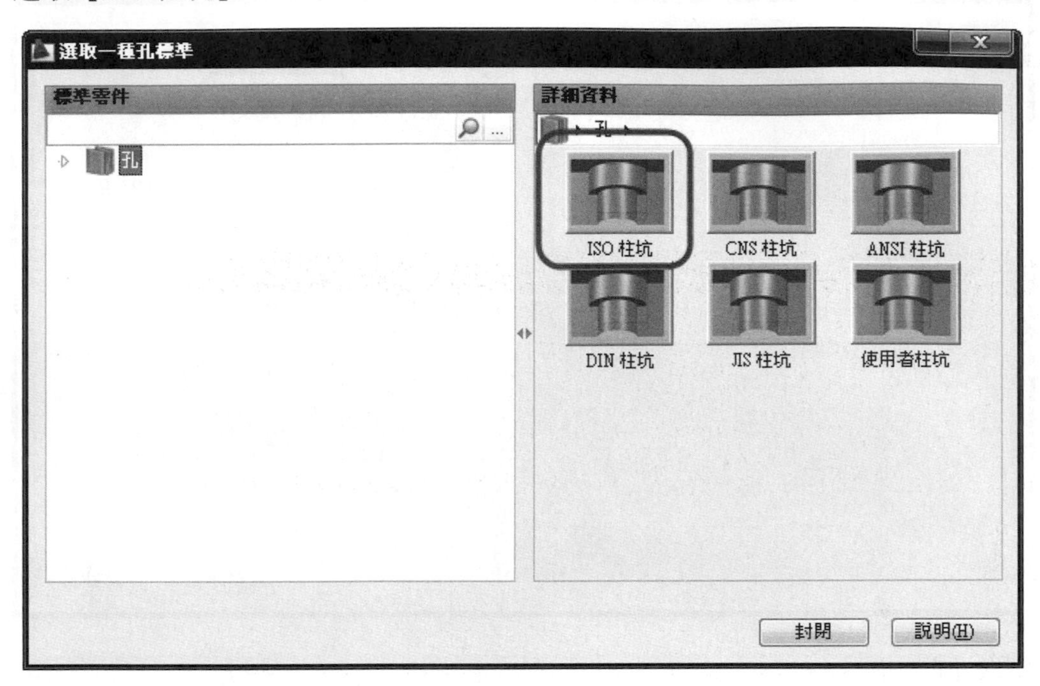

2. 選擇【前視圖】。

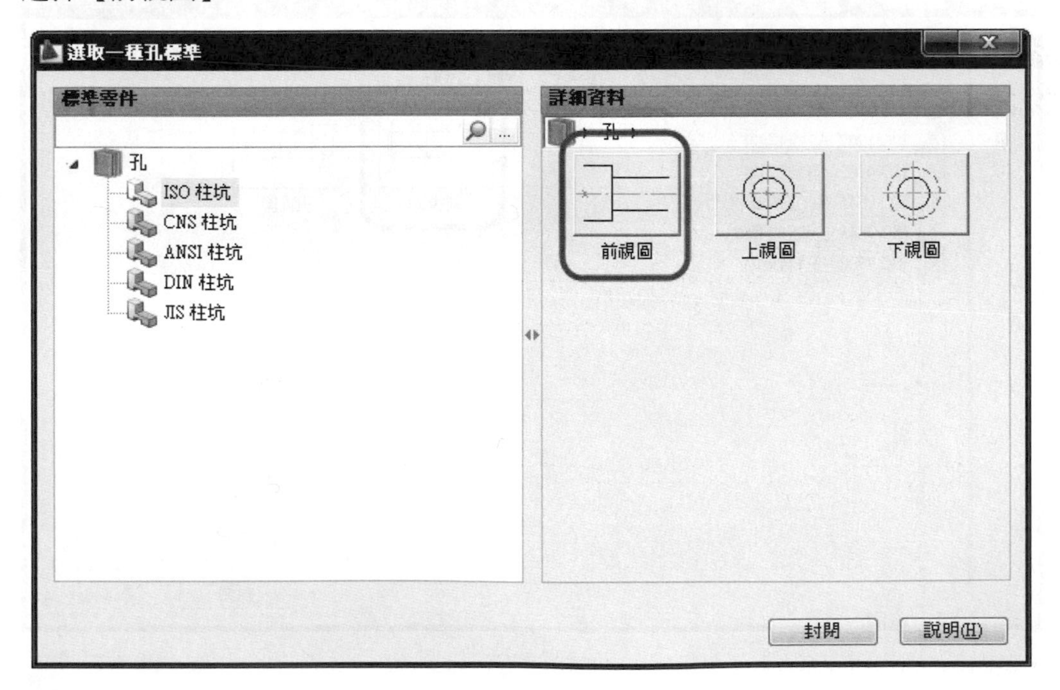

3. 選取所需螺釘規格【ISO 4762 (正規螺紋)】。

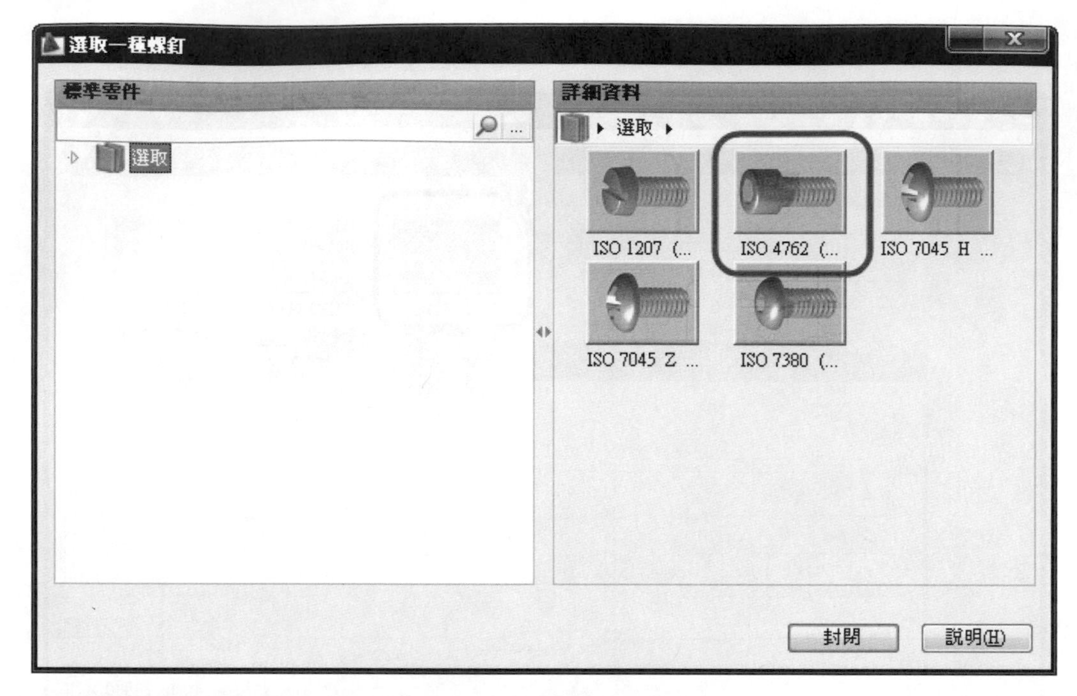

4. 選取【前視圖】。

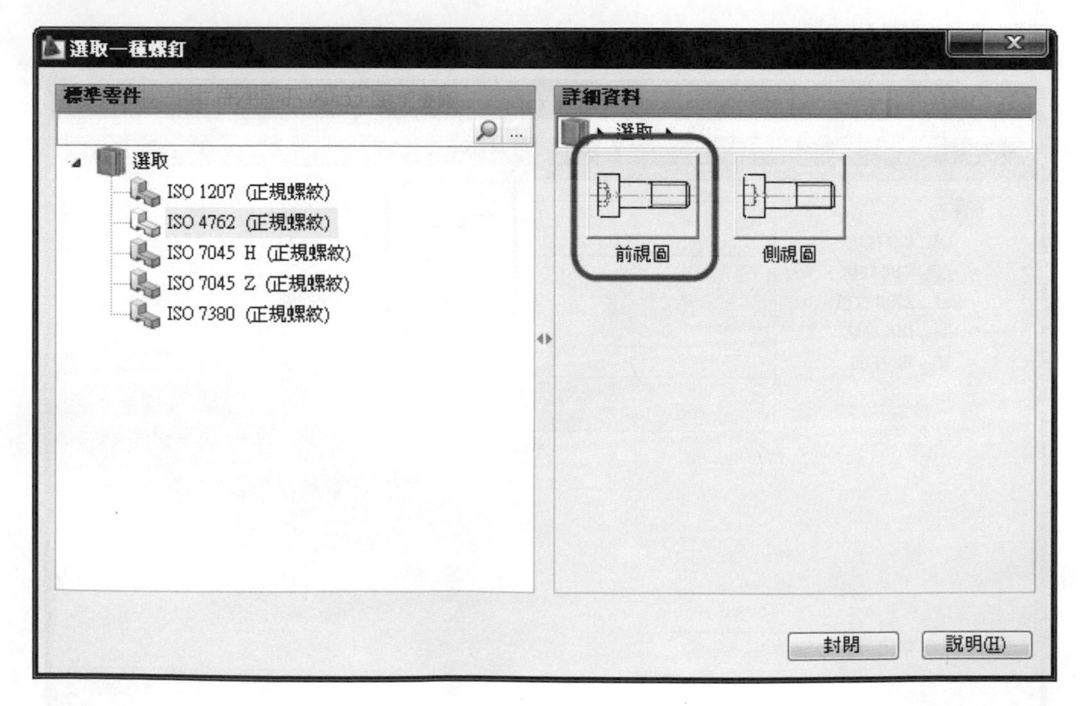

5. 選取【使用者柱坑】。

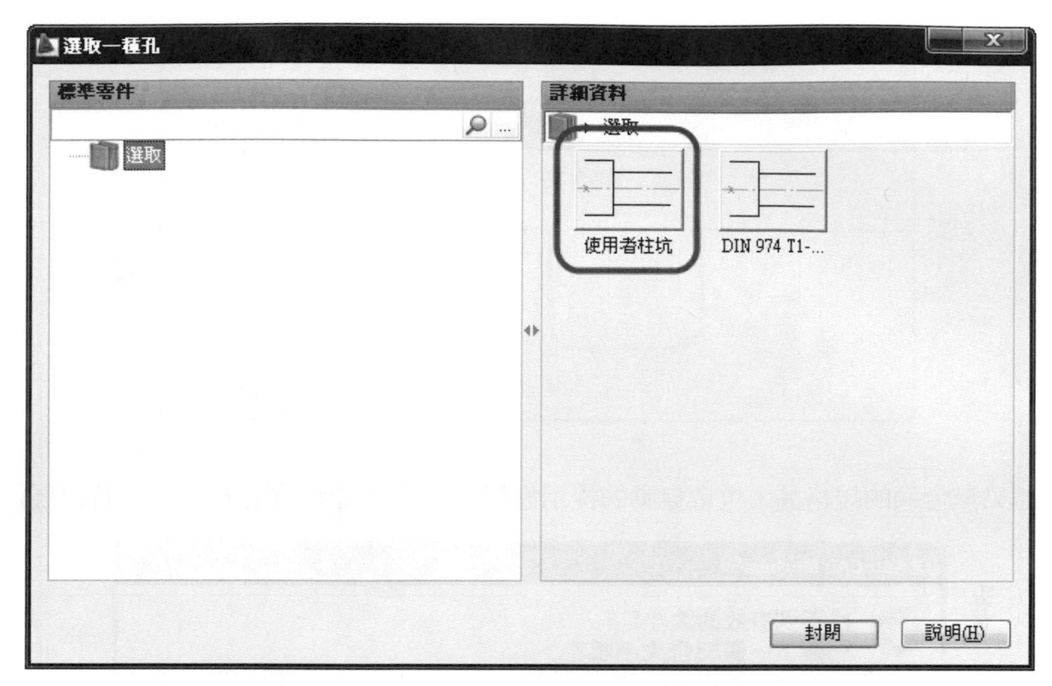

6. 會自動帶出螺旋接頭的畫面。

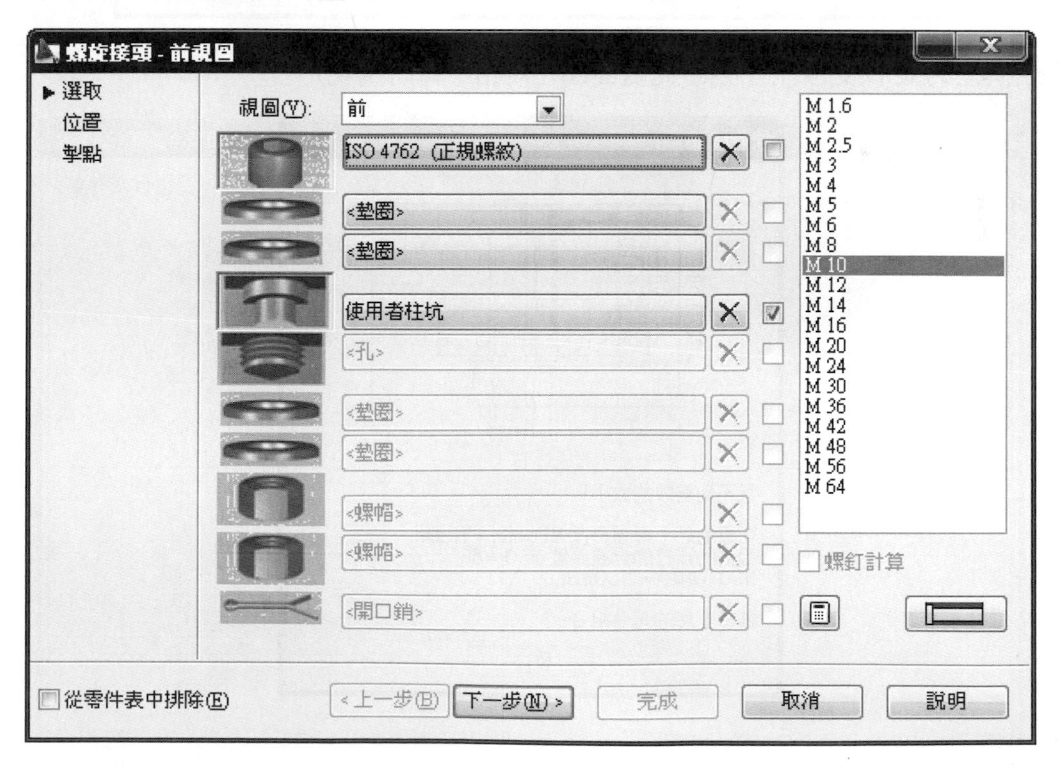

7. 點選起點與終點。

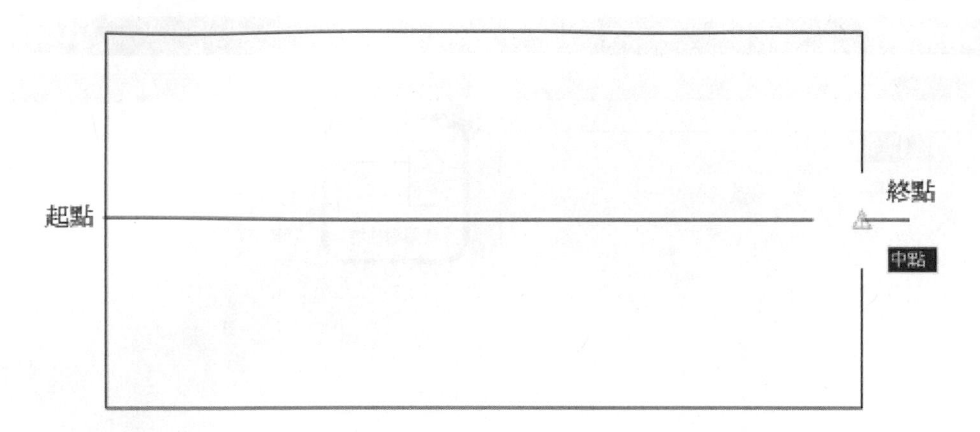

8. 如果無合適的規格品，也會自動的提示您修改尺寸(此畫面僅在規格不符時出現)。

9. 告訴您的圖形沒有合適規格(此畫面僅在規格不符時出現)。

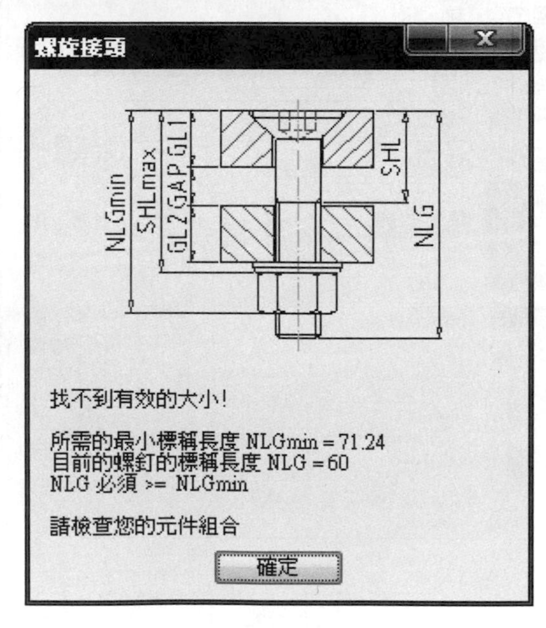

10. 顯示板件厚度與間隙。

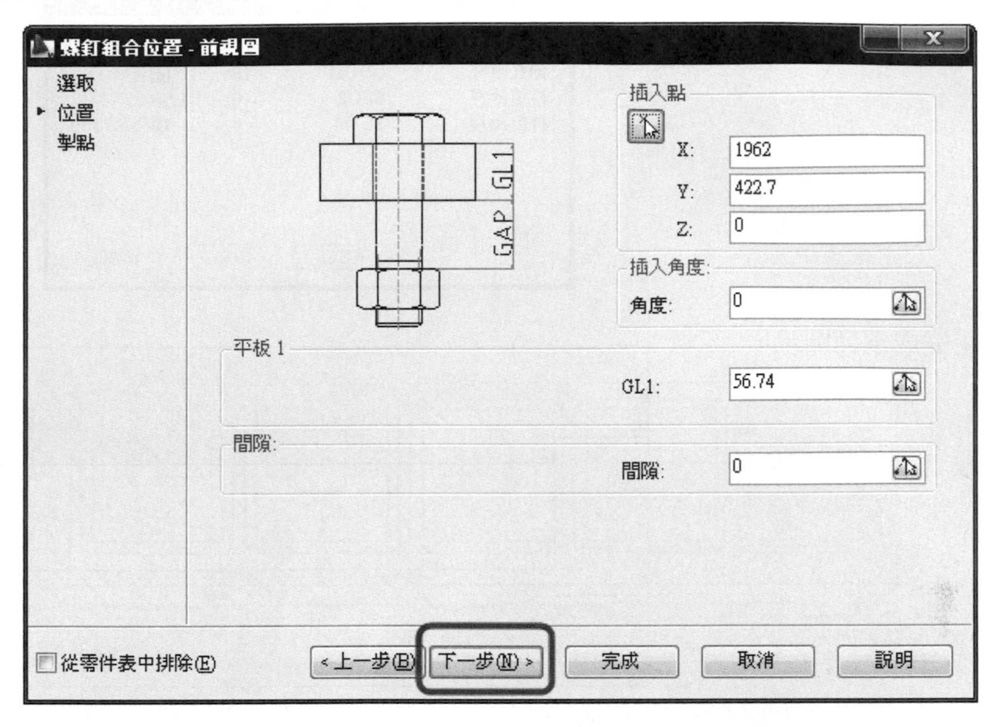

11. 選擇剖面表示的方法。

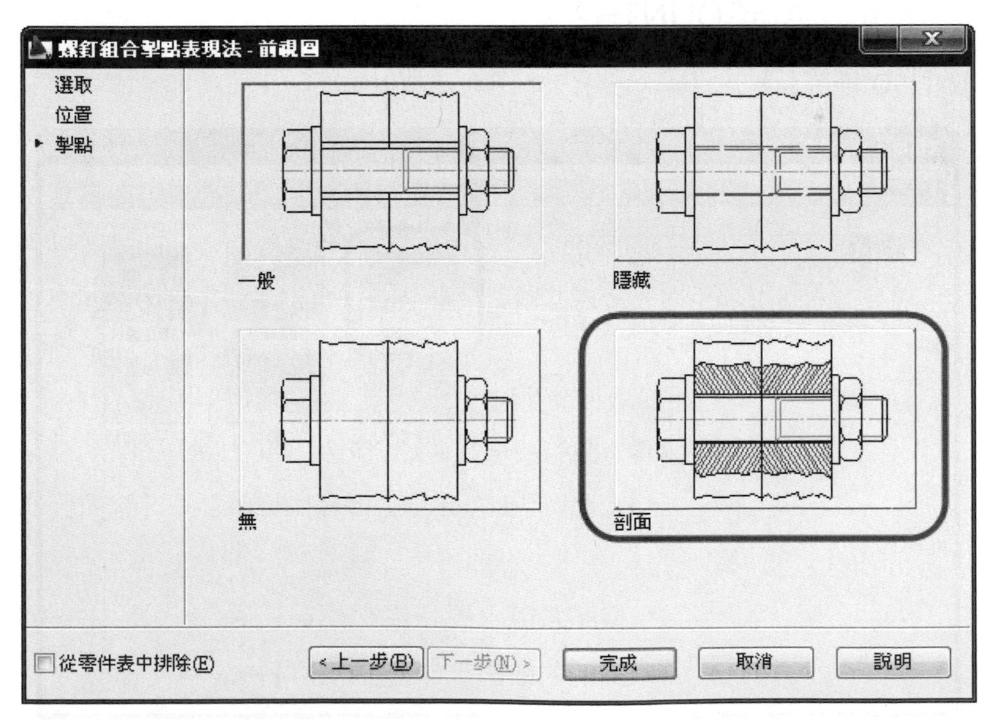

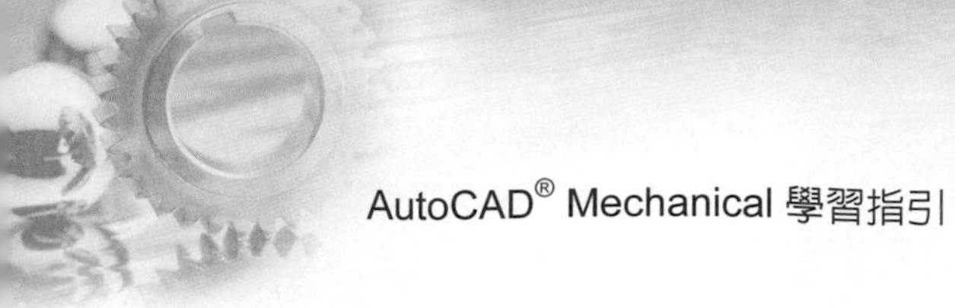

12. 可再自訂細項參數。

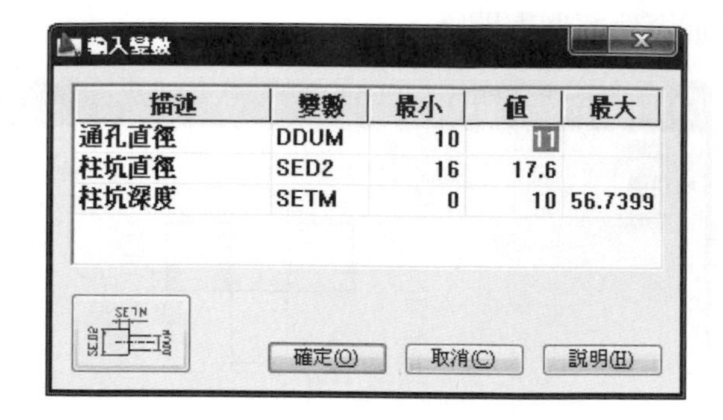

13. 即可完成下列圖示。

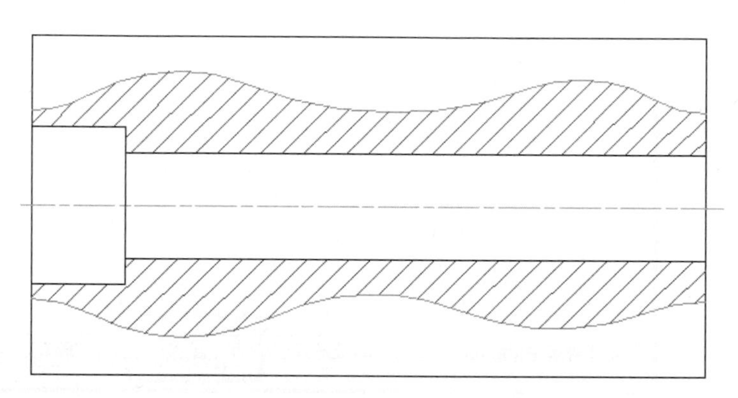

10-2-8 錐坑：AMCOUNTS2D

1. 選取【ISO 錐坑】。

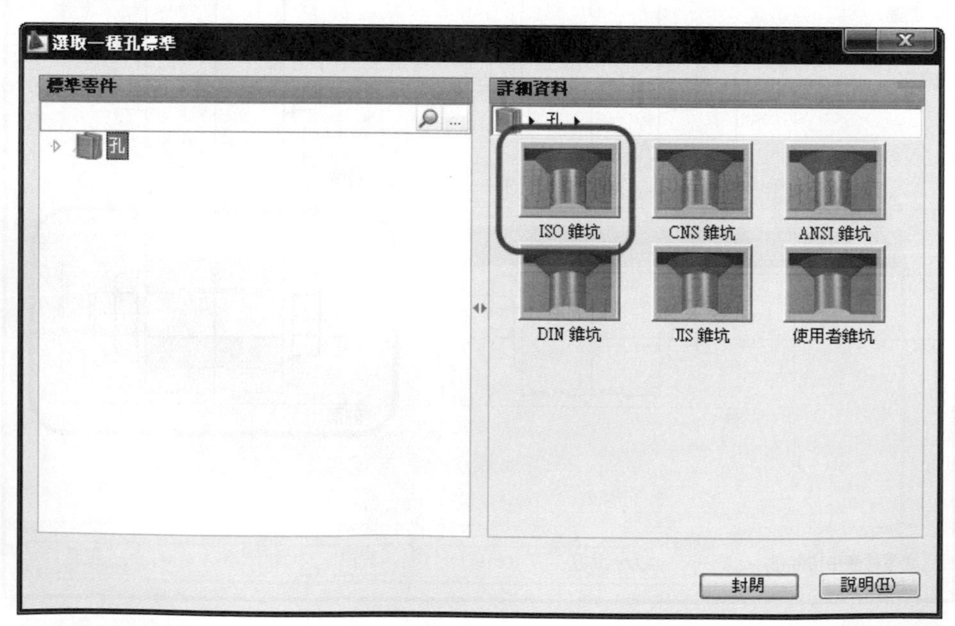

2. 選取【前視圖】。

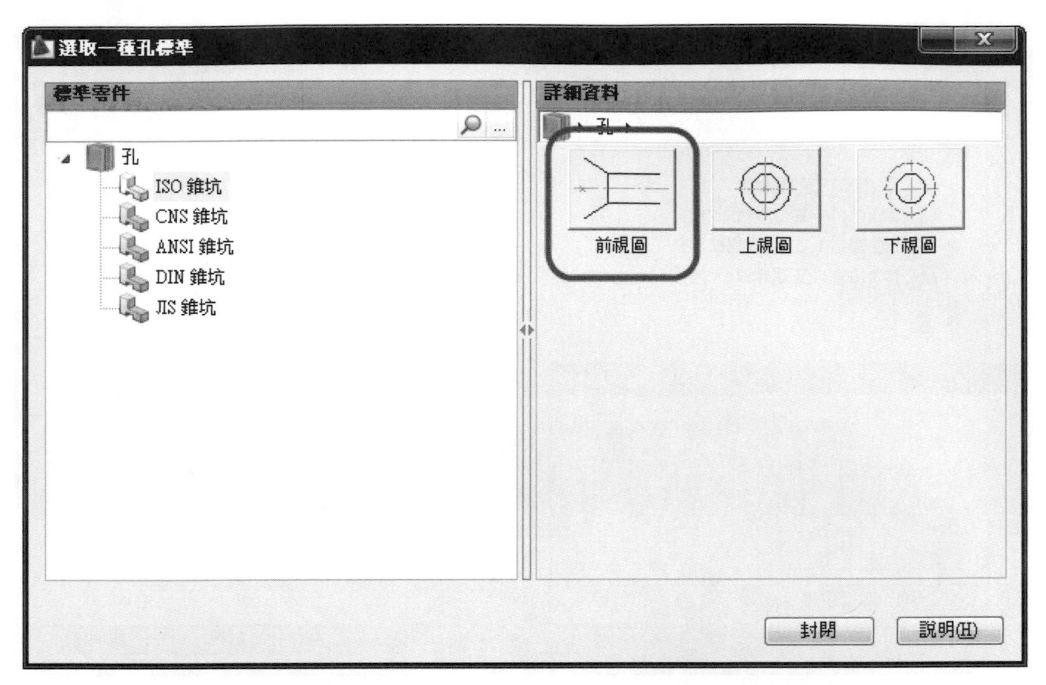

3. 選取【ISO 7046-1 Z (正規螺紋)】。

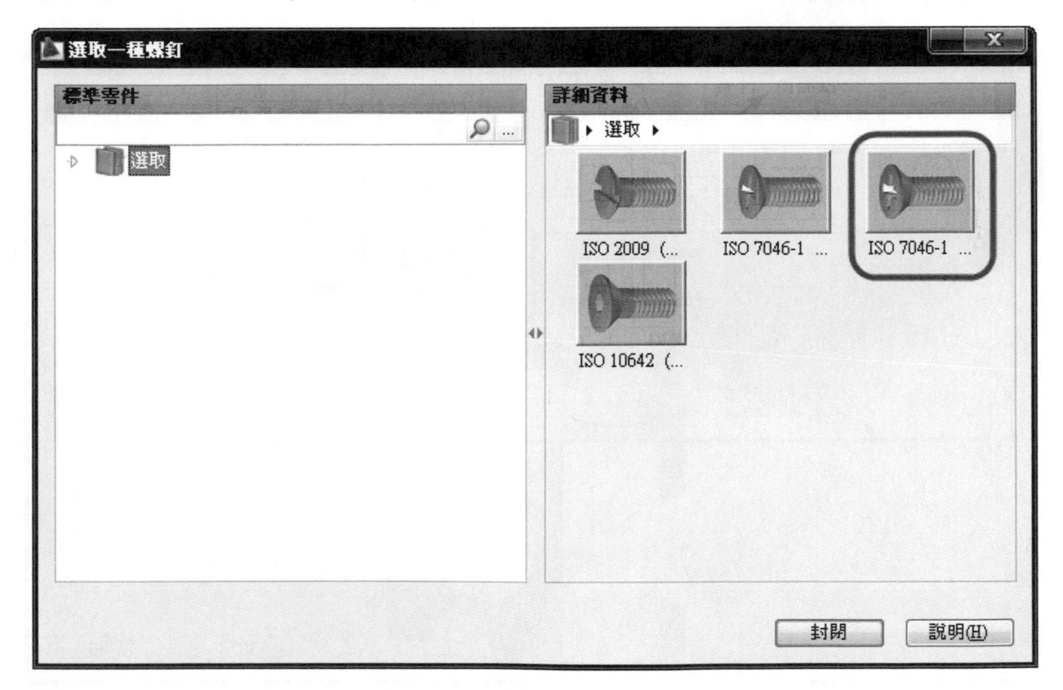

4. 選取【前視圖】。

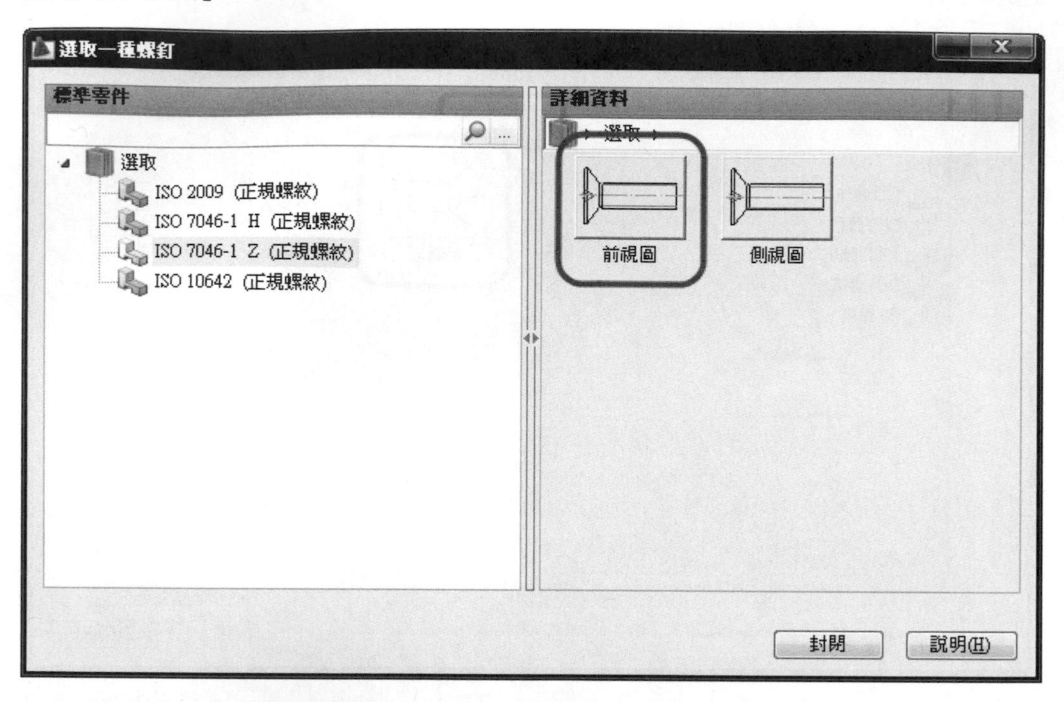

5. 選取【使用者錐坑】。

6.　會自動帶出螺旋接頭的畫面，右下方的按鈕可改變要不要畫零件。

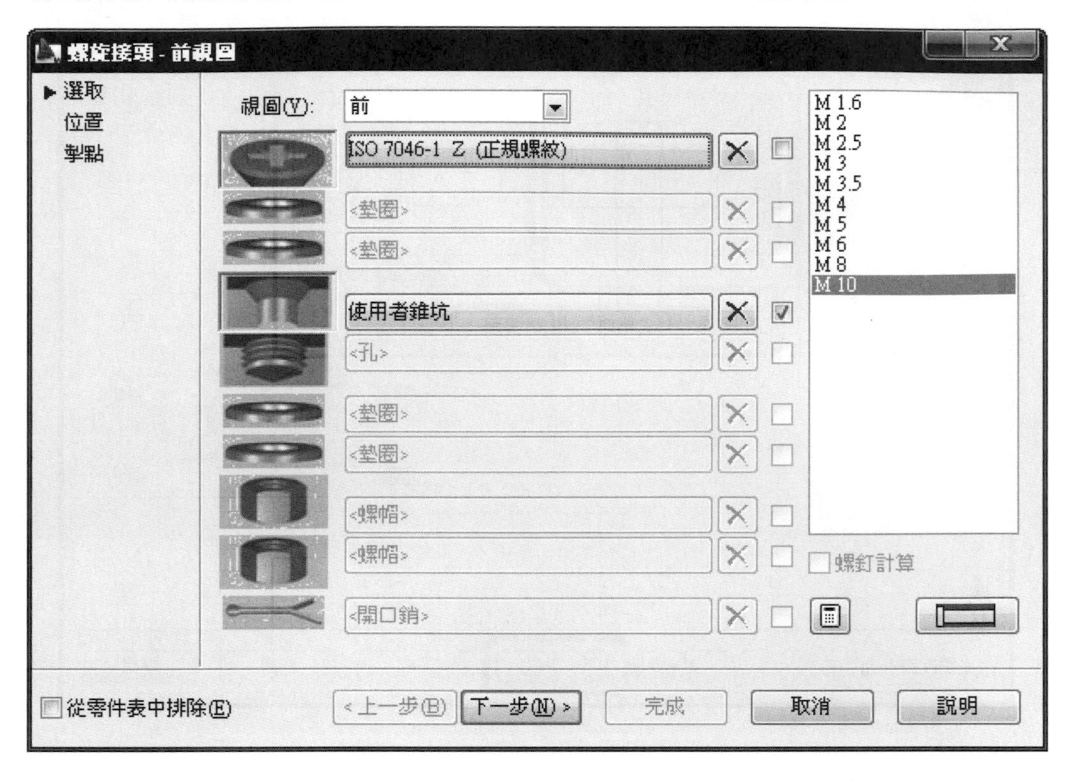

7.　點選起點與終點。

8. 顯示板件厚度與間隙。

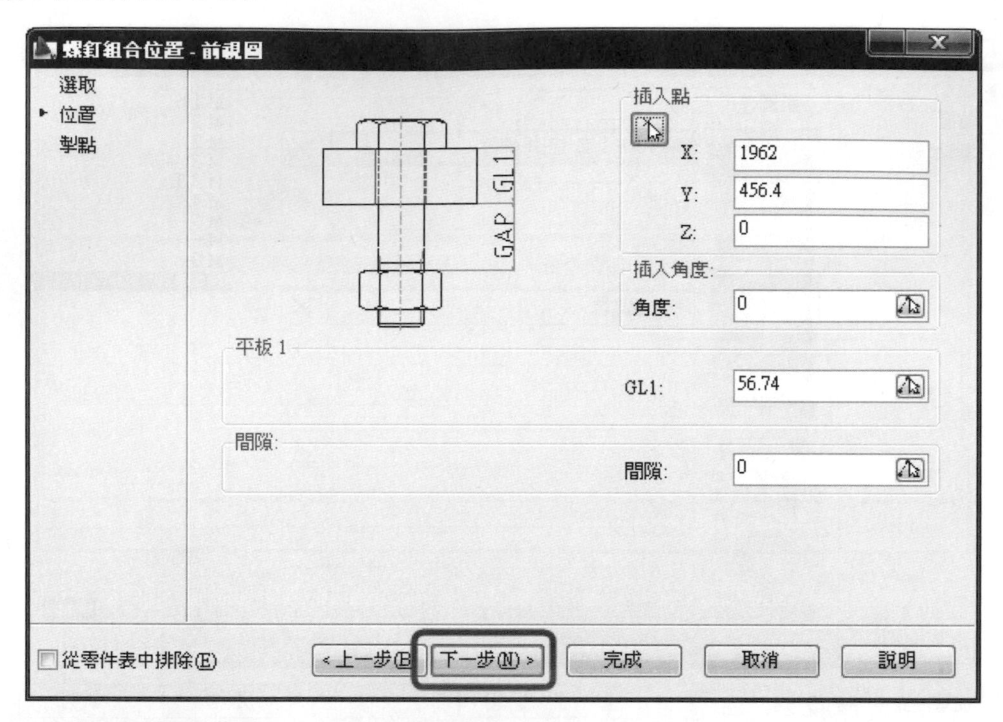

9. 選擇剖面表示的方法。

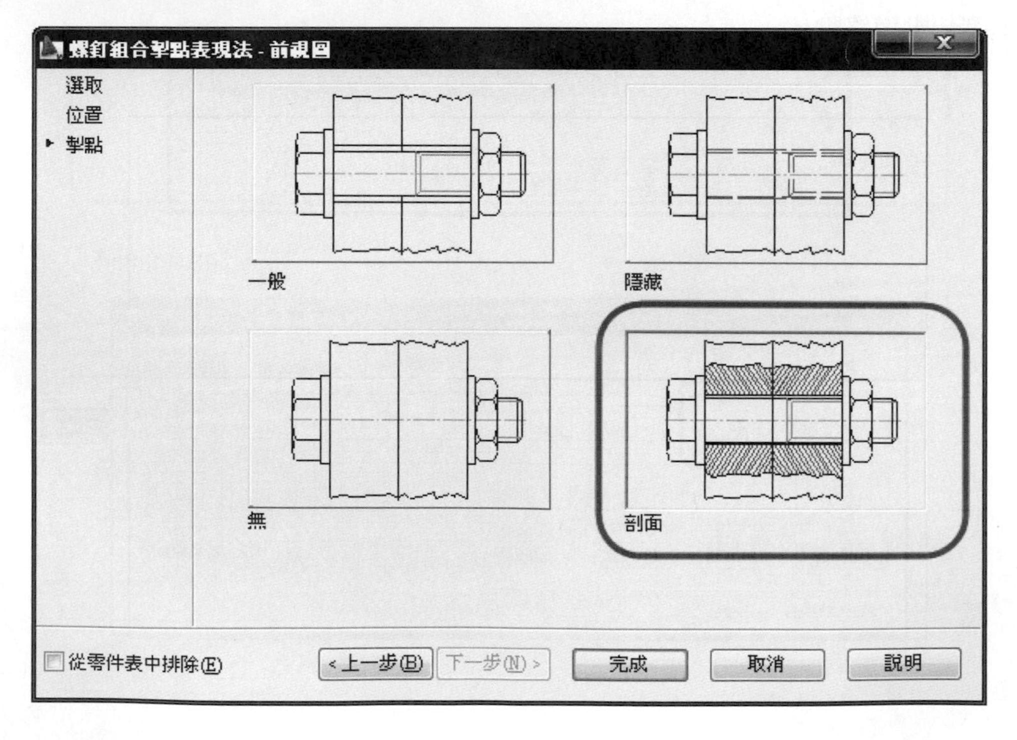

10. 可再自訂細項參數。

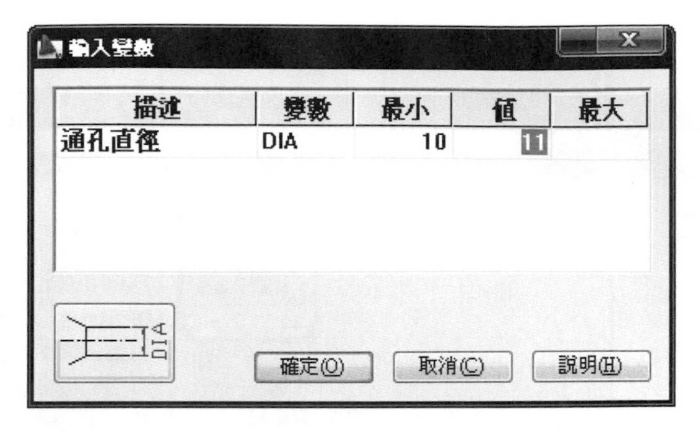

11. 輸入所需之變數。

12. 即可完成下列圖示。

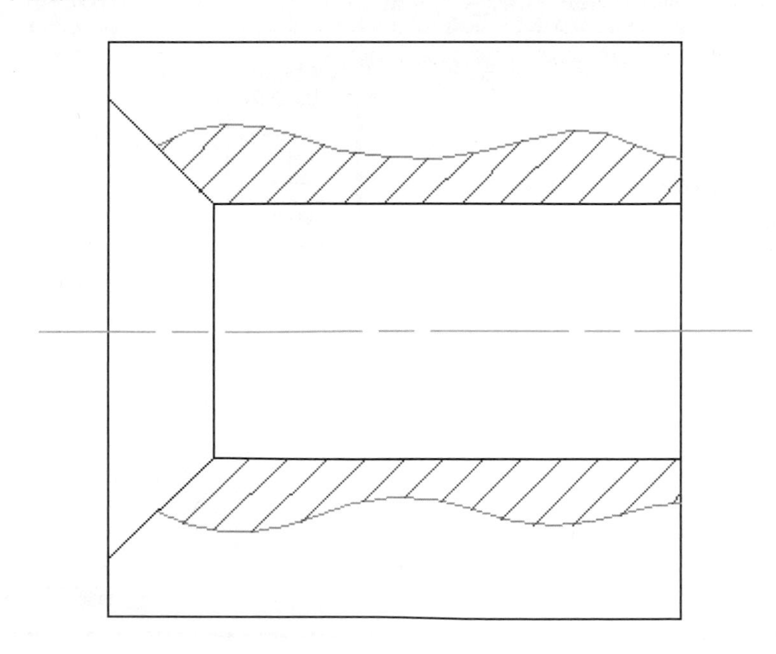

10-2-9 推拔外螺紋：AMTAPETHREAD2D

1. 選取【ISO 7-1 (管螺紋)】。

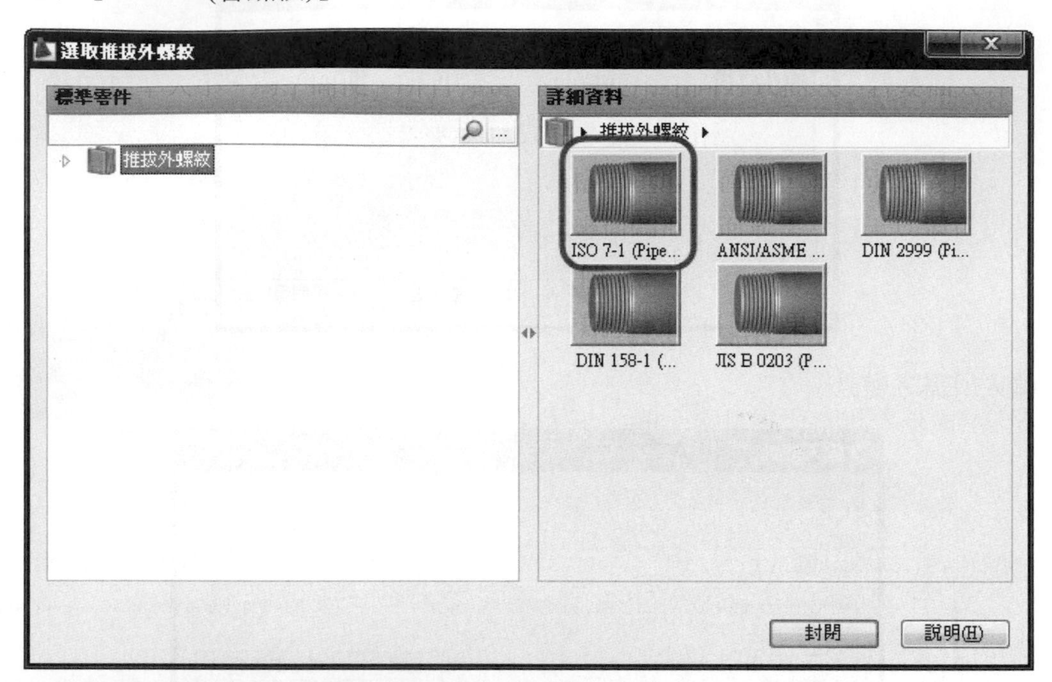

2. 選擇【前視圖】。

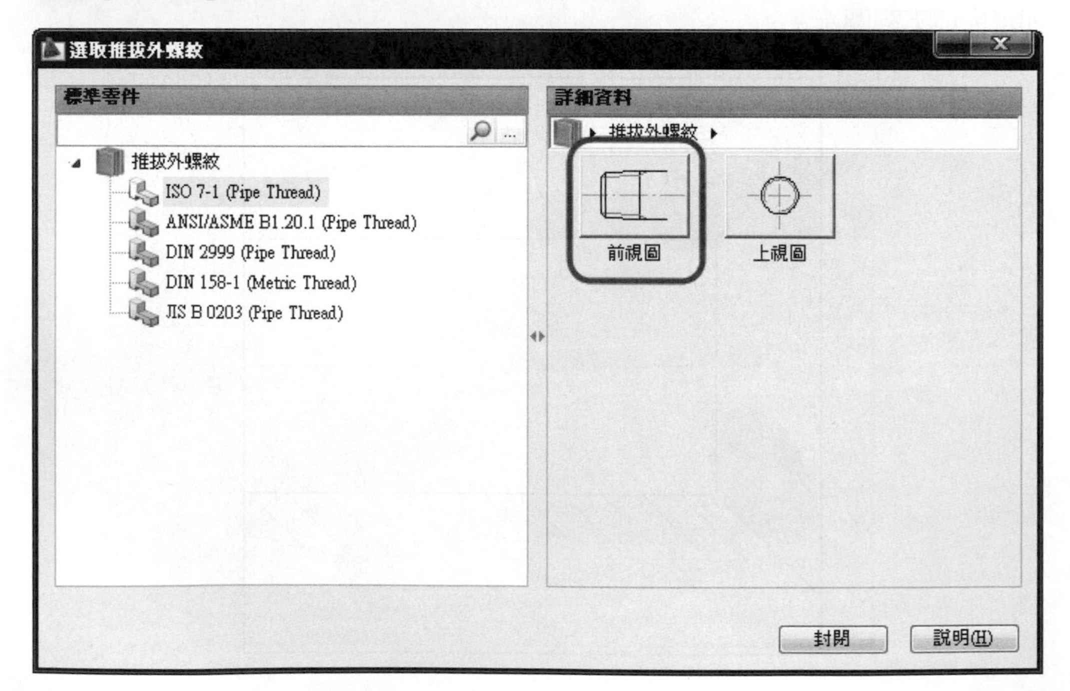

3. 選取起點與終點。

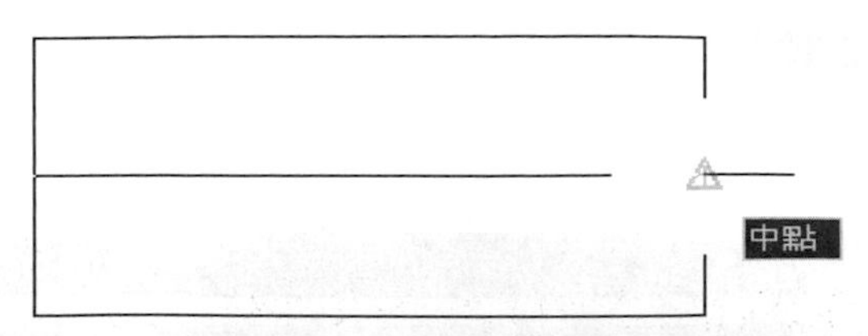

4. 挑選標稱直徑。

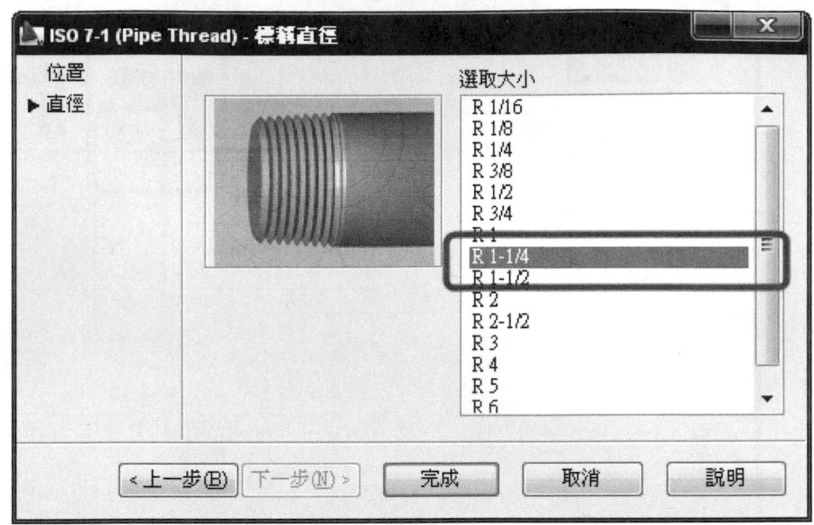

5. 挑選方向。

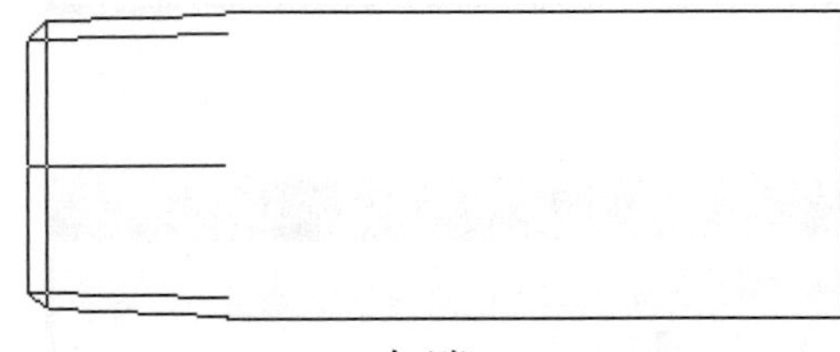

左邊

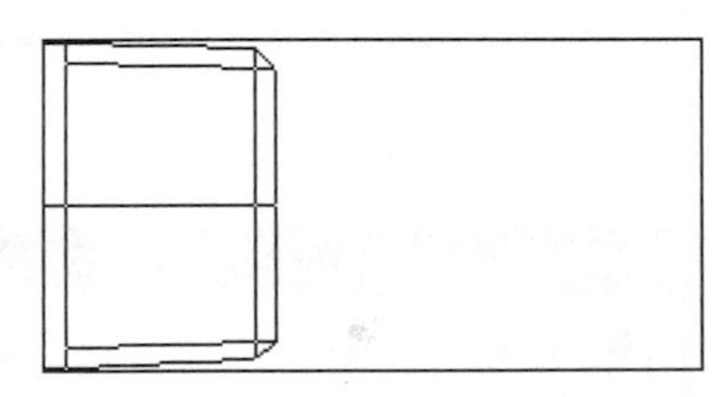

右邊

6. 再利用滑鼠拖曳長度。

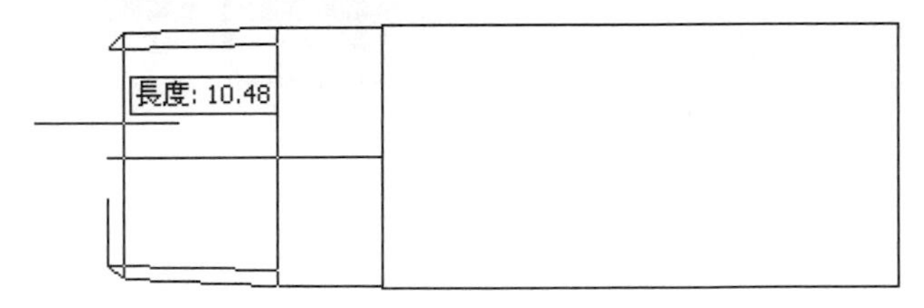

7. 完成之後如下圖所示。

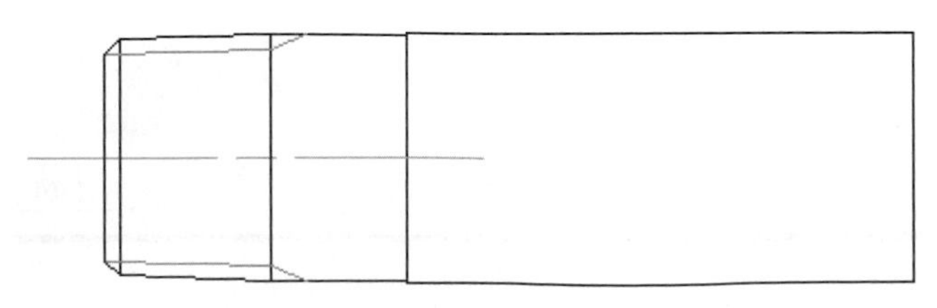

10-2-10 推拔內螺紋：AMTAPITHREAD2D

1. 選取【推拔】。

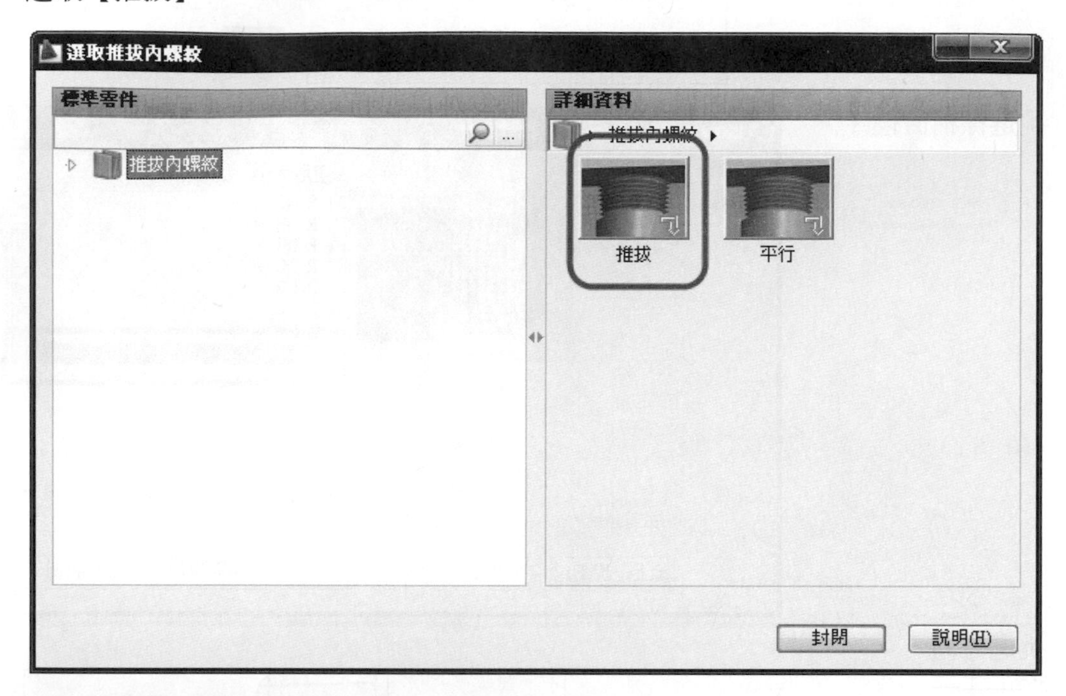

2. 選取【含偏轉度，自由長度】。

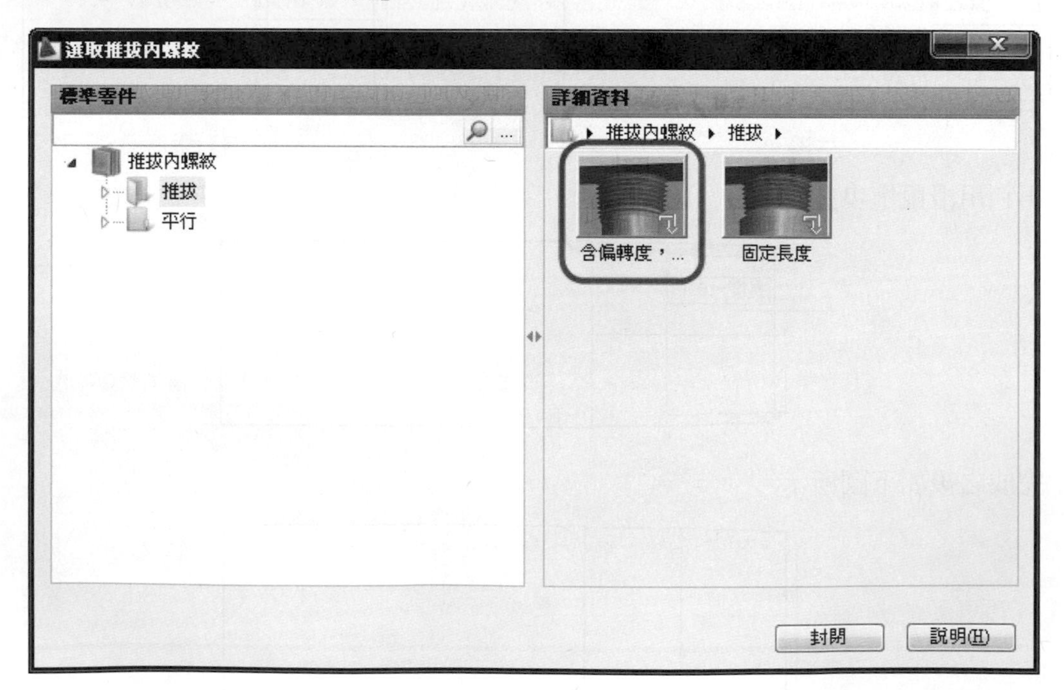

3. 選取【ISO 7-1 (管螺紋)】。

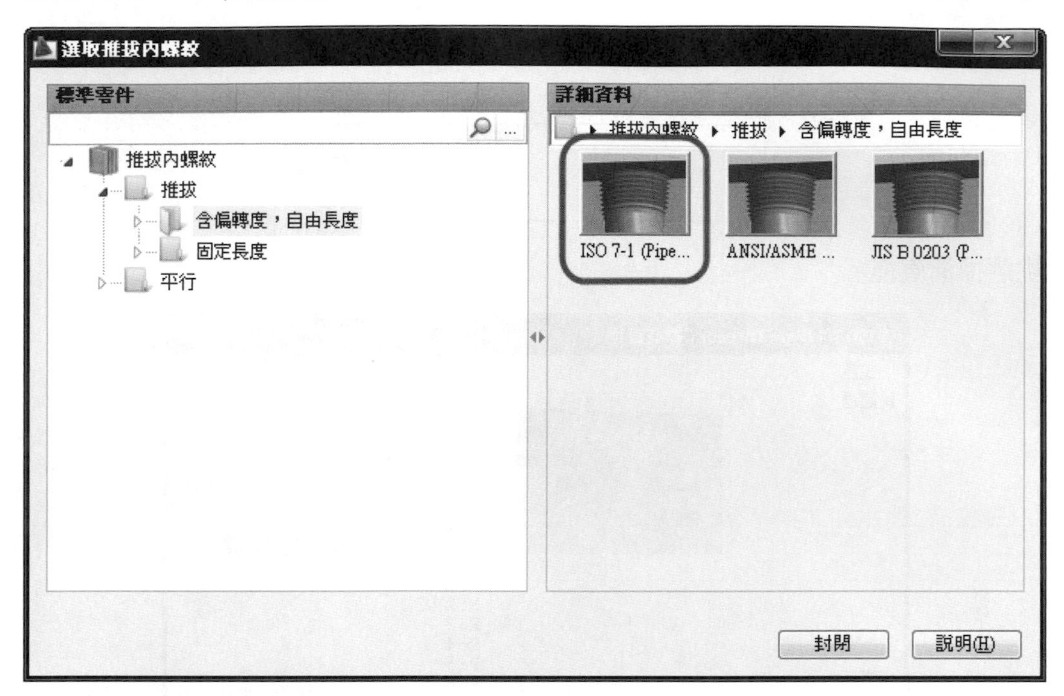

4. 選取【前視圖】。

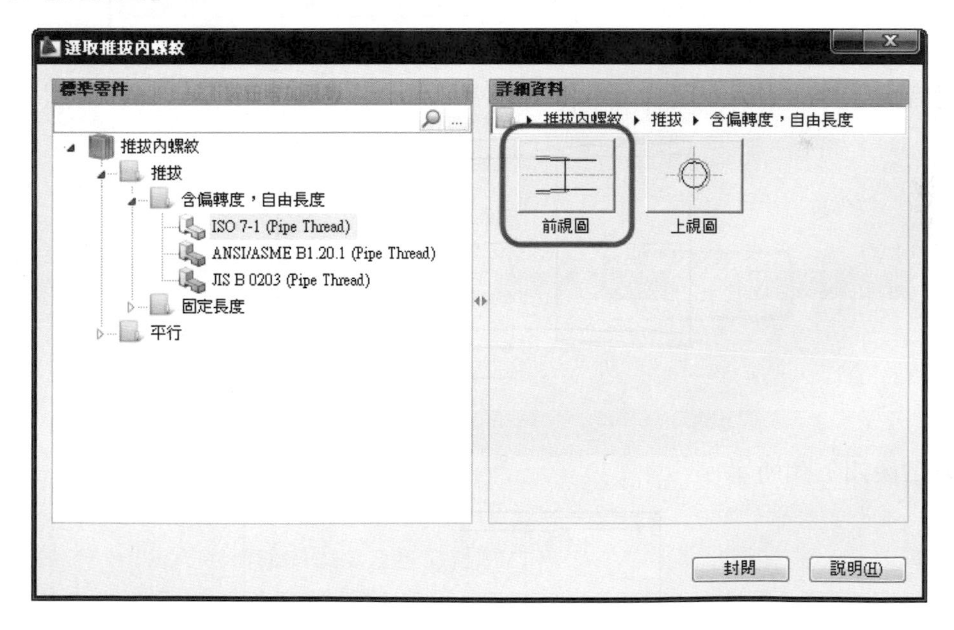

5. 選取起點與終點。

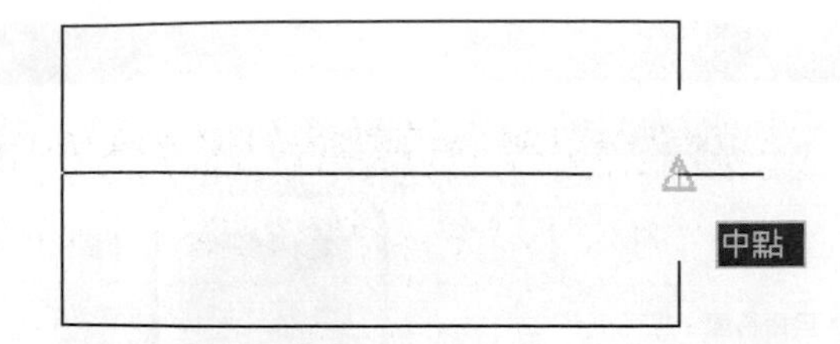

6. 挑選標稱直徑。

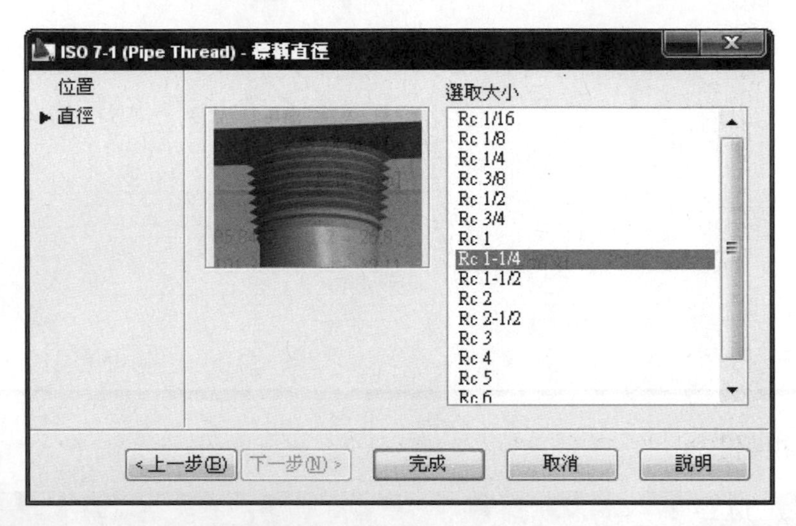

7. 挑選方向。

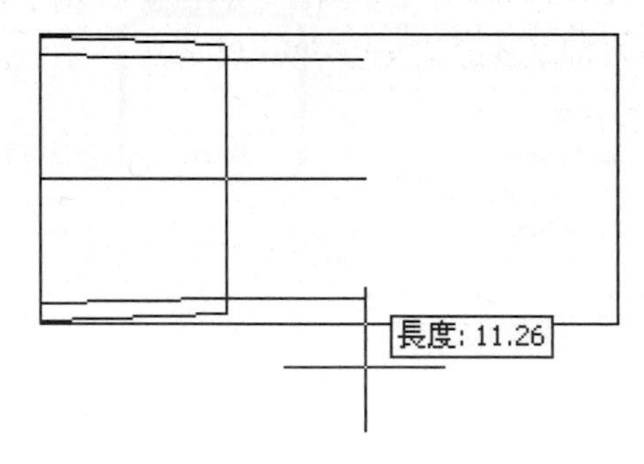

8. 完成之後如下圖所示。

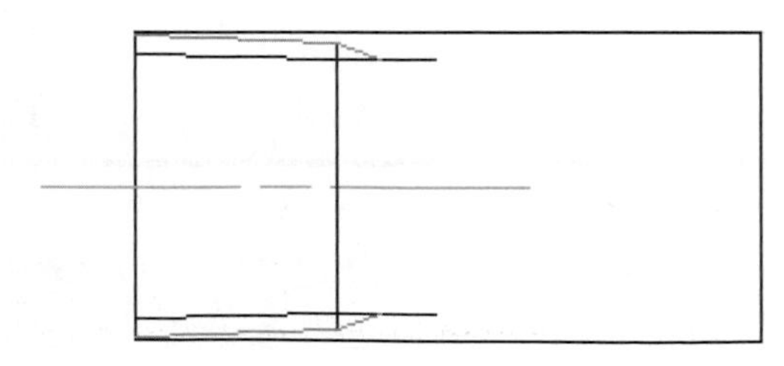

10-2-11　通孔槽：AMTSLOT2D

1. 選取【ISO 緊(I)】。

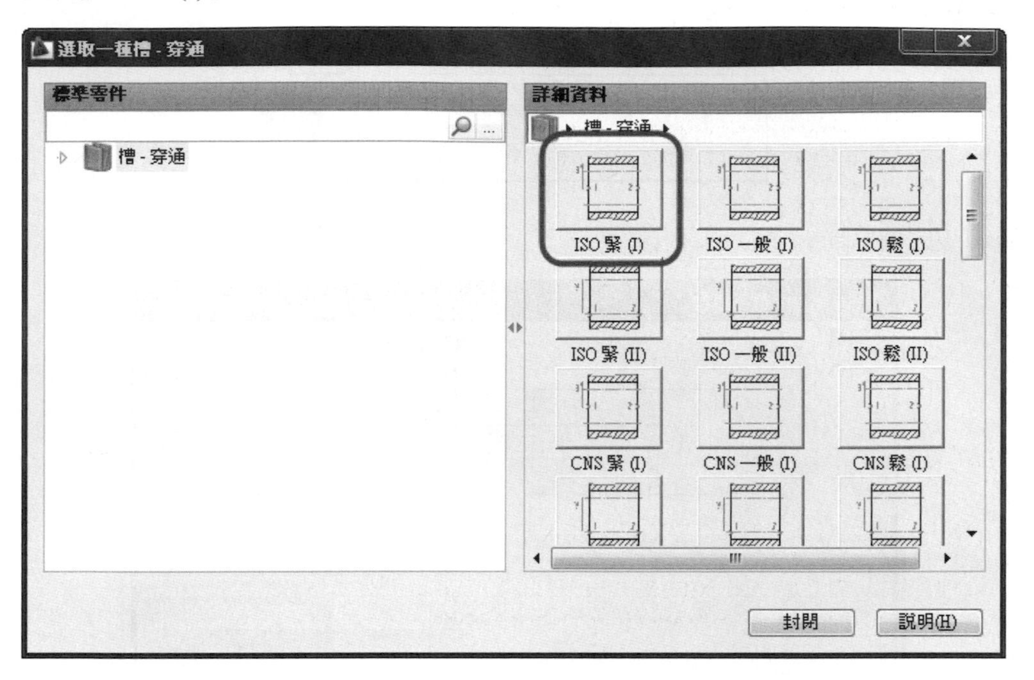

2. 選取【前視圖】。

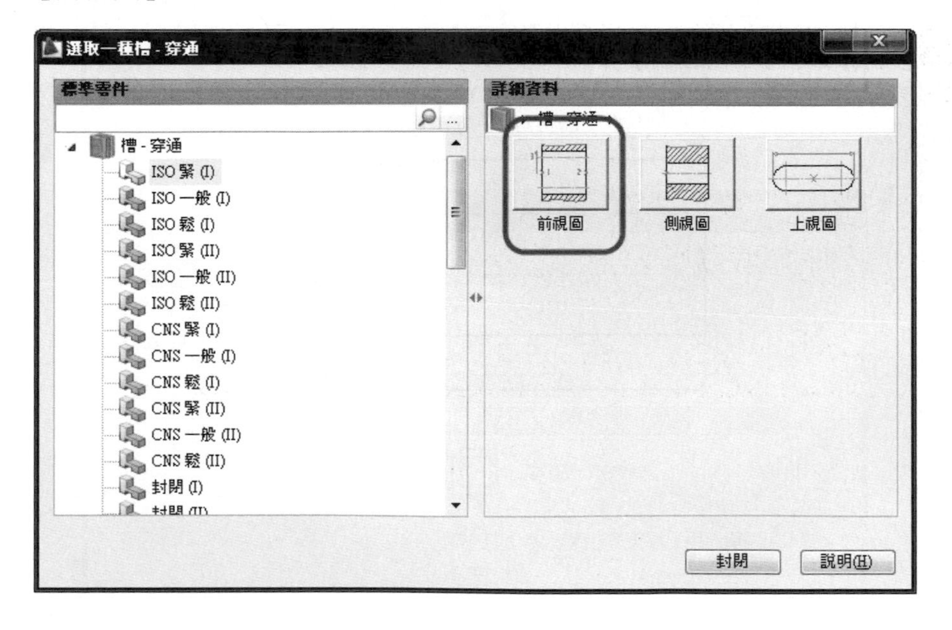

3. 選取起點與終點。

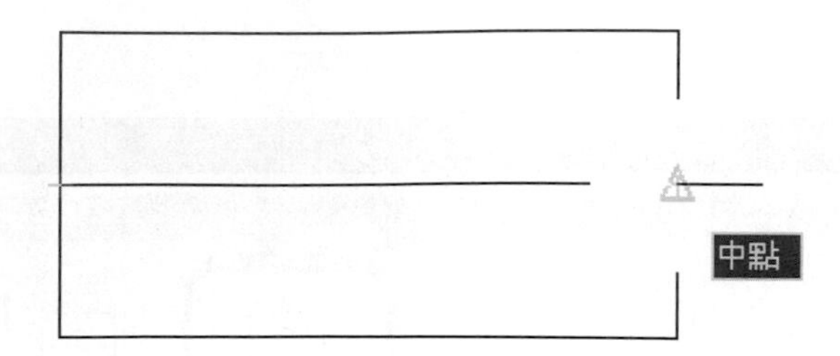

4. 點選【標稱直徑】。

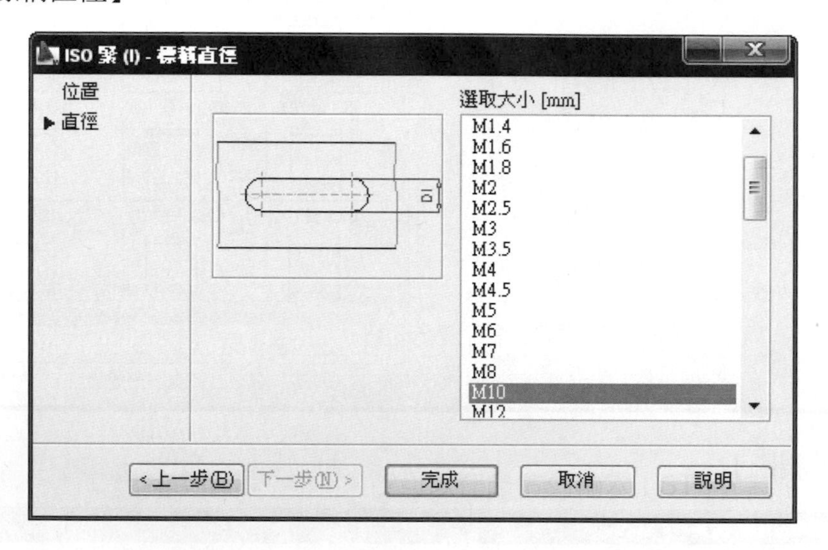

5. 完成之後就如下圖所示。

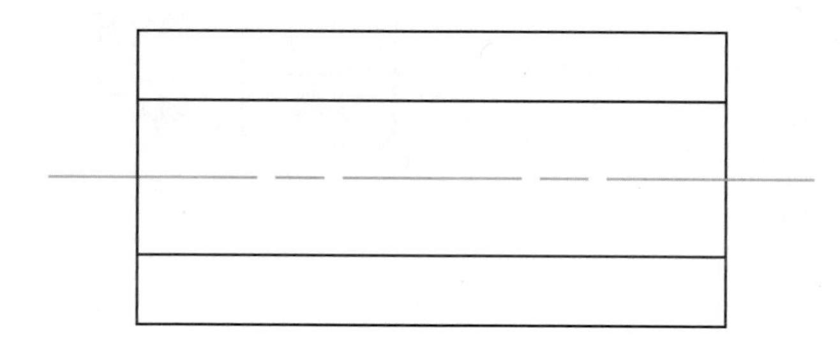

10-2-12　盲槽：AMBSLOT2D

1. 選取【根據 ISO 273 (I)】。

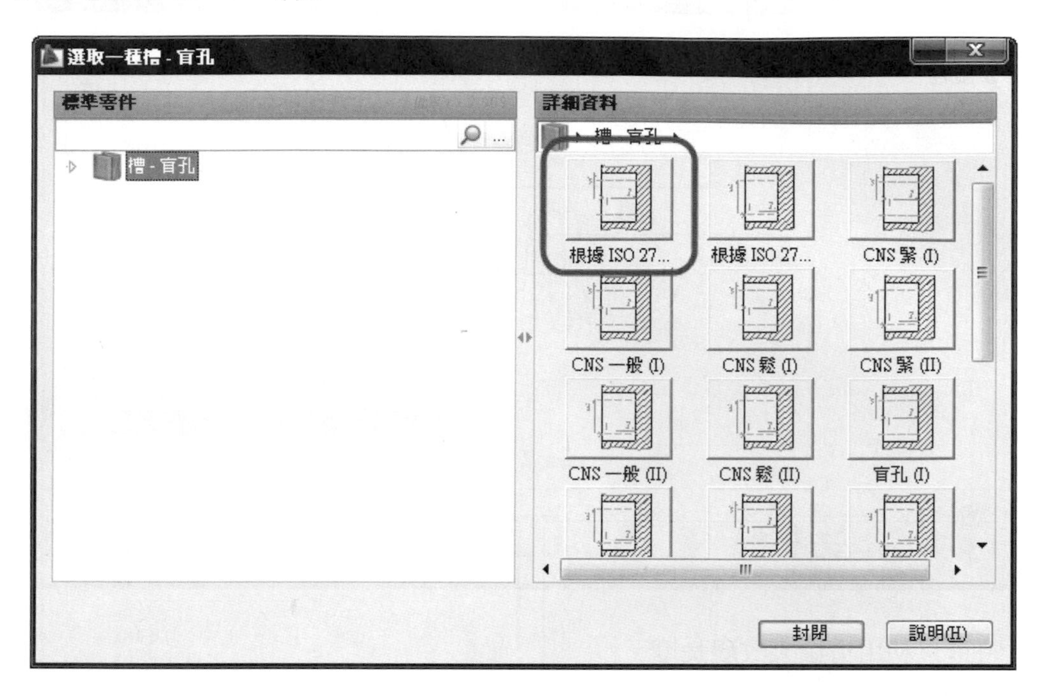

2. 選取【前視圖】。

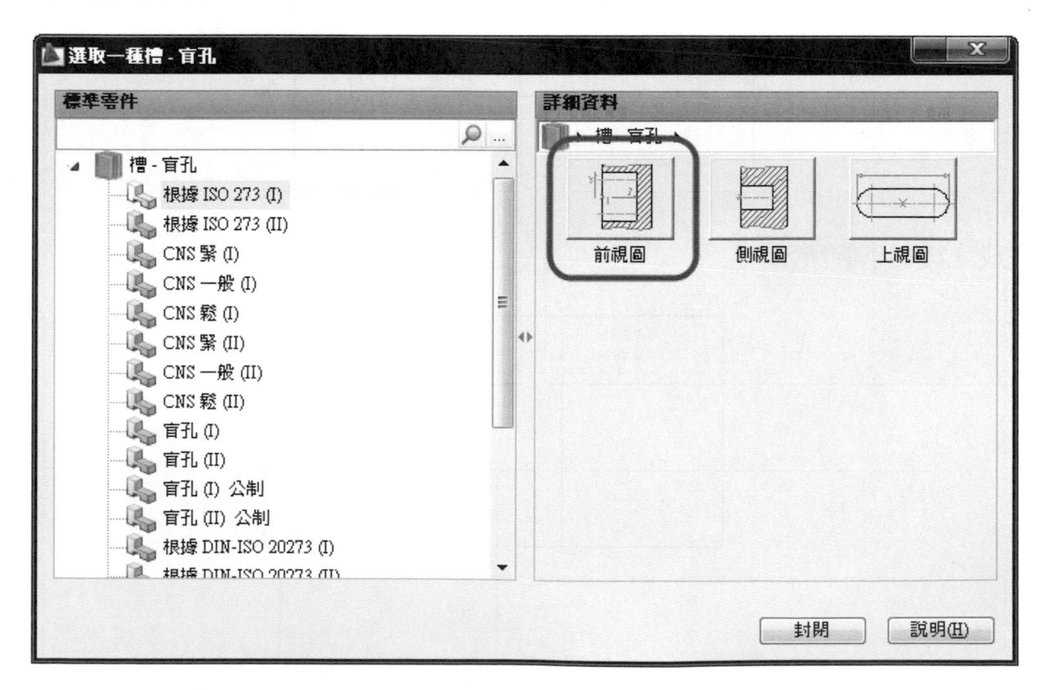

3. 選取合適的標稱直徑。

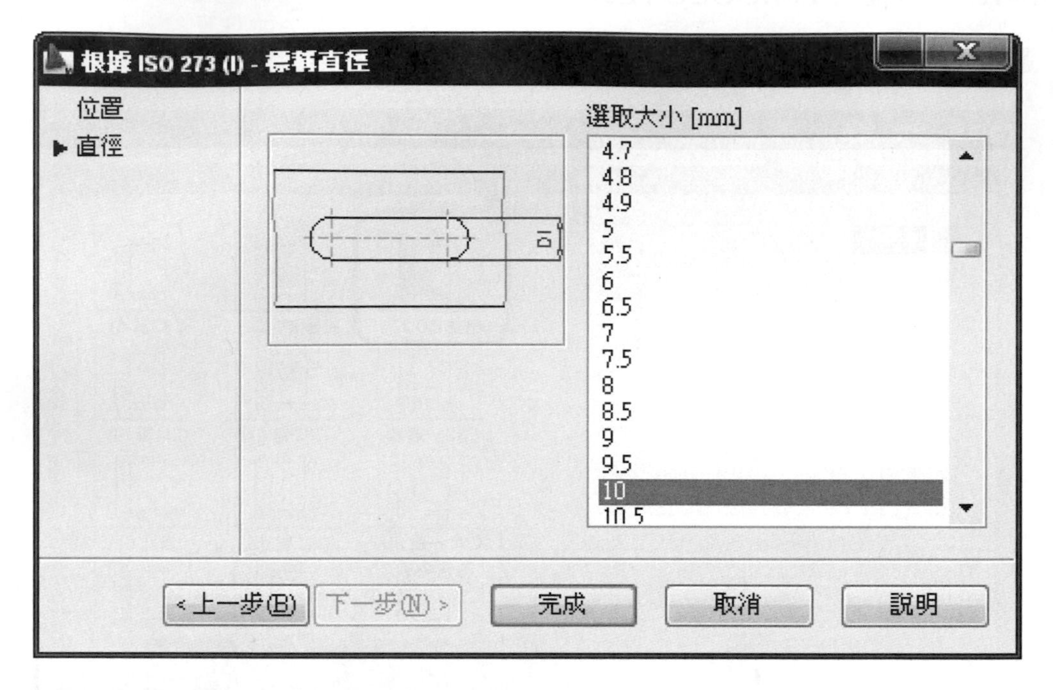

4. 此時可以利用滑鼠來改變長度。

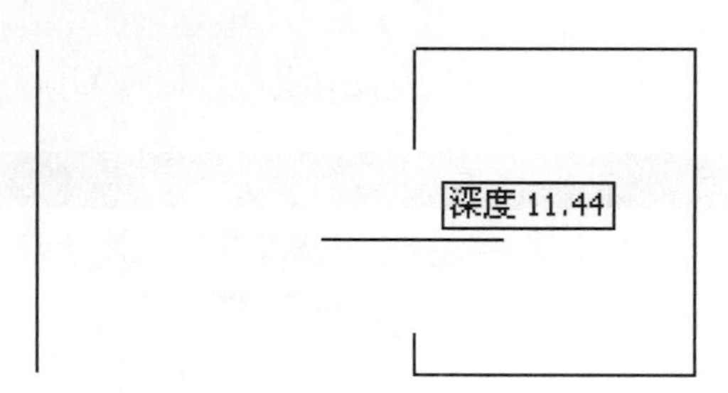

5. 完成之後如下圖所示。

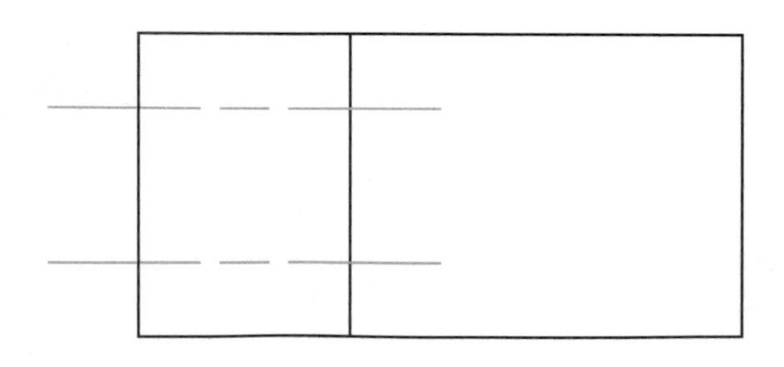

10-3 軸產生器

在 AutoCAD® Mechanical 當中提供了許多便利我們設計的工具，其中軸產生器就是一個很好用的利器，在這個章節當中我們要爲大家介紹這個很棒的功能。

通常情況下，軸是 AutoCAD® Mechanical 使用不同的剖面從左到右建立的。程序會自動地一個接著一個放置這些剖面。

您可以插入、刪除或編輯軸剖面來變更其幾何測量。

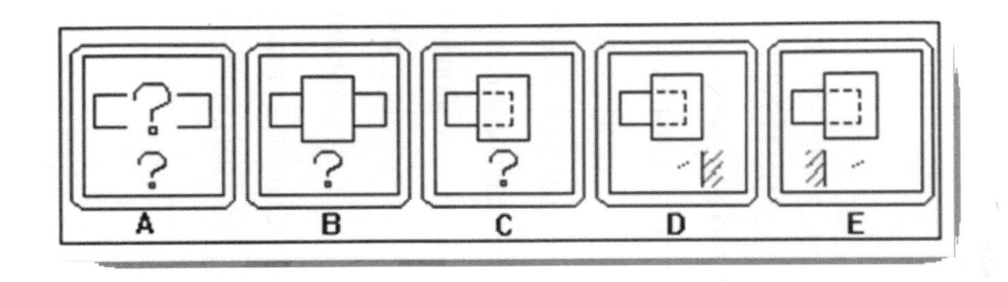

螢幕右上角會出現一個符號，顯示有關目前規劃設定的資訊。符號的上半部分表示是新剖面在既有剖面(C)上重疊繪製、插入新剖面(B)還是提示您決定(A)。下半部分指示刪除或編輯軸剖面時哪一端是固定端(右[D]或左[E])或提示[A－C])(請參閱上圖)。

除了圓柱與圓錐剖面，您還可使用標準扳手大小幾何圖形、螺紋、齒輪以及輪廓來繪製剖面。

您可在剖面中放置軸中斷或繪製槽、圓角以及倒角。

您可以使軸的側視圖自動展示或檢視各種割面的不同斷面。

「退回」選項會重新追蹤最近的產生軸步驟。只要您尚未終止軸產生，就可以逐步移除插入的軸剖面。

「指令行」選項可用於關閉對話方塊，以便您可以使用指令行。

「>>>」選項會暫時關閉對話方塊，以便您可以查看軸的情況。

可於【內容】→【軸產生器】找到下述所有功能。

軸產生器工具列

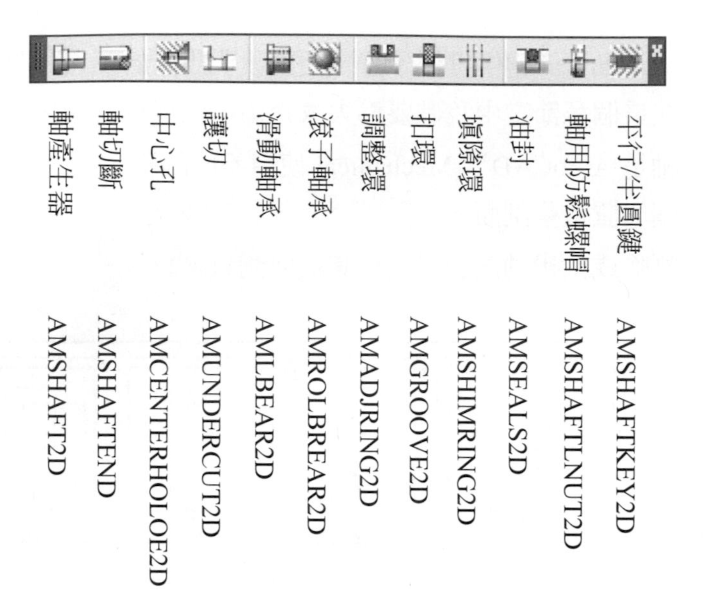

軸產生器：AMSHAFT2D

1. 點下軸產生器之後，利用滑鼠拉出一長度約為 120mm 的線段。

2. 下方的按鈕是可以針對尺寸做控制的，所以我們選取下面左一的按鈕。

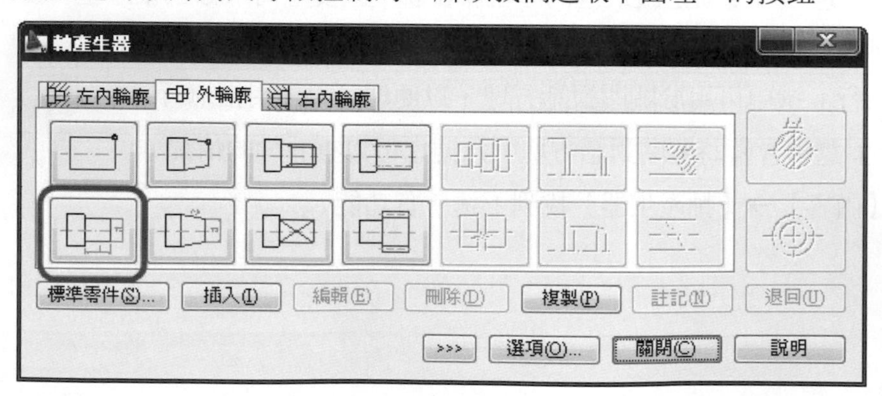

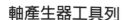

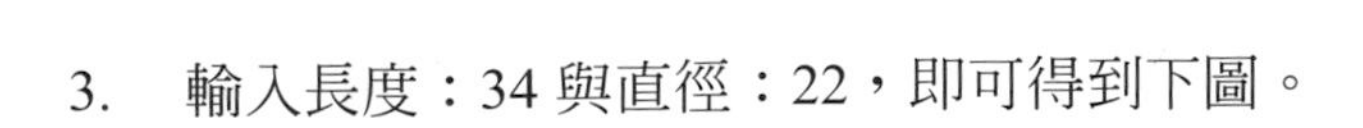

3. 輸入長度：34 與直徑：22，即可得到下圖。

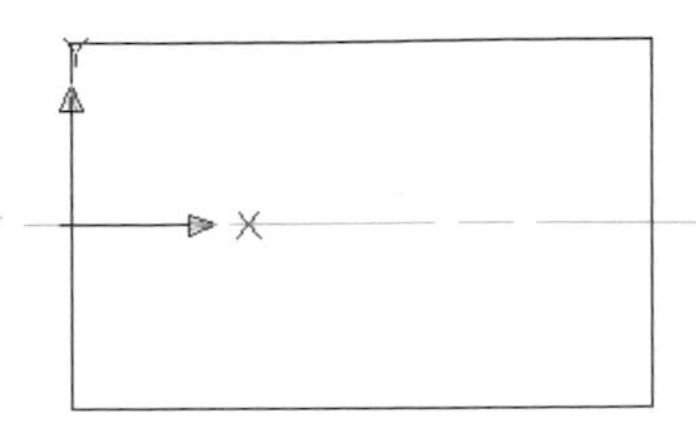

4. 再利用相同的功能繪製出其它階級的部份。長度：22 與直徑：34，即可得到下圖。

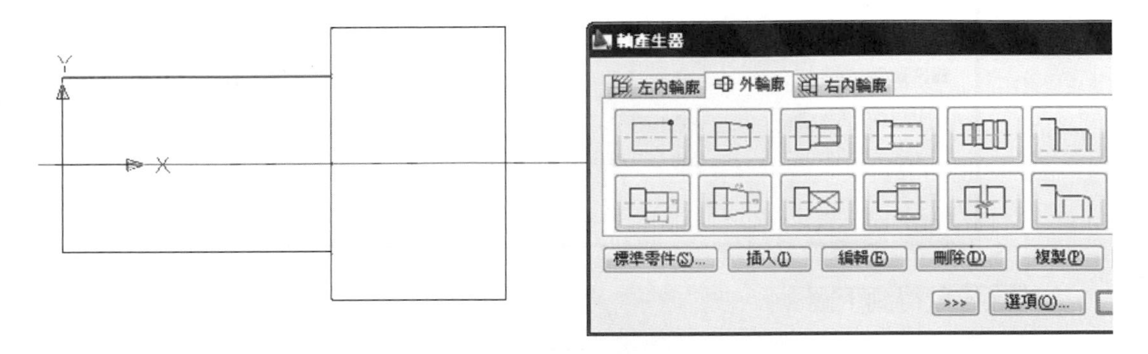

5. 接下來我們要在軸上設計一個齒輪，請點選齒輪的模組。

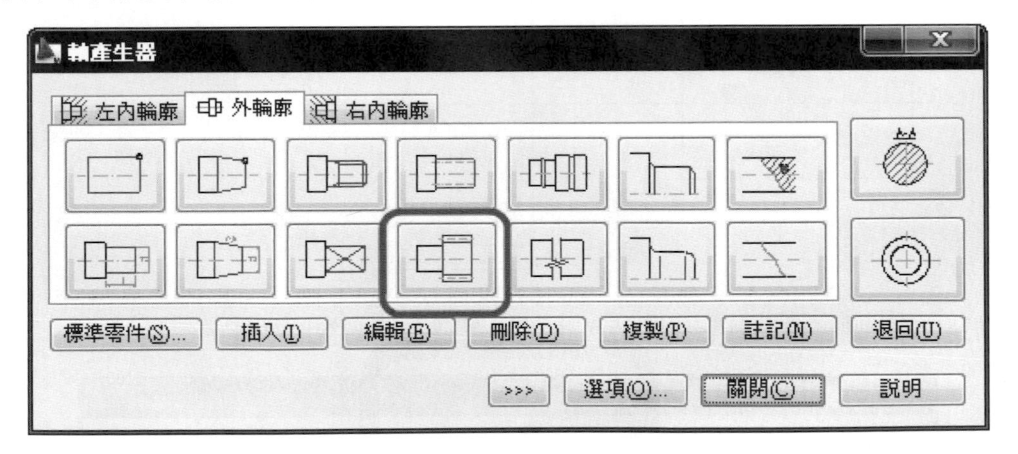

6. 因為我們的軸直徑不大，因此在此設計中模數請設定為 2，da 的部分為 48。

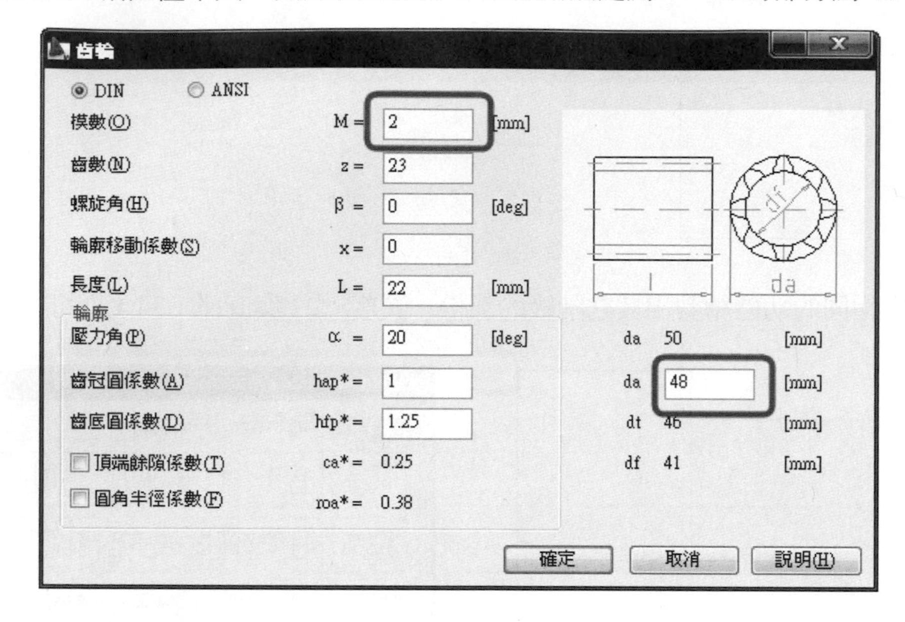

7. 完成之後就得到下圖。

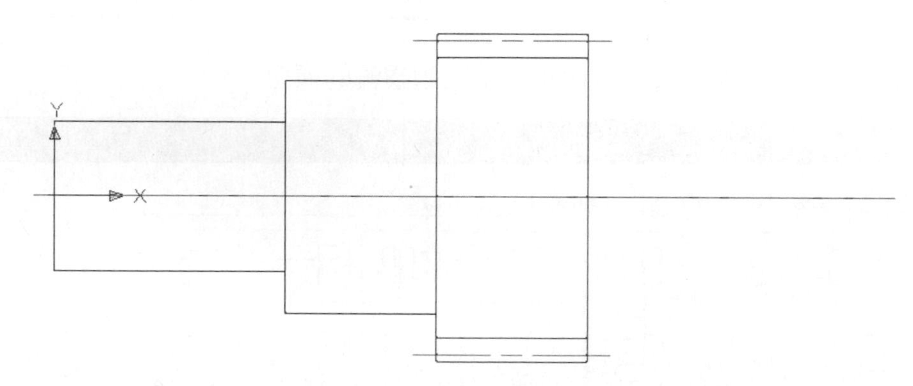

8. 對於我們的軸需要出其它視圖時，也可以選擇右邊的視圖功能。

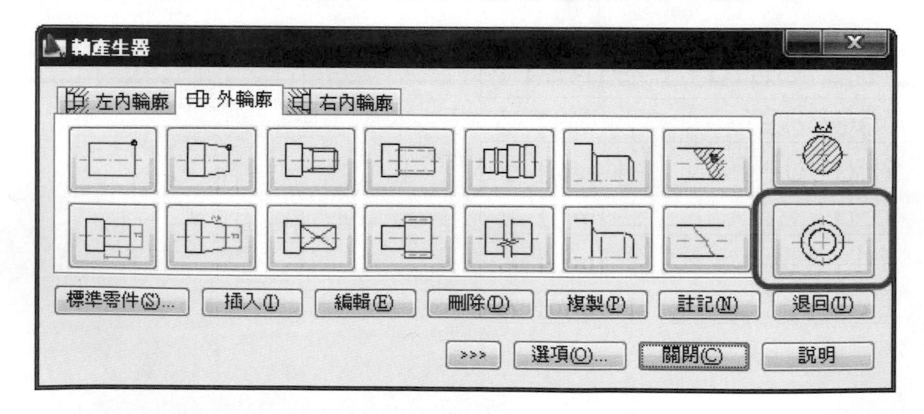

9. 選擇左、右視圖。

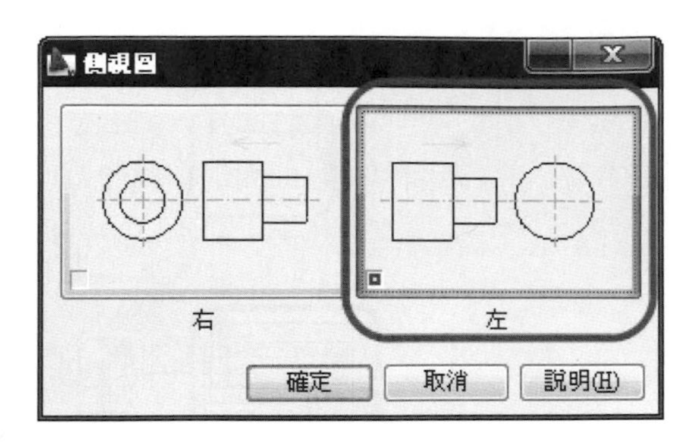

10. 就可以得到右邊的視圖了。

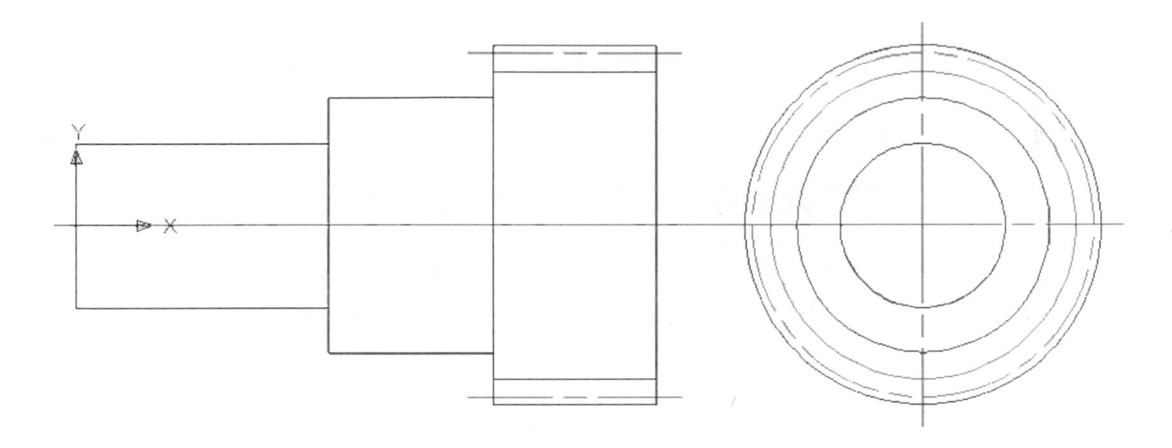

11. 再來如果在軸的內部需要加上一些特徵，如孔...等，可以使用內輪廓功能。

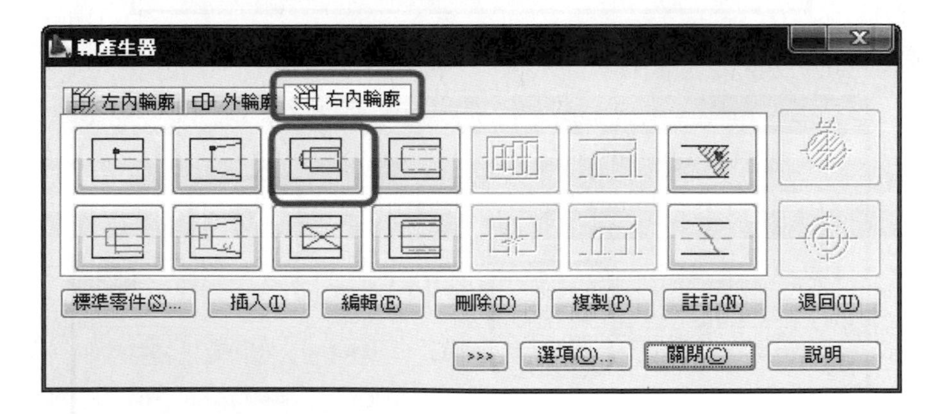

12. 選擇內螺紋格式。

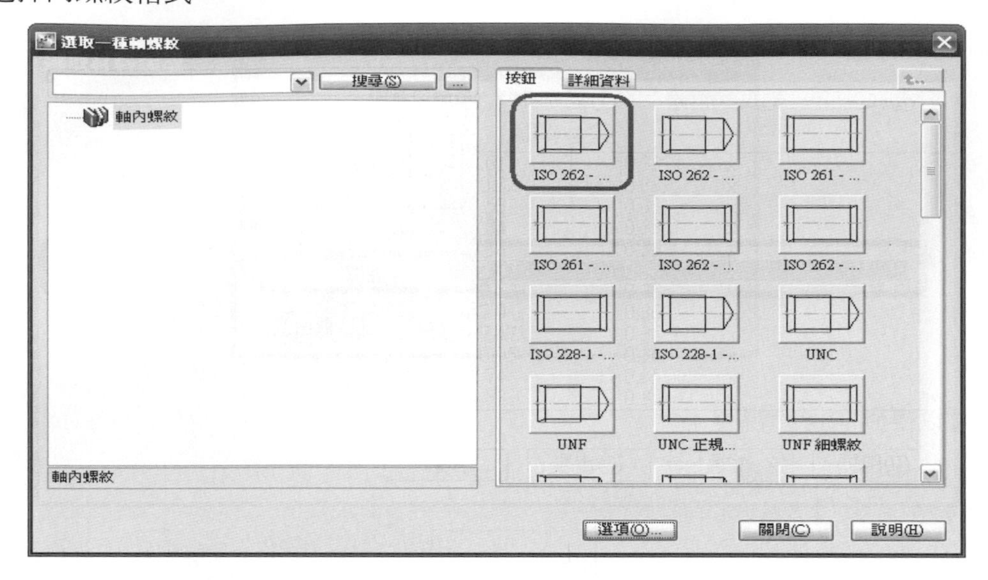

13. 選取規格，此例我們以 M10 爲例。

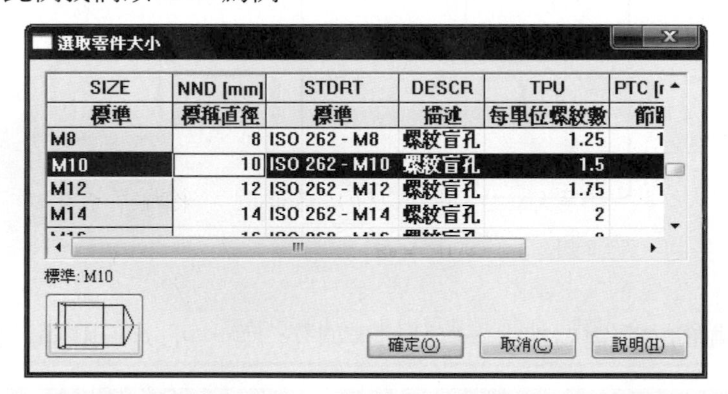

14. 再來是剖面的功能。

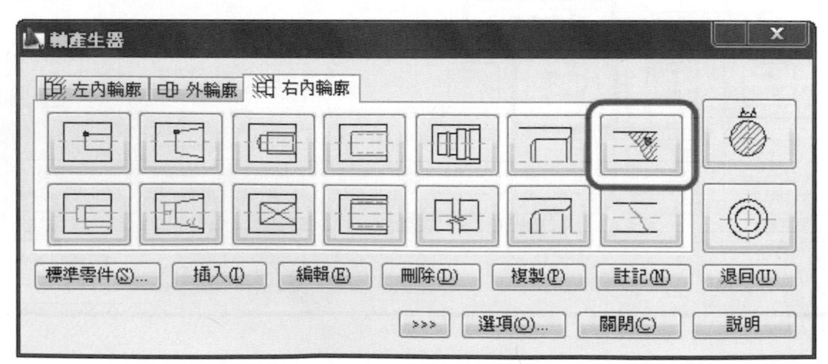

15. 選取剖面型式。

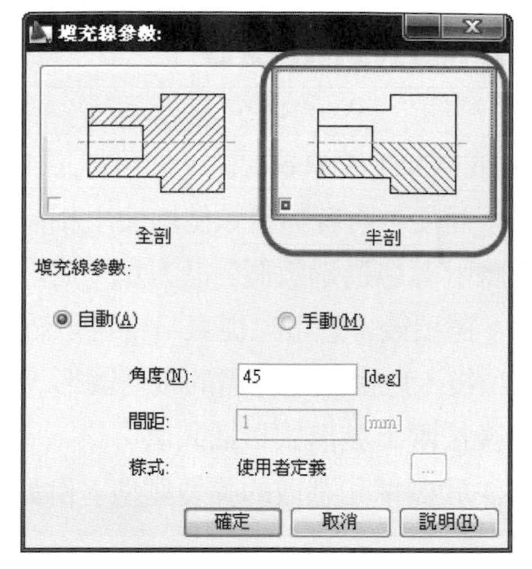

16. 就完成了下面的剖視圖。

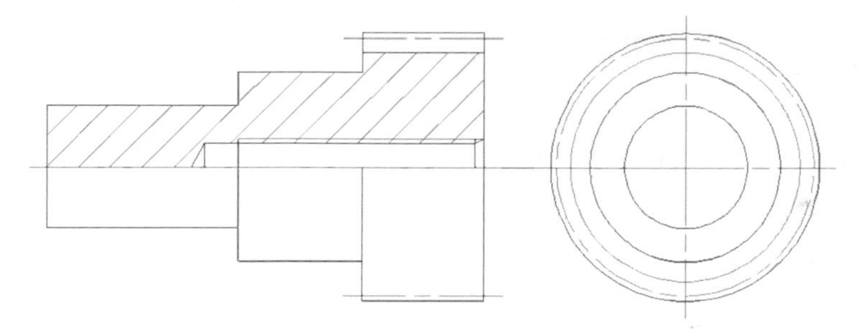

17. 對於軸產生器有其它的需求時，也可以使用規劃設定來調整，可以在【環境選項】→【AM：軸】調整標準與顯示。

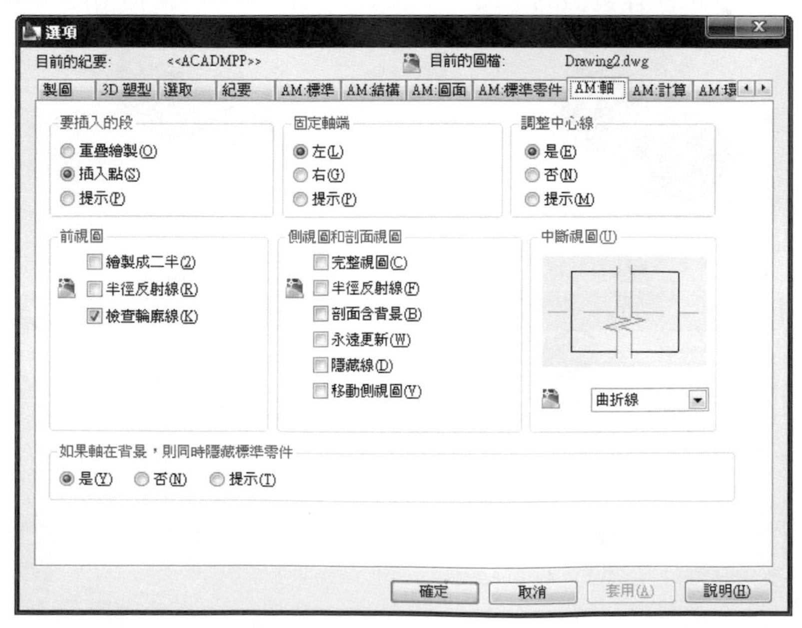

10-4 彈簧：AMCOMP2D

彈簧計算是依照 DIN 或 ANSI 標準執行的。您可以從 DIN/Gutekunst/SPEC (R)目錄中選取彈簧的標準大小。爲了簡便，所有彈簧類型均使用相同方式插入。若要插入彈簧，請使用彈簧指令。彈簧指令將引導您通過數個對話方塊，選取用於計算和插入彈簧的選項。

選取「修改後的設計」選項後，您可以從表格中選取線直徑，並分別定義所有其他參數。選取「僅限繪圖」選項後，您僅決定彈簧的幾何圖形，而無需計算。您還可以將空的彈簧形式插入圖面中，然後按兩下該形式以插入值。

所使用的計算程序取決於標準和選取的彈簧類型。例如，如果選取 ANSI 標準，則可以選取目錄和半加工產品。

您還可以決定是否要執行彈簧計算(挫曲、橫向柔曲、衝擊應力)，哪些應力類型有效，或者是否要選取彈簧清單，以及動態拖曳時的彈簧排序。

您可以使用兩種方式中的一種來選取彈簧：

- 透過「結果」對話方塊，其中列示了找到的所有彈簧，以及計算的結果(例如，拉力比和自然頻率)。
- 在圖形區中使用動態拖曳，其中彈簧將和幾何標註一起顯示在螢幕上。如果僅找到一個彈簧，則不會啓用此動態拖曳。

在 AutoCAD® Mechanical 中彈簧有分爲壓縮彈簧、拉伸彈簧、扭轉彈簧、皿形彈簧等好幾種，在此我們以拉伸彈簧爲例來爲大家說明如何使用此一便利功能。

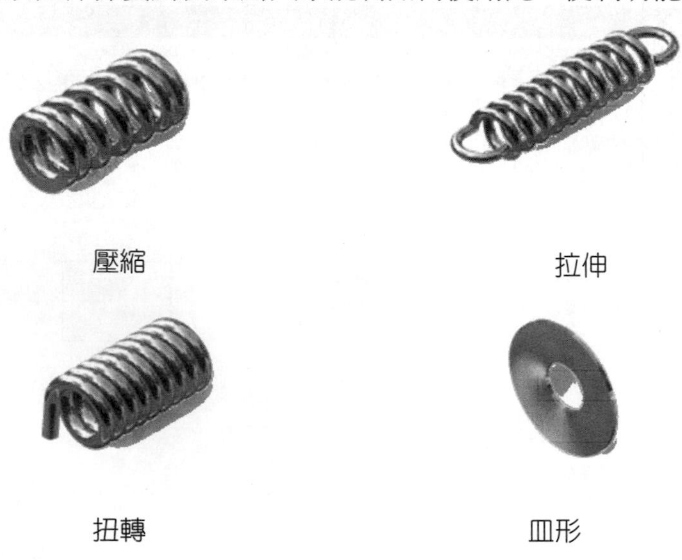

可在【內容】→【彈簧】找到此功能。

在下圖框選的地方就是我們要加上彈簧的地方。

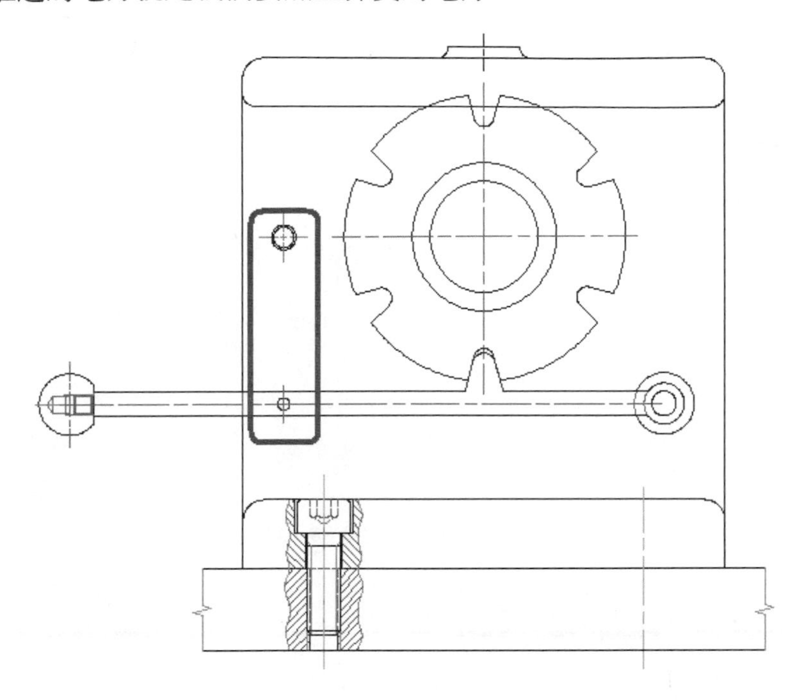

1. 選取【標準】的按鈕。

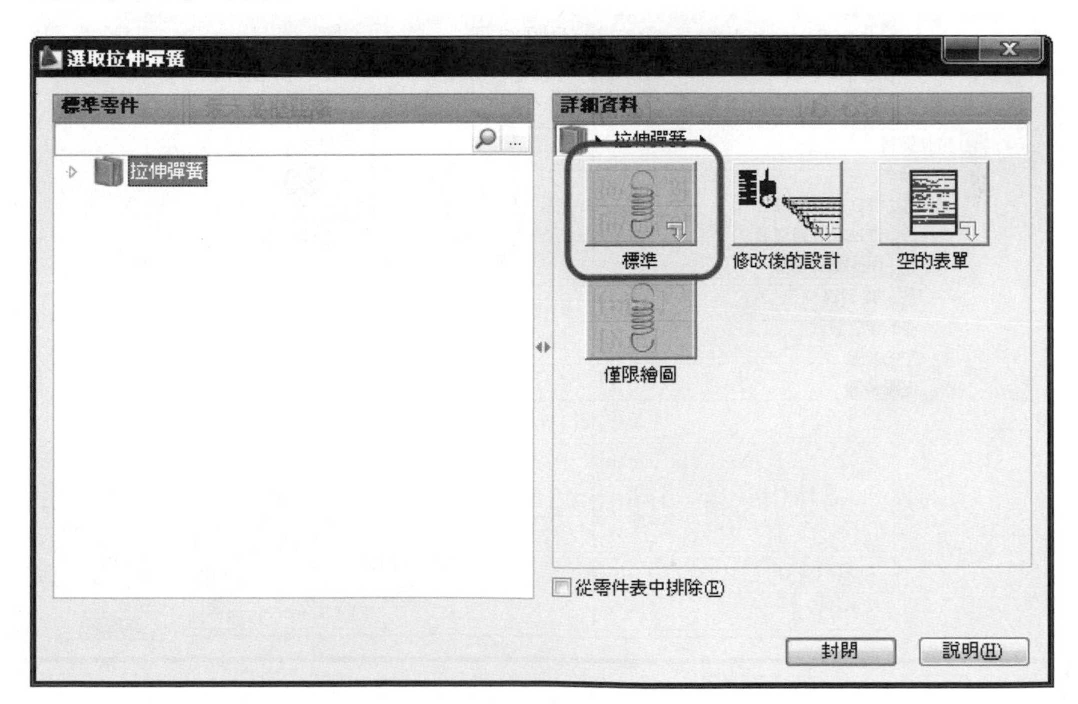

2. 再選取【Gutekunst 目錄】。

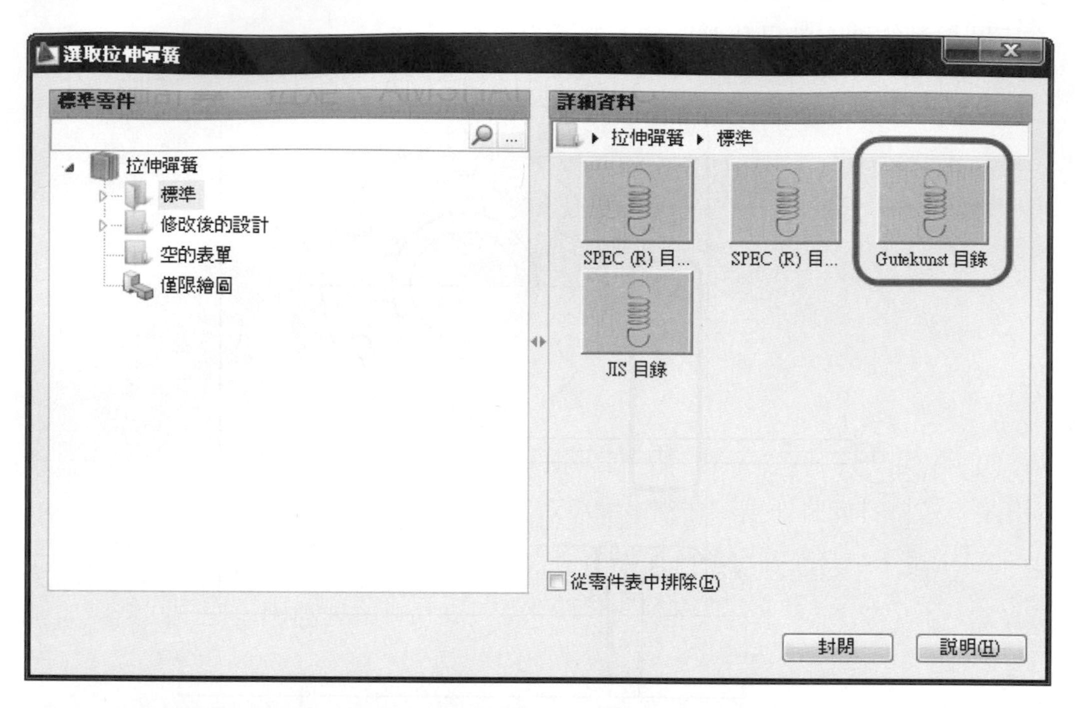

3. 按下【前視圖】按鈕。

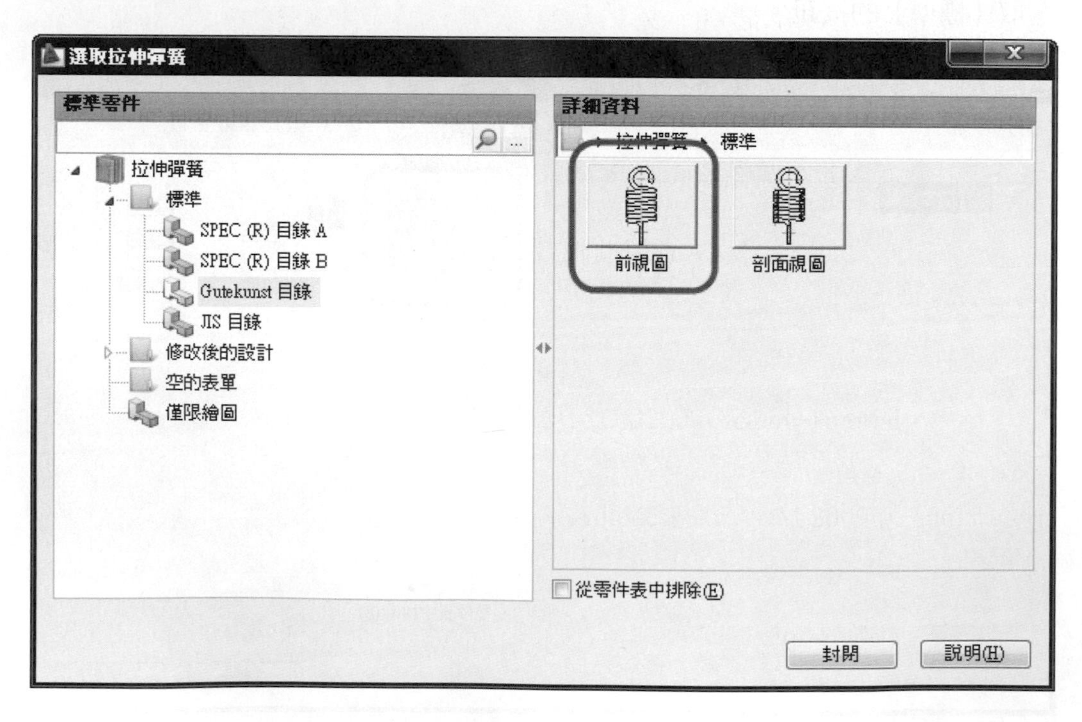

4. 選取要勾住彈簧的圓柱之上方的四分點。

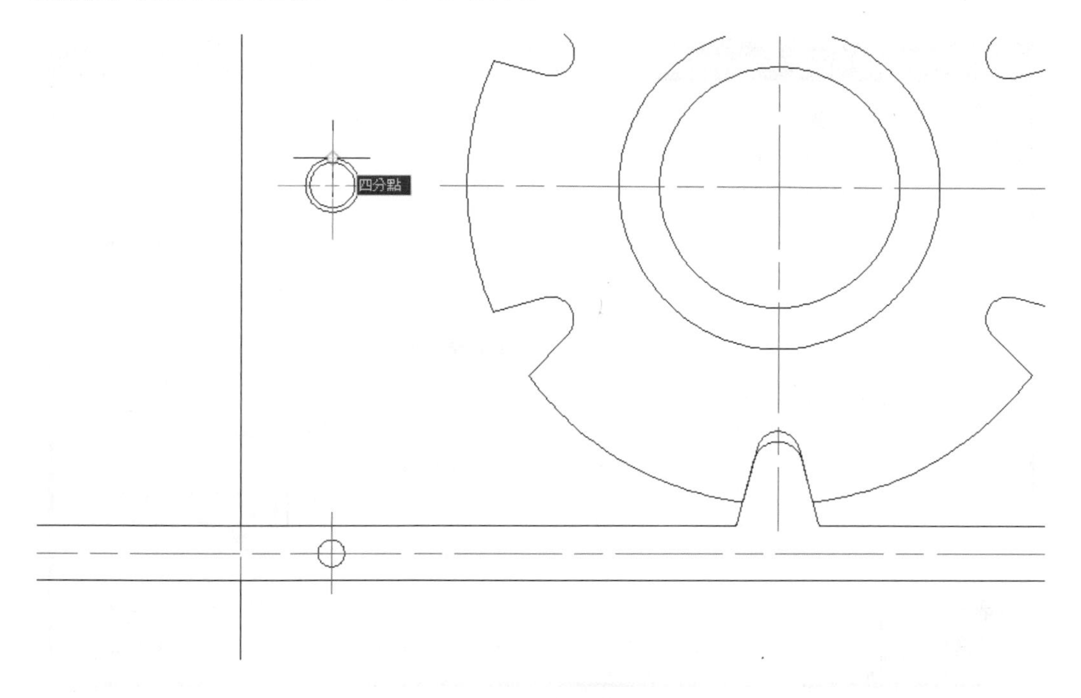

5. 系統會自動帶出下面的選項，在長度的地方我們改爲 65，並點下下一步。

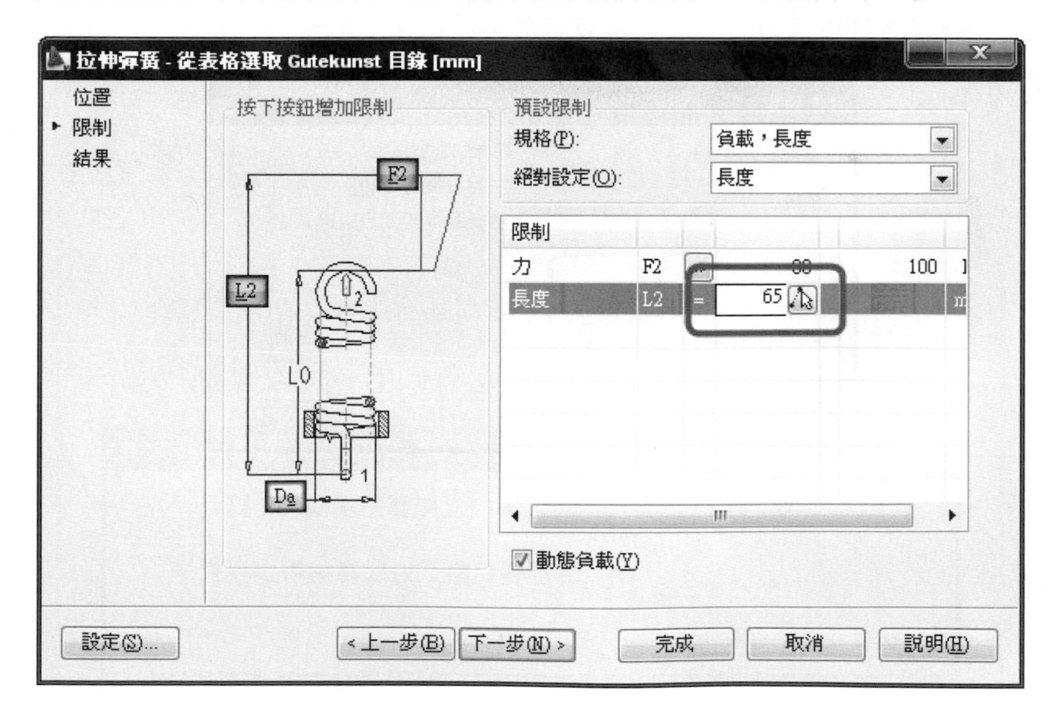

6. 在規格的部分我們選取【Gutekunst-11.6x14.1x38.2X】，並點下左下方的設定鍵。

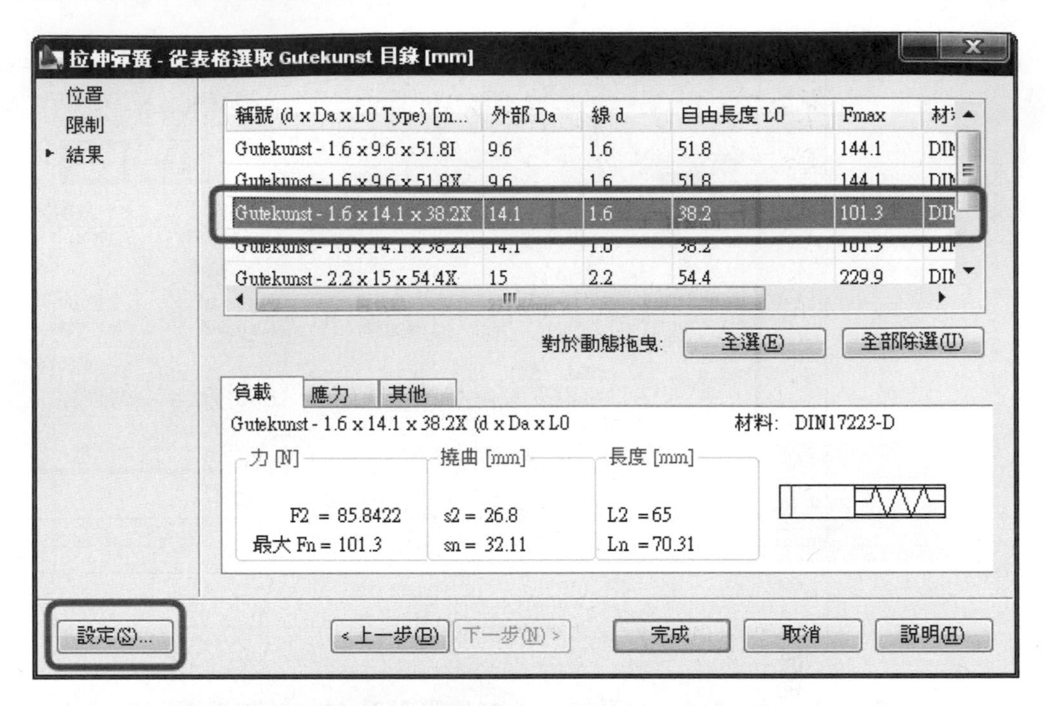

7. 在此因爲我們想要帶出一個彈簧計算表單，所以請勾選此一選項。

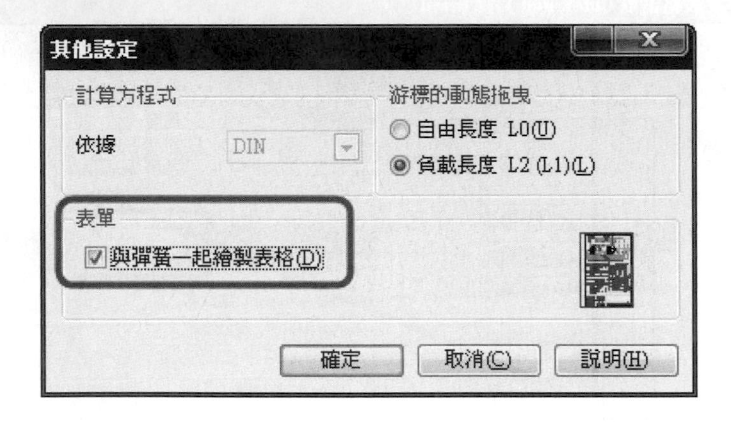

8. 此時再把拉伸彈簧下面要勾的地方點選下圓柱的上方四分點。

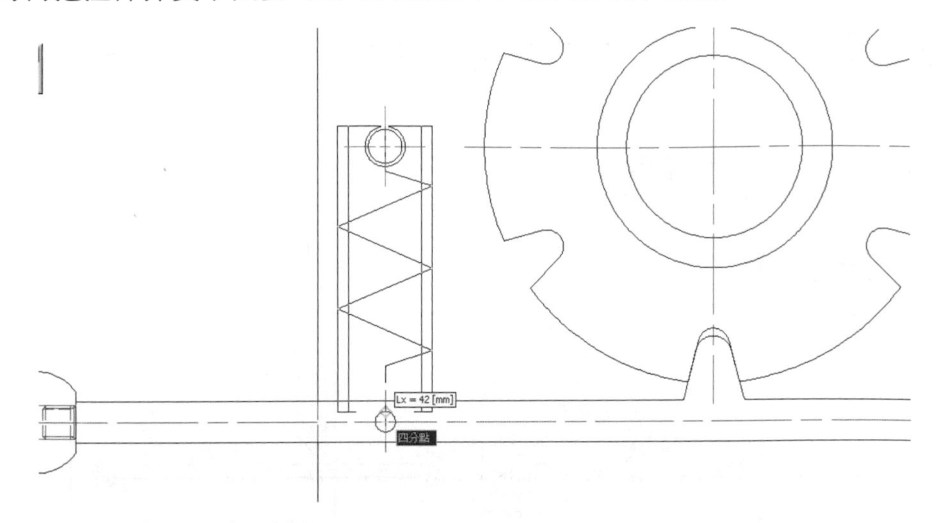

9. 選取拉伸彈簧表現的型式。

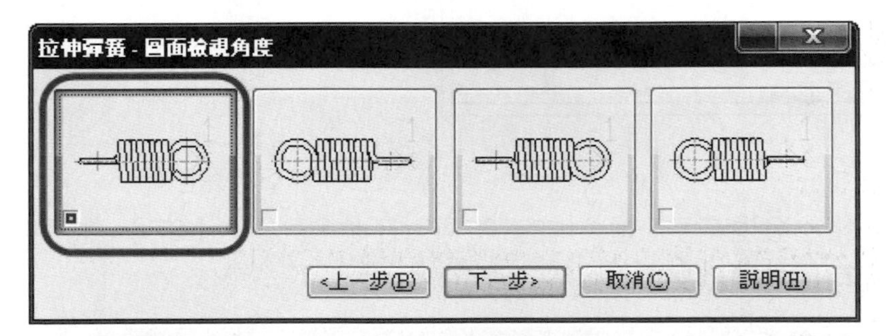

10. 選取關聯式隱藏的型式。

11. 就可以得到下圖所示。

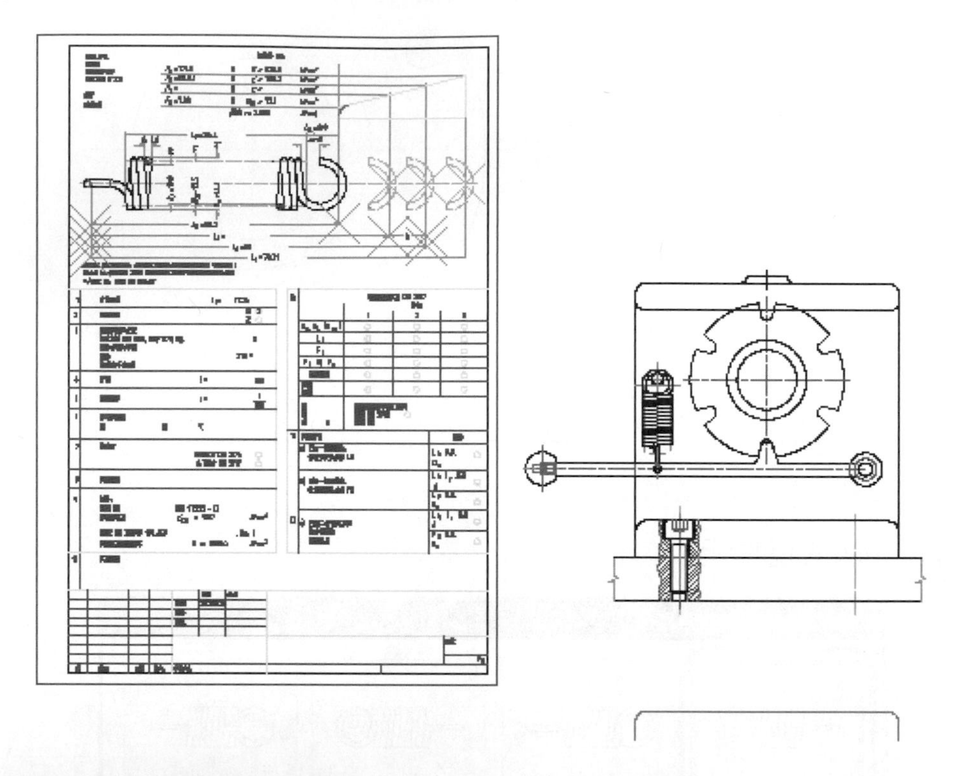

註：如果在表格上發現文字都是一堆的???可以在命令列輸入【ST】，將使用大字體的選項勾選即可正常顯示文字。

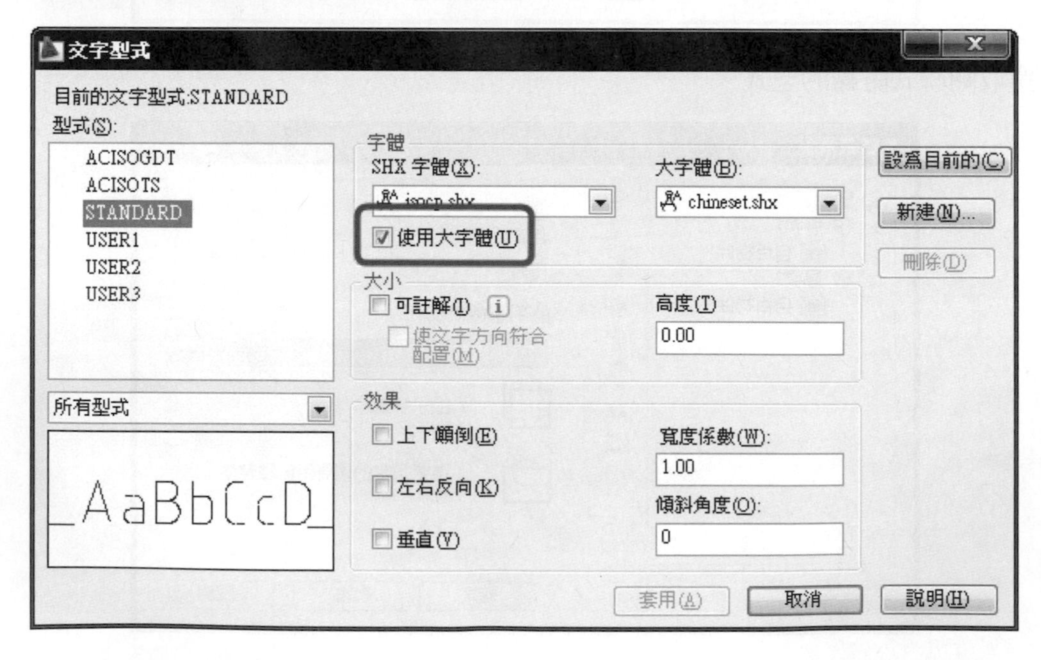

拉伸彈簧全表

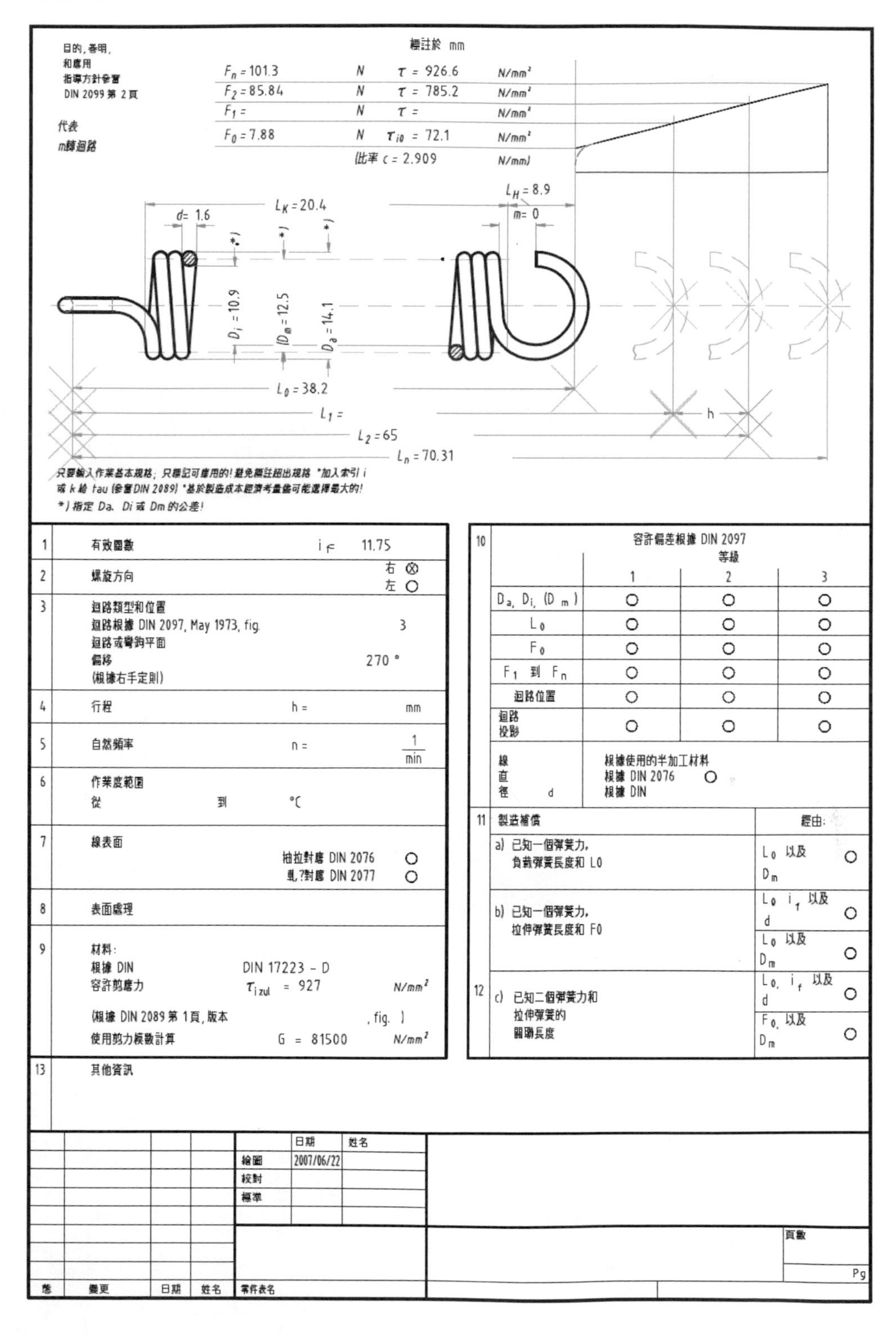

目的，卷明，
和應用
指導方針參閱
DIN 2099 第 2 頁

標註於 mm

F_n = 101.3	N	τ = 926.6	N/mm²
F_2 = 85.84	N	τ = 785.2	N/mm²
F_1 =	N	τ =	N/mm²
F_0 = 7.88	N	τ_{i0} = 72.1	N/mm²
		(比率 c = 2.909	N/mm)

代表
m轉迴路

L_H = 8.9
m= 0
d= 1.6
L_K = 20.4
*)
D_i = 10.9
D_m = 12.5
D_a = 14.1
L_0 = 38.2
L_1 =
L_2 = 65
L_n = 70.31
h

只需輸入作業基本規格；只標記可應用的！避免標註超出規格 *加入索引 i 或 k 給 tau (參閱DIN 2089) *基於製造成本經濟考量儘可能選擇最大的！
*) 指定 Da、Di 或 Dm 的公差！

1	有效圈數	i_F	11.75
2	螺旋方向		右 ⊗ 左 ○
3	迴路類型和位置 迴路根據 DIN 2097, May 1973, fig. 迴路或彎鉤平面 偏移 (根據右手定則)		3 270 °
4	行程	h =	mm
5	自然頻率	n =	1/min
6	作業度範圍 從　到　°C		
7	線表面	抽拉對應 DIN 2076 軋?對應 DIN 2077	○ ○
8	表面處理		
9	材料： 根據 DIN 容許剪應力 (根據 DIN 2089 第 1頁，版本　, fig.) 使用剪力模數計算	DIN 17223 - D $\tau_{i\,zul}$ = 927 G = 81500	 N/mm² N/mm²
13	其他資訊		

10	容許偏差根據 DIN 2097 等級			
		1	2	3
	D_a, D_i, (D_m)	○	○	○
	L_0	○	○	○
	F_0	○	○	○
	F_1 到 F_n	○	○	○
	迴路位置	○	○	○
	迴路投影	○	○	○
	線直徑 d	根據使用的半加工材料 根據 DIN 2076 ○ 根據 DIN		

11	製造補償	經由：	
	a) 已知一個彈簧力，負載彈簧長度和 L0	L_0 以及 D_m	○
	b) 已知一個彈簧力，拉伸彈簧長度和 F0	L_0 i_f 以及 d	○
		L_0 以及 D_m	○
12	c) 已知二個彈簧力和拉伸彈簧的關聯長度	L_0, i_f 以及 d	○
		F_0, 以及 D_m	○

	日期	姓名
繪圖	2007/06/22	
校對		
標準		

態	變更	日期	姓名	零件表名	頁數 Pg

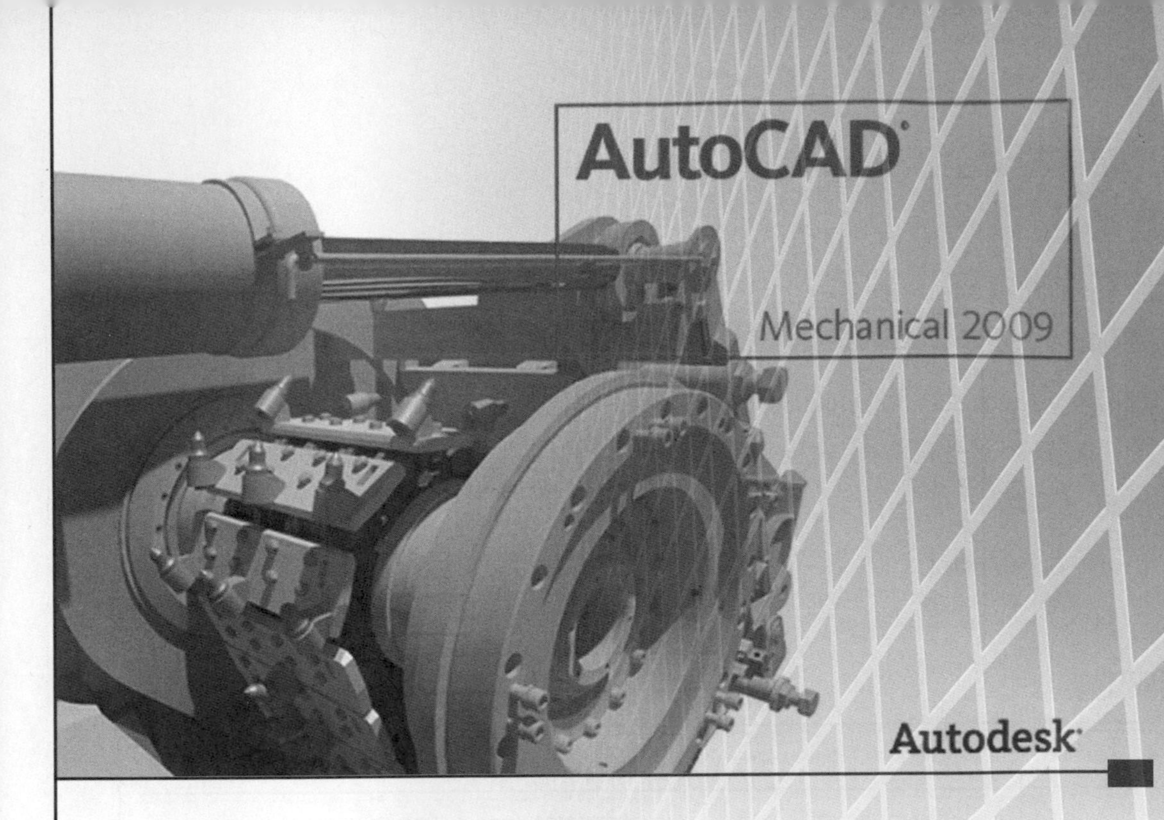

Chapter 11

工程計算

- 11-1　慣性矩與撓曲線計算
- 11-2　軸計算
- 11-3　鏈條計算
- 11-4　彈簧計算
- 11-5　螺栓組計算
- 11-6　凸輪計算：AMCAM
- 11-7　FEA 有限元素分析計算：AMFEA2D

在 AutoCAD® Mechanical 當中除了提供了約 80 萬個以上的標準零件庫之外。同時也提供簡單的軸、鏈條、彈簧、螺栓組、2D FEA…等計算及分析。

您可以從 AutoCAD® Mechanical 的安裝資料夾中的 Acadm/Tutorial/資料夾中獲得下列各課程的圖檔。這些圖檔能夠提供多元的設計元素，以協助您理解許多 AutoCAD® Mechanical 的概念。

在下開始進行說明之前，您可以參照下表先瞭解一下對於計算與分析的專有名詞與定義。

名詞與定義

名詞	定義
撓曲線	一條表示不同點沿承受負載的成員之垂直位移的曲線。
彎曲力矩	所有作用於剖面(一個點，它沿著需要計算彎曲力矩的成員)左側成員的力矩，這些力繞著剖面的水平軸發生作用。
疲勞係數	重複負載循環下耐力或抗破裂的安全性。
固定支撐	固定支撐一種防止轉換以及圍繞所有的軸旋轉的支撐。
負載	作用在零件上的力與力矩。
可動支撐	一種防止轉換以及圍繞所有的軸旋轉的支撐。
槽口	斷面的變更，如讓切、槽、孔或凸肩。槽口會導致零件上有更高的應力。應力的流出會被中斷或改變方向。
集中力	集中在一點上的力。
強度	所有力與力矩的總合形式，是作用在零件上的負載與應力。
應力	作用於零件上的力或壓力。應力爲每單位面積所受的力。
降伏點	安全應力，如果應力大於該應力，則材料會永久變形。

11-1 慣性矩與撓曲線計算

慣性矩：AMINERTIA

可於【內容】→【計算】→【慣性矩】找到此功能。

範例檔案所在路徑：

Windows Vista™ :

C：\Users\Public\Public Documents\Autodesk\ACADM2009\Acadm\Tutorial

Windows® XP :

C：\Documents and Settings\All Users\共用文件\Autodesk\ACADM 2009\Acadm\Tutorial

1. 開啓自學課程資料夾中的檔案【tut_calc.dwg】，應該可以看到下圖的圖形，執行【慣性矩】功能或是輸入【AMINERTIA】，再點選內部點，並於第二個內部點直接按 Enter 或空白鍵即可。

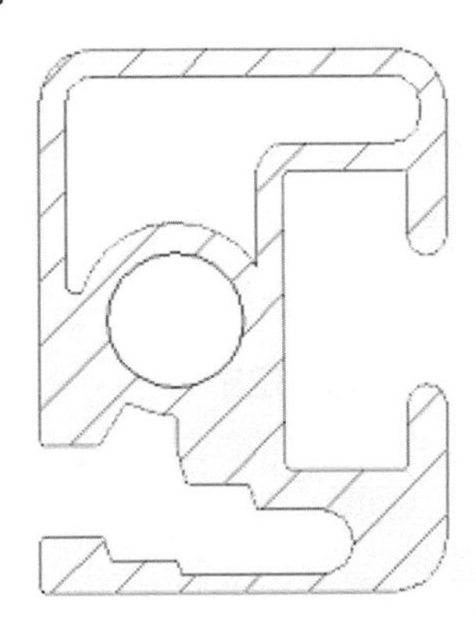
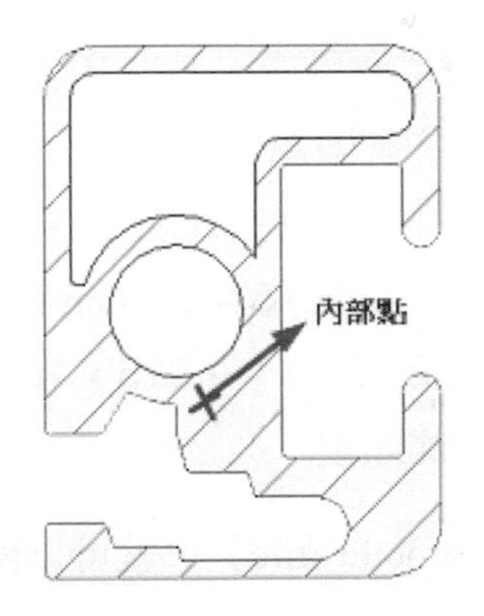

2. 詢問區域是否填滿，請選【是】，詢問負載力方向請輸入【270】。

3. 此時 AutoCAD® Mechanical 就會開始計算並求出這個負載方向的有效慣性矩：2.351e+004。

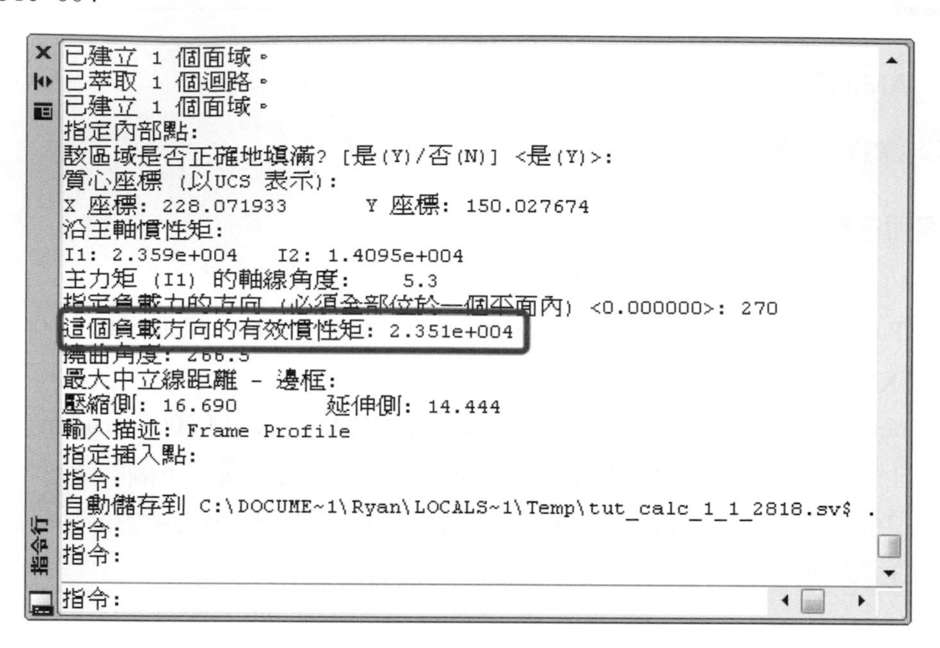

例：計算出來的數值為 3.14234E+5 與 4.325E－4，其中的 E 是科學符號，也就是 a x 10^n (a 乘以 10 的 n 次方)來表示的記號方式。

所以：3.14234E+5 = 3.14234 x 10^5 = 314234

4.325E－4 = 4.325 x 10^(－4) = 0.0004325

以此類推。

4. 輸入描述【Frame Profile】，就可以得到下圖。

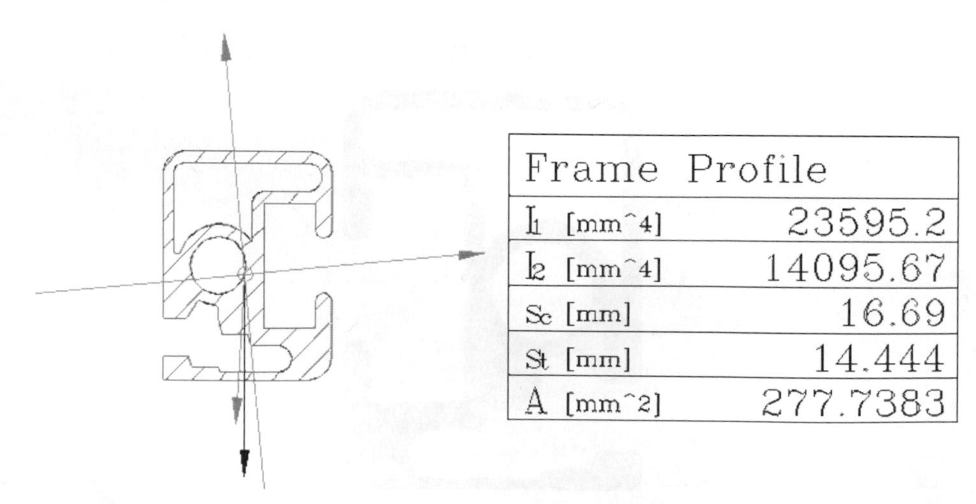

Frame Profile
I1 [mm^4] 23595.2
I2 [mm^4] 14095.67
Sc [mm] 16.69
St [mm] 14.444
A [mm^2] 277.7383

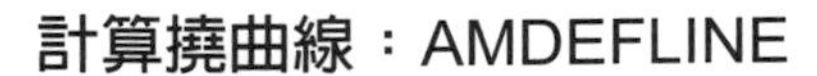

計算撓曲線：AMDEFLINE

撓曲線的計算需要慣性矩的計算結果，計算特定負載情況下的撓曲線。

可於【內容】→【計算】→【撓曲線】找到此功能。

1. 沿用剛才運算出來的圖檔執行【撓曲線】功能或執行 AMDEFLINE，選取剛剛計算出來的圖表，與既有樑的左右兩側。

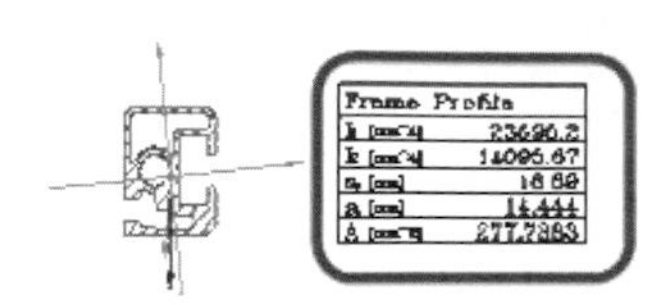

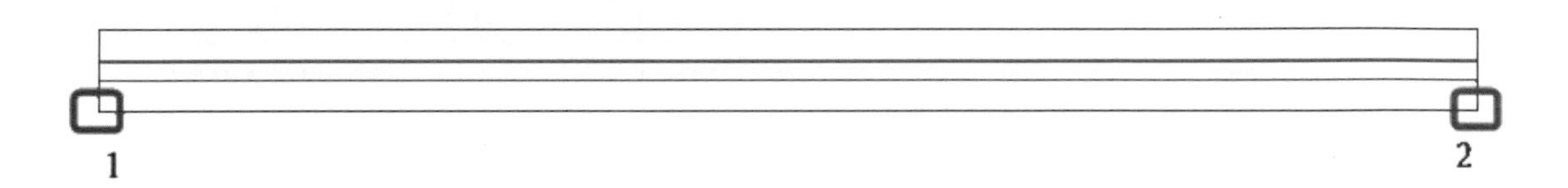

2. 點選【表格】。

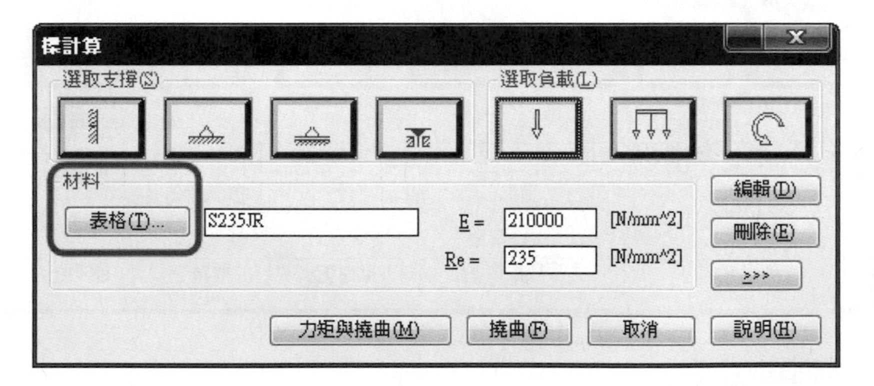

3. 選取【ANSI 材料】。

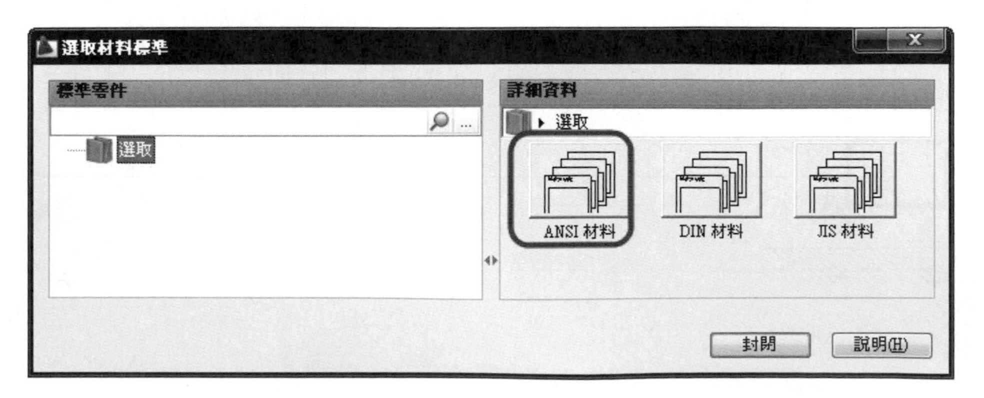

4. 選取【鋁青銅 鑄造】。

選取材料類型

描述(D)	彈性係數(E) [N/mm^2]	降伏點(Y) [N/mm^2]	蒲松氏數(P)	不脆的(N)
鋁合金 熱模鑄	71015.93	58.61	0.33	x
鋁合金 壓鑄	71015.93	110.32	0.33	x
鋁合金 鍛造 ann.	68947.5	27.58	0.33	x
鋁合金 鍛造 冷	68947.5	75.84	0.33	x
鋁合金 鍛造 熱	68947.5	89.63	0.33	x
鋁青銅 鑄造	103421.25	172.37	0.36	x
鋁青銅 鑄造 熱	103421.25	220.63	0.36	x
鋁青銅 鍛造 ann.	110316	137.9	0.36	x
鋁青銅 鍛造 冷	110316	427.47	0.36	x
鋁青銅 鍛造 熱	110316	330.95	0.36	x
加鉛黃銅 鑄造	82737	82.74	0.35	x
加鉛黃銅 平	96526.5	96.53	0.35	x

確定 退出(Q) 取消 說明(H)

5. 選取【固定支撐】。

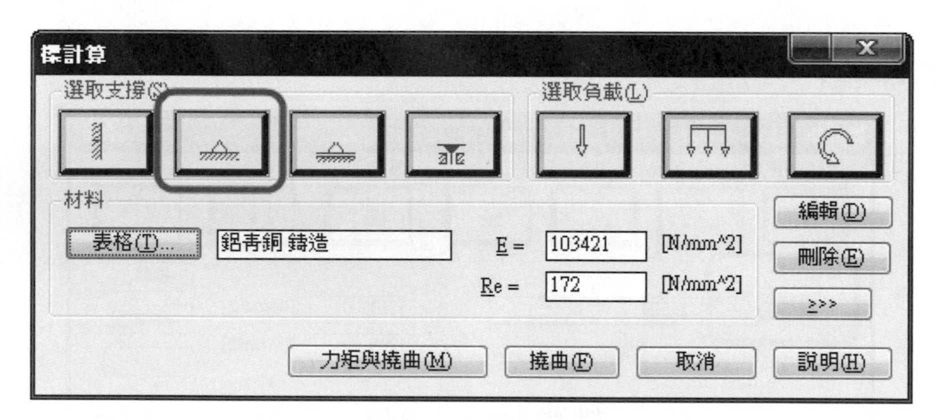

6. 選取左側端點。

7.　重複執行【固定支撐】，再點選右側端點。

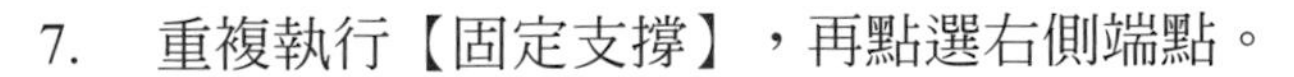

8.　點選【均勻負載】，選取左側的端點再選取整支樑的中點，線負載請輸入【10】。

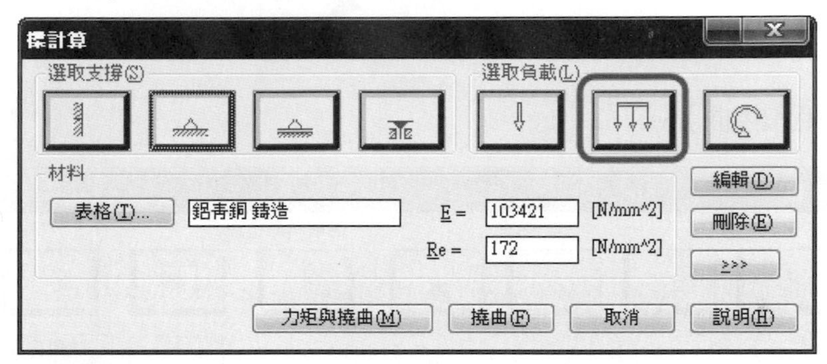

9.　到這個階段應該可以看到這個畫面。

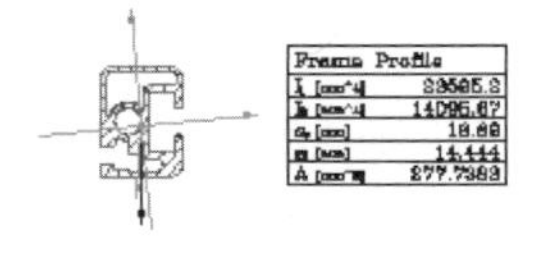
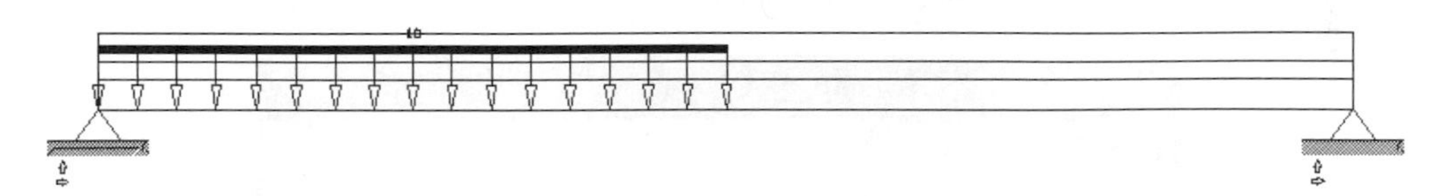

10.　點選【力矩】。

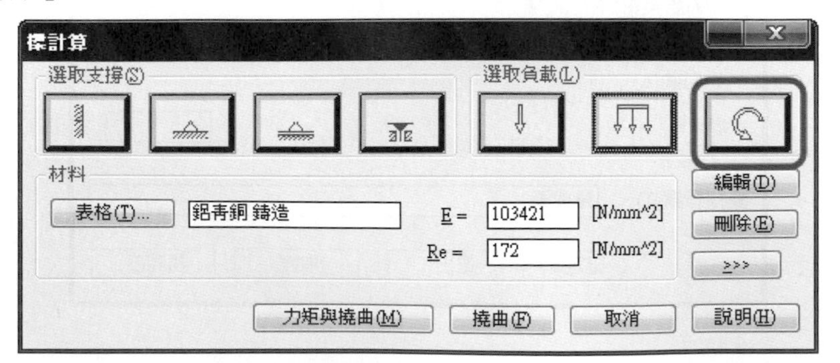

11. 點選下圖的中心點，彎曲力矩輸入【3】。

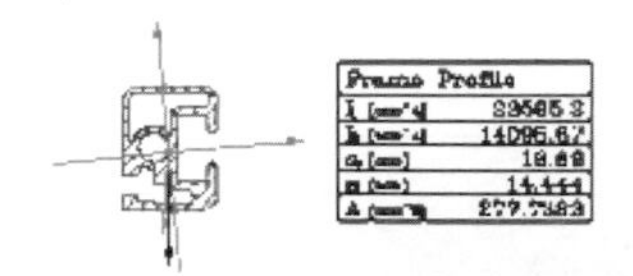

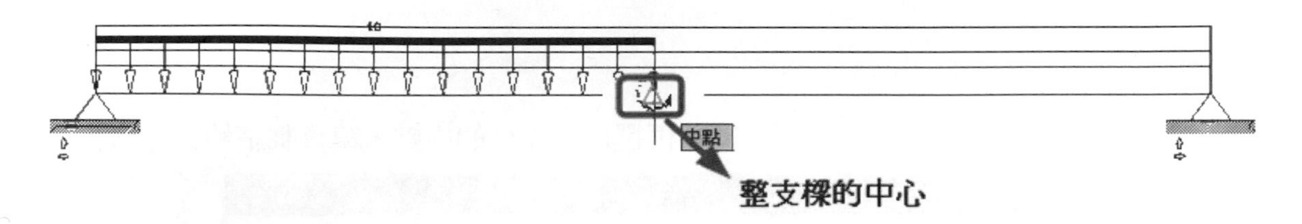

12. 點選【力矩和撓曲】。

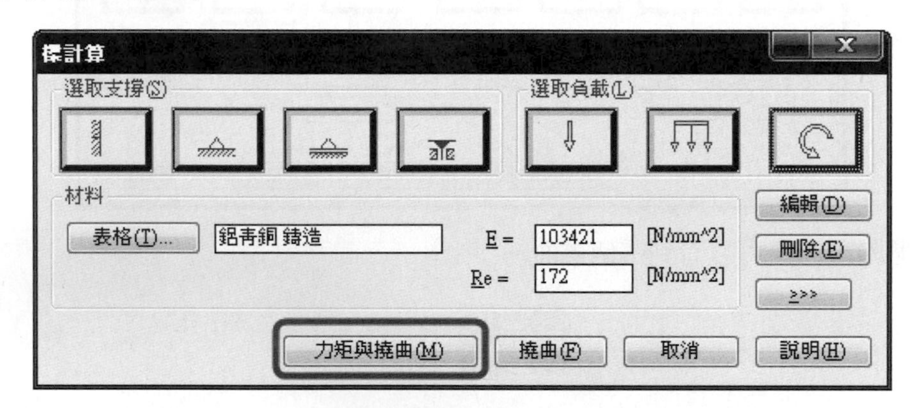

13. 將繪製圖表於【主軸 1 方向】、【主軸 2 方向】、【結果】，全部勾選。

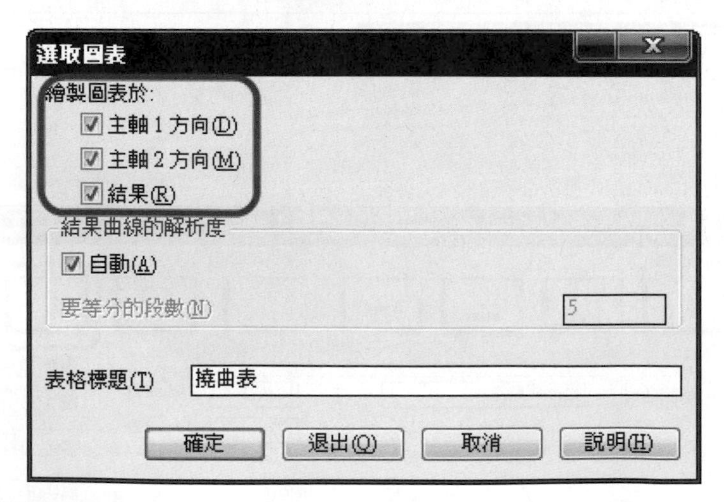

14. 會出現需要【輸入彎曲力矩線的比例】、【輸入撓曲比例】，都按 Enter 鍵即可，最後的指定插入點：選取圖面中空白的點即可完成。

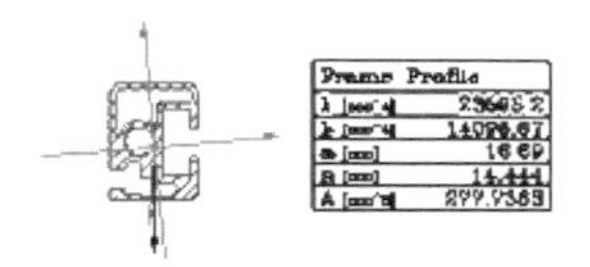

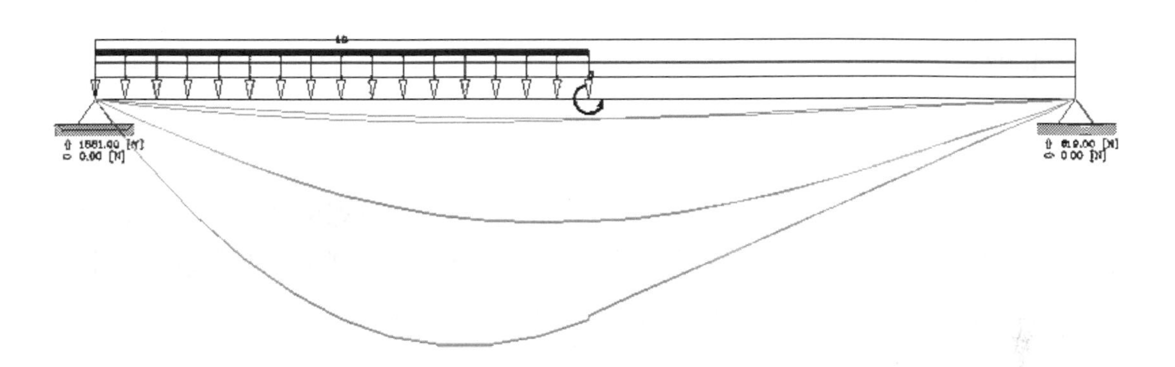

15. 撓曲表。

撓曲表			
慣性矩	I1	[mm^4]	23595.2
慣性矩	I2	[mm^4]	14095.67
慣性矩	Ieff	[mm^4]	23416
最大邊框距離		[mm]	16.69
安全係數			1.3641
降伏點		[N/mm^2]	172
彈性係數		[N/mm^2]	103421
材料			鋁青銅 鑄造
最大撓曲	S1	[mm]	0.260066
最大彎曲力矩	Mb1	[Nm]	16.341
最大撓曲	S2	[mm]	1.674753
最大彎曲力矩	Mb2	[Nm]	176.15
最大應力	Res.	[N/mm^2]	126.09
最大撓曲	Sres	[mm]	1.694825
最大彎曲力矩	Mbres	[Nm]	176.90
撓曲線比例			36.88:1
彎曲力矩線比例			1:1.42

11-2 軸計算

11-2-1 軸計算－扭矩：AMSHAFTCALC

軸計算功能用於計算承受靜態負載之軸的撓曲線、彎曲力矩、扭矩及安全係數。您也可使用軸計算來判定軸在軸周邊之所選點上的強度。

利用軸計算功能，您可對下列任一料件執行計算：

- 全軸或中空軸
- 轉動軸線
- 固定軸

您必須先爲軸定義充分的支撐，然後才可開始計算。接著您可將力矩、集中負載、線負載或齒輪力套用於軸。此外，您可從 DIN 或 ANSI 標準中選取軸的材料或手動指定。

定義負載時，您可選取「軸計算」對話方塊內的「動態負載」選項，指定最小和最大負載值，以及同時對這兩個值執行計算。

注意!

當執行強度計算(以 DIN 743 或 ANSI 爲基礎)時，將做出下列假設：

- 當動態負載類型套用到軸時，該負載的平均值被假設爲空值。
- 對旋轉軸或軸執行計算的方式相同。如果是軸(axle)，則不考慮任何扭矩。
- 固定及振動彎曲力矩可套用於固定軸。此處不考慮任何扭矩。基於安全考慮，軸計算功能使用振動彎曲力矩的最大振幅和固定彎曲力矩的值來進行強度計算。

可於【內容】→【計算】→【軸計算】找到此功能。

範例檔案所在路徑：

Windows Vista™：

C：\Users\Public\Public Documents\Autodesk\ACADM2009\Acadm\Tutorial

Windows® XP：

C：\Documents and Settings\All Users\共用文件\Autodesk\ACADM 2009\Acadm\Tutorial

1.　開啓自學課程資料夾中的檔案【tut_shafts.dwg】，並執行 AMSHAFTCALC。

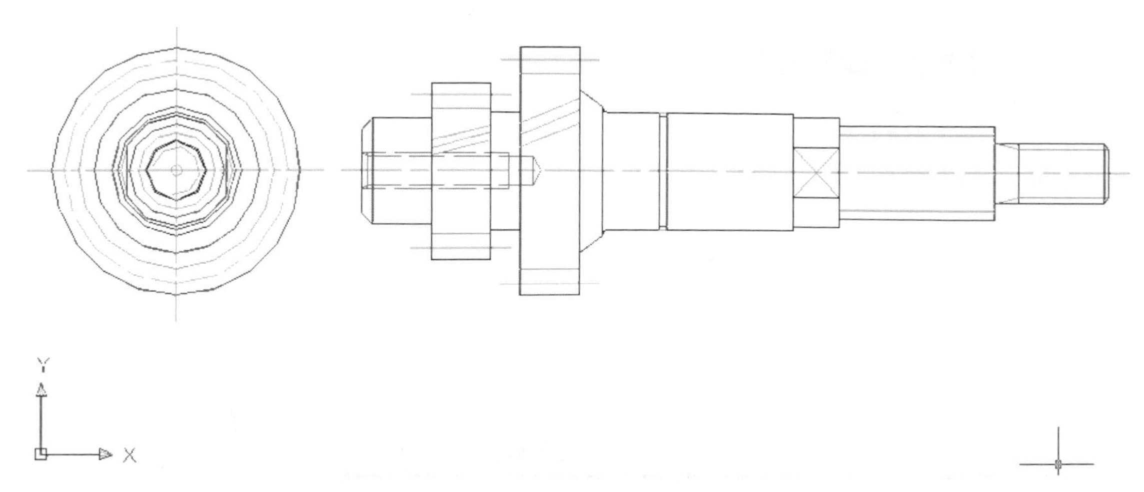

2.　系統會要求建立輪廓線，此時請點選 C，再選取左側軸的全部輪廓。

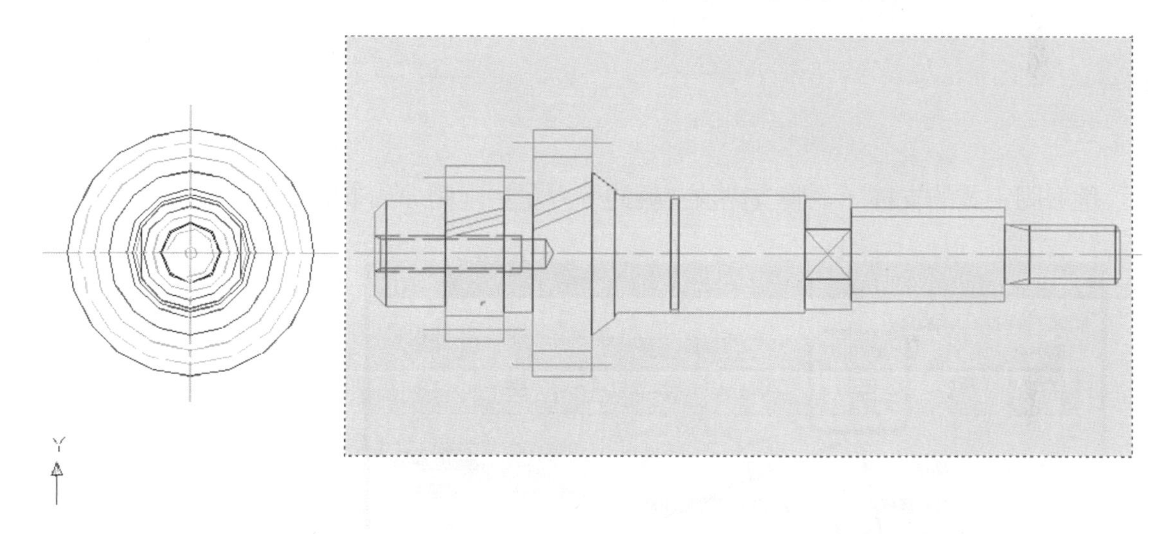

3.　此時若出現詢問是否要取得輪廓線與槽口資訊的話，請選擇【是】。

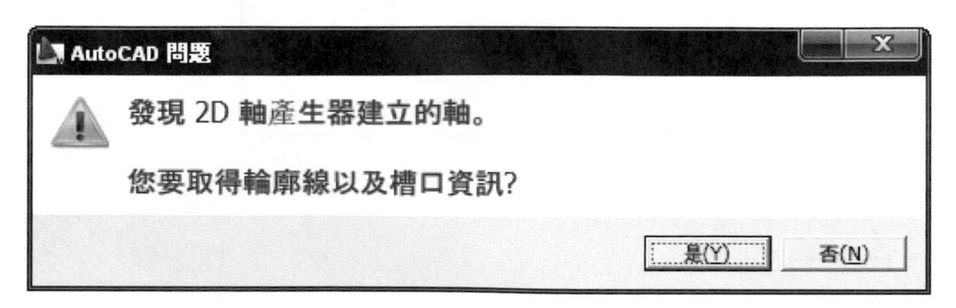

4. 完成後即可呼叫出【軸計算】程式對話框。

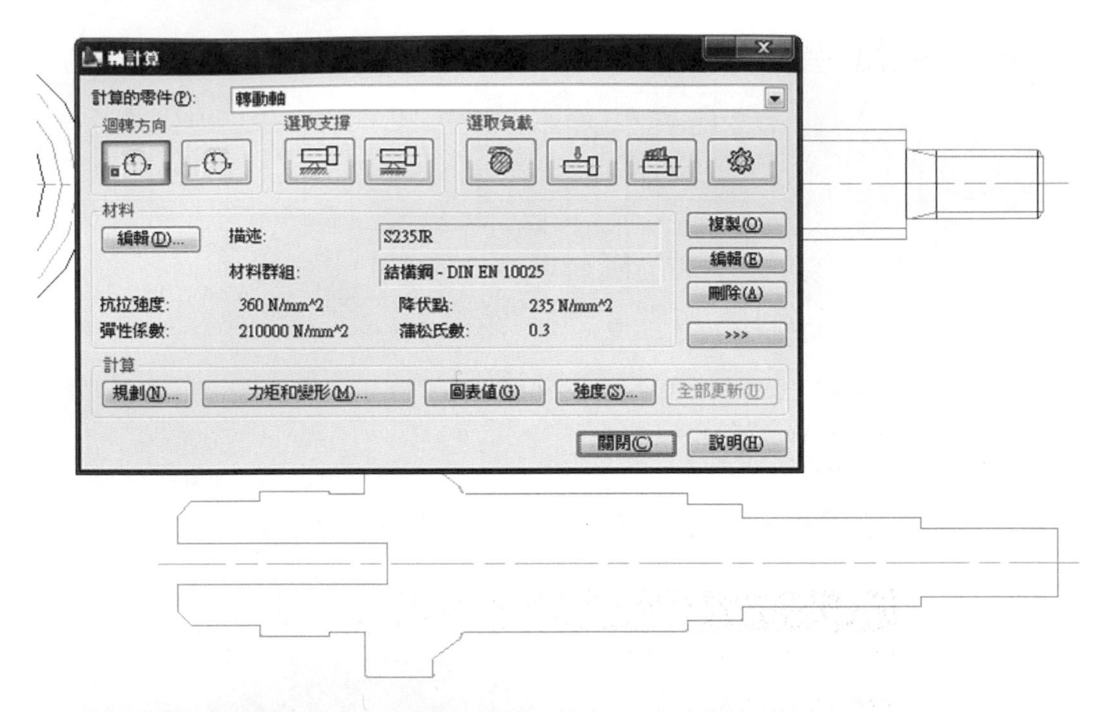

5. 選取固定式的支撐，並將支點放在軸的下方左右兩側，如下圖所示。

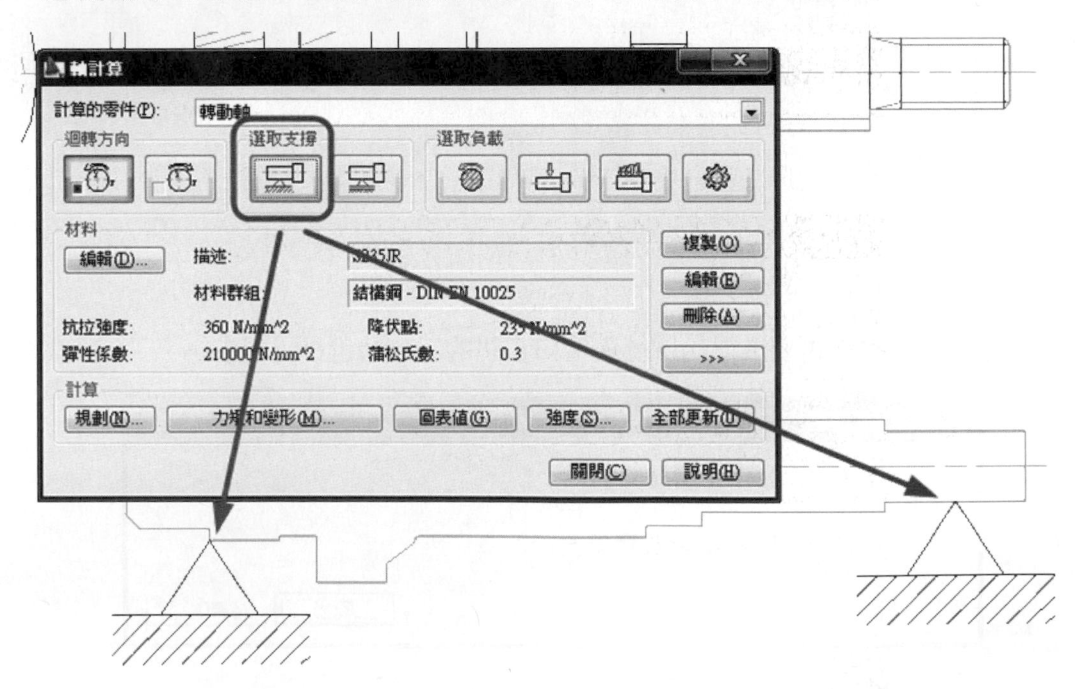

6. 點選【集中負載】並指定到軸的中心軸。

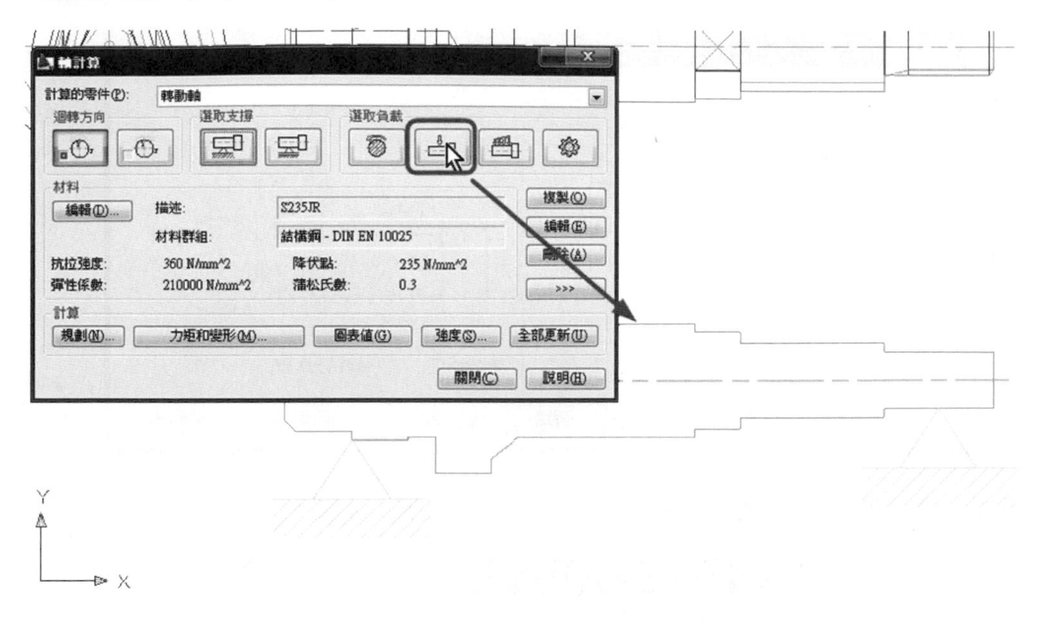

圖示說明：

	扭矩：定義作用於軸上的扭矩。
	集中負載：定義作用於軸上的徑向集中力。
	線負載：定義作用於軸上的徑向線力。
	齒輪：定義作用於軸上的齒輪負載。

7. 選取力的方向，在此我們是垂直向下的力。

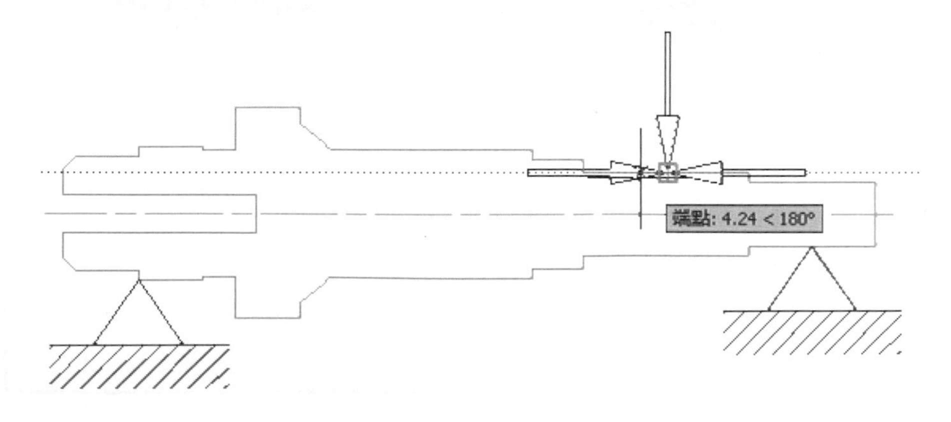

8. 在此我們可以看到是由 Y 方向使用向下 100 牛頓(約 10 公斤)的力。

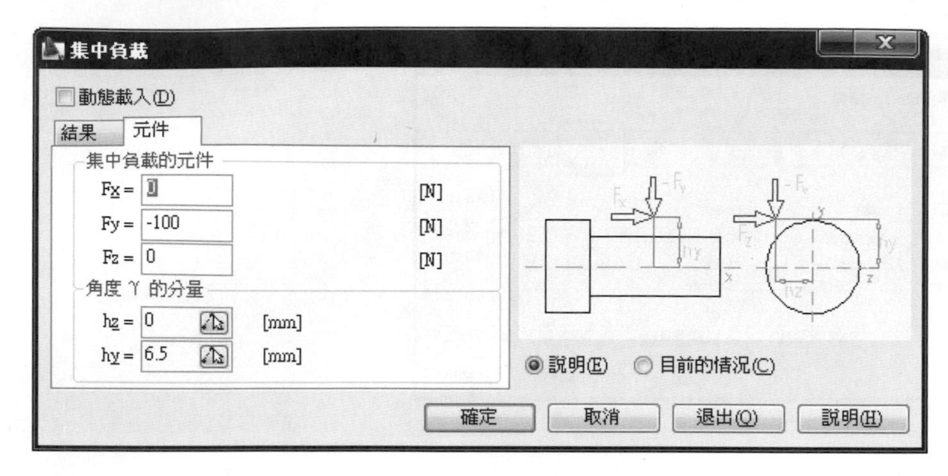

9. 檢視規劃選項，此功能可設定力矩和變形計算的規劃。

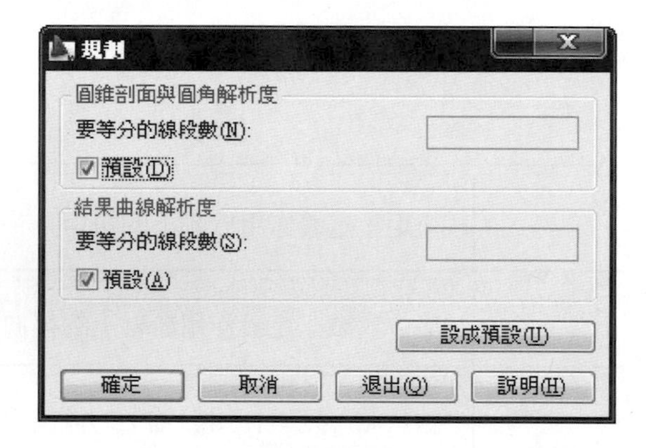

10. 材料方便使用預設的就可以了，不過我們還是介紹一下選取介面。

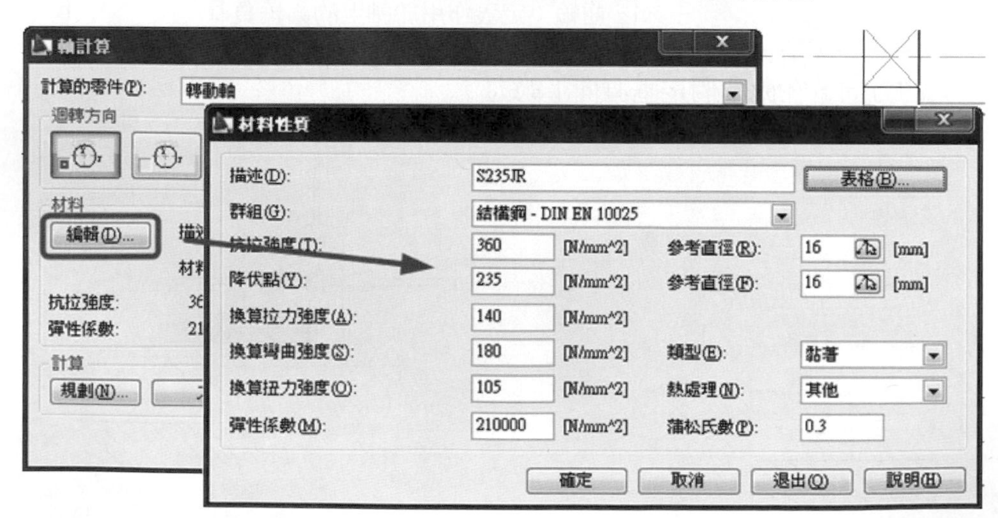

11. 在此 AutoCAD® Mechanical 列出了 ANSI、DIN、JIS 等常見材料。

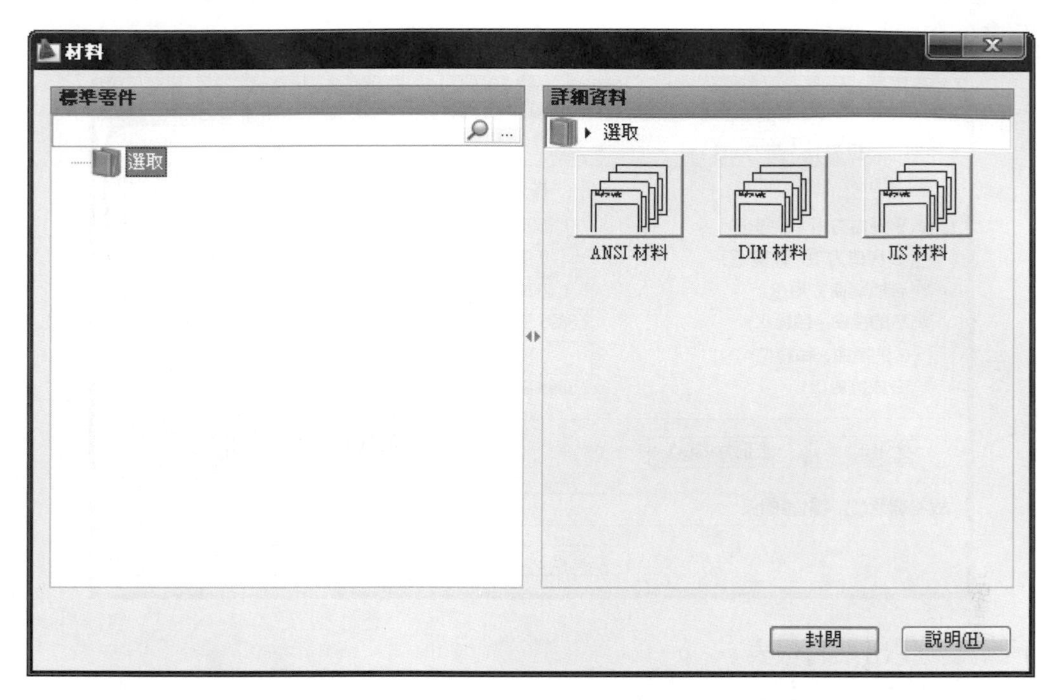

12. 點選之後針對其需要選取合適的材質。

13. 最後點下【力矩和變形】就可以開始計算與產生報表。在此我們選擇放置報表於軸的下方，在此一功能介面可以檢視彎曲、扭力、應力等資訊。

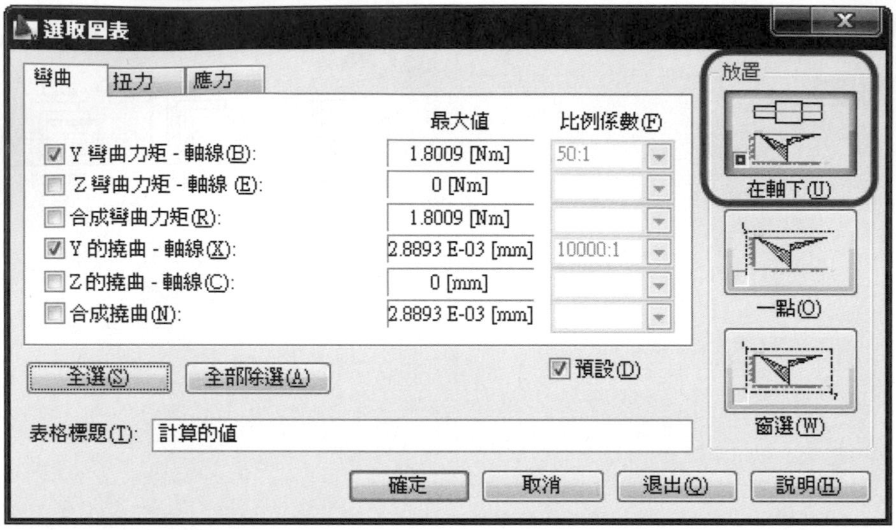

14. 下圖爲產生出來的報表。

計算的值		
降伏點	[N/mm^2]	235
彈性係數	[N/mm^2]	210000
材料		S235JR
最大抗彎變形	[mm]	2.6628 E-03
在位置	[mm]	79.3333
最大抗彎力矩	[Nm]	2.6038
在位置	[mm]	58.0
最大扭矩	[Nm]	0
在位置	[mm]	0
最大扭矩旋轉角度	[deg]	0
在位置	[mm]	0
最大扭應力	[N/mm^2]	0
在位置	[mm]	0
最大軸向應力	[N/mm^2]	0
在位置	[mm]	0
最大結果抗彎應力	[N/mm^2]	7.2431
在位置	[mm]	82.0
最大 Von Mises 應力	[N/mm^2]	7.2431
在位置	[mm]	82.0
計算最大應力值，不含槽口反射.		

15. 完成後就可以得到一張經由 AutoCAD® Mechanical 軸計算過後的圖表。

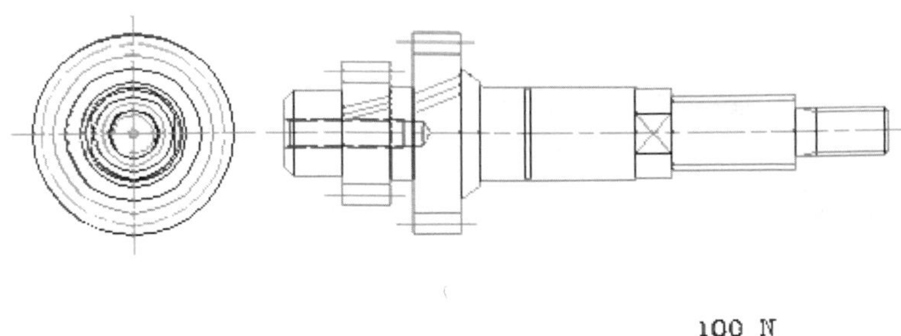

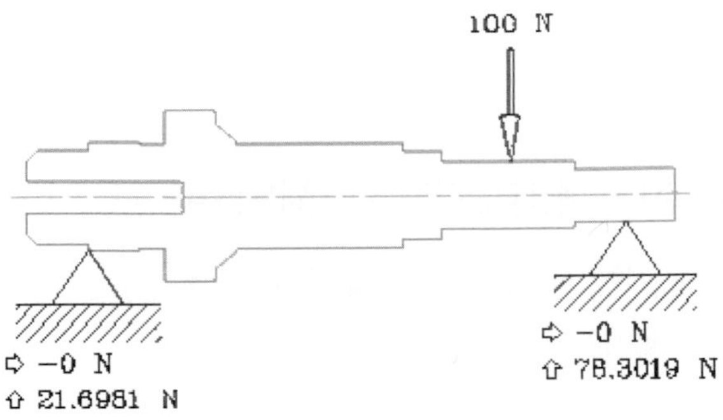

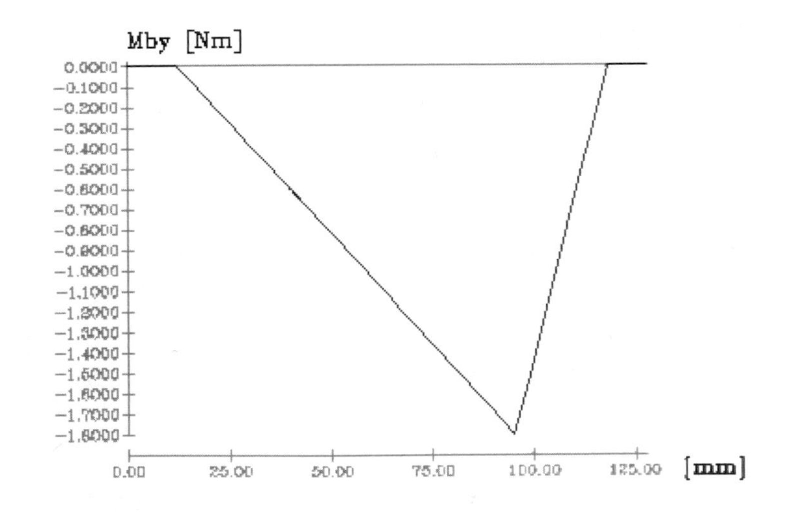

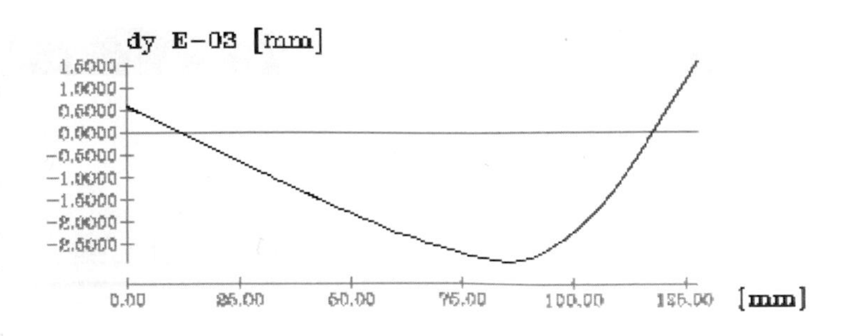

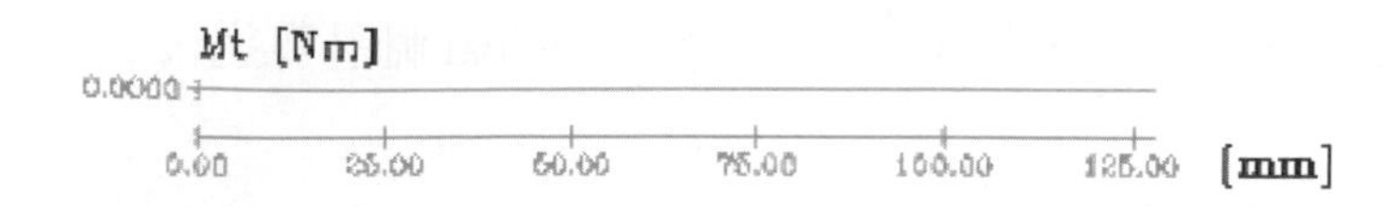

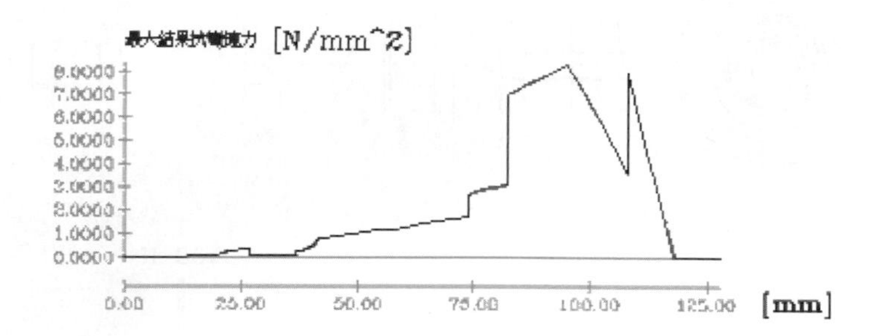

11-2-2　軸計算－集中負載：AMSHAFTCALC

1. 使用相同的範例檔，並且將軸的輪廓系統會要求建立輪廓線，此時請點選 C，再選取左側軸的全部輪廓。

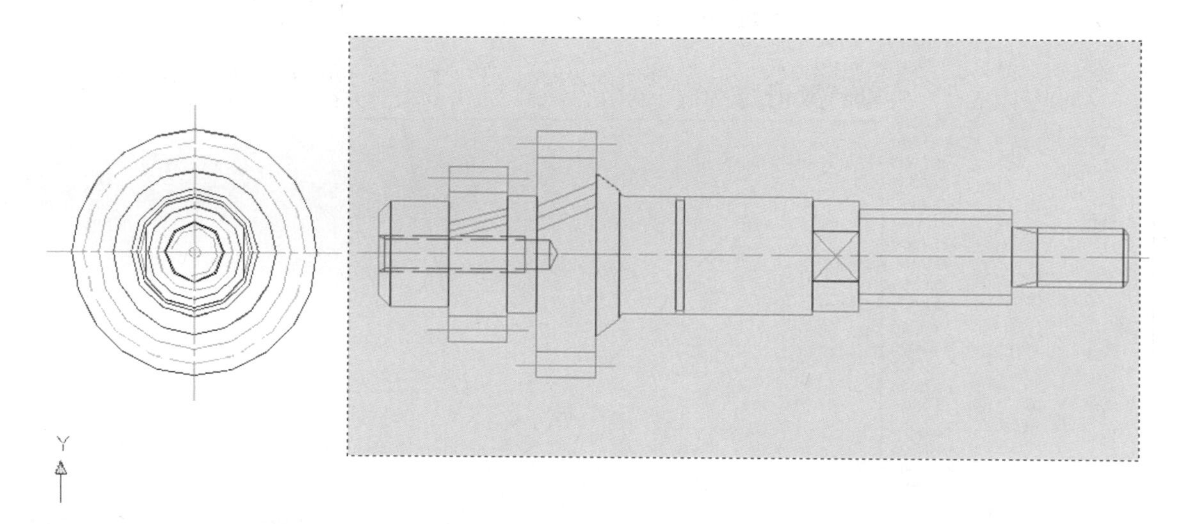

2. 此時若出現詢問是否要取得輪廓線與槽口資訊的話，請選擇【是】。

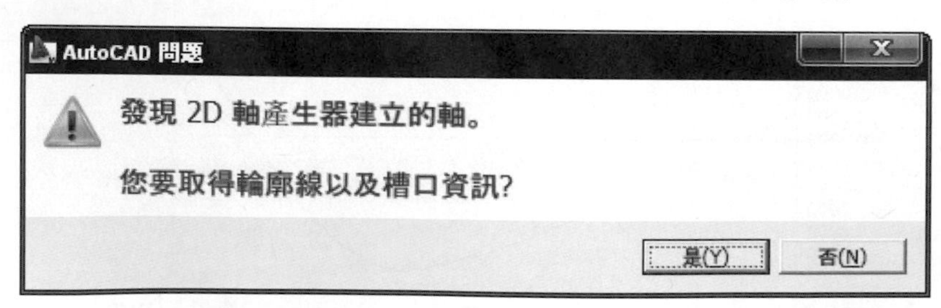

3. 點選材料選擇【表格】→【ANSI 材料】→【SAE 1045】。

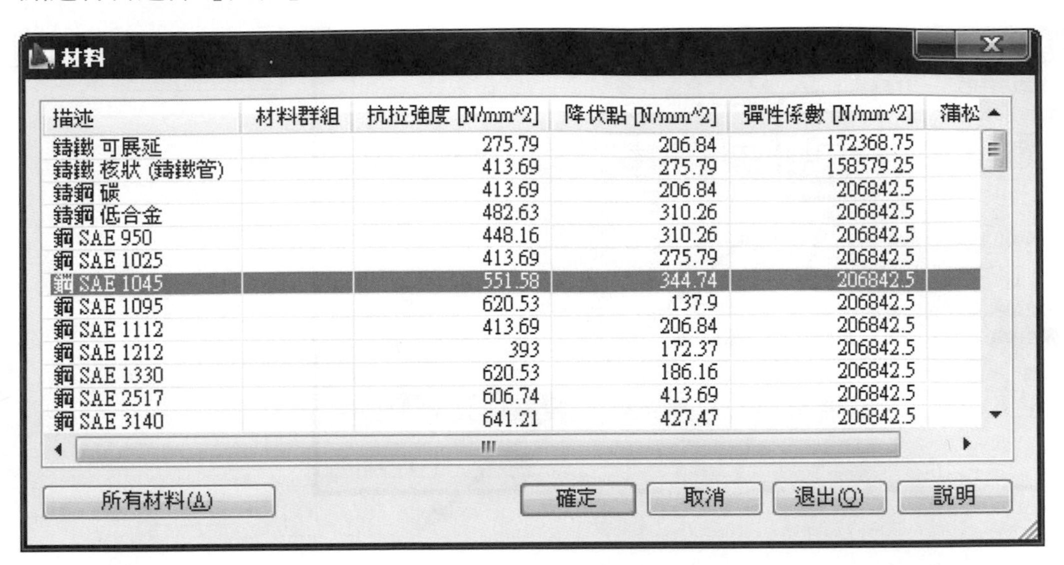

材料

描述	材料群組	抗拉強度 [N/mm^2]	降伏點 [N/mm^2]	彈性係數 [N/mm^2]	蒲松
鑄鐵 可展延		275.79	206.84	172368.75	
鑄鐵 核狀 (鑄鐵管)		413.69	275.79	158579.25	
鑄鋼 碳		413.69	206.84	206842.5	
鑄鋼 低合金		482.63	310.26	206842.5	
鋼 SAE 950		448.16	310.26	206842.5	
鋼 SAE 1025		413.69	275.79	206842.5	
鋼 SAE 1045		551.58	344.74	206842.5	
鋼 SAE 1095		620.53	137.9	206842.5	
鋼 SAE 1112		413.69	206.84	206842.5	
鋼 SAE 1212		393	172.37	206842.5	
鋼 SAE 1330		620.53	186.16	206842.5	
鋼 SAE 2517		606.74	413.69	206842.5	
鋼 SAE 3140		641.21	427.47	206842.5	

所有材料(A)　確定　取消　退出(Q)　說明

4. 若有需要在【材料性質】修改係數的，可於此修改。

材料性質

描述(D): 鋼 SAE 1045　表格(B)...
群組(G): 其他鋼
抗拉強度(T): 551.58 [N/mm^2]　參考直徑(R): 10 [mm]
降伏點(Y): 344.74 [N/mm^2]　參考直徑(F): 10 [mm]
換算拉力強度(A): 220.632 [N/mm^2]
換算彎曲強度(S): 275.79 [N/mm^2]　類型(E): 黏著
換算扭力強度(O): 165.474 [N/mm^2]　熱處理(N): 其他
彈性係數(M): 206842.5 [N/mm^2]　蒲松氏數(P): 0.3

確定　取消　退出(Q)　說明(H)

5. 選取固定式的支撐，並將支點放在軸的下方左右兩側，如下圖所示。

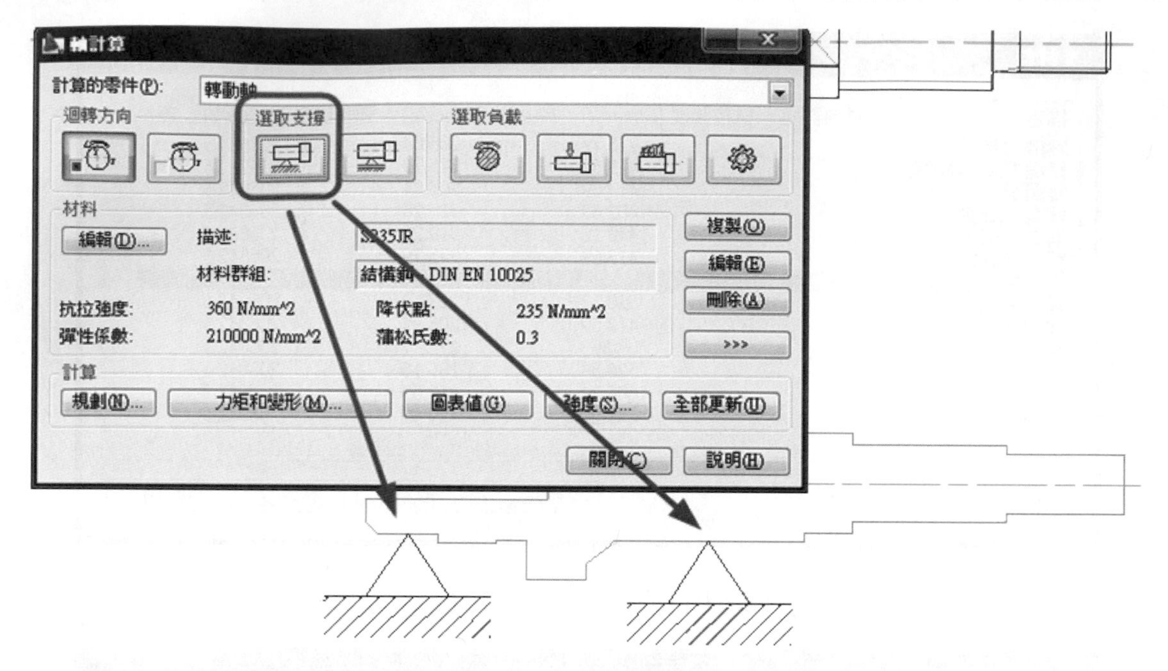

6. 點選【齒輪】再點下圖的插入點。

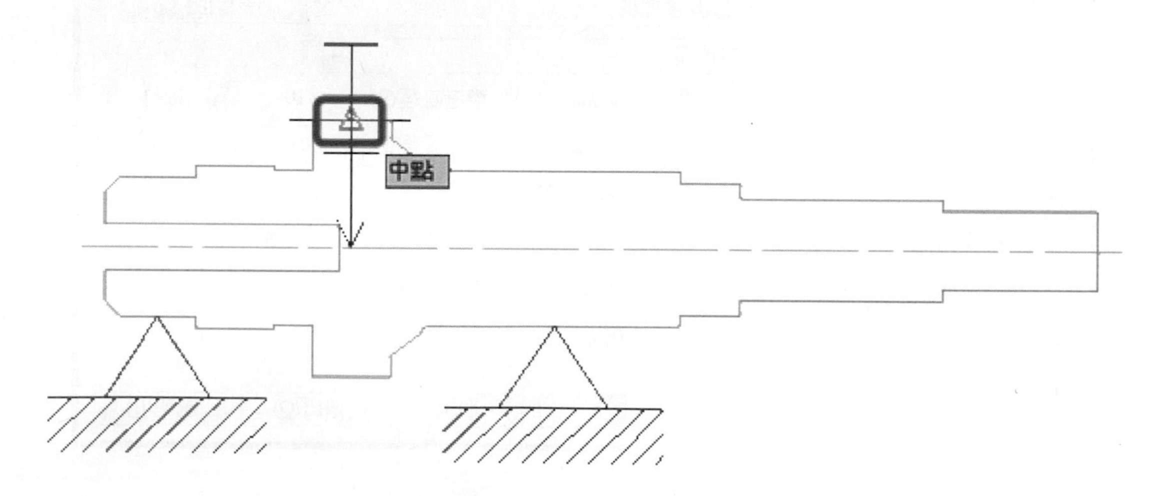

7.　齒輪負載請選【固定原動力】，扭矩請輸入【15】。

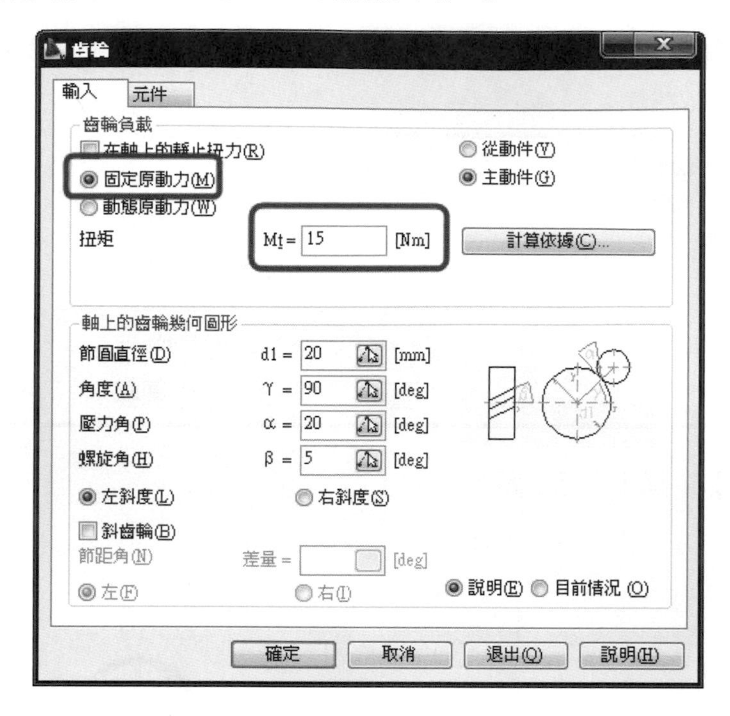

8.　點選【集中負載】並指定到軸的中心軸，選取力的方向，在此我們是垂直向下的力。

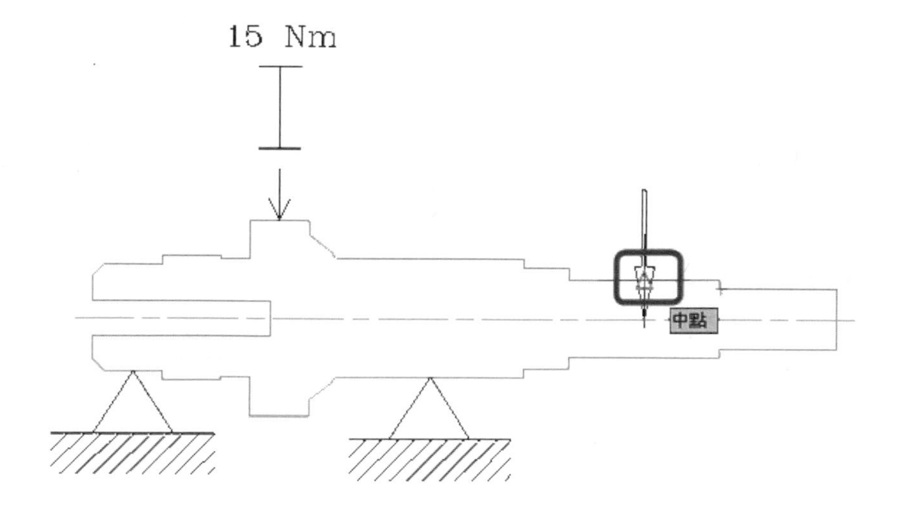

9. 集中負載請輸入【2500】。

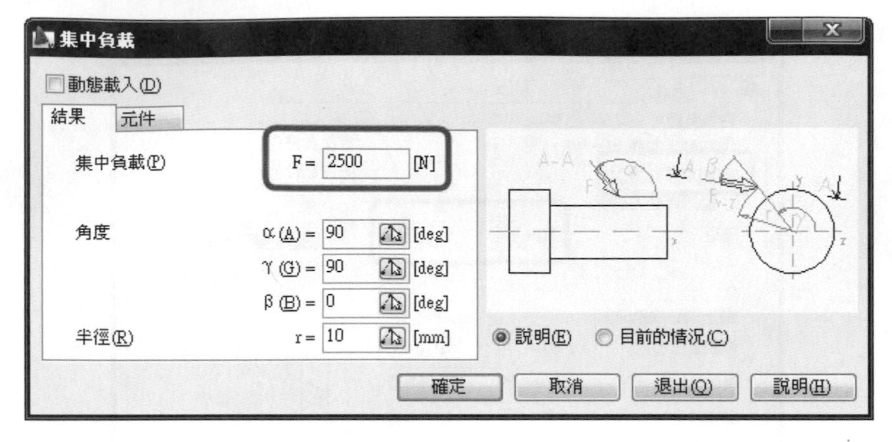

10. 選取【扭力】，插入點爲下圖所示。

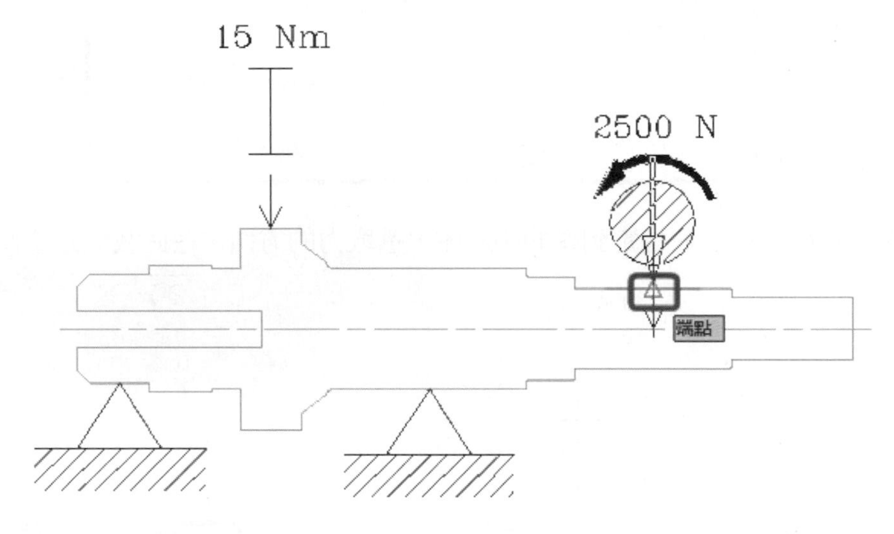

11. 扭矩請輸入【15】。

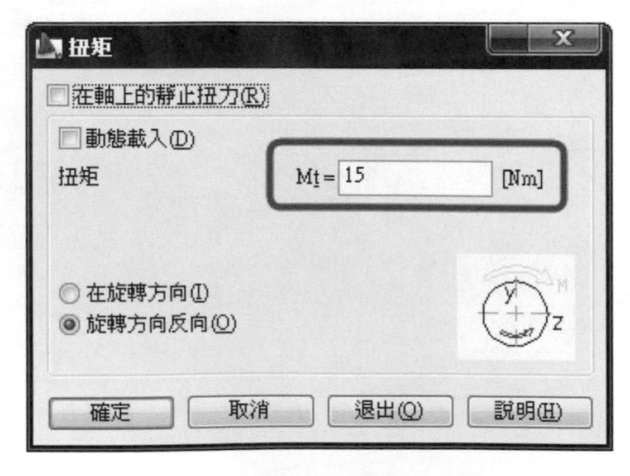

12. 最後點下【力矩和變形】就可以開始計算與產生報表。

13. 在此我們選擇放置報表於軸的下方。

計算的值		
降伏點	[N/mm^2]	345
彈性係數	[N/mm^2]	206843
材料		鋼 SAE 1045
最大抗彎變形	[mm]	149.6712 E-03
在位置	[mm]	128.0
最大抗彎力矩	[Nm]	92.5
在位置	[mm]	58.0
最大扭矩	[Nm]	15.0
在位置	[mm]	37.0
最大扭矩旋轉角度	[deg]	84.9106 E-03
在位置	[mm]	1.6
最大扭應力	[N/mm^2]	34.7721
在位置	[mm]	82.0
最大軸向應力	[N/mm^2]	143.0759 E-03
在位置	[mm]	7.0
最大結果抗彎應力	[N/mm^2]	150.6792
在位置	[mm]	82.0
最大 Von Mises 應力	[N/mm^2]	162.2699
在位置	[mm]	82.0
計算最大應力值，不含槽口反射．		

14. 完成後就可以得到一張經由 AutoCAD® Mechanical 軸計算過後的圖表。

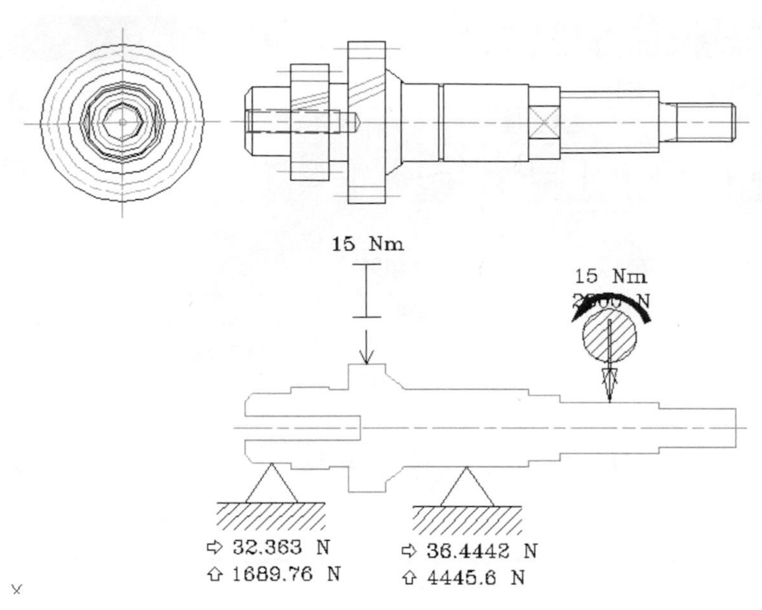

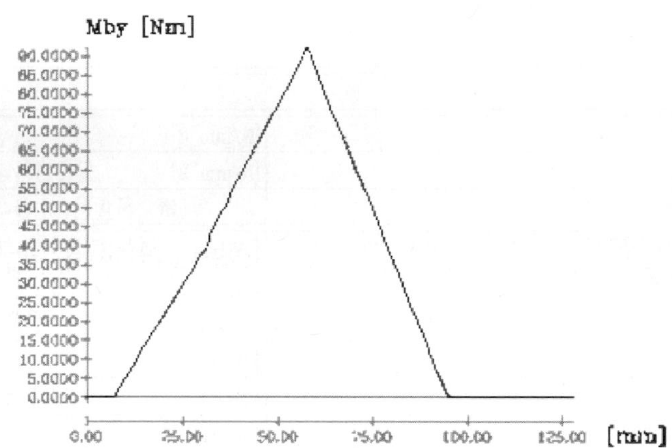

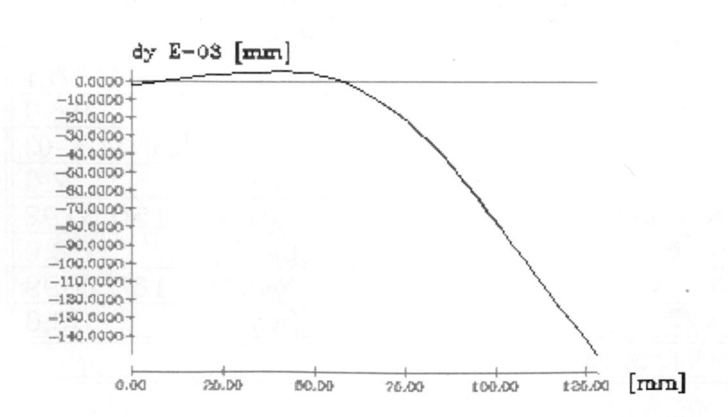

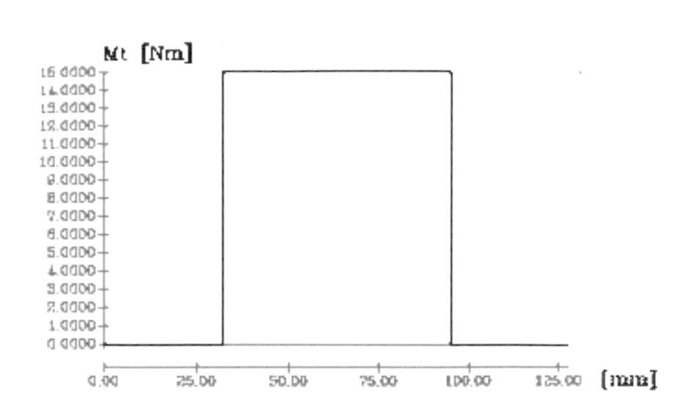

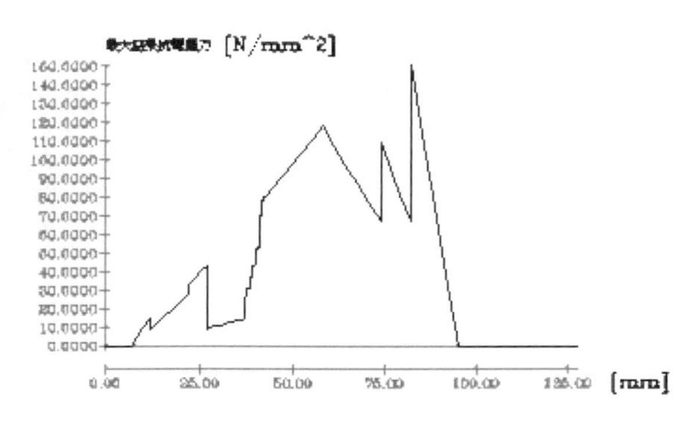

強度計算

1. 這是根據 DIN 或 ANSI 標準執行計算，同時並計算預防疲勞破壞和降伏點的安全係數。請點選【強度】進行強度的計算。

2. 將插入點點在下圖所示位置。

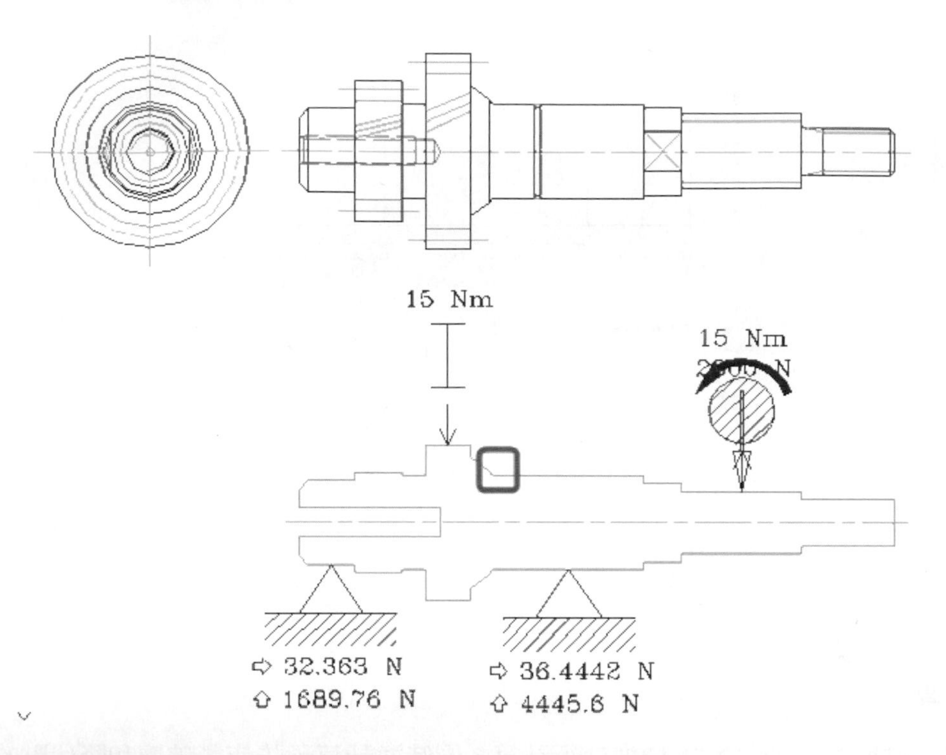

3. 點選槽口圖形。

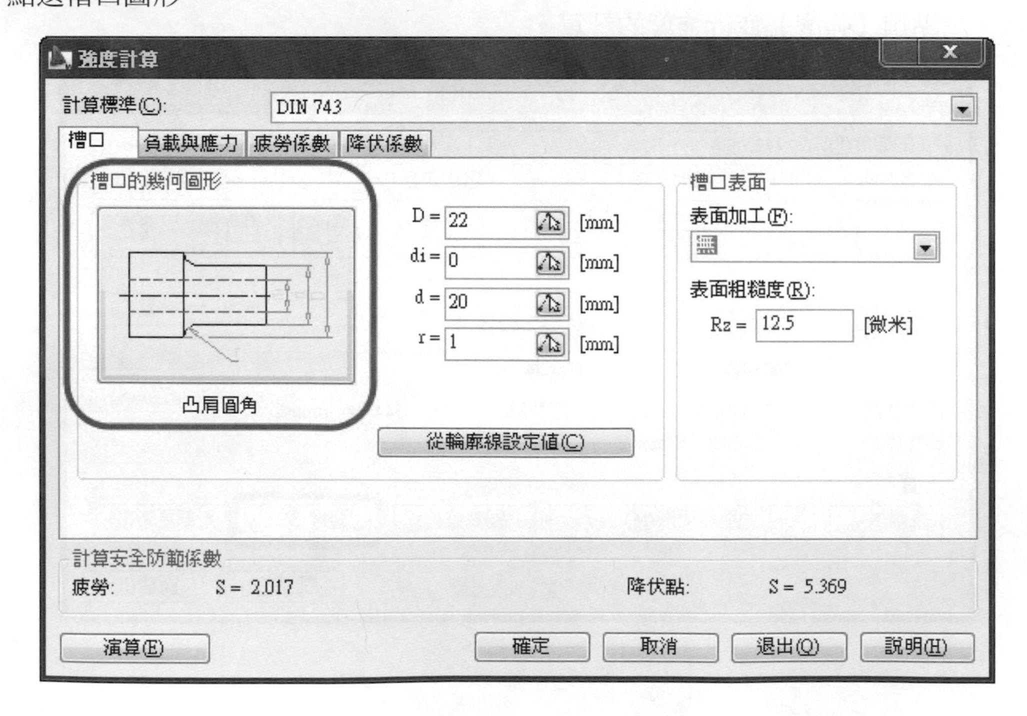

4.　選擇【平滑軸】。

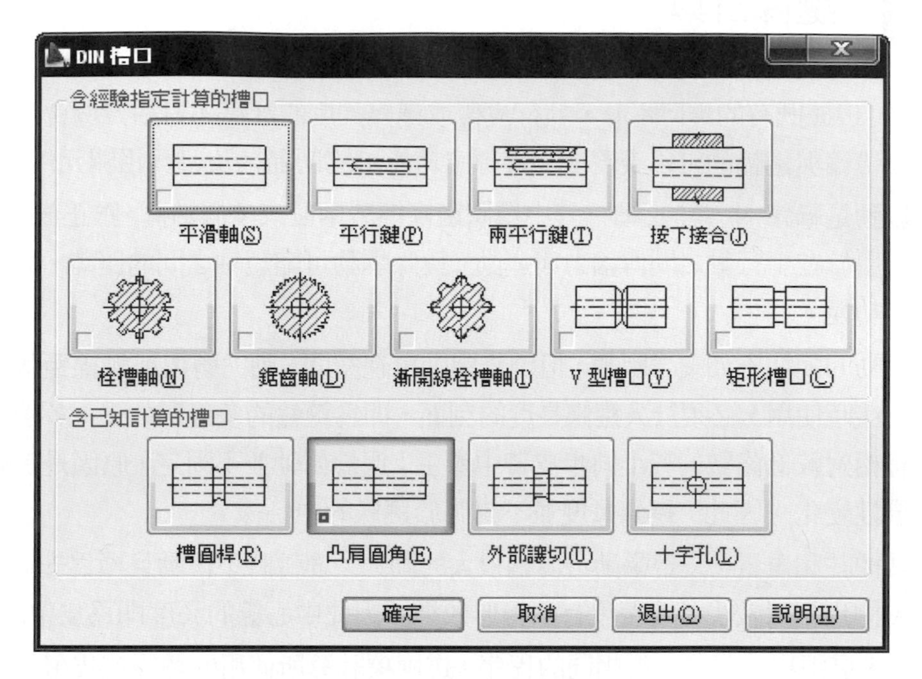

DIN 槽口：可選取 DIN 類型的槽口來進行強度計算。

ANSI 槽口：可選取 ANSI 類型的槽口來進行強度計算。

5.　完成之後就會帶出疲勞破壞與降伏點的數據。

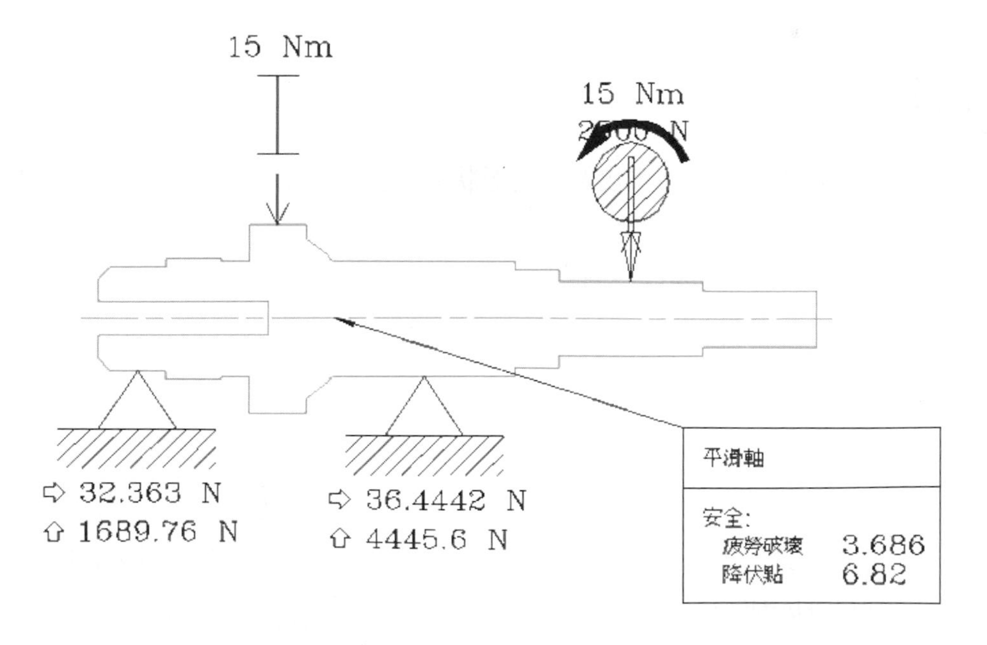

11-3 鏈條計算

ACM 可根據既有的幾何圖形，執行皮帶或鏈條長度的計算。對話方塊會顯示鏈條與皮帶以及皮帶輪與鏈輪的可用表現法。資源庫功能可協助儲存及召回相關元件。

鏈條驅動是聯鎖、折繞的驅動，其中環狀鏈條繞著兩個或多個鏈輪。跟正齒輪對一樣，鏈條驅動可用於在平行軸之間傳輸力與運動。鏈條驅動可縮短軸之間的距離，而一般齒輪則沒有這項功能。

鏈條驅動的彈性不如皮帶驅動，但鏈條驅動可在空間、動力轉換或軸線距離造成皮帶驅動表現不佳時使用。必須計入鏈條長度的刻面，即爲鏈輪的多邊形效果。多邊形效果尤其會在具有相對較低齒數的較小同步皮帶中產生；迴轉傳動並不固定，原因是鏈條尖峰和低落的循環性變化。因此，鏈條長度並不對應於鏈條的中心線。

對於其標註和重量，皮帶驅動可傳輸很大的動力；運轉時不滑動且極爲安靜，所需的軸負載或支撐也相對較少。皮帶沒有多邊形效果，因此中心線的長度即爲皮帶的長度。

基本上，這兩項計算都遵循相同的程序。這兩項計算所使用的鏈條或皮帶長度計算常式，會要求您將至少兩個圓插入圖面，來代表皮帶輪或鏈輪的節圓直徑。或者，您可以使用 AMSPROCKET 指令插入鏈輪或皮帶輪。皮帶輪和鏈條輪會顯示爲圓。您必須選取參考圓，才能執行計算。這些圓可建立鏈條或皮帶所需的相切條件。建議您對個別圖層或在額外的圖面中執行長度計算，以檢視簡化的表現法。若要插入鏈條或皮帶，或插入鏈輪或皮帶輪，您必須先建立並計算基本排列。

注意!

皮帶輪的齒對應於資源庫中皮帶的齒形狀。不過，在實物上，這些形狀會稍微有些不同。

在鏈條計算功能中 AutoCAD® Mechanical 可以計算鏈條與時規(正時)皮帶長度與插入鏈輪與時規(正時)皮帶輪。

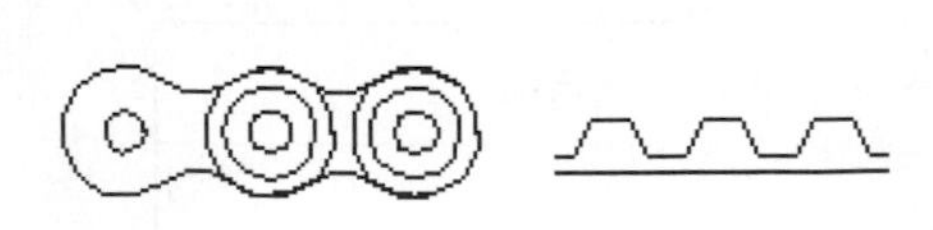

AMCHAINDRAW

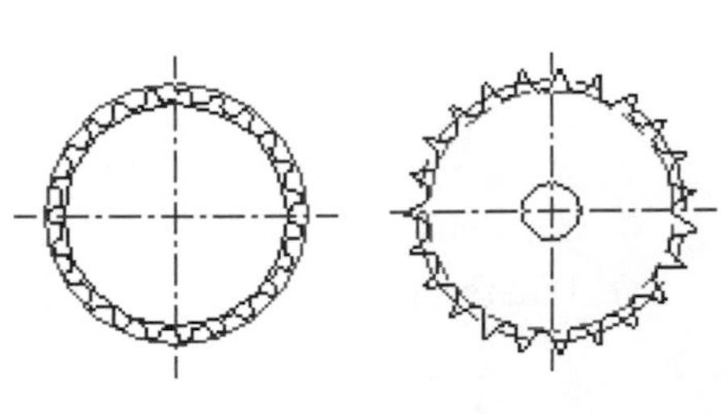

AMSPROCKET

11-3-1　計算長度：AMCHAINLENGTHCA

在將資源庫中的鏈條將上鏈輪之前的第一個工作，是先計算好我們的設備需要多少目的鏈節，因此我們首先需要計算鏈條的長度。決定鏈條長度的方法是使用與鏈輪相切的聚合線，經由運算後所得的輪廓所繪製而成的，再由此聚合線的長度來計算函數產生。

皮帶輪會以圓表示。這些圓對應於皮帶輪的節圓半徑。齒輪廓則是從選取的資源庫圖塊計算得到的。皮帶輪會根據同步皮帶的形狀來定其本身的形狀。節圓對應於節距線上的皮帶輪長度。

可於【內容】→【鏈條／皮帶】→【長度計算】找到此功能。

範例檔案所在路徑：

Windows Vista™：

C：\Users\Public\Public Documents\Autodesk\ACADM2009\Acadm\Tutorial

Windows® XP：

C：\Documents and Settings\All Users\共用文件\Autodesk\ACADM 2009\Acadm\Tutorial

1. 開啓範例檔案【tut_chain.dwg】。

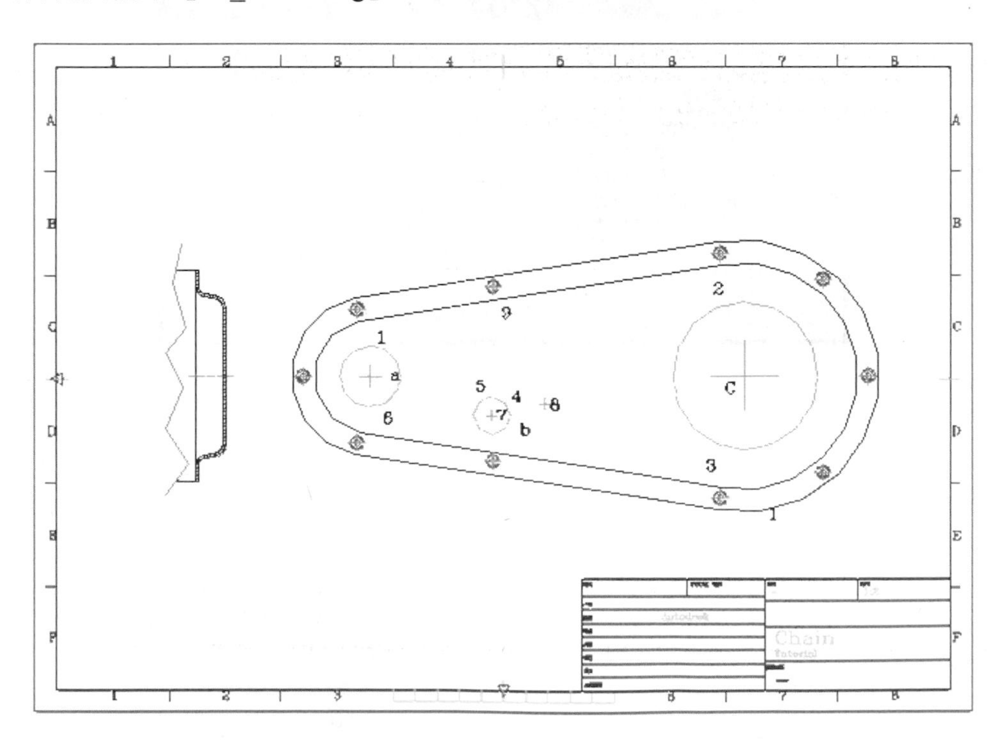

2. 啓動【長度計算】指令。在指令行中，輸入【AMCHAINLENGTHCA】，並選取【ISO 606 公制】。

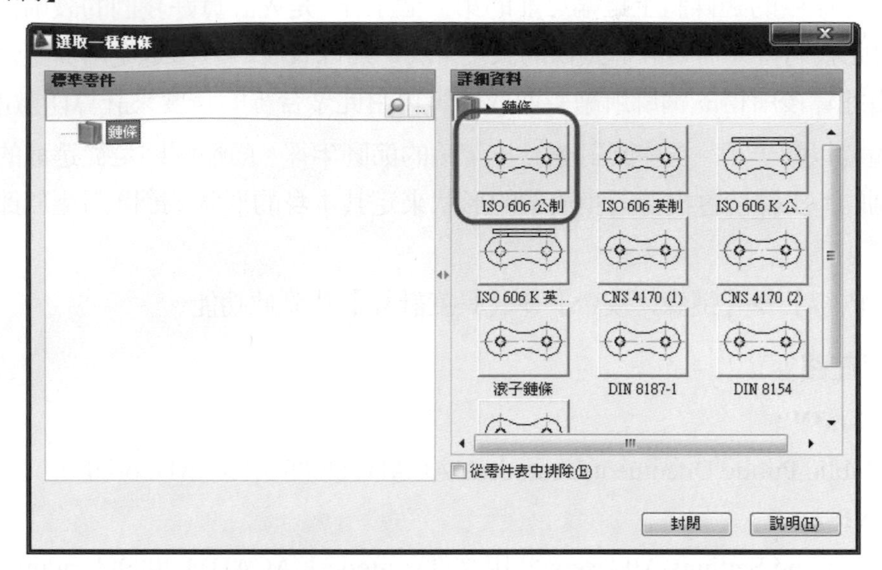

3. 選取【標準：ISO 606-05B-1】。

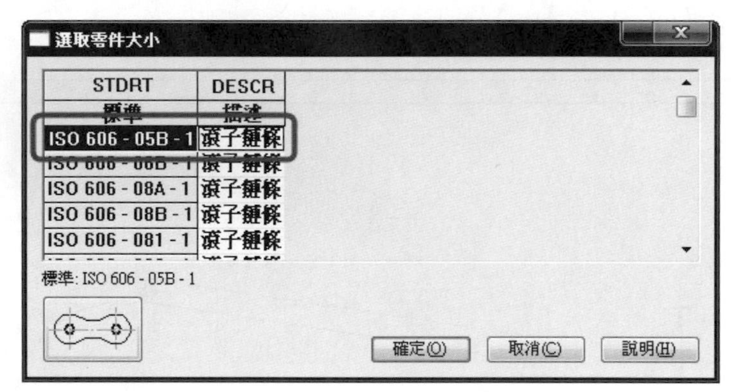

4. 依照順序點選相切的邊，請先點選 1 號與 2 號的切邊。

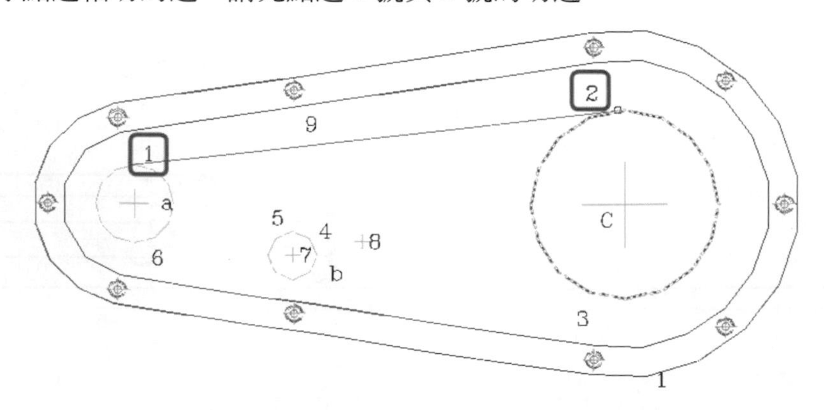

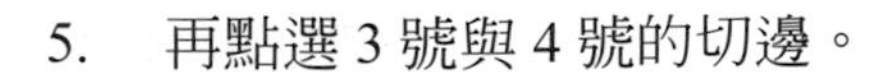

5. 再點選 3 號與 4 號的切邊。

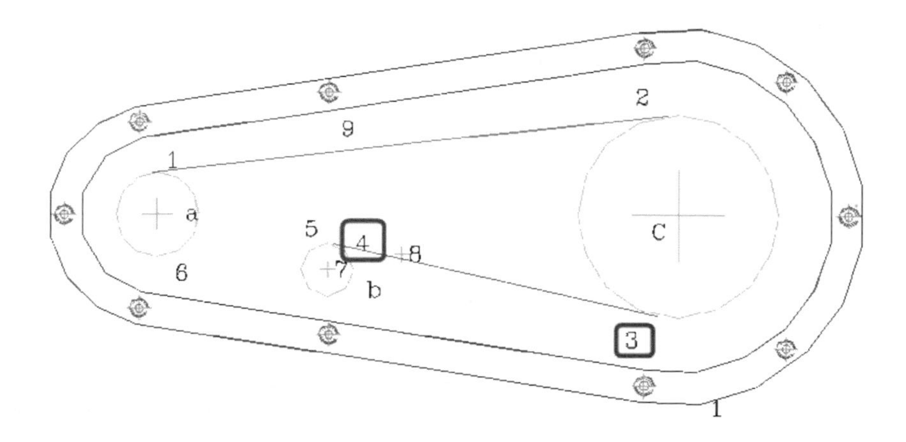

6. 再點選 5 號與 6 號的切邊。

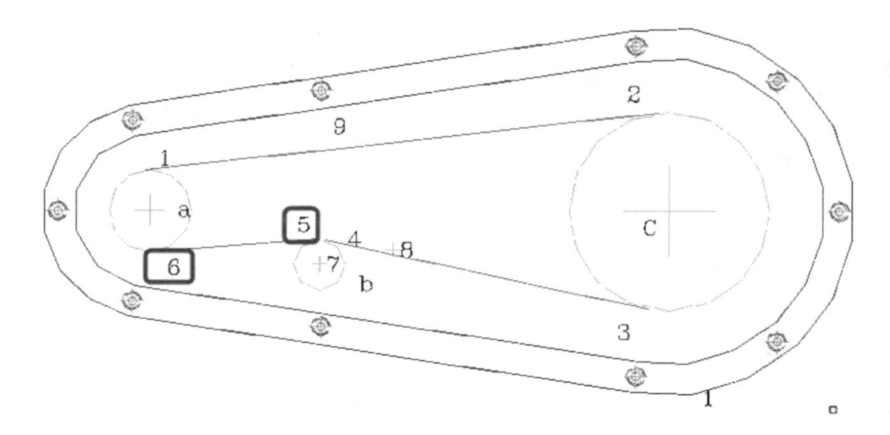

7. 全數點完成之後就可以得到一個封閉的聚合線輪廓。

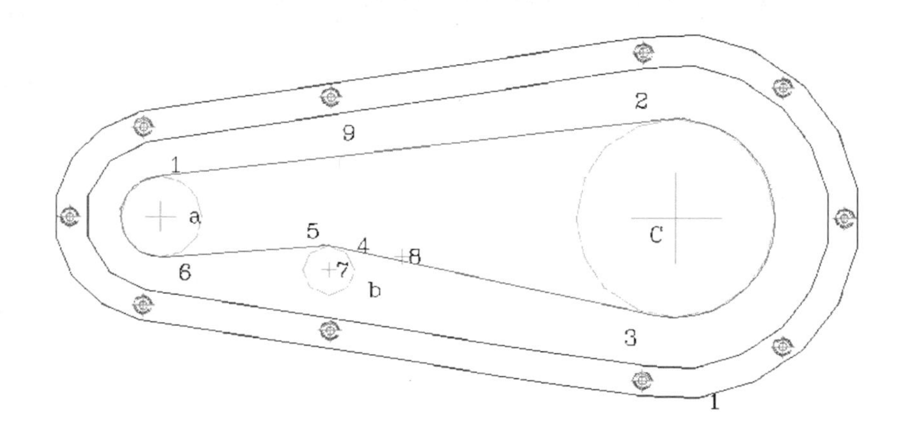

8. 因爲鏈條長度應該是鏈節的整數倍，所以需要移動一個鏈輪以滿足此一條件，所以在此我們點選【鏈輪 b】，再點選該鏈輪的中心爲基準點往右側 8 號中心移動。

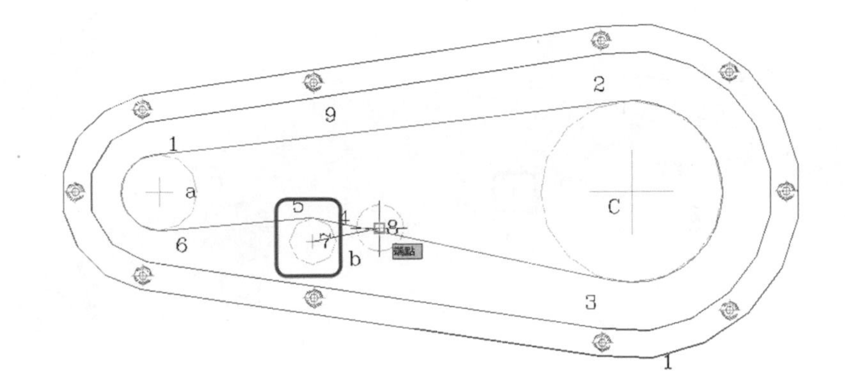

9. 完成後可以看到下列的不同。

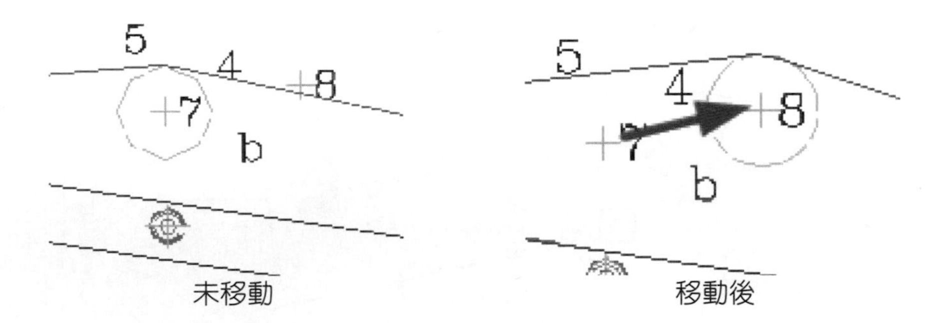

未移動　　移動後

10. 由下方的指令列已經可以看到若使用【ISO 606-05B-1】這個規格，總共需要的鏈條連結數爲 121 個，總長爲 974.8857mm。

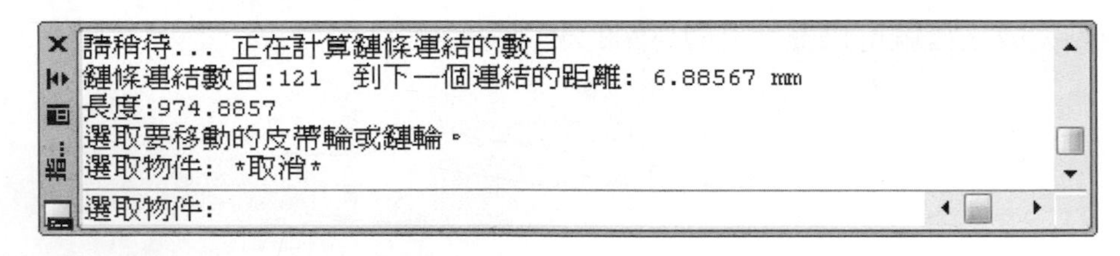

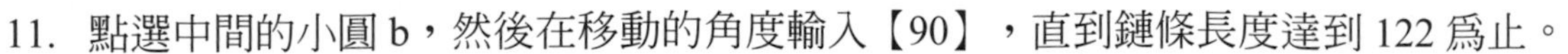

11. 點選中間的小圓 b，然後在移動的角度輸入【90】，直到鏈條長度達到 122 爲止。

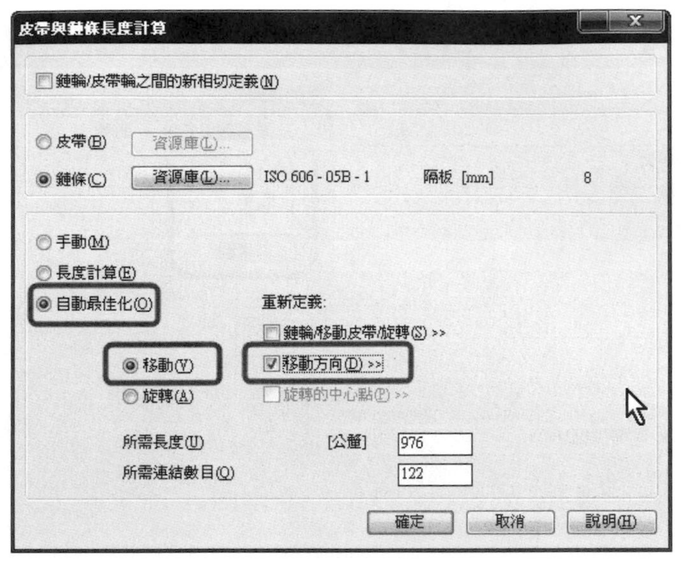

12. 此時系統會自動計算。

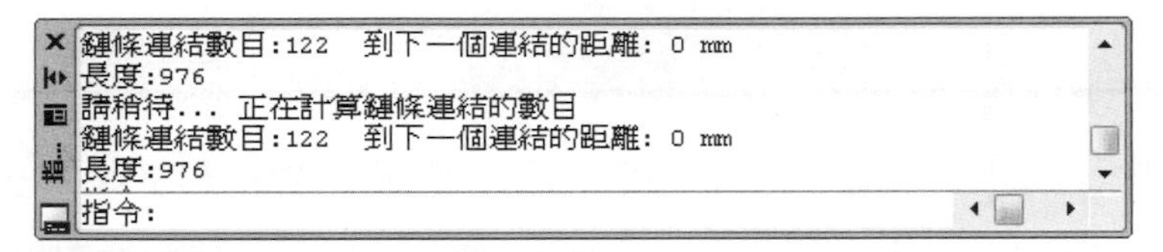

11-3-2　插入鏈輪：AMSPROCKET

可於【內容】→【鏈條／皮帶】→【繪製鏈輪／皮帶輪】找到此功能。

1. 在指令行中，輸入 AMSPROCKET，選擇【鏈輪】。

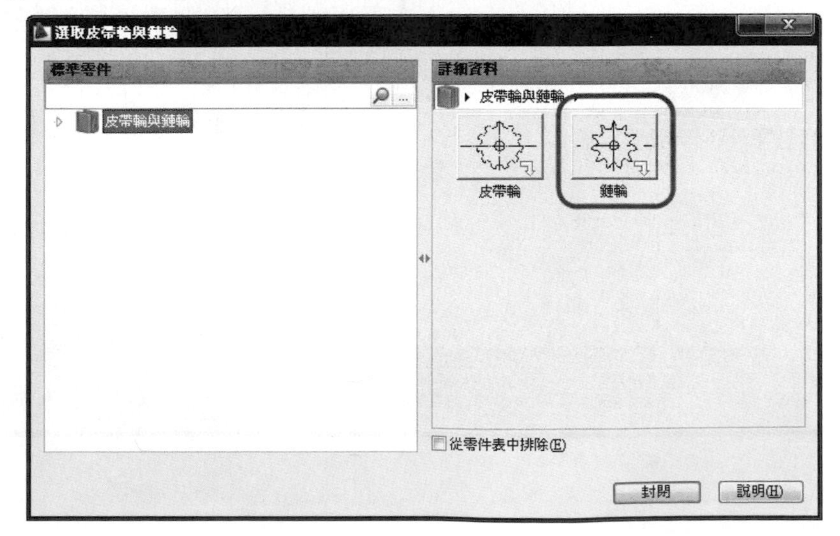

2. 選擇【前視圖】。

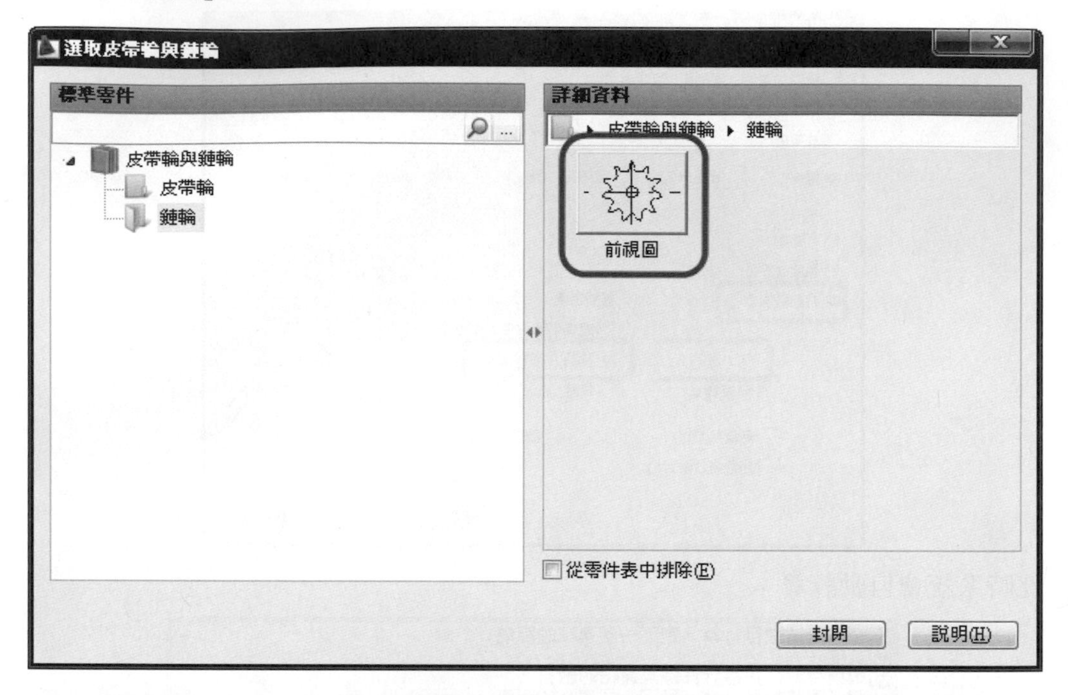

3. 點選最左側【圓 a】的圓心，旋轉角度【0】，再選取規格【ISO 606 公制】。

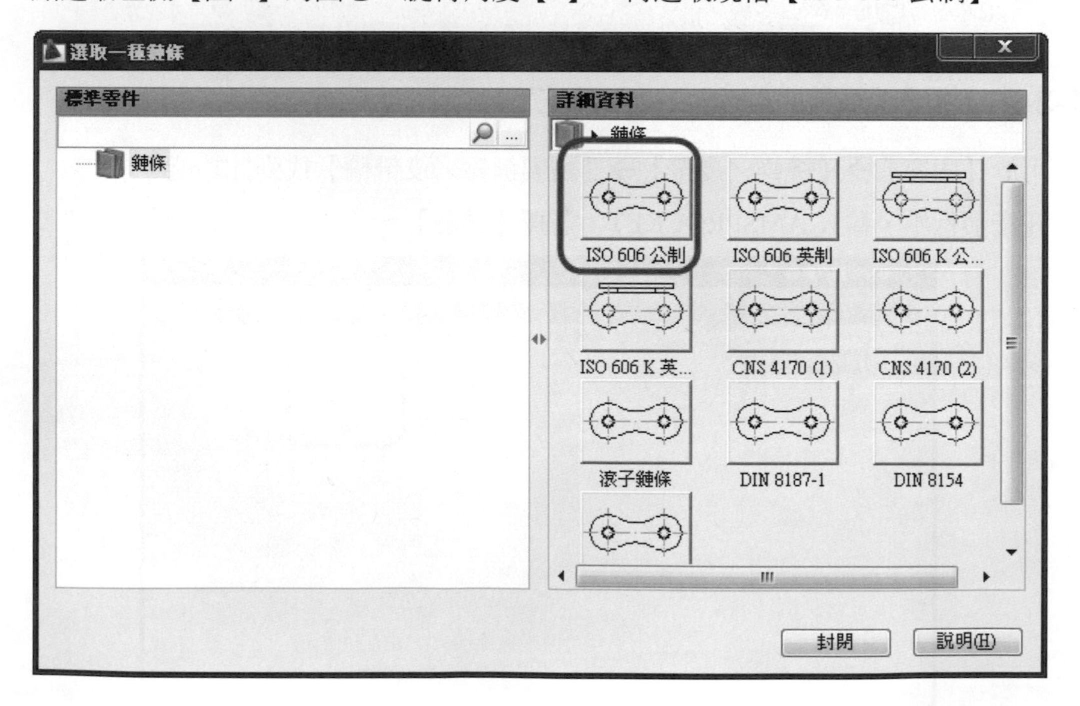

4. 在【選取大小】對話方塊中，選取【ISO 606-05B-1】。

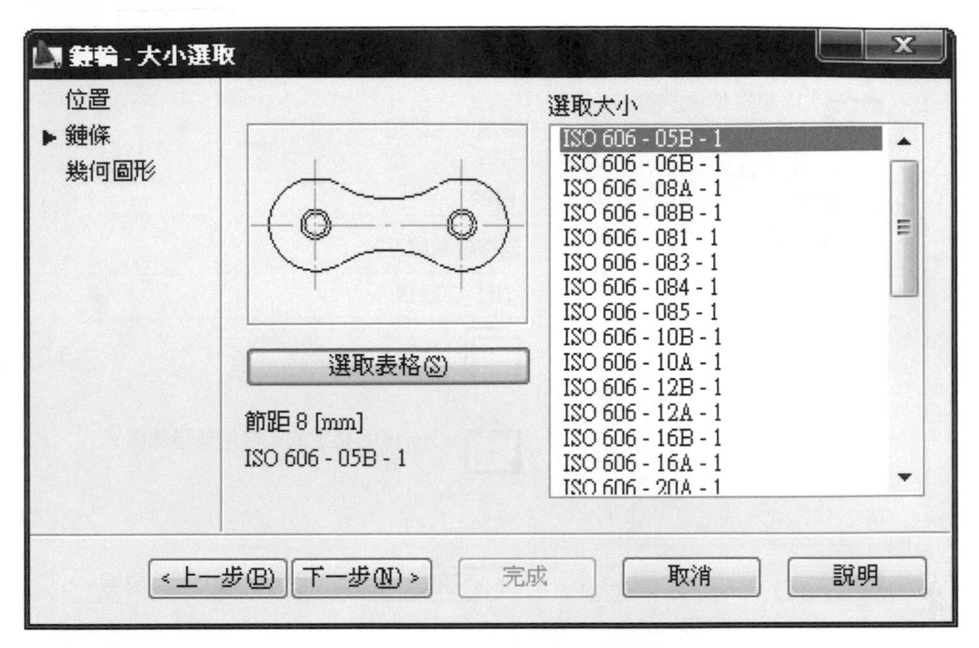

5. 輸入鏈輪齒數【21】，可見齒的數量【21】，軸徑【10】。

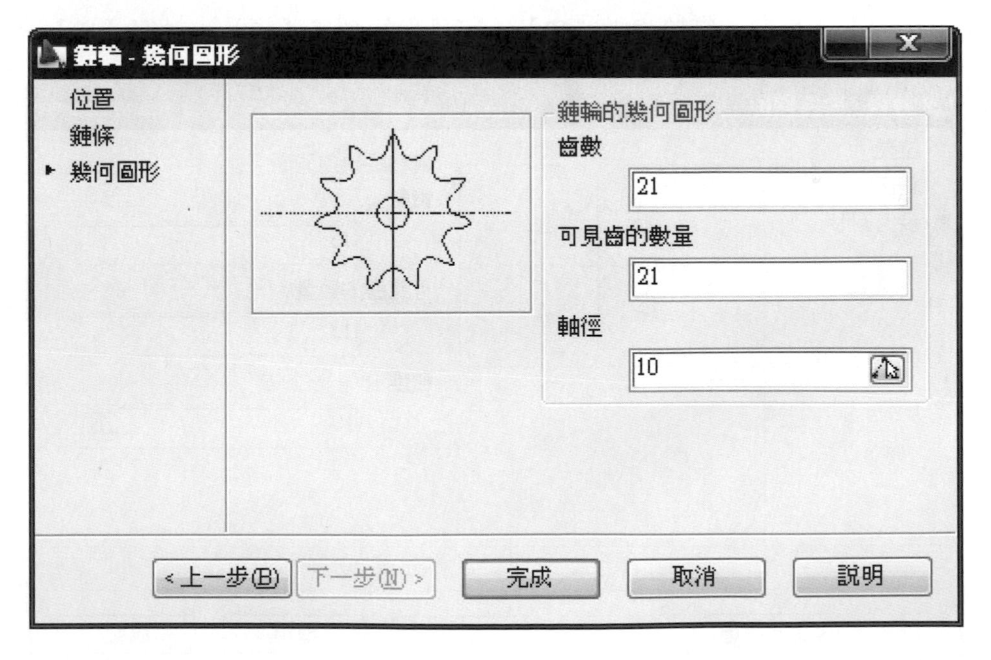

6. 此處的隱藏情況可以依需要設定，若沒有特別的需求點選【確定】即可。

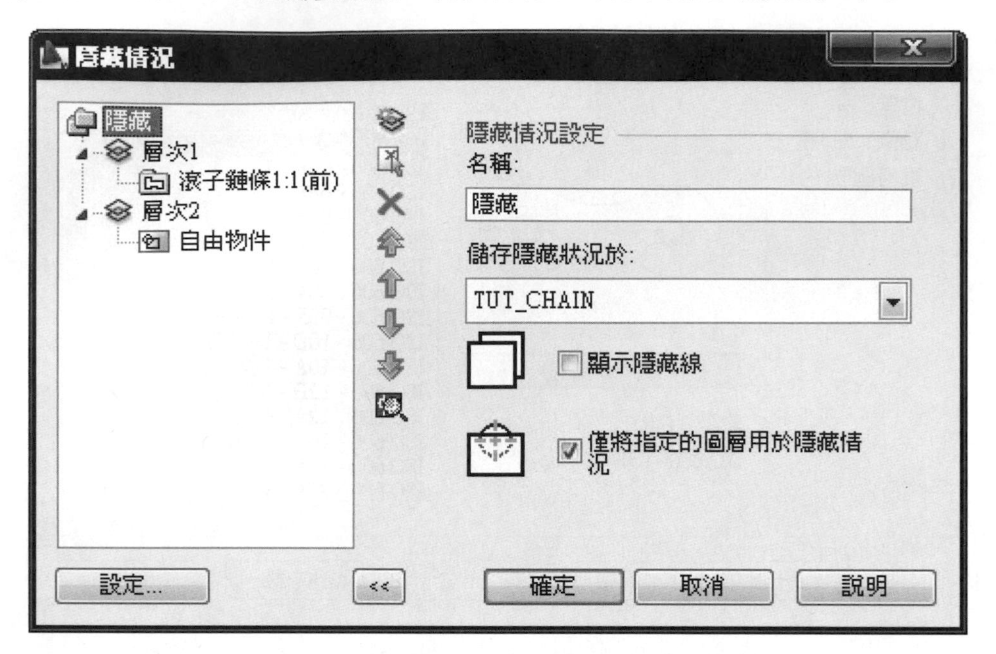

7. 使用和第一顆鏈輪的建立方法，點選中間【圓 b】選取規格【ISO 606 公制】→【ISO 606-05B-1】，再輸入鏈輪齒數【13】，可見齒的數量【13】，軸徑【10】。

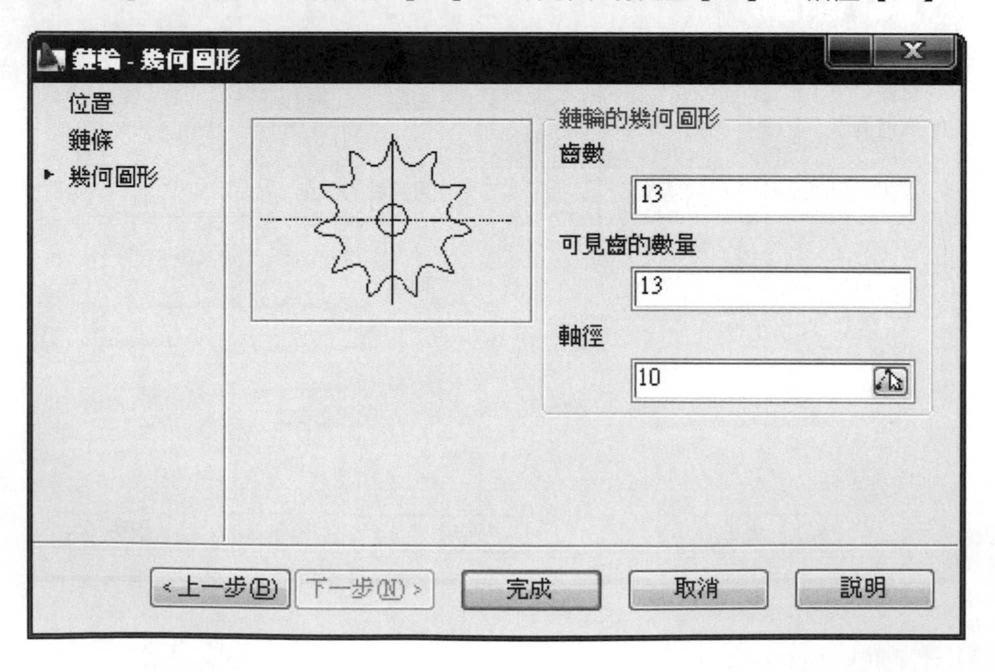

8. 此處的隱藏情況可以依需要設定，若沒有特別的需求點選【確定】即可。

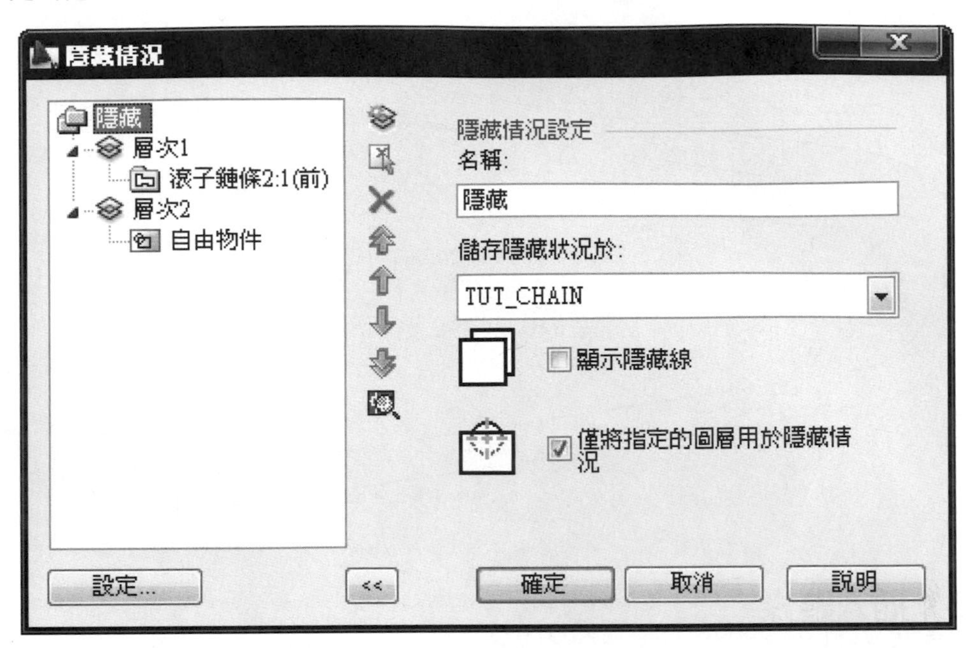

9. 用和第一顆及第二顆鏈輪的建立方法，點選右側【圓 c】選取規格【ISO 606 公制】→【ISO 606-05B-1】，再輸入鏈輪齒數【51】，可見齒的數量【51】，軸徑【10】。

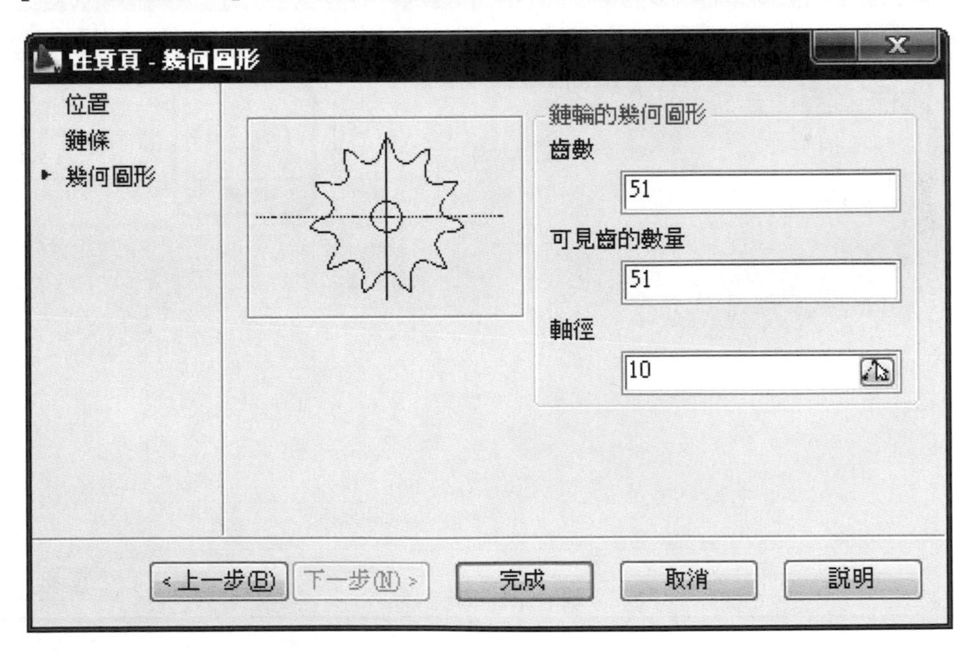

10. 完成之後就如下圖所示。

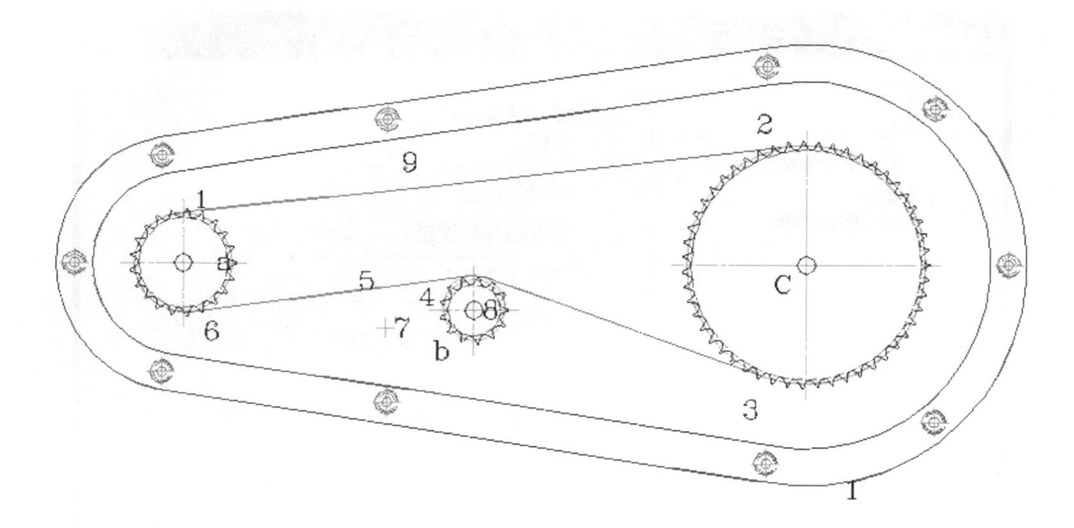

11-3-3 插入鏈條

1. 選取鏈條。

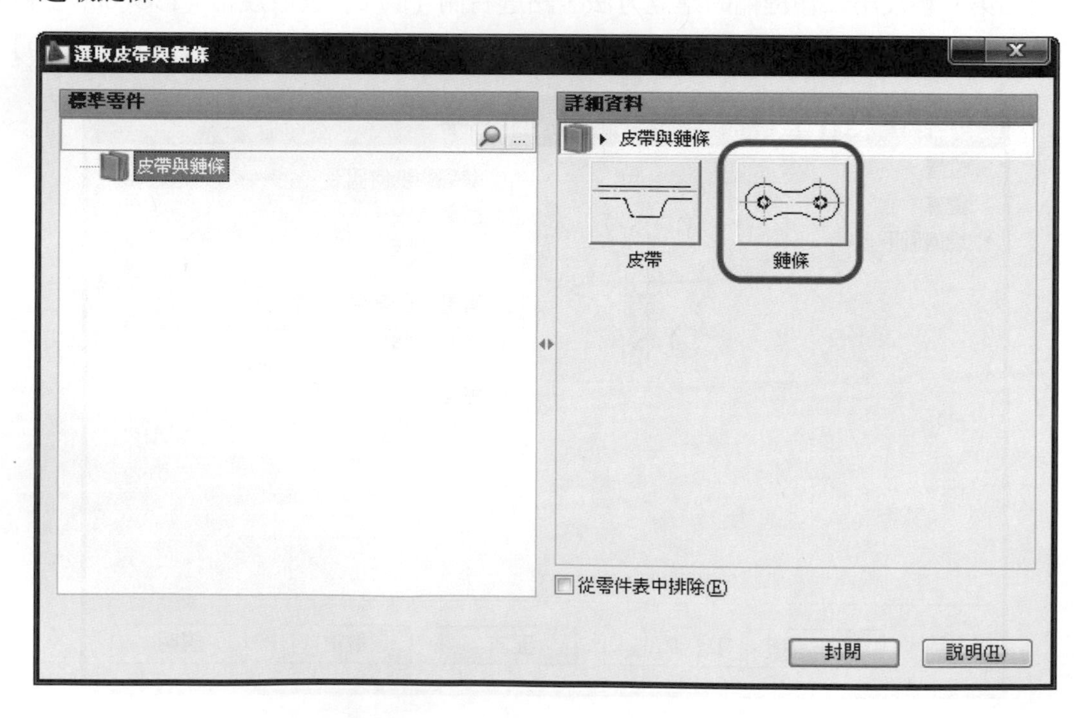

2. 選取規格【ISO 606 公制】。

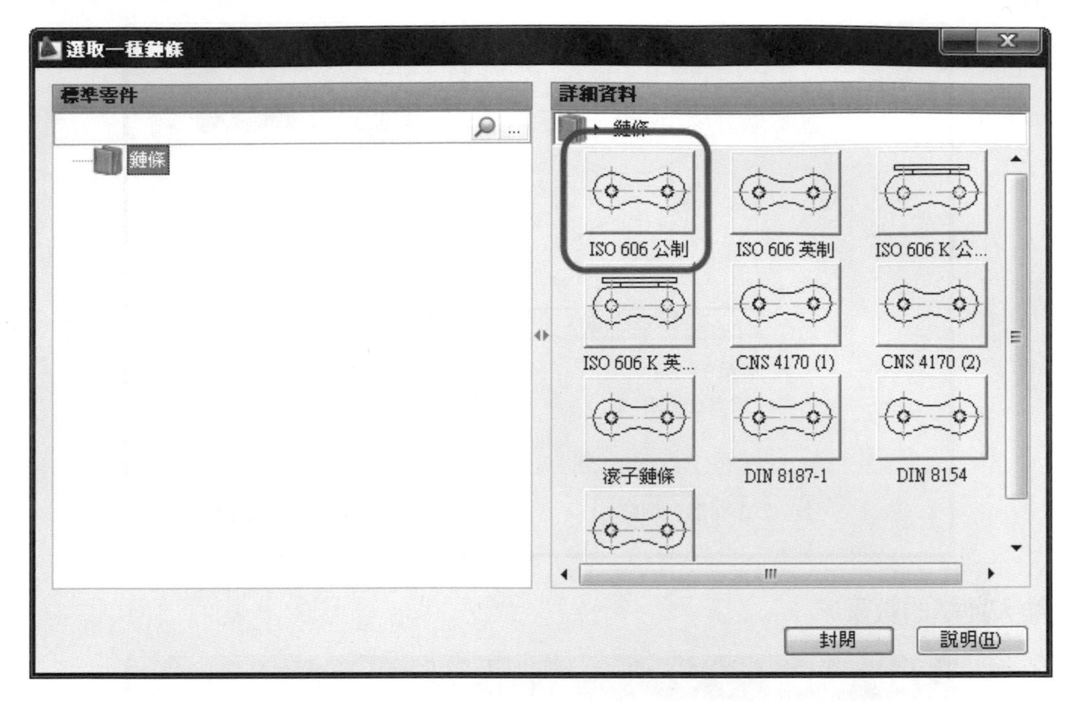

3. 點選輪廓線。

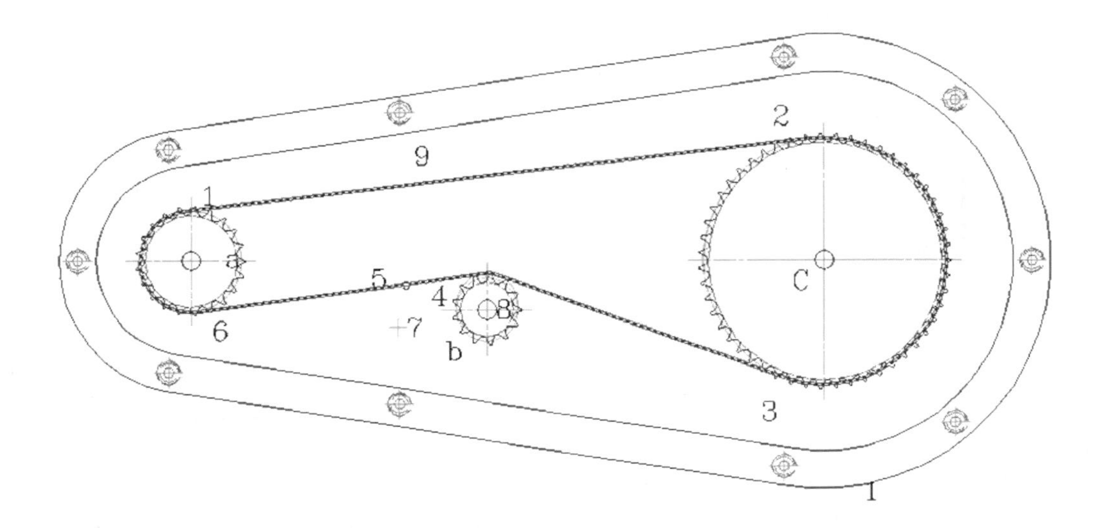

4. 選取規格【ISO 606-05B-1】。

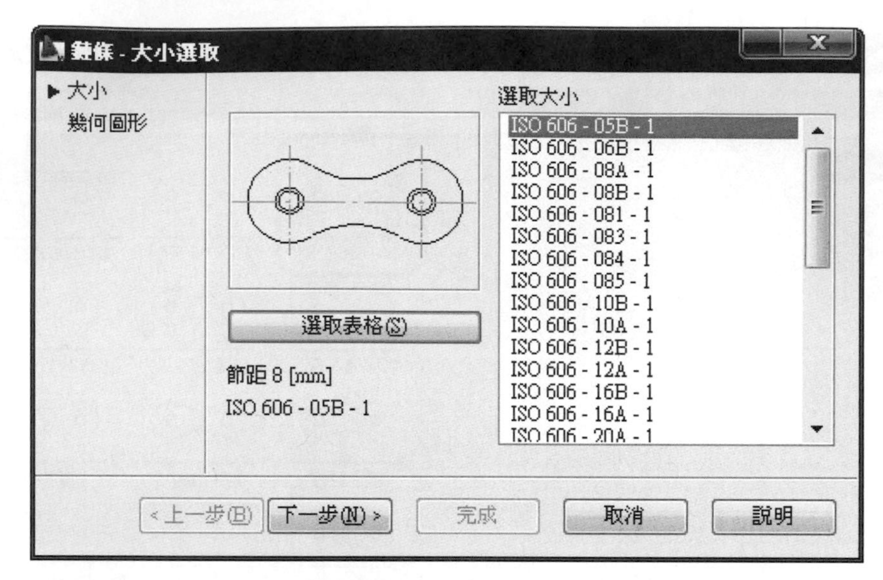

5. 輸入連結的數量。

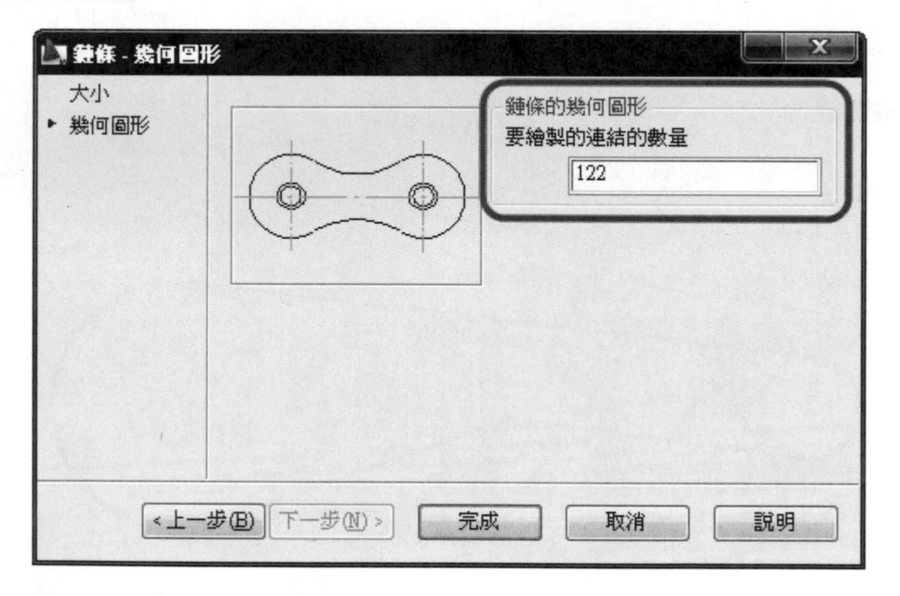

6. 此時程式會告知最水連結數目只能是【121】。

7. 此處的隱藏情況可以依需要設定，若沒有特別的需求點選【確定】即可。

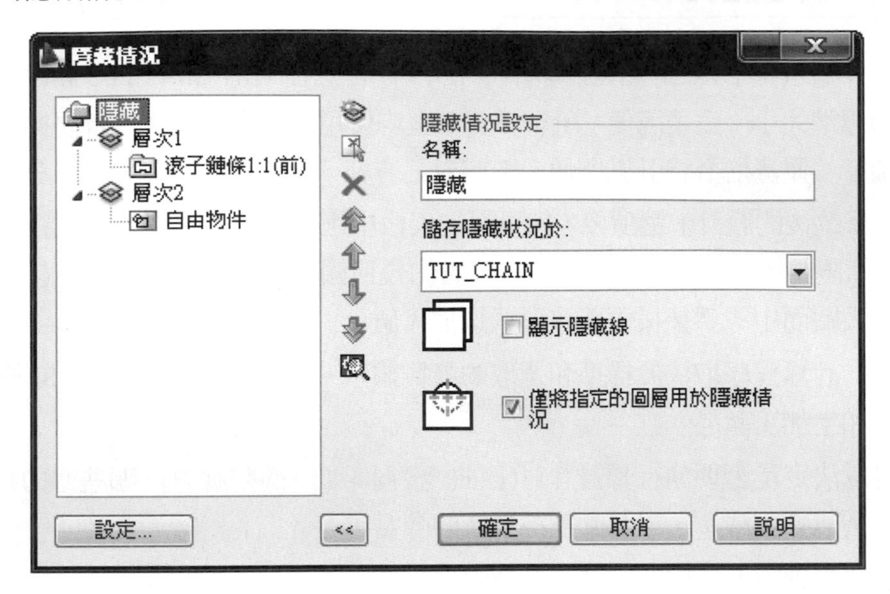

8. 點選方向。

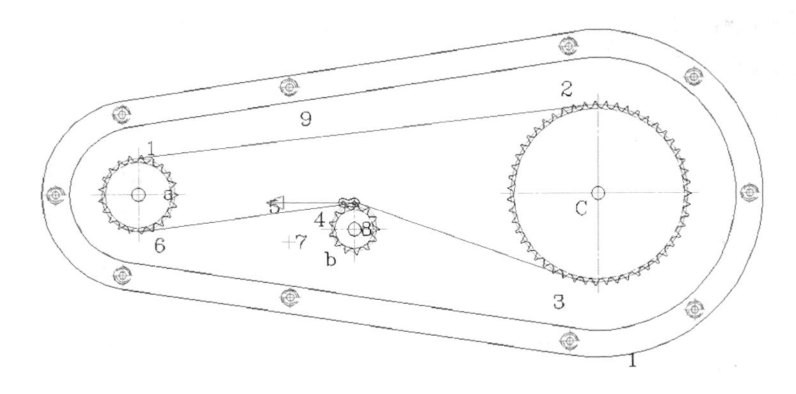

9. 完成之後如下圖所示。

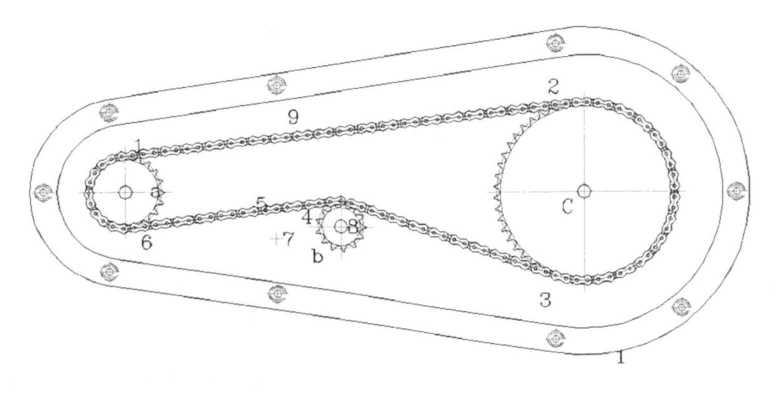

11-4 彈簧計算

彈簧計算是依照 DIN 或 ANSI 標準執行的。您可以從 DIN/Gutekunst/SPEC (R)目錄中選取彈簧的標準大小。爲了簡便，所有彈簧類型均使用相同方式插入。若要插入彈簧，請使用彈簧指令。彈簧指令將引導您通過數個對話方塊，選取用於計算和插入彈簧的選項。

選取「修改後的設計」選項後，您可以從表格中選取線直徑，並分別定義所有其他參數。選取「僅限繪圖」選項後，您僅決定彈簧的幾何圖形，而無需計算。您還可以將空的彈簧形式插入圖面中，然後按兩下該形式以插入值。

所使用的計算程序取決於標準和選取的彈簧類型。例如，如果選取 ANSI 標準，則可以選取目錄和半加工產品。

您還可以決定是否要執行彈簧計算(挫曲、橫向柔曲、衝擊應力)，哪些應力類型有效，或者是否要選取彈簧清單，以及動態拖曳時的彈簧排序。

您可以使用兩種方式中的一種來選取彈簧：

- 透過「結果」對話方塊，其中列示了找到的所有彈簧，以及計算的結果(例如，拉力比和自然頻率)。
- 在圖形區中使用動態拖曳，其中彈簧將和幾何標註一起顯示在螢幕上。如果僅找到一個彈簧，則不會啓用此動態拖曳。

AutoCAD® Mechanical 提供：壓縮、拉伸、扭轉、皿形等四種類形

壓縮彈簧	可以被壓縮並吸收壓力的彈簧類型。
拉伸彈簧	一種可吸收拉力的彈簧。
扭轉彈簧	可以吸收扭矩的彈簧。
皿型彈簧墊圈	可以支撐相對較大之負載而撓曲較小的墊圈型彈簧。彈簧堆疊可增加負載與撓曲。

可於【內容】→【彈簧】找到此功能。

彈簧計算－壓縮彈簧：AMCOMP2D

可於【內容】→【彈簧】→【壓縮】找到此功能。

範例檔案所在路徑：

Windows Vista™：

C：\Users\Public\Public Documents\Autodesk\ACADM 2009\Acadm\Tutorial

Windows®XP：

C：\Documents and Settings\All Users\共用文件\Autodesk\ACADM 2009\Acadm\Tutorial

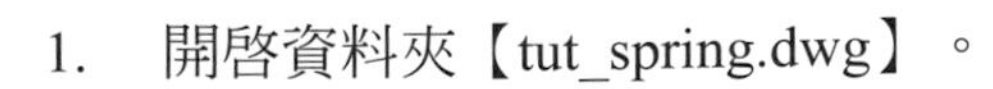

1. 開啓資料夾【tut_spring.dwg】。

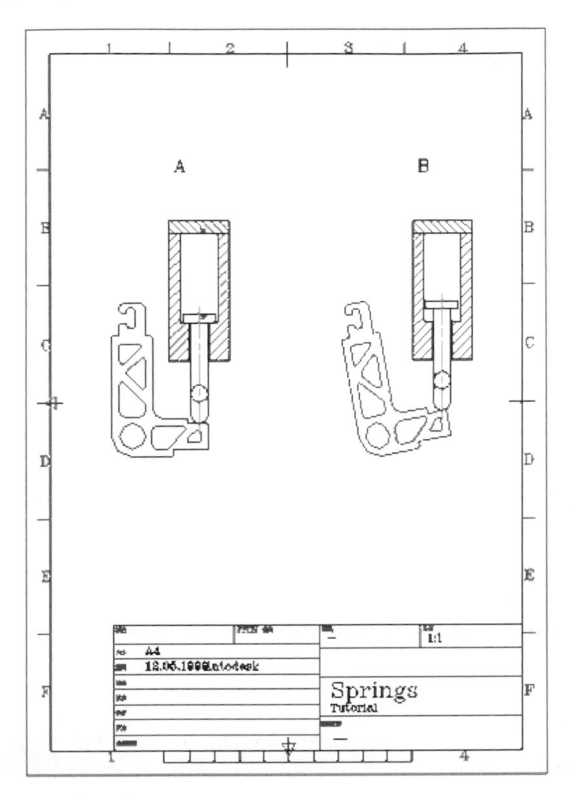

2. 執行【壓縮】彈簧指令或是輸入【AMCOMP2D】，再點選【標準】。

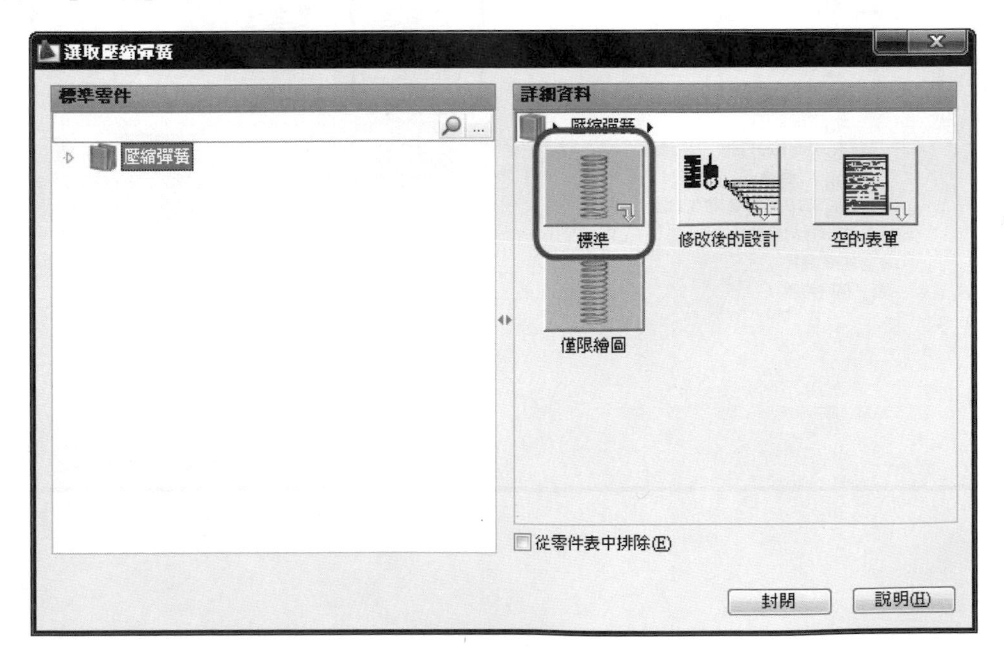

3. 選取【SPEC (R) 目錄 A mm】。

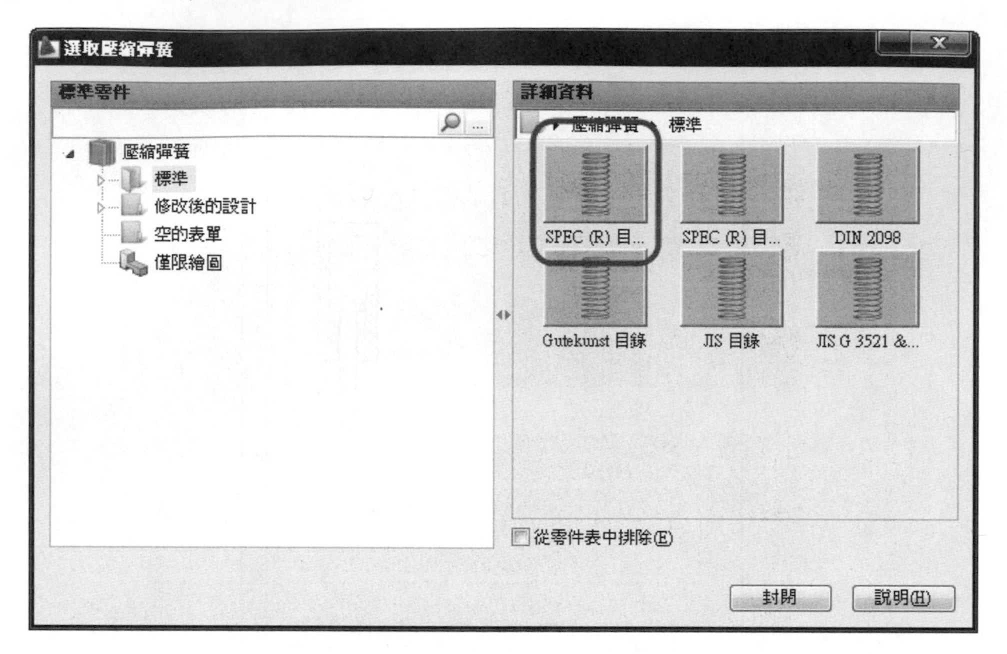

4. 選取【前視圖】。

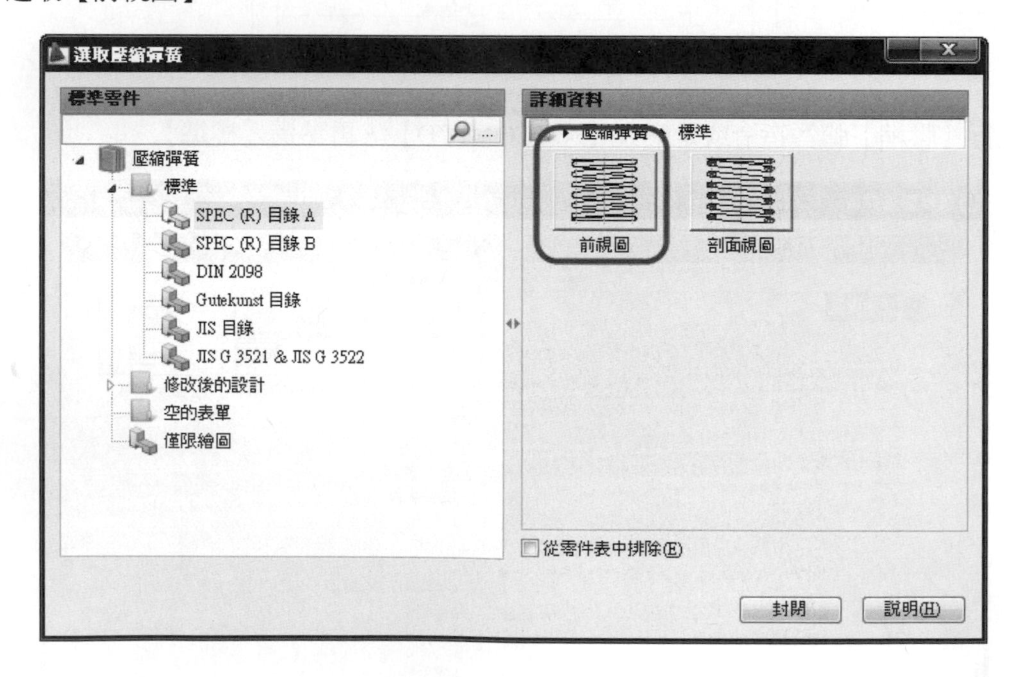

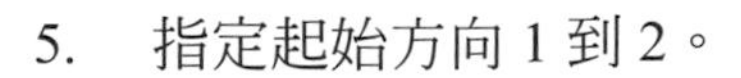

5. 指定起始方向 1 到 2。

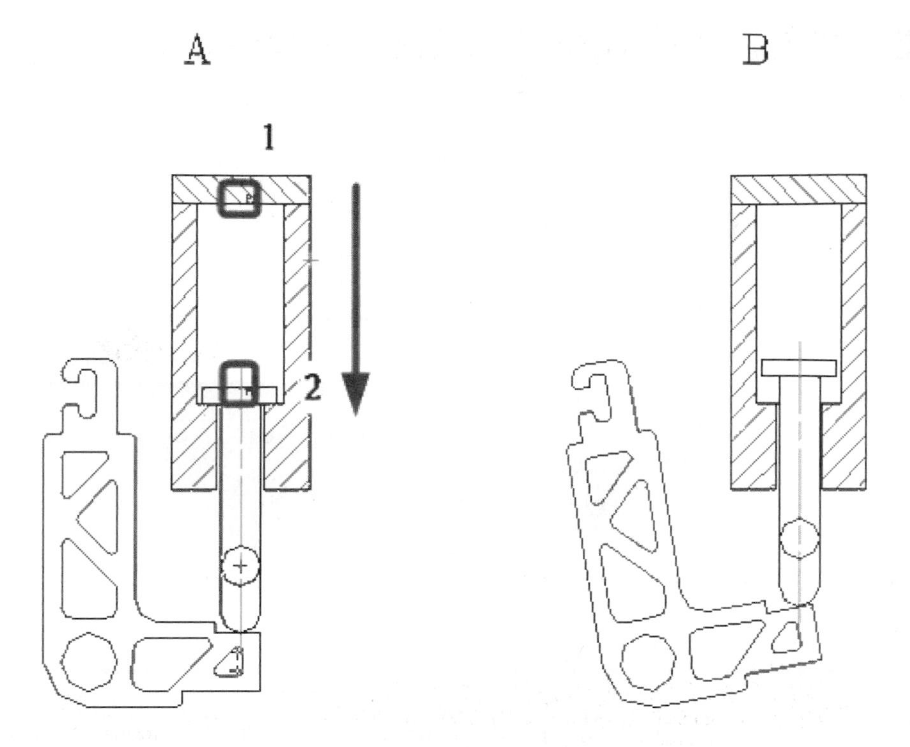

6. 指定規格【2 負載，2 長度】，絕對長度【長度】。

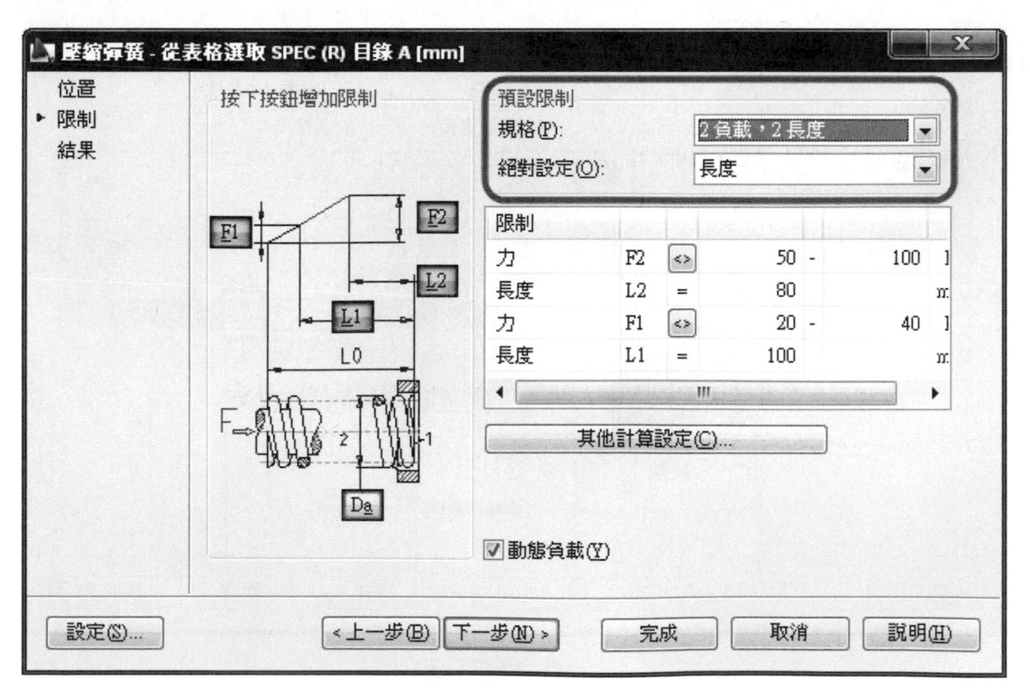

7. 按下【Da】按鈕，您可以在此指定彈簧的大小直徑，在此請輸入【15】。

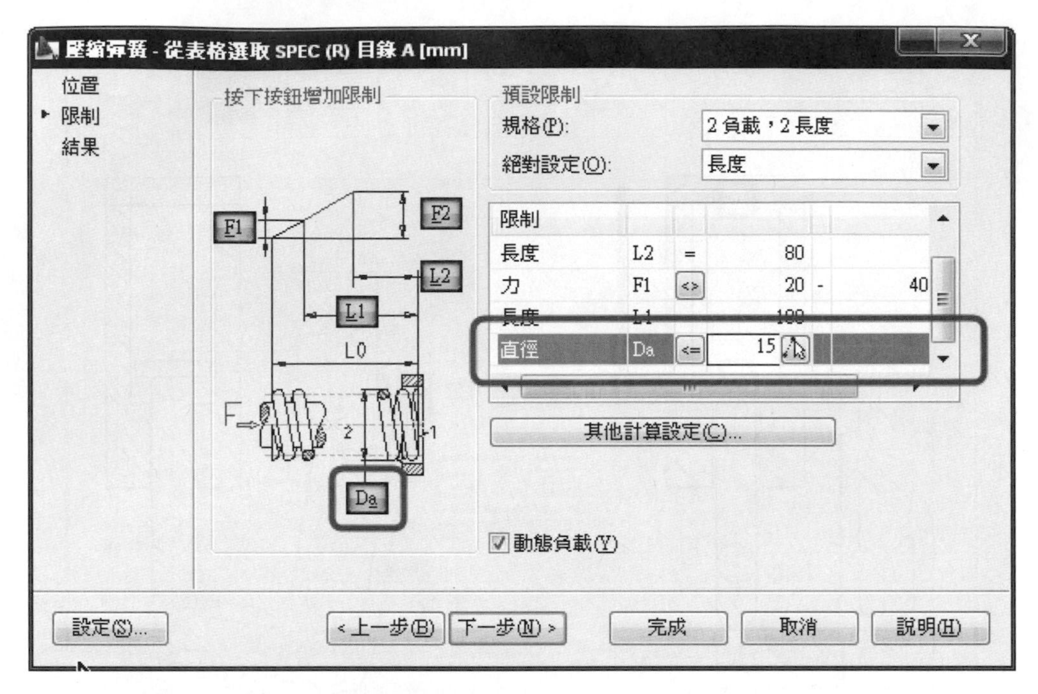

8. 點選長度【L1】值欄位再點選下圖所在位置，可測得數值【32】。

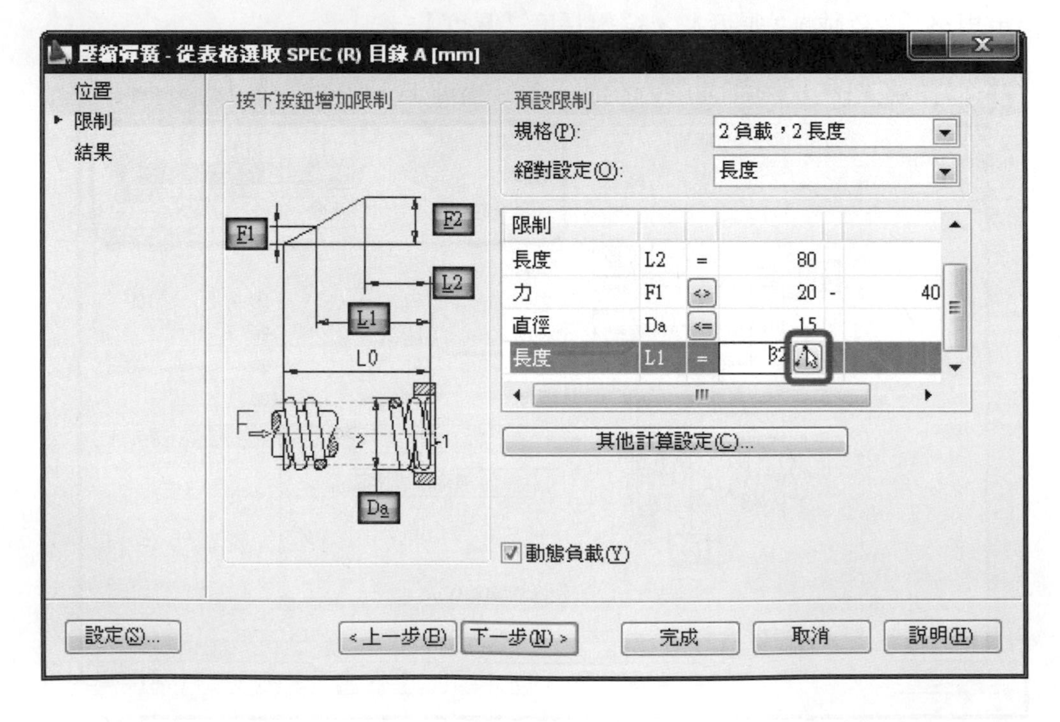

9. 點選下圖所在位置。

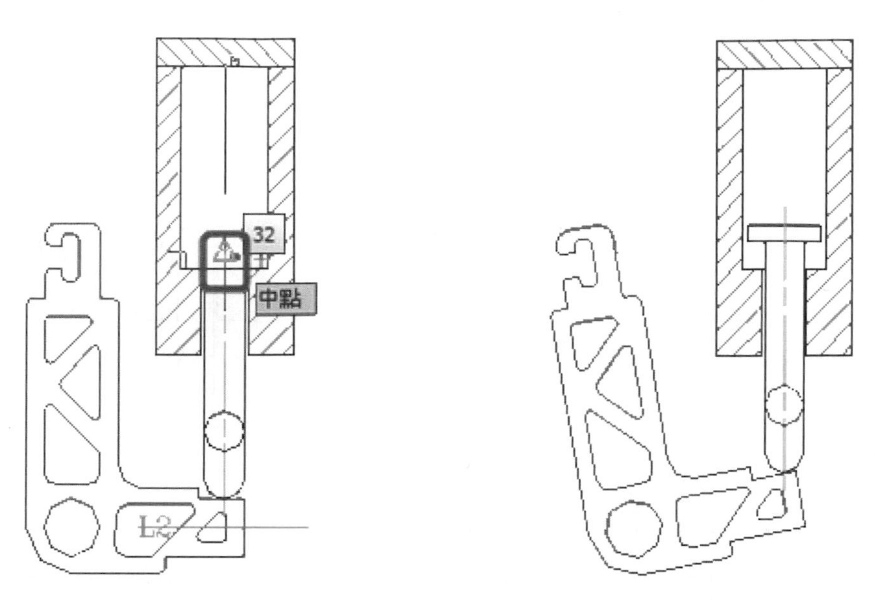

10. 點選長度【L2】再點下圖所示位值，可測得數值【27.45】。

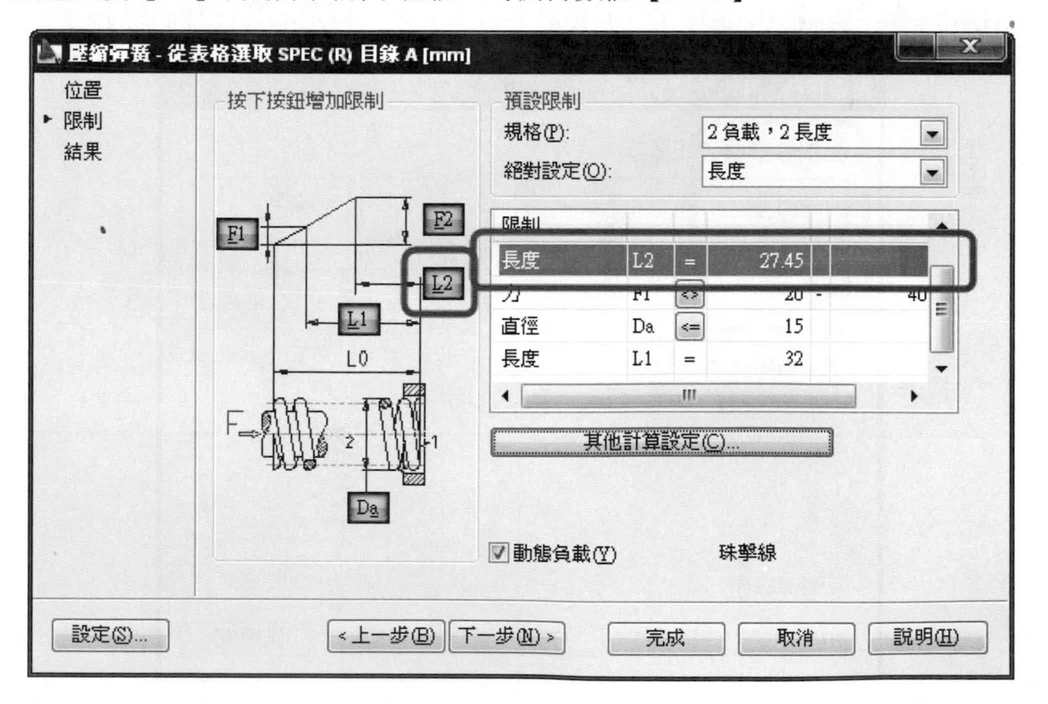

11. 點選下圖所在位置。

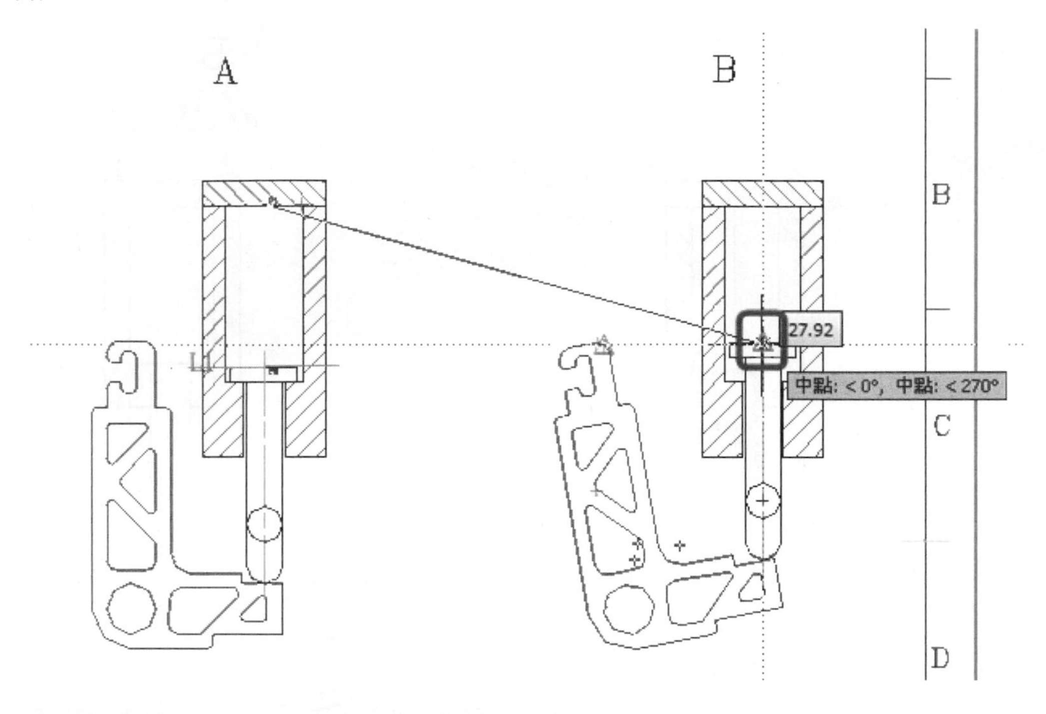

計算並選取彈簧

1. 在剛剛的程式對話框中請點選【其他計算設定】後，再選取【左挫狀態】。

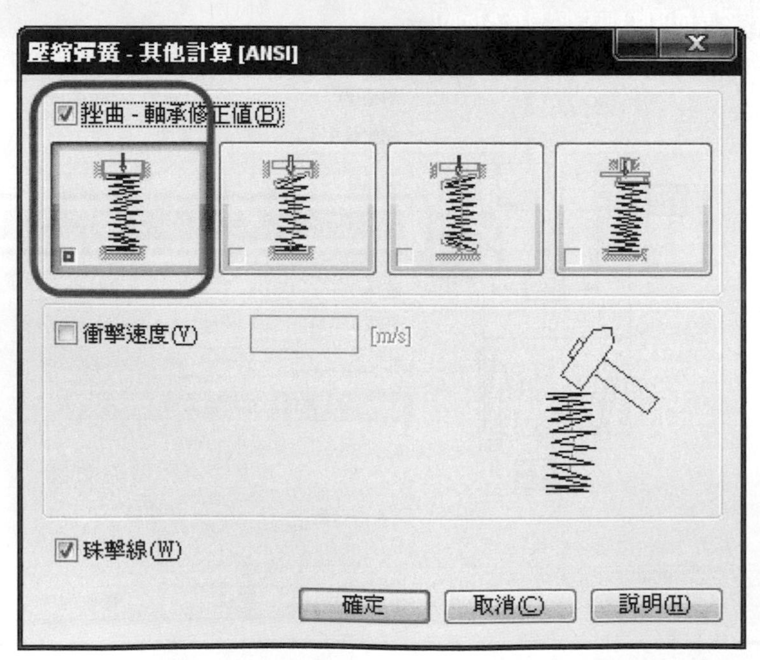

2. 點選完成之後會發現剛剛的彈簧圖示已顯示在左下方，請再點【下一步】。

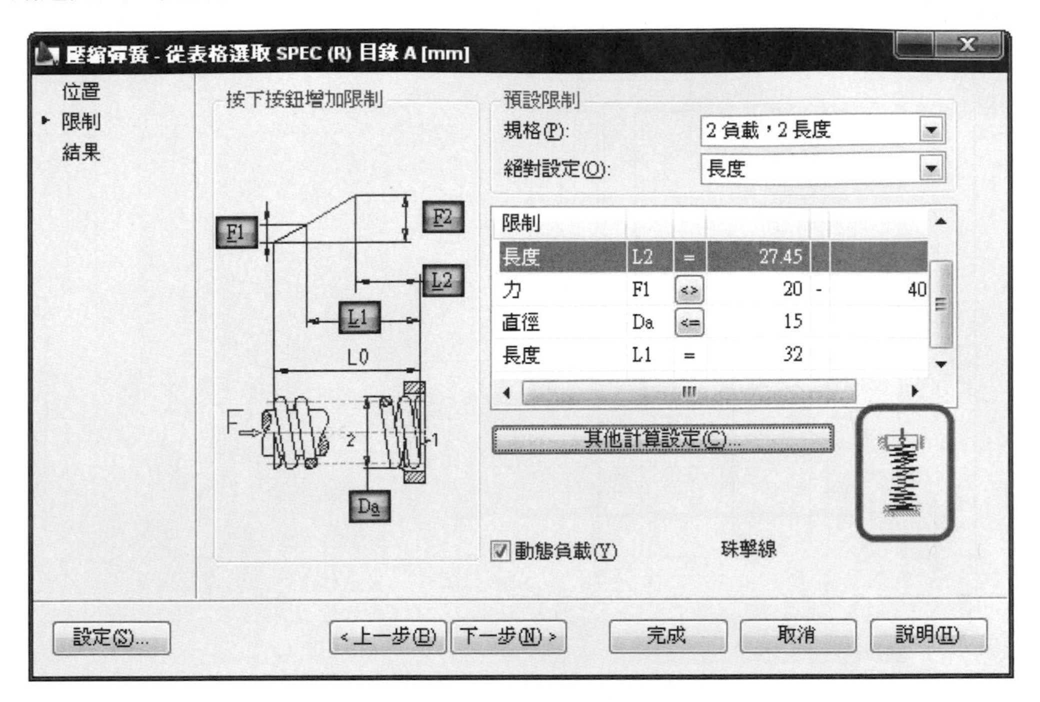

3. 在此可以選取全部可能的彈簧進後行拖拉放置。

4. 直接將滑鼠往下移動並鎖點，就可以將此一彈簧組裝上。

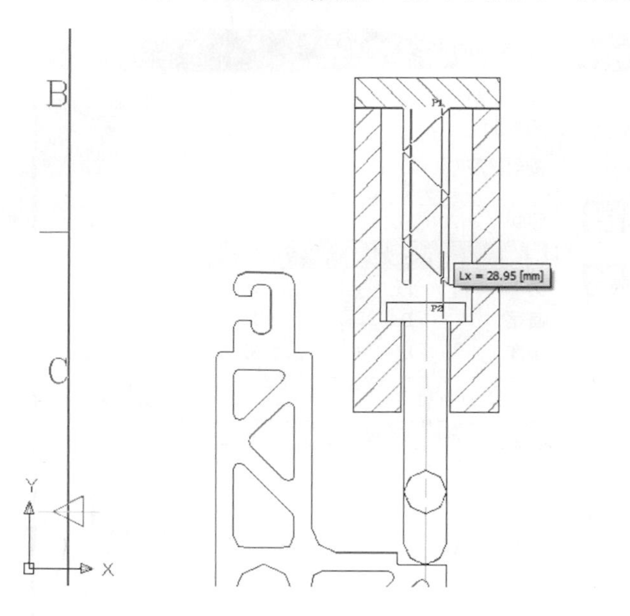

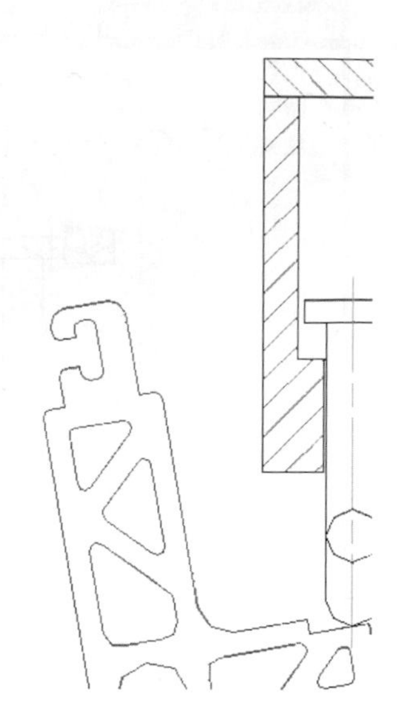

5. 完成如下圖所示。

A

B

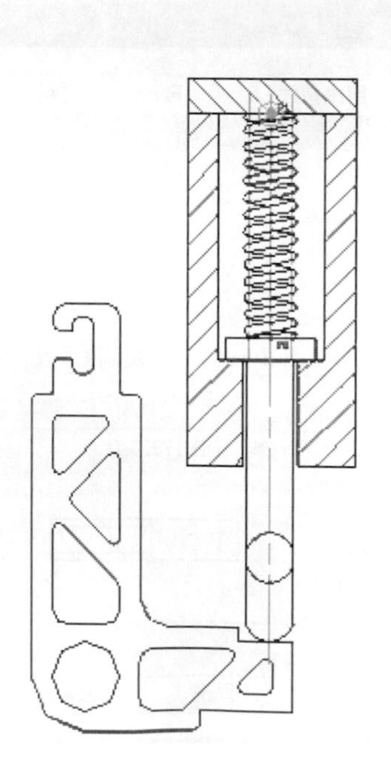

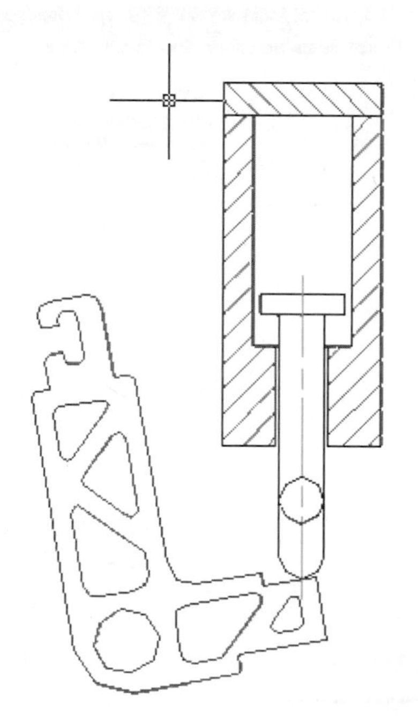

11-5 螺栓組計算

螺釘計算功能可用於計算螺旋接頭零件中所產生的應力。並可用於計算螺旋接頭中使用的螺釘及平板之安全係數。計算的結果會顯示在「螺釘計算」對話方塊內，並可插入圖面內。

您可對圖面內既有的 2D 或 3D 螺旋接頭執行計算或進行獨立計算。建立螺旋接頭時也可使用螺釘計算功能。

螺釘計算功能支援含有下列元件的螺旋接頭

- 同圓心或偏心負載。
- 螺帽或不含螺帽。
- 螺樁接頭。
- 無限的平板數。
- 無限的圓柱軸剖面數。
- 用於接觸區的使用者定義幾何圖形。

如果是含有兩個以上平板的螺旋接頭，您一次只能對一個接觸面執行螺釘計算。通常，執行螺釘計算時會考量下列假設：

- 螺旋接頭最多包含一個螺釘和一個螺帽。
- 螺釘永遠置於接觸面的重心處。
- 螺帽和螺釘的材料相同。
- 螺釘頭或螺帽下方的最大墊圈數目爲 2。
- 堅硬度理想的平板。

注意！

螺釘計算特徵僅支援靜態負載。在定義軸向負載時，您可選取「螺旋接頭」對話方塊之「軸向負載」頁籤內的「動態」，指定最小和最大力值，並同時對這兩個值執行計算。

名詞定義

軸向力	平行於螺釘軸的力
接觸區	平板的接觸表面，在計算中要使用到。
安全係數	指有效負載和安全負載的比率。
剪力	互垂於螺釘軸的力。
應力	作用在成員或本體的每個單位面積上的力。

螺釘計算：AMSCREWCALC

提供了兩種不同的計算螺旋接頭的方法：

- 獨立計算：所有資料及性質均由使用者指定。
- 既有螺旋接頭的計算：使用者選取要計算的既有螺旋接頭。所有的幾何和標準相關的資料都是從螺旋接頭取得的，無法對其進行編輯。

可於【內容】→【計算】→【螺釘計算】找到此功能。

範例檔案所在路徑：

Windows Vista™：

C：\Users\Public\Public Documents\Autodesk\ACADM2009\Acadm\Tutorial

Windows®XP：

C：\Documents and Settings\All Users\共用文件\Autodesk\ACADM 2009\Acadm\Tutorial

設計的問題與條件

- 以具有鍛造管接頭凸緣的 Cq 45 製作的兩個中空軸，將會與 13 個六角頭螺栓。
- ISO 4017 M12×45-10.9 連接，排列在直徑 130mm 的節圓直徑上。
- 通孔是依據 ISO 273 結束。
- 給螺紋塗膠可保證螺栓緊固不會鬆動 (=0.14)。使用轉矩扳手(k=1.8)以手動方式鎖緊。
- 設計凸緣接頭是爲了改變 T=2405 Nm 扭矩及不打滑(平板的油封安全係數 1)。

使用獨立螺釘計算

啓動「螺釘計算」指令。在指令行中，輸入 AMSCREWCALC。

如下所示回應提示：

選取螺旋接頭<獨立計算>：按 Enter。

開啓「螺釘計算」對話方塊。

指定螺旋接頭。

選取並指定螺釘

1. 開啓資料夾【tut_screw.dwg】。

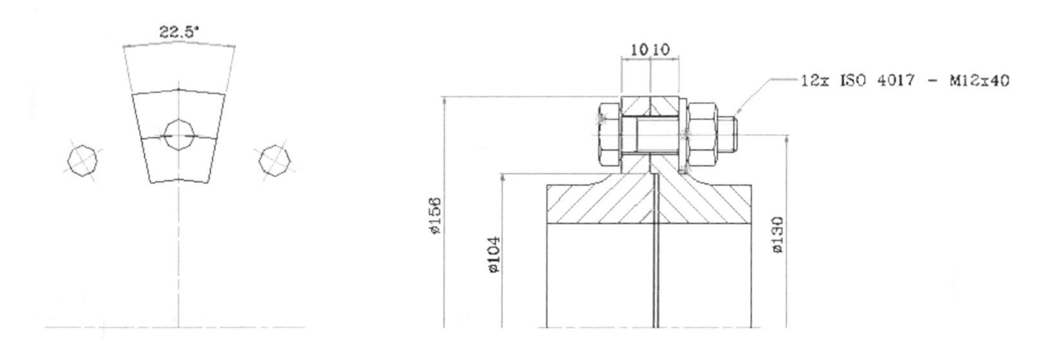

2. 執行螺釘計算功能或是輸入 AMSCREWCALC 指令，再點選右側的螺栓，即可帶出下列畫面。

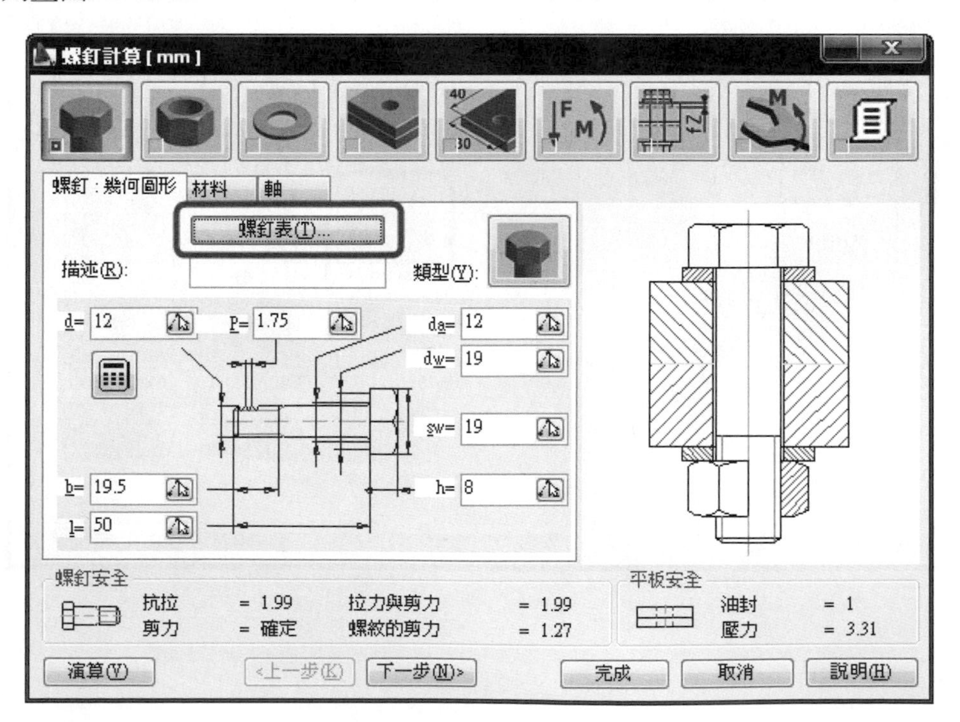

3. 選取【六角頭類型】。

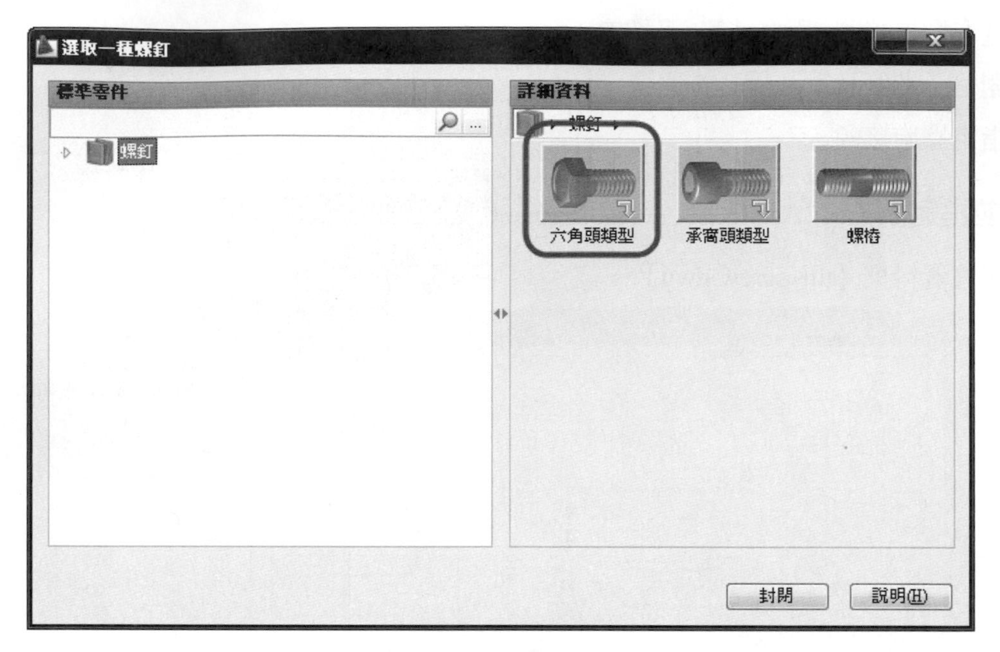

4. 選取【ISO 4017 (正規螺紋)】。

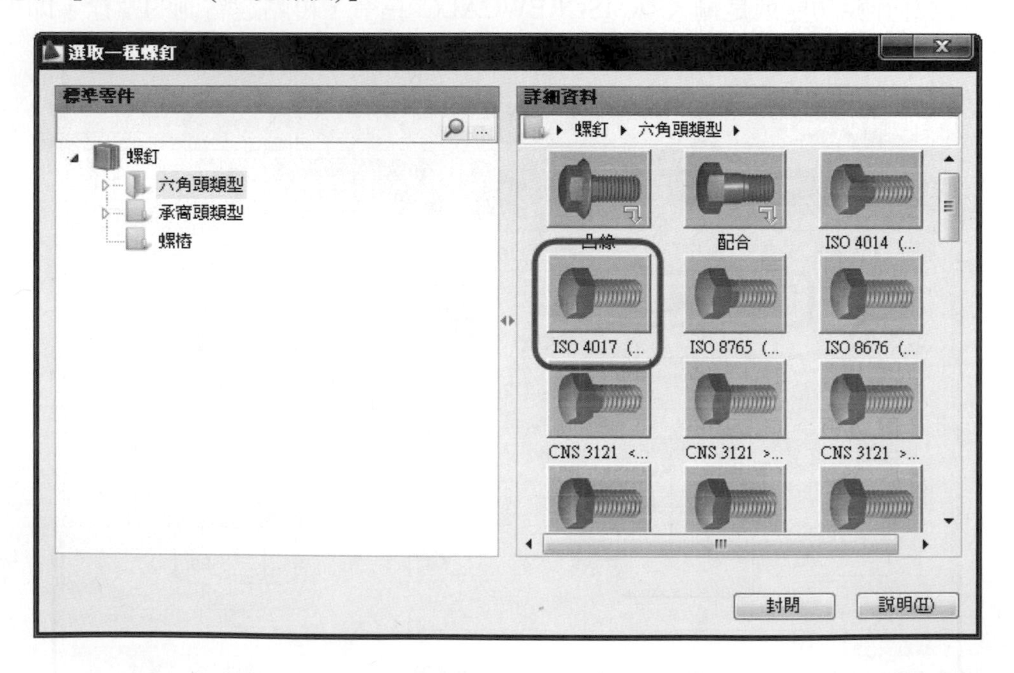

5. 在【選取一列】的對話方塊中選擇【M12×15】的規格。

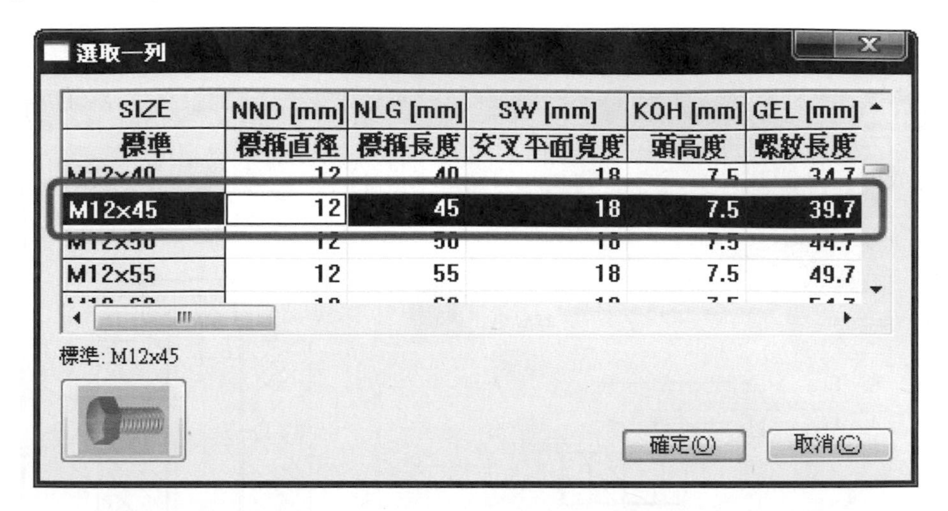

6. 在【材料】的頁籤上選擇【DIN 10.9】，再點選【下一步】。

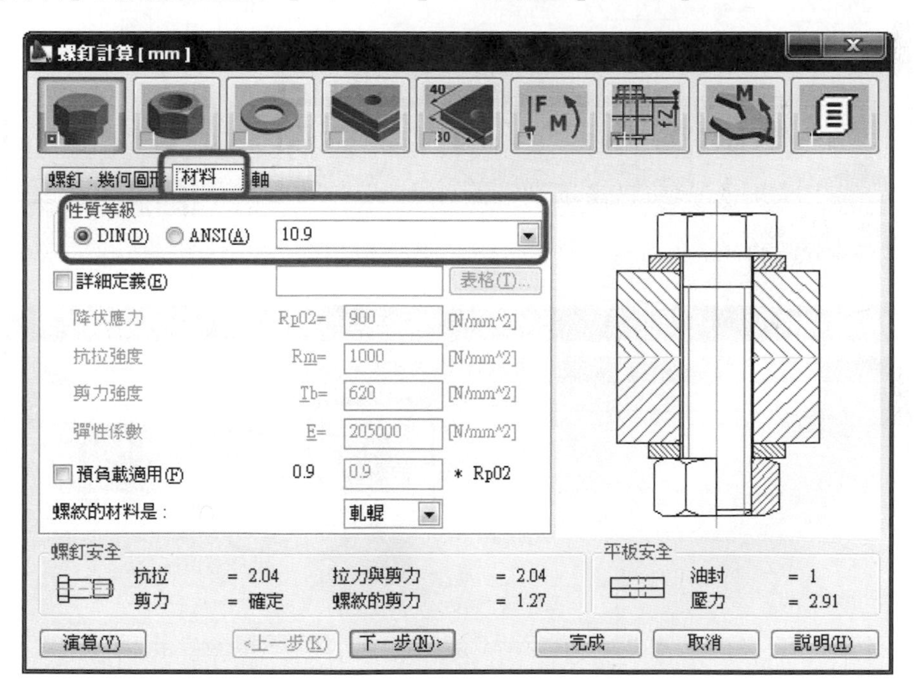

選取並指定螺帽

1. 點選【螺帽表】。

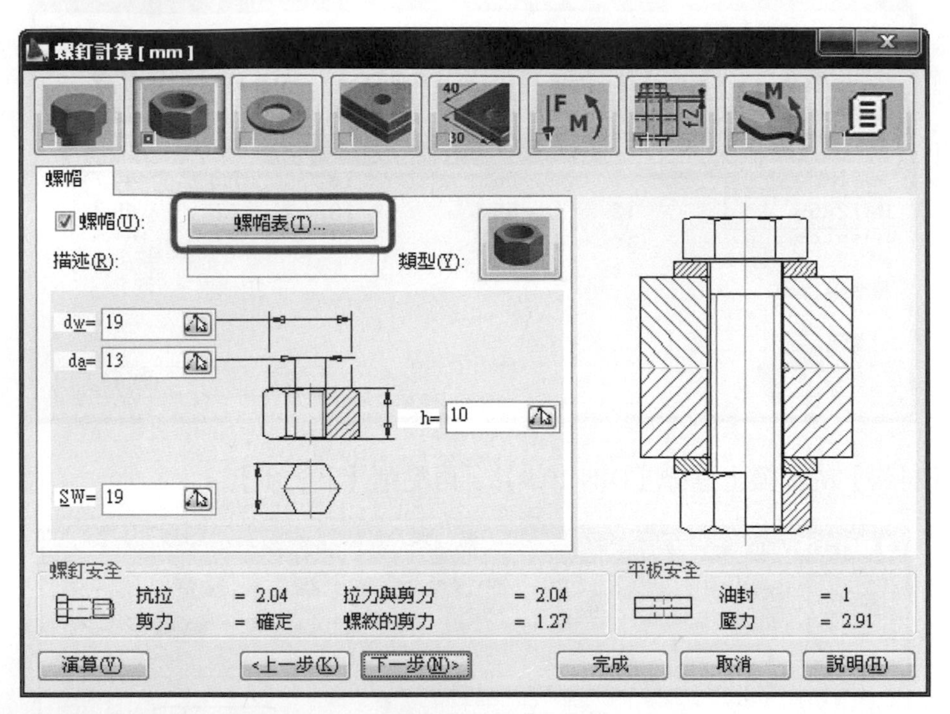

2. 點選【六角螺帽】。

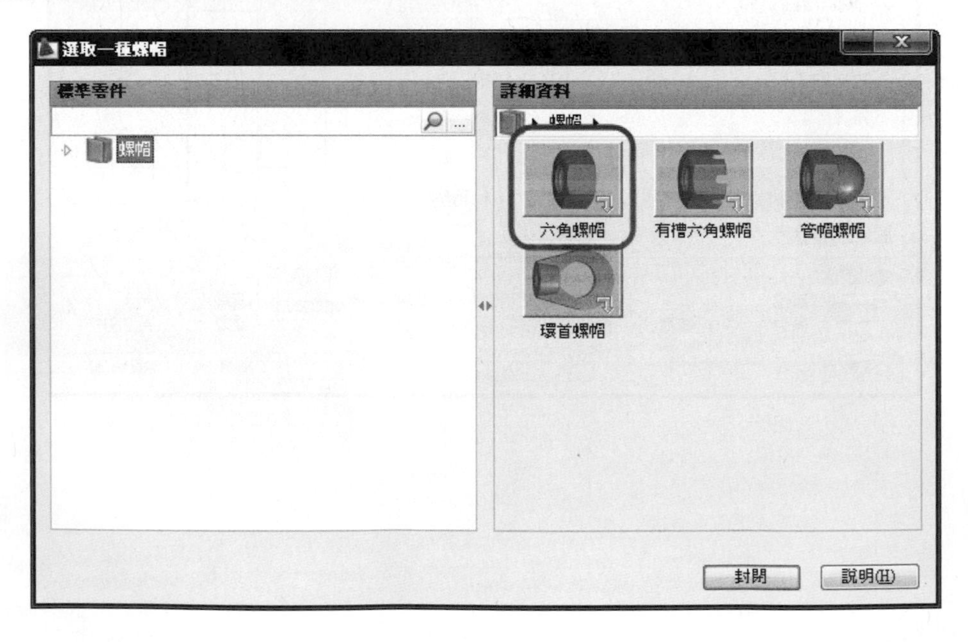

3. 點選【ISO 4032 正規螺紋】。

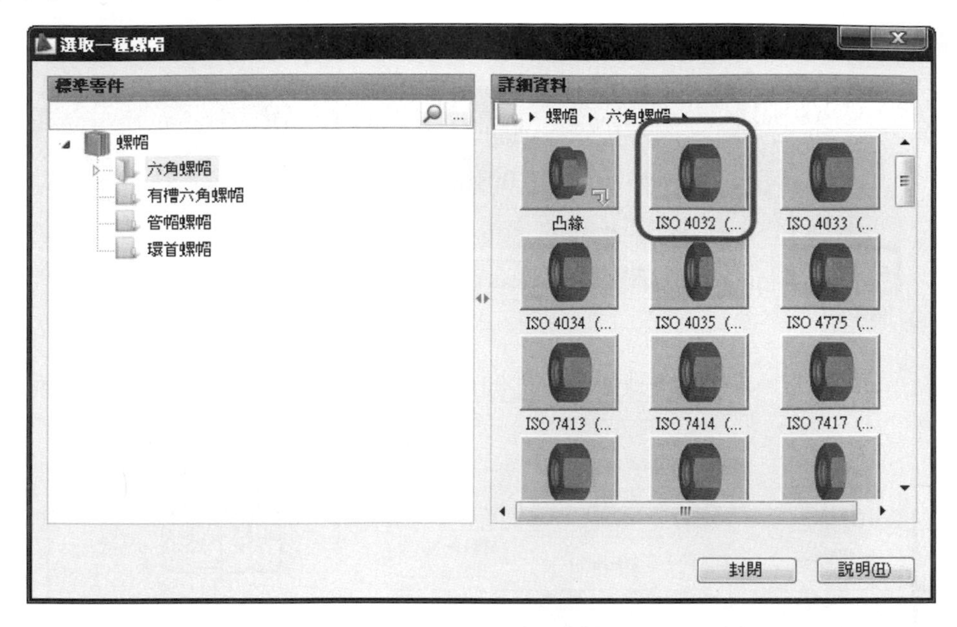

註：因為螺帽大小是由螺釘大小來決定，因此 AutoCAD® Mechanical 會自動的幫您對應螺帽大小。

4. 系統已顯示 ISO 4032-M12。

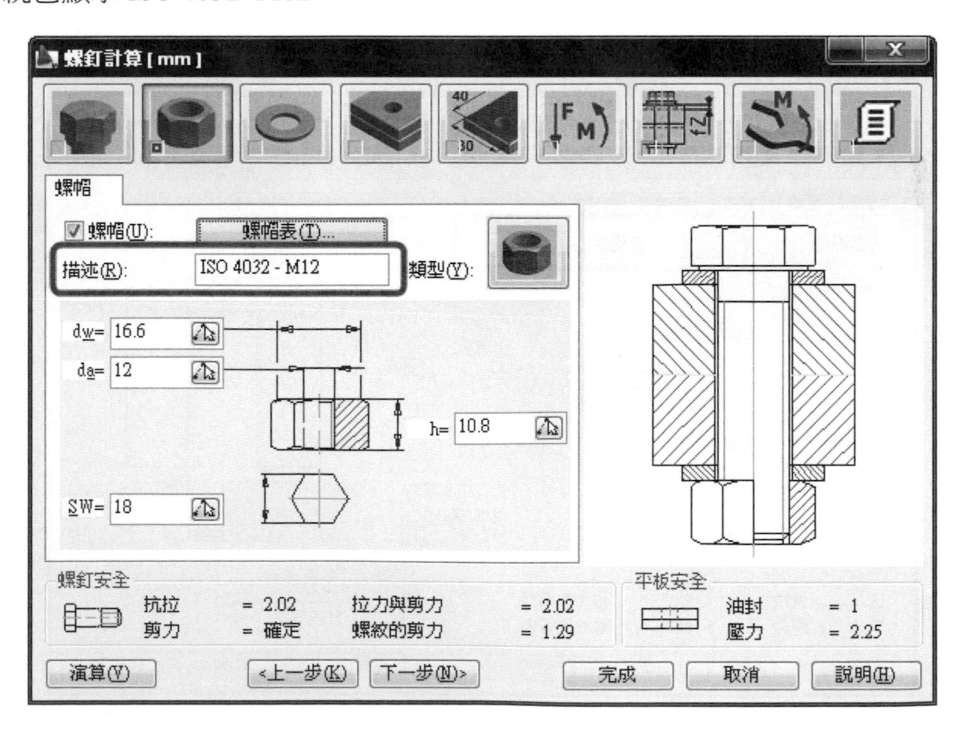

選取並指定墊圈

1. 點選【墊圈】。

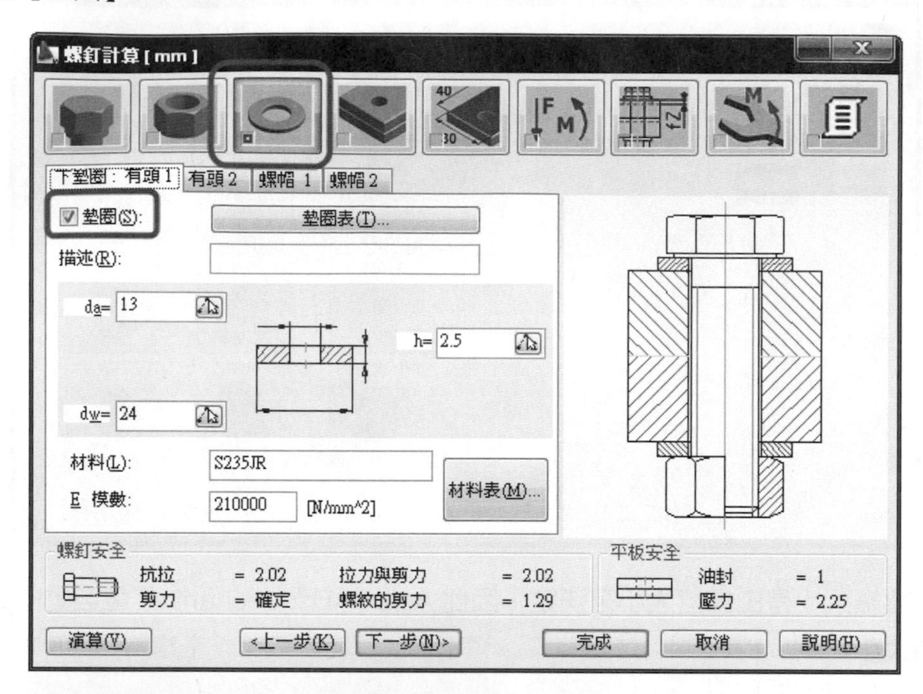

2. 點選【墊圈表】。

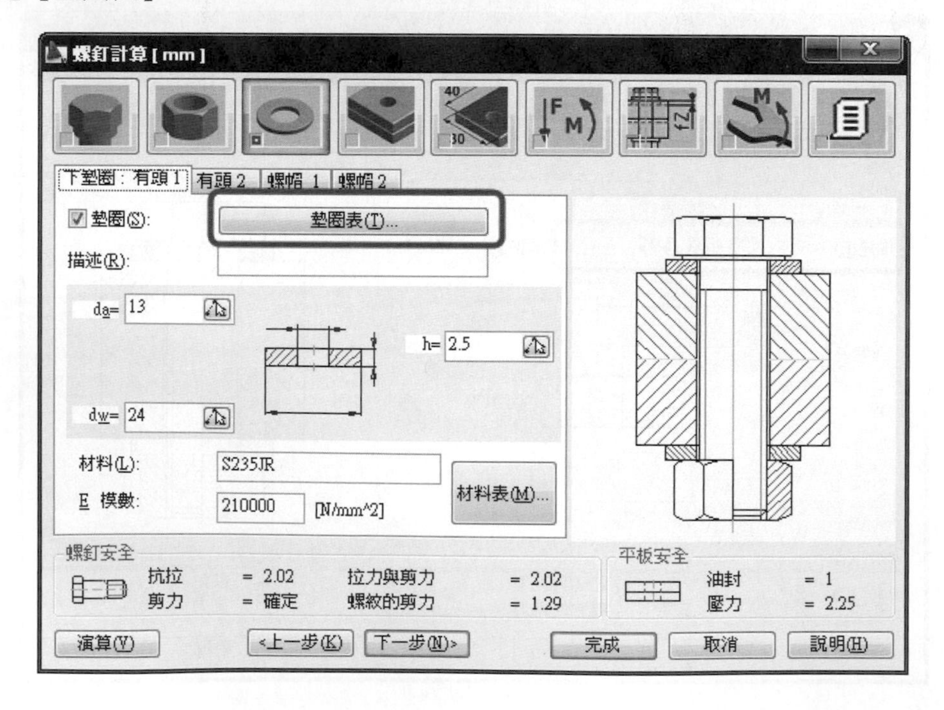

3.　選取【ISO 7091】。

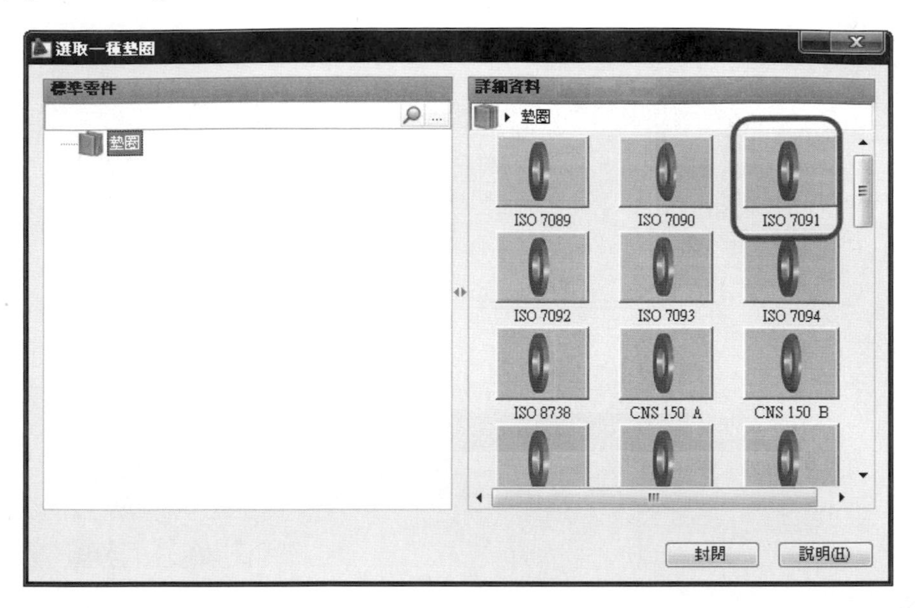

指定平板的幾何圖形及性質

1.　點選平板，指定下列數據，孔：dh【13】、平板數目【2】、平板 1 的高度 h1【15】、平板 2 的高度 h2【15】，接下來再點選下列的兩個【表格】按鈕。

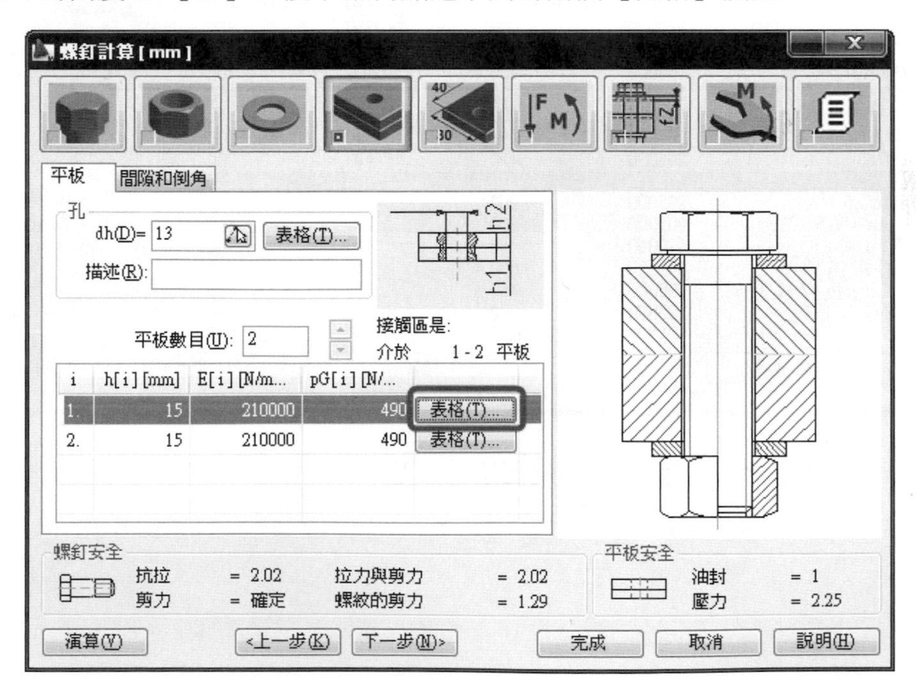

2. 選取【DIN 材料】。

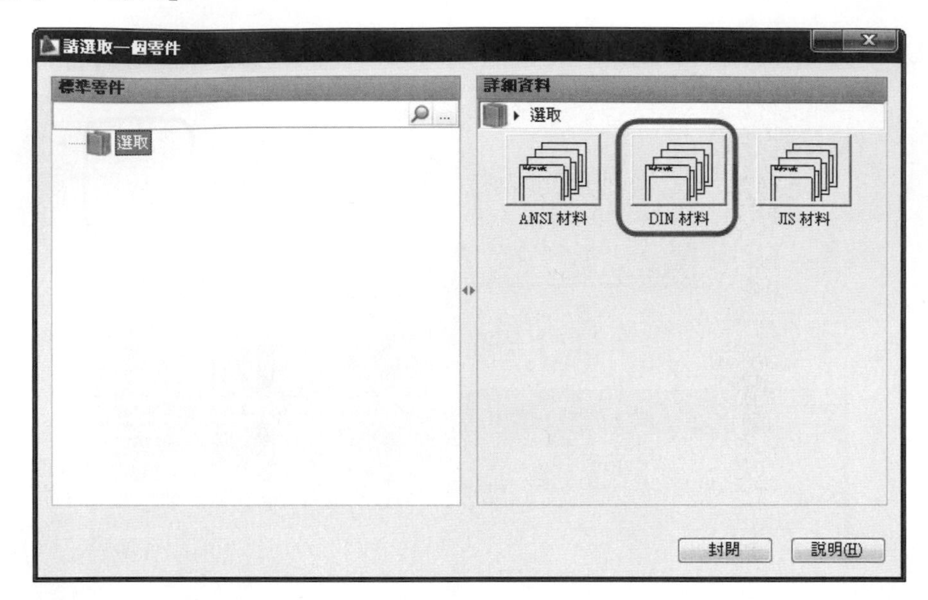

3. 選取【Cq45】，再點選【確定】。

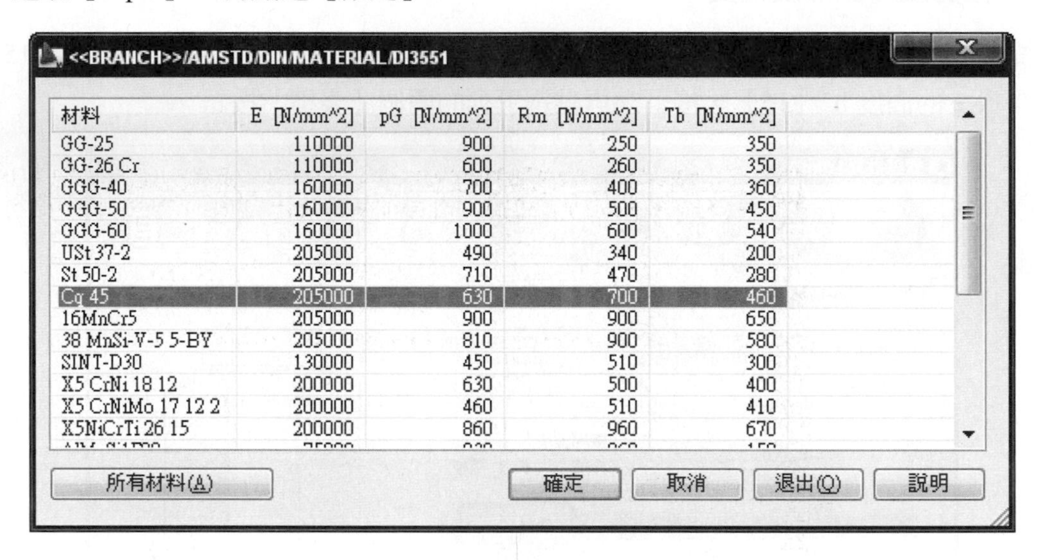

註：此動作請重複執行，以完成上述兩個按鈕設定。

4. 在此我們需要填入【gr】的值。

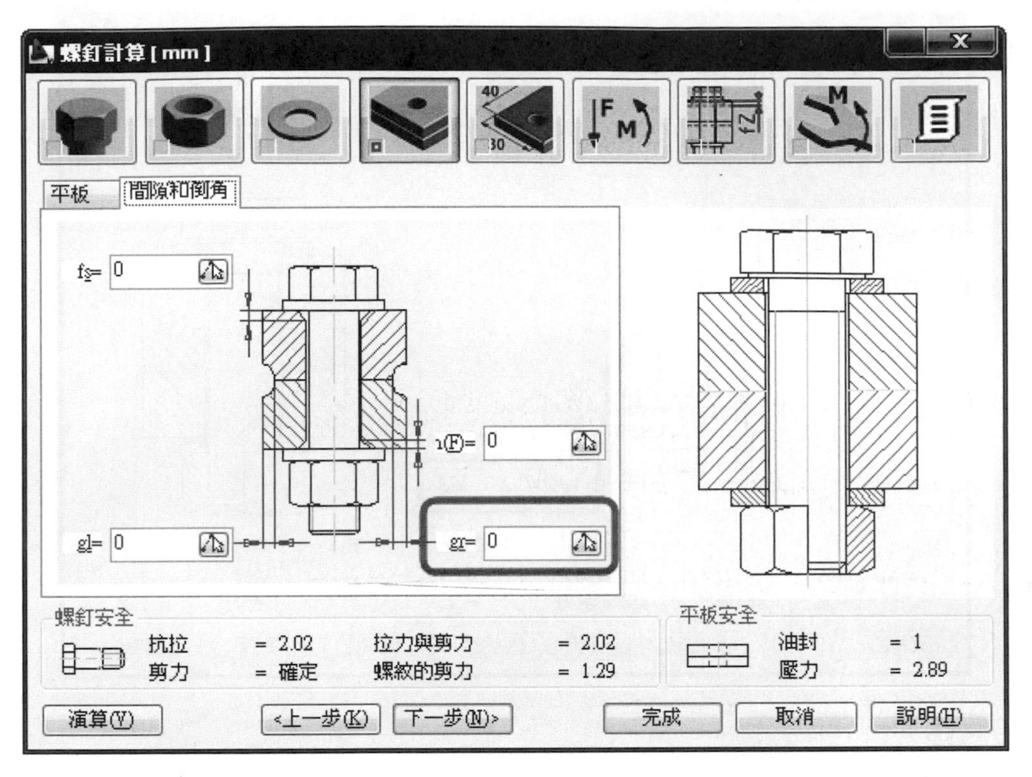

5. 點選 1 號 2 號位置點。

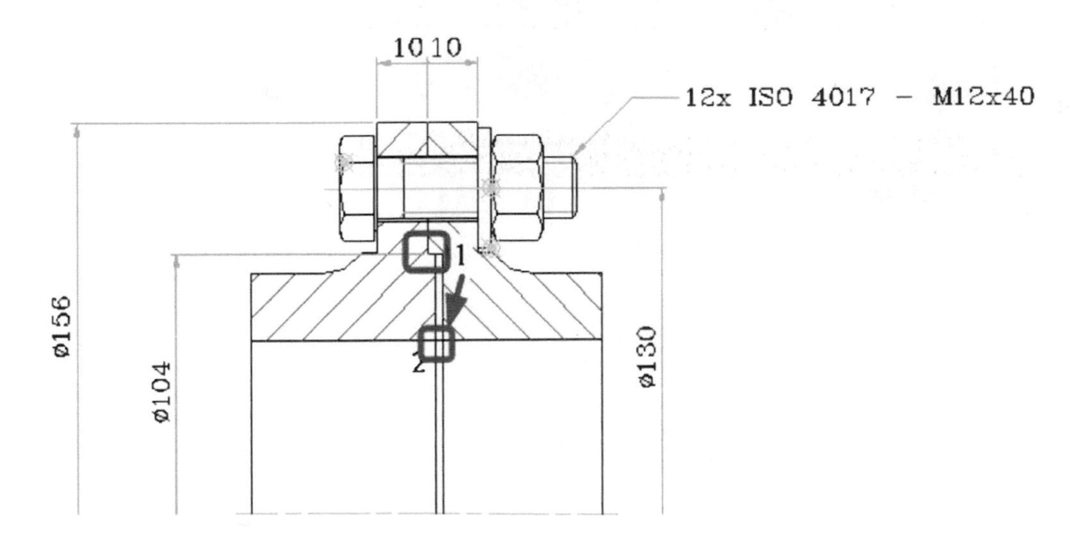

6. 程式就會自動幫我們測得的數值帶入。

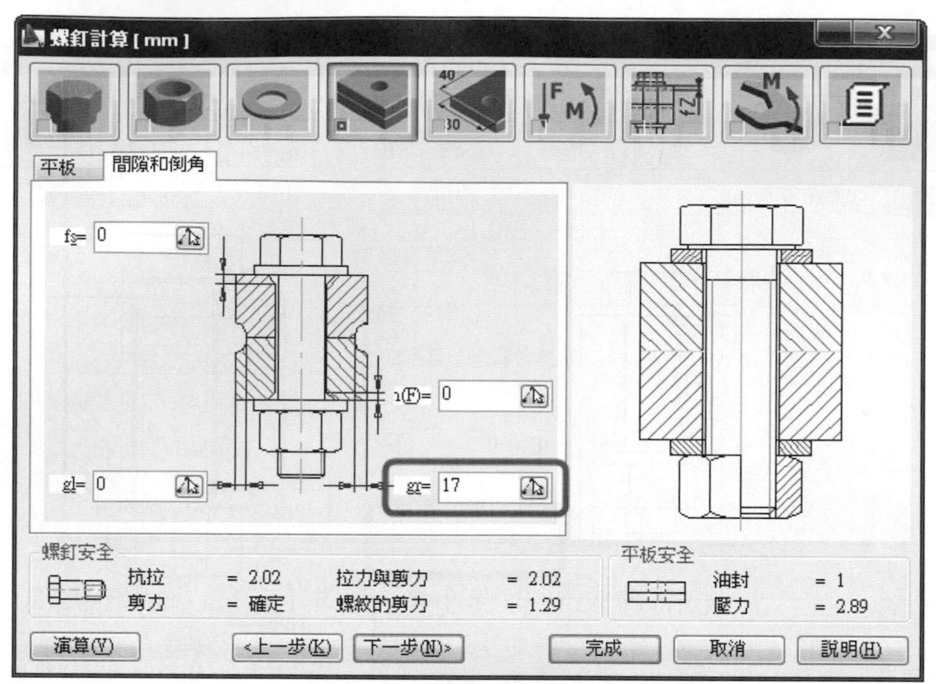

指定接觸區

1. 點選下圖【類型】的按鈕。

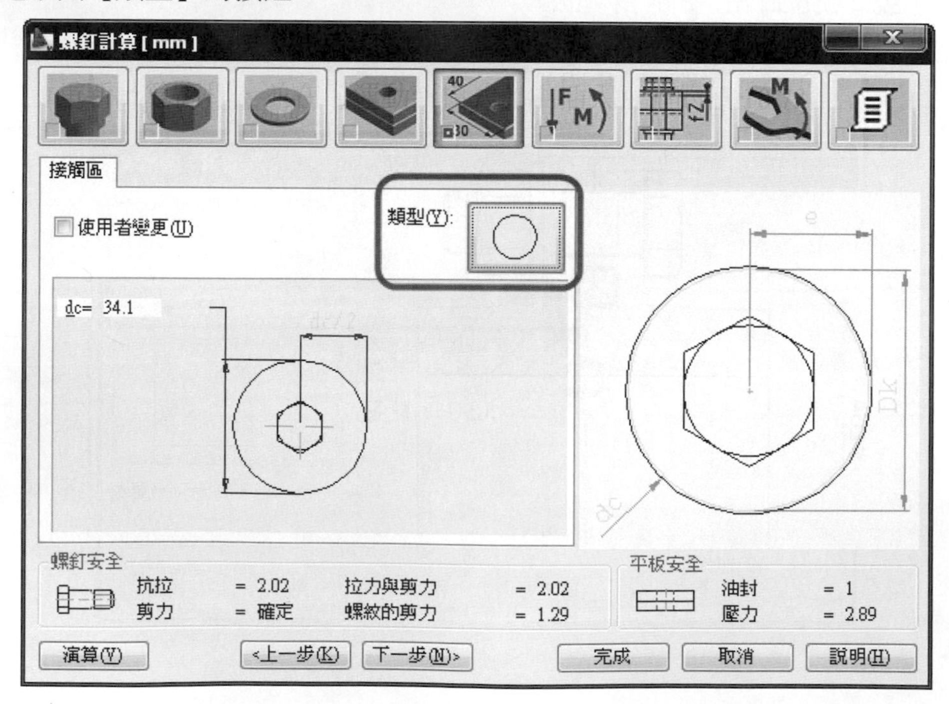

2. 選取【接觸區類型】，右邊數來第二個類型。

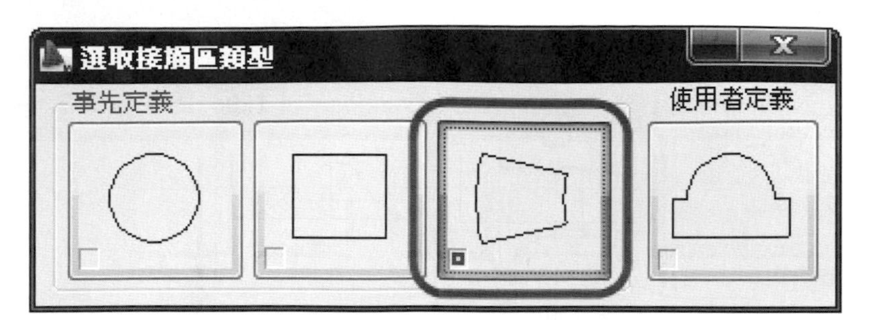

3. ang 的欄位請輸入【22.5】。
   ro 的欄位請點選下圖 1 號與 3 號位置。
   ri 的欄位請點選下圖 2 號與 3 號位置。

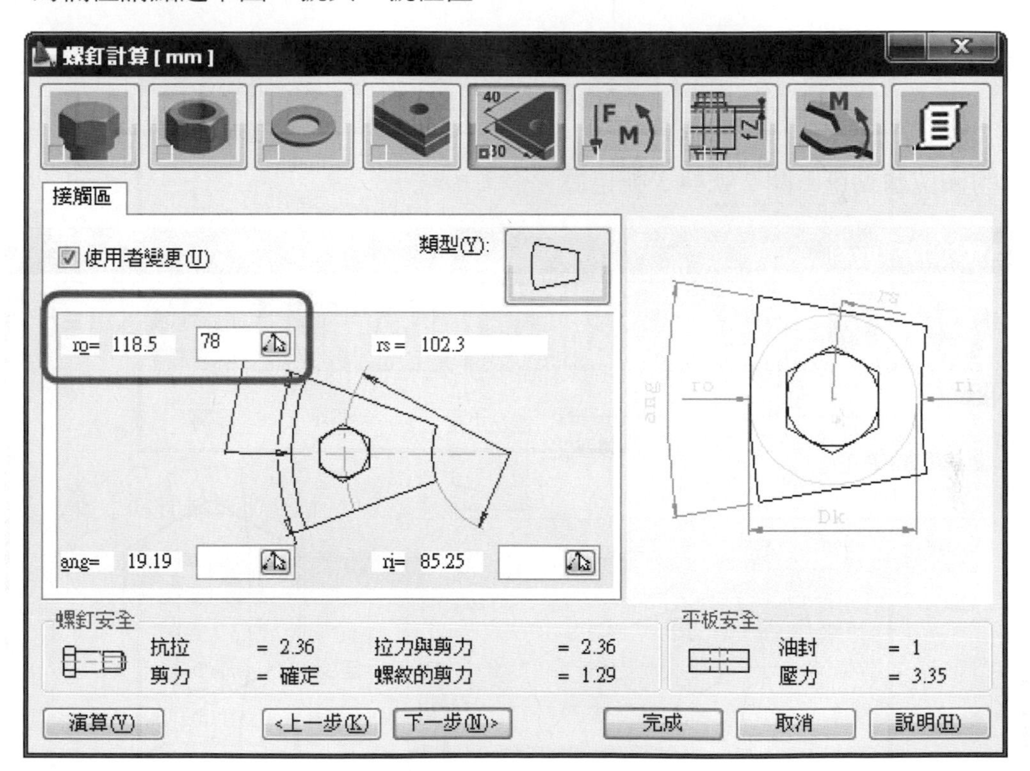

4. ro 的欄位請點選下圖 1 號與 3 號位置。

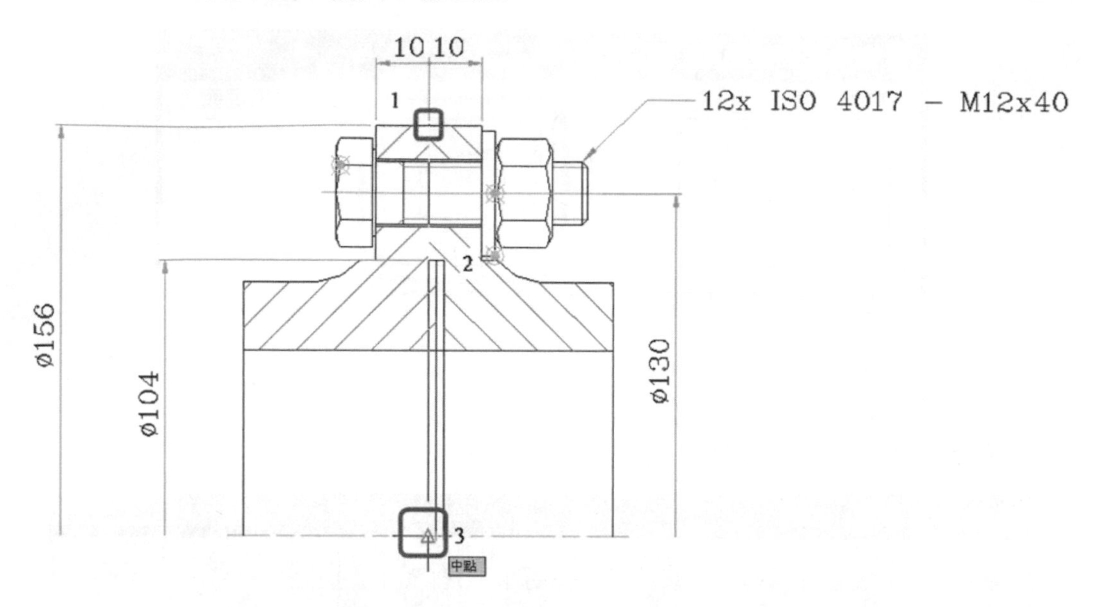

5. ri 的欄位請點選下圖 2 號與 3 號位置。

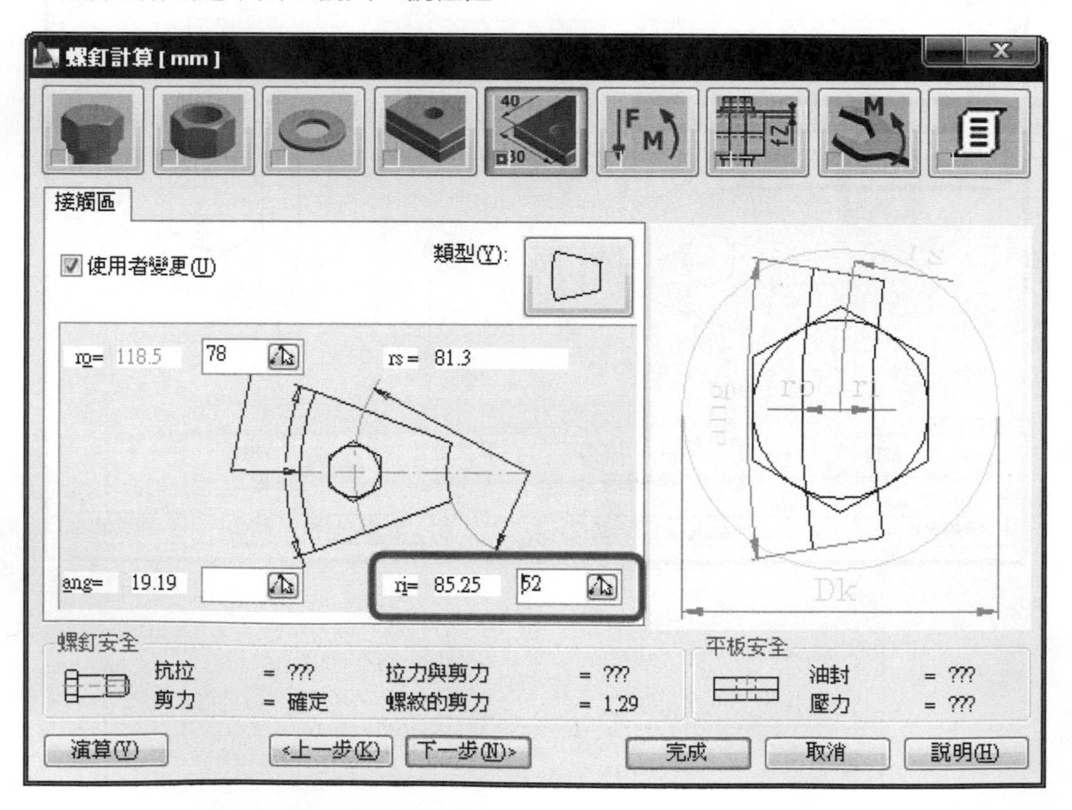

6.　ri 的欄位請點選下圖 2 號與 3 號位置。

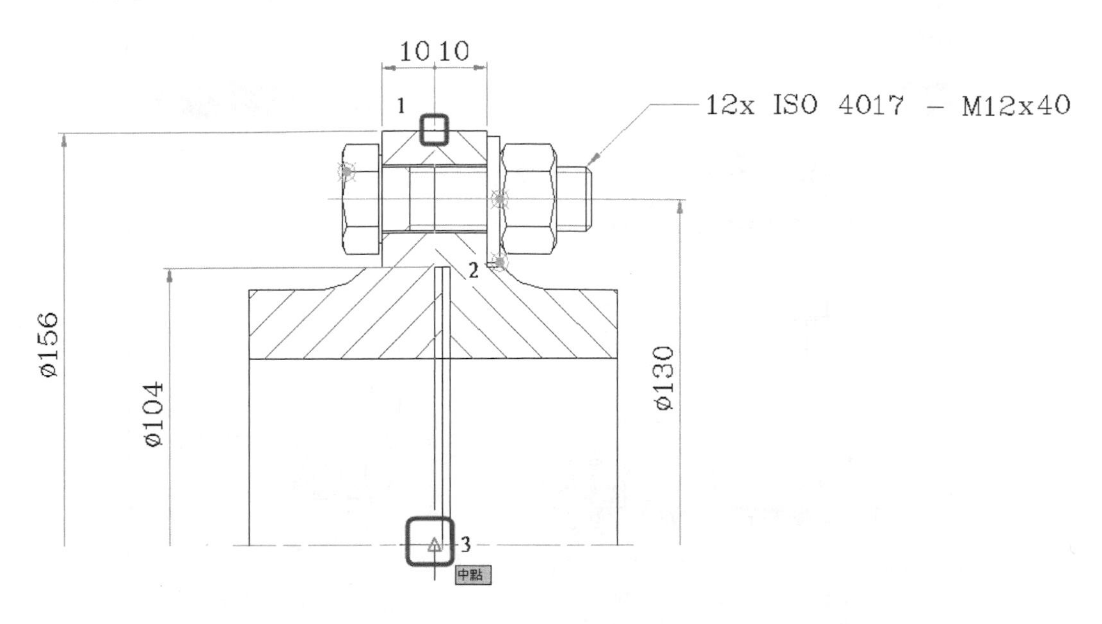

指定載入及力矩

1.　軸向力 FB 的部份請輸入【0】。

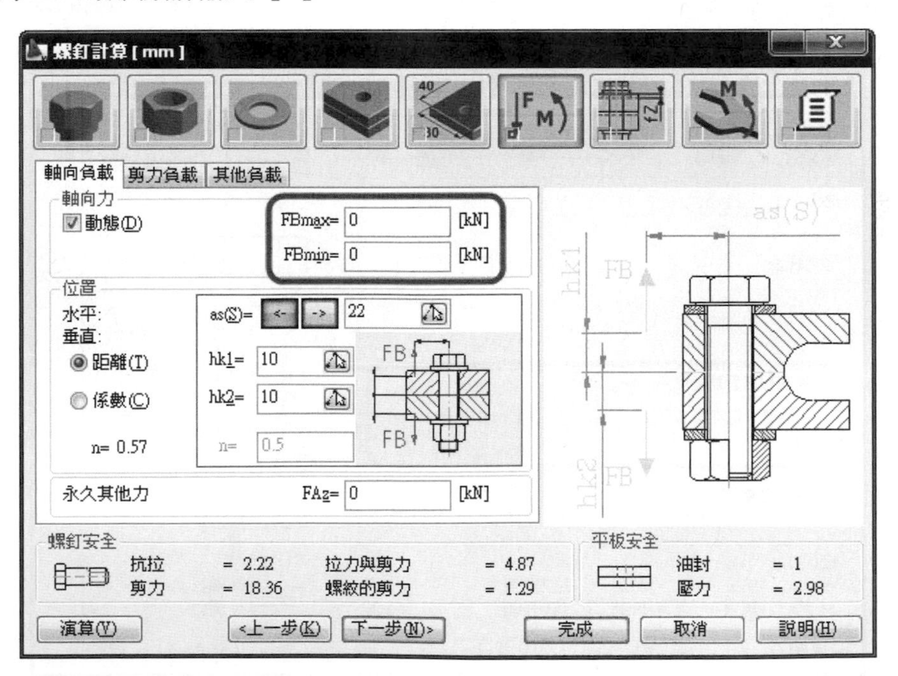

2. 請輸入下列數據：扭矩【185】、半徑【65】、摩擦系數【0.14】。

註：扭矩是由總扭矩 2405 產生，由 13 個螺栓分擔受力。

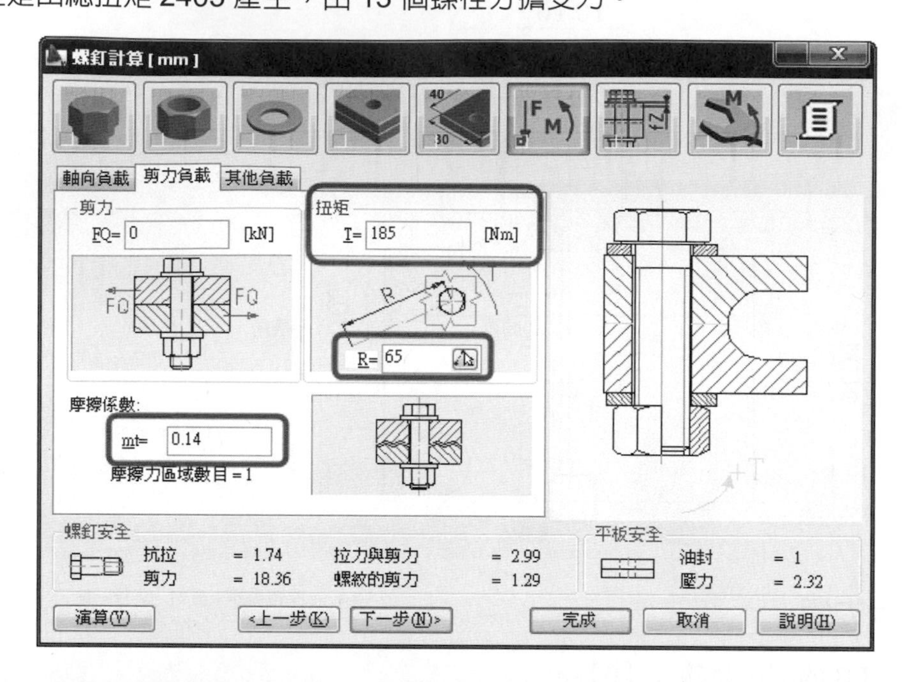

指定沈降性質

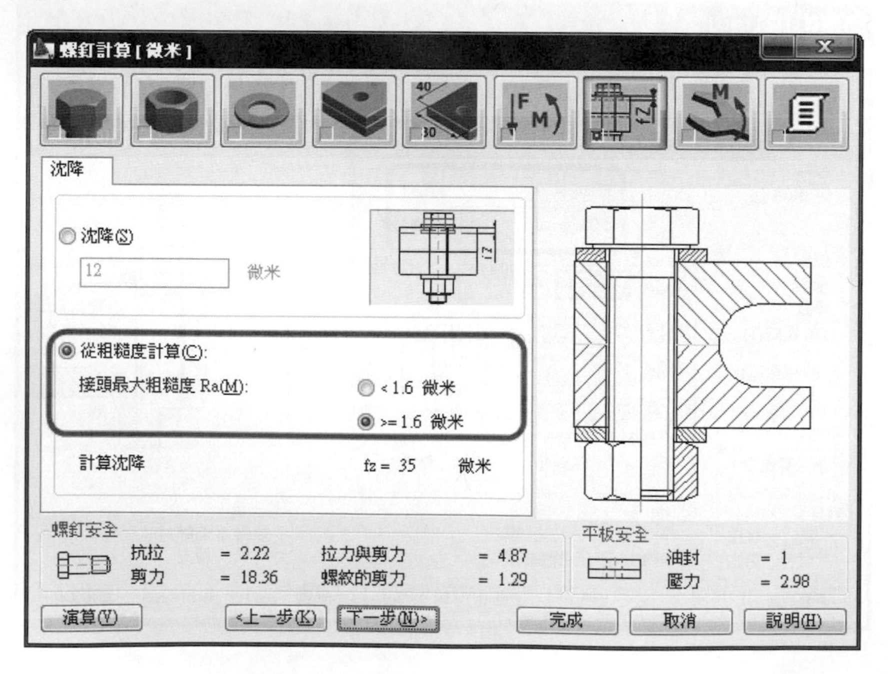

鎖緊性質

1. 請輸入鎖緊係數【1.5】、摩擦系數【0.12】。

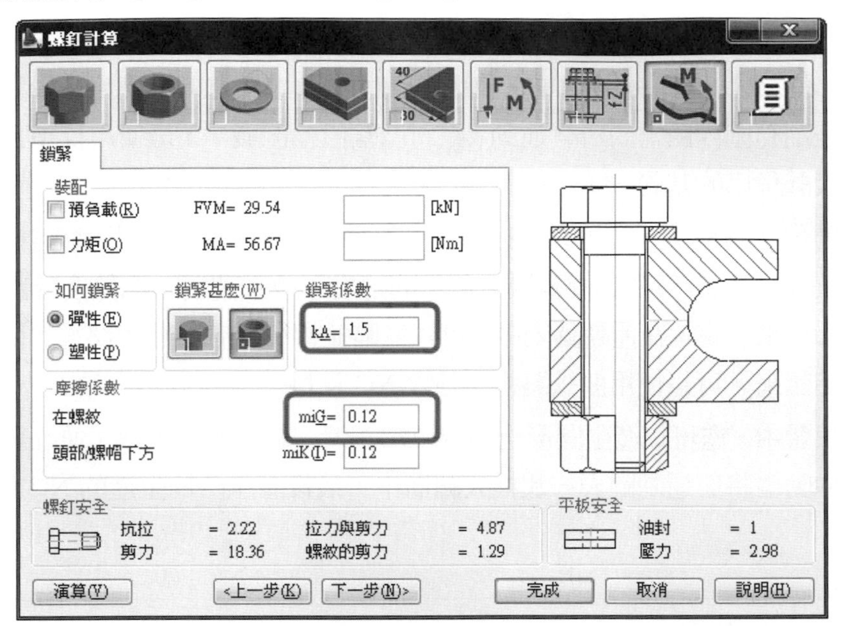

2. 點下【確定】就可以產生一個螺栓計算的報表。

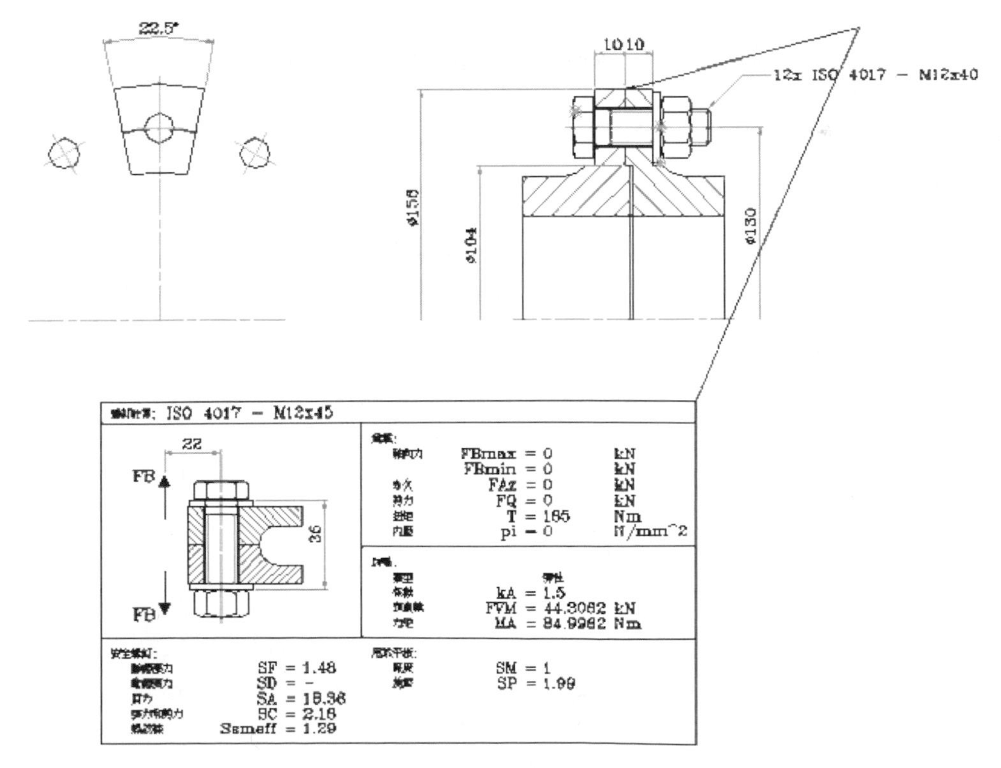

11-6 凸輪計算：AMCAM

設計並計算凸輪

使用 AutoCAD® Mechanical 中的凸輪設計和計算功能，您可以使用最少數目的齒輪元素執行過程控制範圍內所需的所有運動。在新凸輪齒輪開發中，是使用標準化的移動定律提供系統化設計程序的基礎。

使用自動化凸輪特徵，您可以根據運動圖表中繪製的剖面建立凸輪(線性、圓形以及柱形凸輪)；您也可以計算運動圖表既有部份的速度以及加速度。凸輪曲線路徑可由已計算出的凸輪部份來決定。在運動圖表中，可以掃瞄並轉移既有的曲線路徑。從動件元素可以和凸輪連結起來。可以使用曲線路徑來建立 NC 資料。

在以下練習中，您可以產生圓形凸輪以及單一滾子的搖動從動輪，並計算從動輪的彈簧。凸輪和從動輪將與運動圖表一起插入圖面中，最後產生凸輪生產的 NC 資料。

名詞與定義

加速度	速度的變更率。
凸輪	用於實現其他物件難以產生之奇特或不規則運動的齒輪類型。
曲線路徑	凸輪的幾何形狀。
運動圖表	對於每個旋轉角度或凸輪板的每次轉換，說明從動輪的上移或旋轉的一種圖表。
運動部份	運動圖表的一部份。某些區間由設計定義。例如，在 90 度角處達到的最大舉升高度為 15 公釐。
NC	數值控制。在製造業中使用，表示經由數值資料控制機械工具運動，以進行 2 至 5 軸的機械加工。
解析度	控制曲線的精確度。低值會增加計算時間。請使用較高的值做為起始設計。
步寬	直線從動元素或彎軸之旋轉角度和凸輪板旋轉角度的速度圖表。

可於【內容】→【計算】→【凸輪】找到此功能。

1. 開啟 am_iso 的圖面樣板。

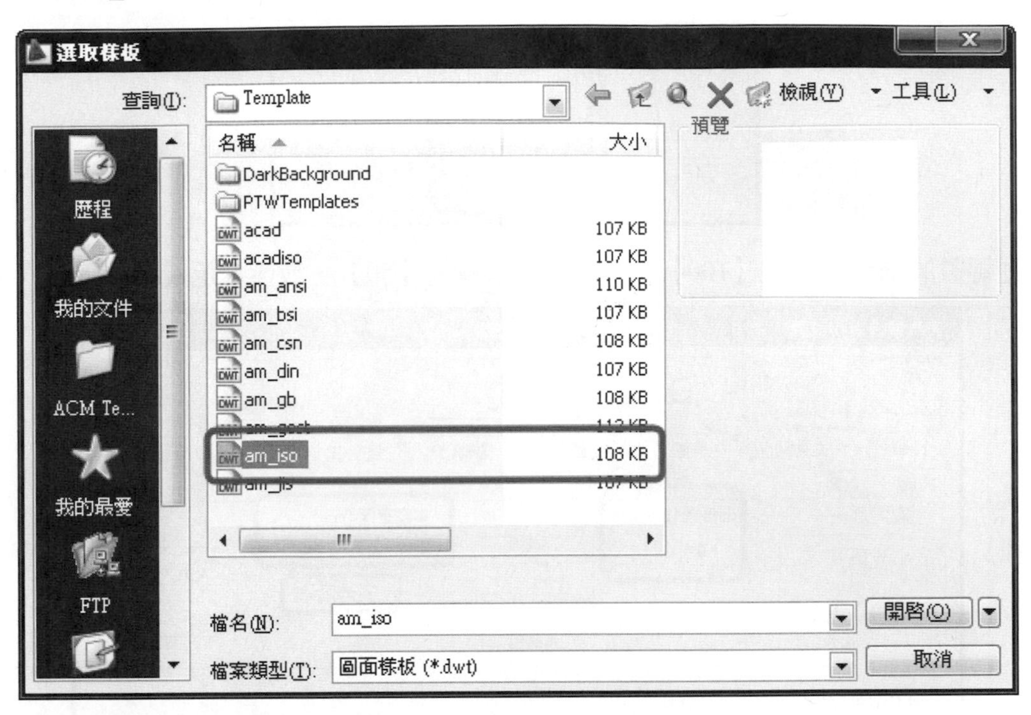

2. 開啟【凸輪】計算工具，或執行 AMCAM 指令。

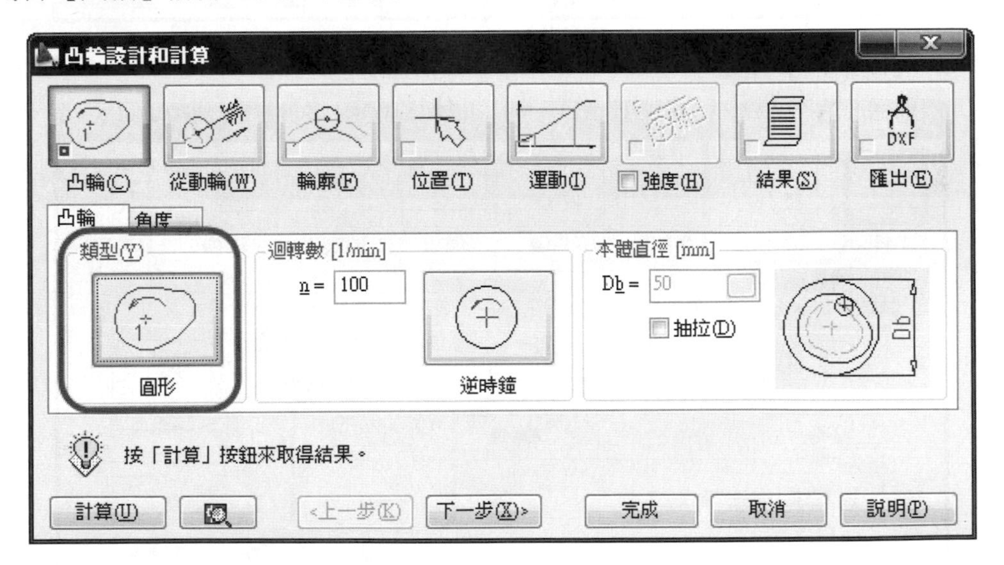

3. 並指定凸輪類型。

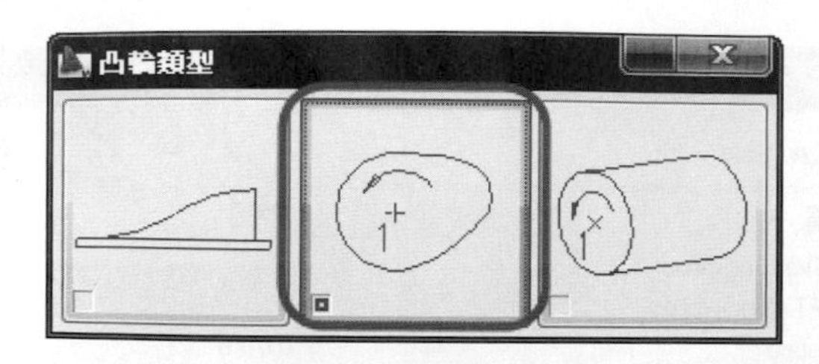

4. 迴轉數的部份請輸入【100】，本體直徑請輸入【50】，最後勾選【抽拉】。

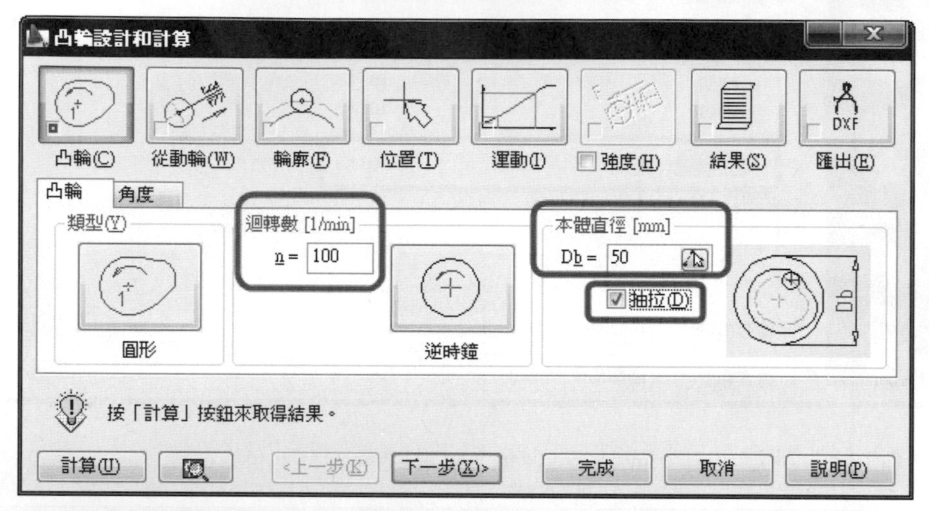

5. 按一下【從動輪】按鈕。

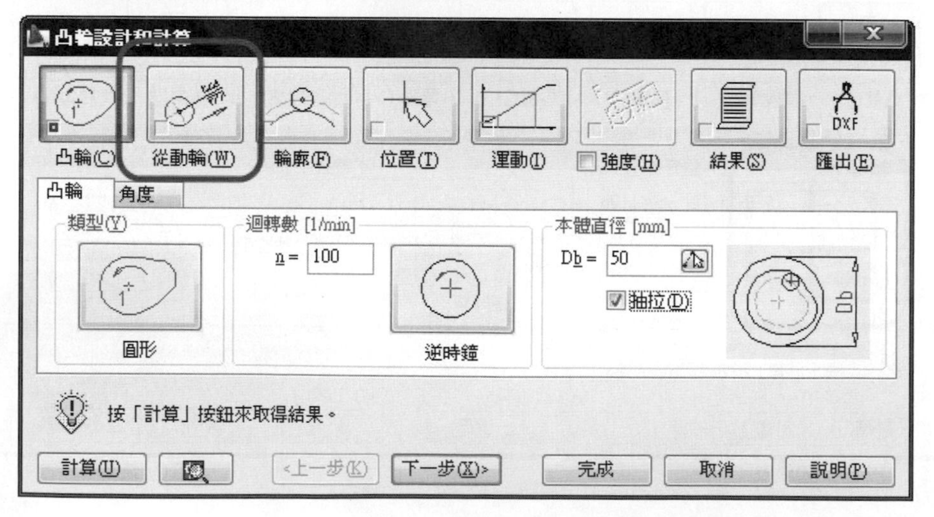

注意!

您還可以使用【下一步】按鈕顯示對話方塊。

6. 在【從動輪】頁籤的【移動】部份中，按一下【轉換】按鈕。

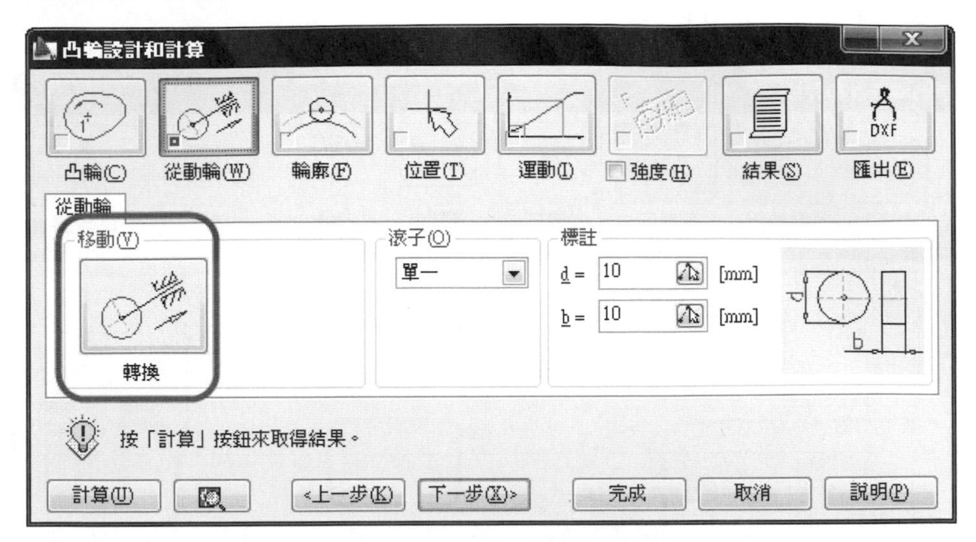

7. 在【從動輪類型】對話方塊中，按一下右側的【搖動】按鈕。

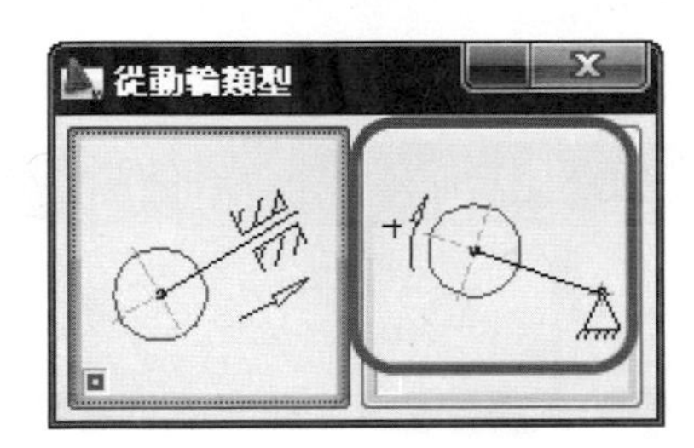

8. 按一下【輪廓】按鈕，然後定義輪廓。

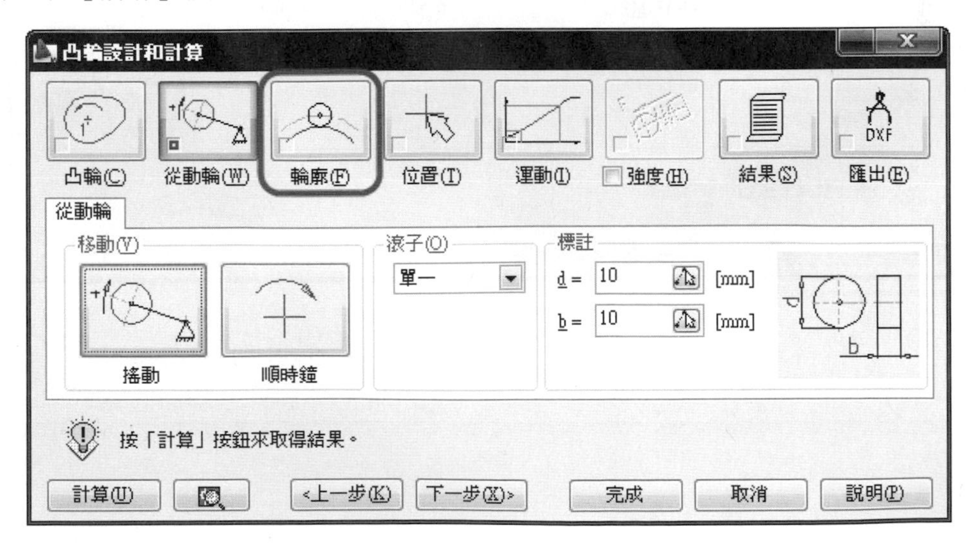

9. 您可以在動力接觸輪廓(內部或外部)或形狀接觸輪廓(都是外部)間進行選取。指定內部輪廓(需要彈簧來保持接觸)。

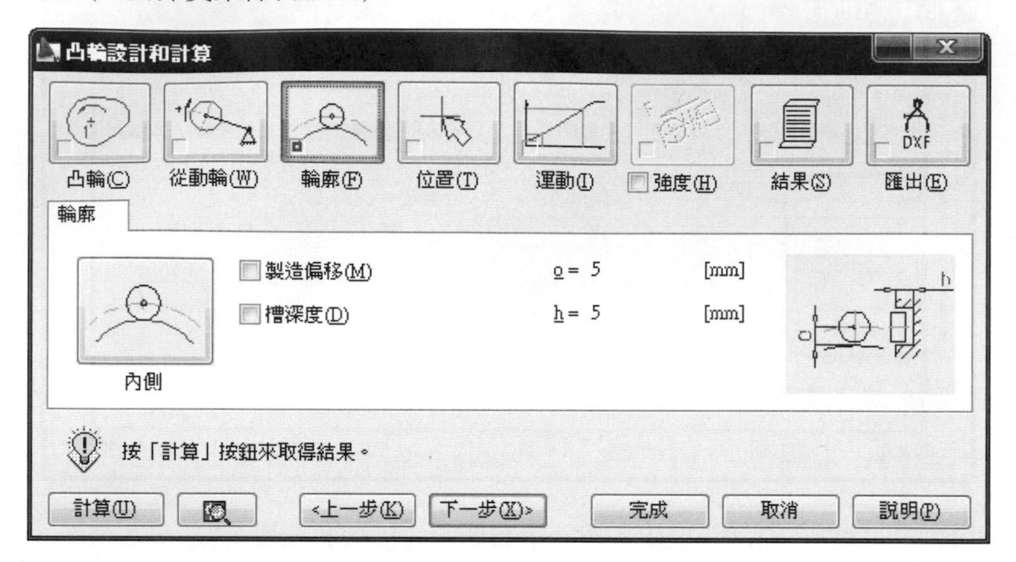

10. 按一下【位置】按鈕。

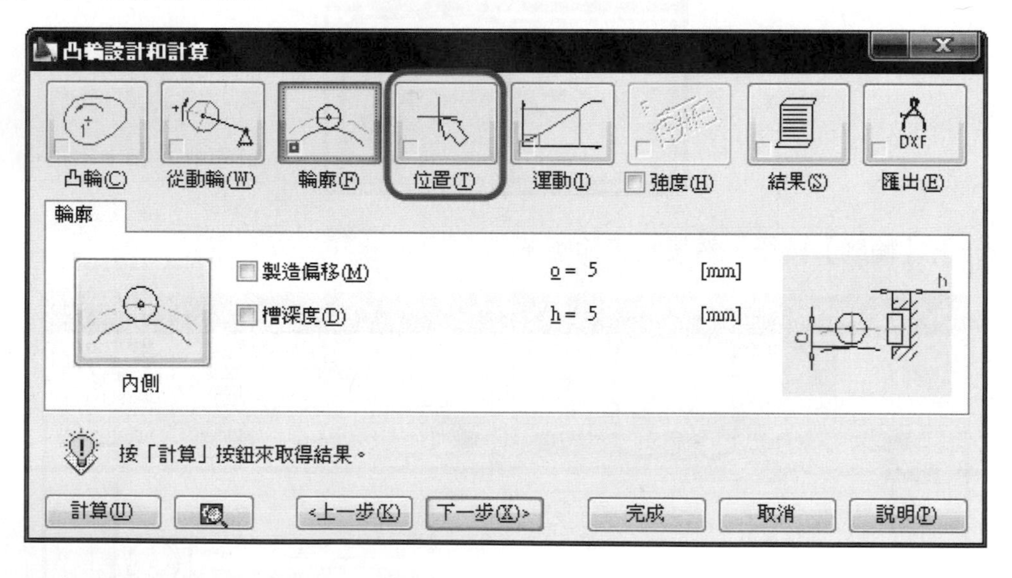

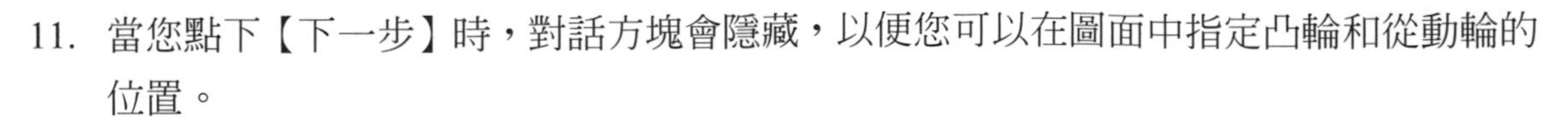

11. 當您點下【下一步】時，對話方塊會隱藏，以便您可以在圖面中指定凸輪和從動輪的位置。

    請依下列提示輸入對應：

    指定凸輪中心：【100,100】，然後按 Enter。

    指定從動輪搖動的中心[退回(U)]：【@100,0】，然後按 Enter。

    指定移動的起點[退回(U)]：【@90<157.36】，然後按 Enter。

    指定運動圖表的原點[退回(U)／視窗(W)] <視窗>：然後按 Enter。

    指定凸輪旁邊的點：只要點選左側即可。

    指定運動圖表的長度[退回(U)]：【@360,0】，然後按 Enter。

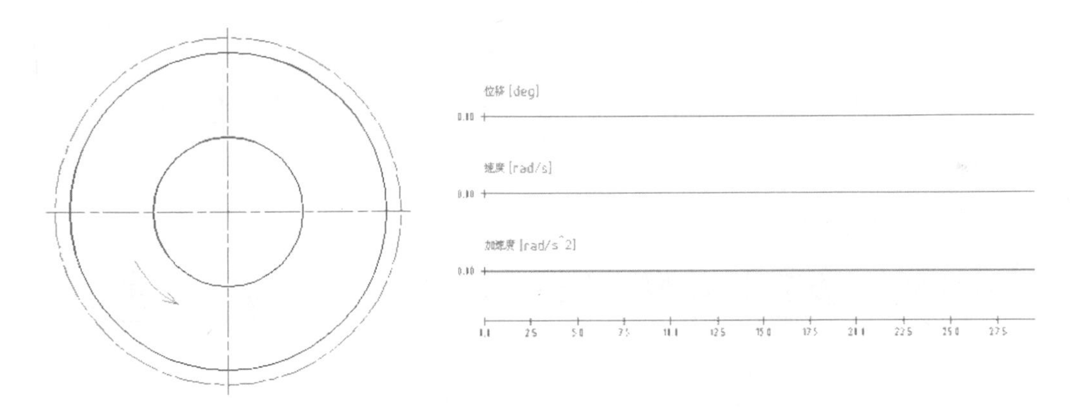

12. 凸輪以及從動輪將與運動圖表一起被插入圖面中。您的圖面如下圖所示：【凸輪設計和計算】對話方塊將再次開啓。

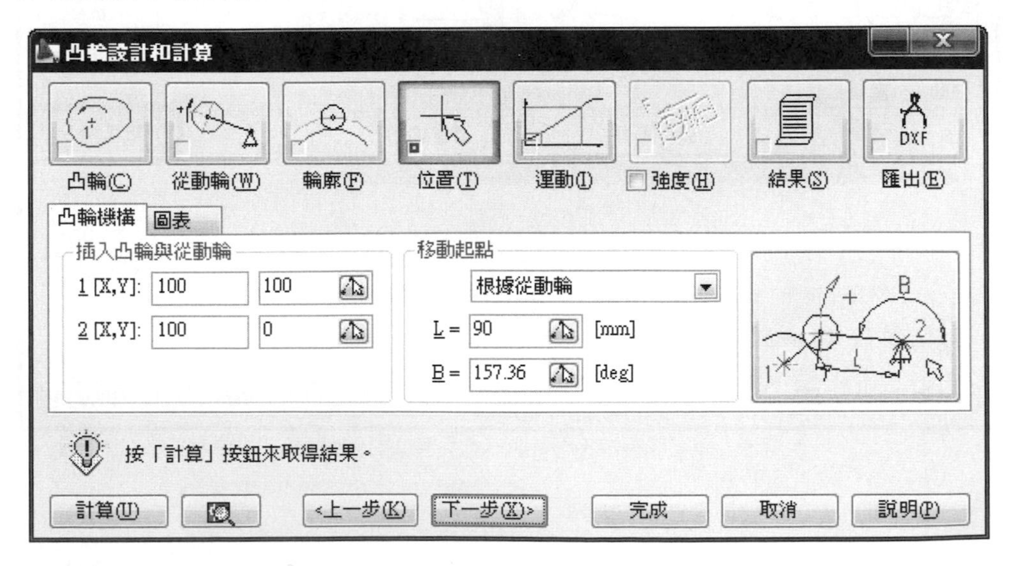

定義運動

定義五個運動部份，以描述凸輪。

指定運動的步驟：

1. 於【凸輪設計和計算】中，選【運動】。

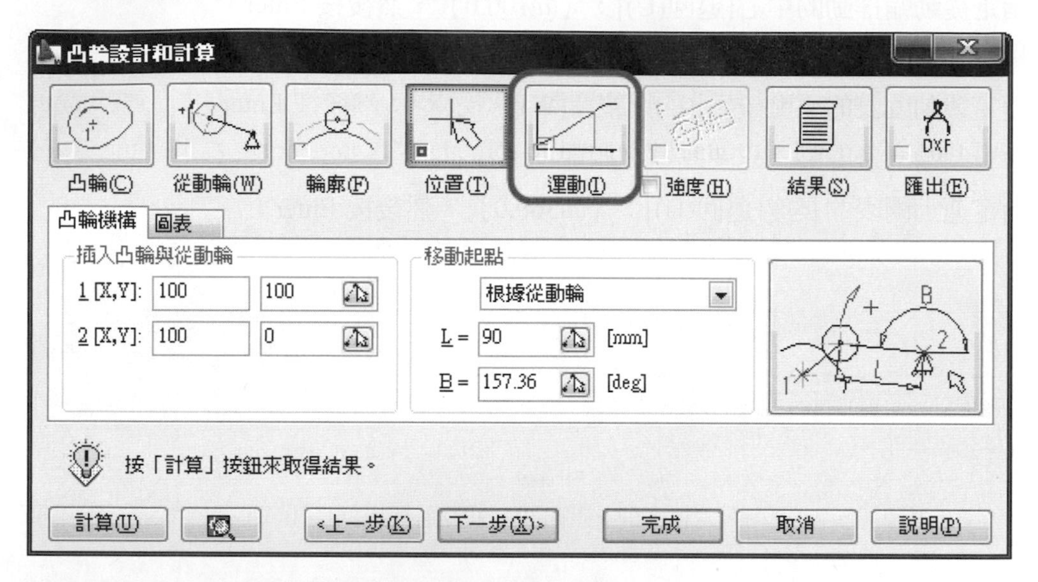

2. 點選【新建】。

3. 在【選取新增線段的方式】對話方塊中，點選【附加】。
   定義第一個運動部份。

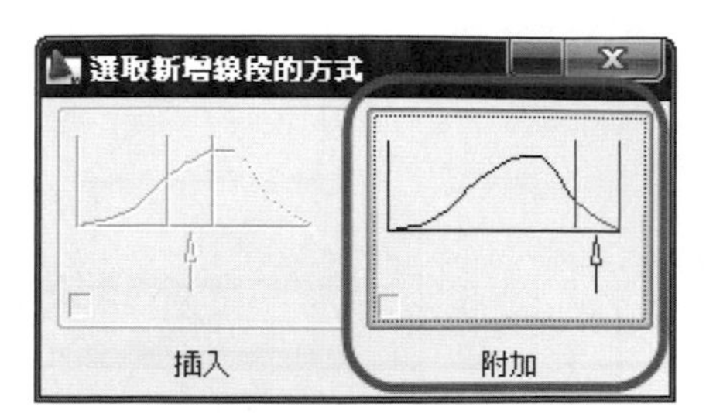

4. 在【運動 - 新模式】輸入位置【90】，高程【0】。

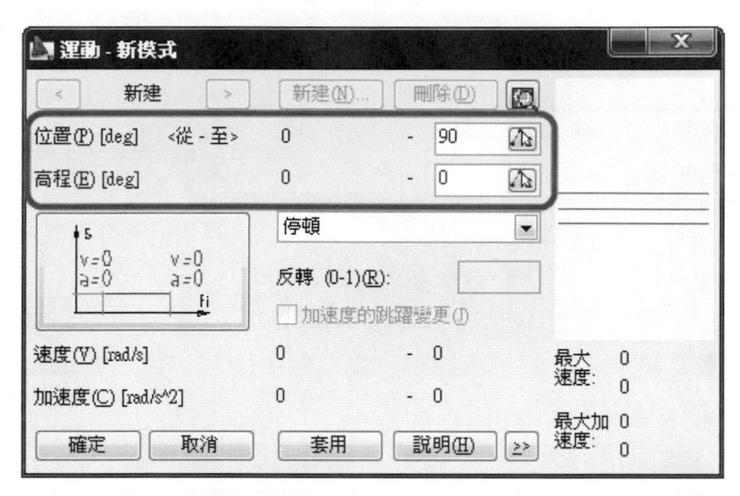

5. 剛剛的運動設定將被插入到圖面，並回到【凸輪設計和計算】對話方塊。

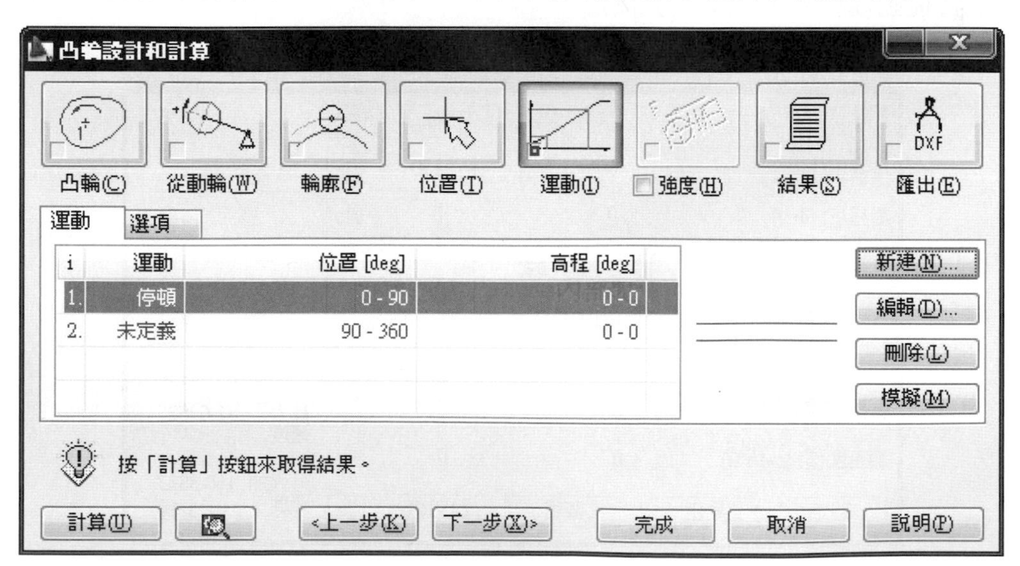

6. 使用相同的方式定義完其它的運動部份，來定義第二個運動部份。

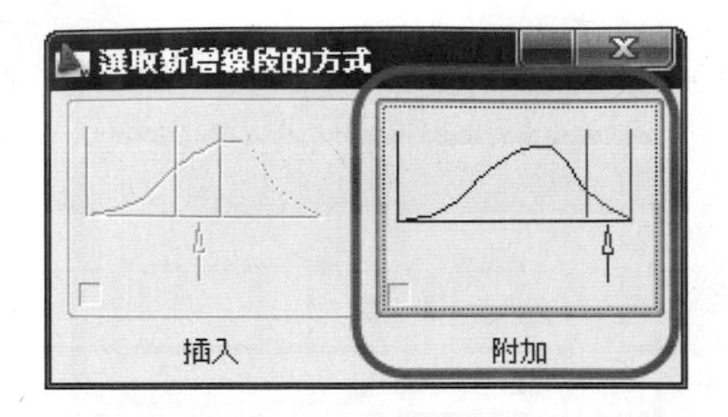

7. 在【運動 - 新模式】輸入位置【150】，高程【5】。

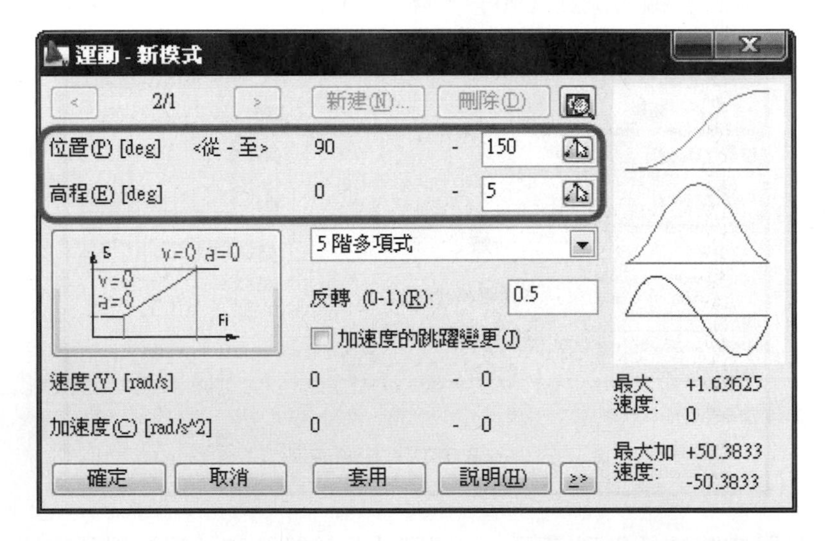

8. 點選【從動輪移動的上下文】按鈕。

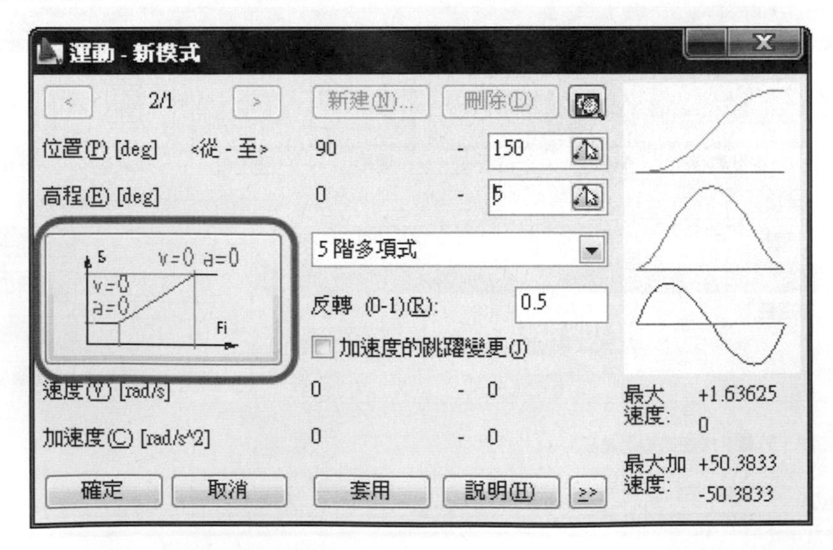

9. 按一下「停頓 - 等速」(左起第二個按鈕)。

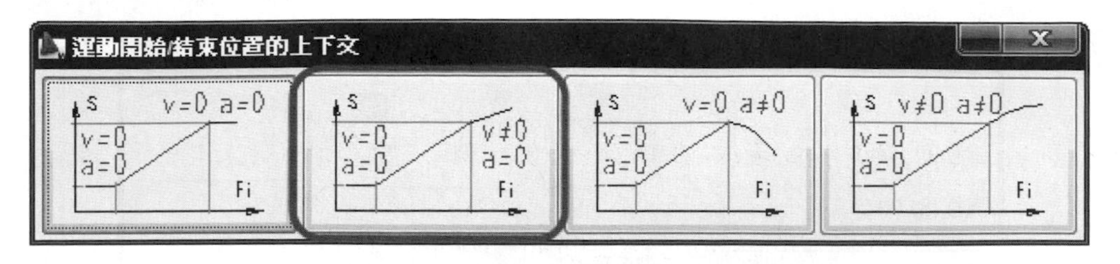

10. 在【運動 - 新模式】對話方塊中，速度輸入【2】。

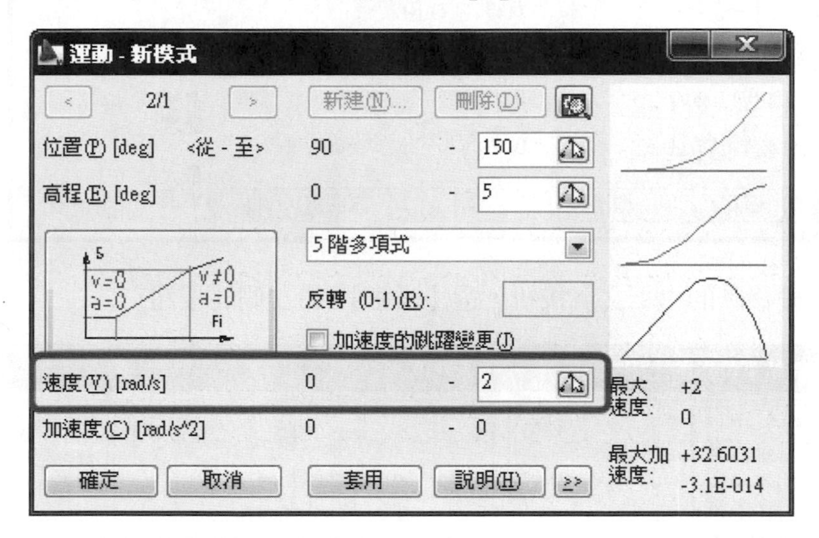

下一個運動部份必須是【恆速】，因爲前面的運動部份是【停頓 - 恆速】。

11. 在【凸輪設計和計算】對話方塊中的【運動】頁籤上，選【新建】，並於【選取新增線段的方式】對話方塊中，選【附加】。

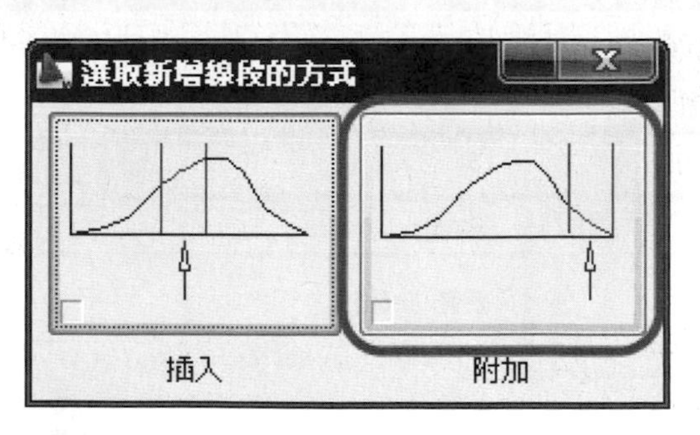

12. 在【運動-新模式】輸入位置【180】，高程【8】。

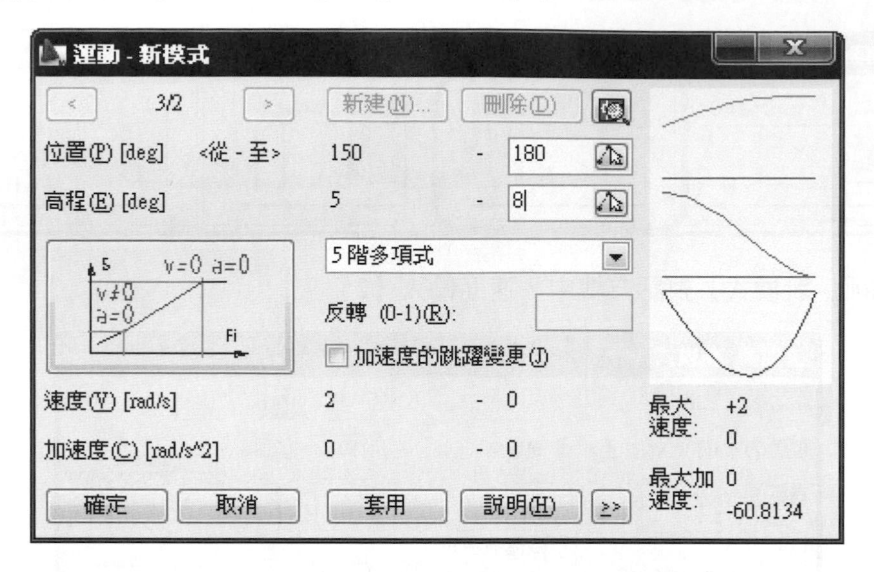

13. 於【從動輪移動的上下文】按鈕，選【等速】(最左側的按鈕)。

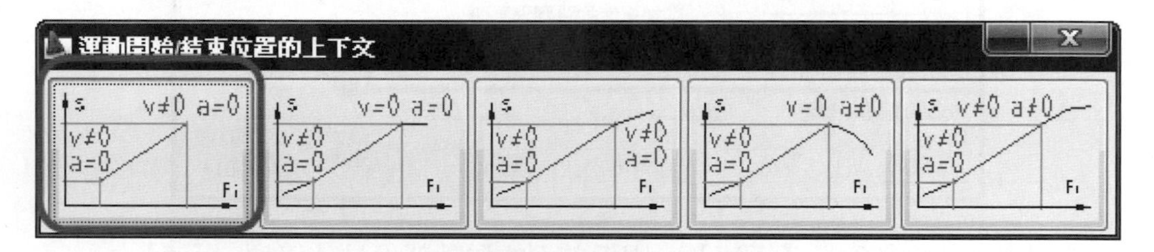

14. 程式會重新計算高程，並在【運動新模式】中插入正確的值 10.73。

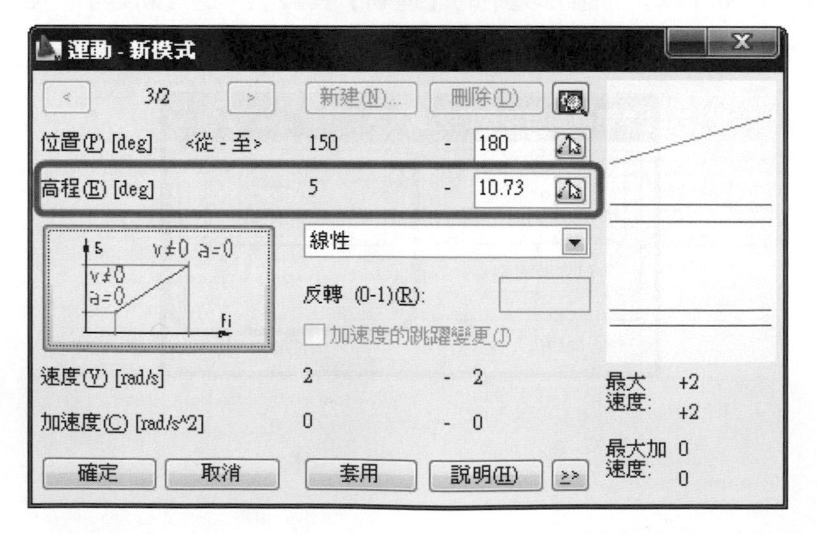

15. 定義下一個運動部份，於【凸輪設計和計算】對話方塊中的【運動】頁籤上，選【新建】，並於【選取新增線段的方式】對話方塊中，選【附加】。

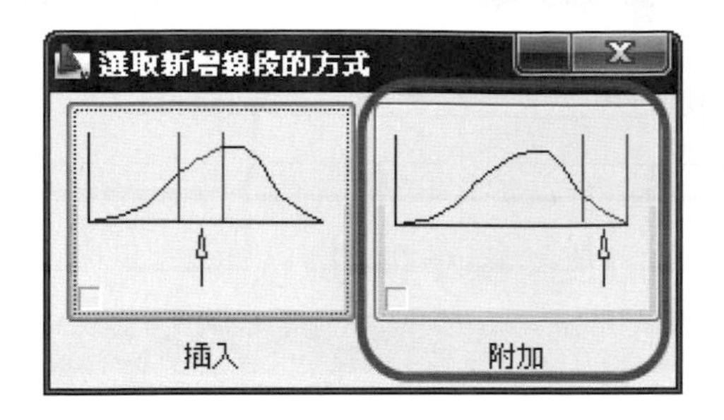

16. 在【運動 - 新模式】輸入位置【220】，高程【16】。

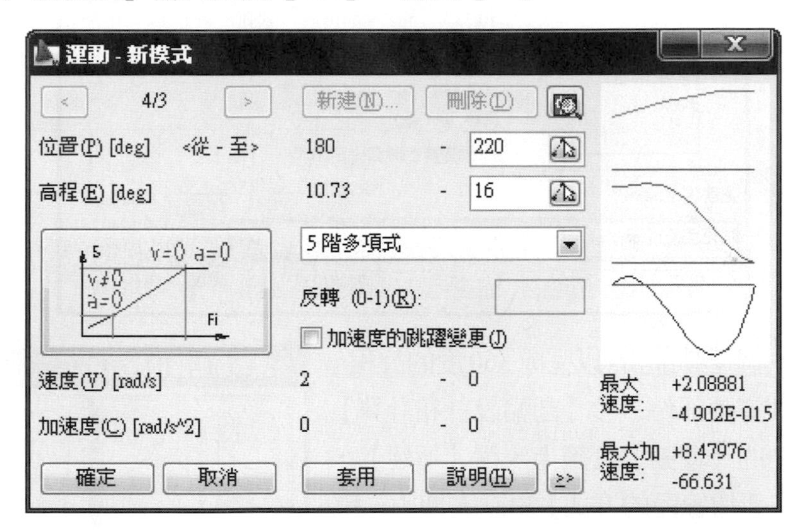

17. 按一下【從動輪移動的上下文】按鈕。

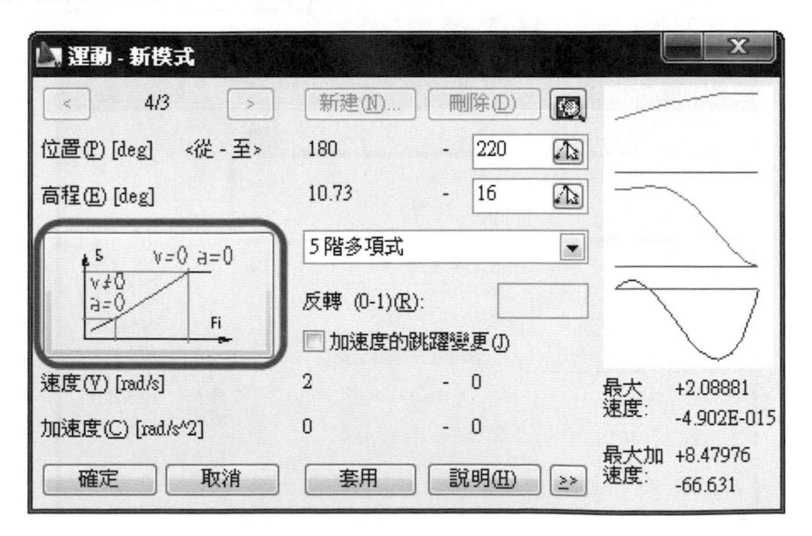

18. 然後選【等速-反轉】(左起第四個按鈕)。

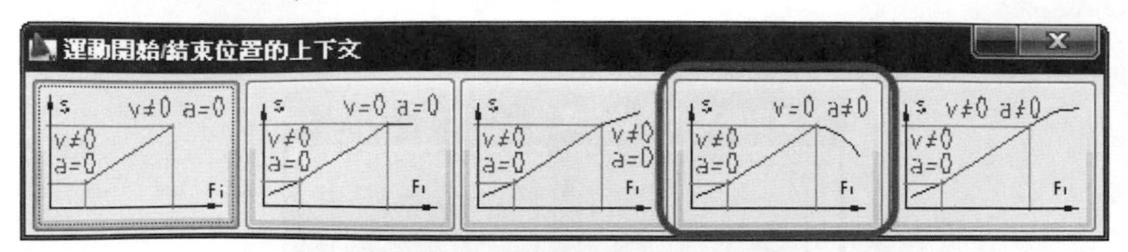

19. 在【運動-新模式】，加速度請輸入【60】。

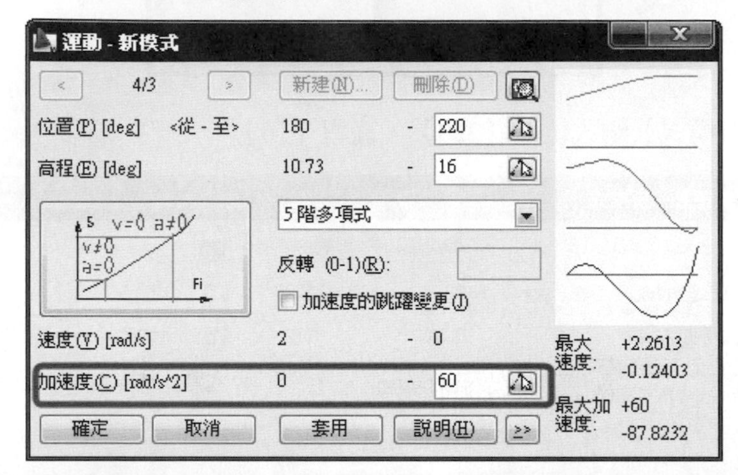

20. 定義最後一個運動部份，以完成360度的行程。定義下一個運動部份，於【凸輪設計和計算】對話方塊中的【運動】頁籤上，選【新建】，並於【選取新增線段的方式】對話方塊中，選【附加】。

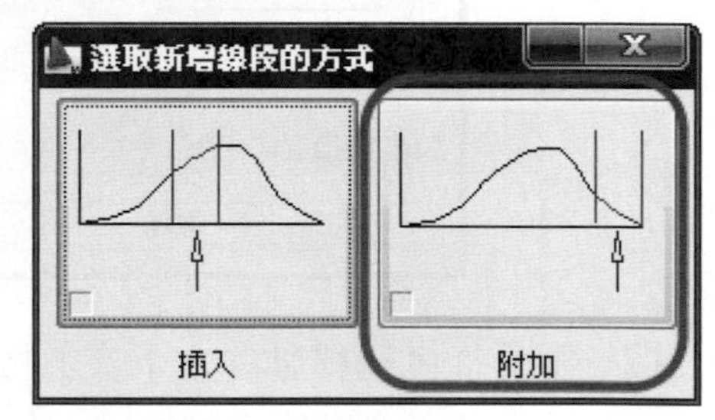

21. 在【運動-新模式】輸入位置【360】，高程【0】。

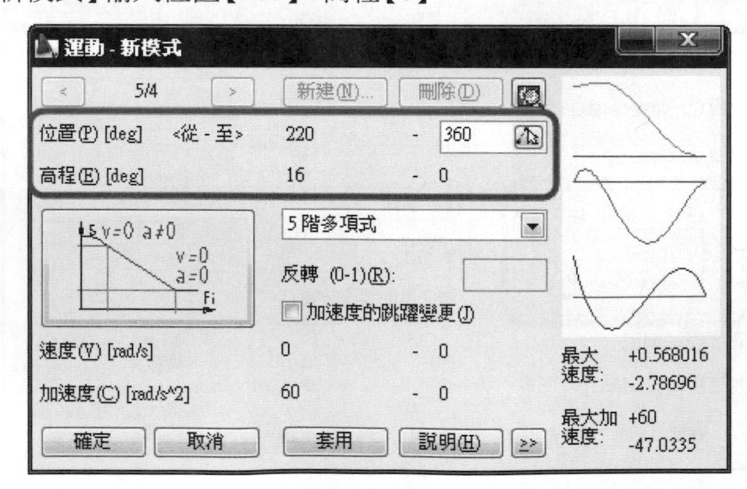

23. 點下【從動輪移動的上下文】按鈕，程式將計算結束位置的正確值。

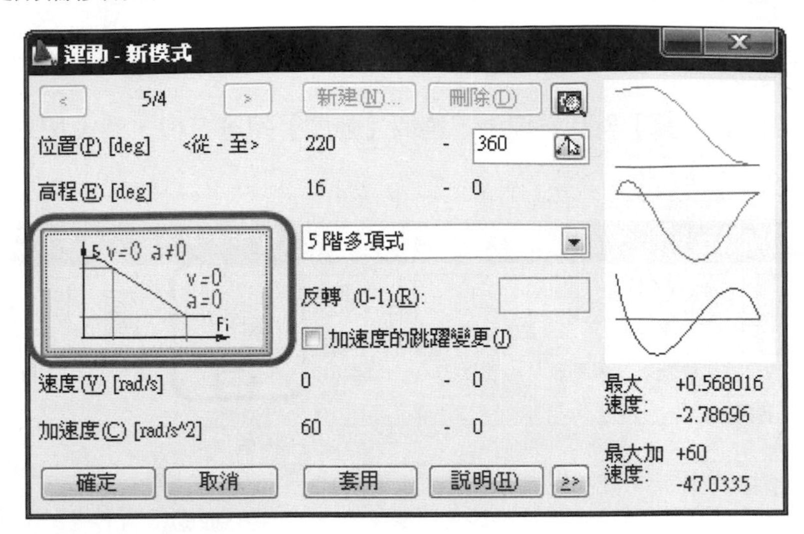

22. 在【運動 - 新模式】，選取【諧波組合】。

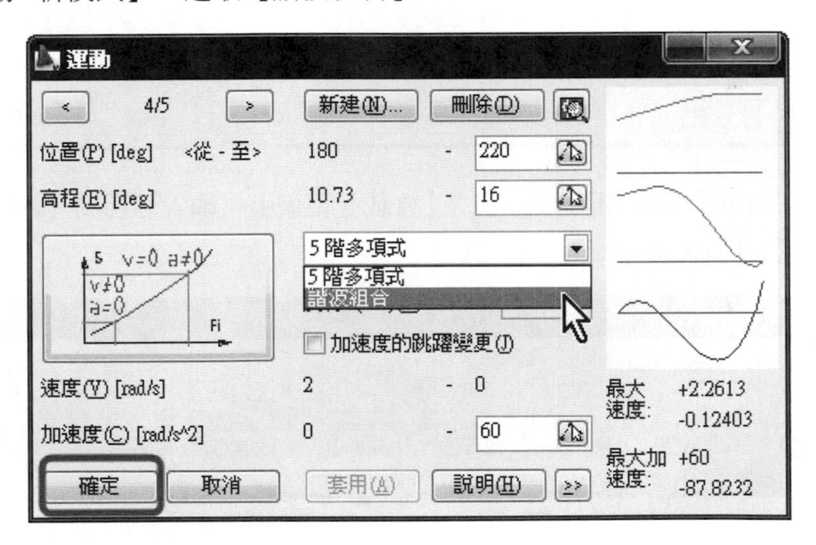

如此到這個地方運動部份的定義已完成，並且所有運動部份均已顯示在清單中。

計算彈簧的強度

計算彈簧強度的步驟：

1. 在【凸輪設計和計算】對話方塊中，選取【強度】勾選方塊，然後按一下【強度】按鈕。

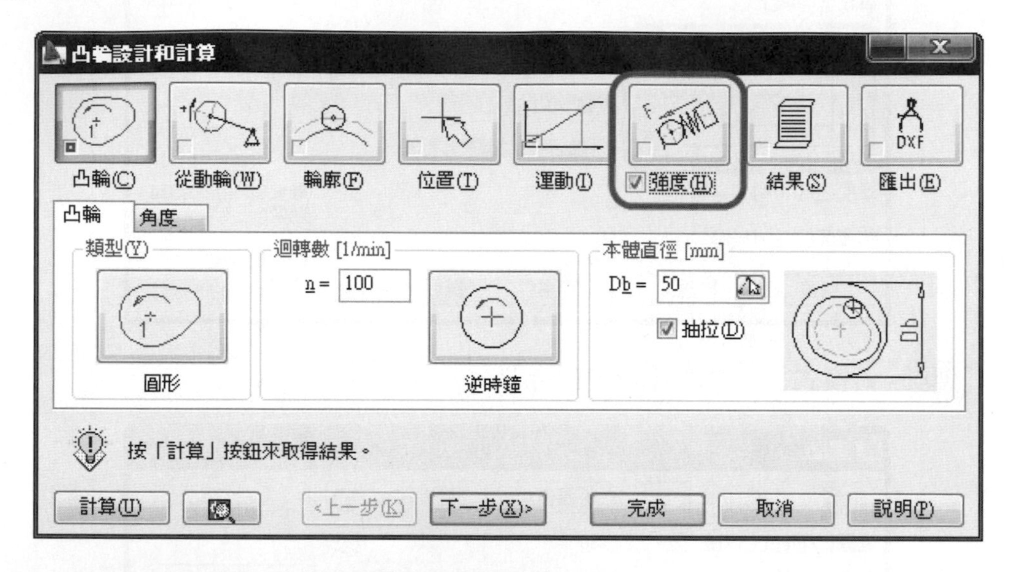

2. 在【凸輪設計和計算】對話方塊中的【負載】頁籤上，輸入外部力【20】，縮小從動輪的質量【0.1】，縮小惰性質量【0.07】。

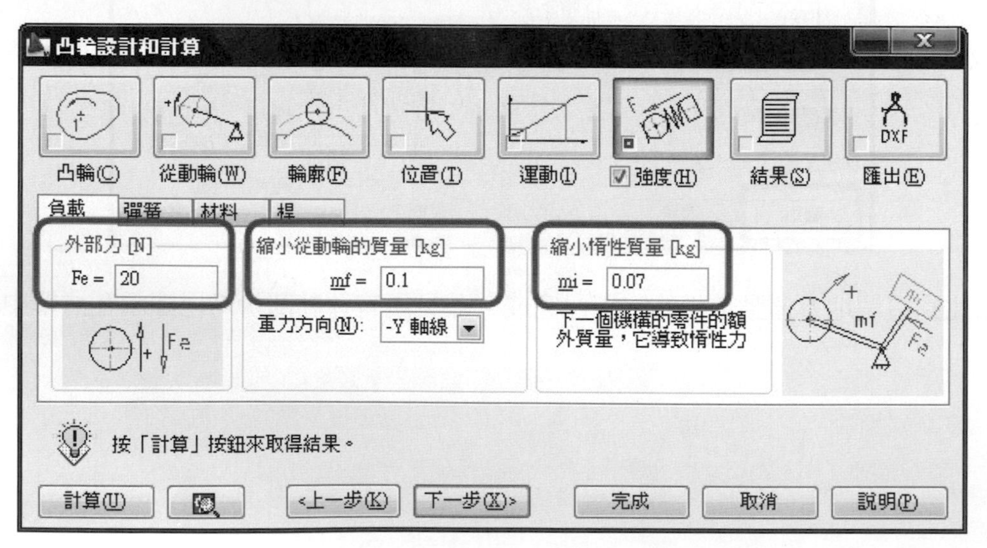

3. 在【彈簧】頁籤上，輸入下列數據：預負載【10】、彈簧的質量【0.08】、彈簧位置【45】、彈簧率於勾選【使用者變更】，輸入【30】。

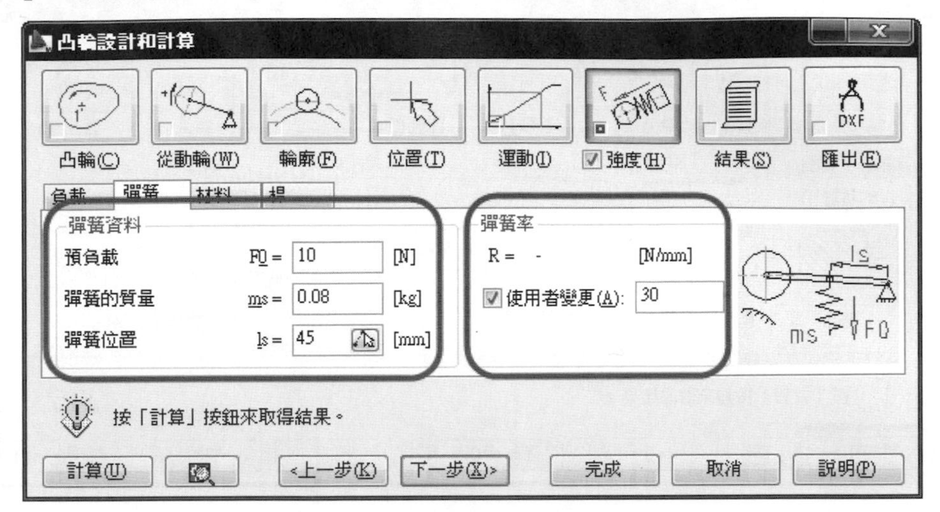

4. 在[4 材料]頁籤上，您可以指定凸輪和滾子的材料。在這種情況下，請使用預設材料。

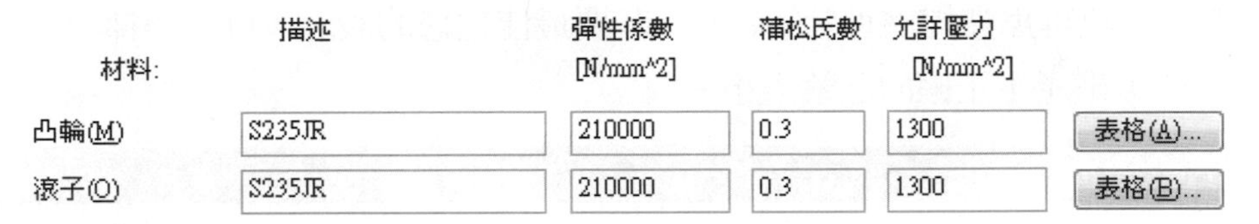

材料:	描述	彈性係數 [N/mm^2]	蒲松氏數	允許壓力 [N/mm^2]	
凸輪(M)	S235JR	210000	0.3	1300	表格(A)...
滾子(O)	S235JR	210000	0.3	1300	表格(B)...

5. 在【桿】頁籤上，桿的標註【8】。

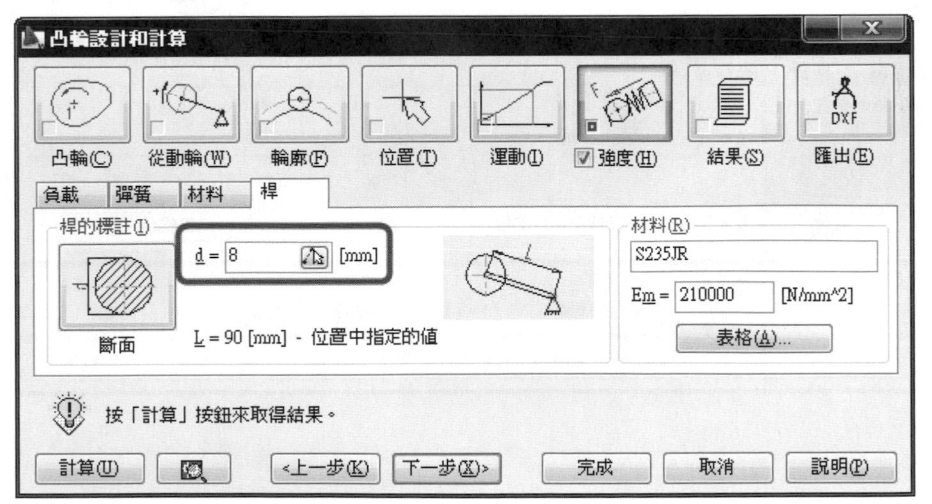

注意!

您可以爲桿選擇其他類型的斷面。

6. 按一下【結果】，然後按一下【計算】。

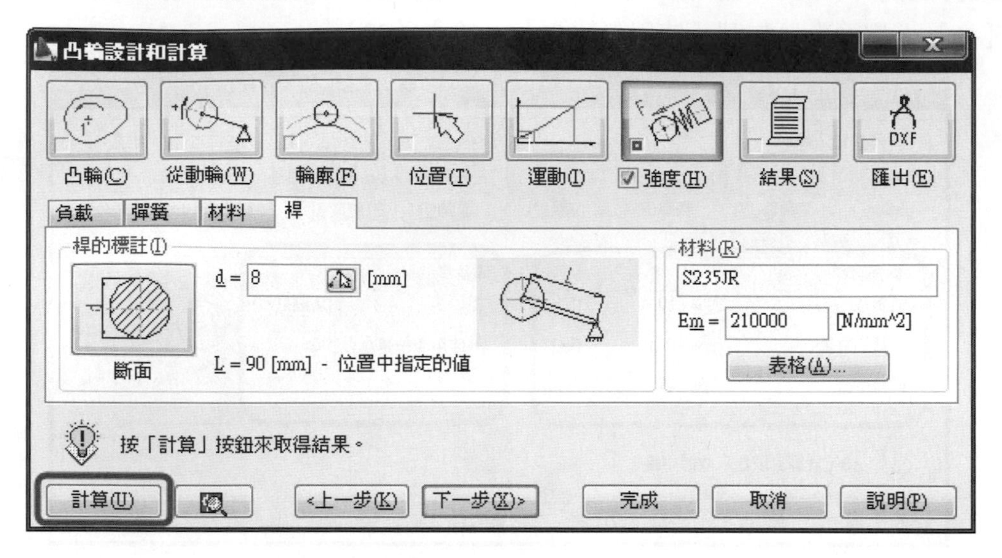

7. 所有計算結果均顯示於相應頁籤上：
【計算】按鈕可爲您提供設計的結果。若要最佳化您的設計，可以選擇根據壓力角和曲率半徑，來產生正確的凸輪大小。

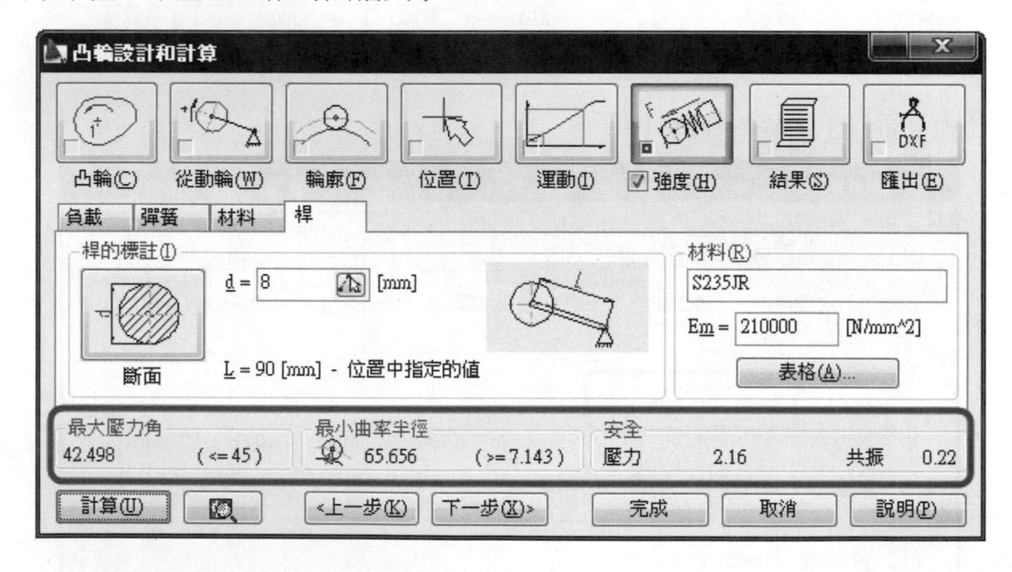

根據壓力角和曲率半徑產生凸輪設計的步驟：

1. 按一下【計算】按鈕。
   若要最佳化凸輪的大小，您在設計中所使用的壓力角必須小於或等於某個值(自動計算並顯示在【凸輪設計和計算】對話方塊底部)，而且曲率半徑必須大於或等於某個值(自動計算並顯示在【凸輪設計和計算】對話方塊的底部)。
2. 按一下【結果】按鈕。

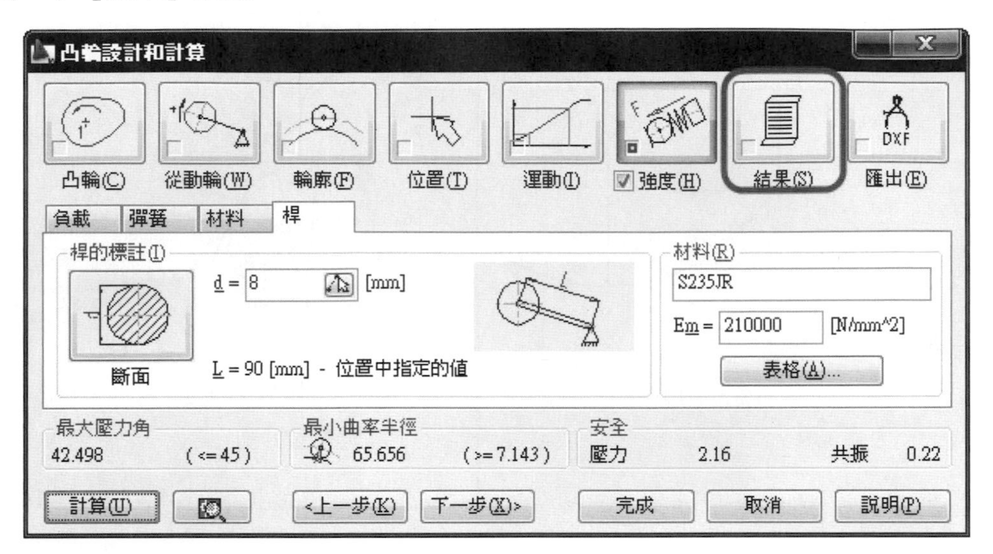

3. 在【幾何圖形】頁籤中，按一下【凸輪中心】按鈕。如下所示回應提示：
   按 Esc 或 Enter 以結束，或[變更凸輪的中心(C)]，請輸入【C】，然後按 Enter。

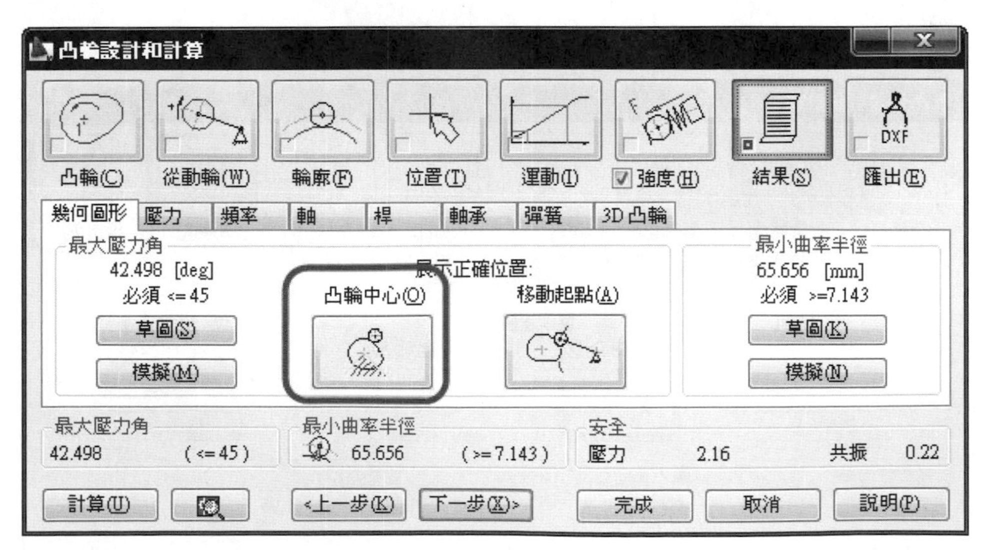

螢幕上會顯示兩個已經畫了填充線的開放三角形。指定凸輪中心<100,100>：按 Enter。鎖點至三角形的頂點，該三角形產生的最大壓力角小於或等於建議值，產生的最小曲率半徑大於或等於建議的值。

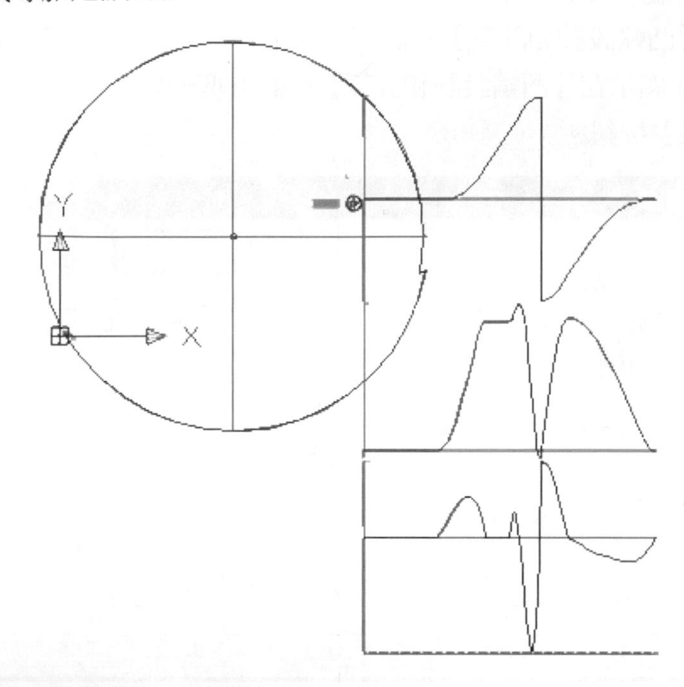

匯出凸輪資料並檢視結果

匯出 NC 機器的 TXT 文字凸輪資料的步驟：

1. 在「凸輪設計和計算」對話方塊中，按一下【匯出】。

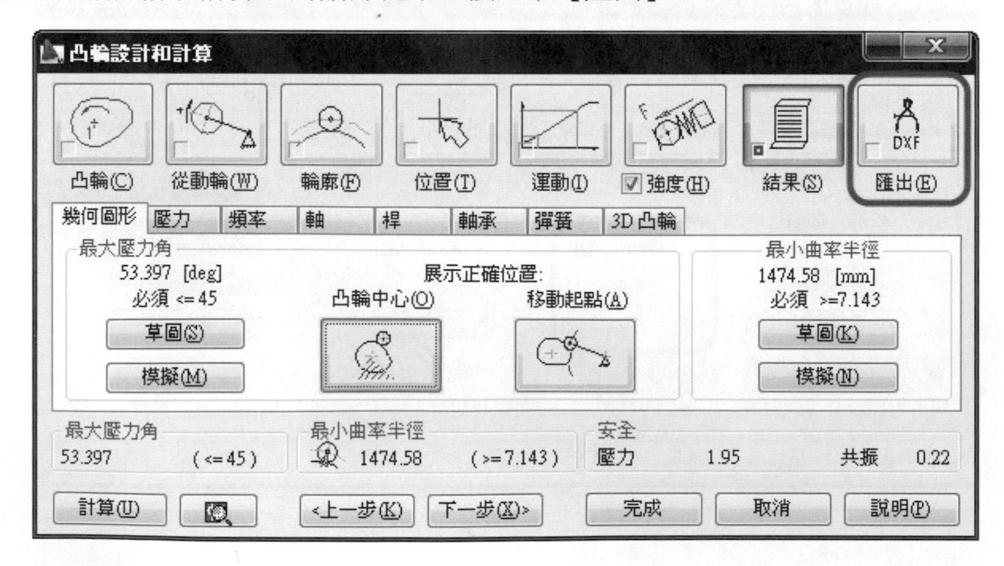

2. 在「檔案」頁籤上，指定：
   匯出曲線：【內側】。
   精度[mm]：【0.01】。
   資料類型：檔案：【TXT】。
   資料類型：座標：【極座標】。

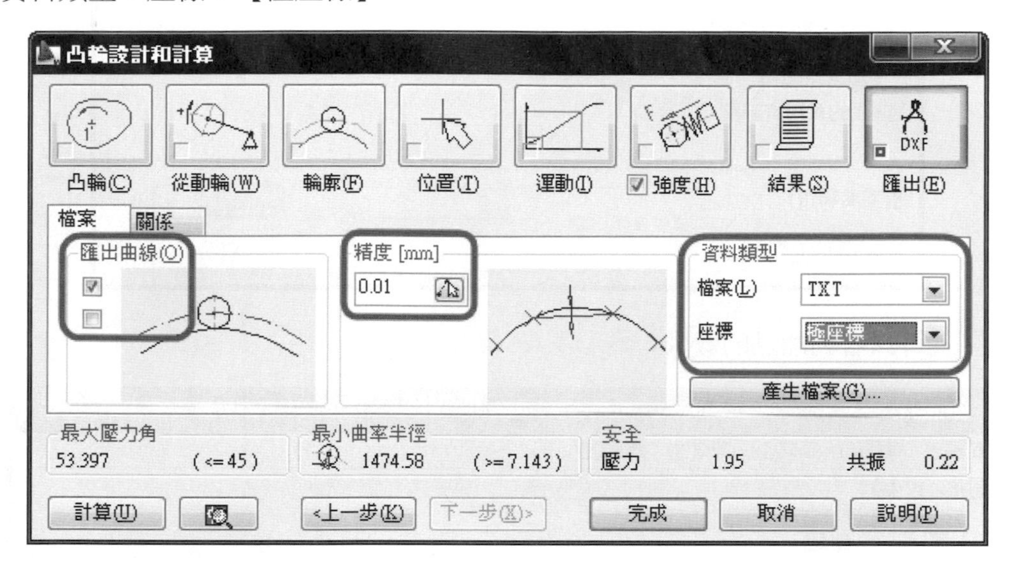

3. 按一下【產生檔案】。

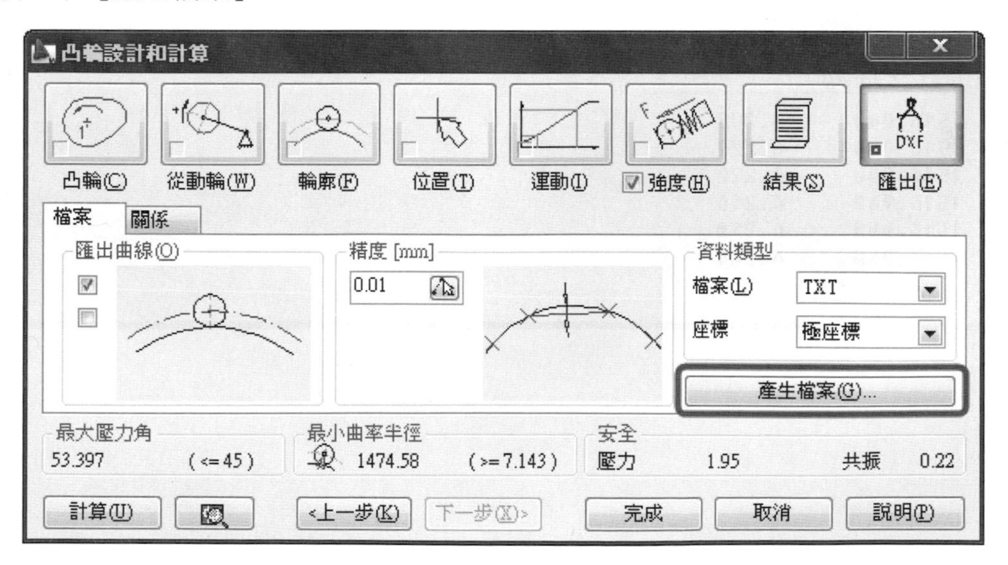

4. 選擇儲存的路徑。

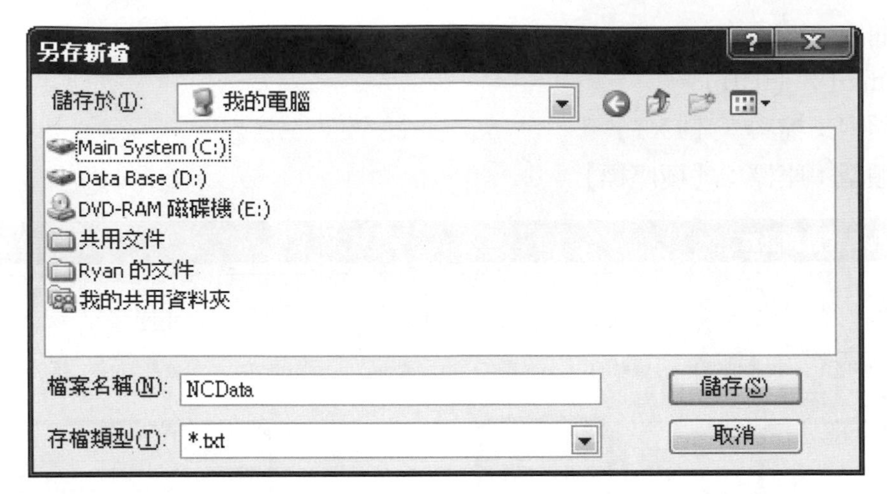

5. 打開就可以看到加點的數據。

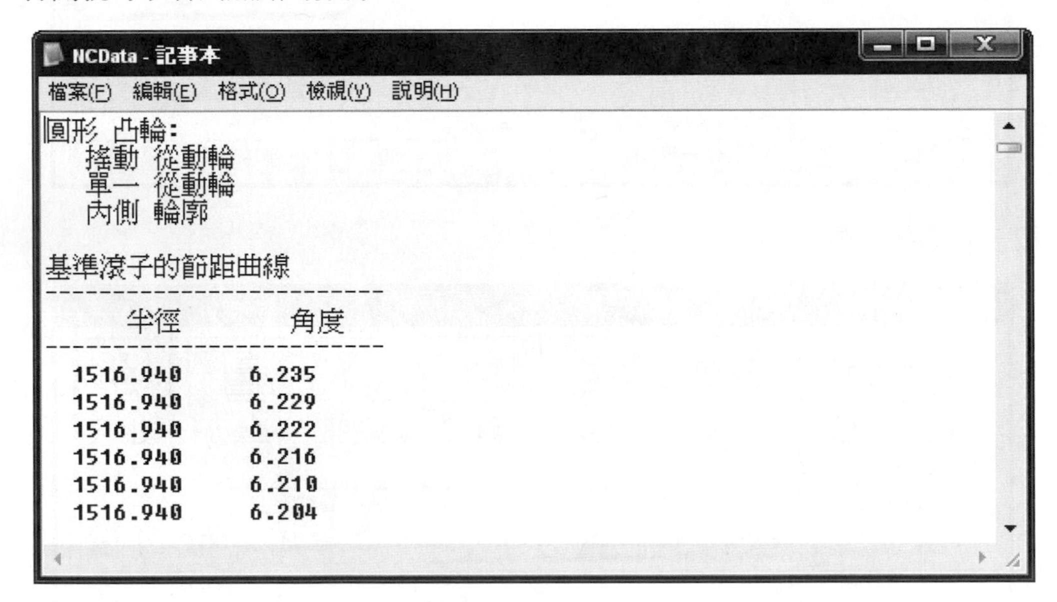

11-7 FEA 有限元素分析計算：AMFEA2D

機械工程和建築的設計日益複雜。因此，必須使用更高階的工具執行與這些設計相關的計算，以確保可靠性。

若要在不同負載情況下判斷某個結構的穩定性和耐久性，請在載入元件時觀察元件的應力和變形。若最大發生應力小於材料允許的上限，即視此結構爲耐久結構。

目前已開發出各種計算方式來計算變形和應力條件。其中一種方式稱爲「有限元素分析」。

從此應力分級獲得知識後，您可能需要變更某些區域內的結構，相應地也要對設計進行變更。

「有限元素分析(FEA)」功能是使各種可展延區和彈性區的穩定性問題獲得數值解法的有效程序。

FEA 將區域細分爲若干個三角形，接著使用數字的多項式插補來模擬出解法。有限元素方式輸出近似解法。它能快速判定散佈於已知厚度之平板的平面或受個別力及拉伸負載之斷面(具有固定或活動支撐)的應力與變形，所以相當有用。您可建立基準網面、等角圖元線和等角圖元線區、主應力線以及變形網面。所有分析結果均可做爲帶有值表的圖表插入圖檔中。

FEA 常式使用自己的圖層群組，來進行輸入與輸出。而且，它使用帶有選項的節點網路計數節點的數目，並在輸出檔案中匯出節點數目／結果。

注意！

- FEA(有限元素分析)工具爲基本工具，並不用於完整的 FEA(有限元素分析)分析。例如，FEA 工具並不考慮動態負載或溫度對材料的影響。FEA(有限元素分析)工具爲熟悉 FEA(有限元素分析)的工程師提供了一個總體概念，可以瞭解存在優勢與劣勢的區域。然而，若要取得全部和最終的分析，應該使用完整的 FEA 套件。
- FEA 工具不會爲多個零件生成一個複合的「重心」，因爲它僅適用於單一零件。
- FEA 工具可以建立封閉輪廓線的網面。此常式使用具有六個節點的三角形元素類型(線性應變三角形)。圖框附近出現短線時(例如，力或支撐接近聚合線角點)，常式最多會細化八次中點四周的輸出(邊界 → 區域 → 體積)。

要取得有關使用的演算法的詳細資訊，請參閱以下的文件：

- Larry J. Segerlind：Applied Finite Element Analysis - 1976, Seite 232 – 239.
- Robert D. Cook：Concept and Applications of Finite Element Analysis - 1974, Seite 81 - 84 (the used calculation method).
- H. Rutishauser：Algorithmus 1：Lineares Gleichungssystem mit symetrischer positiv-definierter Bandmatrix nach Cholesky(電子計算的檔案，Vol.1 Iss.1 - 1, Seite 1966 - 77).
- J.T. Oden 與 E.A. Ripperger：Mechanics of Elastic Structures - 1981，第 10-17 頁。
- 經由自動重新點數的 R.J Collins Bandwith 縮減，IJNME Vol.6, 345-356 (1973)。

名詞與定義

分散式負載	一種超過特定長度運用的負載或力。
FEA	有限元素分析。一種以剛體分析爲基礎的計算常式，該剛體承受著應力、限制及變形的負載和限制。
固定支撐	一種防止轉換以及圍繞所有的軸旋轉的支撐。
負載	作用於成員或本體的力或力矩。
可動支撐	一種防止在所有軸內旋轉，但允許沿一條軸轉換的支撐。
應力	作用在成員或本體的每個單位面積上的力。

可於【內容】→【計算】→【FEA】找到此功能。

範例檔案所在路徑：

Windows Vista™：

C：\Users\Public\Public Documents\Autodesk\ACADM2009\Acadm\Tutorial

Windows®XP：

C：\Documents and Settings\All Users\共用文件\Autodesk\ACADM2009\Acadm\Tutorial

在此我們要利用一個很簡單的例子來跟大家說明一下在 Mechanical 中零件庫的部份與簡單的計算。在這個章節當中我們會完成下圖的練習。

1.　開啓自學課程資料夾中的檔案【tut_fea.dwg】，並執行 AMFEA2D。

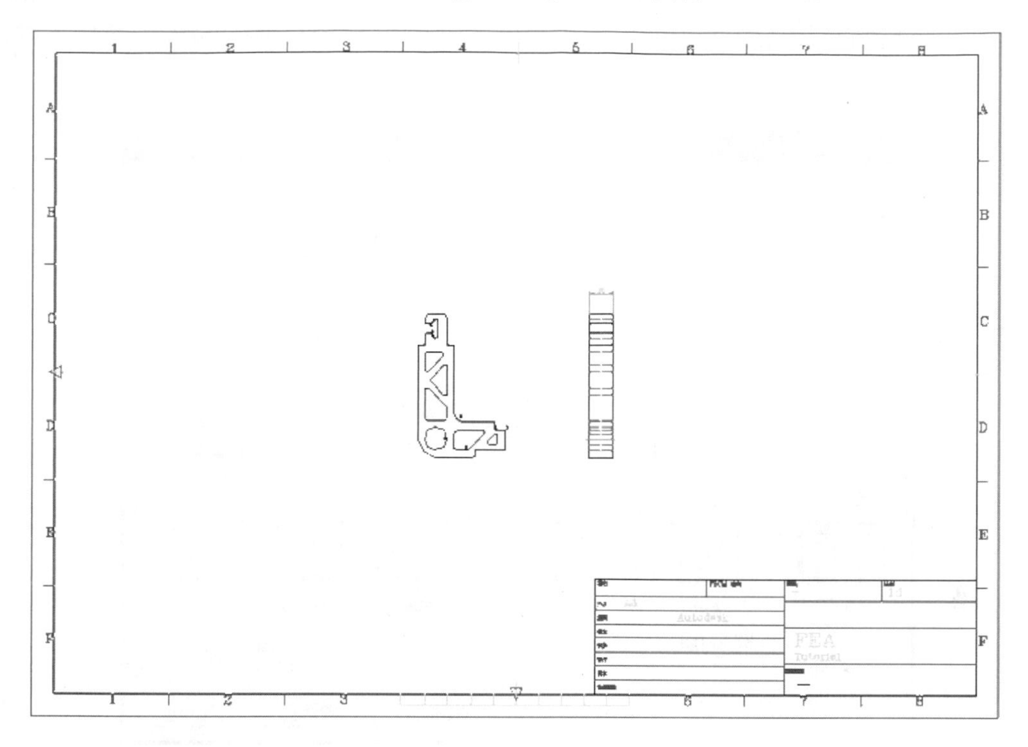

計算零件上的應力

2.　指定內部的點。

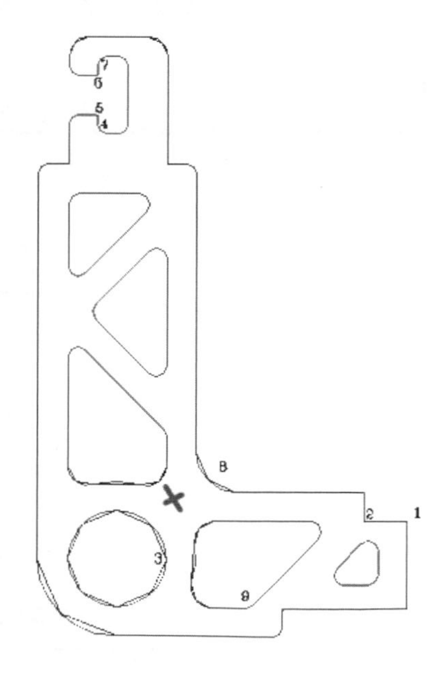

3. 因為我們使用的是 2D 的圖面來做應力分析，所以本身的幾何圖形並不具有 Z 軸的範圍，因此我們必須先加上一個厚度來方便計算，這也是必要的輸入，請輸入厚度值【10】。

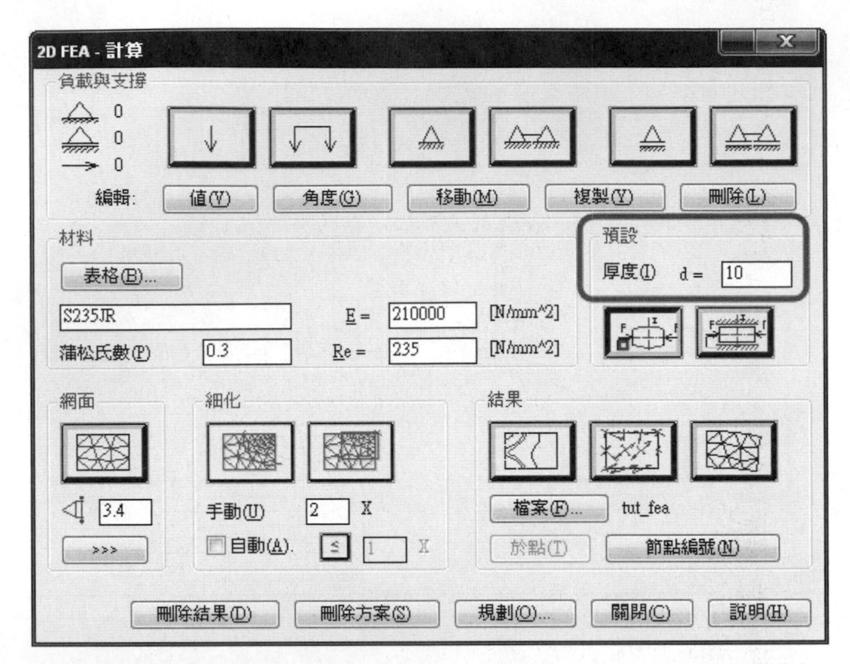

4. 再點【材料】，選取【表格】。

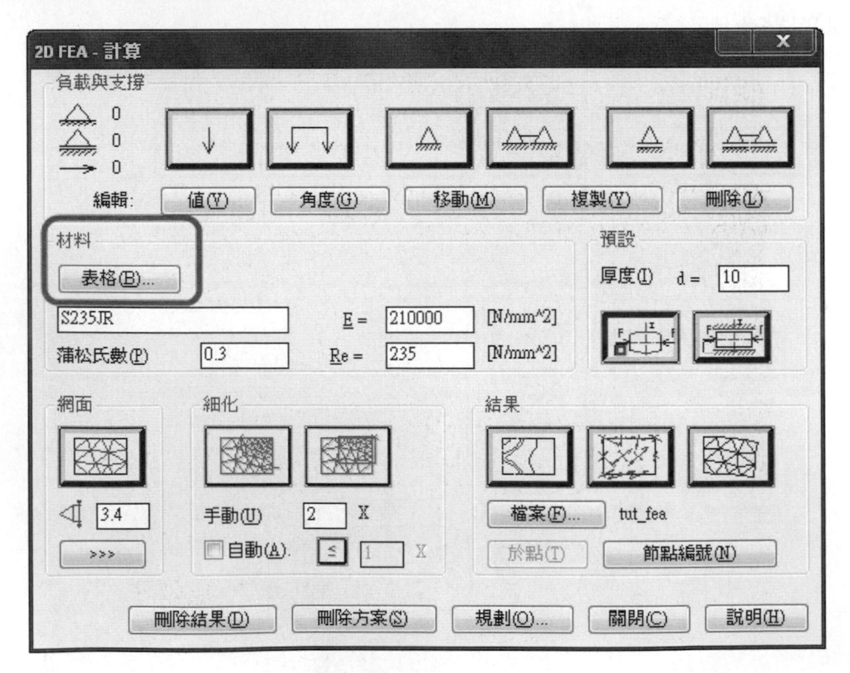

5. 選擇【ANSI 材料】。

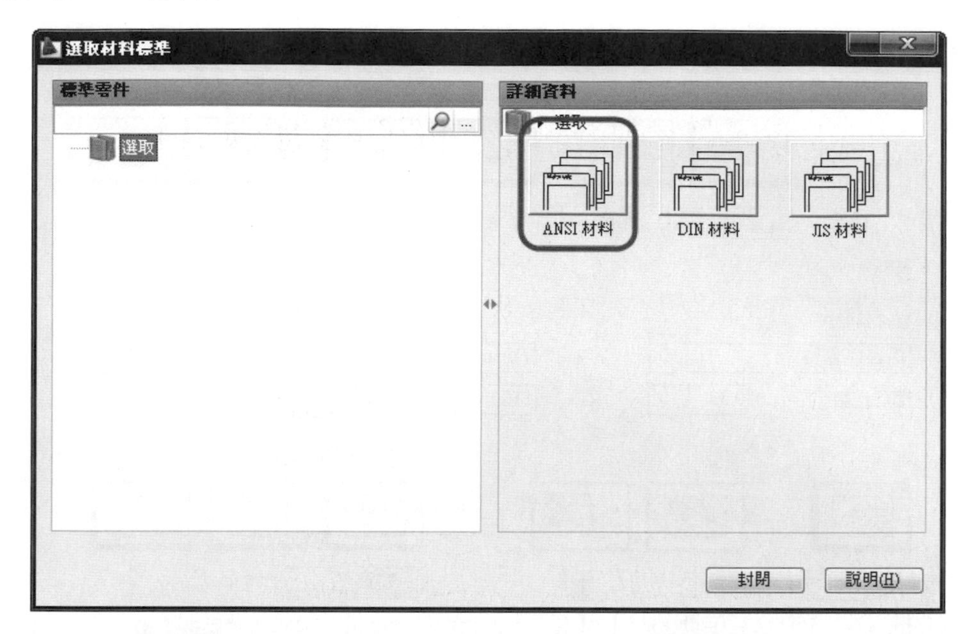

6. 選取【鋁合金壓鑄】。

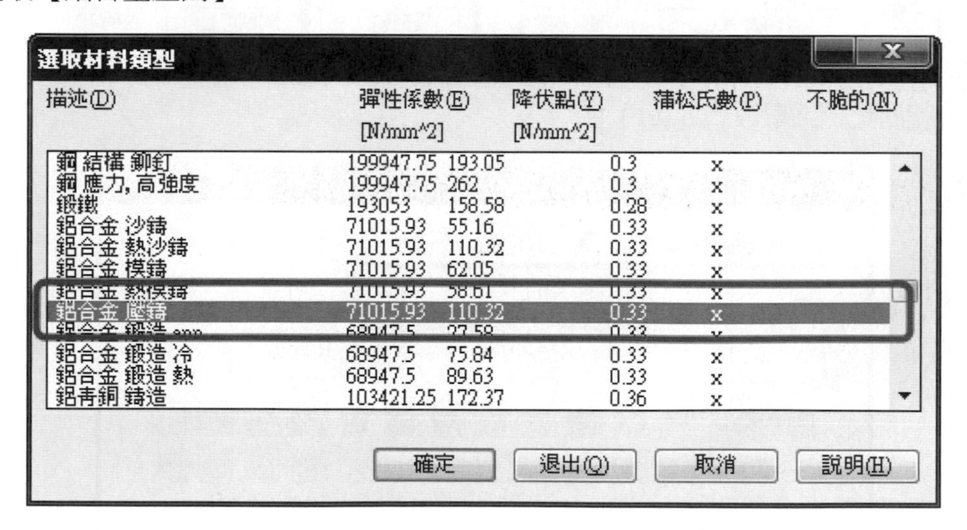

7. 點選【規劃】。

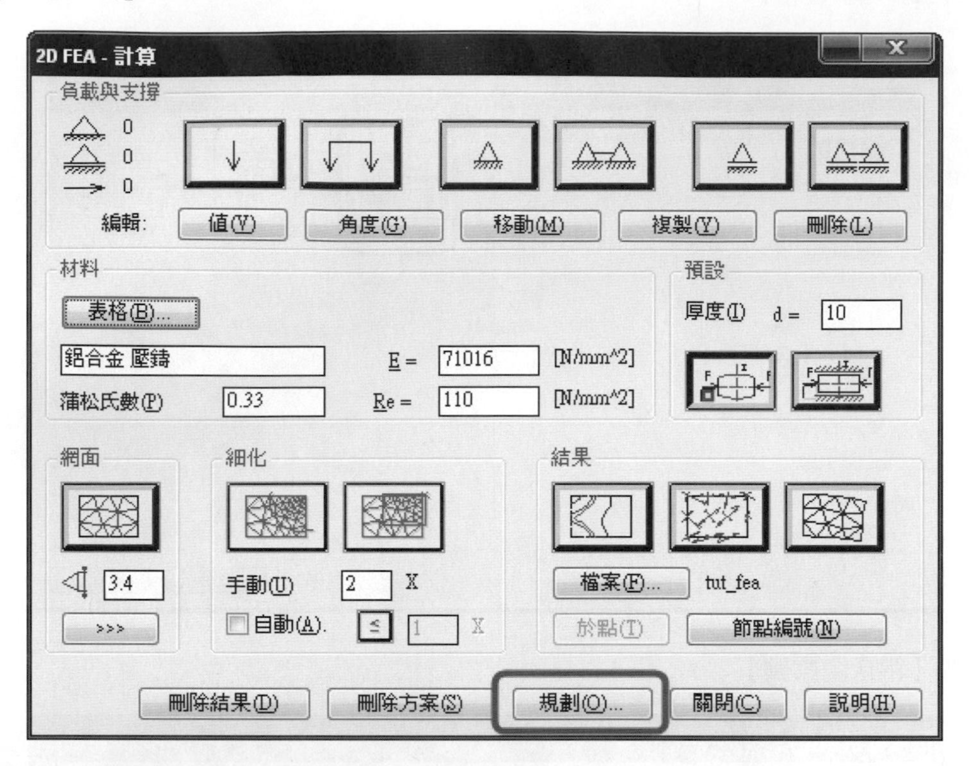

8. 將符號的比例系數改爲【0.1】。

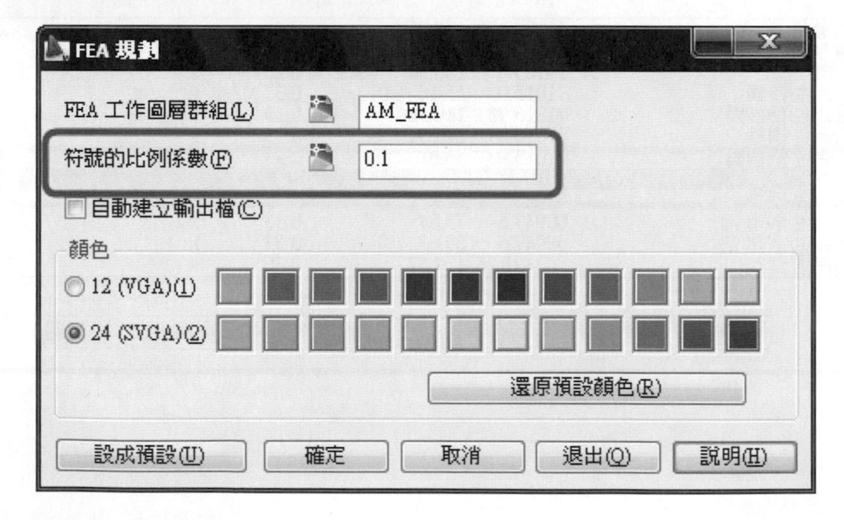

定義負載與支撐

1. 點選【固定線支撐】。

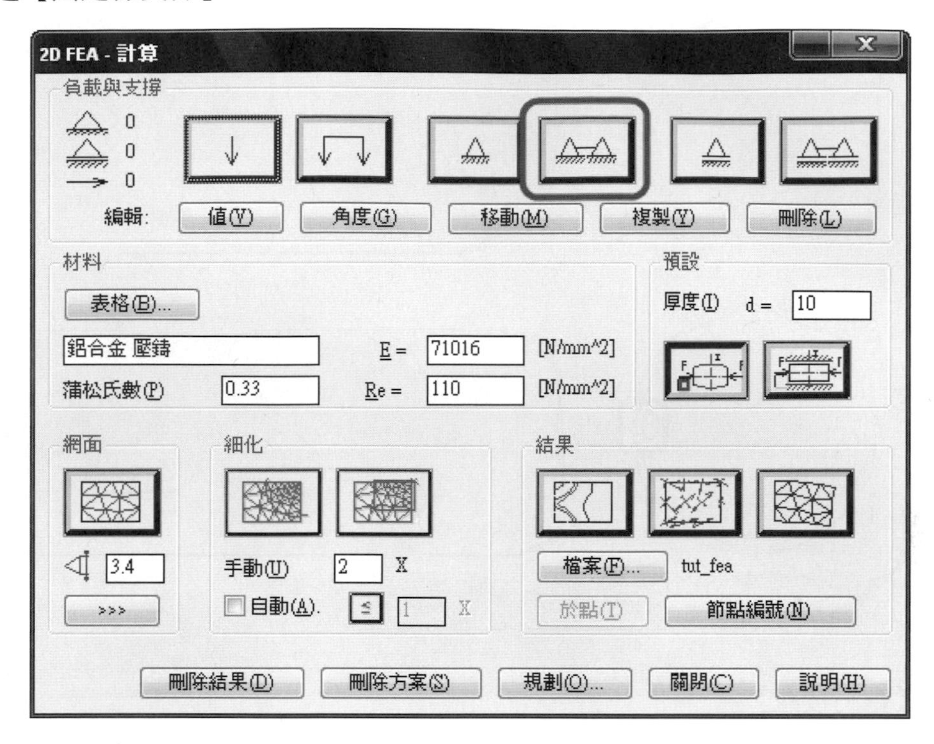

2. 選擇指定的【點 1】與【點 2】，端點的部份點下 Enter 或空白鍵即可。

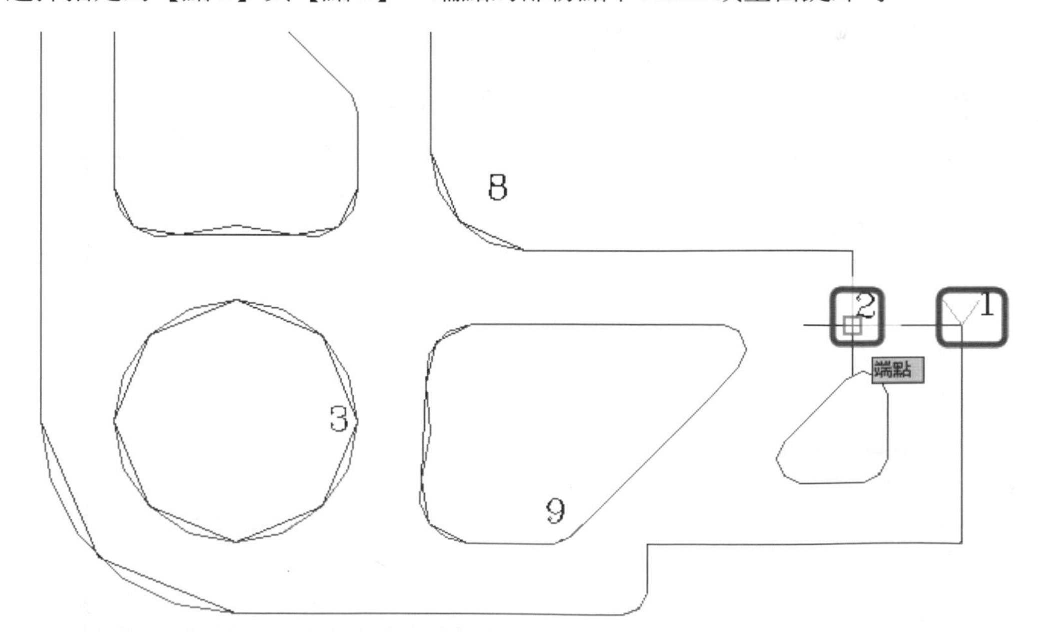

3. 再點選一次【固定線支撐】，此次選取點 3(四分點)，端點的部份點下 Enter 或空白鍵即可。

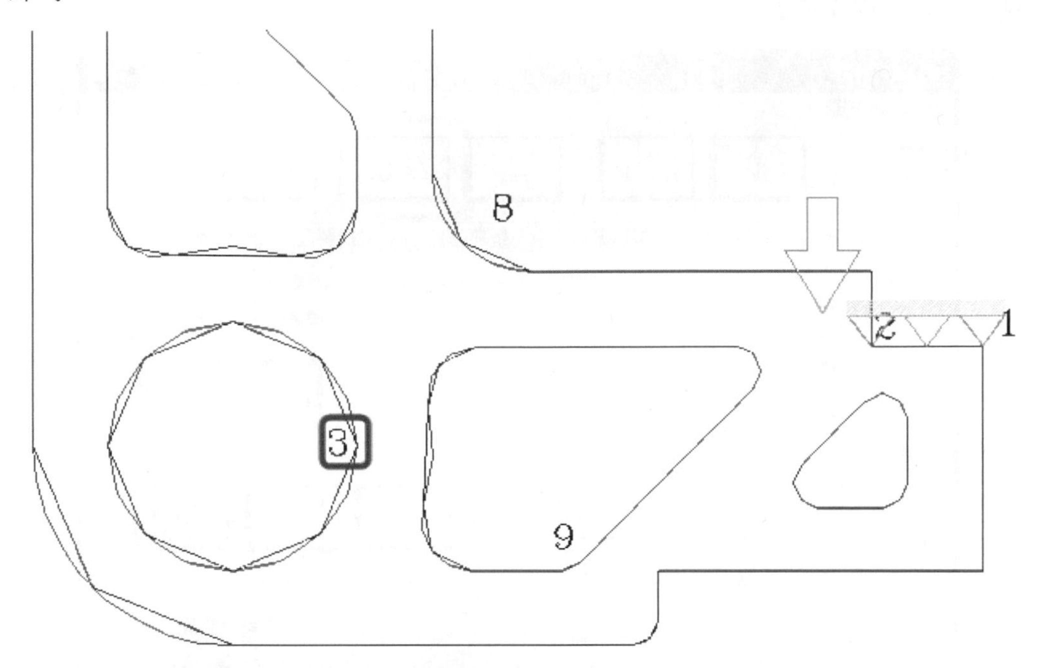

4. 點選【線力按鈕】。

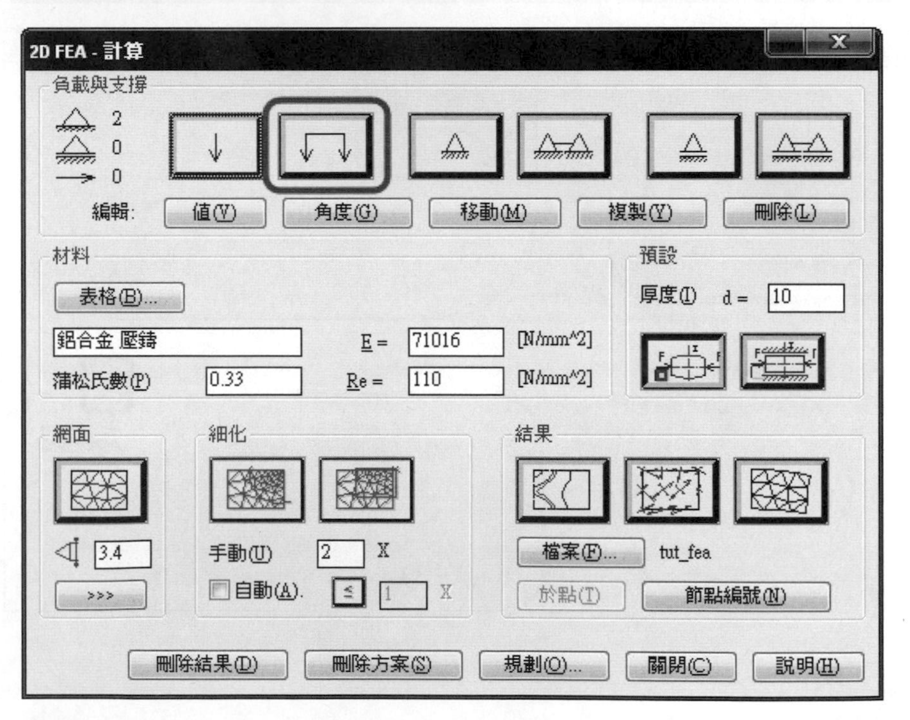

5. 插入點選取【點 5】，終點選取【點 4】，新值的部份請輸入【500】。

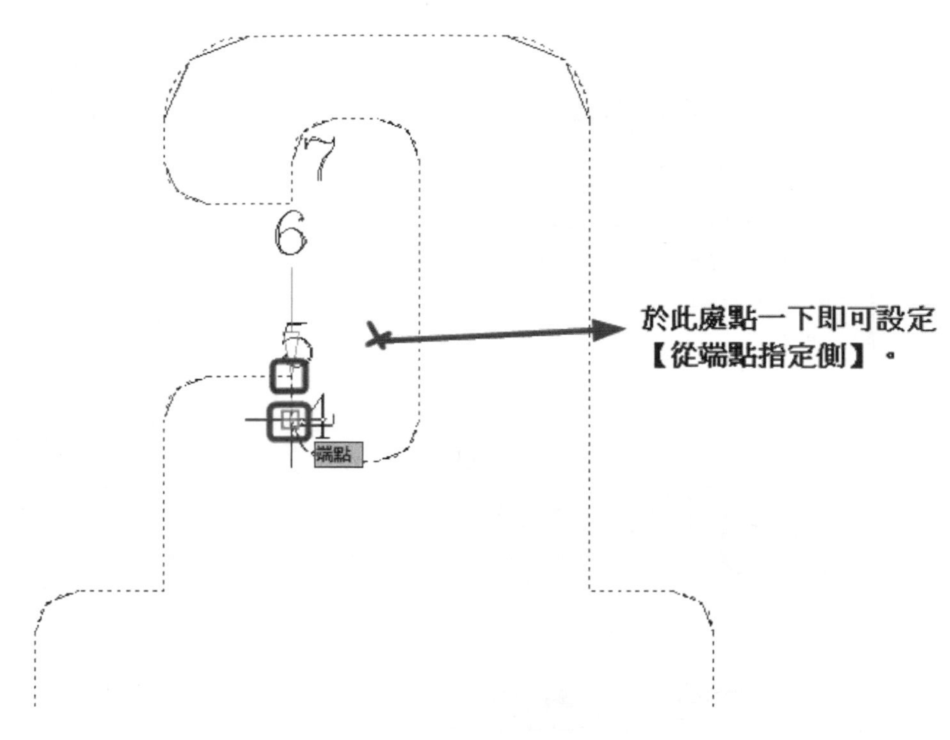

6. 再點選一次【線力按鈕】，選取插入點【點 6】，終點選取【點 7】，新值的部份請輸入【500】。

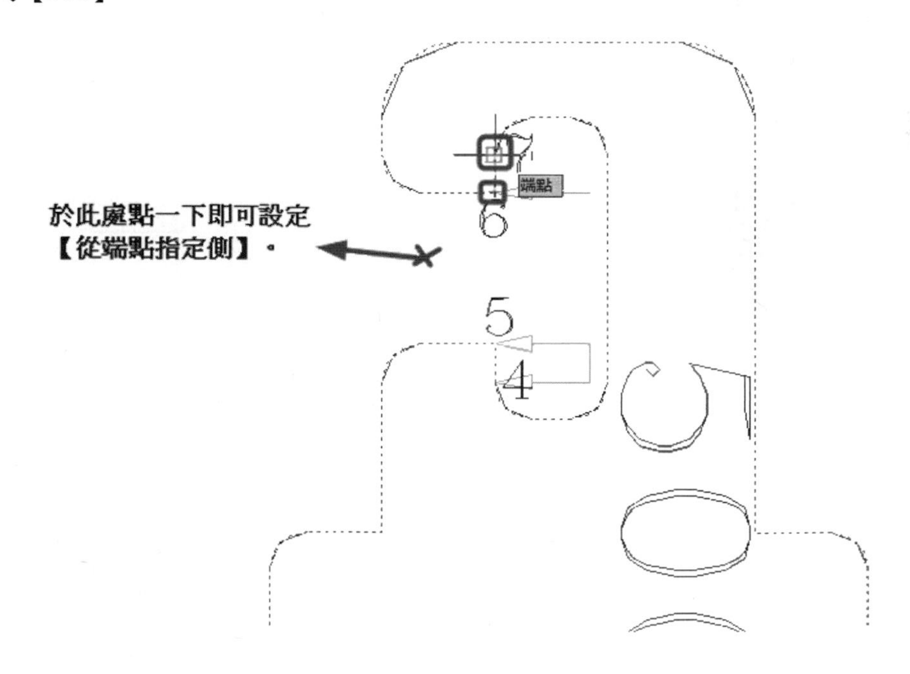

計算結果

1. 點選【網面】。

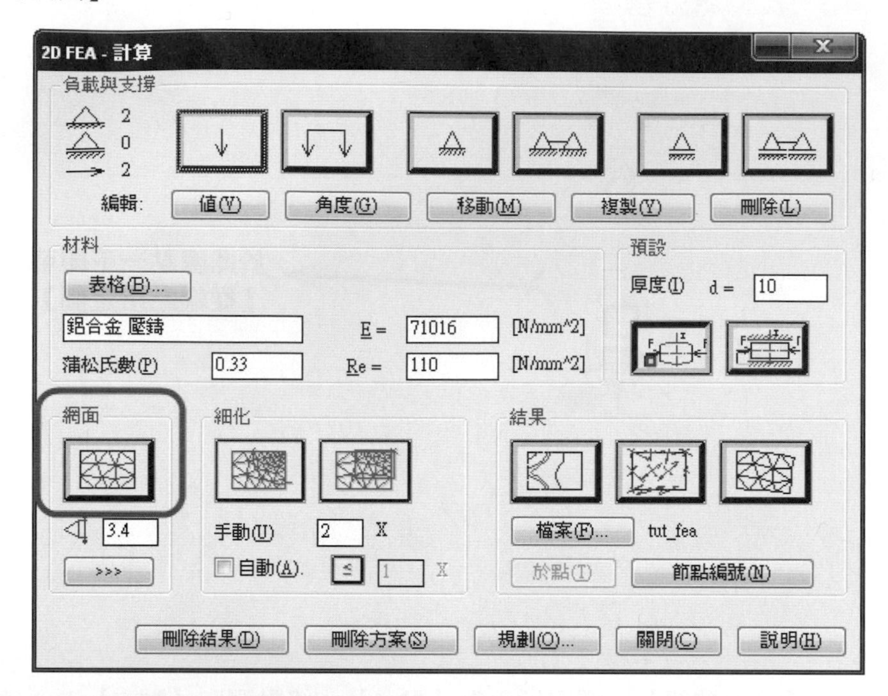

2. 如果在計算結果時沒有事先建立網面，程會也會自動的幫我們建立。

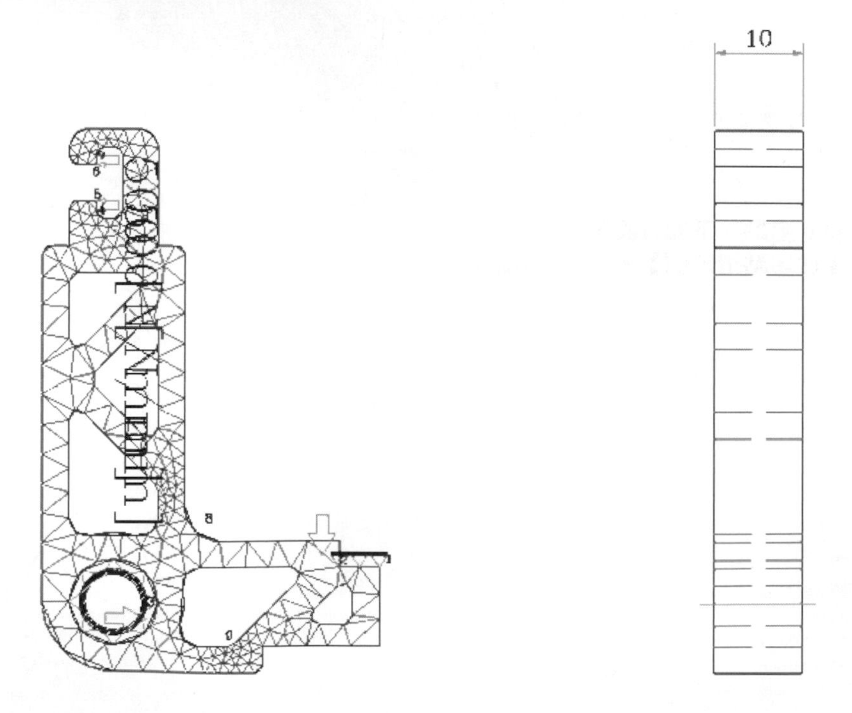

3. 點下【結果】的【等角圖元線(等角圖元線區)】按鈕。

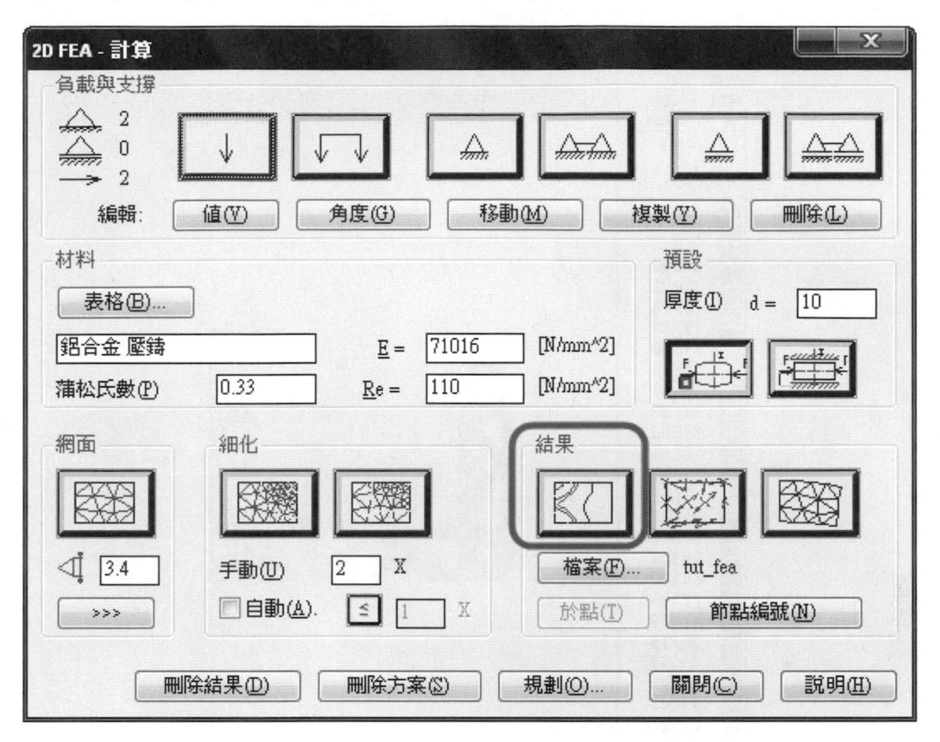

4. 選取右邊的圖形表現法。

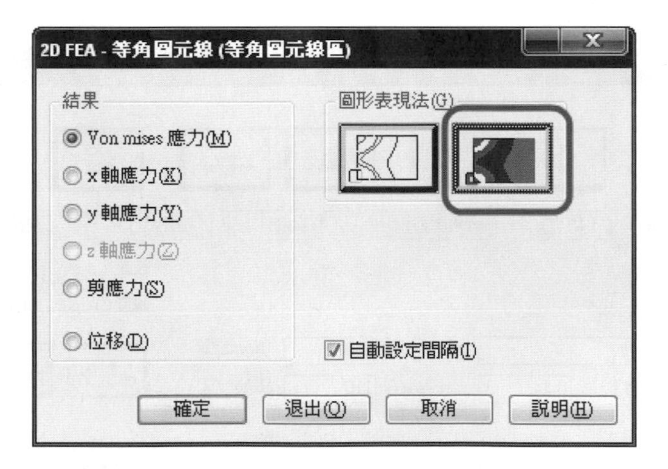

註：最大應力不一定是用暖色系來呈現。X、Y 和 Z 方向的應力，以及剪應力，也可採用負值。根據間隔按數學方式指定應力的顏色值。

範例：「冷」色等角圖元線的值為-80，「暖」色等角圖元線的值為 5。但是，最大值為-80。因此，不可依賴直觀顏色表現法。您必須同時解譯應力線與結果圖塊。

5. 直接點選 Enter 或空白鍵指定完內部點後，就可將圖表放置於左側。

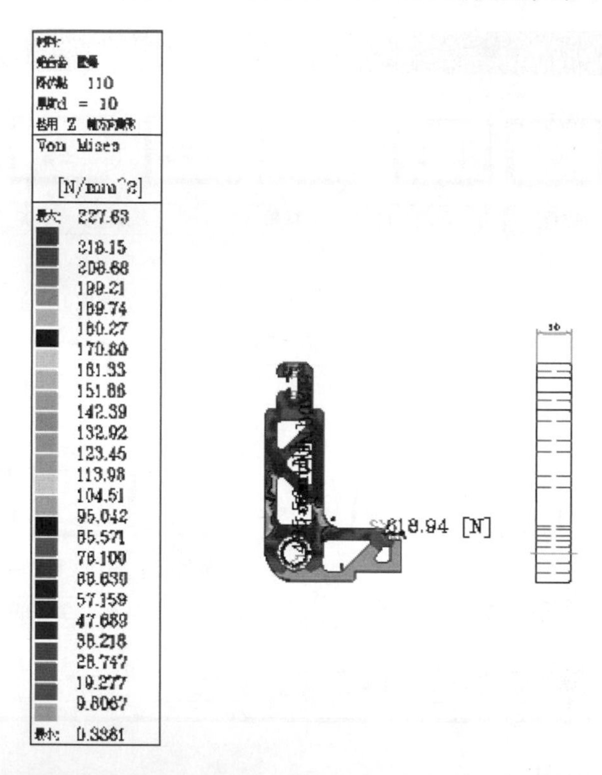

6. 點選【2D FEA - 計算】。

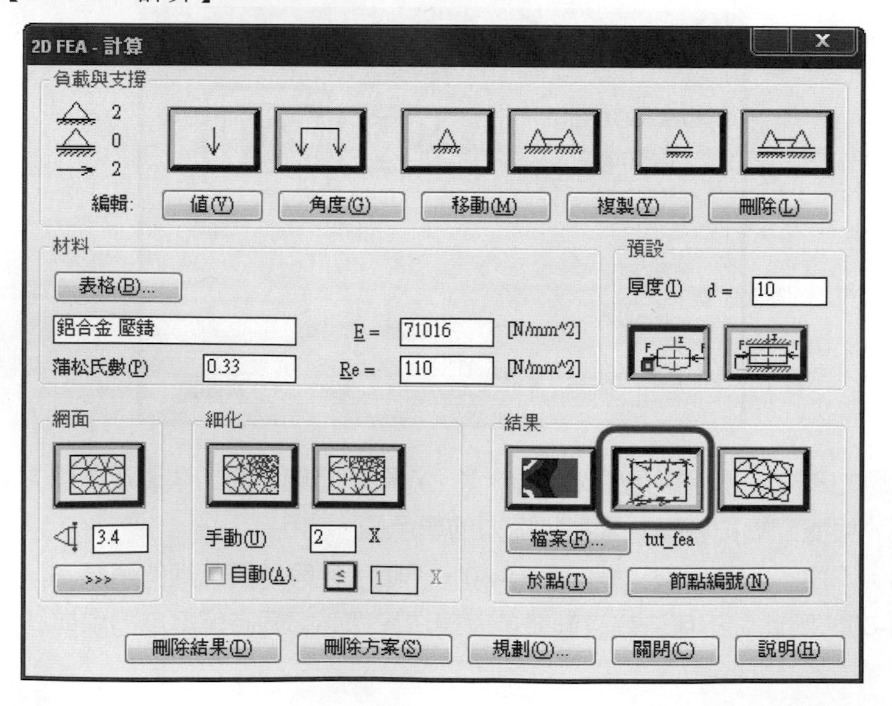

7.　點選【自動】。

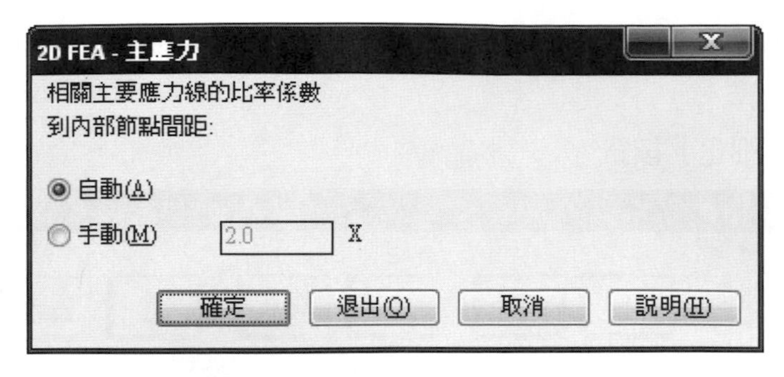

8.　點選邊界外，並將圖形與計算表格放置於視圖的右側。

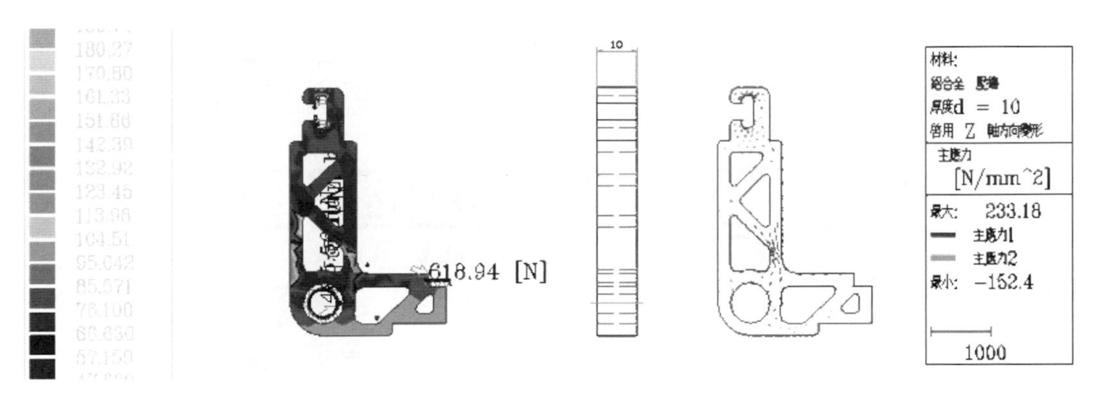

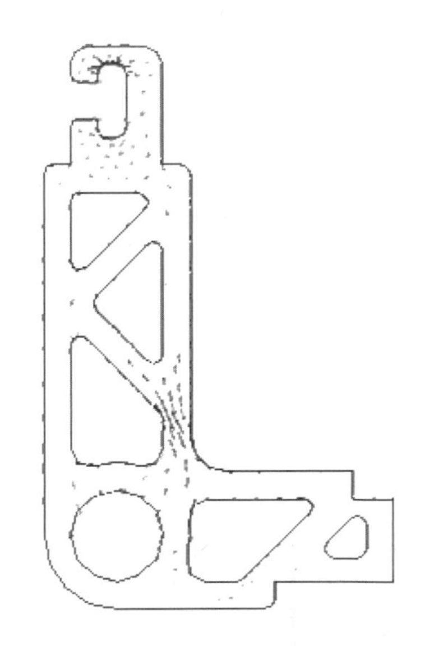

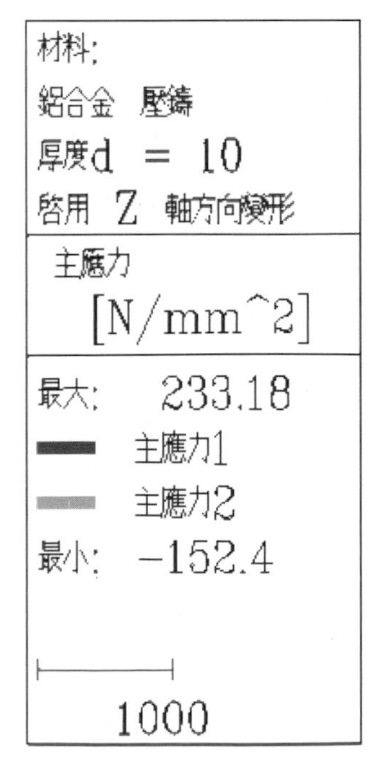

估算與精細化網面

在我們的圖形顯示【點 8】與【點 9】附近的內應力很高，因此我們可以再計對此一部份做更精細的計算。

1. 點選左側的【細化】按鈕。

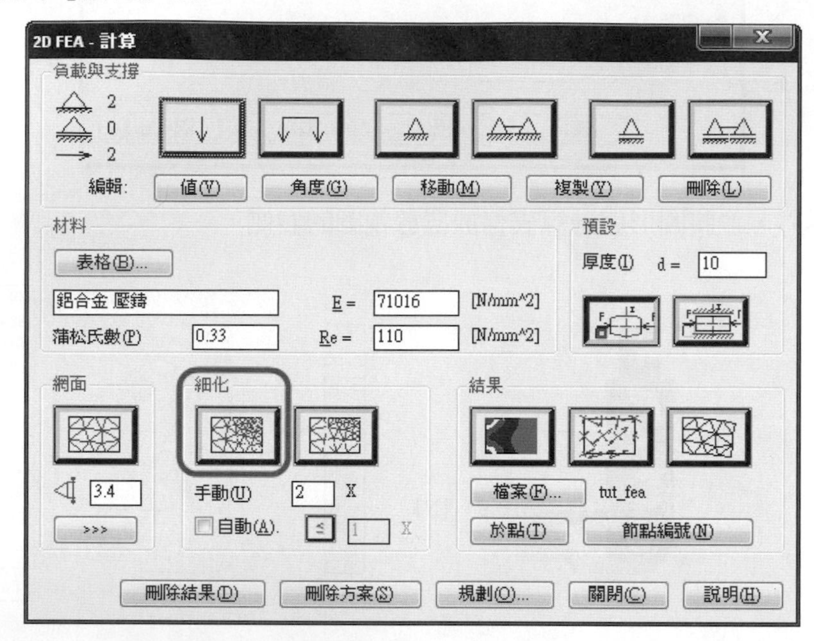

使用小網面密度時，精確值會發生很大差異。因此可能必須打開自動細化，或在第一個應力差異通過計算之後手動細化應力差異。

2. 中心點 1 的部份請選取【點 8】附近的點，中心點 2 的部份請選取【點 9】附近的點，中心點 3 的部份請直接按 Enter 即可。

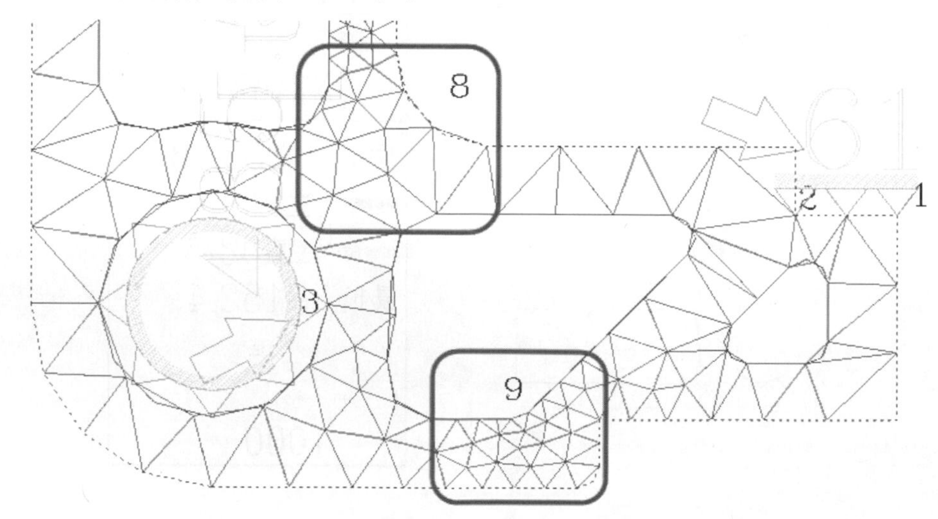

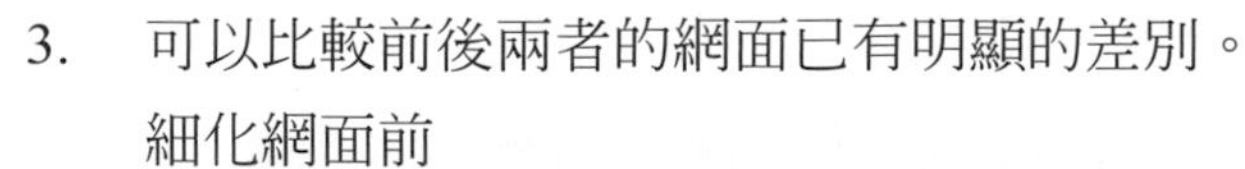

3. 可以比較前後兩者的網面已有明顯的差別。

細化網面前

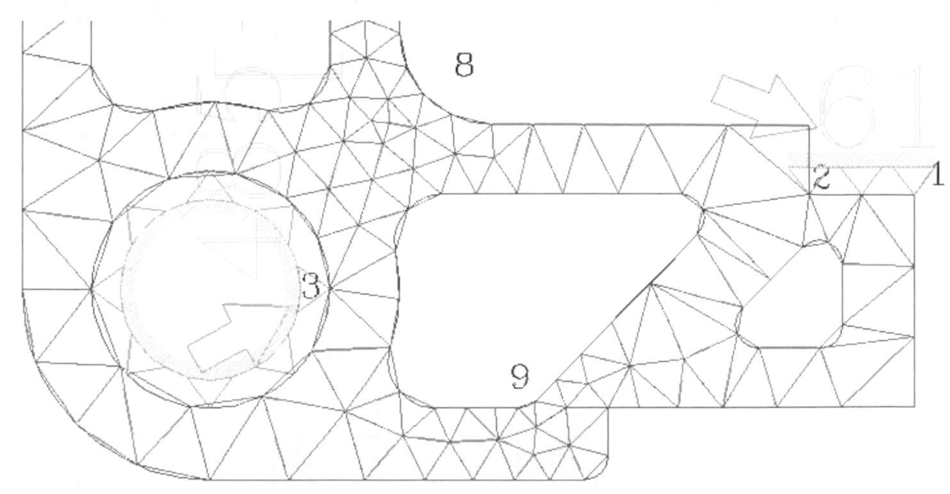

細化網面後

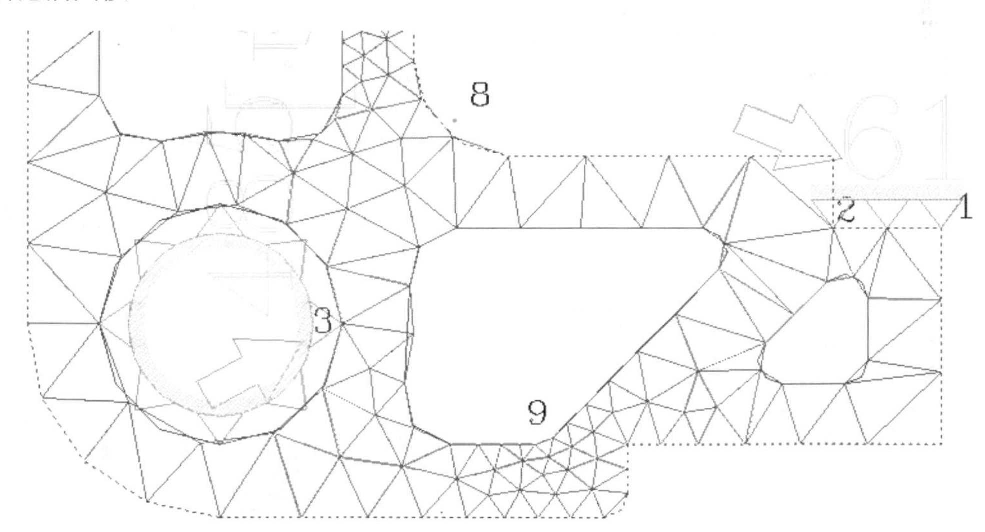

註：網格(Mesh)的原理與功用

網格，簡單說明就是做一種數值模擬，為一種計算的運算方法，在電腦分析計算模型時，一定要把物體切成細小的等分，這樣就形成所謂的網格，再給予輸入的邊界條件，此時會需要先計算一個小網格，再把小網格計算的結果傳到相連的網格，以此類推的擴散出去做運算，最後計算出整體的結果。所以網格越小計算的精度就越精密，但是相對的運算的時間也就越久。

5. 點下【結果】的【等角圖元線(等角圖元線區)】按鈕。

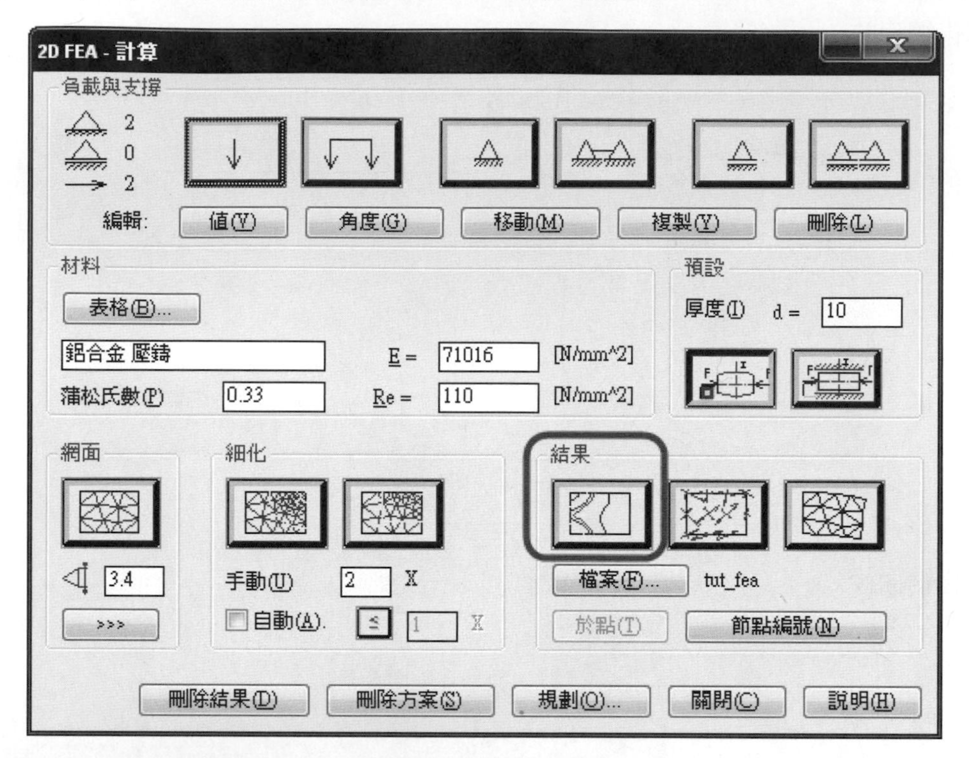

6. 選取右邊的圖形表現法，基準點與插入點的部分請點按 Enter 或空白鍵，再重新拉出新的圖表即可。

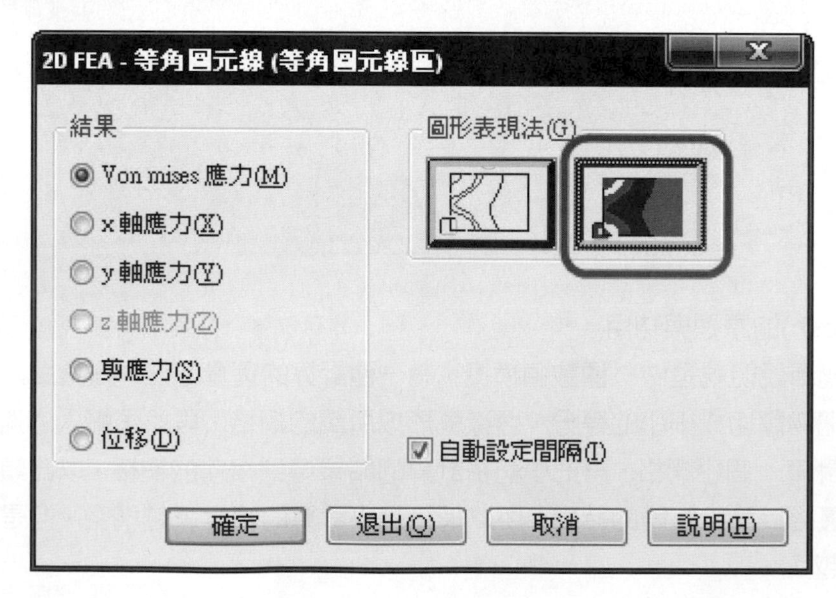

精細化設計

依圖表顯示【點 8】為臨界區，在此我們可以透過修改更大的圓角來改善，在我們變更設計之前，需要先將剛才所計算出來的結果與解決方案刪除。

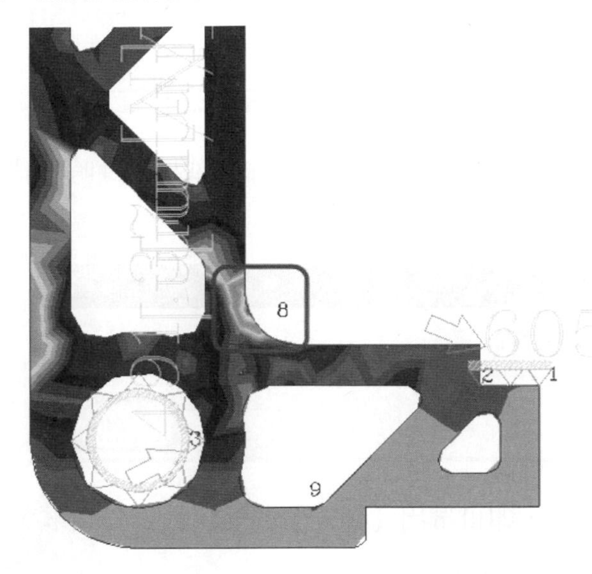

編輯幾何圖形方法

1.　點選下圖的【刪除結果】與【刪除方案】按鈕。

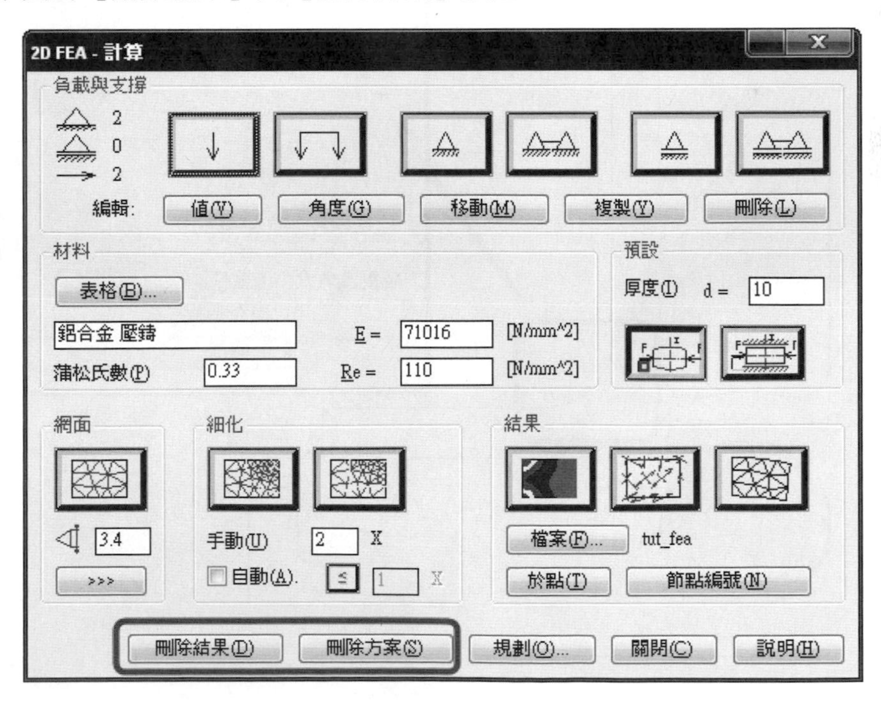

2. 在【AutoCAD 問題】的對話方塊中詢問是否刪除方案時，請選【是】。

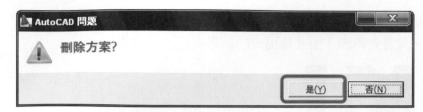

3. 在【AutoCAD 問題】的對話方塊中詢問是否一併刪除負載和支撐時，請選【否】。此時若選擇了【是】就得重新設定所有的條件。

4. 用滑鼠快點該視圖的圓角兩下，即可帶出【圓角】的編輯程式對話框，此時請輸入【10】。

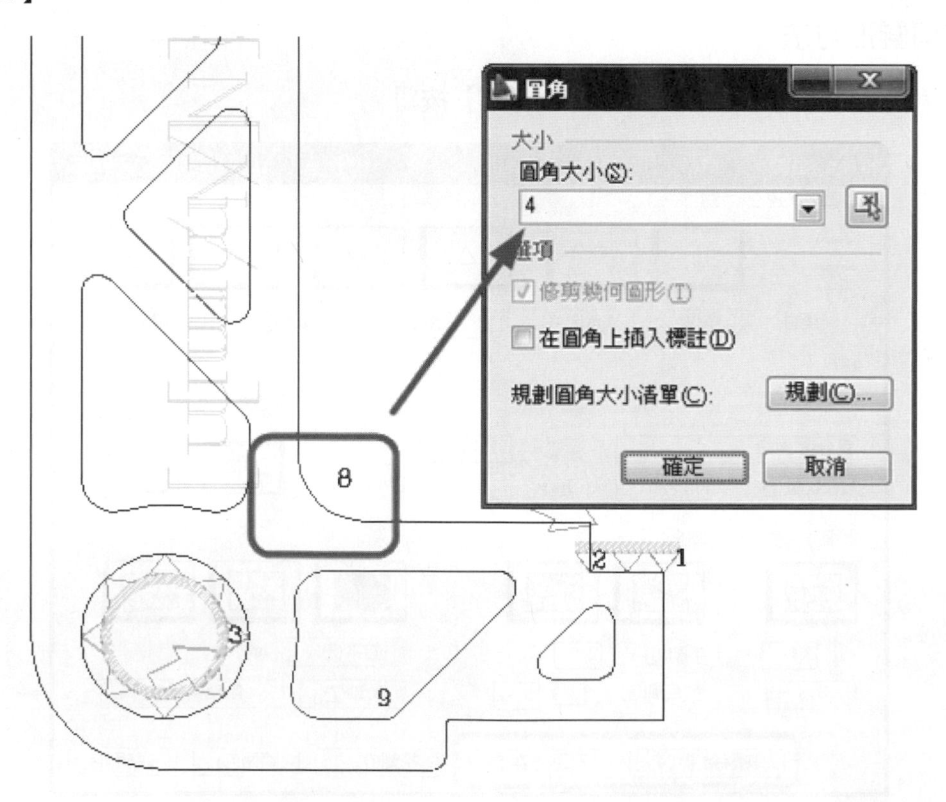

5. 修改之後可以明顯看出不同。

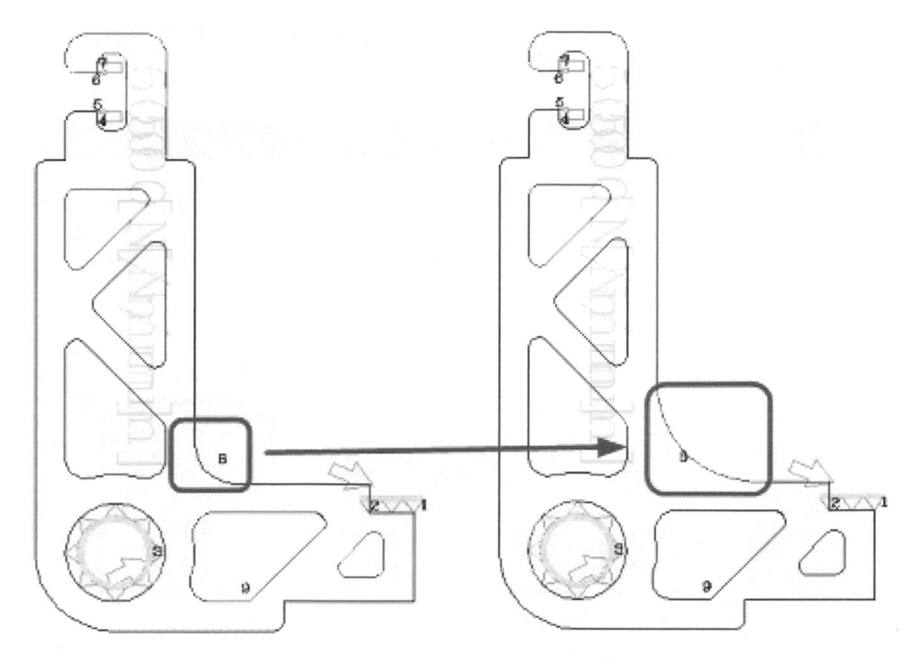

重新計算應力

1. 請重新執行 FEA 功能或是直接輸入 AMFEA2D 指令，再點選內部點位置。

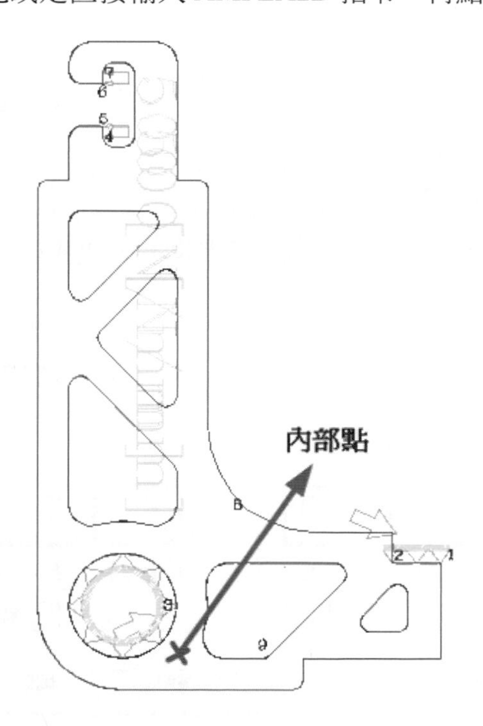

2. 厚度的部份一樣輸入【10】。

因為考量不同的圓角設計對於工件的影響，所以材料的部份與其它的固定、支撐均不變動。

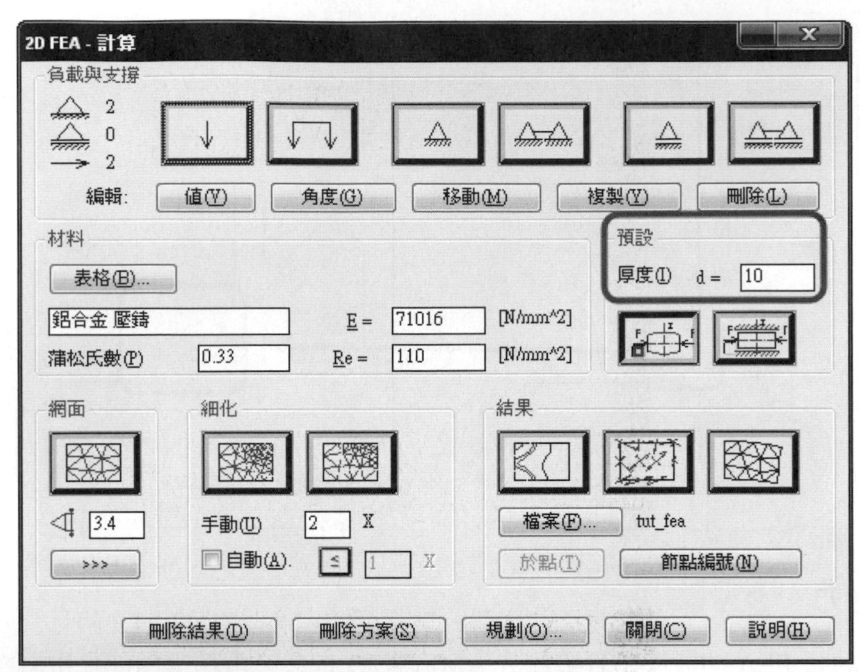

3. 點下【變形】。

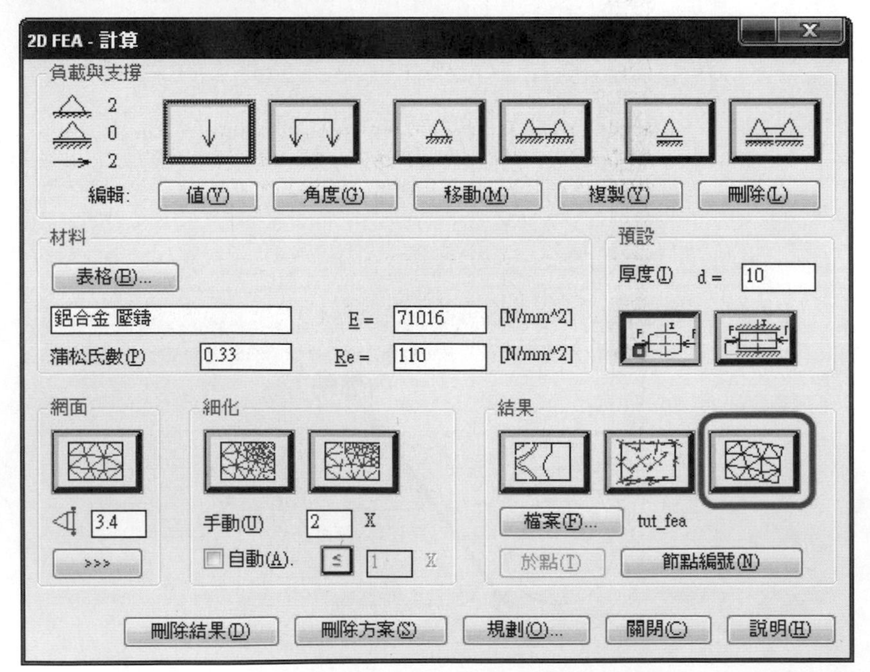

4. 點選【自動】。

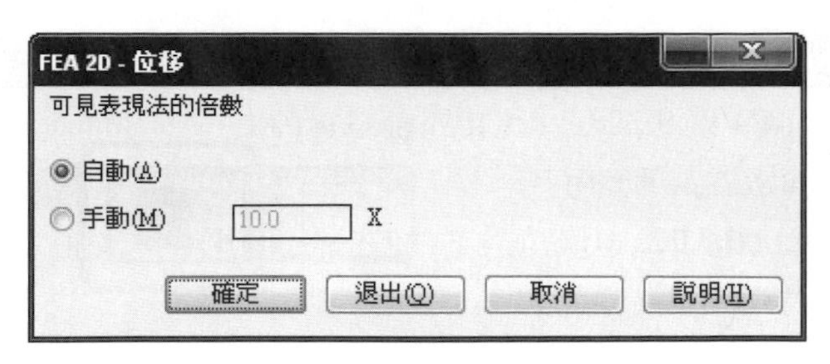

5. 在基準點的部份若要重疊的話，就指定在【邊界內】，表格插入點則可以放在左側。

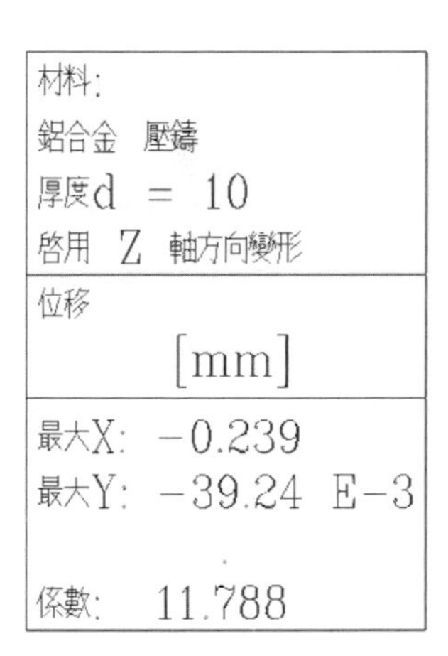

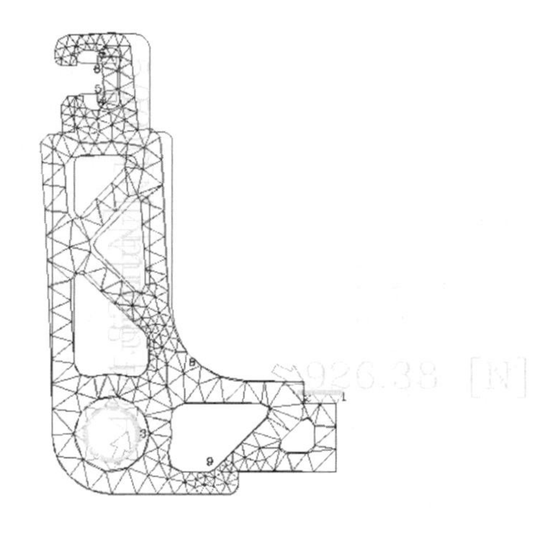

6. 點下【結果】的【等角圖元線(等角圖元線區)】按鈕。

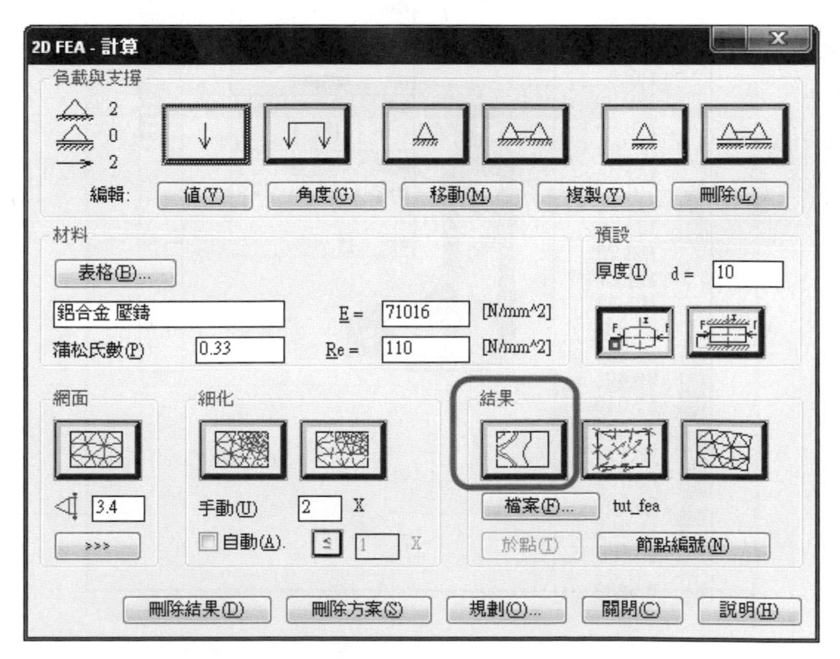

7. 選取右邊的圖形表現法。

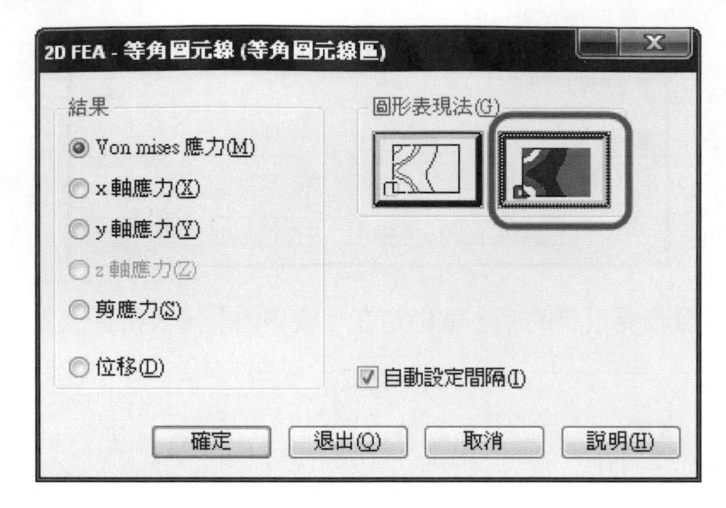

8 最後的結果顯示如下。

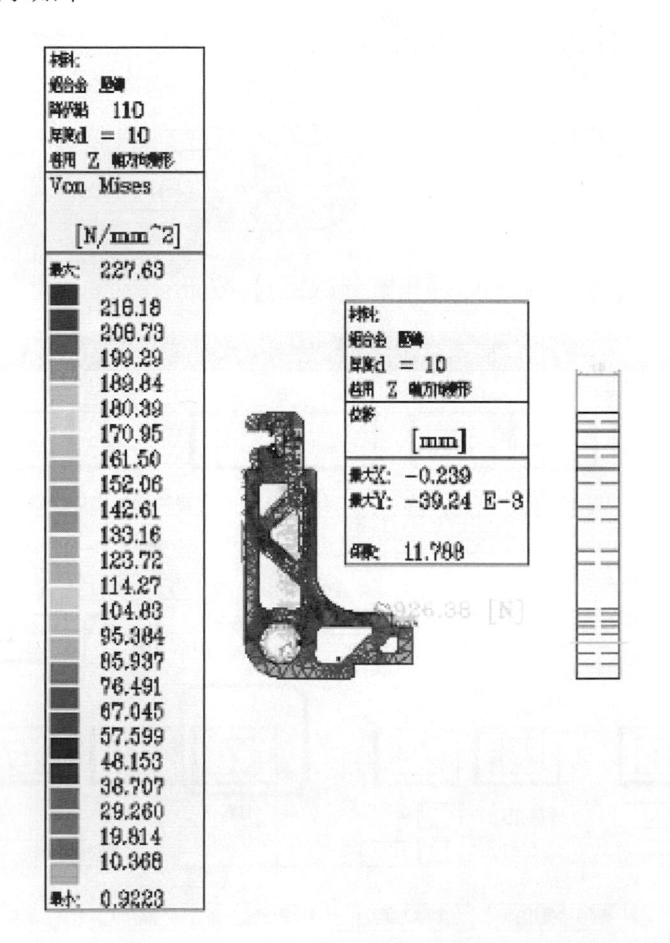

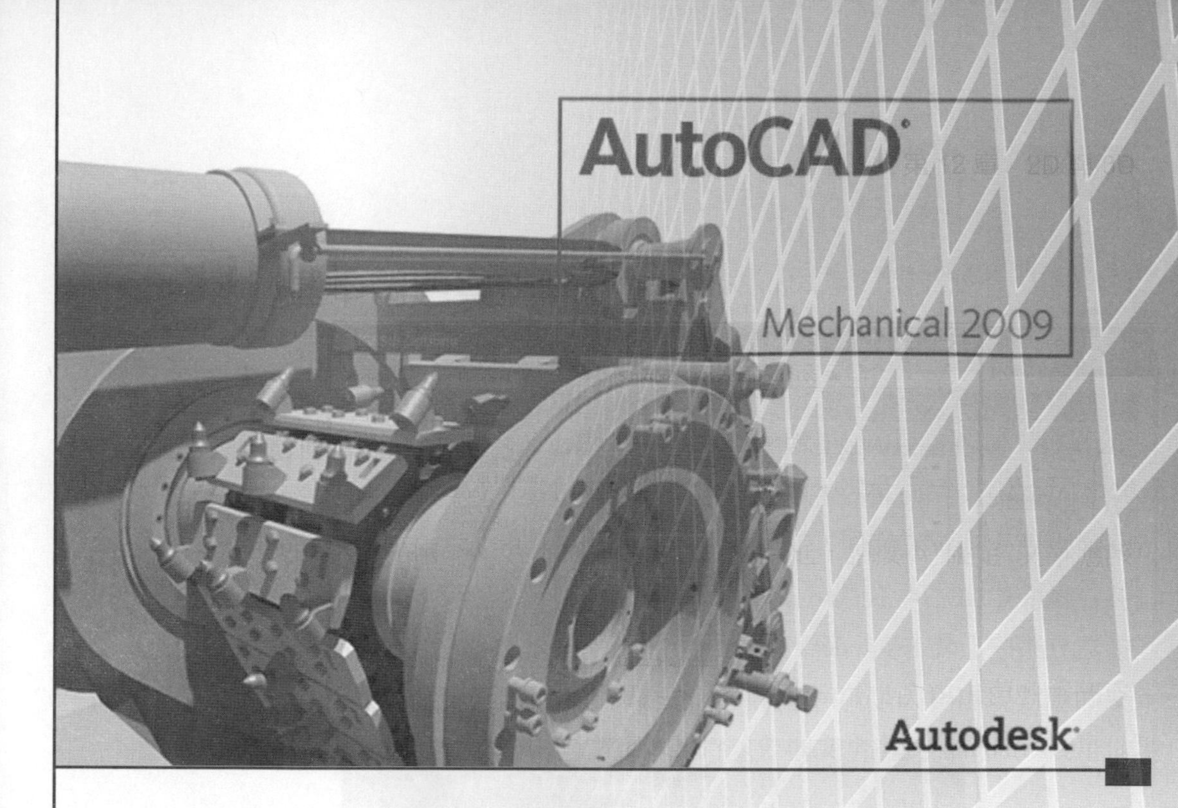

Chapter 12

2D 與 3D

12-1 開啓 Inventor 檔案

AutoCAD® Mechanical 提供獨特的原生 Autodesk Inventor® 零件檔細部處理和記錄功能，並可隨 Autodesk Inventor® 檔案的變更而自動更新圖面。使用 AutoCAD® Mechanical，可更快速、更準確地建立圖面，並顯著提昇製圖生產力。

雖然在 AutoCAD® 中我們可以自行建構 3D 模型，但是其實還是沒有直接在純 3D 環境下直接建立來的方便，Autodesk Inventor® 它是一套參數式的 3D 軟體擁有許多意想不到功能，我們在此要教導各位如何去連結它的檔案。

1. 開啓【新 Inventor 連結】。

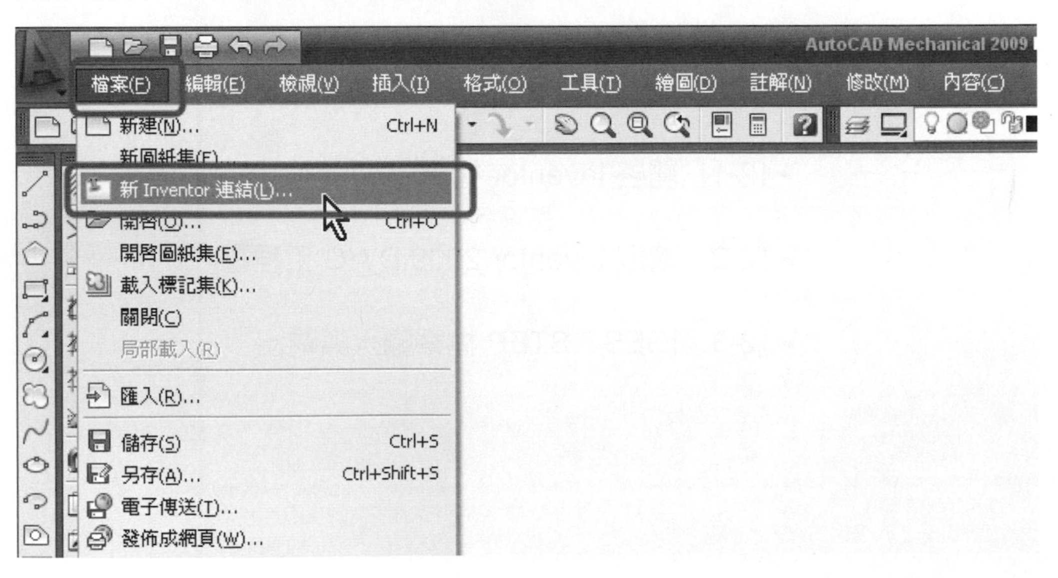

2. 選擇所想要的樣版，在此我們建議使用 am_iso，選完之後可能會看到一個【系統正在載入中】的框話視窗。

3. 接下來選擇 Inventor 的檔案。

注意!

僅當安裝 AutoCAD® Mechanical 時啓用了「安裝 Autodesk Inventor® 連結」選項，才能進行本章中的練習。如果未安裝 Autodesk Inventor® 連結支援，則當您從【檔案】功能表中選取【新 Inventor 連結】選項時，將顯示錯誤訊息。

4. 若出現下列的登錄畫面，請點選【是】。

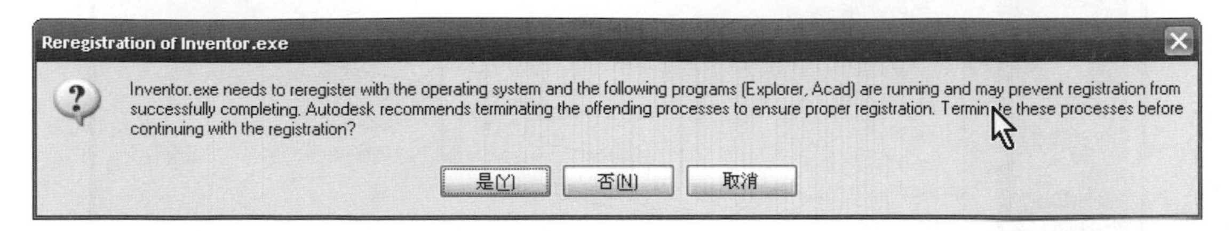

5. 在【檢視】下的【環轉】，選用【自由環轉】轉正我們的模型。

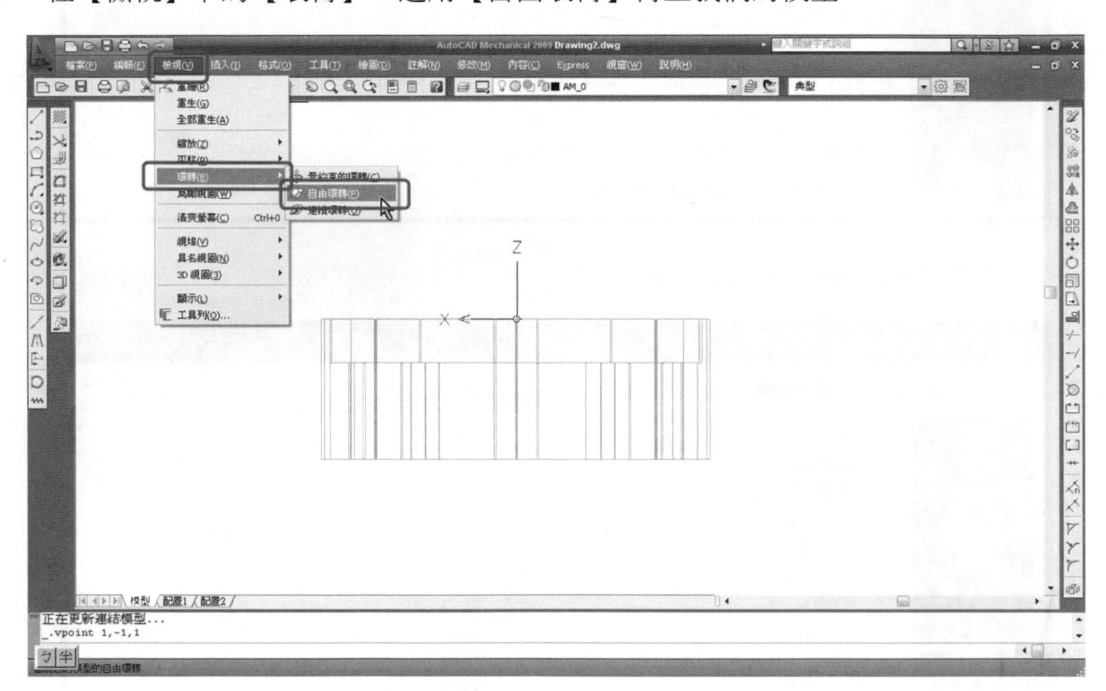

6.　轉正後如下圖。

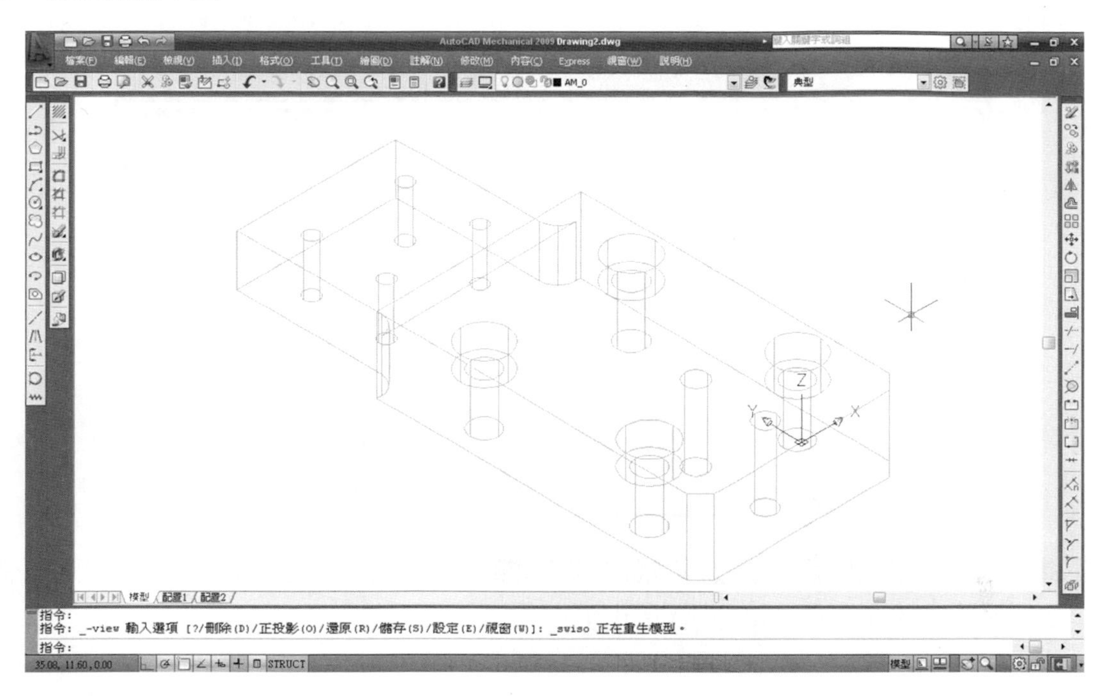

7.　於畫面處點選滑鼠右鍵，選【新視圖】。

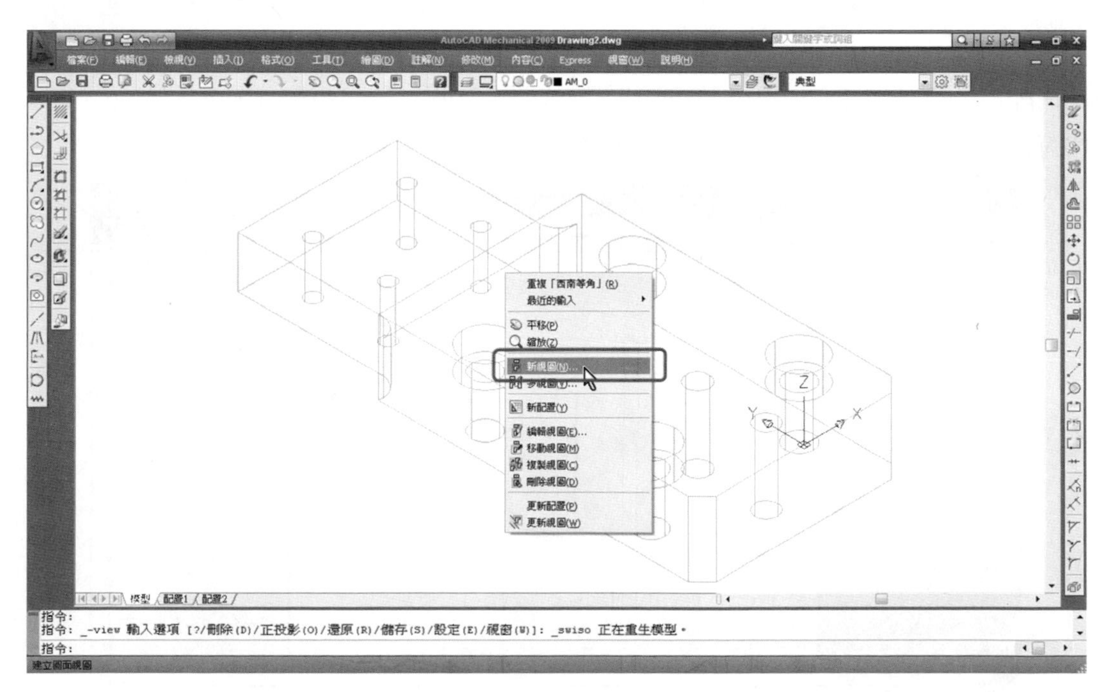

8. 於視圖類型的地方由原來的【基準】改成【多重】，右邊的視圖也會變成三視圖的型式。

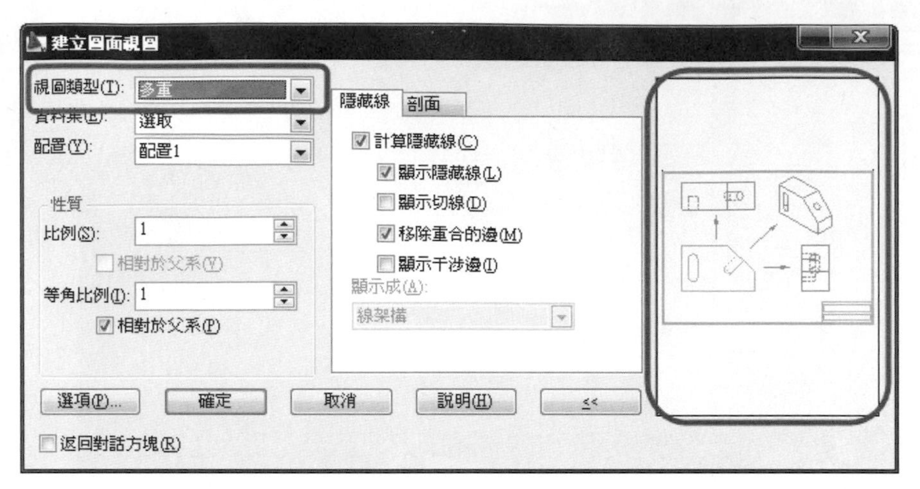

9. 此時軟體會出現要我們選取平物面或是工作的平面，此時只要選取 UCS (U)即可，調整方位的部份也只要選接受(A)就可以了。

```
指令:
指令:
指令: _amdwgview
選取平物面，工作平面或 [標準視圖(T)/UCS(U)/視圖(V)/世界Xy(X)/世界Yz(Y)/世界Zx(Z)]: U
調整方位 [翻轉(F)/旋轉(R)] <接受(A)>:
```

10. 在配置的部份點下需要放置基準視圖的位置，這個位置可以先大約放置一下，後面若有需要的我們可以再依需要來修改位置。

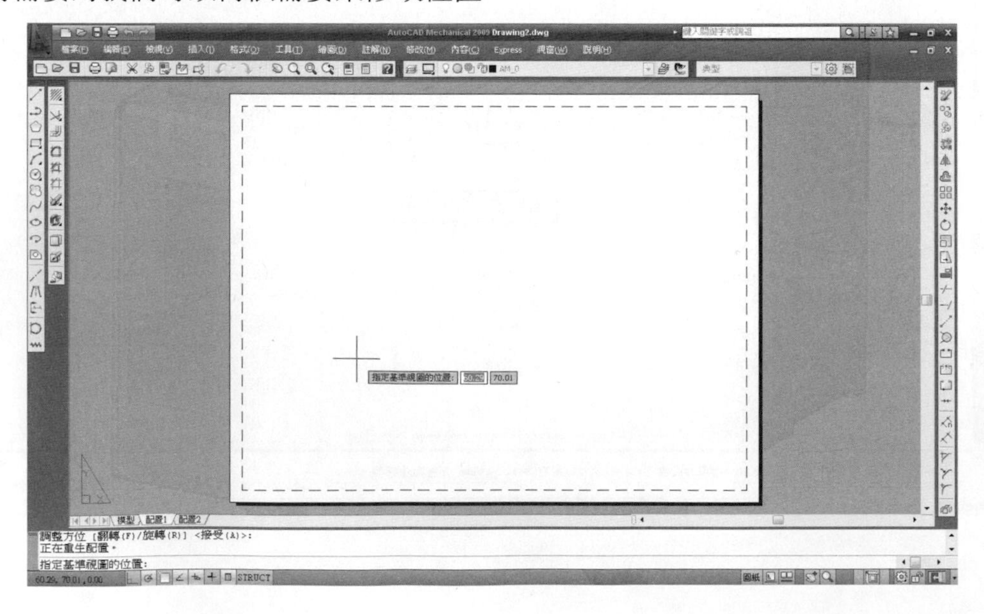

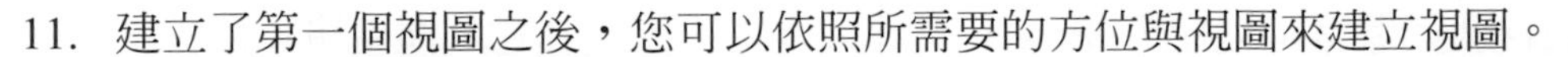

11. 建立了第一個視圖之後，您可以依照所需要的方位與視圖來建立視圖。

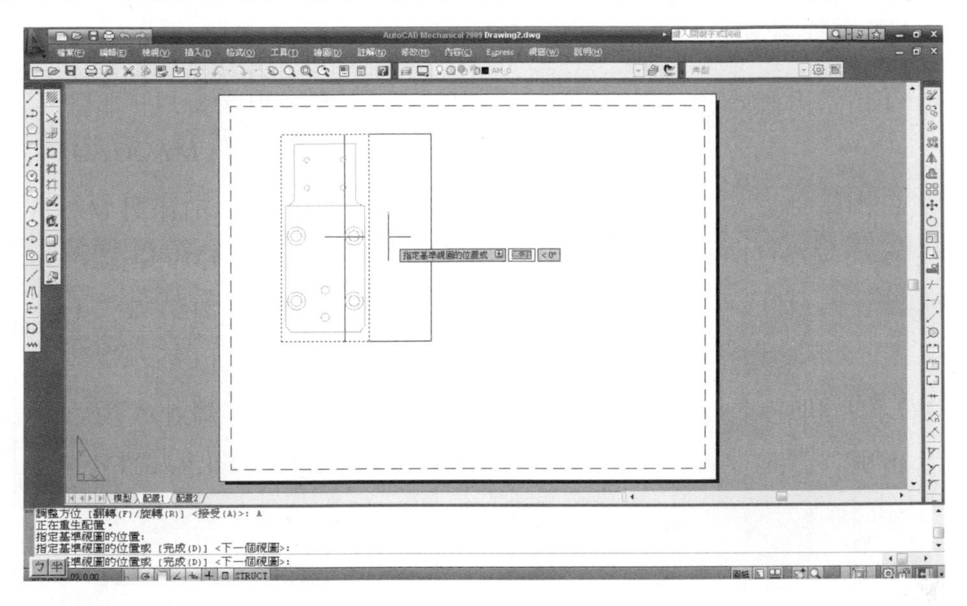

12. 將滑鼠移到欲放置視圖的地方，並配合空白鍵，確定完成之後再按下 ENTER 鍵即可完成下面圖。

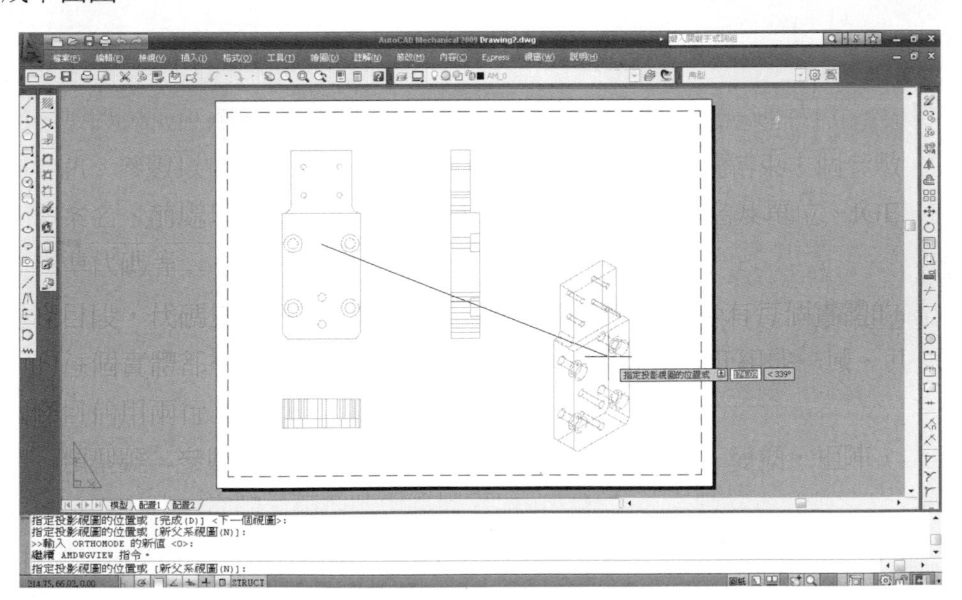

13. 當然在這邊我們還是可以使用 Power 標註來標註，搭配其它功能就可以出一張源自 3D 模型的工程圖。

    某些標註需要重新排列，而有一些則可能是多餘的。您可能還需要為某些圖元建立標註。您自己加入的標註稱為參考標註。如果在 Autodesk Inventor® 中修改零件，這些標註會自動顯示正確的零件大小。

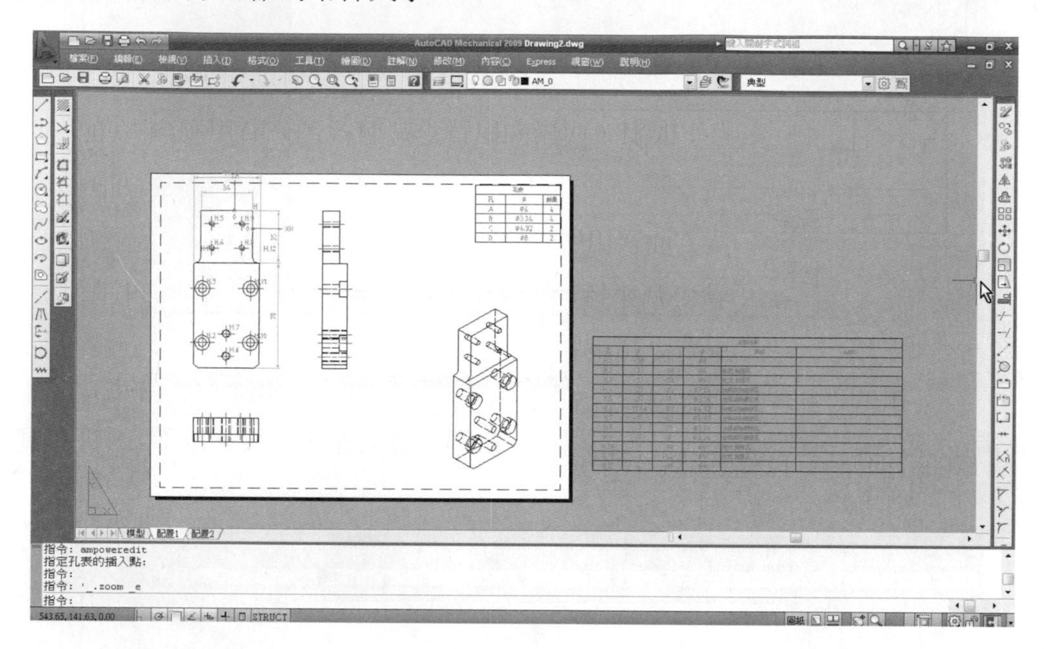

12-2 讀取 Inventor 2009 DWG 工程圖

12-2-1　讀取圖塊

1. 這是一張由我們在 Inventor 2009 簡單產生的 DWG 工程圖。

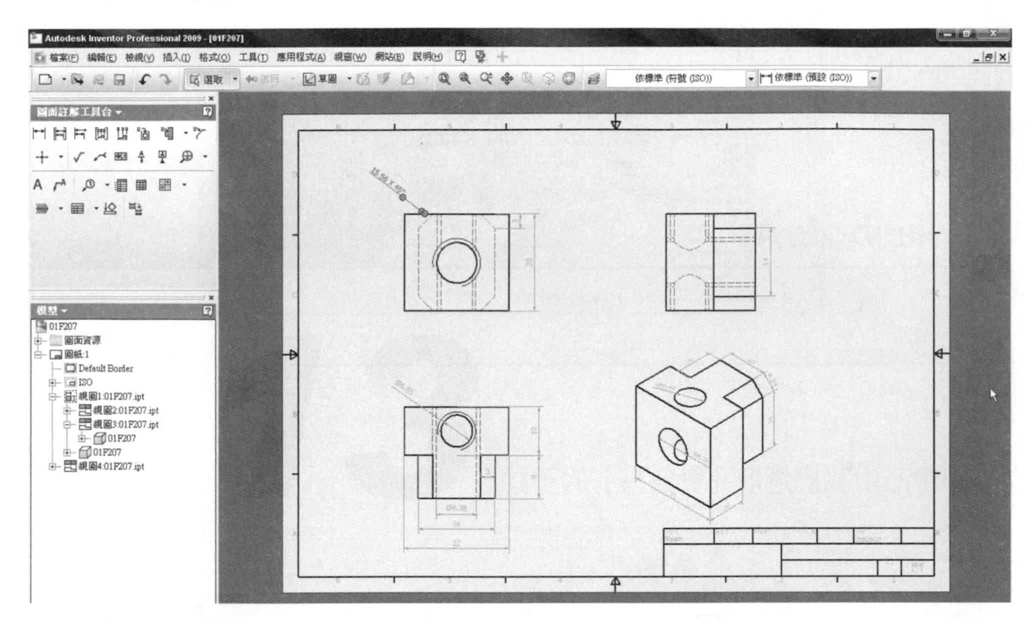

2. 由於 Inventor 2009 工程圖支援兩種格式 DWG 與原有的 IDW，所以我們要存成 DWG。

3. 開啓 AutoCAD® Mechanical，並開啓【設計中心】。

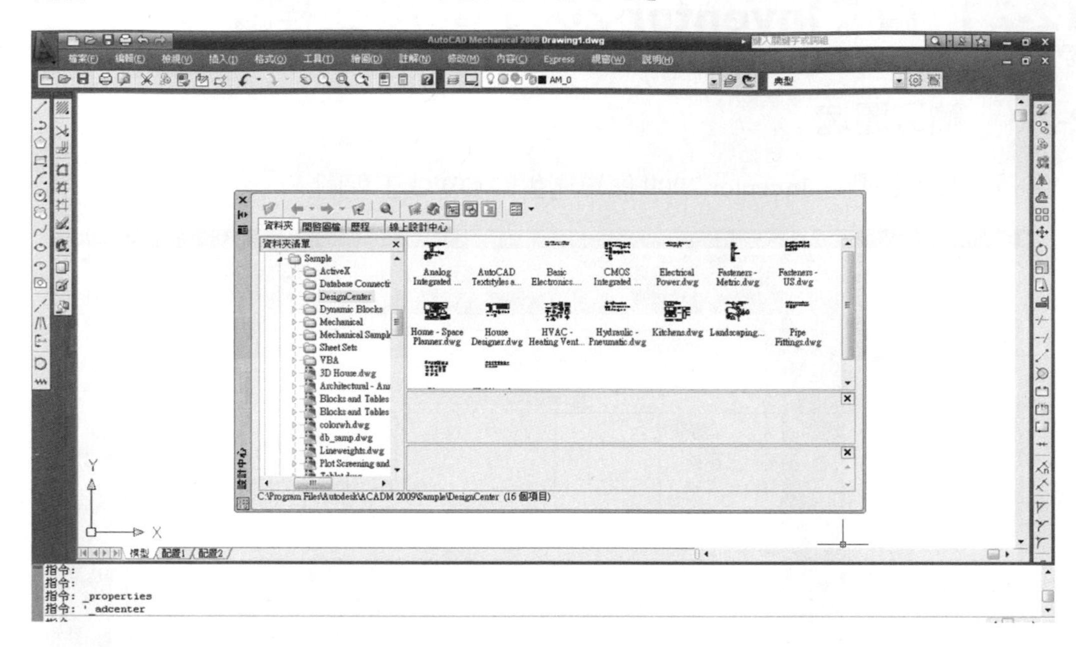

4. 在設計中心中我們選取【資料夾】的子頁。

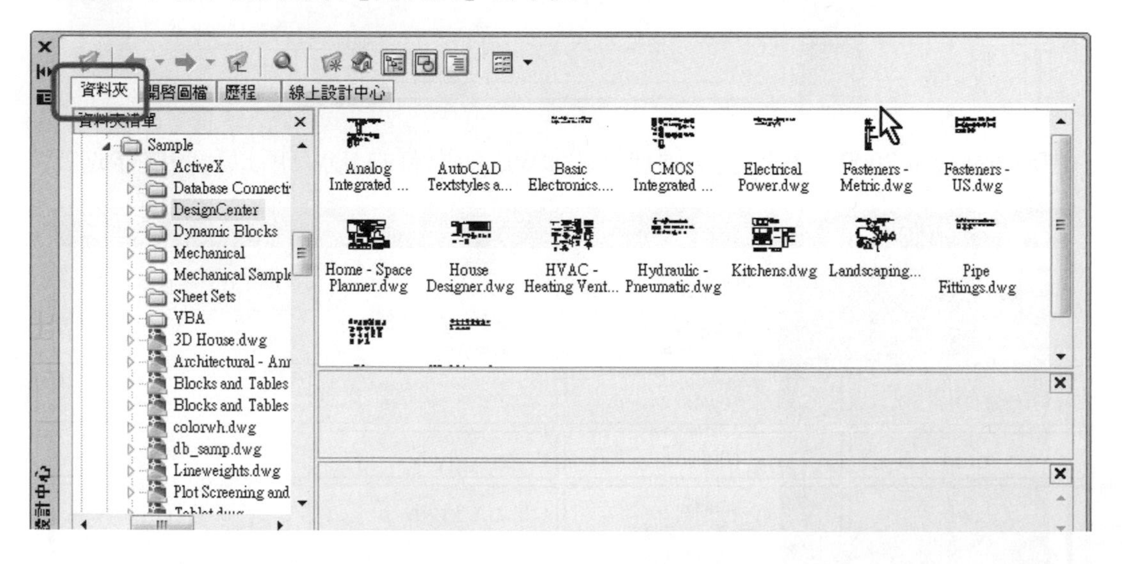

5. 找到我們剛剛用 Inventor 所儲存的 DWG。

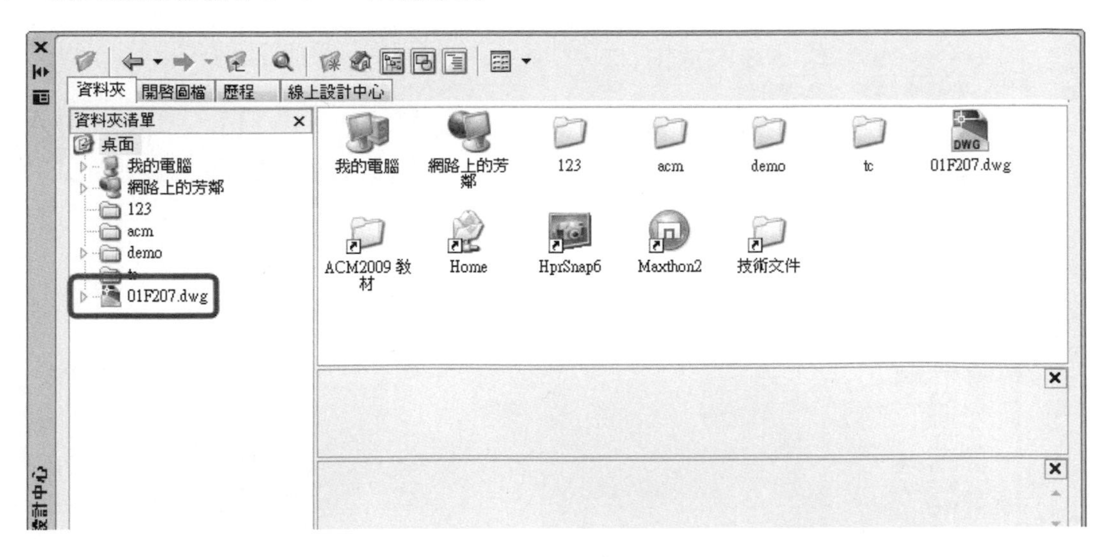

6. 點下圖塊選項。

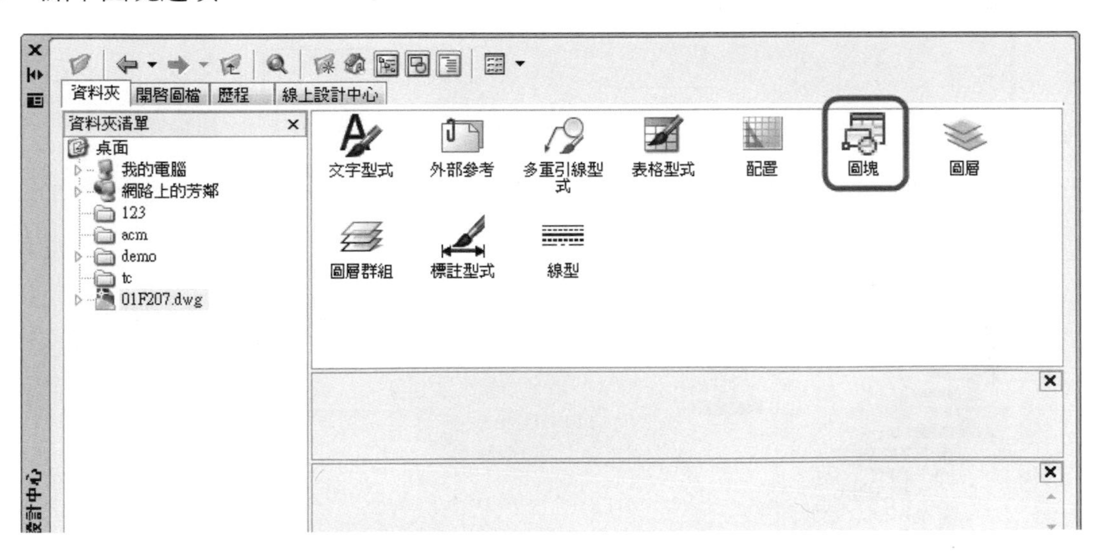

7. 就會呈現剛剛上圖的視圖，在此已經幫我們整理成圖塊了。

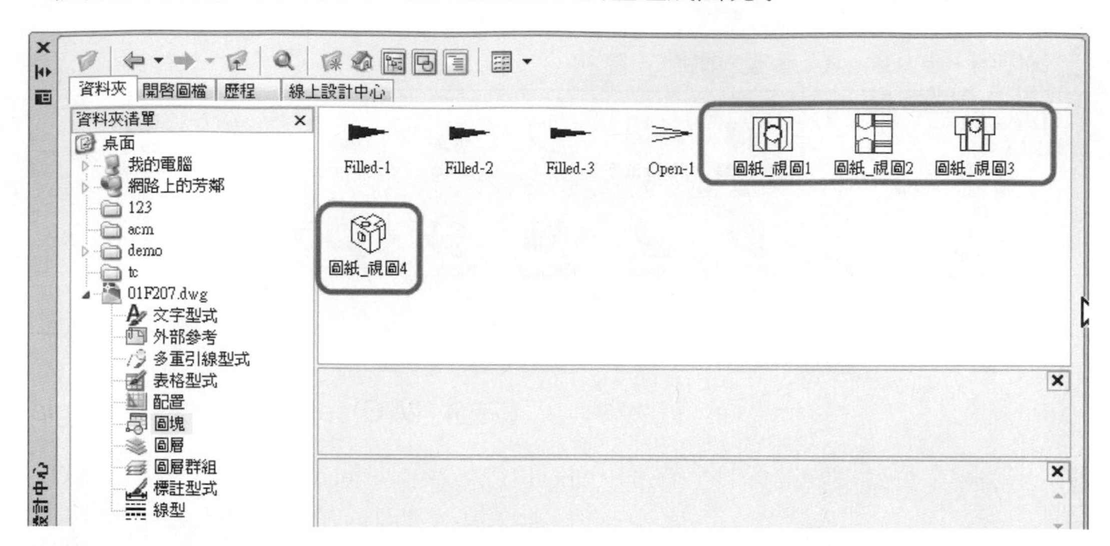

8. 接下來只要把設計中心的圖塊用滑鼠左鍵按住不放拖曳到繪圖區，即可使用。

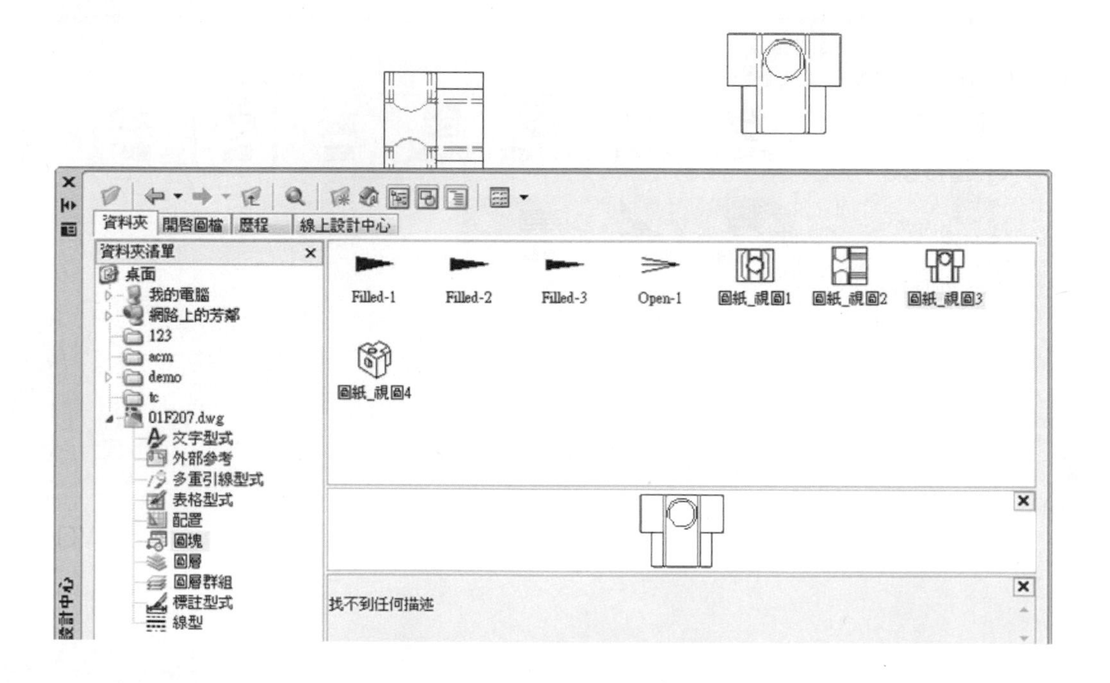

12-2-2　更新圖塊

1. 假如我們在 Inventor 中有更新了 DWG，如下圖中間的孔已經沒有了。

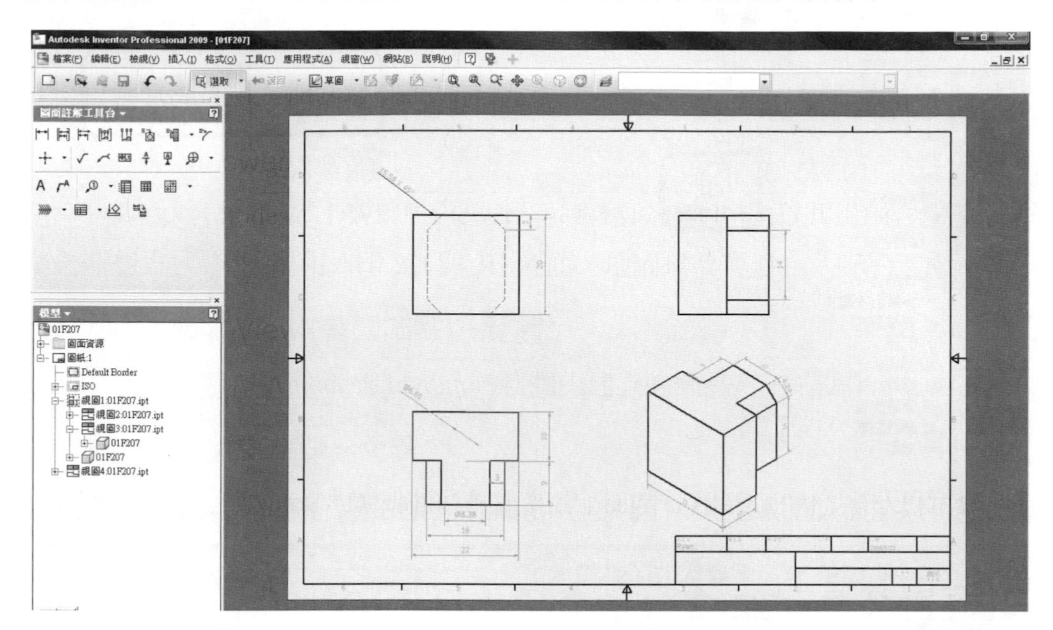

2. 我們可以看到原本在設計中心的圖塊還是有孔的型式。

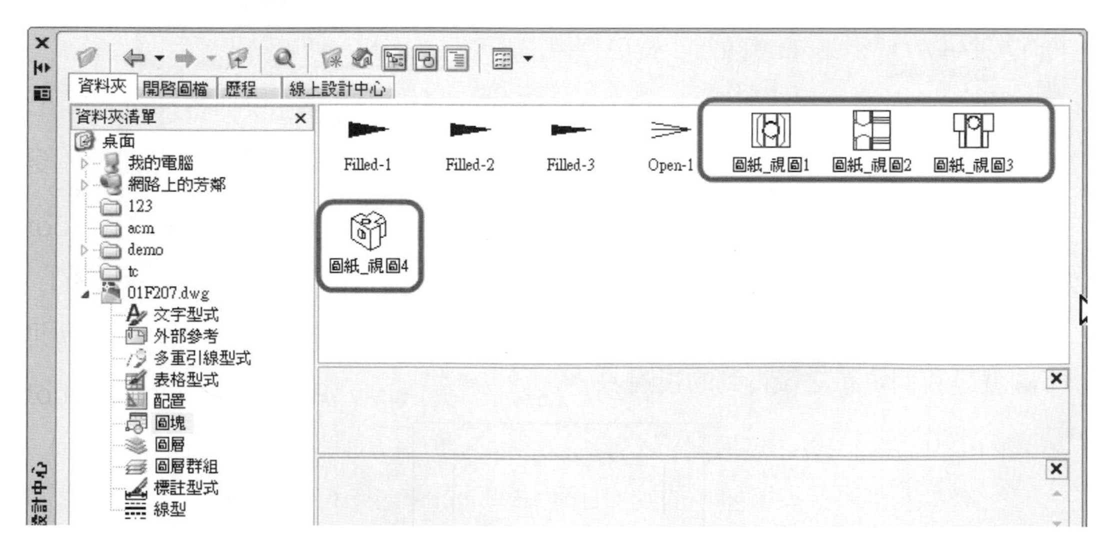

3. 此時我們可以點一下設計中心的選項版後，按下鍵盤 F5 鍵，即可更新原本在設計中心的圖塊，變成沒有孔的型式。

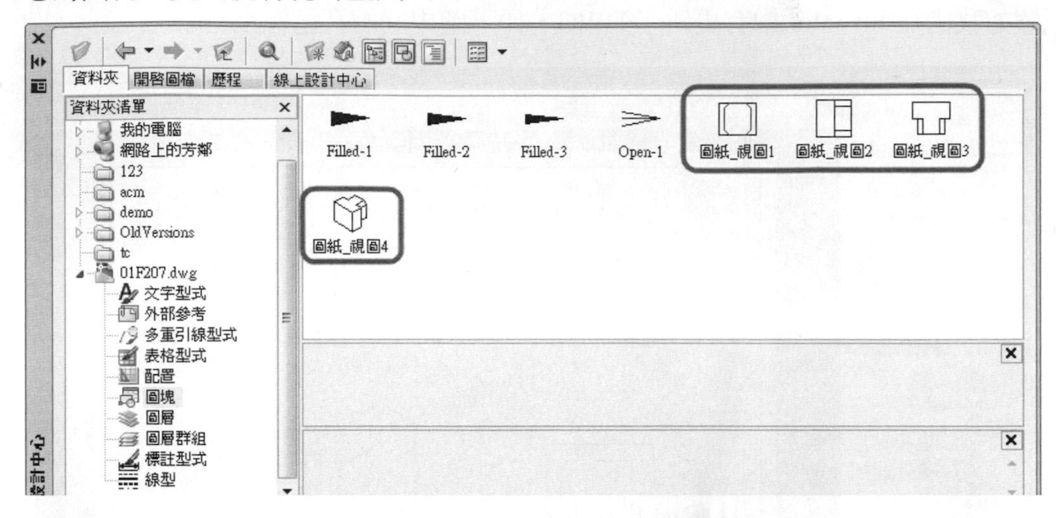

4. 或著是可以在插入圖塊之前，在圖塊上用滑鼠的左鍵點選【僅重新定義】，即可更新圖塊。

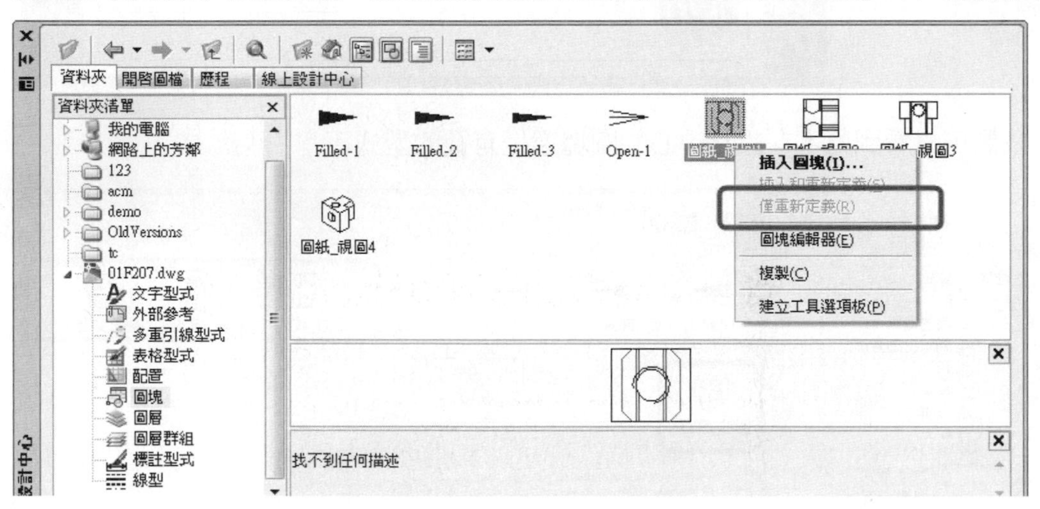

5. 下圖就是我們更新之後得到的視圖。

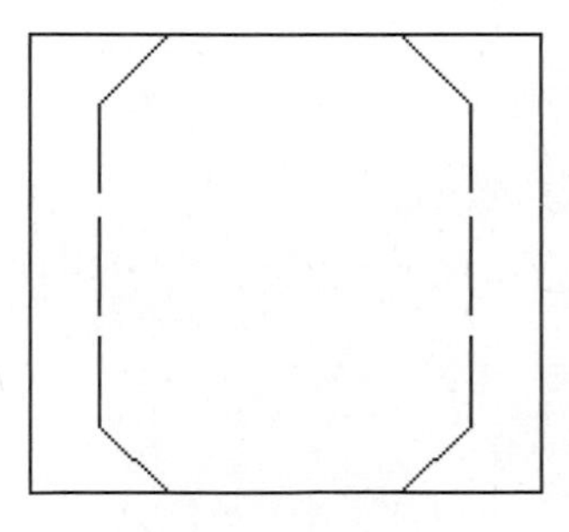

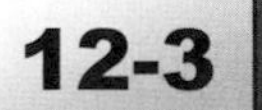

12-3 IGES、STEP 檔案輸入與輸出

在 AutoCAD® Mechanical 中我們可以讀取 IGES、STEP 等 CAD 介面的 3D 格式，而這兩種格式的操作介面都是一樣的，請開啓一個標準樣版檔 am_iso.dwt，再選取【插入】→【外部檔案】→【IGES】，即可以在 2D 的工作環境中讀取 3D 格式的檔案。

1. 點選所需要的 3D 格式檔案，一般而言只要直接選檔案就可以了。

2. 在【一般】的子頁，您可以調整公差的數值與對應項目。

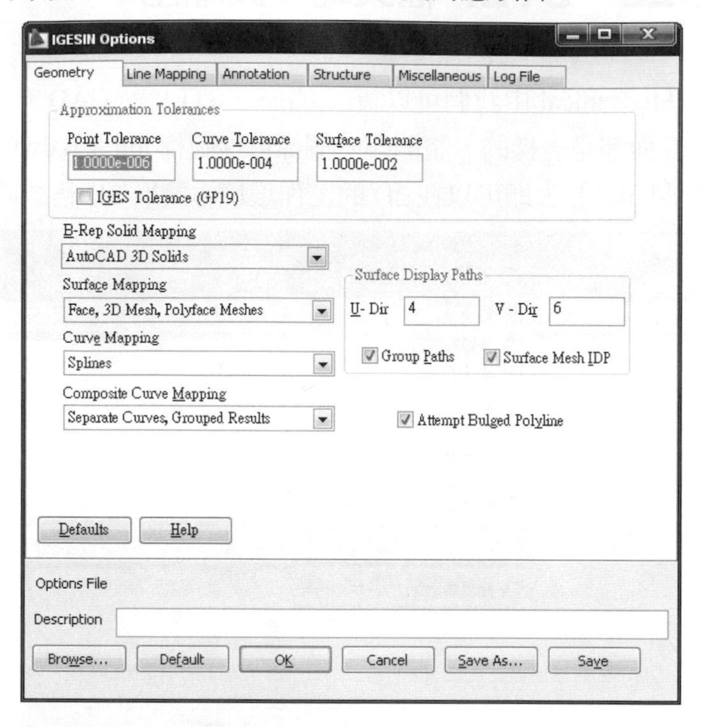

3. 可設定在線型對應的部份。

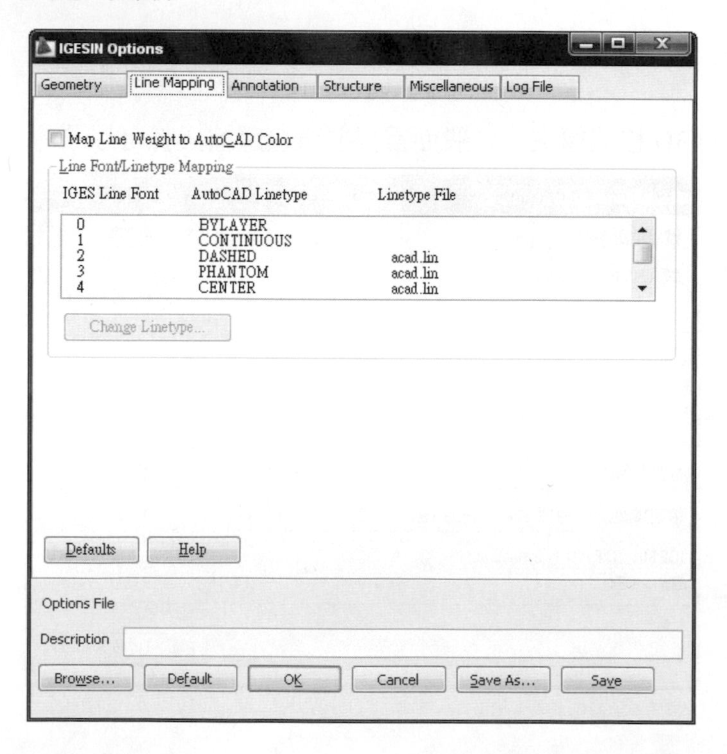

4. 可設定字型／形式。

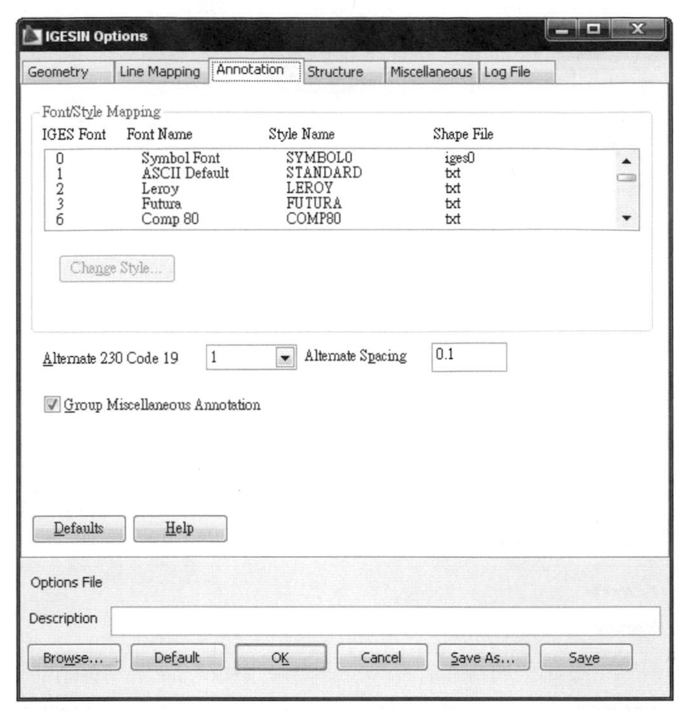

5. 設定模型結構。

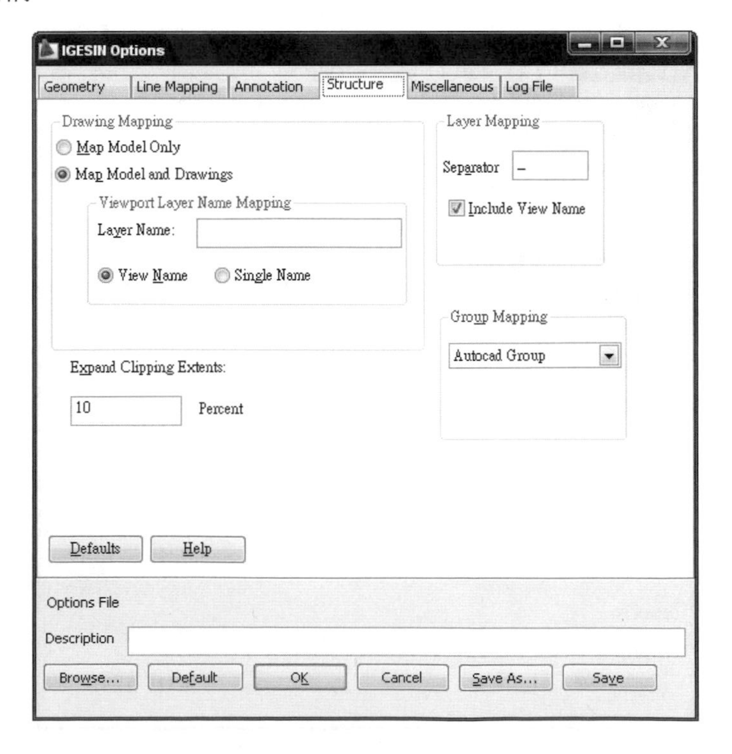

6. 其它設定。

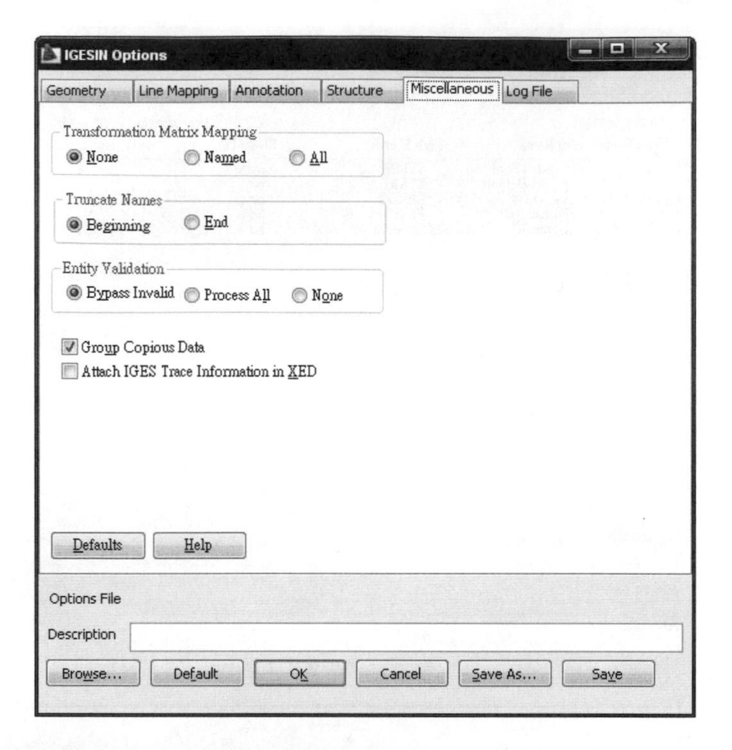

7. LOG 記錄檔輸出。

批次轉換工具

此工具是需要做大量批次工作時使用，所以若只是單次插入一個零組件的話是不需要執行此一應用程式。

1. 批次執行程式介面。

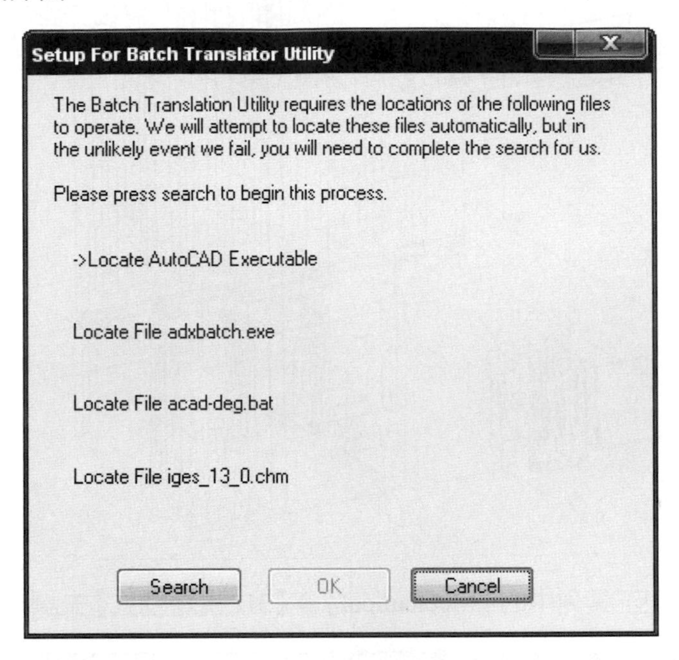

2. 選擇可以執行的包含路徑。

註：若有 IGES、STEP 等格式問題，請參考本章節後段說明。

3. 讀取完成後得到下圖的線架構圖形。

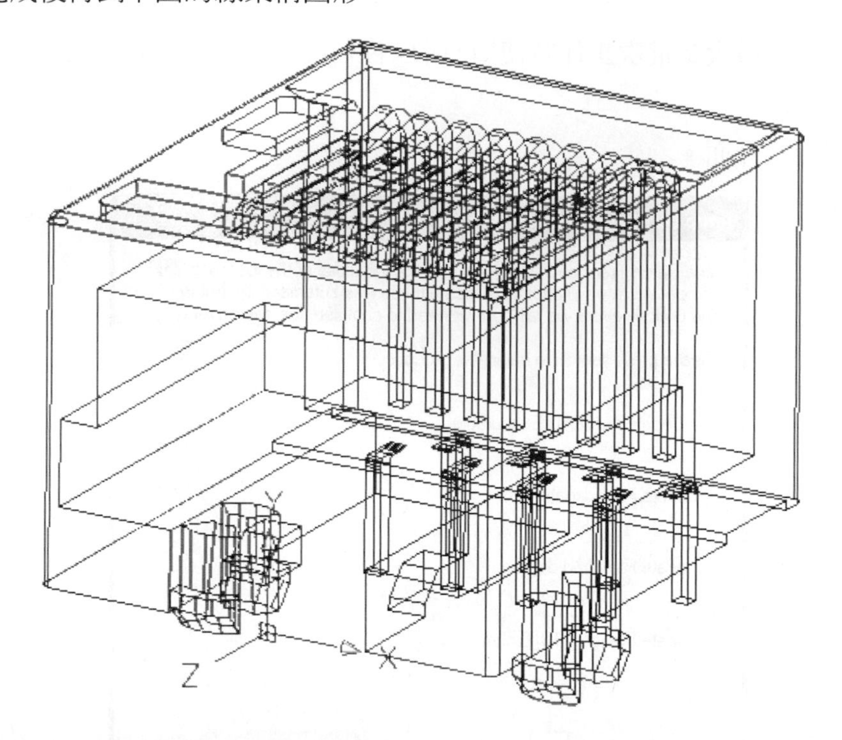

4. 此時我們可以把工具列中的【Mechanical】→【3D 視覺型式】去調整我們的表現形式。

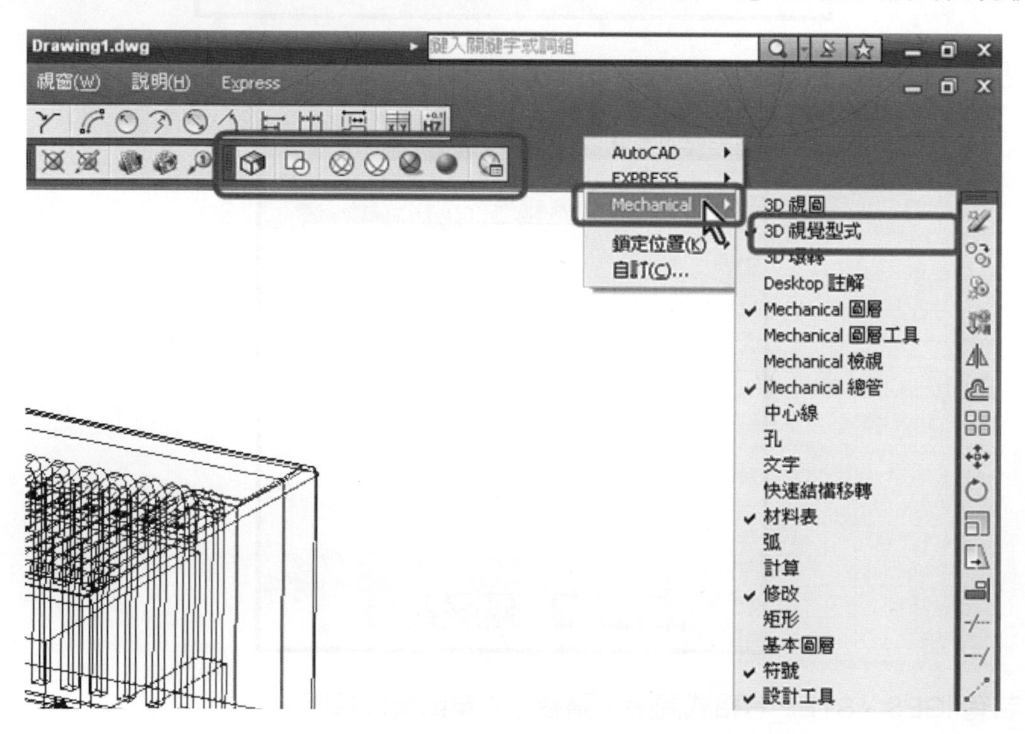

5. 線架構(W)

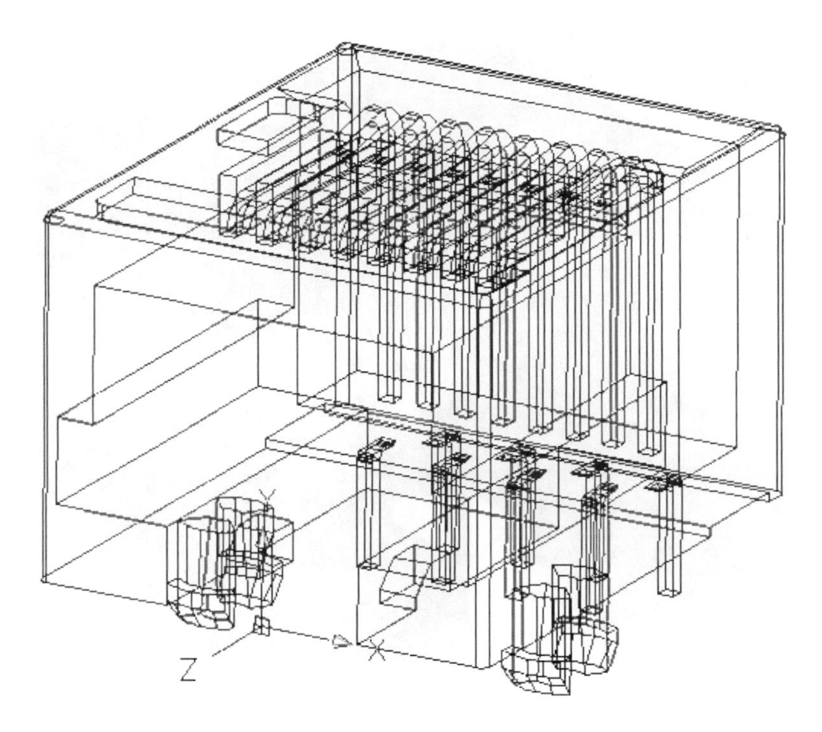

6. 隱藏(H)

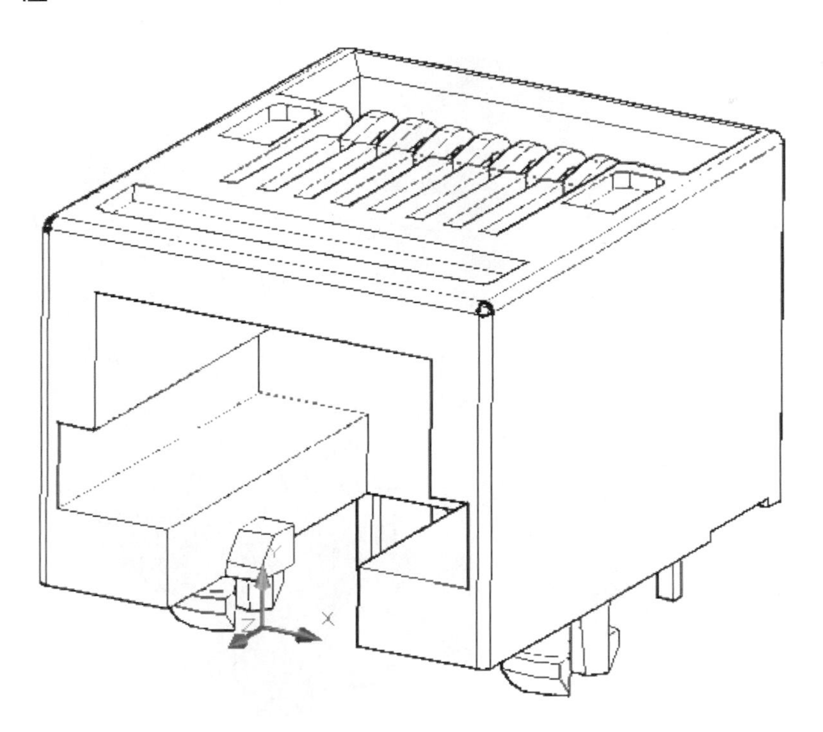

7. 擬真(R)

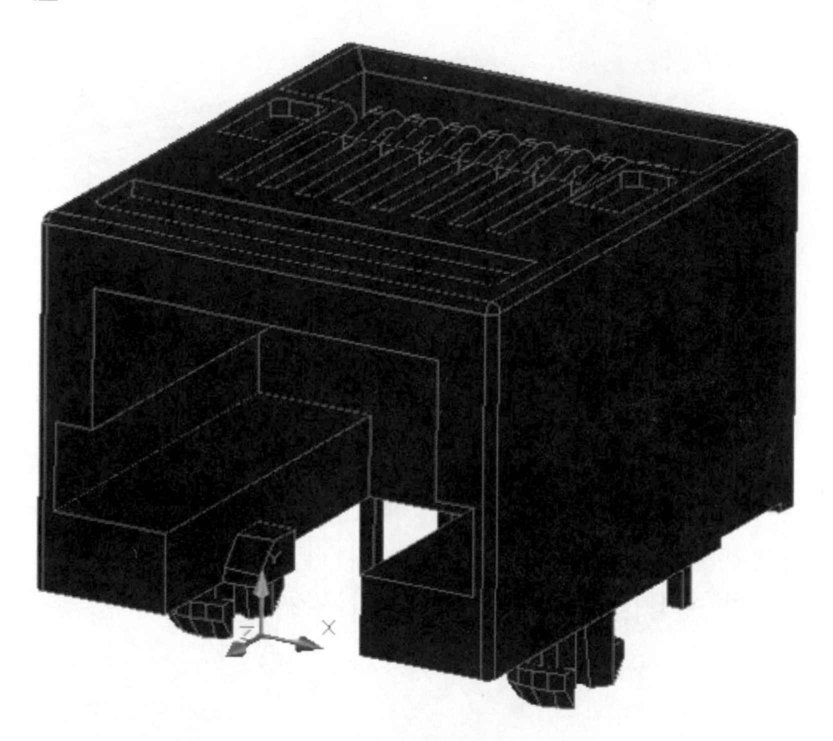

8. 概念(C)

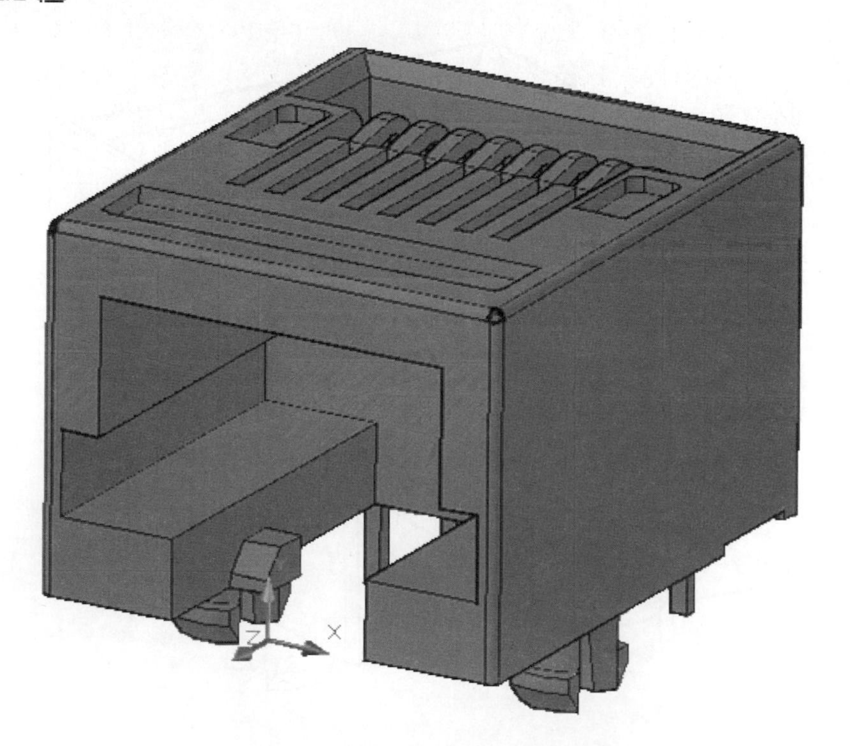

IGES (Initial Graphics Exchange Specification)

是不同的 CAD/CAM 系統間交換的格式。IGES 為美國國家標準(ANSI Y14.26M)一般工程製圖軟體都可以產生*.iges 圖檔格式。(IGES 檔案轉換模組)讓使用者在工作中能運用不同形式的 CADCAM 檔案資料。

CAD/CAM 技術在工業界的推廣應用，使得越來越多的用戶需要把他們的資料在不同 CAD/CAM 系統之間交換。IGES 正是為瞭解決資料在不同的 CAD/CAM 間進行傳遞的問題，它定義了一套表示 CAD/CAM 系統中常用的幾何和非幾何資料格式，以及相應的檔結構，用這些格式表示的產品定義資料可以通過多種物理介質進行交換。

如數據要從 A 軟體傳送到 B 軟體，必須由軟體 A 的 IGES 前處理器把這些傳送的資料轉換成 IGES 格式，而實體資料還得由軟體 B 的 IGES 後處理器把其從 IGES 格式轉換成該系統內部的資料格式。把系統 B 的資料傳送給系統 A 也需相同的過程。標準的 IGES 檔包括固定長 ASCII 碼、壓縮的 ASCII 及二進位三種格式。固定長 ASCII 碼格式的 IGES 檔每行為 80 個字元，整個檔分為 5 段。段識別字位於每行的第 73 列，第 74～80 列指定為用於每行的段的序號。序號都以 1 開始，且連續不間斷，其值對應於該段的行數。

(1) 開始段，代碼為 S 該段是為提供一個可讀檔的序言，主要記錄圖形檔的最初來源及生成該 IGES 檔的相同名稱。IGES 檔至少有一個開始記錄。

(2) 全局參數段，代碼為 G 主要包含前處理器的描述資訊及為處理該檔的後處理器所需要的資訊。參數以自由格式輸入，用逗號分隔參數，用分號結束一個參數。主要參數有：檔案名、前處理器版本、單位、檔生成日期、作者姓名及單位、IGES 的版本、繪圖標準代碼等。

(3) 目錄條目段，代碼為 D 該段主要為檔提供一個索引，並含有每個實體的屬性資訊，檔中的每個實體都有一個目錄條目，大小一樣，由 8 個字元組成一域，共 20 個域，每個條目佔用兩行。

    實體，類型號，參數，數據，結構，線型，模式，層視圖，變換，矩陣，標號，顯示狀態，號，序號，實體，類型號，線權，加値，顏色，參數行，計數，格式，號，(保留)(保留)，實體，標號，實體，下標，序號。

(4) 參數資料段，代碼為 P 該段主要以自由格式記錄與每個實體相連的參數資料，第一個域總是實體類型號。參數行結束於第 64 列，第 65 列為空格，第 66～72 列為含有本參數資料所屬實體的目錄條目第一行的序號。

(5) 結束段，代碼為 T 該段只有一個記錄，並且是檔的最後一行，它被分成 10 個域，每域 8 列，第 1～4 域及第 10 域為上述各段所使用的表示段類型的代碼及最後的序號(即總行數)。

STEP (Standard for the Exchange of Product Model Data)

是一種獨立於系統之產品模組交換格式。STEP 為國際標準(ISO 10303) STEP 技術使得一些重要的合理化資源得到充分利用。

STEP 的實際應用存在著各種減少費用的潛力，比如：

- 在附加的 CAD/CAM 系統的投資費用方面。
- 在對於這些附加系統的培訓、諮詢和維護費用方面。
- 通過在 PDM 系統中自動管理 CAD/CAM 資料來減少費用。
- 通過對於某一系統環境建立再次應用的條件來減少費用。
- 通過在開發過程之中以及與後續部門之間統一資料流程程來減少費用。

上述這幾項僅僅是列舉了在基本的直接開支方面，還遠遠沒有包括所有的減少費用的有利因素。

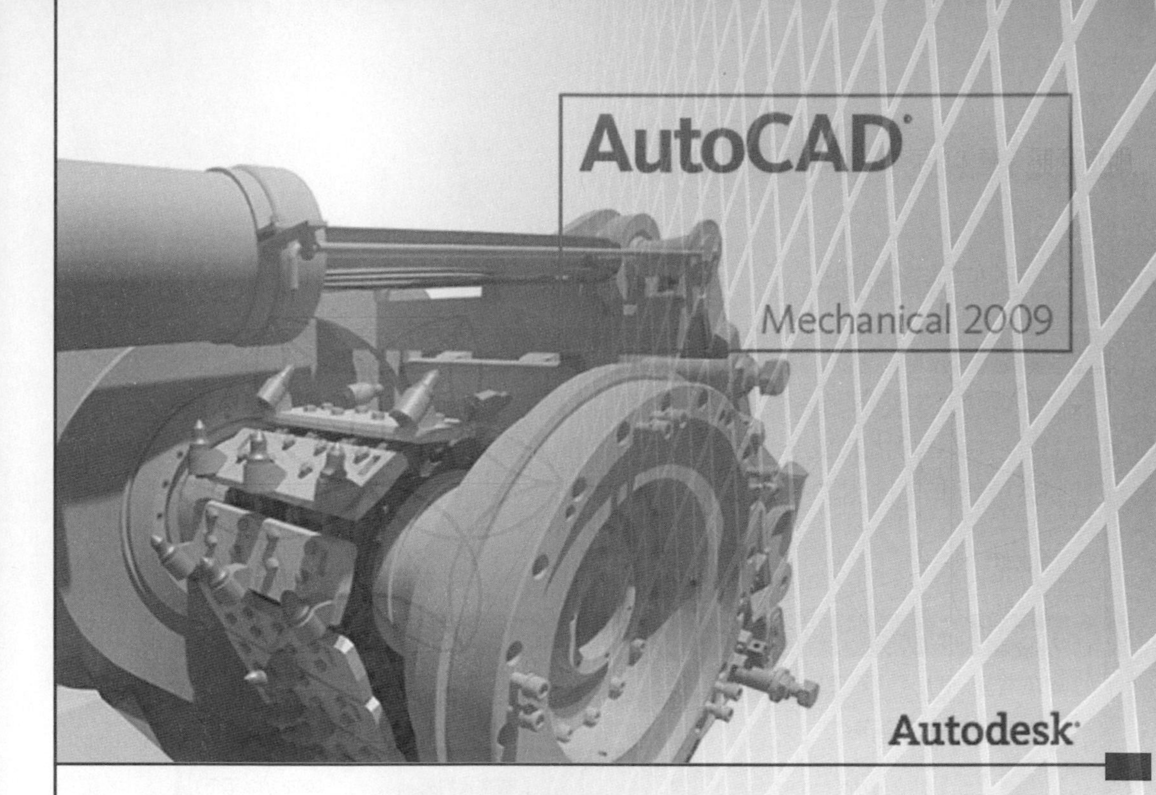

Chapter 13

補充說明

13-1 其它類說明

匯出與匯入

AutoCAD® 可匯出的格式很多，我們把常用的幾種格式列出來讓大家參考，您可以在軟體上方下拉式功能表【檔案】→【匯出】→【匯出資料】找到。

匯出

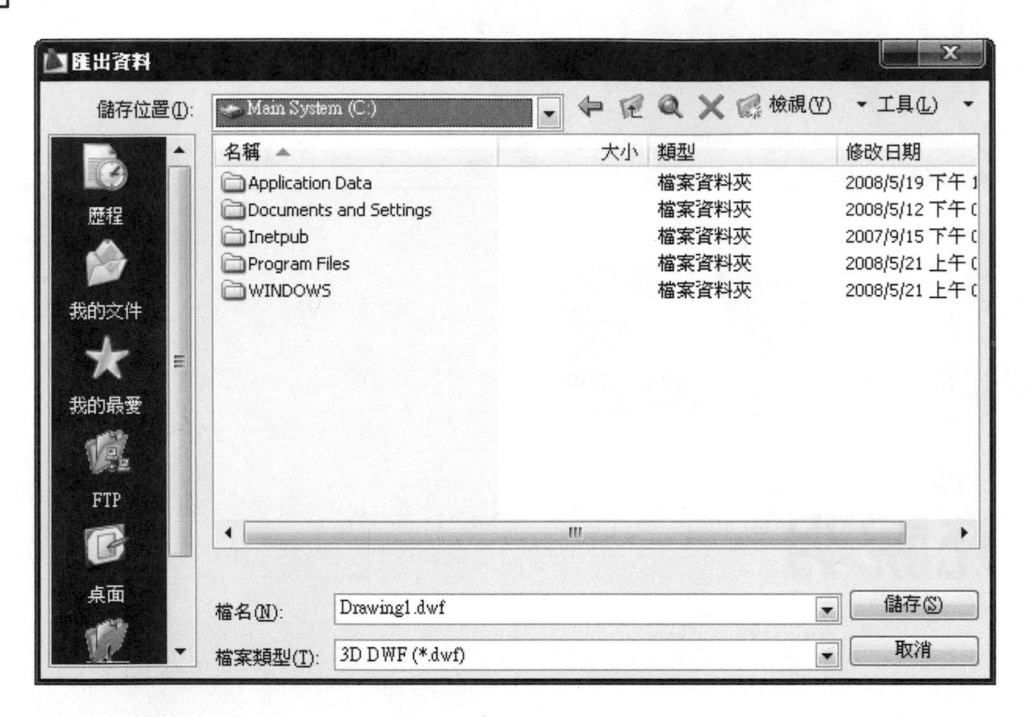

匯出檔案格式說明

說明	副檔名	說明	副檔名
3D DWF	dwf	點陣圖	bmp
3D DWFx	dwfx	圖塊	dwg
中繼檔	wmf	V8 DGN	dgn
ASIC	sat	V7 DGN	dgn
石版印刷檔	stl	IGES	iges
壓縮的 PS 檔	eps	STEP	stp
DXX 萃取檔	dxx	配置匯出至模型	

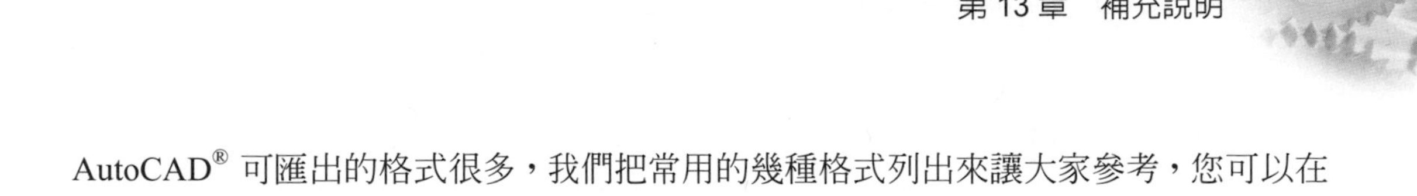

AutoCAD® 可匯出的格式很多，我們把常用的幾種格式列出來讓大家參考，您可以在軟體上方下拉式功能表【檔案】→【匯入】找到。

匯入

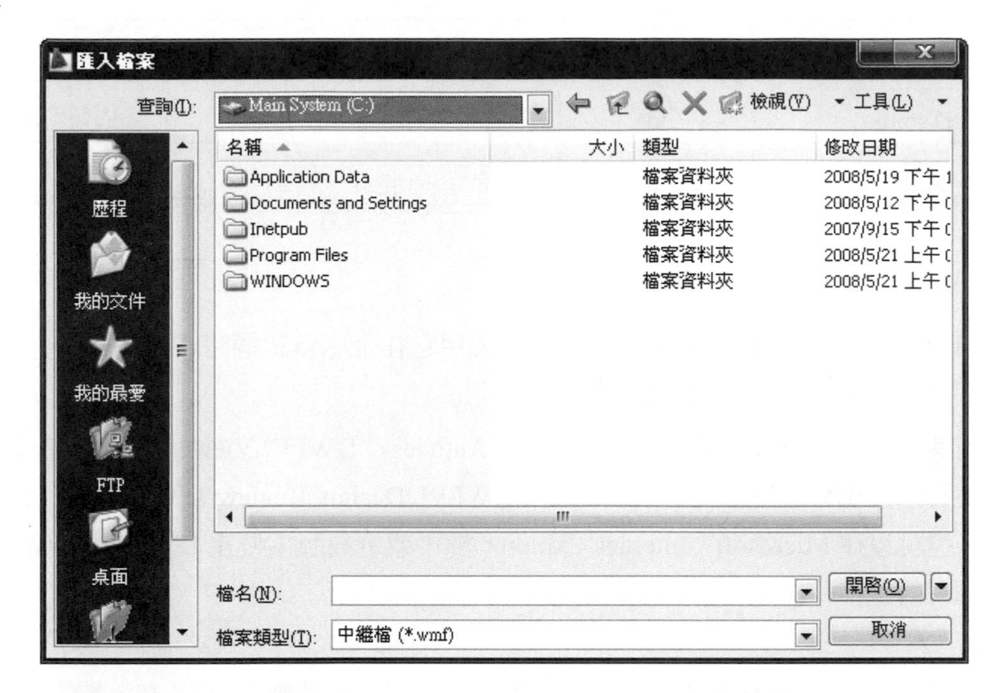

或是由軟體上方下拉式功能表【插入】→【外部檔案】找到。

插入類型檔案說明

說明	副檔名	說明	副檔名
IGES	iges	二進位圖形交換檔	dxb
STEP	stp	Windows 中繼檔	Wmf、clp
3D studio	3ds	OLE 物件	依類別而定
ASIC	sat		

Design Web Format Files(DWF 格式)

DWF 檔爲 2D 與 3D 向量圖檔，您可以使用它在全球資訊網路或企業網路上出版圖面。每個 DWF 檔可以包含一張或多張圖紙。

任何 Autodesk® DWF™ Design Review 或 Autodesk® DWF™ Viewer 的使用者，均可開啓、檢視與出圖 DWF 檔。使用 Autodesk® DWF™ Design Review 或 Autodesk® DWF™ Viewer，還可以在 Microsoft® Internet Explorer 5.01 或更高版中檢視 DWF 檔。DWF 檔能夠支援即時的平移和縮放，也能控制圖層和具名視景的顯示。

使用 DWF 好處

- 同時支援 2D/3D 的電子圖檔。
- 可顯示 BOM 表的電子檔案格式。
- 超越 PDF 的工程專用電子檔案格式。
- 向量格式放大不失眞。
- 高安全性—可用密碼保護限制列印。
- 測量尺寸的功能。

- 支援 3D 動態剖圖功能。
- 支援 MS Office 檔案(需要 DWF Writer)。
- 檔案容量非常小，適合網路傳輸。
- 使用 IE7 可以直接檢視 DWFx 格式。

您可以在 Autodesk® 網站找到下列產品：

Autodesk® DWF Viewer－免費*

使用免費的* Autodesk® DWF™ Viewer，可輕鬆以 DWF 格式(共用內含豐富資料的設計檔案之理想方式)，檢視和列印 2D 與 3D 圖面、地圖以及模型。

Autodesk Inventor® View (美國站點)－免費*

可以檢視和列印在 Autodesk Inventor®軟體中建立的高品質 3D 設計。

DWG TrueView (美國站點)－免費*

免費*共用準確的 AutoCAD® 圖面、檢視和出圖 DWG 和 DXF™檔案，以及發佈 DWF™檔案。

發佈與檔案轉換

Autodesk DWF Writer－免費*

無論您使用何種設計應用程式，皆可使用可免費下載的 Autodesk® DWF™ Writer，以 DWF 檔案格式發佈和安全共用 2D 與 3D 資料。

開發工具

Autodesk DWF Toolkit (美國站點)－免費*

DWF Toolkit 可讓您開發各種應用程式，以讀取或寫入 DWF 格式的多圖紙 2D 或 3D 圖面。

Autodesk DWF Design Review (美國站點)－免費*

使用免費的*Autodesk® DWF™Design Rviewer，可輕鬆以 DWF 格式(共用內含豐富資料的設計檔案之理想方式)，檢視和列印 2D 與 3D 圖面、地圖以及模型。

若需要把 DWG 圖檔變成 DWF 圖檔，只要在指令行打輸入 DWFOUT 或軟體上方下拉式功能表在【檔案】→【出圖】開啓下列的出圖功能對話視窗，選擇 DWF6 ePlot.pc3 印表機即可。

修復受損的圖面：

有時候我們的圖檔可能因為當機、不可預期的錯誤發生時會造成圖檔有問題或無法開啓，此時我們可以用【檢核】、【復原】、【修復和外部參考】，這個功能來修復受損的圖檔。

檢核：AUDIT

尋找並修正目前開啓的圖檔中的錯誤。您可以在軟體上方下拉式功能表【檔案】→【圖檔公用程式】→【檢核】中找到。

復原：RECOVER

對任何圖檔執行檢核，並嘗試開啓圖檔。RECOVER 僅對 DWG 檔執行修復或檢核作業。若對某個 DXF 檔執行修復動作時，只會開啓此檔案。您可以在軟體上方下拉式功能表【檔案】→【圖檔公用程式】→【復原】中找到。

修復和外部參考：RECOVERALL

與修復類似，它還會在所有巢狀外部參考上作業；結果顯示在「圖檔修復錄」。

視窗中。您可以在軟體上方下拉式功能表【檔案】→【圖檔公用程式】→【修復和外部參考】中找到。

您可以針對有問題的項目來做選擇性的工作。

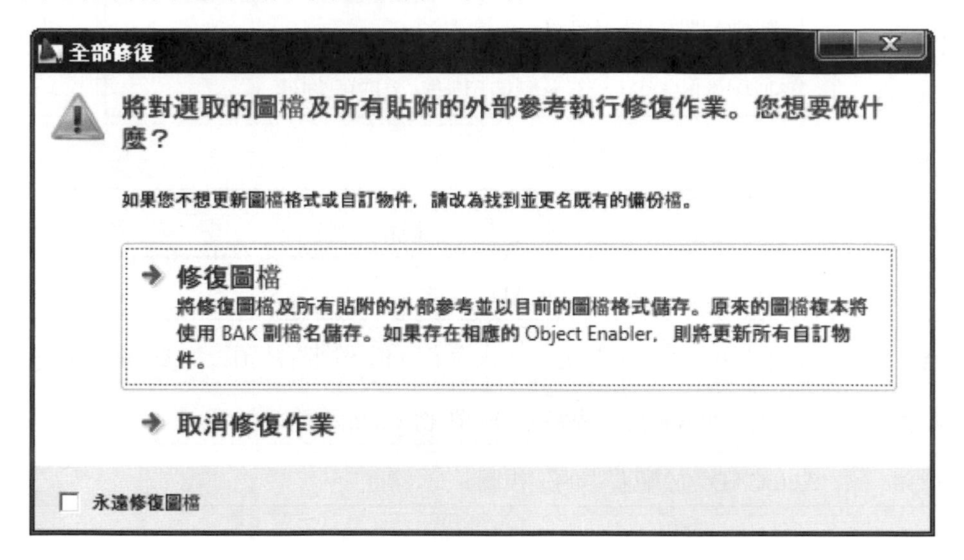

圖檔修復管理員：DRAWINGERCOVERY

若您需要有關於圖檔修復的資訊，您可以在軟體上方下拉式功能表【檔案】→【圖檔公用程式】→【圖檔修復管理員】中找到。

13-2　參數類說明

系統變數(SETVAR)

AutoCAD® 的系統變數非常多，就算是 AutoCAD® 的高手也很難全數背起來，在這裡我們把常用的系統變數列示出來讓大家參考。

1.　交談框相關變數：

變數名稱	說明	值
ATTDIA	控制 INSERT 指令是否使用對話方塊來輸入屬性值。	1/0
CMDDIA	控制某些指令對話方塊的顯示。	1/0
FILEDIA	抑制檔案導覽對話方塊的顯示。	1/0

2. 作圖環境相關變數：

變數名稱	說明	值
BLIPMODE	控制標記點記是否可見。	On/Off
HIGHLIGHT	控制物件的亮顯；不影響使用掣點選取的物件。	1/0

3. 整體相關的變數：

變數名稱	說明
ACADVER	記錄目前使用中的 AutoCAD® 版本。
DWGNAME	儲存使用者輸入的檔名，若未命名圖檔，則將被預設爲 Drawing.dwg。
LTSCALE	設定整體的線型比例係數，線型比例係數不能等於零。
SOLPROF	AutoCAD® 於配置中的三視圖。

4. 其他變數：

變數名稱	說明	值
PELLIPSE	控制使用 ELLIPSE 建立的橢圓類型。	1/0
TEXTFILL	控制出圖與彩現時，TrueType 字體的填實。	1/0
MBUTTONPAN	控制指向設備上第三個按鈕或滾輪的模式。	1/0
ZOOMFACTOR	控制滑鼠滾輪向前或向後移動時的倍率變更。	60/3～100
FILLMODE	指定剖面線與填實、二維實體以及寬聚合線是否需要填實。	1/0
TEXTFILL	控制出圖與彩現時，TrueType 字體的填實。	1/0
QTEXT	控制文字的顯示方式。	On/Off
MODEMACRO	下方狀態列不正確的位移。	./ ""
PICKFIST	刪除功能只能用 DEL 不能用快速鍵【E】。	1/0
PICKADD	無法複選其它元件。	1/0
DIMASSOC	標註時，尺吋與標註線變成了兩個物件。	2/0、1
APERTURE	決定磁鐵將鎖點框方塊鎖定至鎖點之前，接近鎖點的程度。	0

13-3 基本問題與排除

Q1. 文字變成“???? ”

解：因為所使用的字型不對應

方法 1

在問號的字型點兩下，若出"編輯文字"的對話框，請按下"確定"文字應該可以正常顯示。

方法 2

現的對話框不一樣，如出現"文字格式化"對話框，就是因為出現對應的文字不一致，或是你沒有對方所使用的文字，此時只要把文字選到 standard 或是你現有的文字即可。

Q2. 圖框比例變化時，標註會跟著改變大小嗎？

解：不會。

Q3. 圖框與標題標的路徑？

解：預設圖框位置 C：\Program Files\Autodesk\MDT 2006\Acadm\gen\dwg\format

預設標題欄位置 C：\Program Files\Autodesk\MDT 2006\Acadm\gen\dwg\title

Q4. POWER 標註時若輸入中文字會變成粗體字(TURE TYPE 字形)，但有些電腦卻又不會？

解：使用 Power 標註完後出現對話框，鍵入所想要的文字，再點選滑鼠右鍵，選【格式】再選【字體】，選擇所想要的字型即可。

Q5. 如何一次做多個工具列拉出？

解：於【自訂工具列】的地方做一一的勾選。

Q6. 刪除工具列中的某項 ICON？

解：只能於【自訂工具列】的地方一一的去刪除。

Q7. 在修剪(TR)中，若要何留某些項目，我們可以使用如：ALL、F 去框選，請問有關於這些選項的說明或提示嗎？

解：可於下完指令後，在指令列的地方鍵入【？】即可秀出相關指令細部說明。

Q8. 拉詳圖時，虛線框可否秀出？

解：點完詳圖後，在左下角有個【性質】的按鈕，點下後，可以針對【詳圖邊框】做設是，亦可選擇是否要秀出。

Q9. 詳圖上若使用座標式標註，但基準並不在詳圖上，那要怎麼標？

解：目前的做法仍是於詳圖上建立一個假想點，再做座標式標註。

Q10.修改詳圖比例後，再加入指線文字會放大嗎?若不能有其它方法嗎？

解：不會，但可以在建立指線文字時建入所想要的文字後在黑色的地方點選滑鼠右鍵，選【格式】再選【字體】，即可選擇所想要的字型與，若要修改大小比例，可於【文字高度】的地方勾【選調整比例】即可。

Q11.詳圖的字型可以修改嗎？

解：此字型是跟隨著圖檔的字型，所以說請於【輔助】下的【格式】下的【字型】中的【字型】修改對應的文字型式即可。

13-4 練習範例

例題 1

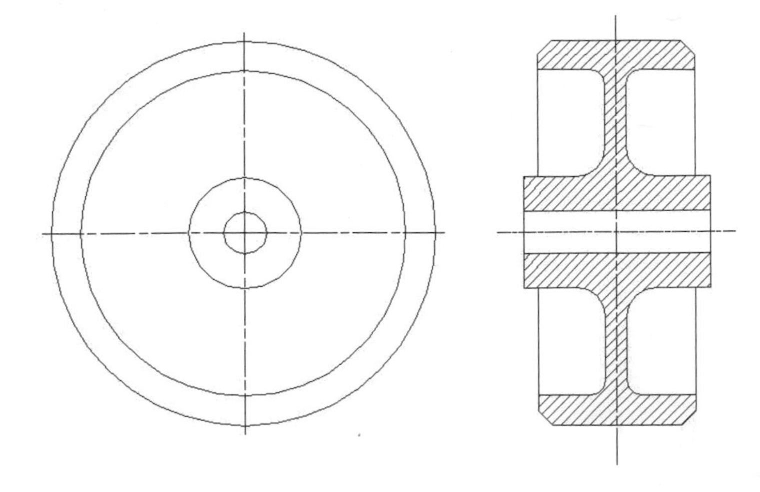

例題 2

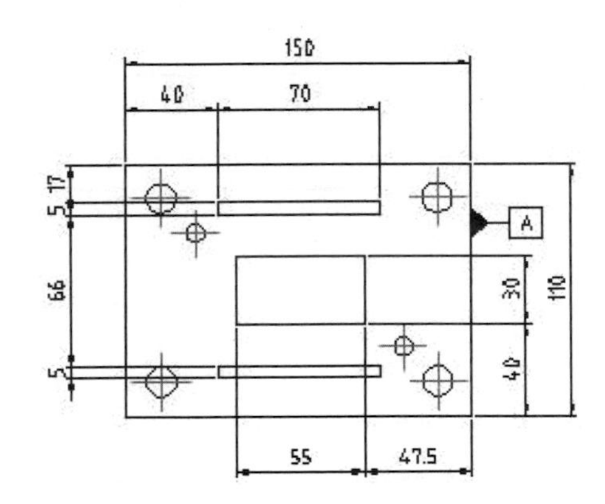

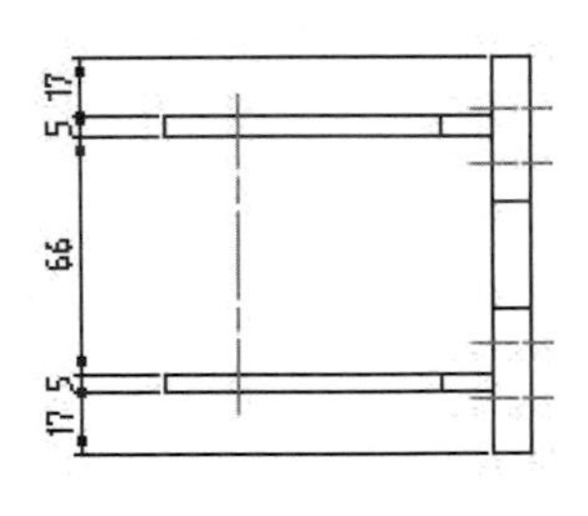

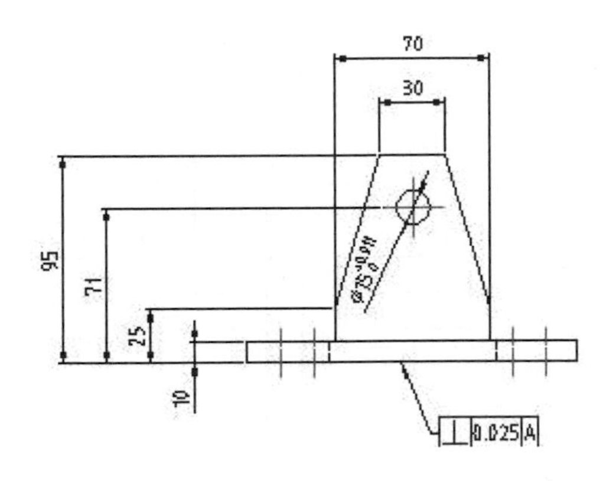

基礎幾何範例練習

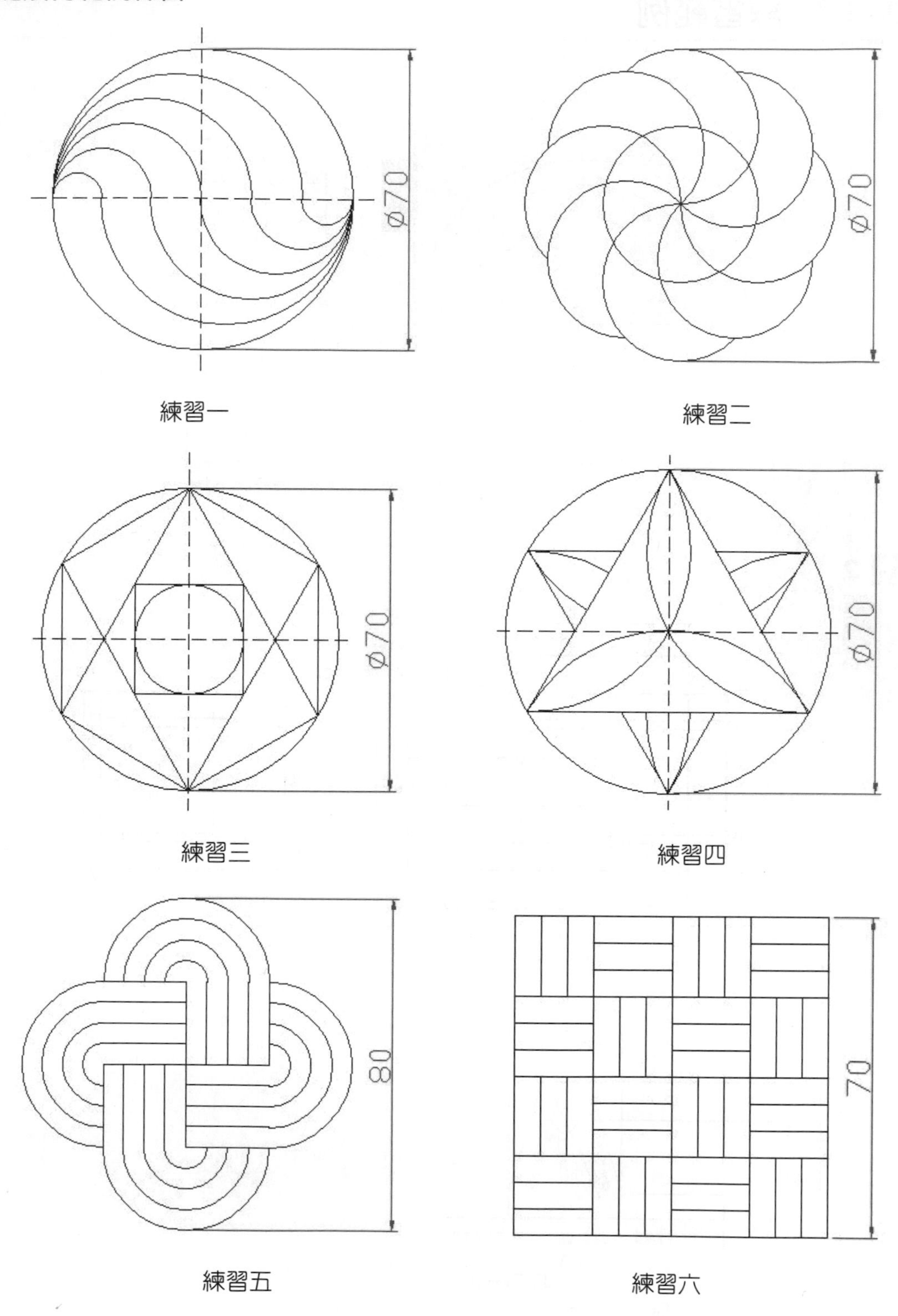

練習一　練習二

練習三　練習四

練習五　練習六

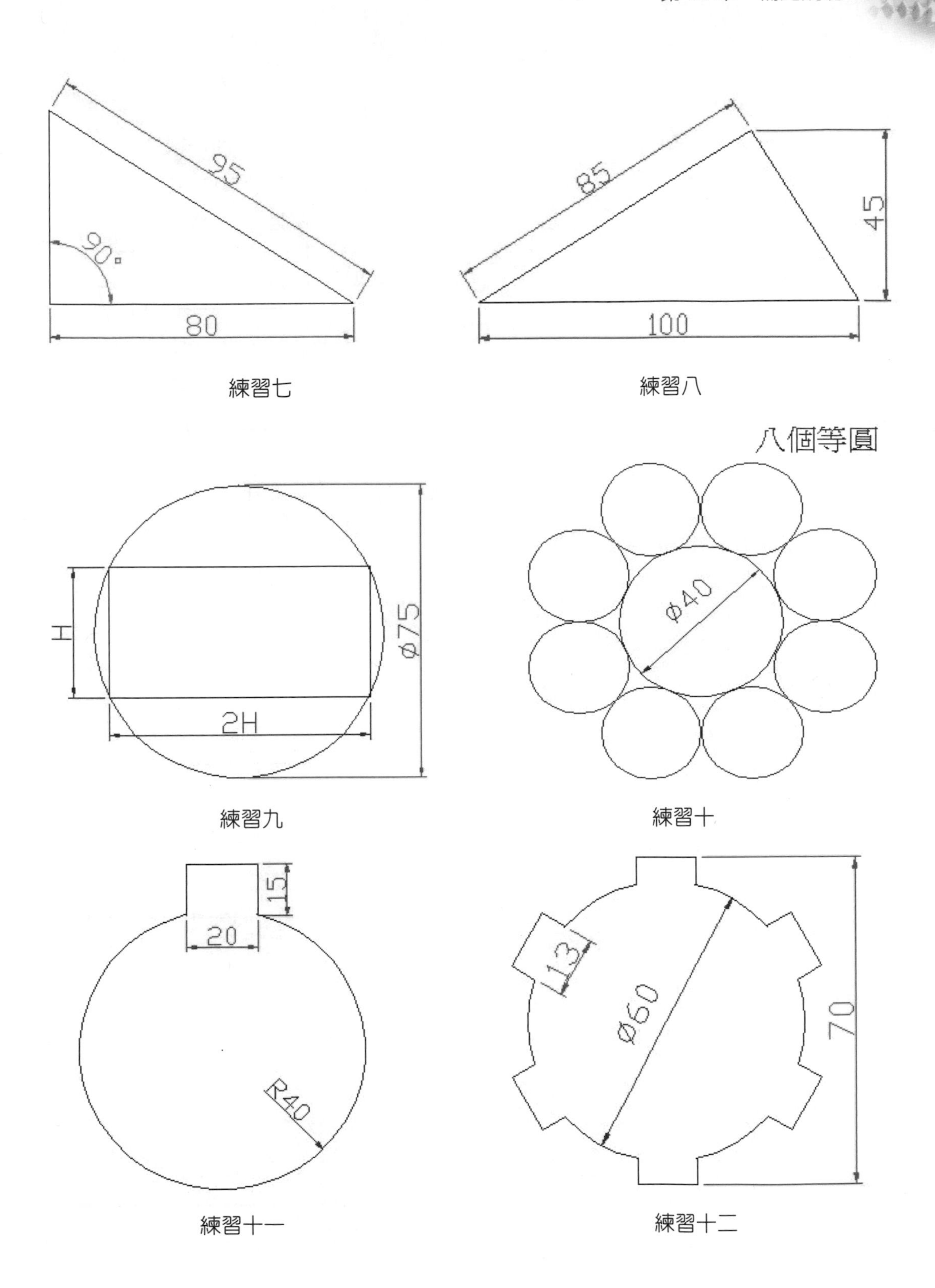

練習七　練習八

練習九　練習十

練習十一　練習十二

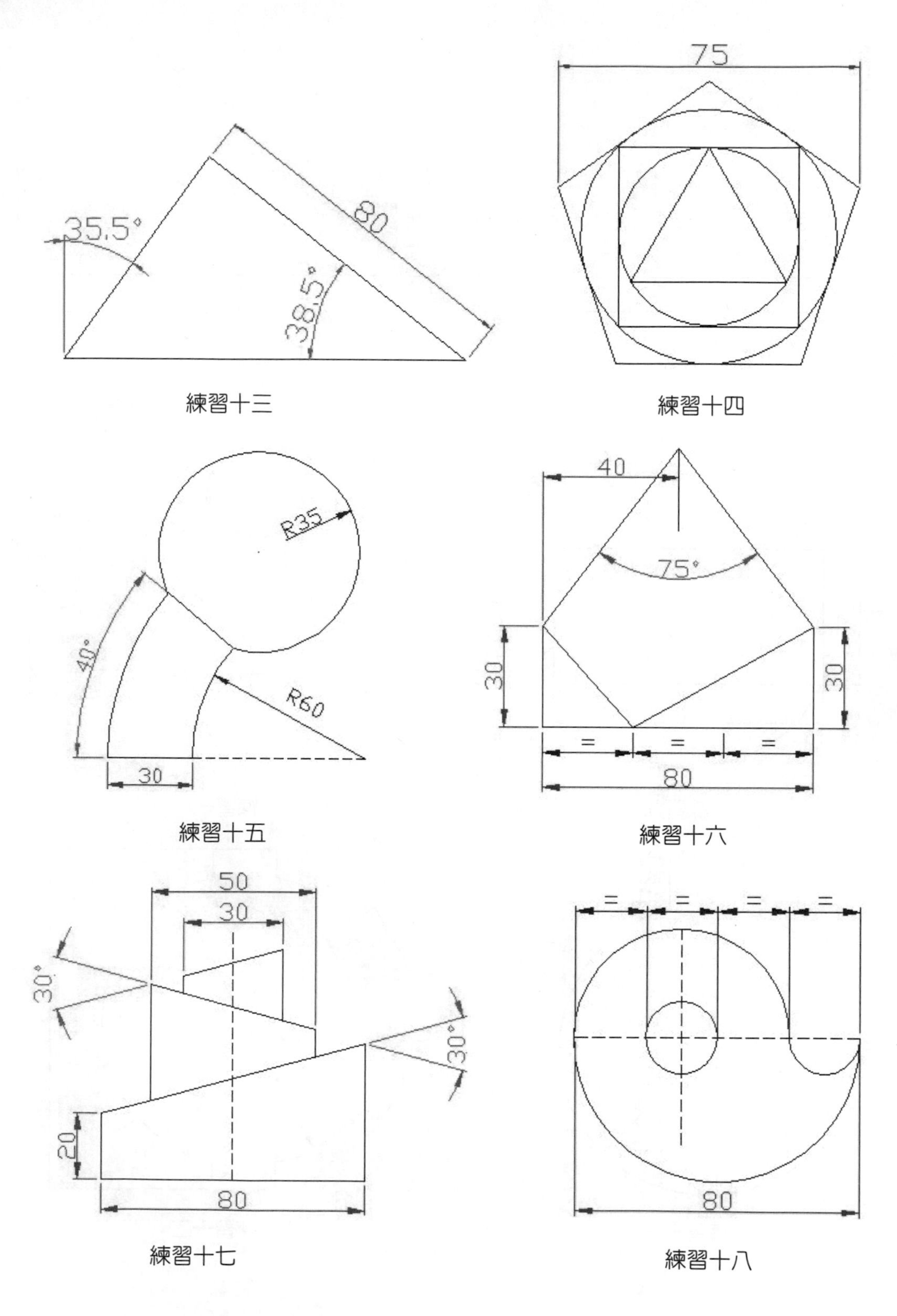

練習十三

練習十四

練習十五

練習十六

練習十七

練習十八

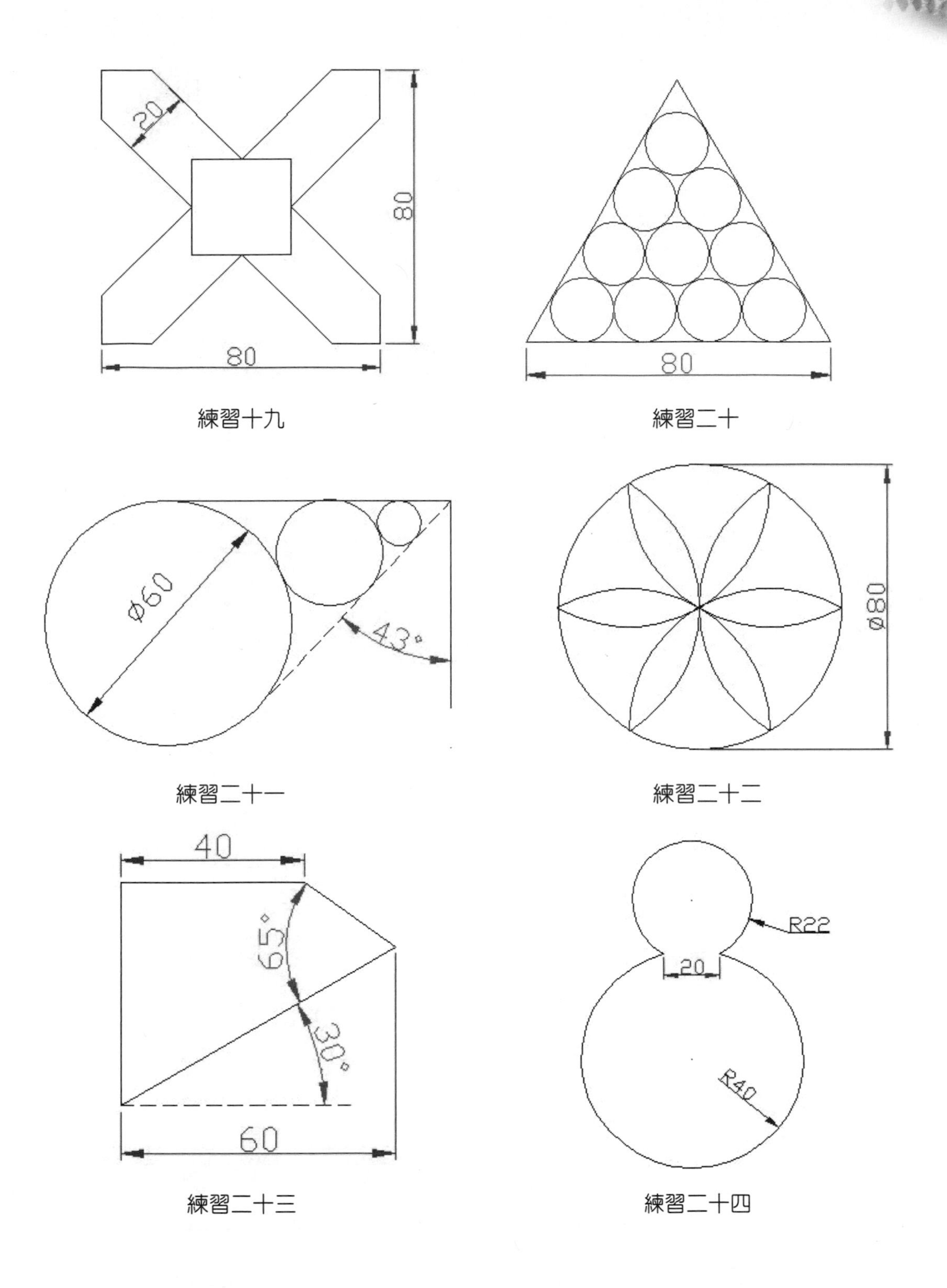

練習十九

練習二十

練習二十一

練習二十二

練習二十三

練習二十四

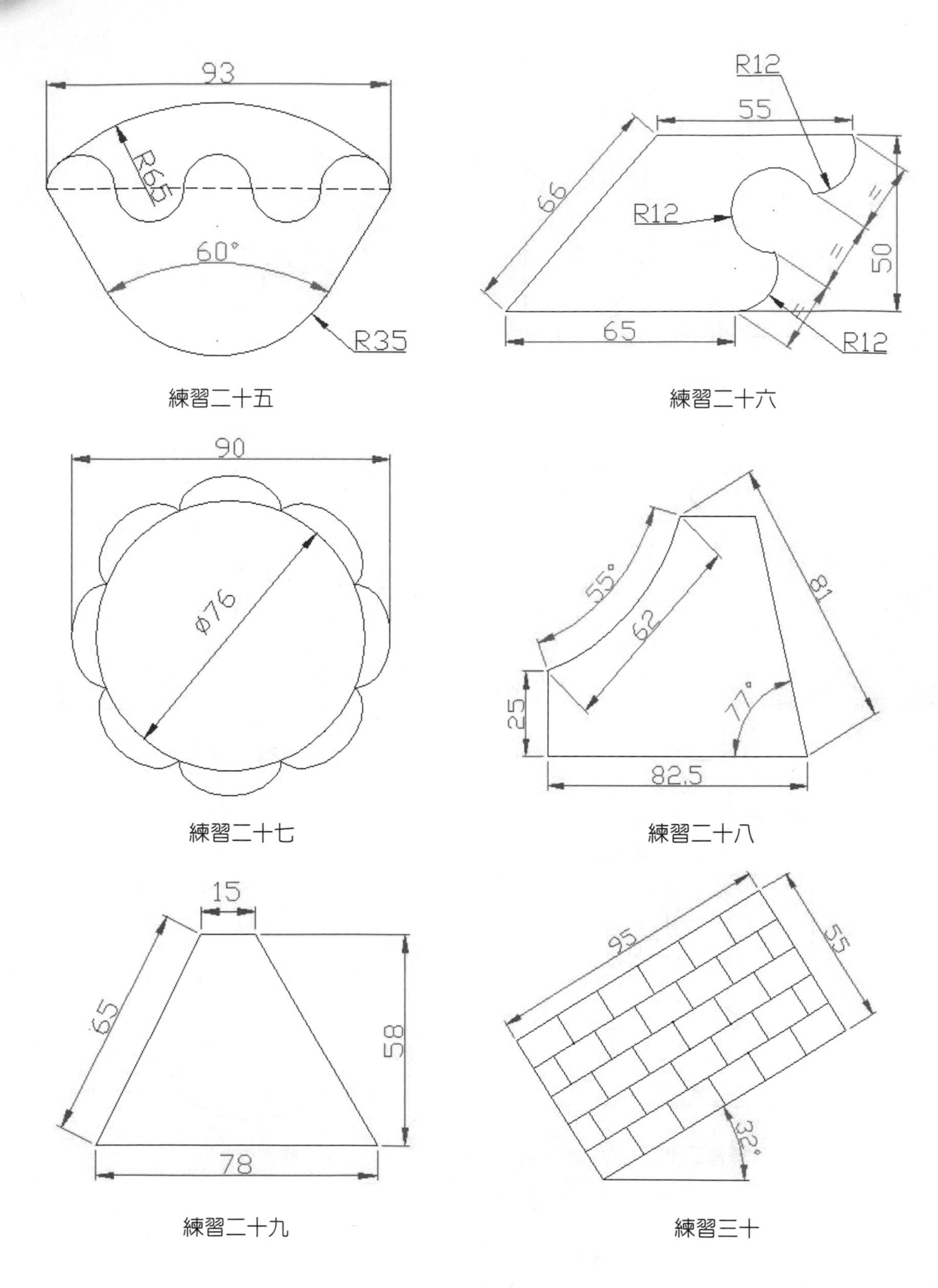

練習二十五

練習二十六

練習二十七

練習二十八

練習二十九

練習三十

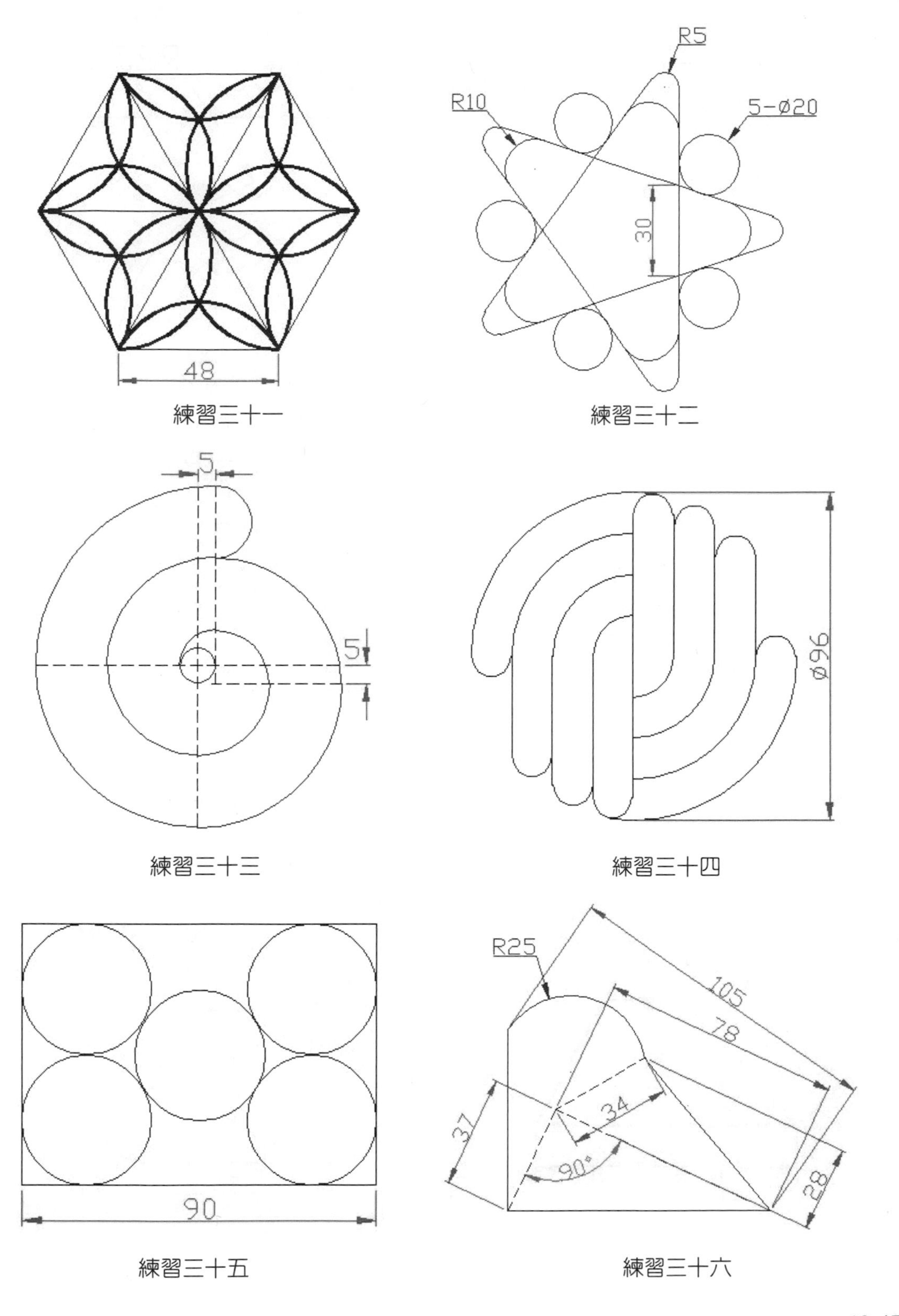

練習三十一

練習三十二

練習三十三

練習三十四

練習三十五

練習三十六

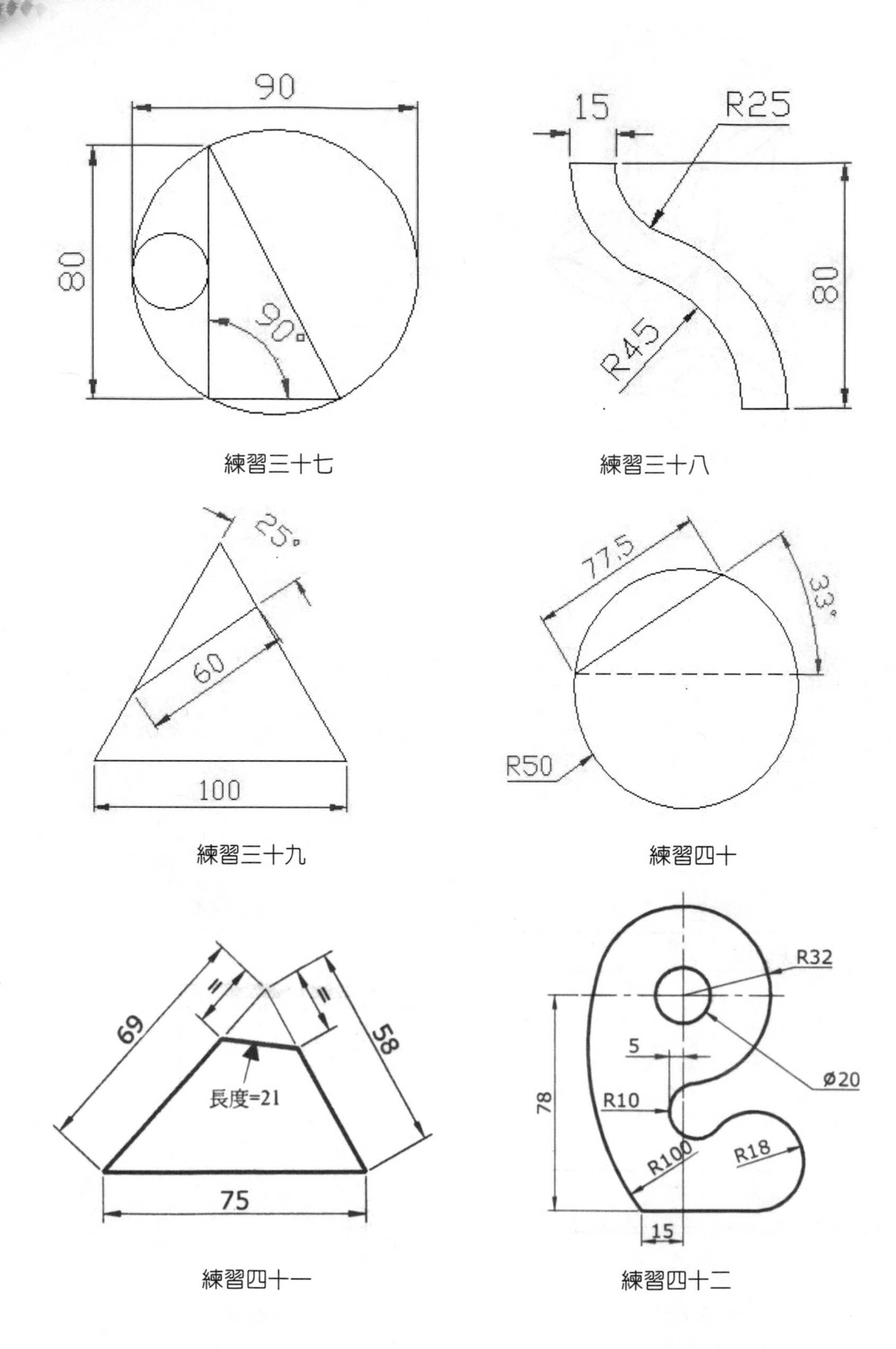

練習三十七

練習三十八

練習三十九

練習四十

練習四十一

練習四十二

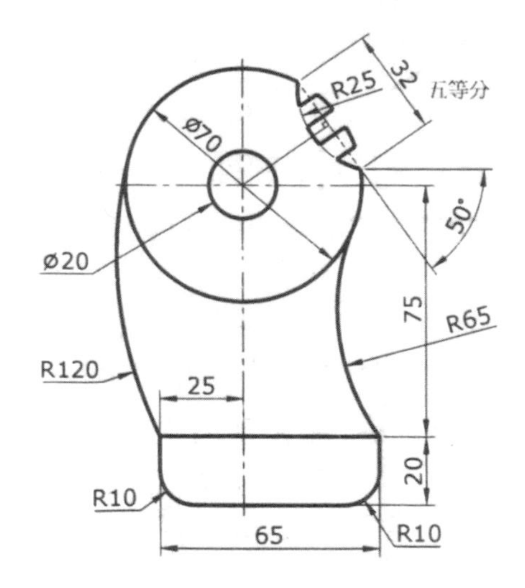

練習四十三

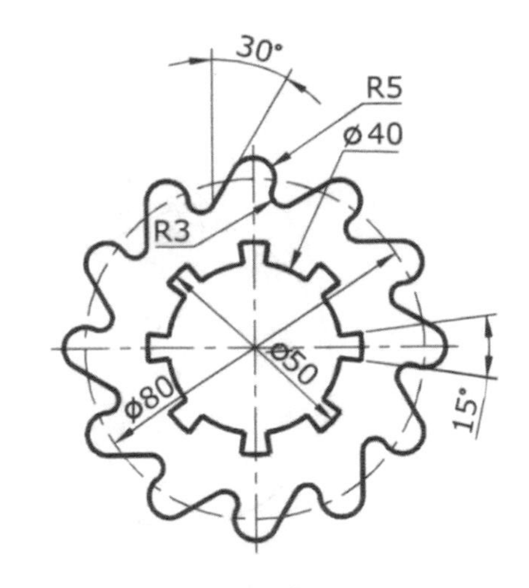

練習四十四

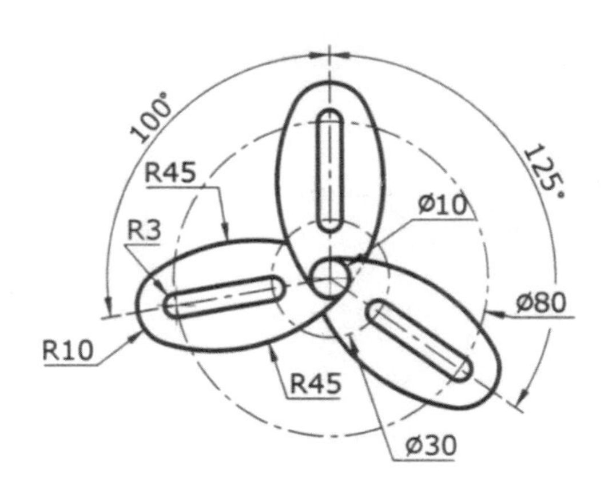

練習四十五

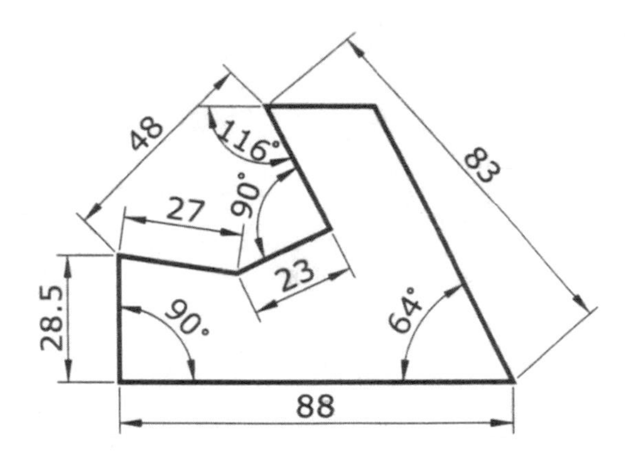

練習四十六

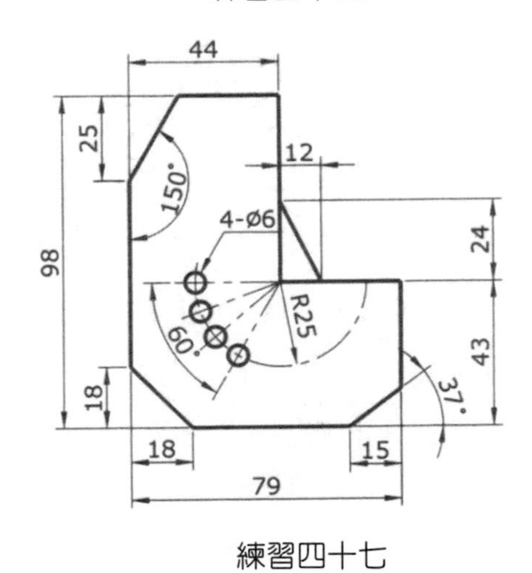

練習四十七

50.5
87.5°
105°
89.5
35
31.5
90°
90°
28
87.5°
20°
30
94.3

練習四十八

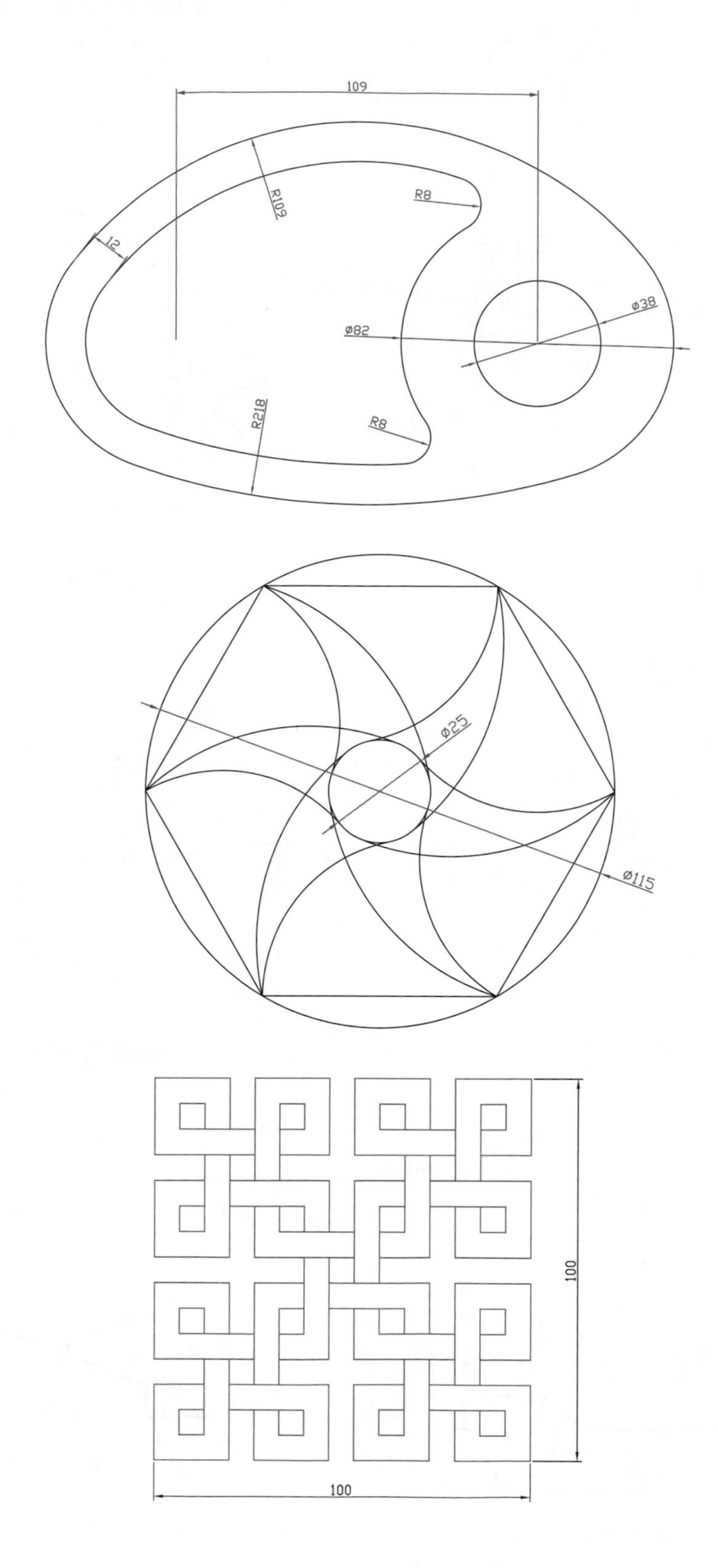
109
R109
R8
12
ø38
ø82
R218
R8
ø25
ø115
100
100

國家圖書館出版品預行編目資料

AutoCAD Mechanical 學習指引 / 郭健偉編著. -- 初版. -- 臺北縣土城市：全華圖書, 2008.08

面 ； 公分

ISBN 978-957-21-6533-1(平裝附光碟片)

1. AutoCAD(電腦程式) 2. 電腦繪圖 3. 機械設計 4. 電腦輔助設計

446.19029 97015309

AutoCAD Mechanical 學習指引

(附試用版光碟片)

作　　者　郭健偉
執行編輯　陳姗姗
發 行 人　陳本源
出 版 者　全華圖書股份有限公司
地　　址　23671 台北縣土城市忠義路 21 號
電　　話　(02)2262-5666 (總機)
傳　　眞　(02)2262-8333
郵政帳號　0100836-1 號
印 刷 者　宏懋打字印刷股份有限公司
圖書編號　06055007
初版二刷　2009 年 5 月
定　　價　新台幣 500 元
I S B N　978-957-21-6533-1 (平裝附光碟片)

全華圖書
www.chwa.com.tw
book@chwa.com.tw

全華科技網 Open Tech
www.opentech.com.tw

(請由此線剪下)

書友服務卡

填寫日期：　/　/

為加強對您的服務，只要您填妥本卡三張寄回全華圖書(免貼郵票)，即可成為全華書友！(詳情見背面說明)

姓名：＿＿＿＿ 生日：西元＿＿年＿＿月＿＿日 性別：□男 □女

電話：(　)＿＿＿＿ 傳真：(　)＿＿＿＿ 手機：＿＿＿＿

e-mail：(必填)＿＿＿＿

註：數字零，請用Φ表示，數字 1 與英文 L 請另註明，謝謝！

通訊處：□□□□□

學歷：□博士 □碩士 □大學 □專科 □高中・職

職業：□工程師 □教師 □學生 □軍・公 □其他

學校／公司：＿＿＿＿ 科系／部門：＿＿＿＿

・您的閱讀嗜好：

□A.電子 □B.電機 □C.計算機工程 □D.資訊 □E.機械 □F.汽車 □I.工管 □J.土木 □K.化工 □L.設計 □M.商管 □N.日文 □O.美容 □P.休閒 □Q.餐飲 □其他

・本次購買圖書為：＿＿＿＿ 書號：＿＿＿＿

・您對本書的評價：

封面設計：□非常滿意 □滿意 □尚可 □需改善，請說明＿＿＿＿

內容表達：□非常滿意 □滿意 □尚可 □需改善，請說明＿＿＿＿

版面編排：□非常滿意 □滿意 □尚可 □需改善，請說明＿＿＿＿

印刷品質：□非常滿意 □滿意 □尚可 □需改善，請說明＿＿＿＿

書籍定價：□非常滿意 □滿意 □尚可 □需改善，請說明＿＿＿＿

整體滿意度：請說明＿＿＿＿

・您在何處購買本書?

□書局 □網路書店 □書展 □團購 □書友特惠活動 □其他＿＿＿＿

・您購買本書的原因?(可複選)

□個人需要 □幫公司採購 □親友推薦 □其他＿＿＿＿

・您希望全華以何種方式提供出版訊息及特惠活動?

□電子報 □DM □廣告(媒體名稱＿＿＿＿)

・您是否上過全華網路書店?(www.opentech.com.tw)

□是 □否 您的建議：＿＿＿＿

・您希望全華出版那方面書籍?＿＿＿＿

・您希望全華加強那些服務?＿＿＿＿

～感謝您提供寶貴意見，全華將秉持服務的熱忱，出版更多好書，以饗讀者。

書友專屬網址：http://bookers.chwa.com.tw

全華網址：http://www.openech.com.tw　客服信箱：service@ms1.chwa.com.tw

免費服務電話：0800-000-300　傳真：(02)2262-8333 (請多利用e-mail較不易遺漏)

◎請詳填、並書寫端正，謝謝！

96.11 450,000份

親愛的書友：

感謝您對全華圖書的支持與愛用，雖然我們很慎重的處理每一本書，但尚有疏漏之處，若您發現本書有任何錯誤的地方，請填寫於勘誤表內並寄回，我們將於再版時修正。您的批評與指教是我們進步的原動力，謝謝您！

全華圖書　敬上

勘誤表

書號		書名		作者	
頁數	行數	錯誤或不當之詞句		建議修改之詞句	

我有話要說：(其它之批評與建議，如封面、編排、內容、印刷品質等....)